개·정·신·판

건축환경학

임 만 택 저

普 文 堂

저 자

임 만 택

조선대학교 건축학부 명예교수

개·정·신·판
건축환경학

2013년 3월 5일 1판 1쇄 발행
2014년 3월 5일 1판 2쇄 발행
2015년 3월 5일 2판 1쇄 발행
2016년 4월 15일 2판 2쇄 발행
2017년 3월 15일 2판 3쇄 발행
2018년 3월 5일 2판 4쇄 발행
2019년 3월 5일 2판 5쇄 발행

지은이 | 임 만 택
발행인 | 김 병 계
발행처 | 도서출판 보문당
등 록 | 1990년 6월 15일(제 1－1066호)
주 소 | 서울시 마포구 토정로 15길 32(신수동)
전 화 | 704－7025 / 704－0635
팩 스 | 704－2324
홈페이지 | http://www.bomoondang.co.kr
전자우편 | bmdpub@naver.com

값 30,000 원

ISBN : 978－89－8413－218－4 (93540)

이 도서의 국립중앙도서관 출판예정도서목록(CIP)은
서지정보유통지원시스템 홈페이지(http://seoji.nl.go.kr)와
국가자료공동목록시스템(http://www.nl.go.kr/kolisnet)에서
이용하실 수 있습니다. (제어번호: CIP2016007934)

|머리말|

21세기의 패러다임으로 인간과 환경이 공존할 수 있는 지속 가능한 건축의 실현이 요구되고 있다. 자연환경과 조화되며 자원과 에너지를 생태학적 관점에서 최대한 효율적으로 이용하여 건강한 주거생활 또는 업무가 가능한 건축을 위하여 생태건축이 중요시되고 있으며, 지구환경문제 및 자원과 에너지 문제를 해결하고, 건강과 쾌적성 향상을 위하여 친환경건축이 강조되고 있다.

건축환경학은 안전·건강·쾌적한 실내환경·도시환경을 실현하기 위한 계획의 기초가 되는 학문분야이다. 에너지·환경오염문제와 쾌적성에의 수요확대라는 모순을 인류가 안고 있는 현재, 가장 주목되고 있는 연구분야의 하나이다.

이러한 시대적 요구에 부응하여 건축환경계획의 목표는 인간활동의 환경에 대한 영향을 정확히 이해하고, 인간활동과 환경과의 상호작용의 통제 가능성을 밝히며, 인간을 위한 환경을 창출하는 데 있다.

인간이 환경을 창조하는 것과 동등하게 환경이 인간을 창조한다. 인간을 위하여 바람직한 환경을 창조하기 위해서는 쾌적성·보건성·편리성·안전성·지속성 등의 건축환경의 질을 바르게 인식하고, 모든 환경 요소들이 종합적으로 평가되고 조화를 도모했을 때 이루어질 수 있다.

건축환경의 3요소는 건강, 조화, 안전이라고 할 수 있다. 건강한 인간과 사회, 주변환경과의 조화, 자연환경과 인공환경으로부터 안전이 도모된 지속가능한 환경을 추구함에 있다.

삶의 질을 향상시키기 위해서는 환경을 변화시키고 관리하는 능력을 필요로 하므로 본서는 인간이 삶을 영위하는 데 필요한 사회적, 과학적, 기술적인 대응책을 마련하고 있다.

본서는 물리적 환경의 효율적 이용을 위하여 건축의 외부환경인 자연환경과 건축의 여러 가지 내부환경에 걸쳐 그 개념 이해를 비롯하여 실험, 측정, 분석, 평가, 적용 방법 등을 다루고 있다.

본서를 집필함에 있어 많은 저작물을 참고하였고, 발간에 협력하여 주신 보문당의 김병계 사장님 이하 편집부 여러분께 감사드린다.

2019. 2.
저 자

|차 례|

| Contents |

|차 례|

8장 조 명(Lighting)

9장 공기질과 환기(Air Quality & Ventilation)

10장 소 음(Noise)

| Contents |

| 차 례 |

부 록

Global Environmental Problem & Architecture

제1장 | 지구환경문제와 건축

1.1 지구환경문제

지구환경은 인간의 생산 활동에 필요한 원재료를 제공함과 아울러 그에 따라 발생하는 각종 불용물이나 오염물질을 받아들이고, 동화하는 역할을 담당하여 왔다. 그러나 산업혁명 이후 인간의 생산 활동이 급격한 속도로 확대한 결과, 배출되는 불용물의 양도 비약적으로 증가하고, 또한 용이하게 분해되지 않는 오염물질이 환경에 버려지는 등 지구환경에도 각종 영향이 나타나게 되어 오늘날 지구환경문제로서 인식되고 있다.

지구환경문제의 해결은 인류에게 주어진 가장 중요하고 매우 어려운 과제이다. 그 이유는 문제가 너무 광범위하고 다방면에 걸쳐 복잡하기 때문이다. 따라서 문제에 관한 인과 관계와 효과적인 대책이 충분히 파악되고 있지 않다. 단순히 피상적인 대책만으로는 해결이 불가능하고, 개인의 윤리관과 라이프스타일의 문제로까지 나아가 검토해야 한다. 또한 문제에 대한 각국의 이해가 일치하지 않고, 특히 선진국과 개발도상국과의 이해 대립이 크다. 지구의 인구 증가와 경제 발전과 밀접한 관계가 있어 그들과 양립시키면서 해결을 도모하지 않으면 안 된다. 일반적으로는 그다지 절실한 문제로 받아들여지고 있지 않다. 그러나 대책이 늦으면 하나뿐인 지구를 복구할 수 없는 상태로까지 훼손할 위험성이 있다.

지구환경문제에는 여러 가지가 있는데, 전형적인 것으로 다음의 16가지를 들 수 있다(그림 1.1).

1) 지구온난화, 2) 오존층의 파괴, 3) 산성비, 4) 물 문제, 5) 적조, 6) 삼림(특히 열대림)의 감소, 7) 야생생물의 종(생물다양성)의 감소, 8) 습지, 9) 사막화, 10) 황사, 11) 해양오염, 12) 화학물질의 관리, 13) 유해폐기물의 월경이동, 14) 인구증가, 15) 개발도상국에서의 환경문제, 16) 에너지문제

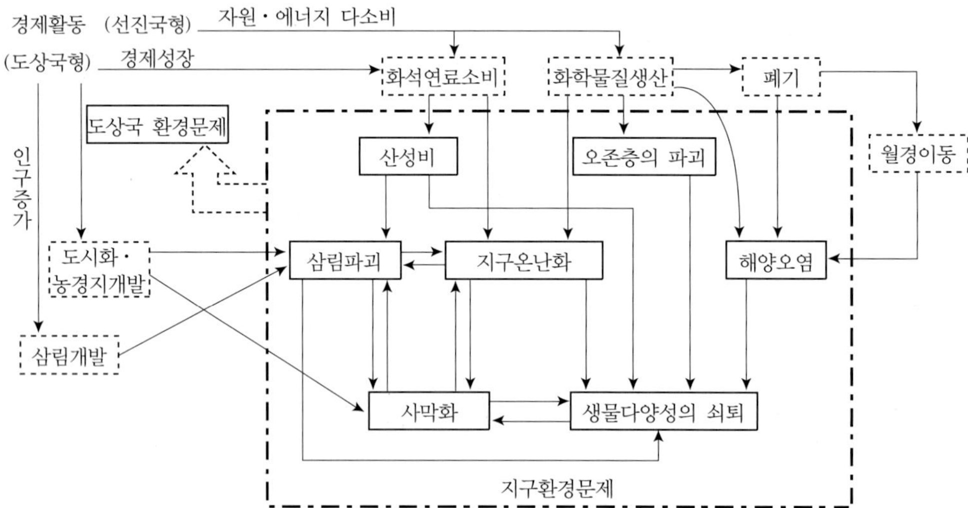

그림 1.1 지구환경문제와 원인이 되는 인위적 행위(파선틀)의 상호관계

1.1.1 지구온난화

(1) 지구온난화의 발생

지구온난화(global warming)는 인간의 활동에 수반하여 발생하는 온실가스가 대기 중의 온실가스의 농도를 증가시킴에 따라 지표 부근의 온도가 상승하는 것을 말한다.

온실가스에는 메탄, 아산화질소, 프레온류 등의 종류가 있는데, 가장 대표적인 것은 이산화탄소이다.

이산화탄소의 대기 중 농도는 산업혁명 전에는 280 ppm 전후에서 거의 안정하고 있었지만, 산업혁명 이후 급격히 상승하여 현재는 약 370 ppm으로 3% 정도 증가하고, 21세기말에는 540~970 ppm이 될 것으로 예상되고 있다.

지표의 온도는 이 100년간에 0.3~0.6℃ 상승하고 있는데, 지구의 긴 역사에서 보아도 100년이라는 단기간에 이 정도로 기온이 상승한 예는 없고, 온실가스의 증가가 지구온난화문제를 일으키고 있는 것으로 여겨진다.

건설 활동에는 다량의 철강이나 시멘트 등 자재가 소비된다. 이러한 건설용 자재의 생산 시에도 막대한 화석연료가 소비된다. 나아가 건축물이 준공된 이후에도 냉난방이나 조명 등을 위해 에너지가 사용된다. 이와 같이 건축 활동과 관련된 제반 요소들을 고려할 때 건설 활동에 의해 화석연료의 사용 및 이산화탄소의 배출량은 막대하다.

(2) 온실효과의 영향

기후변동에 관한 정부 간 패널(IPCC)의 예측에서는 현상 그대로 추이하면 지표의 평균온도는 21세기말까지 1.4~5.8℃ 상승하고, 이와 같은 온난화는 지구환경에 큰 영향을 미칠 가능성이 있다(그림 1.2).

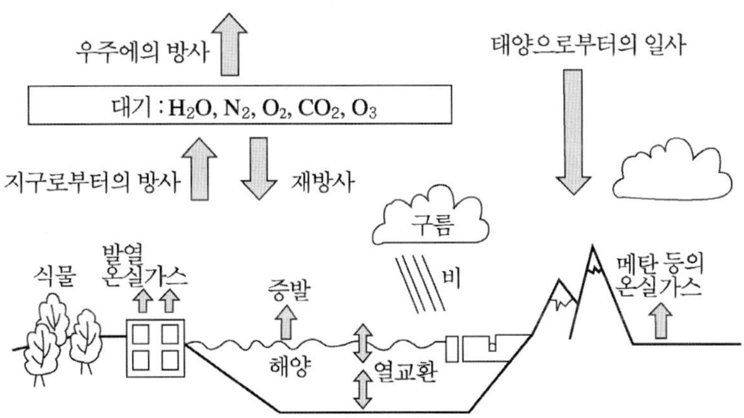

그림 1.2 온실효과와 기후변동에 관한 요인

특히 수목은 100년이라는 단기간에 기온상승의 속도에 적응할 수 없기 때문에 큰 타격을 받을 것으로 예상되고, 그 영향은 거기에서 생활하는 다른 동식물에도 미친다.

또한, 지구온난화가 진행되면 빙하의 융해와 해수의 팽창 등에 따라 해면이 상승하게 되는데, IPCC의 시나리오에서는 21세기말까지 9~88 cm의 범위에 있으며 중간값은 48 cm로 예측되었다. 섬나라나 저지대에 거주하는 사람들에게는 심각한 문제이다.

이 이외에도 강수 패턴의 변화에 따른 자연재해의 다발화, 세계 곡창지대의 건조화에 의한 식량생산에의 영향, 동물매개성 감염증의 유행지역의 확대 등 각종 영향의 가능성이 지적되고 있다.

온실가스의 농도가 급격히 높아지고 있는 것은 지구가 가진 온도조절기능이 약해진 것이 원인의 하나이다. 이산화탄소 등의 온실가스는 자연계의 사이클에 의해 어느 정도의 기간에 산소와 수소로 분해된다. 그러나 이 사이클에 빠뜨릴 수 없는 삼림이나 산호가 농지의 개간이나 환경파괴에 의해 감소하고 있다. 또한 산업의 발전에 따른 대량의 온실가스를 배출하고 있기 때문에 자연계의 사이클에서는 처리할 수 없어 기온이 상승하고 있는 것이다.

온난화에 의한 이상기상의 발생률도 증가하고 있는데, 대형 태풍이나 집중호우, 장기간의 가뭄 등이 매년, 세계 각국에서 일어나고 있다. 이것은 지구 전체의 평균기온이 높아지고 있기 때문에 기후가 안정하지 못하는 원인이다.

(3) 미세 먼지

1) 미세 먼지의 분류

미세 먼지(Particulate Matter)는 눈에 보이지 않을 정도로 입자가 작은 먼지이다.

0.1㎛ 이하의 먼지 입경을 초범위(ultra range)라 하며, 대부분의 먼지는 0.1~10㎛ 사이에 분포하게 된다. 0.1～1㎛ 범위의 입자는 입경분포의 특성상 침강이나 응집이 쉽지 않기 때문에 대기 중에 체류시간이 길고 폐포에 침투가 가장 용이하다.

0.5㎛ 크기의 입자는 빛의 산란효과가 가장 커서 시정감소 등의 원인이 되기도 한다.

미세 먼지의 단위는 ㎛(마이크로미터)와 ㎍(마이크로그램)을 기준으로 하는데 ㎛는 1m의 100만분의 1에 해당하는 길이이며, 1㎛는 0.001㎜, 즉 1㎜를 1000분의 1로 쪼갠 단위이다. ㎍은 1g의 100만분의 1에 해당하는 무게 단위이다. 사람의 머리카락 굵기는 보통 50～70㎛로 알려져 있다.

2) 발생원

미세 먼지 발생원은 자연적인 것과 인위적인 것으로 구분된다. 자연적 발생원은 흙먼지, 바닷물에서 생기는 소금, 식물의 꽃가루 등이 있다. 인위적 발생원은 보일러나 발전시설 등에서 석탄·석유 등 화석원료를 연소할 때 발생하는 매연, 자동차 배기가스, 건설현장 등에서 발생하는 날림먼지, 공장 내 분말형태의 원자재, 부자재 취급공정에서의 가루성분, 소각장 연기 등이 있다.

일반적인 먼지에 비해 매우 작고 가벼운 미세 먼지는 당사국뿐만 아니라 주변 국가들에까지 영향을 미칠 정도로 광범위한 지역의 대기를 스모그화하고 오염시킨다. 국내 미세 먼지는 한국 내 자체 오염원과 중국의 영향으로 밝혀져 있다.

한편 미세 먼지는 가정에서 가스레인지, 전기그릴, 오븐 등을 사용하는 조리를 할 때에도 많이 발생한다. 또한 건물이 노후화 되면서 미세한 틈새로 나오는 시멘트 및 기타 내장재에서 나오는 가루도 미세 먼지이다.

실내 미세 먼지 예방을 위해서는 환기를 자주 하고 가스레인지 사용을 자제하며, 콘크리트의 미세한 틈을 보수하고 노후화된 내장재를 교체하는 것이 필요하다. 공기 정화기는 HEPA필터를 사용하는 것이라면 공기 정화가 가능하다.

3) 인체에 미치는 영향

미세 먼지는 세계보건기구가 정한 1급 발암물질이다. 해변의 모래가 70㎛ 정도인데 비하여 미세 먼지는 10㎛ 이하이다. 즉 미세 먼지는 모래보다 더 깊이 몸속으로 들어올 수 있으며, 기관지를 거쳐 폐에 흡착하여 호흡기 질환을 일으킨다.

눈에는 알레르기성결막염·각막염, 코에는 알레르기성 비염, 기관지에는 기관지염·폐기종·천식을 일으키고, 2.5㎛ 미만 미세 먼지는 폐 속 깊이 침투하여 폐포에 흡착, 폐포를 손상시킨다. 장시간 흡입할 때 입자가 미세할수록 코 점막을 통하여 걸러지지 않고, 흡입할 때 폐포까지 직접 침투하기에 천식이나 폐질환의 유병률, 조기사망률 증가에 영향을 줄 수 있다. 또한 혈관으로도 흡수되어 뇌졸중이나 심장질환을 일으키고, 인슐린 분비 감소로 성인 당뇨병을 유발하는 것으로 밝혀졌다.

4) 경제에 미치는 영향

제작공정에 먼지가 들어가면 불량을 초래하는 반도체와 전자업체들은 미세 먼지가 매우 치명적이므로 불량 방지와 제품처리에 들어가는 비용이 미세 먼지에 의해 가산되고 있다.

자동차업계나 조선업계까지도 영향을 받을 정도인데, 일단 외부에서 도장작업 등에 미세 먼지가 영향을 끼칠 수 있고, 근로자들이 실외에서 장시간 활동해야 하는데도 지장을 받아 생산성 저하와 비용 지출에 영향을 준다고 한다. 물론 외부에서 장시간 일해야 하는 다른 업종들의 경우도 근로자들의 직접적인 건강피해 가능성이 있다.

5) 저감 대책

국내 배출원의 집중 감축으로 석탄화력발전소의 미세 먼지 저감, 제조업 배출가스 규제 강화, 도로 및 건설공사장에서의 비산먼지 관리, 선박의 정박 시 엔진 공회전 규제, 불법노천소각 단속 강화, 디젤차의 감산 및 관리, 친환경 자동차의 보급 확대 및 친환경 대중교통체계 구축 등을 도모한다. 또한 인공비에 의한 방법으로 구름 속에 물을 빨아들이는 염화칼슘을 뿜어주면 작은 물방울이 뭉치며 무거워져 비가 내린다. 이 비가 미세먼지를 씻어내기도 하고 중국에서 날아오는 걸 막는 커튼 효과도 낼 수 있음이 실험 결과 밝혀졌다.

(4) 엘니뇨와 라니냐의 현상

1) 정상상태

열대 태평양의 해수면온도는 열대 지역의 강수와 뇌우 활동에 매우 중요한 역할을 한다. 정상상태에서는 일반적으로 인도네시아와 열대 태평양 서쪽 지역에서 강수가 많고, 적도 태평양 동쪽에서는 강수가 적다.

해수면온도와 지역 강수의 평균 패턴은 열대 태평양을 가로지르는 하층 편동풍(동에서 서로 부는 바람), 그리고 상층의 편서풍과 관련이 있으며, 적도 태평양 서쪽과 인도네시아에서의 바람 패턴은 저기압과 그에 따른 상승 운동과 관련이 있다. 반면 동태평양에서의 바람 패턴은 고기압과 그에 따른 하강 운동과 관련이 있다. 이러한 상태가 태평양의 주된 대규모 순환인 워커순환(Walker Circulation)을 의미한다.

해수 구조를 살펴보면 열대 태평양 서쪽에서는 온수층이 깊게 나타나고, 열대 태평양의 동쪽에서는 비교적으로 얕게 나타난다. 이 온수대는 보통 서쪽에서 가장 깊고 동쪽으로 갈수록 해수면에 가까워지는 수온약층에 의해서 찬 심해층과 분리된다. 상층 해양의 평균 온도의 동서 차이에 의해 서쪽의 해수면 고도가 동쪽보다 높아진다.

2) 엘니뇨

일반적으로 남미 적도 부근 해수면의 온도가 5개월 이상 평균 수온보다 0.5℃ 이상 높을 때를 엘니뇨(El Nino), 0.5℃ 이상 낮을 때를 라니냐(La Lina)라고 부른다(그림 1.3).

엘니뇨는 무역풍의 영향으로 차가운 해수가 흐르지 못해 해수온도가 높은 상태로 유지되는 현상이다. 동태평양과 중앙태평양에는 바닷물의 온도가 높아진 상태로 수개월 이상 지속되는 기간이 있다. 바닷물이 따뜻하면 물고기가 덜 잡히게 돼 페루 사람들은 이 기간에 작은 크리스마스 파티를 열었다고 한다. 이런 풍습의 영향으로 스페인어로 '남자아이'와 '아기예수'를 뜻하는 '엘니뇨'라는 이름이 붙었다. 엘니뇨현상이 일어나면 어장이 황폐화되어 어획량이 줄고, 중남미 지역에는 폭우나 홍수가 발생하며, 반대로 서태평양 주변의 인도네시아 일대에는 가뭄이 발생한다.

3) 라니냐

엘니뇨와 반대로 수온이 차가워지는 현상은 '라니냐'라 불리는데, 이는 스페인어로 '여자아이'라는 뜻이다. 평상시 차가운 동태평양의 해수 온도는 더욱 하강하여 페루 등 남아메리카에서는 가뭄, 북아메리카에서는 강추위가 나타나며, 인도네시아와 필리핀과 같은 동남아시아에서는 집중 호우가 나타난다. 따라서 엘니뇨가 발생했을 때와 반대의 기온 현상을 일으킨다.

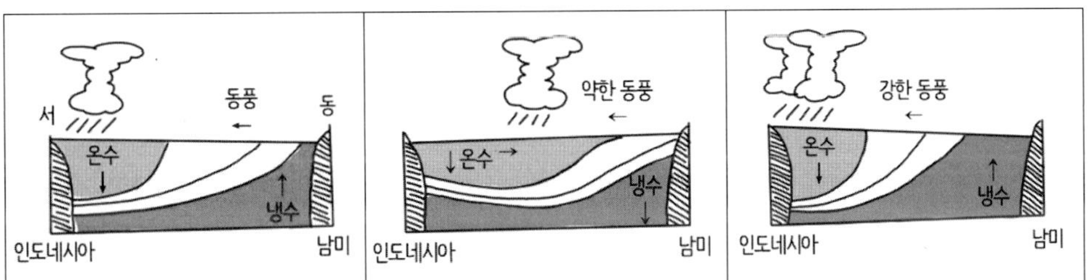

평년의 상태	엘니뇨의 상태	라니냐의 상태

그림 1.3 평년 및 엘니뇨와 라니냐의 상태

(5) 웜풀의 팽창

인도양에서부터 서태평양까지 이어지는 바다에서 표층 수온 28.5℃ 이상인 해수지역을 웜풀(warm pool)이라고 한다. 태평양 상의 적도지역에 부는 뜨거운 열을 품은 무역풍이 이곳 해수 온도를 높이고 있다. 지구의 순환시스템에 큰 역할을 하지만 뜨거운 열을 품고 있는 만큼 대표적인 태풍의 발원지이기도 하다. 이 웜풀지역은 그 뜨거움의 도를 높이고 크기가 넓어져 강한 대류 현상이 나타나 열대저기압이 발생할 좋은 조건이 형성되고 있다. 열대 지방의 해상에 발생하는 열대저기압(tropical cyclone)은 비·구름·강풍을 동반한 원형구조로 맑고 바람이 불지 않는 중심부에 매우 낮은 기압이 나타나는 특징이 있다(그림 1.4).

온실가스가 증가할수록 웜풀은 앞으로도 계속해서 팽창할 것으로 예상된다. 더운 바닷물이 공기를 상승시키는 효과 때문에 웜풀 주변 육지에는 폭우와 태풍이 잦아질 수 있다는 것이다. 웜풀 팽창은 우리나라를 비롯한 동아시아, 호주 등지에 폭우와 태풍의 심상찮은 변화를 가져올 수 있다.

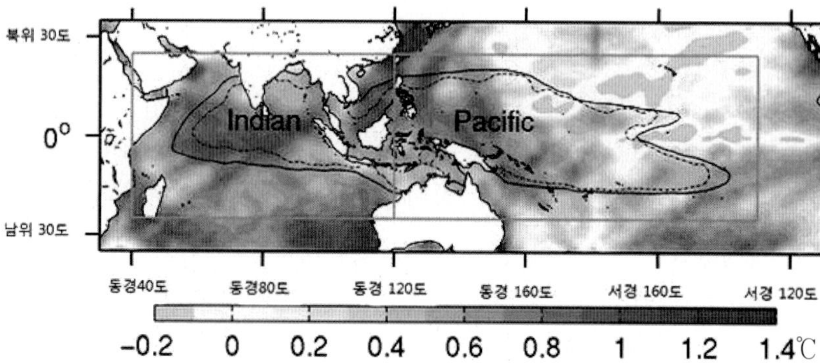

그림 1.4 인도양과 태평양에 걸친 웜플의 면적 변화

(6) 기상이변

기상이변이란 한 해의 특정 시간 및 장소에서 발생하기 어려운 보기 드문 기상현상이다. 기상이변은 대체로 관측된 확률밀도 함수의 10% 또는 90% 값을 기준으로 드물다로 정하고 기상이변의 특징은 절대적 의미에서는 장소마다 다를 수 있다. 기상이변 패턴이 한 계절 등 얼마간 지속되는 경우, 특히 평균이나 총계가 그 자체로 극단적인 경우(예 : 한 계절 내내 가뭄이나 집중호우가 지속된 경우)에는 기상이변(extreme climate event)으로 분류할 수 있다.

지구온난화란 단순히 지구의 기온이 조금씩 높아지는 것에 그치는 것이 아니라, 빈발하는 기상이변을 종합적으로 포괄하는 개념이다.

어느 지역의 월강수량이나 월평균 기온이 과거의 평균 기온 상태와 크게 다른 것을 의미하는 것으로 자연적인 원인과 인위적인 원인이 있다.

자연적인 원인으로는 대기 대순환의 변화에 따라 상층의 편서풍 파동의 진폭이 보통 때보다 매우 커진 상태로 오랫동안 머물러 있으면 북쪽으로부터 찬공기가 내려온 곳에서는 이상 저온이, 남쪽으로부터 따뜻한 공기가 올라온 곳에서는 이상 고온이 나타난다. 또한 이것은 지상의 저기압과 고기압의 이동에도 영향을 주어 거의 움직이지 않고 며칠간 같은 상태를 유지하면서 지상에 가뭄이나 홍수를 일으키기도 한다.

해수면 온도 변화의 경우 엘니뇨 현상과 같이 해수면의 온도가 평년보다 높아지면 대기가 해수면으로부터 받는 열에너지가 많아져서 대기 순환운동이 활발하게 일어나므로 기상이변이 나타날 수 있다.

그 밖에 태양 활동의 변화에 따른 태양 복사에너지량의 변화, 화산 활동에 의한 일사량의 감소 등으로 기상이변이 나타날 수 있다.

인위적인 원인으로는 화석 연료의 사용 증가로 대기 중의 CO_2와 H_2O가 증가하면 온실효과가 증대되어 기상이변이 나타날 수 있다.

그 밖에 인간 활동에 의한 삼림 파괴, 오염 물질의 배출 등도 기상이변의 원인이 될 수 있다.

(7) 생물 대이동

온실가스 배출에 따른 기후변화가 기온의 상승은 물론 해수면 상승, 바다 산성화, 가뭄·홍수의 빈발 등을 불러오면서 생물 대이동이 일어나고 있다. 현재 지역적, 국가적, 국제적으로 발생하는 생물 대이동은 생태계와 인간의 삶에 큰 위기가 우려되고 있다.

기온 1℃ 차이는 거리로는 100km 차이가 된다. 기온이 1℃ 올라가면 위도가 100km 내려가는 것과 같다. 우리가 거주하고 있는 지역에서 100km 정도 떨어져 있더라도 기후가 모두 동일할 때 기온이 올라간다면 지금까지 서식하지 않던 생물이 나타날 뿐 아니라 병원균도 동시에 나타난다고 한다. 기온의 변화가 만일 산에 미친 경우에 1℃ 차이는 고도는 100m 차이가 난다.

생물 대이동의 핵심은 수많은 생물 종이 더 따뜻해진 기후를 피해 극지방을 향해 이동하고 있는 것이다. 그 결과 병충해의 확산을 비롯한 예상치 못한 가족 위험이 나타나고 있다. 병충해 또한 벌레, 새, 개구리 등의 천적이 이동하면서 덩달아 새로운 지역으로 이동하고 있다.

꽃들의 개화 간격이 줄어들고, 벌들이 꿀을 채밀할 수 있는 기간 또한 짧아지고 있으며, 꿀벌들의 개체수 감소와 꿀 채밀량 급감이 나타나고 있다.

식량 생산도 위협받고 있다. 기후 온난화로 커피 생산이 더 높고 서늘한 고도로 옮겨 가야 해 세계 커피 산업에 큰 타격을 주고 있다.

지구 전체적으로 보면, 북쪽 지역에서는 온난화 덕분에 식물 성장이 증가하고 경작기간이 길어지는 긍정적 효과가 나타나기도 했지만 이는 남반구에서 온난화와 연관해

발생한 가뭄으로 모두 상쇄되는 것으로 나타났다. 따뜻한 온도가 무한정 식물 성장을 촉진하지 않는다는 점은 매우 심각한 문제이다.

(8) 한반도의 온난화 영향

우리나라의 냉·온대성기후가 아열대성 기후에 접어들고 있다. 아열대성 기후란 월평균 기온이 10℃ 이상인 달이 한해에 8개월 이상 지속되고, 가장 추운달의 평균 기온이 18℃ 이하이면서 얼음이 얼지 않는 기후를 말한다.

지난 100년(1908~2007)간 서울의 연평균 기온은 2.4℃ 상승하고, 연평균 상대습도는 7% 감소해 서울지역의 기후가 점차 고온 건조해지는 것으로 분석되었다.

최근 30년(2001~2010)간 한반도 기온은 연평균 1.2℃ 정도 올랐고, 해양의 표층수온은 19세기 산업혁명 시점을 기점으로 1℃ 이상 상승했으며, 연간 해수면 상승폭은 3.5mm 정도로 관측되었다.

우리나라의 여름 날씨는 7월의 장마 세력이 약해진 대신 8월의 국지성 집중호우의 현상이 현저해지고 있다. 자연재해로 홍수·산사태의 증가, 강한 태풍의 통과, 가뭄·열파 증가 등이 나타나고 있다.

현재 중부 이남 지역에서 재배 가능한 월동작물(밀, 보리, 맥류)이 북쪽으로 이동할 것으로 예상되고, 벼는 남한 전 지역에서 중만생종, 만생종의 재배가 가능할 것으로 예상되고 있다. 불규칙한 강수량으로 충분한 용수확보가 어려워지고, 기온상승에 따라 생산성과 품질저하가 예상된다.

사과는 고온피해가 예상되고, 북쪽으로 이동하여 새로운 주산지가 형성될 전망이다. 남부지방에서는 감귤, 유자, 참다래 등 난지 과수의 재배가 일반화되는 데 비하여 현재의 주 작물인 사과, 배, 복숭아, 포도 등 온대 과수의 재배는 어려움을 겪고 있다. 제주와 남부지방에서 재배되던 아열대 과채류가 중부지방에서도 재배되고 있다.

바다의 수온이 상승하면서 살오징어, 멸치, 고등어, 참다랑어 등의 난류성 어종은 생산이 증가한 데 비하여 조기, 갈치, 명태, 도루묵 등의 냉수성 어종은 생산이 감소한 것으로 나타나고 있다.

앞으로는 농·수산업과 같은 1차 산업에 국한되지 않고, 제조업이나 서비스업 등에 기후의 영향이 파급될 것이다. 즉 냉방기기, 청량음료, 여름의류와 같은 여름 상품에 대한 소비자 패턴의 변화이다. 또한 기후변화는 건설업 및 서비스업에도 적지 않은 영향을 끼칠 것으로 예상된다.

(9) 전 지구적 대책

1992년 브라질 리우데자네이루에서 열린 유엔환경개발회의(UNCED)에서 채택된 기후변화협약은 기후변화를 최소화시키기 위해 증가 추세에 있는 온실가스의 대기 중 농도를 안정시키는 것을 궁극적인 목표로 삼고 있는데, 구체적 실천방안은 1997년 교토의정서에서 합의되었다.

교토의정서는 온실가스 감축방식의 중요한 기반 역할을 했다. 구체적으로 배출권거래제도, 공동이행제도, 청정개발체제가 있는데, 감축 활동을 국제적인 협력의 장으로 이끌었다는 점에서 의의가 있다고 하겠다.

1993년 12월에 가입한 우리나라는 2013년부터 교토의정서에 따라 에너지 소비절약, 에너지 효율증진, 청정에너지의 사용 확대 등을 통하여 온실가스의 배출을 줄여 나가고 있다.

온실가스 중 가장 비중이 큰 이산화탄소에 초점을 맞춘 온실가스 저감은 '이산화탄소 포집과 저장(CCS · carbon capture & storage)' 기술에 의한 방법이 효과적으로 알려져 있다. 산업체나 발전소에서 배출하는 이산화탄소를 포집한 뒤 고갈된 가스전이나 유전, 석탄층 등에 저장하는 방식이다. 포집된 이산화탄소는 원유 채굴이나 콜라 같은 탄산음료를 만드는 데 이용할 수 있다.

2015년 파리에서 열린 21차 당사국 총회에서는 교토의정서의 뒤를 잇는 새로운 기후변화체제인 파리협정이 채택되었다. 파리협정은 온실가스 감축만이 아니라 적응, 재원, 기술이전, 역량강화, 투명성 등을 포괄하고 있다. 온도 상승은 2℃ 이하 유지를 목표로 하고, 감축 의무국가는 선진국 위주가 아닌 모든 당사국이 참여하도록 규정하고 있다.

1.1.2 오존층의 파괴

(1) 오존층의 역할

오존은 산소원자 3개로 이루어지는 산화작용이 강한 기체이다. 지상에서 10~50km 상공의 성층권에서는 자외선의 움직임에 의해 산소분자에서 오존이 생성되고, 이 오존이 많은 층을 오존층(ozone layer)이라고 한다.

오존층은 태양으로부터의 유해한 자외선의 대부분을 흡수하고, 지구상의 생물에게는 「우주복」과 같은 역할을 담당하고 있다.

(2) 오존층의 파괴

1980년대 중반 남극상공의 오존층에 구멍이 뚫린 것처럼 보이는 「오존홀」이 발견되었다. 그 원인으로 검토된 것이 프레온 등에서 발생한 염소와 취소에 의한 오존층의 파괴이다.

프레온은 1928년에 냉장고의 냉매로 발명된 염소, 탄소, 불소로 구성되는 인공적인 물질이며, 그 안정성의 높음에서 냉매, 발포제, 세정제 등의 용도에 널리 사용되어 왔는데, 대기 중에 방출되면 긴 시간에 걸쳐 성층권에 도달하여 오존층의 파괴에 큰 영향을 미치는 것이 판명되었다.

오존층의 파괴는 저위도에서는 영향이 작지만, 거의 전 지구적으로 진행이 확인되고 있다. 오존층이 파괴되면 지표에 도달하는 유해한 자외선의 양이 증가하여 피부암, 안질환 등 질병을 야기 시키며, 인체 면역기능을 손상시키고, 농작물과 해양생태계의 생육을 저해하는 등 생태계에 영향을 미치는 것이 우려되고 있다(그림 1.5).

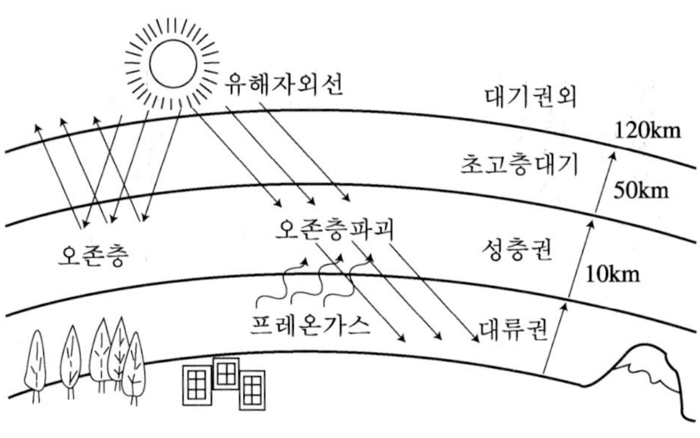

그림 1.5 성층권의 오존층 파괴의 개념도

(3) 오존층의 보호

오존층 보호를 위해 1985년 빈 협약을 체결하고, 1987년 오존층 파괴 물질의 생산과 사용을 규제하는 '몬트리올 의정서'를 체결하게 되었다. 몬트리올 의정서의 공식명칭은 '오존층 파괴 물질에 관한 몬트리올 의정서'이다. 몬트리올 의정서의 주요 내용을 살펴보면, 염화불화탄소(CFC) 또는 프레온가스(CFCs), 할론(Halon) 등 지구대기권 오존층을 파괴하는 물질에 대한 사용금지 및 규제를 통해 오존층 파괴로부터 초래되는 인체 및 동식물에 대한 피해를 최소화하기 위한 목적을 담고 있다.

우리나라는 1992년 가입했다. 몬트리올 의정서에 의해 선진국에서는 1996년부터 프레온 가스의 생산 및 수입을 금지시켰고, 개발도상국에서는 1997년부터 단계적으로 감축한 후 2010년에 사용이 완전히 금지되었다.

1.1.3 산성비

(1) 산성비의 원인물질

대기 중에 존재하는 산성오염물질이 함유된 비인데, 안개나 눈 등도 포함하여 「산성비(Acid rain)」라고 하는 산성강하물의 하나이다. 화석연료는 연소하면서 이산화탄소나 유황·황산·질소산화물 등을 배출한다. 이들은 대기 중에 작은 흙먼지나 가스로 떠돌고 있는데, 이것이 수증기를 함유한 구름 속에서 이온화하여 비나 눈에 스며든다. 이와 같이 대기 중에는 산성물질인 이산화탄소가 함유되어 있기 때문에 공해가 작은 환경에서도 약간 산성이 되어 있다.

또한 자연 상태에서도 중국에서 바람을 타고 운반되어 오는 황사나 화산재 등에는 산성물질이 함유된 가스나 흙먼지가 많이 함유되어 있기 때문에 지역이나 환경에 따라 비나 눈, 안개가 산성이 되는 경우도 있다. 그리하여 산업 활동이나 생활환경에 의한 성분의 변화 여부는 pH가 5.6 이하의 경우나 공해·대기오염물질이 함유된 양을 측정하여 판단하고 있다.

산성비는 석탄, 석유 등 에너지가 연소할 때 발생하는 아황산가스(SO_2)와 자동차 배기가스인 질소산화물(NOx)이 주요 원인물질이다. 이 화학물질은 빗물에 녹아 황산과 질산 등으로 변하여 산성비를 내리게 한다(그림 1.6).

이들은 광화학 스모그나 온실효과가스의 발생원이기도 하기 때문에 최근 각종 규제와 대책이 이루어지고 있다. 특히 유황산화물배출량이 많은 석탄을 사용한 에너지 이용은 각국에서 규제 대상이 되고 있다.

(2) 산성비의 영향

산성비는 식물이 잎이나 뿌리에서 흡수되어 잎을 시들게 한다. 점점 잎의 수가 줄어든 식물은 정상으로 광합성이 이루어지지 못한다. 또한 흙에서 산성의 물을 흡수하면 뿌리도 약해지고, 수분을 제대로 빨아올릴 수 없게 되어 고사의 원인이 된다. 이와 같이 식물의 수분흡수를 억제하거나 토양의 유기물 분해를 방해하는 등 토양과 수질을 오염시키고 생태계에 손상을 입힐 수 있다.

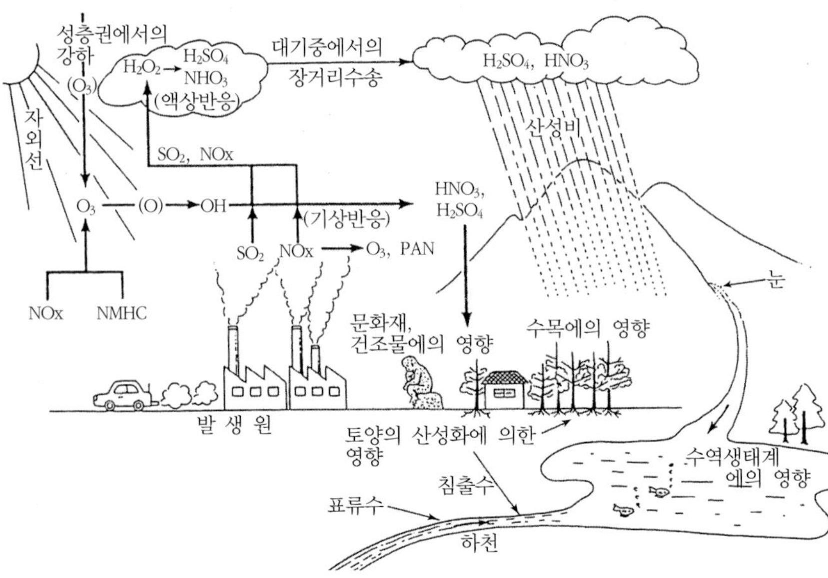

그림 1.6 산성비의 개념도

또한 세정·분쇄하는 대기 중의 산성물질이 함유된 비에서 청동상이나 교량 및 일반 주택의 지붕, 콘크리트 등에 손상을 주는 것으로 알려져 있다. 산성물질의 함유도가 지역에 따라 다르기 때문에 일반가정의 지붕의 내구성도 다르지만, 특히 큰 영향이 나타나고 있는 것은 역사적 건조물이나 세계유산 등이다.

1.1.4 물 문제

(1) 이용 가능 수자원량

현재 세계적으로 물 부족으로 고통을 겪고 있는 인구는 약 5억 명에 이른다. 전 세계 인구의 약 10%가 식수난에 시달리고 있는 것이다. 이러한 추세는 시간이 갈수록 더욱 심각해져 2025년경에는 세계 인구의 약 30~40%가 물 부족에 시달릴 것으로 예측되고 있다.

전 세계에서 약 12억 명이 깨끗한 물을 마시지 못하고 있으며 5백만~1천만 명이 매년 수인성 전염병으로 목숨을 잃고 있는 것으로 알려졌다.

'국제인구행동연구소(PAI : Population Action Institute)'는 세계 각국의 연간 1인당 이용 가능한 재생성 가능 수자원량을 산정한다. 이용가능한 물(renewable water)이란 강수량에서 증발산량을 뺀 값을 인구수로 나눈 값으로, 1인당 평균 이용가능한 물의 양이라는 개념이다. 이와 같이 '물이용가능량'이란 빗물 중 하천으로 흘러들어 오는 양을 인구수로 나눈 것인데, 한국의 경우, {수자원 총량(1,280억 톤)－증발산량(449억 톤)}/인구(4,800만 명)으로 1인당 이용가능한 물의 양은 1,520톤가량이다. 이에 따라 전 세계 국가를 '물기근(water-scarcity), 물부족(water-stressed), 물풍요(relative-sufficency)' 국가로 분류 발표하고 있다(표 1.1).

① 매년 1,000 m^3 미만(물기근국가) : 만성적인 물 부족을 경험하며 그 결과 경제 발전 및 국민복지・보건의 저해

② 매년 1,700 m^3 미만(물부족국가) : 주기적인 물 압박을 경험

③ 매년 1,700 m^3 이상(물풍요국가) : 지역적 또는 특수한 물 문제만을 경험

표 1.1 개인 물 사용량 국가별 분류

물기근국가군	지부티, 쿠웨이트, 몰타, 카타르, 바레인, 싱가포르, 이스라엘, 사우디아라비아, 아랍에미레이트연방, 요르단, 예멘, 튀니지, 카포베르데, 케냐, 부룬디, 알제리, 르완다, 말라위, 소말리아
물부족국가군	리비아, 모로코, 이집트, 오만, 키프로스, 남아프리카, 한국, 폴란드
물풍요국가군	벨기에 외 120개국

(2) 수자원의 문제

우리나라의 경우 수자원의 원천인 연평균 강수량은 1,274 mm로 세계 평균보다 1.3배 많으나, 연도별, 계절별, 지역별로 변동이 심하며 갈수기 및 홍수기에는 물 부족과 수해로 많은 피해가 나타나는 등 수자원 관리가 쉽지 않다(그림 1.7).

세계 인구의 1/3인 약 20억 인구가 지하수 공급에 의존해서 살아가고 있으며, 대부분은 얕은 대수층에서 매년 지구상 물의 20 %(600～700 km^3)를 끌어올리고 있다. 농촌인구의 상당수는 전적으로 지하수에 의존하고 있다.

오랜 기간 지하수의 사용량이 자연적으로 재충전되는 것보다 많을 경우 지하수의 수위가 낮아진다. 인도, 중국, 서아시아, 구소련, 미국 서부, 아랍반도의 일부에서는 지하수 수위가 낮아지고 있어, 용수량이 줄어들고 양수비용도 늘어나고 있다. 지하수를 지나치게 뽑아 올리면 해안지역에 염수침해를 일으킬 수도 있다. 일반적으로 지하수는 남용과 오염 등 다양한 문제가 생길 우려가 많다.

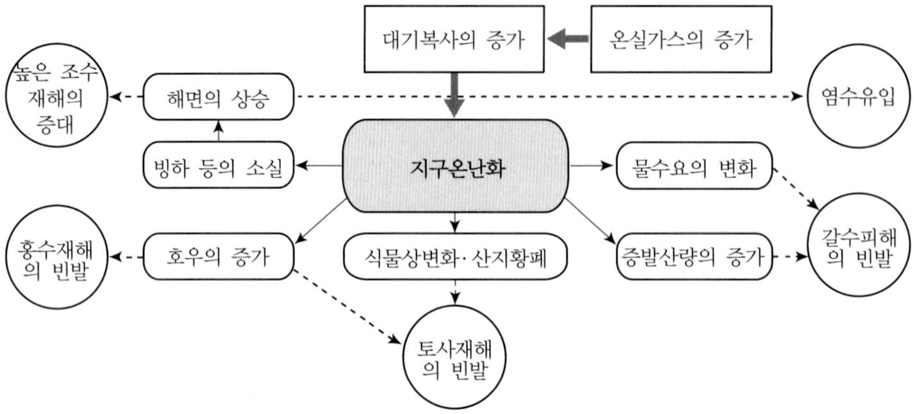

그림 1.7 지구온난화에 따른 예상 물 관련 재해

(3) 물발자국

물발자국(water footprint)이란 인간이 사용하는 물의 양을 나타낸 지표이다. 사람이 직접 마시고 씻는 데 사용한 물에다 음식이나 제품을 만드는 데 소요되는 가상수(virtual water, 눈에 보이지 않는 물)를 합친 총량으로 측정한다.

이 개념은 선진국과 저개발국 사이의 물 사용의 불균형을 해소하고 전 세계 물 사용량을 조절하기 위해 도입되었다. 2004년 유네스코 물교육연구소는 한국의 1인당 물발자국이 1,179 m^3로 세계 평균(1,243 m^3)보다는 적다고 발표한 바 있다.

'물발자국'은 어느 제품이 생산되기까지 원료취득–제조–유통–사용–폐기에 이르는 전 과정에 사용되는 물의 총량 및 물과 관련된 환경영향을 정량화(定量化)한 개념이다.

이에 따르면 커피 한잔(125 mℓ)의 물발자국은 커피 재배·가공·유통 과정을 거치면서 1,056배에 해당되는 132 ℓ의 물이 소비된다. 또 계란 1개(60 g)에 물 196 ℓ, 피자 한판에 물 1,259 ℓ, 소고기 1 kg에 물 15,415 ℓ, 초콜릿 한 개(1 kg)에 물 17,196 ℓ가 소요된다는 계산이다.

한국의 물발자국 표준(KS I ISO 14046)을 활용할 경우 기업에게 생산 활동 전 과정을 통해 물 절약 및 친환경기업 이미지를 제고할 수 있고, 소비자들은 친환경 제품을 구입하는 기준으로 활용할 수 있으며, 정부는 물 자원이 언제 어디서 얼마나 소비되는지를 평가하여 지속 가능한 수자원 관리정책을 도입할 수 있다.

(4) 사람의 기초 물 요구량

Gleick(1996)은 인간이 삶을 영위하는데 필요한 기초적인 물의 요구량을 측정하기 위한 지표(index)를 개발했다. 결과적으로 한 사람당 하루에 50L의 물이 최소한의 인간 생활에 필요하다고 제시하고 있다. 이 물의 양은 해당 국가의 기후나 기술, 문화와는 상관없는 최소한의 요구량을 의미한다.

1) 음용수(하루 1인당 5L)
   전형적인 기온의 기후에서 일반적인 생존 활동을 위해 필요한 물의 양
2) 위생(하루 1인당 20L)
   분뇨 등의 하수·오물 처리를 위해 필요한 물의 양
3) 목욕(하루 1인당 15L)
   세면, 샤워 등 적절한 세척을 위한 물의 양
4) 음식준비(하루 1인당 10L)

1.1.5 적 조

(1) 적조의 발생

적조(red tide 또는 red water)는 플랑크톤의 이상증식에 의해 바다나 강, 운하, 호소 등이 변색하는 현상이다. 물이 빨갛게 물든 것이 많기 때문에 「赤潮」라고 하는데, 물의 색은 원인이 되는 플랑크톤의 색소에 따라 다르고, 오렌지색, 적색, 적갈색, 다갈색 등을 띤다. 적조를 야기하는 생물은 색소로 엽록소(chlorophyll) 외에 온갖 카로티노이드(carotenoid)를 지닌 경우가 많고, 세포가 오렌지색이나 적색을 띠기 때문에 보인다.

(2) 적조의 발생원인

수계의 부영양화가 주원인이 된다. 종래 합성세제에 함유되어 있는 인산염이 문제시되었지만, 최근에는 영양염 공급 측의 문제에 첨가하여 염에 대한 정화 측의 작용저하의 한 원인으로 호안공사에 의한 간석의 감소가 문제시되고 있다. 또한 양식업의 발달에 의해 양식생명체의 노폐물, 사체에 의한 염의 과잉공급을 지적하는 연구자도 많다. 간석에 서식하는 바지락 등의 생물은 그곳에 사는 미생물이나 플랑크톤 등을 먹이로 삼고 해양에의 영양염이나 유기물의 유입을 방지하는, 말하자면 자연의 정화

조 역할을 담당하여 왔다. 그러나 호안공사 등에 의해 간석이 대폭 감소하여 만내의 부영양화가 진행하고 있다. 이것을 원인으로 플랑크톤이 대량 발생하는 것으로 검토되고 있다.

식물성 플랑크톤은 식물의 중간에서 태양의 빛과 물, 영양분이 풍부한 장소에서는 활발하게 증가한다. 플랑크톤이 선호하는 영양소는 바다나 호수에 유입하는 강에서 가져온다. 강물에는 미네랄이나 각종 영양소가 풍부하게 함유되어 있어 자연 상태의 적조는 영양이 풍부하게 유입하는 하구 부근이나 흐름이 지체되는 장소에 영양분이 모여 발생한다. 또한 근육 모양으로 적조가 발생하는 것처럼 보이는 것은 바다의 해류에 실려 영양분과 플랑크톤이 흩어지기 때문이다.

공장배수나 하수 등이 하천에 흘러들고 그대로 바다에 유입하면 자연 상태에서는 믿기지 않을 정도로 플랑크톤이 이상 발생하는 경우가 있다. 그 때문에 공장 등이 위치한 지역의 하류에서는 적조가 발생하기 쉬워 이전부터 사회문제가 되고 있었다. 그러나 최근에는 이런 환경오염에 첨가하여 지구 전체의 해류가 약해지고 있고, 온난화가 진행되어 빈번하게 플랑크톤이 이상발생하기 때문에 바다 속의 산소가 부족하여 바다의 생태계 균형이 붕괴되고 있는 것이 큰 문제이다.

(3) 적조의 특징색과 특성

발생하는 플랑크톤에는 여러 가지 종류가 있고, 새빨갛게 물들어 보이는 것도 있고, 황색에 가까운 오렌지색, 갈색으로 보이는 것이 있다. 적조가 빨갛게 보이는 플랑크톤의 현상인 것과 반대로 플랑크톤에 의해 물이 파랗게 보이는 상태를 「靑潮」라고 한다. 파르스름하게 보이는 원인은 대량 발생한 플랑크톤의 사체가 해저에서 분해될 때 대량의 산소를 소비하기 때문에 산소결핍 상태가 된 해수가 끌어올려지기 때문이다.

(4) 영향과 대책

플랑크톤이 발생하는 수역에서는 플랑크톤이 대량으로 산소를 소비하기 때문에 산소결핍 상태가 되고, 다른 생물이나 물고기가 서식할 수 없게 된다. 그래서 적조가 발생하면 어획고가 격감하고, 물고기가 전혀 잡히지 않는 경우도 있다. 또한 양식장 부근에서 적조가 발생하면 양식 어패류는 큰 지장을 받고, 대책이 강구되지 않는 경우에는 몇 년에 걸쳐 손해를 입는 경우도 있다.

기후나 기온의 변화로 자연적으로 일어나는 플랑크톤의 이상발생을 인위적으로 해소시키는 유효한 수단은 현재 거의 없다. 그러나 환경오염이나 삼림벌채에 의해 토사 붕괴가 일어나고, 배수가 단숨에 하천에 유입하는 등에 대한 대책은 가능할 것이다. 그래서 적조가 발생하기 쉬운 지역을 관측하여 공장이나 가정에서의 배수·하수설비를 정비하는 등의 수단이 도모되고 있다.

1.1.6 삼림(특히 열대림)의 감소

(1) 삼림의 기능

삼림은 목재나 의약품 원료 등의 비목재생산물의 공급원임과 아울러 토양의 보전, 수원함양이나 이산화탄소의 흡수·고정 등의 환경조정기능을 가지고, 또한 많은 야생생물에게 서식지를 제공하는 등 지구환경의 유지에 큰 역할을 담당하고 있다.

삼림이 창출하는 것은 많은 생물이 살아갈 수 있는 풍요로운 환경과 생물에는 없어서는 안 되는 산소이다. 그러므로 자연의 정글이나 숲에는 각종의 식물이나 동물로 구성된 생태계가 있고, 그 안을 지나는 강이나 지하수에 의해 산소를 많이 함유한 영양분이 풍부한 물이 바다로 유입되고 있다.

바다에서는 육지에서의 영양분과 산소가 각종 생물의 생태계를 돕고 있다. 해상에서는 비를 함유한 구름이 생기고, 지구상의 열을 조절하면서 곧 비나 눈이 되어 삼림을 윤택하게 한다.

삼림과 바다의 순환기능은 지구상의 온도와 대기의 균형을 유지하는 탄소흡수원이고, 중요한 정화시스템인 것이다.

(2) 삼림의 파괴 원인

지구상에 존재하는 육지 중에서 30% 이상이 삼림이었다. 그러나 계속 증가하는 인구에 대하여 확대되는 택지나 농경지의 개간이 추진되고, 산업 발전에 필요불가결한 자원으로 삼림벌채가 진행되고 있다.

현재에는 삼림벌채나 환경오염 때문에 1분간에 축구장 20면분 면적의 삼림이 세계에서 사라지고 있다. 특히 남미나 아프리카에서는 급격한 삼림벌채가 진행하고 있어 삼림의 감소율은 매년 증가하고 있다.

열대림이 감소하는 하나의 원인으로 건설공사에 사용되는 목재를 들 수 있는데, 열대림 감소는 온실가스에 대한 지구 자정능력의 상실, 삼림자원의 감소, 생태계의 파괴에 따른 동·식물 서식지 감소 및 생물 종 다양성의 감소 등 심각한 환경문제를 일으킨다. 또한 무분별한 벌목은 토사유출, 홍수 등 자연재해를 일으켜 농경지를 유실시키며, 이는 빈곤의 문제로 이어진다.

목재는 필요불가결한 자원이다. 그러나 선진국에서는 목재를 원료로 하는 종이와 포장 등이 과잉 이용되고, 간단히 버려지고 있다. 자원이 되는 목재와 삼림을 보다 많이 필요로 하는 과분한 생활을 하고 있는 것이다.

(3) 농지와 삼림파괴

최근 주목되는 바이오 연료 때문에 콩이나 옥수수 등 곡물의 가격이 급상승하고 있다. 이 부족을 보완하고, 높은 가격이 된 곡물로 돈을 벌고 삼림을 개간하여 농지를 넓히는 지역도 있다.

또한 화전에 의한 농업이 이루어지는 곳도 있다. 화전을 하면 석회분이 토양에 흡수되어 일시적으로 농작물은 성장하지만, 비가 적은 지역에서는 토지를 건조시키기 때문에 머지않아 작물이 성장할 수 없게 된다. 그러나 심각한 빈곤에 고통 받는 곳에서는 화전농업을 통하여 조금이라도 먹을 것을 만들지 않으면 살 수 없는 곳도 있는 것이 현상이다.

(4) 삼림파괴 방지와 대책삼림

이대로 삼림파괴가 진행되면 지구는 인간이 살 수 없는 별이 될지도 모른다. 그것은 지구의 조절시스템이고, 방위기능인 삼림이나 해양순환시스템이 현재 그 힘을 급속히 잃어버리고 있기 때문이다. 이 수년, 이상기상이 계속되어 해파리가 이상발생하고, 화분증이 일반화되는 원인은 물론 삼림파괴나 환경오염 등 인간이 창출하는 현재의 지구환경이다.

줄어든 나무를 조림 등의 녹화활동으로 약간씩 원래로 되돌리면 삼림파괴에 의한 환경에의 영향이나 온난화의 진행도 막을 수 있다. 그러나 벌채나 환경오염에 의해 식물이 잃어버린 토지는 건조하여 농작물을 과잉 심는 등에 의해 숲으로서 재생하는 힘을 잃어버린 경우가 많다. 성장속도가 빠른 나무뿐만 아니라 각종 큰 식물을 심어 토지 자체의 힘과 그것을 지탱하는 생태계를 되살리는 것이 조림을 성공시키는 요점이 된다.

1.1.7 야생생물의 종(생물다양성)의 감소

(1) 야생생물의 감소 원인

야생생물종의 감소는 남획이나 밀렵 외에 삼림의 감소나 해양오염 등에 의한 서식역의 감소, 지구온난화나 산성비에 의한 환경파괴 등의 지구환경문제에 따른 영향도 큰 요인이 되어 일어나고 있다.

야생생물종이 감소하면 관광자원이나 유전자자원에 심각한 영향을 줄 뿐 아니라 각 종 생물종의 미묘한 균형 위에 성립하고 있는 지구환경의 붕괴를 초래할 가능성이 지적되고 있다.

(2) 생물다양성의 보전

생물다양성(biodiversity 또는 biological diversity)은 생물종의 다양성과 그 종들이 살아가는 서식처의 다양성을 총칭한다.

지구상의 생물 종류는 약 140~175만종으로 알려져 있으나 실제는 500만종에서 1,000만종 또는 1억 종이 넘을 것으로 추정되고 있다. 우리나라의 경우 동물은 약 18,029종, 식물은 약 8,271종, 기타 미생물은 약 3,528종 등으로 총 29,828종이 살고 있는 것으로 알려져 있다.

식물종의 감소는 작물 및 식량 생산 감소와 의약자원의 감소 등으로 나타나 우리 생활에도 많은 영향을 미치게 된다. 왜냐하면 식물 및 동물자원은 음식, 의약품, 의복, 건축자재 등 중요한 산업자원으로 폭넓게 이용되고 있을 뿐 아니라 이를 통한 새로운 시장이 창출되고 있기 때문이다.

생물다양성의 보전과 그 지속가능한 이용을 도모하기 위해서는 서식지의 감소나 분단 및 열화의 방지, 유입종에 의한 영향의 방지 등 생물다양성의 감소를 초래하는 여러 가지 요인에 대응함과 아울러 생물다양성보전의 기반이 되는 정보의 정비, 서식지의 복원이나 회복을 위한 사업 등 생물다양성보전을 위한 조건정비를 도모하는 것이 중요하다.

야생동식물종의 감소에 대해서는 건축활동의 경우 대규모 토목공사와 관련이 싶나. 최근에는 대규모 토목공사에서 환경영향평가를 통해 어느 정도 문제 해결을 위한 노력이 진행되고 있지만, 대규모 토목공사에서는 동물의 이동 통로나 야조류의 서식을 위한 서식처의 보존 등에 대한 적극적인 노력이 이루어져야 할 것이다.

(3) 생물권보전지역

우리나라에서는 자연생태계가 우수하고 생물다양성이 풍부하여 특별히 보호할 가치가 있는 지역을 자연생태·경관보전지역 등으로 지정하여 보호·관리하고 있는데, 국가생태·경관보전지역, 습지보호지역, 특정도서 등을 지정하고 있다.

생물권보전지역(Biosphere Reserve)은 MAB(Man and the Biosphere Programme : 인간과 생물권 계획) 사업을 실현하는 주요 수단으로서 생물다양성의 보전과 이의 지속가능한 이용을 조화할 수 있는 방안을 모색하기 위해 전 세계적으로 보전할 가치가 있는 뛰어난 생태계를 유네스코가 지정하는 곳이다.

생물권보전지역으로 지정하는 것은 그 지역의 토지이용계획을 촉진하여 생물다양성과 생태계의 여러 요소들을 효과적으로 보전하고, 자원의 지속가능한 이용을 허용하면서 그 지역의 고유한 전원적 또는 야생적 특성을 유지하며, 또 국가 및 국제 과학단체들에게 아주 다양한 현장을 포괄하는 연구지와 실험지를 제공하기 위해서이다.

우리나라에서는 생물권보전지역으로 설악산(1982), 백두산(1989), 제주도(2002), 구월산(2004), 신안군 다도해(2009) 등이 지정되어 있다. 제주도는 한라산 국립공원을 포함한 해발 200 m 이상의 중산간지역과 서귀포시 보목동-강정동 해역이 대상이다.

또한 신안 대도해(3,238.7 km^2)는 흑산, 홍도 등 국립공원과, 장도 람사르습지, 증도 갯벌도립공원, 태평염전 등이 포함되어 있다. 이 지역은 리아스식 해안에 발달된 해식애 등에 의해 뛰어난 경관을 자랑하고 후박, 동백나무 등 다양한 온대식생과 염생식물 군락지를 보유하고 있으며, 동북아 이동철새의 75 %(337종)가 쉬어가는 중간 기착지로서 그 가치가 이미 세계에 널리 알려져 있다.

1.1.8 습 지

(1) 습지의 정의

습지(wetlands)는 담수(淡水)·기수(汽水) 또는 염수(鹽水)가 영구적 또는 일시적으로 그 표면을 덮고 있는 지역으로서 내륙습지 및 연안습지를 말한다(습지보전법). 하천이 바다로 흘러드는 하구에서의 내륙과 연안의 경계는 조수가 최대로 영향을 미치는 선까지를 기준으로 한다. 즉 만조 시에 바닷물이 올라오는 부분까지를 '연안습지'로 하고, 그 이상은 '내륙습지'로 규정한다(그림 1.8, 표 1.2).

하구에는 하천으로부터 흘러 내려오는 담수와 바다로부터 올라오는 염수가 혼합되는 부분인 기수역이 분포하게 된다. 기수역의 범위는 내륙으로는 만조 시 조수의 최대 영향권이며, 연안으로는 간조 시 조수의 최대영향권으로 정의할 수 있다.

습지의 보호와 지속가능한 이용에 관한 국제 조약은 람사르 협약(Ramsar Convention)으로 공식 명칭은 '물새 서식지로서 특히 국제적으로 중요한 습지에 관한 협약'이다.

람사르 협약에서는 식생과 토양보다는 수문의 관점에서 통상적으로 인정되는 2m의 수심을 초과하는 6m의 수심까지로 습지의 범위를 확대하여 정의하고 있다. 습지란 자연 또는 인공이든, 영구적 또는 일시적이든, 정수 또는 유수이든, 담수, 기수 혹은 염수이든, 간조 시 수심 6m를 넘지 않는 곳을 포함하는 늪, 습원, 이탄지, 물이 있는 지역을 말한다.

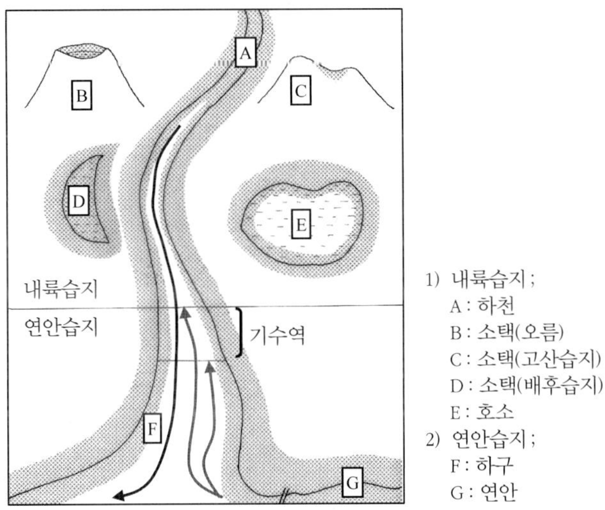

그림 1.8 습지의 종류 및 분포

표 1.2 습지의 분류

계(System)	하부계(Subsystem)	장소(Sites)
연안습지	연안	동해 · 서해 · 남해 및 제주도를 포함한 도서지방 조간대
	하구	바다로 흘러드는 모든 강의 하구
	호소/소택	석호(해안이 사주에 의해 막혀 형성된 호)
내륙습지	하천	하구를 제외한 내륙을 흐르는 강과 강의 주변
	호소	저수지
	소택	배후습지 및 고산습지

또한 습지에 인접한 하천변과 섬, 그리고 습지 내의 저수위 시 6m를 초과하는 해양도 함께 고려되고 있으며, 양어장, 농경지 연못, 관수 농경지, 저수지, 운하 등과 같은 곳도 습지로 분류하고 있다.

(2) 습지의 기능

습지 생태계는 지구상의 어떤 생태계보다 생산성이 높은 곳이다. 습지는 여러 가지 유형을 지니며, 각각의 습지 유형에 따라 기능의 차이를 갖는다. 습지의 기능은 물질이동에 따라 달라지고, 물질이동은 물의 이동에 의해 좌우되므로, 습지를 구성하는 물의 종류에 따라 습지의 유형이 구분되고 기능도 달라진다. 영양분이 풍부한 물의 이동이 빠르고, 많을수록 생산성이 높은 습지가 되며, 높은 생물다양성의 유지를 가능하게 한다. 여러 습지 유형 중에서 가장 높은 생산성을 갖는 곳은 염습지이다.

1) 자연의 정화

쓰레기를 비롯한 인위적 오염물을 수용하고, 정화하는 능력을 가진다.

2) 홍수 방지

연안저수지로서 급격한 범람에 따른 물을 저장하여 완충작용을 한다.

3) 생물다양성 유지

1차생산성이 가장 높은 습지는 다양한 생물이 살아가는 서식처이다.

4) 기후 안정

물이 있는 환경은 갑작스런 환경의 변화를 완충시킨다.

5) 수변부 침식 방지

물가에 서식하는 수생식물이 습지 바닥 토양의 손실 및 붕괴를 막는다.

6) 지하수 재충전

빗물을 습지 내에 저장하여 지하수로 전환한다.

7) 온실 효과 방지

온실효과를 가중시키는 이산화탄소의 저장소가 된다.

(3) 습지의 구성요소

연못은 호수와 같이 건기와 우기에 상관없이 일정량의 물이 항상 있는 곳이고, 늪은 호수 또는 연못과 습지의 중간 형태로 연못에 많은 양의 퇴적물(흙이나 부양물)들이 쌓여 있는 상태이고, 호수 또는 연못보다 상대적으로 수심이 매우 낮은 편이며, 호수 또는 연못과 같이 일정량의 물이 늘 있는 곳이다. 이에 비하여 습지는 연못, 늪과 같이 물웅덩이에 둘러싸여 있으며, 건기에는 축축한 땅이지만, 우기에는 물에 잠기는 낮은 땅을 가리킨다.

습지를 이루는 구성요소는 습지에 흐르거나 고인 물, 습지의 바닥을 이루는 흙, 그리고 습지에서 자라는 식물이라고 할 수 있다. 특별히 습지를 이루는 축축한 토양을 습윤토양으로, 습지에 살기 적합하도록 적응된 식물을 수생식물(물풀)이라 한다.

또한 개구리, 두꺼비와 같은 양서류와, 자라, 거북 등의 파충류, 수달, 물개 등의 포유류 등은 교미, 산란 및 양육으로 이어지는 생활사의 실질적인 부분을 습지에 의존하여 살아가고 있다. 물을 터전으로 하는 물새를 비롯한 조류 또한 습지에 대한 의존도가 높은 생물로 습지를 구성하는 동물이 된다.

1.1.9 사막화

(1) 사막화의 의미

사막화(desertification)는 식생에 덮고 있던 토지가 불모지가 되는 현상을 말한다. 여기서 말하는 사막은 「식물의 생육이나 농업에 적합하지 않은 토지」라는 의미가 강하고, 건조한 지역을 의미하는 사막기후의 「사막」과는 의미에 차이가 있다.

건조대의 이동 등 기후 변화에 의한 자연현상으로서의 사막화도 있지만, 오늘날 문제가 되고 있는 사막화의 대부분은 인류활동에 따라 야기된 것이다. 한번 사막화한 지역은 기후변화, 토양유출 등 지표의 구조가 무너지는 것에서 식생의 부활이 곤란해지는 예가 많다.

(2) 사막화의 원인

현재 지구상 육지의 약 25 %가 사막화의 영향을 받고 있다고 한다. 사막화의 원인으로는 가뭄 등의 기후적 요인 외에 방목지의 재생능력을 넘은 가축의 방목, 휴경기간의 단축 등에 의한 지력의 저하나 땔감재의 과잉채취 등의 인위적 요인이 있다.

사막화가 진행되면 목초지나 농지의 생산력을 저하시키고, 심각한 식료부족을 초래함과 아울러 생물다양성의 상실이나 기후변동 등 사회·자연에의 영향이 다음의 사막화를 일으키고, 이 악순환에 의해 사막화가 점점 확대하는 것이다.

(3) 사막화의 방지 대책

사막화된 지역의 환경개선에는 대규모 토목공사가 수반되는 경우가 많고, 또한 수자원의 고도이용이라는 측면에서 건축설비에 의한 배수의 재이용을 도모할 수 있다. 우리나라에서는 산림녹화, 화학비료의 남용 방지 및 산업체 오염물질에 의한 토양오염 방지 등 사막화 방지와 관련된 정책들을 적극 추진하고 있다.

1.1.10 황 사

(1) 황사의 발생

우리나라에 영향을 미치는 황사(黃砂, Asian Dust, sand dust, yellow sand)의 발원지는 중국의 신장과 황하 상류지역, 몽고와 중국의 경계에 걸친 넓은 건조 지역이다. 한국 기상청이 분석한 자료에 따르면 내몽골 고원이 37 %로 가장 비중이 높고 고비사막 24 %, 황토고원 19 %, 타클라마칸 사막과 커얼친 사막이 각각 10 % 정도로 그 뒤를 잇고 있다(그림 1.9).

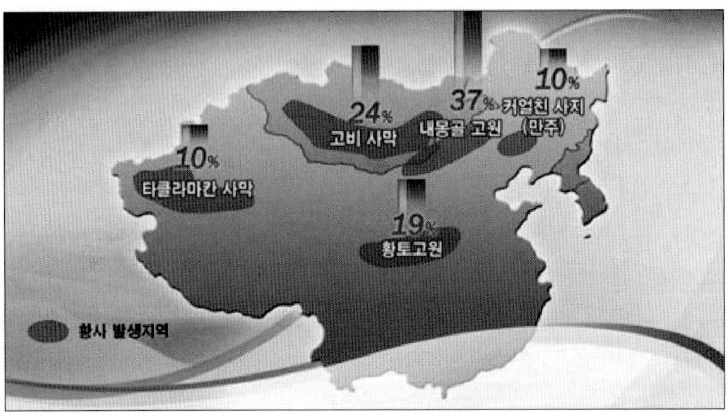

그림 1.9 한반도 황사 발원지

기상현상으로서의 황사는 토양의 상태, 모래 먼지를 운반하는 기류 등 대지와 대기 조건이 갖추어지면 발생한다. 발생의 빈도에는 계절성이 있어 봄에는 그러한 조건이 갖추어지기 쉬운 점에서 빈번하게 발생하고, 그 이외의 계절에도 발생하고 있다.

황사는 그 정도나 시기에 따라 지역차가 있다. 발생지에 가까울수록 피해는 커지고, 논밭이나 인가가 모래에 뒤덮이고, 주위의 시정이나 일조를 악화시키고, 교통에 지장을 주고, 인간과 가축 등이 모래 먼지를 흡입하여 건강에 악영향을 미치는 등 다수의 피해가 발생한다.

(2) 황사의 영향

우리나라에서는 황사현상이 주로 3~4월에 나타나며 높이가 4,000 m까지 이른다. 황사현상이 봄에 나타나는 것은 동아시아의 봄이 매우 건조하기 때문이며, 편서풍을 타고 한국을 지나 멀리 북태평양까지 날아간다.

황사는 지구로 유입되는 태양광을 반사하여 지구온난화를 억제하며, 황사에 포함된 석회, 마그네슘, 칼슘 등의 알칼리 성분은 대기 중의 산성물질을 중화시켜 산성비를 억제하고 토양과 호수의 산성화를 방지하는 긍정적 역할도 한다.

그러나 이보다는 부정적 영향이 훨씬 많은데, 황사의 미세먼지는 기관지염, 감기, 천식 등 호흡기 질환과 심혈관 질환, 눈병 등 각종 질병을 유발한다. 또한 미세먼지에 의한 반도체, 항공기 등 정밀기기의 고장발생률이 크게 높아진다. 특히 실리콘 알루미늄, 구리, 카드뮴, 납 등 황사 성분이 대기를 오염시키며, 중국의 공업화에 따른 각종 발암물질이 포함되는 경우도 있다.

(3) 황사의 방지대책

중국에서의 사막화의 주된 원인은 과벌채, 과방목, 과잉경작, 물이용의 실패 등의 인위적인 것에 첨가하여 자연적인 기후변동에 의한 건조화가 중요하다.

사막화나 건조화는 들판의 마른풀을 태우는 것 외 가뭄 등에 의한 물 부족에 의해 식물이 고사하는 점에서 시작한다. 이것을 방치하면 점점 심각하게 되는데, 이 초기단계에서 방지할 수 있다면 적은 노력으로 가능하다고 한다. 초기대책을 위해서는 물이 필요한데, 본디 물이 부족하기 때문에 한계가 있다.

사막화 방지를 위하여 사막녹화와 농법의 개량을 중심으로 한 대책이 중요시되고 있다. 구체적으로는 적절한 조림, 효율적인 땔감 등의 연료 확보, 가축관리, 토양침식 방지, 관개, 수자원의 유효이용, 에너지의 재이용, 적절한 토지이용과 농법의 전환, 모래의 이동방지 등이 있는데, 기술개발을 추진하고, 전문가의 노움으로 사막화 방지활동을 장기간 지속할 필요가 있다.

1.1.11 해양오염

(1) 해양오염의 발생

해양오염(ocean pollution)은 하천이나 대기를 통한 육지에서의 오염물질의 유입, 선박사고나 석유 등 해저자원의 개발에 수반하여 기름의 유출, 폐기물의 해양투기 등 각종 인위적 요인에 의해 진행하고 있다.

지표의 70 %를 차지하는 해양의 정화기능에도 불구하고, 심각한 오염이 외양에서도 나타나는 현상은 위기적인 상황에 있는 것으로 검토되고, 어업자원이나 관광자원의 상실, 생태계의 파괴 등의 영향이 우려되고 있다.

(2) 사고와 인적 잘못에 의한 오염

대규모 환경파괴에 이른 예로 전쟁에 의한 석유관련시설의 파괴, 악천후나 인위적 잘못에 의한 유조선의 좌초에 의한 원유유출사고가 있다. 또한 무해하게 여겨지는 오염이 장기적으로 어떤 유기물과 영양염은 특정 수생생물의 절멸이라는 결정적인 파괴를 일으키고, 인구증가에 비례하여 오염량이 계속 증가하는 문제를 안고 있다. 현재는 거의 모든 국제 주요하천의 하구부에서 부영양화에 의한 적조나 청조가 빈번히 일어나고, 어업에 큰 피해가 나오고 있다. 또한 오염에 의한 하수나 공장 폐수 등이 해변에 질척질척 엉겨 퇴적과 해저에 다시마 · 모자반 · 거머리말 등의 해초가 번성한 장소가 감소하는 문제는 해양생물의 산란장소 감소를 의미하고, 해양생태계에 심각한 영향을 미치고 있다.

(3) 화학물질에 의한 오염

전 지구적인 해양오염이 되고 있는 것의 하나에 환경 중에 방출된 특정 유해물질(유기수은, PCB, 살충제 BHC 등이 유명하다)이 있다. 이들은 물에 녹아 바다로 유출한 시점에는 저농도이어도 플랑크톤 등 해양생물의 체내에 흡입되면 식물연쇄에 의해 점점 생물농축이 일어나고, 연쇄의 정점에 있는 참치나 고래 등에는 고농도로 축적한다. 이와 같은 생물을 다량 먹으면 건강피해나 지능의 저하를 일으키게 된다.

(4) 자연환경의 변화에 연동한 오염

해양오염의 하나에 토사의 유입도 있다. 인간이 산의 나무를 대량 벌채한 후에 호우가 내리면 자연상태와는 다른 대량의 토사가 하천에 유입되기 때문에 산란장소로서의 다시마·모자반·거머리말 등의 해초가 번성한 장소나 산호초와 같은 미묘한 생태계에 큰 영향을 주게 된다.

또한 어획자원의 남획에 의한 해양생태계의 붕괴도 문제가 되고 있고, 이것도 또한 광의의 해양오염으로서 인식되고 있다. 1960년대부터의 대규모 저인망업의 개시와, 어군탐지기 등으로 대표되는 도를 넘는 어업기술의 발달에 따라 현재에는 대부분의 대형어류자원이 예전 양의 10% 이하가 되고, 절멸도 우려되고 있다. 그 결과 주요한 소형어종의 불안정적인 자원량 변동이 나타나고, 해양생태계를 구성하는 생태계 피라밋의 개변(해파리나 불가사리 등의 대량발생으로 대표되는, 이른바 「바다의 슬럼화」)의 요인의 하나로 고려되고 있다.

1.1.12 화학물질의 관리

(1) 화학물질

"화학물질"이라 함은 원소·화합물 및 그에 인위적인 반응을 일으켜 얻어진 물질과 자연상태에서 존재하는 물질을 추출 또는 정제한 것을 말하고, "유해화학물질"이라 함은 유독물, 관찰물질, 취급제한·금지물질, 사고대비물질, 그 밖에 유해성 또는 위해성이 있거나 그러할 우려가 있는 화학물질을 말한다.

화학물질과 생태계의 관계에 대해서는 이미 제외국의 화학물질 관련 법제도에서 인간의 건강에 첨가하여 환경보호가 목적이 되고, 화학물질의 야생생물에의 내분비 교란작용의 의심이 발견되는 영향이 주목되는 등 인간의 건강뿐만 아니라 생태계에의 화학물질이 영향(생태계를 구성하는 생물에 대한 영향을 포함)의 중요성이 인식되고 있다.

(2) 환경호르몬

환경호르몬(environmental hormone)이란 생물체에서 정상적으로 생성, 분비되는 물질이 아니라 인간의 산업활동을 통해서 자연계에 생성, 방출된 화학물질이 생물체에 흡수되면서 이러한 물질들이 생물체에서 호르몬처럼 작용한다.

일상생활 중에서 환경호르몬은 인체에 흡수되고 있다. 살균제·방부제·살충제·농약·식품첨가물·다이옥신 등 약 70종의 화학물질을 들 수 있다. 또한 환경오염이 된강과 바다 등으로부터도 유해물질이 검출되고 있다.

환경호르몬은 지능저하·학력장애·주의력결핍·스트레스에의 과잉반응·거식증·강박신경증·불안증·우울증·알레르기 등 사람이나 생물에게 다대한 악영향을 미치는 것으로 알려져 있다. 또한 환경호르몬의 영향을 받은 동물의 고기 등을 먹으면 환경호르몬의 영향이 나타난다.

환경호르몬으로 추정되는 물질로는 각종 산업용 화학 물질(원료 물질), 농약(살충제, 제초제 등), 유기 중금속류, 다이옥신류(소각로에서 발생), 호르몬 유사 물질(식물의 식물성 에스트로겐 등), 합성 에스트로겐류(의약품) 및 기타 식품 및 식품첨가물 등을 들 수 있다.

내분비계 교란 물질의 종류는 다음과 같다.

① 다이옥신 : 쓰레기 소각장, 고엽제의 성분

② 폴리염화비페닐(PCB) : 전기 절연제

③ 트리부틸주석(TBT) : 선박용 페인트

④ 폴리카보네이트 : 플라스틱 식기

⑤ 프탈산 화합물(DOP, DBP, BBP) : 플라스틱 가소제

⑥ 스티렌 다이머/스티렌 트리머 : 컵라면 용기를 비롯한 각종 식품 용기

⑦ DDT : 살충제

(3) 화학물질의 관리대책

환경오염에 의한 건강피해는 알레르기질환, 암과 같은 만성질환의 형태로 나타나고 있다. 환경관리문제는 당초에는 개인의 위생문제로 출발한 것이었지만, 오늘날에는 그 관리의 문제도 국가적 관리의 차원을 넘어 세계적 문제로 확대되고 있다. 이러한 환경관리는 환경행정의 목적을 효과적으로 달성하기 위한 수단으로서 환경상 일종의 기술관리라고 할 수 있다.

화학물질과민증에 대한 대책으로는, 화학물질을 가능한 한 함유하지 않는 재료를 선택하고, 자연 소재, 단단한 나무를 사용하고, 합판의 사용은 피한다. 유기용제를 사용한 접착제와 페인트 사용은 피한다. 또한 실내 환기횟수를 증가하는 것이다.

환경호르몬에 대해서는 실험동물 등에 의한 연구나 야생동물 또는 사람에게서 관찰된 조사 데이터의 분석을 진행함과 아울러 이들 연구조사의 성과를 축적하고, 대상을 좁힐 필요가 있다. 또한 앞으로의 조사연구에 대해서는 국제적인 제휴를 도모함과 아

울러 국내에서도 국제기관의 협력으로 효과적인 조사연구를 진행하는 것이 기대된다.

1.1.13 유해폐기물의 월경이동

(1) 유해폐기물의 발생

인간과 환경에 유해한 폐기물은 발생한 국가 내에서 처리되어야 하지만 자국민의 반대와 높은 처리비용 때문에 유해폐기물을 타국으로 이동시키려 한다. 특히 유해폐기물을 많이 생산하는 선진국은 국민의 반대가 덜 심한 개발도상국에 금전적 대가를 지급하고 이동시키려 한다. 그러나 이와 같은 유해폐기물의 국가간 이동은 폐기물의 유해성이 매우 높아져 수입국에서 적정한 처리가 이루어지지 않기 때문에 환경오염으로 이어지는 사례가 많아 지구규모의 환경문제가 되고 있다.

따라서 1980년대의 후반에 이르러 유해폐기물의 월경이동이 선진국에서 개발도상국으로 라는 도식을 보이기 시작함에 따라 개발도상국 측에서도 유해폐기물의 도입에 대한 규제가 필요하다는 인식이 나타났다.

(2) 유해폐기물의 대책

유해폐기물의 적정한 관리에 의한 환경오염방지를 위하여 국제적 이동의 통제와 규제를 목적으로 1989년 스위스의 바젤에서 바젤협약(유해 폐기물의 국가 간 이동 및 그 처리 통제에 관한 바젤협약)이 채택되었다. 유해폐기물과 기타 폐기물의 처리에 있어서 건전한 관리의 보장과, 유해폐기물의 수출・수입 경유국 및 수입국에 사전 통보를 의무화하고 있다. 우리나라는 "폐기물의 국가 간 이동 및 그 처리에 관한 법률"('92. 12.8)을 제정하였고, 협약에 가입('94.2.28)하였다.

적용 대상 유해폐기물은 폭발성, 인화성, 중독성 등의 특성을 가지고 있는 폐기물(산업폐기물, 생활폐기물)로 대표적인 대상물질은 의료 및 의료폐기물, 산화폐기물, 폴리염화페닐류, 염료 및 도료 폐기물, 접착제 폐기물, 중금속 등이다. 우리나라는 현재 폐유・폐유기용제・PCB 함유폐기물・하수슬러지 등 99종의 폐기물을 통제대상으로 고시하고 있다.

1.1.14 인구증가

(1) 인구증감에 따른 환경 영향

인구란 어느 한 시점에서 어떤 일정한 지역에 사는 사람의 총수를 의미한다. 인구의 수는 식량과 자원의 수요와 배분량에 영향을 주고, 인구의 분포는 교육, 주택, 지역개발 등을 수립하는 자료로 활용되는 사회적 의미로도 볼 수 있다. 또한 인구의 증감이나 평균수명·연령별 구성 등에 의해서 그 성격을 알 수 있다.

세계 인구는 2005년 65억 명을 넘어섰고, 2011년에는 70억 명을 넘어섰으며, 이러한 추세대로 간다면 2028년에는 80억 명, 그리고 2054년에 90억 명에 이를 것으로 전망되고 있다.

일반적으로 이러한 인구를 지탱하기 위해서는 소비 패턴, 기술 수준, 이용 가능한 자원, 인간 활동을 통해 발생되는 폐기물을 환경적으로 처리하는 능력 등에 의해 결정이 된다고 볼 수 있다. 또한 이외에도 박테리아나 바이러스 등의 다른 생물체의 영향은 물론 화산활동, 지진 등의 자연재해의 영향도 받게 된다. 따라서 지구의 수용능력이 어느 정도인지에 대한 정확한 예측은 불가능하다.

(2) 인구문제에의 대처

환경이 악화되면 지구온난화, 생태계 파괴 등이 진행되지만 이것은 맑은 공기를 유지하고 식량을 확보하려는 또 다른 기술개발에 대한 기회를 인간에게 제공해주기도 한다.

출생률이 낮은 선진 공업국은 경제 활동 인구가 줄어들어 노동력 공급에 어려움을 겪는 동시에 인구가 고령화 되어, 사회 전체로 볼 때 활기를 잃어가고 있다. 문제 해결 방안으로서 사회 보장 제도를 확립하여 실업과 노인 문제에 대처하며, 외국인 근로자 채용, 생산의 기계화로 노동력 부족을 메우고 있다.

개발도상국의 인구문제에는 높은 출산율과 높은 사망률에 있고, 인력을 많이 필요로 하는 노동집약적 산업의 발달로 출산이 장려되기도 한다. 따라서 가족계획 사업을 국가 정책으로 지원하고 있다.

1.1.15 개발도상국에서의 환경문제

(1) 개발도상국의 빈곤과 환경문제

개발도상국에서는 공업화, 도시화의 진전 등에 의해 대기오염, 수질오염 등 선진국형의 공해문제가 심각화한 지역이 보인다. 한편, 많은 개발도상국, 특히 저개발국에서는 인구의 증대, 빈곤 등 국내적 문제를 안고 있고, 토양, 삼림 등에 대한 이용압력이 증대하고 있다. 또한 개발도상국의 대부분은 1차 산품이나 그 저가공품의 수출에 의존한 경제구조를 안고 있는데, 최근 1차 산품가격의 저조, 대외누적채무의 증대 등에 의해 환금작물에의 전환 등이 이루어지고, 이것이 국내의 환경에 대한 이용압력을 한층 높이는 측면이 있다. 이와 같이 대부분의 개발도상국에서는 국내외적으로 자국의 환경을 어쩔 수 없는 상황으로 몰아가고, 일부 지역에서는 자신들의 식량생산 등에 지장뿐만 아니라 장래의 성장이나 개발을 지탱하는 잠재기반까지도 훼손하고 있다.

(2) 인구의 증가, 빈곤의 심각화와 환경문제

빈곤의 최대 요인은 인구의 급증이다. 즉 개발도상국의 인구증가율은 70년대에 들어 증가는 둔화하였지만 여전히 2%를 넘고, 3%를 넘는 국가도 보인다. 인구의 급증은 식량·연료수요를 증가시키고, 그것이 경지나 땔감재 수요 증대를 초래하고, 삼림, 토양 등 환경에의 압력을 강하게 한다. 즉 열대림의 농지로의 전환, 땔감재의 과잉벌채, 경지·방목지의 혹사 등이 이루어지고, 열대림의 감소, 사막화 등으로 이어지고 있다. 이러한 생활기반인 환경의 파괴는 빈곤을 심각화함과 아울러 빈곤에 고통 받는 사람들이 생존을 유지하기 위해 더욱더 환경을 파괴하는 「빈곤과 환경파괴의 악순환」이 발생하고 있다.

(3) 1차 산품무역과 환경문제

1차 산품무역 등의 대외적 요인도 개발도상국의 환경문제와 깊은 관련을 지니고 있다. 수출용 1차 산품생산의 때에 재생가능한도를 상회하는 과도한 환경이용 등에 의해 귀중한 자원이 감소하고, 환경파괴를 초래하는 사례가 세계 각지에서 발생하고 있다.

수출용의 상품작물 등의 생산을 위해 열대림이 대규모로 경지·목초지로 전환되어 감소하는 지역이 있다. 브라질의 아마존지역 및 중앙아메리카에서는 수출용 소의 사육이 열대림을 감소시키는 주된 원인이 되고 있다. 또한 아프리카에서는 면화 등의 수출작물생산이 대농장에서 경영되는 한편, 토지를 잃거나 또는 영세한 자급농민이 경지를 구하기 위해 열대림의 감소나 사막화를 일으키는 예도 있다.

한편, 주로 나왕재라고 하는 수목의 세계 최대의 수출지역인 열대아시아지역에서 이용대상이 되는 수목의 자원량을 보면 그 양은 감소하고, 예를 들면 필리핀은 전에는 열대목재의 주요 수출국이었지만, 자원량의 감소에 따라 통나무의 수출제한을 시행하고 있다.

대부분의 개발도상국에서는 재원, 인재, 기술, 경험 등이 부족하기 때문에 그 해결에는 국제기관이나 선진국의 협력이 필요하다.

1.1.16 에너지 문제

(1) 화석 연료

화석 연료(化石燃料, Fossil fuel)는 인간이 사용하는 여러 가지 에너지 자원들 중 한 가지 형태로서, 오래전 지구상에 서식했던 유기체의 잔존물로 생성된 에너지 자원을 말한다. 화석연료의 종류에는 천연 가스, 석유, 석탄, 혈암(shale), 타르샌드(또는 오일샌드)가 있다.

화석 연료에 따른 환경 문제는 채굴, 수송, 사용 과정으로 나누어 볼 수 있다. 화석 연료는 지하수 층 아래에 깊이 묻혀 있기 때문에 채굴 과정에서 지하수가 오염될 수 있다. 또한 석유나 가스 채굴 후 남겨진 공간 위의 지반이 무너지기도 한다. 바다에서 유정을 뚫을 때 사용하는 유성 진흙은 유해한 화학 물질을 포함하고 있어 바다 생태계가 오염된다. 화석 연료를 채굴하는 데 사용되는 저장탱크, 송유관 등의 설비 또한 주변의 동식물에 심각한 영향을 미친다.

수송 과정에서는 저장탱크가 파손되어 석유가 유출되는 경우 환경이 직접적으로 훼손된다. 이러한 사고로 오염의 영향은 10년 이상 지속될 수도 있으며 복원하는 데 막대한 비용이 필요하다.

화석 연료를 사용할 때 에너지를 사용한 후 남게 되는 물질은 이산화탄소와 불순물로 포함된 질소산화물(NOx), 유황산화물(SOx) 등이 모두 기체와 입자상태의 물질로 배출되지만, 그들이 대기 중에 방출되어 산성비, 호흡기질환, 지구온난화 같은 다양한 환경 문제를 일으키는 요인이 된다.

우리나라는 안정된 에너지의 공급을 위해 1970년대 초 원자력발전소를 건설하는 계획을 세웠으며, 현재는 우리나라 전체 전력의 약 35 %를 원자력발전에 의해 공급하고 있다. 원자력의 가장 큰 장점은 적은 연료 소모로 막대한 양의 에너지를 얻을 수 있다. 환경오염이 적은 편이고 전기 생산 비용절감에 큰 도움이 된다. 하지만 큰 사고가 일어날 경우 안전성이 우려되고 있다.

(2) 신·재생에너지

화석연료의 고갈로 자원 확보 경쟁 및 고유가의 지속 등으로 에너지 공급방식의 다양화가 필요하고, 기후변화협약 등 환경규제에 대응하기 위한 청정에너지 비중 확대의 중요성이 증대하고 있다.

신·재생에너지(new & renewable energy)는 신에너지와 재생에너지의 두 가지를 의미하는데, 새롭고 다시 쓸 수 있는 에너지라는 뜻이다.

신에너지란 기존의 화석연료를 변환시켜 이용하거나 수소·산소 등의 화학 반응을 통하여 전기 또는 열을 이용하는 에너지이다.

재생에너지란 햇빛·물·지열·강수(降水)·생물유기체 등을 포함하는 재생 가능한 에너지를 변환시켜 이용하는 에너지이다.

태양, 바람, 지열 등은 인류의 시간 스케일에서 보면 무한으로 고려되고, 반대로 동식물에서 생성되는 바이오매스는 화석연료와 달리 매우 단시간에 재생된다는 의미에서 고갈하지 않는 에너지라고 할 수 있다.

또한 신·재생에너지는 비교적 소규모 분산형의 에너지원으로 이용되는 경우가 많으므로 설비도입에 요하는 기간이 짧고, 비상용의 에너지원으로서의 활용이 가능하고, 정지시의 영향이 작다는 이점도 가지고 있다.

1) 신에너지

① 수소에너지

수소를 기체상태에서 연소 시 발생하는 폭발력을 이용하여 기계적 운동에너지로 변환하여 활용하거나 수소를 다시 분해하여 에너지원으로 활용하는 기술이다.

② 연료전지

수소, 메탄 및 메탄올 등의 연료를 산화(酸化)시켜서 생기는 화학에너지를 직접 전기에너지로 변환시키는 기술이다.

③ 석탄가스화·액화에너지

석탄, 중질잔사유 등의 저급원료를 고온, 고압하에서 불완전연소 및 가스화 반응을 통하여 일산화탄소와 수소가 주성분인 가스를 제조하여 정제한 후 가스터빈 및 증기터빈을 구동하여 전기를 생산하는 기술이다.

중질잔사유란 원유를 정제하고 남은 최종 잔재물로서 감압증류 과정에서 나오는 감압잔사유, 아스팔트와 열분해 공정에서 나오는 코크, 타르 및 피치 등을 말한다.

2) 재생에너지

① 태양열에너지

태양열이용시스템(집열부, 축열부 및 이용부로 구성)을 이용하여 태양광선의 파동성질과 광열역학적 성질을 이용분야로 한 태양열 흡수·저장·열변환을 통하여 건물의 냉난방 및 급탕 등에 활용하는 기술이다.

② 태양광에너지

태양광발전시스템(태양전지, 모듈, 축전지 및 전력변환장치로 구성)을 이용하여 태양광을 직접 전기에너지로 변환시키는 기술이다.

③ 풍력

풍력발전시스템(운동량변환장치, 동력전달장치, 동력변환장치 및 제어장치로 구성)을 이용하여 바람의 힘을 회전력으로 전환시켜 발생하는 유도전기를 전력계통이나 수요자에게 공급하는 기술이다.

④ 수력

하천, 강이나 호수 등의 물의 흐름으로 얻은 운동에너지를 전기에너지로 변환하여 전기를 발생시키는 시설용량 10,000 kw 이하의 소규모 수력발전이다.

⑤ 해양에너지

해수면의 상승 하강운동을 이용한 조력발전과 해안으로 입사하는 파랑에너지를 회전력으로 변환하는 파력발전, 해저층과 해수표면층의 온도차를 이용, 열에너지를 기계적 에너지로 변환 발전하는 온도차 발전이다.

⑥ 지열에너지

지표면으로부터 지하로 수 m(미터)에서 수 km 깊이에 존재하는 뜨거운 물(온천)과 돌(마그마)을 포함하여 땅이 가지고 있는 에너지를 이용하는 기술이다.

⑦ 바이오에너지

바이오매스(Biomass, 유기성 생물체를 총칭)를 직접 또는 생·화학적, 물리적 변환 과정을 통해 액체, 가스, 고체연료나 전기·열에너지 형태로 이용하는 화학, 생물, 연소공학 등의 기술이다.

⑧ 폐기물에너지

사업장 또는 가정에서 발생되는 가연성 폐기물 중 에너지 함량이 높은 폐기물을 열분해에 의한 오일화기술, 성형고체연료의 제조기술, 가스화에 의한 가연성 가스 제조기술 및 소각에 의한 열회수기술 등의 가공·처리 방법을 통해 연료를 생산한다.

(3) 종합 신·재생에너지시스템

신·재생에너지 이용 확대의 전략으로 지역의 수요에 따라 기술적, 경제적으로 허용하는 한 최대한 활용하는 에너지 시스템·사회시스템의 구축이다.

EIMY(Energy In My Yard)란 어느 수요단위가 있는 경우 그 지역에서 이용 가능한 풍력, 태양, 지열, 중소수력, 바이오매스 등의 신·재생에너지를 자연조건, 경제조건이 허용하는 한 최대한 이용하고, 그 과부족분을 전국계통망(National Grid)에 의해 수급하는 에너지시스템·경제시스템이다(그림 1.10).

EIMY에서는 지역의 수요를 먼저 고려하고, 그 지역에서 이용 가능한 신·재생에너지의 최적 조합을 검토한다. 그 에너지는 그 지역에서 소비하는 것을 기본으로 하고, 부족한 경우에는 National Grid 등에 의해 외부에서 도입하고, 잉여의 경우에는 외부에 공급한다. 이 시스템은 그 지역의 수요 특색에 따른 시스템이고, 지역의 업체에 의해 유지관리된다. 이와 같은 시스템은 지구환경문제에 공헌함과 아울러 지역경제와 에너지 안전성에 기여하고, 지역 주민은 그 지역의 에너지 혜택을 향유할 수 있다. 또한 지역의 신·재생에너지 이용 확대의 인센티브에 이어지고, 이와 같은 지역이 증가함에 따라 지구환경문제의 경감에 기여하게 된다.

EIMY의 개념에 바탕하여 에너지시스템·사회시스템의 실현기법을 구축하기 위해서는 실현의 조건, 저해요인 등이 중요한 지견이 된다. 또한 에너지 밀도가 낮고, 계절변동·시간변동이 큰 신·재생에너지를 활용하기 위해서는 대상지역의 에너지 특성을 파악하고, 시스템의 동적제어를 행하는 기술을 개발하는 것도 중요한 과제이다.

그림 1.10 EIMY의 개념

1.2 지속가능한 건축

1.2.1 녹색건축

녹색건축물(Green Building)이란 에너지 이용 효율 및 신·재생 에너지의 사용비율이 높고, 온실가스 배출을 줄이면서 환경에 미치는 영향을 최소화하는 동시에 쾌적하고 건강한 거주환경을 제공하는 건축물을 말한다(그림 1.11).

건축물의 자재생산단계, 설계, 건설, 유지관리, 폐기에 걸쳐 건축물의 전 과정에서 발생할 수 있는 에너지와 자원의 이용 및 오염물질 배출과 같은 환경 부담을 줄이고, 쾌적한 환경을 조성하기 위해 우리나라에서는 건축물의 친환경성을 평가하여 인증하는 제도로서 녹색건축 인증제도(G-SEED : Green Standard for Energy & Environmental Design)를 시행하고 있다.

녹색건축의 설계기법으로는 신·재생에너지의 유효이용 및 에너지절약과 환경보전을 목표로 에너지부하 저감, 고효율 에너지설비, 자원재활용, 환경공해 저감기술 등을 적용하여 자연친화적으로 설계 건설하고 유지관리한 후 건물의 수명이 끝나 해체될 때에도 환경에 미치는 피해가 최소화되도록 계획한다.

또한 환경조화형 건축재료(Eco material)의 유효이용에 따른 단열·차열·축열을 통하여 환경부하저감을 도모하고, 사용중의 에너지 절약과 자연과의 융합 및 장수명화에 대응할 수 있도록 한다.

그리고 IT 기술을 바탕으로 건물의 친환경/에너지 효율을 높이고, 인간 중심의 편의 공간을 창출하는 Green IT 등을 들 수 있다.

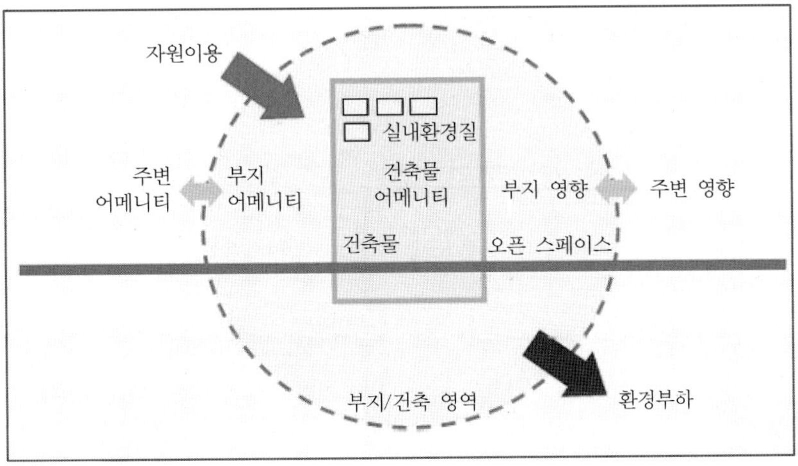

그림 1.11 녹색건축물 성능 범주의 물리적 관계

1.2.2 제로에너지빌딩

제로에너지빌딩(ZEB : zero-energy building)은 넷제로에너지빌딩(NZEB : net-zero energy building)이라고도 한다. 제로에너지빌딩은 "선진적인 건축 설계에 의한 에너지 부하의 억제와 패시브 기술의 채용에 의한 자연 에너지의 적극적인 활용, 고효율 설비 시스템의 도입 등으로 실내 환경의 질을 유지하면서 대폭적인 에너지 절약화를 실현하며, 신·재생 에너지를 도입하여 에너지 자립도를 최대한 높여 연간 1차 에너지 소비량의 수지를 제로로 하는 것을 목표로 하는 건축물"이다(그림 1.12).

특히 제로에너지빌딩의 설계 단계에서는 단열, 일사 차폐, 자연 환기, 주광 활용 등 건축 계획적인 기법(패시브 방식)을 최대한 활용하면서 건축 외피와 건축 설비의 에너지 절약 성능을 고도화하는 등 계층 구조 방식의 설계 개념이 중요하다.

1차 에너지는 자연적으로 존재하는 에너지이다. 화석 연료처럼 고갈성과 태양광과 같은 재생 가능성도 포함된다. 평소 우리가 사용하는 도시 가스와 전력 등은 가공된 2차 에너지인데, 그것을 에너지 절약하는 것이 1차 에너지의 소비량을 절감할 수 있다.

제로화하기 위해서는, ① 건축물·설비의 에너지 절약 성능의 향상, ② 에너지의 면적 이용 ③ 신·재생 에너지의 활용 등의 여러 대책을 결합시킨다.

"에너지의 면적 이용"이라 함은 지역 냉난방에 의한 에너지 시설의 통합과 지역 냉난방의 네트워크화, 쓰레기 소각열 등 미이용 에너지의 활용 등이다.

이와 같이 제로에너지빌딩은 건물이 소비하는 에너지와 건물 내 신·재생에너지 발전량을 합산해 에너지 소비량이 최종적으로 영(0)이 되는 건축물이다.

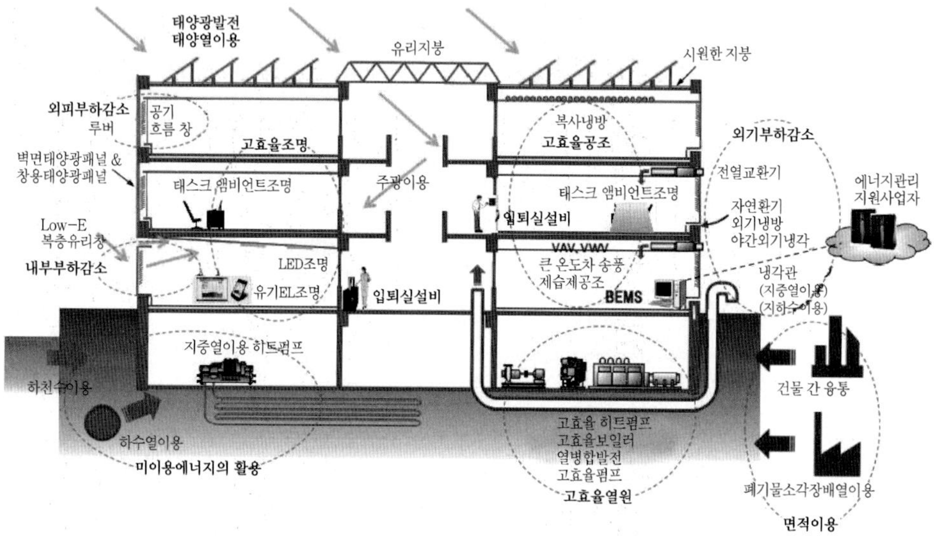

그림 1.12 제로에너지빌딩의 개념도(이미지)

1.2.3 스마트빌딩

스마트빌딩(Smart Building)은 빌딩자동화시스템에 사무자동화 기능과 정보통신 기능을 통합한 최첨단 인공지능빌딩시스템을 말한다. 빌딩자동화 기능에는 온·습도, 공조시설 등의 자동제어 기능과 각종 에너지의 효율적 관리, 방범·화재 등의 재해처리 기능 주차관리 등 주거환경을 쾌적하게 하는 모든 시스템이 포함된다(그림 1.13).

사무자동화 기능은 빌딩 내에 근거리통신망(LAN)을 구축, 컴퓨터·팩시밀리 등 다양한 사무자동화기기가 네트워크화된 것이며 정보통신기능은 음성·문자·데이터·영상정보 등 빌딩 내에 전달되는 모든 정보를 디지털 전전자교환기(PBX)나 광섬유를 이용한 통신시스템과 컴퓨터네트워크·화상회의시스템 등으로 연결한 것을 말한다.

최근에는 태양광과 같은 신·재생에너지의 발전을 통하여 에너지를 자체 생산하고, 에너지저장장치(ESS)와 빌딩에너지관리시스템(BEMS)을 설치하여 효율적인 에너지 소비를 지원하는 에너지 관점의 스마트빌딩도 주목 받고 있다.

개별 운영되는 조명, 공조, 채광, 방재, 보안, 서브시스템 등은 사물인터넷(IoT : Internet of Things)을 통하여 통합 관리하고 해당 데이터를 분석해 기능을 최적화할 수 있다. 또한 정보통신기술(ICT)의 고도화로 정확한 탄소 배출량을 파악하고 에너지 비용을 관리할 수 있다.

지속적인 성능, 효율성 및 안전성을 위해 하루 24시간 1주일에 7일 내내, 즉 연중 무휴 모니터링하고 제어할 수 있다.

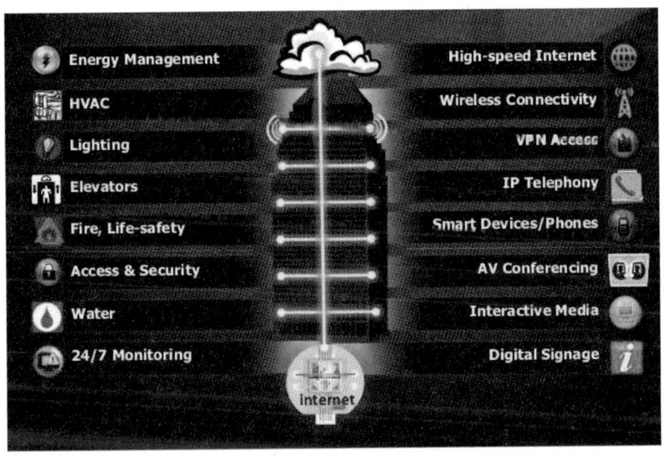

그림 1.13 스마트빌딩

1.2.4 건강건축

건강이란 신체적·정신적·사회적으로 튼튼한 상태이고, 도달할 수 있는 최고의 건강을 향유하는 것은 인종이나 종교, 정치적 신념, 경제적 사회적 조건을 초월하여 모든 사람에게 기본적 권리이다.

WHO(세계보건기구) 헌장의 서문(1948년)에서 건강이란, "신체적·정신적·사회적으로 완전히 양호한 상태이고, 단순히 질병이 없거나 허약하지 않아야 하는 것은 아니다"고 강조하고 있다.

건강대책의 의미에는 2가지의 의미가 있다. 첫째는 거주자(사용자)가 건강하고, 둘째는 건축물이 건강할 것이라는 의미이다.

쾌적하며 건강한 거주환경의 개념으로서, ① 재해에 대한 안전성, ② 생리적 쾌적성,

③ 정신적인 충족, ④ 사회적 활동에 대한 만족의 달성이 성립하는 것을 기본으로 하고 있다.

건강하게 생활하기 위한 건강건축(Healthy Building)에서는 사용되는 건자재나 시공재 등에서 발산하는 화학물질에 의한 건강에의 영향이 문제로 지적되고 있다. 건강 영향을 저감하기 위한 건축설계·시공의 기본적인 사항, 기법 및 사용자의 생활방식 등에 대한 검토가 요구되고 있다. 건축문화 수준의 향상에 따라 웰빙에 이어 힐링이 강조되고 있다.

건강을 유지하기 위하여 건축이 무엇을 해야 하는가에 대하여 '자원·경제 제약', '사용자의 요구 변화', '기술혁신'의 3가지 관점에서 검토할 수 있다.

오늘의 자원·경제 제약이 초래한 요구 변화에 중요한 것은 기후 변화 대책에 관한 온난화가스 절감(구체적으로는 에너지 절약화)이지만, 내진·방화 등의 안전성 확보, 내구성의 향상 등이 이어진다.

유한한 재원·자재·기술과 시간 제약 속에서 무엇을 우선하여 어디에 배분할 것인가의 관리가 현실의 최대 과제이다. 보건 위생 분야에서도 위해성의 평가·배분과 공유는 큰 테마이지만, 일상의 설계·시공·관리 중에서 이루어지는 예산 및 공정 관리에서도 기술적인 뒷받침이 부족한 가운데 이 무거운 과제를 짊어지고 가지 않으면 안 된다.

두 번째는 재택 의료·양호의 증가 등도 고려하면 정상인이 아닌 분 또는 나이 많은 분들에게도 대응할 수 있는 고품질의 환경 마련이 요구될 것으로 예상된다. 전통적인 공중 보건 대책은 대규모 건축물과 불특정다수를 취급하는 일정 지역의 전 주민 전략을 기본으로 하지만, 개별의 대인 대응을 고려하면 건축 기술·설비 기술과 협력하여 새로운 틀이 요구된다고 본다.

세 번째는 다양한 기술혁신을 통한 성능 및 관리에 따른 목표와 기준의 설정 마련이다, 블랙박스화된 성분 조성, 제어 기술과 설정은 법망을 빠져 나가거나 생각지도 못한 거동을 나타내는 경우도 있다. 의료·약품의 임상 실험에 상당하는 시스템도 없는 가운데 역사적 시련을 거치지 않은 기술과 재료의 영향을 다양한 방법으로 모니터링해 나갈 수밖에 없다.

1.2.5 환경요소와 건강영향요인

건축은 이용자·거주자·소유자에게 제공하는 다양한 서비스 가운데 건강과 편리성·쾌적성을 해칠 우려가 있는 주요 요인과 그 형성·제어에 관련된 대책을 마련하여 왔다.

그림 1.14의 상단에서 오른쪽 방향으로 '온열', '공기', '물·음식물', '사고·재해', '빛·전자기파·방사선', '음'의 6요소를 들었다.

급배수 및 해충의 부분은 '물'로 구분하고 있고, '온열'에는 공조 설비와 건물 측의 단열·기밀·차열·통풍성 등이 더위·추위를, '공기'에는 공조·환기설비 및 건물 측의 기밀·통풍·오염 방출·흡탈착성 등이 공기 오염 상황을 형성하는 이미지를 보여주고 있다.

이 그림에서 강조하고 싶은 것은, 건강 등에 관하여 배려해야 할 요인이 다방면에 걸쳐 그것을 제어·완화하는 수단이 건물 구조의 기획·설계에서, 공조 등 건축 설비의 설계·시공, 그 모든 유지 관리·보전까지 다채로운 점이다.

쾌적한 실내 환경에 영향을 주는 요인으로는, 미적 요인, 심리적 요인, 생리적 요인 및 기능적 요인 등으로 구분할 수 있는데 그 중에서 환경공학과 관련이 깊은 것은 생리적 요인이다. 표 1.3에 나타낸 것처럼 열, 공기, 음 및 빛 등의 물리적인 요소를 적절한 상태로 유지함에 따라 인간의 생리적인 쾌적성에 공헌하는 것이다.

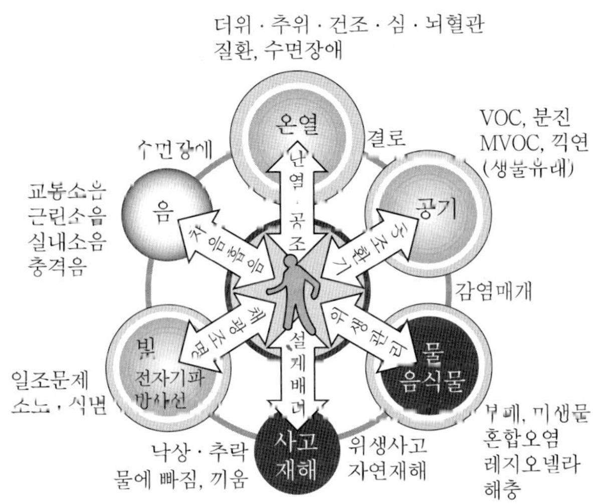

그림 1.14 환경요소와 건강영향요인

표 1.3 물리적 환경요소와 쾌적성 영향요인

환경요소	생리적 영향 요인	심리적 영향 요인
열	기온, 주벽온도(복사), 습도, 기류	일광욕
공기	O_2, CO_2, CO, NO_2, 먼지, 냄새, 병원균	산들바람, 향기
음	음향장애(반향), 명료도, 소음, 충격음, 진동	음향효과(잔향, 음질), 음악
빛	명시(조도, 눈부심), 보건, 살균	조망, 디자인조명, 채광, 색채

일반적으로 건강하게 생활할 수 없는 거주의 원인은 주거환경에 있다고 생각하기 쉽다. 확실히 주거환경에 원인이 있는 경우도 없지는 않지만, 의외로 거주자에게 원인이 있는 경우도 적지 않다.

거주환경에 원인이 있는 건강 장애를 건강피해, 거주 방식과 거주자에게 원인이 있는 건강 장애를 거주자가 건강을 막고 있는 점에서 건강저해라고 정의할 수 있다.

건강피해요인은 단열·급배기·냉난방·조명·주변 환경·차음 등을 들 수 있다. 또한 건강저해요인은 수증기 발생·통풍·환기·가구·일용품류의 공기오염·청소 및 정리 정돈·온습도 제어·일조조절·소음 등을 들 수 있다.

건강하게 생활할 수 있는 거주환경을 확보하기 위해서는 부지의 선정과 건물계획 시에 건강피해요인을 검토하고, 입주 후에는 건강저해요인을 배려한 생활을 하는 것이 중요하다.

확인학습

1 오존층보호를 위하여 1987년에 채택된 의정서는?

2 온실가스로 인한 기후 시스템의 위험한 변화를 방지할 수 있는 수준으로 온실가스 농도를 안정화시키는 것을 목표로 채택된 협약은?

3 습지보전을 위하여 1971년에 채택된 협약은?

4 유해폐기물의 국가 간 이동을 규제한 협약은?

5 오존층은 태양광선 중 생물체에 해로운 (　　　)을 흡수하여 지구상의 인간과 동식물의 생명을 보호하는 역할을 해준다.

6 산성비란 산도가 (　　) 이하인 비를 말한다.

7 우리나라의 연평균 강수량은?

8 한반도에 가장 영향을 미치는 황사 발원지는?

9 태양에너지, 풍력에너지, 지열에너지 등은 (　　　)에너지에 해당한다.

Architecture & Natural Environment

제2장 | 건축과 자연 환경

2.1 기상과 기후

2.1.1 기 상

기상(meteorological phenomena)은 대기 중에서 일어나는 각종 물리 현상으로서 바람·비·구름·눈·무지개 등 대기 중에서 일어나는 여러 가지 대기 현상을 말한다. 대기는 위로 올라갈수록 희박해지고 1,000 ㎞ 이상까지 넓게 퍼져 있어 어디까지를 대기로 보는가에 따라 기상의 범위도 달라진다. 때로는 대기의 상태를 포함한 일기 또는 날씨의 뜻으로 쓰이기도 한다.

태양으로부터 오는 열은 지구의 날씨를 변화시키는 주된 원인이다. 지구는 자전하면서 태양의 주위를 돌기 때문에 낮과 밤, 계절의 변화가 생기며 이에 따라 지구가 태양으로부터 받는 열량의 차이가 발생한다. 또한 대륙과 바다, 적도와 극지방과 같이 지역 조건에 따른 열적 불균형이 일어난다. 이러한 불균형을 해소하기 위하여 비나 눈이 내리고, 바람이 불고, 기온이 오르내리는 등 날씨의 변화가 생기게 된다.

우리나라 기상청의 기상특보는 주의보와 경보로 나뉜다. 주의보는 재해가 일어날 우려가 있는 경우나 사회, 경제 활동에 큰 영향을 미칠 가능성이 있을 경우 이를 발표하는 예보이다. 경보는 중대한 재해가 일어날 수 있음을 경고하는 예보이다. 특보를 발표하게 되는 기상 현상의 종류는 강풍·풍랑·호우·대설·건조·해일(폭풍해일·지진해일)·한파·태풍·황사·폭염이다(표 2.1).

표 2.1 기상특보 발표기준

특보구분	주의보	경 보
강 풍	육상에서 풍속 14m/s 이상 또는 순간풍속 20m/s 이상이 예상될 때. 다만, 산지는 풍속 17m/s 이상 또는 순간풍속 25m/s 이상이 예상될 때	육상에서 풍속 21m/s 이상 또는 순간풍속 26m/s 이상이 예상될 때. 다만, 산지는 풍속 24m/s 이상 또는 순간풍속 30m/s 이상이 예상될 때
풍 랑	해상에서 풍속 14m/s 이상이 3시간 이상 지속되거나 유의파고가 3m 이상이 예상될 때	해상에서 풍속 21m/s 이상이 3시간 이상 지속되거나 유의파고가 5m 이상이 예상될 때
호 우	6시간 강우량이 70mm 이상 예상되거나 12시간 강우량이 110mm 이상 예상될 때	6시간 강우량이 110mm 이상 예상되거나 12시간 강우량이 180mm 이상 예상될 때
대 설	24시간 신적설이 5cm 이상 예상될 때	24시간 신적설이 20cm 이상 예상될 때. 다만, 산지는 24시간 신적설이 30cm 이상 예상될 때
건 조	실효습도 35% 이하가 2일 이상 계속될 것이 예상될 때	실효습도 25% 이하가 2일 이상 계속될 것이 예상될 때
폭풍해일	천문조, 폭풍, 저기압 등의 복합적인 영향으로 해수면이 상승하여 발효기준값 이상이 예상될 때. 다만, 발효기준값은 지역별로 별도지정	천문조, 폭풍, 저기압 등의 복합적인 영향으로 해수면이 상승하여 발효기준값 이상이 예상될 때. 다만, 발효기준값은 지역별로 별도지정
지진해일	한반도 주변해역(21N~45N,110E~145E) 등에서 규모 7.0 이상의 해저지진이 발생하여 우리나라 해안가에 해일파고 0.5~1.0m 미만의 지진해일 내습이 예상될 때	한반도 주변해역(21N~45N, 110E~145E) 등에서 규모 7.0 이상의 해저지진이 발생하여 우리나라 해안가에 해일파고 1.0m 이상의 지진해일 내습이 예상될 때
한 파	10월~4월에 다음 중 하나에 해당하는 경우 ① 아침 최저기온이 전날보다 10℃ 이상 하강하여 3℃ 이하이고 평년값보다 3℃가 낮을 것으로 예상될 때 ② 아침 최저기온이 -12℃ 이하가 2일 이상 지속될 것이 예상될 때 ③ 급격한 저온현상으로 중대한 피해가 예상될 때	10월~4월에 다음 중 하나에 해당하는 경우 ① 아침 최저기온이 전날보다 15℃ 이상 하강하여 3℃ 이하이고 평년값보다 3℃가 낮을 것으로 예상될 때 ② 아침 최저기온이 -15℃ 이하가 2일 이상 지속될 것이 예상될 때 ③ 급격한 저온현상으로 광범위한 지역에서 중대한 피해가 예상될 때
태 풍	태풍으로 강풍, 풍랑, 호우, 폭풍해일 현상 등이 주의보 기준에 도달할 것으로 예상될 때	태풍으로 다음 중 어느 하나에 해당하는 경우 ① 강풍(또는 풍랑) 경보 기준에 도달할 것으로 예상될 때 ② 총 강우량이 200mm이상 예상될 때 ③ 폭풍해일 경보 기준에 도달할 것으로 예상될 때
황 사	황사로 1시간 평균 미세먼지(PM10) 농도 400㎍/㎥ 이상이 2시간 이상 지속될 것으로 예상될 때	황사로 1시간 평균 미세먼지(PM10) 농도 800㎍/㎥ 이상이 2시간 이상 지속될 것으로 예상될 때
폭 염	일최고기온이 33℃ 이상인 상태가 2일 이상 지속될 것으로 예상될 때	일최고기온이 35℃ 이상인 상태가 2일 이상 지속될 것으로 예상될 때

2.1.2 기 후

기후(climate)는 어떤 지역에서 해마다 되풀이되는 기상 상태, 즉 기온・강수량・습도・바람・햇볕의 양 등을 여러 해 동안 비교 조사하여 얻은 1년 동안의 평균 기상 상태이다. 기후는 사람의 생활과 매우 가까운 관계가 있다. 사람이 사는 집 얼개와 음식・풍습・민족성・산업 등은 모두 기후의 영향을 받는다. 또 기후는 생물의 분포에도 영향을 끼친다.

따라서 기후는 장소에 따라 달라지지만 같은 장소에서는 일정한 것이 보통이다. 그러나 기후도 엄밀히 말하면 일정한 것이 아니고 수십 년 또는 수백 년이라는 긴 주기를 가지고 변화되어 간다. 세계기상기구에서는 30년 동안의 평균값을 기준으로 삼고 있다. 넓은 의미에서의 기후란 통계적인 기술을 포함하여 기후시스템의 상태를 말한다.

기후는 대상으로 하는 지역의 대소나 기후현상의 공간규모의 대소에 따라 대기후, 중기후, 소기후, 미기후로 구분된다. 대기후의 특징을 결정하는 기후인자로는 위도, 큰 지형, 수륙분포 등이 중요한데 비하여, 소기후에서는 식생・토지이용 등의 토지피복 형태나 작은 지형이 큰 영향을 끼친다.

중기후는 도시 기후, 분지 기후 따위가 이에 해당하며, 주요한 기후 인자로는 중규모의 지형, 열원, 냉원과 집중 호우 등의 중규모 기상 현상과 중규모의 산곡풍 등의 국지 순환 등이 있다.

미기후는 지표면과 가까운 좁은 범위의 기후로서, 수평으로는 수 제곱미터에서 수 제곱킬로미터의 규모에 수직으로는 수십 미터 정도의 높이까지 다룬다. 난류에 의한 열교환, 공기의 압축성, 지면 마찰, 복사 등의 영향이 크게 나타나며, 주로 농업과 생활환경의 개선을 위하여 연구된다.

2.1.3 우리나라의 기후

우리나라는 지리적으로 중위도 온대성 기후대에 위치하여 봄, 여름, 가을, 겨울의 사계절이 뚜렷하게 나타난다. 봄과 가을에는 이동성 고기압의 영향으로 맑고 건조한 날이 많으며, 여름에는 고온 다습한 북태평양 고기압의 영향으로 무더운 날씨를 보이고, 겨울에는 한랭 건조한 대륙성 고기압의 영향을 받아 춥고 건조하다(표 2.2).

여름철 장마 뒤의 몹시 습하고 심한 무더위인 찜통더위를 유발하는 "열돔(heat dome)" 현상은 대기권 중상층에서 발달한 고기압이 지표면의 뜨거운 공기를 반구형

지붕인 돔(dome)처럼 감싸면서 찜통더위를 만든다.

표 2.2 우리나라의 기후

기 온	우리나라의 기온은 중부산간, 도서지방을 제외하고, 연 평균기온은 10~15℃이며, 가장 무더운 달인 8월은 23~26℃, 가장 추운 달인 1월은 -6~3℃이다. (도서지역을 제외한 육지의 대표적인 45개 지점의 1981~2010년 평년값 기준, 이하 같음)
강수량	연중 지역별 강수량은 중부지방 1,200~1,500 mm, 남부지방 1,000~1,800 mm이다. 경북지역은 1,000~1,300 mm이며, 경남해안 일부지역은 1,800 mm 정도, 제주도지방은 1,500~1,900 mm이다. 계절적으로는 연 강수량의 50~60%가 여름에 내린다.
바 람	겨울에 북서풍, 여름에는 남서풍이 강하며, 계절에 따른 풍계가 뚜렷이 나타난다. 9월과 10월은 바람이 비교적 약하다. 해안지방에는 해륙풍의 영향이 뚜렷하다.
습 도	전국적으로 연중 60~75% 범위이며, 7월과 8월은 70~85% 정도이고, 3월과 4월은 50~70%이다.
장 마	6월 중순 후반에 제주도 지방으로부터 시작하여 6월 하순 초반에 점차 중부지방에 이르게 되며, 장마기간은 30일 내외이다.
태 풍	북태평양 서부에서 연중 26개 정도가 발생하며, 이 중 3개 내외가 우리나라에 직・간접적 영향을 준다.

2.1.4 도시기후의 특성

도시가 발달하고 인구가 증가함에 따라 도시 중심부는 주변에 비하여 뚜렷하게 다른 소기후 형태가 형성된다. 이것은 도시 구조물의 열용량 및 열전도가 토양보다 커서 태양에너지를 받는 면적이 교외보다 크고, 화석연료 사용에 의한 도시 자체의 발열량의 증가와 더불어 지표면이 구조물에 덮여서 증발 면적이 적어지고 증발열의 손실이 상대적으로 적어지며, 화석연료 사용에 의한 오염물질이나 미세먼지에 의한 온실효과에 기인한다. 그러나 그 정량적인 크기는 각 도시마다 달라서 일률적으로 말하기는 어렵다. 가장 뚜렷한 특징은 도시와 그 주위 교외와의 기온차인데, 도심에서 상대적으로 높은 기온이 관측된다.

표 2.3은 광활한 전원지대에 둘러싸인 도시 내외의 기후를 비교하고, 도시 내부의 평균적인 기후 특성을 나타낸 것이다.

그 특징을 일괄하면 "도시 내부는 교외보다 기온, 특히 최저 기온이 높고 열섬(heat island)이 형성되고 있다. 그 원인이 되는 복사는 자외선과 함께 적고 일조시수도 적다. 이것은 도시 상공의 구름의 양, 안개가 많은 것도 관련된다. 대기오염은 교외보다 심하고, 풍속은 건물 등 장애물의 영향에 의하여 약하다."

표 2.3 도시와 교외의 기후차

요 소	전원지역과의 비교	요 소	전원지역과의 비교
오염물질 :		하계	8% 감소
응결핵 세진	10배 이상	일 사 :	
가스상 물질	5~25배 이상	총량	15~20% 감소
구름 :		자외선, 동계	30% 감소
전운량	5~10% 증가	자외선, 하계	5% 감소
안개, 동계	100% 증가	일조시간	5~15% 감소
안개, 하계	30% 증가	기온 :	
강수량 :		연평균	0.5~1.0℃ 상승
총량	5~10% 증가	동계 최저(평균)	1~2℃ 상승
일강수량 5 mm 이하의 강수 일수	10% 증가	난방 디그리 데이	10% 강하
		풍속 :	
강설	5% 감소	연평균	20~30% 감소
상대습도 :		순간최대	10~20% 감소
동계	2% 감소	정온도수	5~20% 증가

표에는 스케일이 다른 각종의 기후 요소가 혼재하고 있다. 도시의 영향이 현저한 것은 국지성이 강한 기온, 바람, 오염물질 등이고, 그 결과로서 습도, 안개, 복사 등에 도시 기후적 특성이 발생하고 있다.

기온의 도시 내외부에 있어서 수평분포를 측정하면, 예를 들어 그림 2.1(a)와 같이 "도시 지역이 고온이며 폐곡선을 이루는 섬과 같은 형을 한 등온선에 둘러싸여 있다." 그 특징으로서,

① 등온선은 건물이 밀집하여 있는 도시 지역과 교외와의 경계선 부근에 집중하고 있다.
② 도시 내외 상공의 기온이 같아지는 고도는 바람의 상태가 관계되고, 약풍 이하에서는 도시 중심지역에 있어서 건물 평균 고도의 3~5배 정도이다.
③ 도시 기온 분포가 현저한 것은 최저 기온 분포에 관해서 이고, 흐림, 강우시, 강풍시 등에는 현저하지 않다.
④ 바람이 불면 도시의 고온역이 바람이 불어가는 쪽으로 흘러가는 경향이 있다.

이와 같은 도시의 열섬 현상을 특징짓는 것으로서 그림 2.1(b)와 같이 도시 대기의 모델이 고려되고 있다. 그것은 도시 상공에 블랭킷(blanket)상으로 도시 지역을 둘러싸 쉽게 움직이지 않고 직접 도시의 영향을 받은 대기가 존재하는, 이것을 도시대기라고 한다. 이것은 강풍이 없으면 날아가지 않는다.

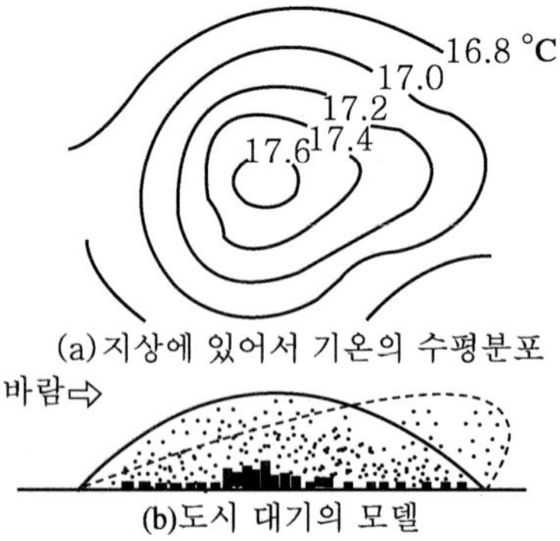

그림 2.1 도시의 열섬현상

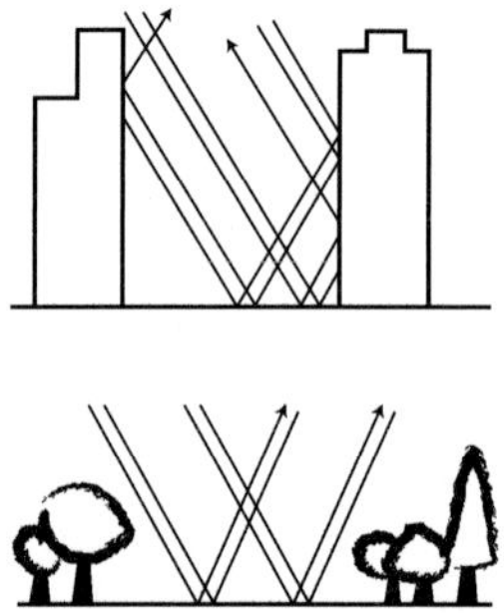

그림 2.2 도시와 전원에 있어서 일사흡수의 비교

도시기후는 도시에의 인구 집중에 따른 전원교외 지역의 도시화, 스프롤(sprawl)에 의하여 형성된다. 그 중에서 도시기후에 직접 영향을 미치는 요인으로서는, ① 도시의 형태, ② 도시의 구성재료, ③ 도시의 에너지 소비의 3가지를 들 수 있다.

고층·중층의 건물이 밀집하고 평면적·입체적으로 복잡한 형태는 그림 2.2에 나타난 바와 같이 건물 벽면에 일사 열량의 흡수를 증대시킨다. 콘크리트, 금속, 아스팔트 등으로 피복된 도시의 표면은 우수의 대부분을 하수에 흘려버리므로 증발열이 적고, 일사를 받아 고온이 된 표면은 쉽사리 냉각되지 않는다.

또한 도시에서는 인간 활동에 의한 에너지 소비에 따른 배열이 직접 승온으로 작용하고, 동시에 배출되는 미립자, 각종 유해 가스 등에 의하여 대기오염이 촉진된다.

열섬현상의 발생에 대하여 도시의 구성 재료가 콘크리트, 금속, 아스팔트인 것이 관계있다고 하면 공원 녹지는 도시의 기온 조절, 대기 정화 등 환경·위생적인 역할을 담당하는 것이 기대된다.

도시환경은 자연환경의 일부이지만 인간사회의 활동에 따라 특수한 환경을 형성하고 있다. 도시환경에 있어서 대기오염, 수질오염, 토양오염, 에너지 사용이나 녹지의 감소 또는 냉방배열에 의한 열오염 등의 환경오염은 쾌적한 환경을 형성하는 데 마이너스 요소이지만 상하수도, 교통망 등의 도시기반설비(infrastructure)의 정비, 열섬(heat island)에 의한 동계의 기온상승은 플러스 요소이다(그림 2.3).

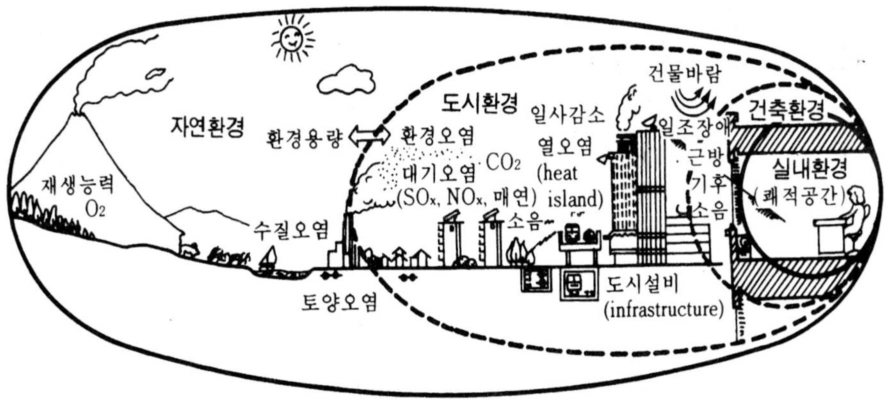

그림 2.3 자연환경과 건축환경

2.1.5 대기의 환경기준

도시 내 기후의 선원시역 그것과의 비교에서 가장 차이가 큰 것은 표 2.4에 의하면 오염물질에 대해서이다. 도시에 있어서 에너지 소비에 따른 폐가스의 배출량은 막대한 것이고, 그것은 직접 인간에게 작용하여 건강을 해친다.

대기환경기준은 대기오염에 의한 피해로부터 국민을 보호하기 위한 행정목표치로서, 인체와 동식물에 해로운 영향을 유발하는 폭로량을 기준으로 하여 장·단기 기준치를 설정한 것이다.

표 2.4 대기의 환경기준

항 목	기 준	측정방법
이황산가스 (SO_2)	연간평균치 0.02 ppm 이하 24시간평균치 0.05 ppm 이하 1시간평균치 0.15 ppm 이하	자외선형광법(Pulse U.V. Fluorescence Method)
일산화탄소 (CO)	8시간평균치 9 ppm 이하 1시간평균치 25 ppm 이하	비분산적외선분석법(Non-Dispersive Infrared Method)
이산화질소 (NO_2)	연간평균치 0.03 ppm 이하 24시간평균치 0.06 ppm 이하 1시간평균치 0.10 ppm 이하	화학발광법(Chemiluminescence Method)
미세먼지 (PM-10)	연간평균치 50 $\mu g/m^3$ 이하 24시간평균치 100 $\mu g/m^3$ 이하	베타선흡수법(β-Ray Absorption Method)

표 2.4 대기의 환경기준(계속)

항 목	기 준	측정방법
미세먼지 (PM-2.5)	연간평균치 15 ㎍/m^3 이하 24시간평균치 35 ㎍/m^3 이하	중량농도법 또는 이에 준하는 자동측정법
오 존 (O_3)	8시간평균치 0.06 ppm 이하 1시간평균치 0.1 ppm 이하	자외선광도법(U.V Photometric Method)
납 (Pb)	연간평균치 0.5 ㎍/m^3 이하	원자흡광광도법(Atomic Absorption Spectrophotometry)
벤 젠	연간평균치 5 ㎍/m^3 이하	가스크로마토그래피법(Gas Chromatography)

[주] 1. 1시간 평균치는 999천분위수(千分位數)의 값이 그 기준을 초과하여서는 아니되고, 8시간 및 24시간 평균치는 99백분위수의 값이 그 기준을 초과해서는 아니된다.
2. 미세먼지(PM-10)는 입자의 크기가 10 ㎛ 이하인 먼지를 말한다.
3. 미세먼지(PM-2.5)는 입자의 크기가 2.5 ㎛ 이하인 먼지를 말한다.

(1) 아황산가스(SO_2)

황을 함유하고 있는 연료의 연소시 발생하는 아황산가스는 고농도에 노출될 시 호흡기 질환을 가져올 수 있으며 또 산성비, 건물부식, 시정감소와 같은 악영향을 줄 수 있는 물질이다.

(2) 일산화탄소(CO)

일산화탄소는 자동차 배기가스가 주오염원이다. 겨울철에는 여름철의 거의 4배 정도 더 높고, 다른 오염물질과 달리 야간에도 높다.

(3) 이산화질소(NO_2)

자동차, 산업시설 등에 사용되는 연료의 고온 연소시 발생하는 이산화질소는 그 자체가 호흡기에 영향을 주기도 하고 대기 중에서 산화제 역할을 하여 산성비를 만들며 오존이나 스모그 생성에 중요한 역할을 한다.

(4) 미세먼지(PM–10/PM–2.5)

사람의 폐포까지 깊숙하게 침투해 기관지와 폐에 쌓인 미세먼지는 각종 호흡기 질환의 직접 원인이 되며 몸의 면역 기능을 떨어뜨린다. 또한 대기 중에 부유하면서 빛을 흡수, 산란시키기 때문에 시야를 악화시키기도 하고, 식물의 잎 표면에 쌓여 광합성

동화 작용, 호흡작용과 증산작용 등을 저해하여 식물 성장에도 나쁜 영향을 미친다.

(5) 오존(O_3)

오존은 주로 자동차에서 배출되는 탄화수소와 주유소나 페인트공장들에서 증발하는 휘발성유기화합물(VOC)이 대기 중에서 광화학 반응을 통해 생성되며 오후 3~4시경에 일반적으로 농도가 가장 높아진다.

(6) 납(Pb)

납이 인체에 과잉 축적되면 초기증상으로는 피로, 어지러움, 두통, 관절통, 불안, 기억력장애, 근심, 걱정, 안절부절, 권태, 불면증, 변비, 복부 불쾌감, 허약, 무기력 등이 나타난다. 만성증상으로는 식욕감퇴, 내장 통, 근육약화, 말초신경장애(사지의 무감각과 따끔거림), 장기간의 기억손실, 정신운동기능장애, 불안감, 무서움이 나타난다.

(7) 벤 젠

벤젠은 가연성이 있는 무색 액체로, 주로 석유로부터 생산되나, 코크스를 생산하는 과정에서 부산물로 얻어지기도 한다. 휘발성이 강하기 때문에 수중이나 토양 중에는 소량으로 존재하며, 일반적으로 공기 중에 많이 분포하고 있다. 사람이 고농도의 벤젠에 단기간이라도 노출될 경우, 흥분·구토·두통·졸음·혼수 등을 거쳐 심할 경우에는 사망에 이르기도 하는 데, 이는 벤젠이 주로 중추 신경계에 영향을 미치기 때문이다. 또한, 벤젠은 사람에게 발암성이 있는 것으로 알려져 있다.

2.1.6 건설현장에 미치는 기상요소

건설 산업은 기상에 영향을 받는 대표적인 산업으로 주로 옥외에서 생산 활동이 이루어지기 때문에 강우, 기온, 바람, 강설 등에 직접적인 영향을 받으며 기상 변화에 따른 시공품질 저하, 부실시공 가능성, 시설 파손, 안전사고 및 공정 지연 등의 피해 발생 확률이 매우 높다.

건설 현장에 양향을 미치는 기상요소를 기준으로 공정 가능 정도를 판단해 사전에 작업일정의 조절을 통하여 피해 예방을 최소화할 수 있다(표 2.5).

따라서 기상을 고려하여 건설 활동에서 발생할 수 있는 인적·물적 피해를 사전에 예방하고 고도화된 대응 체계 마련을 위해 건설 기상정보시스템 구축 활동이 확대되어야 한다.

표 2.5 기상과 건설현장 공정관계 매트릭스

기상요소	공정직업				
	토목공사	골조공사			마감공사
		거푸집공사	철근공사	콘크리트공사	
강 우	강우 시 작업 불가	거푸집 설치 및 해체 작업 불가	철근 설치 작업 불가	타설 작업 불가	실내 작업 가능
기 온	대지가 얼었을 경우 작업 불가	—	저온 시 철근용접 작업 불가	4℃ 이하 한랭콘크리트 타설 불가	난방 시 작업 가능
바 람	—	대형 거푸집 인양 불가	철근 인양 작업 불가	강풍 시 고층에서 타설 불가	방풍 시 작업 가능
강 설	일정량 이상 적설 시 작업 불가	거푸집 설치 및 해체 작업 불가	철근 설치 및 용접 작업 불가	타설 작업 불가	—

2.2 기 온

2.2.1 기온의 특성

기온(air temperature)은 대기의 온도를 말하며, 국제적으로는 지면으로부터 1.25~2.0 m의 높이에서 측정하는 것을 기준으로 하고 있으나, 우리나라에서는 1.5 m 높이를 기준으로 하고 있다. 기온은 지면으로부터 약 10 km 정도까지는 높이가 증가함에 따라 100 m마다 약 0.5~0.6℃의 비율로 낮아진다.

기온은 그 지방의 기후를 좌우하는 가장 중요한 기후요소로서 인간생활은 물론 동물의 동면·변태·이동, 식물의 낙엽·개화 등도 기온에 크게 좌우된다. 특히 조류나 포유류 이외의 동물의 체온은 기온에 좌우되므로 영향이 크다.

대개 연변화의 진폭은 고위도지방일수록 크고 저위도지방일수록 작다. 계절마다의 기온 또는 연평균기온은 일정하지 않아 상당히 긴 주기(수십 년)를 가지고 오르내린다(표 2.5).

표 2.5 평균 기온 [℃]

(1981~2010)

지 점	01월	02월	03월	04월	05월	06월	07월	08월	09월	10월	11월	12월	평년값
서 울	-2.4	0.4	5.7	12.5	17.8	22.2	24.9	25.7	21.2	14.8	7.2	0.4	12.5
인 천	-2.1	0.3	5.1	11.3	16.4	20.9	24.0	25.2	21.1	15.0	7.6	0.9	12.1
수 원	-2.9	-0.3	5.0	11.6	17.2	21.7	24.8	25.6	20.8	14.0	6.6	0.0	12.0
이 천	-3.1	-0.2	5.2	11.9	17.4	21.7	24.4	24.8	19.8	13.0	5.4	-1.2	11.6
철 원	-5.5	-2.3	3.5	10.4	16.3	20.8	23.5	23.8	18.7	11.5	4.1	-2.8	10.2
춘 천	-4.6	-1.3	4.5	11.6	17.1	21.7	24.5	24.6	19.4	12.5	5.0	-1.7	11.1
원 주	-4.3	-1.2	4.7	11.8	17.3	21.8	24.6	24.8	19.5	12.6	5.2	-1.4	11.3
인 제	-5.2	-2.2	3.5	10.6	15.7	20.0	23.1	23.3	18.1	11.6	4.5	-2.0	10.1
속 초	-0.3	1.5	5.5	11.5	15.9	19.2	22.8	23.7	19.8	15.0	8.6	2.7	12.2
강 릉	0.4	2.2	6.3	12.9	17.6	20.8	24.2	24.6	20.3	15.5	9.2	3.4	13.1
대관령	-7.7	-5.5	-0.5	7.0	11.9	15.7	19.1	19.1	14.1	8.3	1.9	-4.4	6.6
울릉도	1.4	2.2	5.4	11.1	15.5	18.8	22.3	23.6	19.8	15.3	9.7	4.4	12.4
태 백	-4.8	-2.8	1.9	8.9	14.0	17.8	20.9	21.0	16.0	10.3	3.9	-2.0	8.7
청 주	-2.4	0.3	5.7	12.6	18.1	22.5	25.4	25.8	20.7	14.0	6.7	0.3	12.5
추풍령	-2.0	0.2	5.2	12.1	17.0	20.9	23.7	24.1	19.3	13.1	6.4	0.4	11.7
충 주	-4.2	-1.3	4.7	11.7	17.1	21.7	24.7	24.9	19.3	12.4	5.3	-1.0	11.2
제 천	-5.2	-2.3	3.5	10.5	16.0	20.6	23.4	23.8	18.4	11.4	4.1	-2.4	10.2
서 산	-2.0	-0.2	4.6	10.9	16.4	21.1	24.3	25.1	20.4	14.0	7.0	0.9	11.9
대 전	-1.0	1.5	6.5	13.0	18.2	22.4	25.0	25.6	21.3	14.7	7.5	1.2	13.0
천 안	-2.9	-0.4	4.8	11.5	17.2	21.5	24.7	25.1	20.0	13.3	6.2	-0.1	11.8
보 령	-0.8	0.8	5.1	11.0	16.4	20.9	24.5	25.5	20.9	14.7	8.1	2.0	12.4
부 여	-1.9	0.4	5.3	11.7	17.3	21.9	25.0	25.5	20.4	13.5	6.6	0.5	12.2
군 산	-0.4	1.1	5.4	11.4	16.8	21.2	24.9	25.7	21.3	15.2	8.4	2.5	12.8
전 주	-0.5	1.5	6.3	12.8	18.2	22.5	25.8	26.2	21.5	15.0	8.3	2.2	13.3
남 원	-1.4	1.0	5.6	11.9	17.4	22.0	25.0	25.2	20.6	13.4	6.5	0.4	12.3
광 주	0.6	2.5	7.0	13.2	18.3	22.4	25.6	26.2	21.9	15.8	9.1	3.1	13.8
목 포	1.7	2.9	6.7	12.3	17.3	21.4	24.8	26.1	22.2	16.6	10.2	4.4	13.9
여 수	2.4	4.0	7.9	13.2	17.5	20.9	24.2	25.8	22.3	17.3	10.9	5.1	14.3
순 천	1.8	3.7	7.9	13.4	17.8	21.4	24.9	25.9	21.8	16.5	10.0	4.3	14.1
제 주	5.7	6.1	9.1	13.8	17.8	21.5	25.8	26.8	23.0	18.2	12.8	8.1	15.8
서귀포	6.8	7.8	10.6	14.8	18.6	21.7	25.6	27.1	23.9	19.3	14.1	9.3	16.6
안 동	-2.2	0.2	5.3	12.2	17.4	21.4	24.3	24.8	19.8	13.2	6.1	0.0	11.9
대 구	0.6	2.9	7.8	14.3	19.1	22.8	25.8	26.4	21.7	15.9	9.0	2.9	14.1
포 항	1.8	3.8	7.9	13.8	18.2	21.4	24.9	25.7	21.6	16.6	10.3	4.4	14.2
영 주	-2.9	-0.3	4.8	11.7	16.9	21.0	23.8	24.2	19.1	12.5	5.6	-0.6	11.3
문 경	-2.0	0.4	5.5	12.0	17.2	21.2	23.8	24.3	19.3	13.1	6.2	0.3	11.8
구 미	-1.3	1.1	6.2	12.9	18.0	22.1	24.9	25.2	20.1	13.6	6.8	0.8	12.5
영 천	-1.0	1.2	6.0	12.5	17.3	21.3	24.6	25.1	20.0	13.7	6.9	0.9	12.4
부 산	3.2	4.9	8.6	13.6	17.5	20.7	24.1	25.9	22.3	17.6	11.6	5.8	14.7
울 산	2.0	3.9	7.9	13.5	17.9	21.4	25.0	25.9	21.5	16.2	9.9	4.3	14.1

표 2.5 평균 기온 [℃] (계속)

(1981~2010)

지 점	01월	02월	03월	04월	05월	06월	07월	08월	09월	10월	11월	12월	평년값
창 원	2.8	4.7	8.7	14.1	18.4	21.7	25.2	26.5	22.8	17.4	11.0	5.4	14.9
통 영	3.1	4.9	8.6	13.4	17.5	20.9	24.4	26.1	22.6	17.6	11.2	5.5	14.7
진 주	-0.1	2.1	6.8	12.8	17.6	21.5	25.1	25.7	21.0	14.5	7.7	2.0	13.1
밀 양	0.0	2.4	7.2	13.1	17.8	21.9	25.2	25.8	21.1	14.8	8.0	1.9	13.3

사람이 가장 쾌적하게 느끼는 기온은 15~20℃의 범위이며, 30℃를 넘으면 더위를 심하게 느끼게 되고 5℃ 이하가 되면 추위를 느끼게 되어 작업능률이 떨어진다. 작업능률에 가장 알맞은 기온은 가벼운 작업에서는 21~24℃, 힘든 작업에서는 15~18℃, 일반 사무에서는 25℃ 전후이다. 사람은 의복·주택 등에 의해 좁은 범위 안에서 기온을 조절하며, 자연생활보다는 폭넓은 범위에서 생활하고 있다.

한여름이란 하루의 최고기온이 30℃ 이상이 되는 날이며, 한겨울이란 하루의 최고기온이 0℃ 미만의 날을 말한다. 또한 하루의 최고기온이 25℃ 이상이 되는 날은 여름날이라 하고, 하루의 최저기온이 0℃ 미만이 되는 날을 겨울날이라고 한다.

기상청에서 일기예보에 지난 30년간의 기후의 평균적 상태를 이용하여 평년기온과 예년기온이라는 용어를 사용한다. 평년이란 평상시와 같은 여느 해를 이르고, 예년이란 이전부터 지내 왔던 평상시의 해를 이르는 말이다.

2.2.2 기온의 측정

기온은 보통 섭씨(℃)·화씨(°F) 및 절대온도(K)로 표시된다. 지표면 부근의 기온측정에는 흔히 수은온도계가 사용된다. 온도계를 사용하여 기온을 잴 경우에는 통풍이 잘 되는 곳에서 직사광선을 피해서 측정한다.

이와 같은 기온의 측정에 편리하도록 노장(露場)에 설치된 것이 백엽상(百葉箱)이며, 온도계는 흔히 이 안에 걸어 놓고 일정한 장소에서 계속 관측한다.

지상의 기상관측을 매일 한 번만 하는 경우에는 기온은 9시의 값을 취한다. 하루의 평균기온은 6시간마다(3·9·15·21시), 4시간마다(2·6·10·14·18·22시), 3시간마다(0·3·6·9·12·15·18·21시) 관측한 값을 평균하여 구한다. 기상관측 또 최고온도계와 최저온도계가 설치되어 하루 중의 극대값(M)과 극소값(m)을 알 수 있으면 (M+m)/2에 의해 거의 일평균에 가까운 값을 구할 수 있다. 일평균기온으로부터 순(旬)

평균기온(10일 간)·월평균기온이 계산된다.

관측방법은 기압, 기온, 풍향, 풍속, 습도, 강수량(0.1 mm, 0.5 mm), 강수유무, 일사량, 일조시간, 지면온도, 초상온도 11개 요소에 대해서는 자동으로 관측하고, 시정, 구름, 증발량, 지중온도 5개 요소에 대해서는 목측(目測) 및 수동관측을 실시한다.

정확한 일기예보와 대기 상태를 이해하기 위해서는 지상뿐만 아니라 상층의 기상 상태까지 파악해야 한다. 이를 위해 기상청에서는 포항, 제주, 백령도, 속초, 흑산도에서 지상으로부터 30 km 이상 상공까지의 기압, 기온, 습도, 풍향·풍속을 라디오존데(radiosonde)로 하루 2회(오전 9시, 오후 9시) 관측하고 있다.

2.2.3 열대야 현상

열대야(Tropical night)는 낮 최고기온이 30℃ 이상으로 오른 한여름의 날씨를 '트로피컬 데이'라 이르는 데에서 연유한 말이다. 열대야에는 습윤한 열대 저지대의 밤 기온과 비슷하여 한여름 밤 동안의 최저기온이 25℃ 이상인 무더운 현상이 나타나 너무 더워서 사람이 잠 들기 어렵고 고통스럽기 때문에 더위를 나타내는 지표가 된다.

우리나라에서 열대야 현상은 고온다습한 북태평양고기압이 발달하였을 때 밤에 복사냉각의 효과가 감소하여 나타나는데, 특히 농촌지역보다 도시에서 도시기온의 특색으로 나타난다. 즉 도시지역에는 교외지역에 비해 사람·건물·자동차·공장이 많아 엄청난 인공열이 발생하고 열을 잘 흡수하는 아스팔트 도로는 쉽게 가열되며 건조하다. 또 높은 빌딩과 같은 인공구조물이 많아지면 굴곡이 크고 표면적이 넓어, 많은 열을 흡수하게 된다.

이러한 이유로 도시지역의 기온이 주변의 교외지역보다 높게 나타나는 열섬현상이 일어난다. 바로 도시의 열섬현상은 도시의 열대야를 유발하게 된다.

2.2.4 동파가능성

동파가능성은 겨울철(그해 12월부터 다음해 2월까지)에만 제공되는 값이다. 동파가능성은 최저 기온값을 이용하여, 겨울철 한파로 인해 발생되는 수도관 및 계량기의 동파발생위험도를 지수로 나타낸 것이다.

기상청은 1일 최저기온을 이용하여 오늘/내일/모레의 동파 가능성값을 예측, 발표한다. 이 지수는 한파에 의한 가정용, 공업용 수도관 및 계량기의 동파가능성을 예지,

방지대책을 세우거나, 계량기 설계와 관련된 내구성을 측정하는 데 활용할 수 있다.

서울 상수도 사업본부 및 서울시 수도자제 사업부에서는 아래와 같은 기준으로 수도관의 동파가능성을 추정하고 있다(표 2.6).

표 2.6 기온조건에 따른 동파가능성

동파가능성	기 온 조 건
높 음	일최저기온이 영하 5℃ 이하의 날씨가 2일 이상 지속
낮 음	일최저기온이 영하 5℃ 이하인 날씨가 2일 미만 지속
없 음	일최저기온이 영하 5℃ 이상인 날씨가 2일 이상 지속

2.2.5 도 일(度日)

하루 동안 표준값 이상(또는 이하) 편차가 1도(℃ 또는 ℉)이면 1도일(degree day)이라고 한다. 도일은 어느 지점에서 한 계절 동안 누적된다. 이 계절 동안의 총 도일은 연료 소비, 전력 생산 등의 양에 미치는 과거 온도 효과의 지수로서 사용될 수 있다.

난방도일 계산을 위해서는 일평균기온이 18℃ 이하인 날을 선택하여 해당 일의 일평균기온과 18℃와의 차를 적산한다. 그리고 냉방도일의 경우, 일평균기온이 24℃ 이상인 날에 대하여 해당 일의 일평균기온과 24℃ 사이의 차를 적산한다.

(1) 난방도일

난방도일(Heating degree day)이란 일 년 중 일평균기온이 18℃ 이하의 날만 골라 기준이 되는 18℃의 기온에서 그날의 일평균기온을 뺀 값을 일정기간 적산시킨 값을 말한다. 이 개념은 일반적으로 일평균기온이 18℃ 이하가 되면 사람들이 난방을 시작한다는 개념에서 출발하였다.

난방도일 값이 크다는 것은 기후가 춥다는 것과 난방을 위해 연료비가 많이 드는 것을 의미한다. 따라서 산출된 자료는 지난 해 또는 원하는 기간의 난방도일과 비교하여 겨울철 난방기간 중 난방설계 및 에너지 수급정책 결정시 사용된다.

한국에서는 실내온도로 18℃ 전후, 일평균 외기온(난방한계온도)으로서 10℃ 전후로 채용하는 경우가 많다. 위의 2가지 방법에 의해서 계산되는 도일은 전자는 D_{18-18},

후자는 D_{18-10}과 같이 나타낸다.

또한 외기온으로서는 일 평균치 외에 반순(5일간)의 평균치나 월의 평균치를 사용하는 경우가 있고, 이 경우는 각각 D^{1}_{18-18}, D^{5}_{18-18}, D^{30}_{18-18}과 같이 구별한다.

우리나라의 경우 제주도와 서울지역의 난방도일 차이는 약 1,400 deg・day℃이고, 제주도를 제외한 내륙지방에서도 중부와 남부지역의 난방도일은 1,000 deg・day℃ 이상의 차이를 보이고 있다. 따라서 에너지와 관련한 건물 설계시 기후 조건에 의한 지역구분은 매우 중요하다.

난방도일에 따른 우리나라 기후지역 구분을 보면 표 2.7과 같다.

표 2.7 난방도일에 따른 지역구분

(단위 : 난방도일 deg・day℃, 18℃ 기준)

구 분	난방도일	해 당 지 역
제 I 지역	3,000 이상	서울시, 인천시, 경기도, 강원도, 충청북도
제 II 지역	2,000~3,000	충청남도, 대전시, 전라남북도, 광주시, 경상남북도, 울산시, 대구시, 부산시
제 III 지역	2,000 미만	제주도

예제 2.1

서울의 1, 2월의 월평균기온은 각각 −2.5℃, −0.3℃이다. 이에 따라 1, 2월의 D^{30}_{18-18}을 구하여라.

풀이

1월의 H.D $D^{30}_{18-18} = 31(18+2.5) = 635.5$[℃・day]

2월의 H.D $D^{30}_{18-18} = 28(18+0.3) = 512.4$[℃・day]

(2) 냉방도일

냉방도일(Cooling degree day)이란 외기온(일평균기온)이 기준실온보다 높아지는 기간 중의 그 온도차의 합계치로 나타낸다.

기준실온으로 우리나라에서는 24~25℃ 정도가 사용되고, 냉방 한계온도(냉방을 개시 또는 정지하는 일평균기온)를 21℃로서 냉방기간 중의 냉방부하를 계산하기 위해서는 D_{25-21}이 적당하다.

표 2.8에 우리나라 각 지방별 난방도일과 냉방도일을 나타낸다.

표 2.8 각 지방별 난·냉방 degree day[deg ℃·day]

지역 / deg·day	서 울	인 천	수 원	대 전	전 주	광 주	대 구	부 산	목 포	울 산	제 주
HD_{21-21}	3621.1	3724.9	3871.9	3624.9	3334.1	3206.1	3210.2	2782.2	3032.5	3061.7	2473.7
HD_{21-18}	3565.1	3667.9	3819.3	3566.3	3278.5	3148.4	2869.5	2695.5	2964.4	2992.9	2396.0
HD_{18-18}	2868.8	2935.6	3090.9	2856.3	2598.1	2465.0	2476.4	2038.8	2287.9	2300.2	1746.4
HD_{18-14}	2780.8	2843.7	3001.2	2767.4	2506.3	2371.5	2382.6	1935.6	2196.5	2193.5	1638.1
HD_{18-10}	2566.3	2609.5	2775.2	2533.7	2288.8	2143.3	2170.0	1664.7	1950.4	1947.9	1313.5
CD_{24-24}	98.5	60.0	87.6	109.3	159.0	141.5	170.9	103.5	128.5	128.5	162.4
CD_{26-26}	29.8	13.0	21.9	34.0	63.7	51.1	76.6	30.7	42.7	50.4	61.2
CD_{28-28}	6.1	1.5	2.9	3.3	12.0	5.9	22.6	2.0	3.7	8.6	9.9

[주] HD : 난방도일(Heating degree Day)
CD : 냉방도일(Cooling degree Day)

2.3 습 도

2.3.1 습도의 특성

(1) 습도의 개요

습도(air humidity)란 공기의 건습 정도를 가늠하는 것으로 공기 중 수증기의 절대량은 혼합비나 비습으로 나타내나, 건습의 가늠으로는 현재의 수증기량과 그 온도에 있어서의 포화수증기량의 비로 나타내며, 상대습도라고 한다.

습도는 하루 중에 거의 규칙적으로 변화하며, 낮 동안은 낮고 밤이 되면 높아지는 경향이 있다. 그런데 수증기압이나 혼합비를 구해 보면, 습도와 같이 큰 폭으로 변화하지 않는다. 이것은 습도의 변화는 주로 기온 변화에 의해 생기기 때문이다.

습도와 가장 밀접한 관계에 있는 물리량은 수증기압이다. 공기는 N_2, O_2, Ar, CO_2 등 여러 가지 기체들의 혼합물이고, 모든 기체들의 압력은 전체기압에 기여한다. 혼합기체 중 한 기체에 관련된 압력을 부분압력이라 하며, 공기 중에 수증기의 부분압력을 수증기압이라 한다.

자유수면을 통하여 출입하는 수증기의 수가 같을 때 포화라고 하며, 순수한 물의 수증기압의 포화값을 포화수증기압이라 한다. 포화수증기압은 온도가 증가하면 커진다.

(2) 습윤공기

우리들의 주위에 보통으로 존재하는 공기는 반드시 수증기의 형태로 수분을 함유하고 있어서 그 양은 날씨에 따라 변화한다. 이와 같이 수증기를 포함하는 공기를 습윤공기(humid air 또는 moist air)라 하고, 수증기를 전혀 포함하지 않는 공기를 건조공기(dry air)라고 하여 구별한다. 보통으로 공기라고 하면 수증기와 건조공기의 혼합기체인 습윤공기를 가리킨다.

건조공기의 비중량 γ는 대기압 하에서 다음 식으로 구해진다.

$$\gamma = \frac{1.293 \times 273.16}{T} = \frac{1.293}{1 + \dfrac{\theta}{273.16}} [\mathrm{kg_f/m^3}] \tag{2.1}$$

어기서, θ : 기온[℃]

T : 기온[°K]

비열(specific heat)은 물질 1 kg의 온도를 1℃ 상승하는 데 요하는 열량이며, 단위는 kcal/kg・deg이다. 고체나 액체의 비열은 공조에서 취급하는 온도범위에서는 일정하지만, 기체는 온도를 올리면 압력과 용적이 서로 변화하고, 그 변화에 따라 비열도 달라진다. 압력 일정 경우의 비열을 정압비열, 용적 일정의 때를 정용비열이라고 한다. 공조에서는 표준대기압 하의 습윤공기를 취급하고, 낮은 값의 범위에 있으므로 정수로 사용한다.

주요한 비열은, 물 : 1, 건조공기 : 0.24, 수증기 : 0.44

공기의 정압비열 값은 −20℃, 0℃, 20℃에서 0.240이고, 40℃, 80℃에서 0.241이며, 100℃에서 0.242로서 온도에 거의 관계가 없다.

비중량(specific weight)은 물질이 단위 부피당 무게로 나타낸 값이다. 이때 무게는 힘을 뜻한다. 무게는 질량에 중력(가속도)을 곱한 값으로 나타낸다. 국제단위계(SI)에서는 N/m^3이고, 공학단위계(중력단위계)에서는 kgf/m^3이다(표 2.9)

표 2.9 건조공기 중량 및 절대습도

온도 [℃]	비중량 γ [kgf/m³]	절대습도 $\times 10^{-3}$[kg/kg']	포화절대습도 [g/m³]	온도 [℃]	비중량 γ [kgf/m³]	절대습도 $\times 10^{-3}$[kg/kg']	포화절대습도 [g/m³]
-20	1.396	0.63	0.88	13	1.235	9.35	11.34
-15	1.368	1.01	1.38	14	1.230	9.97	12.05
-10	1.342	1.60	2.13	15	1.226	10.6	12.81

표 2.9 건조공기 중량 및 절대습도(계속)

온도 [℃]	비중량 γ [kgf/m³]	절대습도 ×10⁻³[kg/kg']	포화절대습도 [g/m³]	온도 [℃]	비중량 γ [kgf/m³]	절대습도 ×10⁻³[kg/kg']	포화절대습도 [g/m³]
-5	1.317	2.47	3.24	16	1.222	11.4	13.62
-2	1.303	3.19	4.13	17	1.217	12.1	14.47
-1	1.298	3.47	4.47	18	1.213	12.9	15.35
0	1.293	3.78	4.84	19	1.209	13.8	16.29
1	1.288	4.07	5.19	20	1.205	14.7	17.28
2	1.284	4.37	5.55	21	1.200	15.2	18.32
3	1.279	4.70	5.94	22	1.196	16.1	19.40
4	1.275	5.03	6.35	23	1.192	17.1	20.55
5	1.270	5.40	6.79	24	1.188	18.1	21.76
6	1.265	5.79	7.25	25	1.185	19.3	23.02
7	1.261	6.21	7.79	26	1.180	20.4	24.34
8	1.256	6.65	8.26	27	1.177	21.7	25.74
9	1.252	7.13	8.81	28	1.171	23.0	27.19
10	1.248	7.63	9.39	29	1.168	24.4	28.72
11	1.243	8.15	10.00	30	1.165	25.8	30.33
12	1.239	8.75	10.65				

(3) 절대습도

절대습도(absolute humidity)는 공기 중에서 수증기를 포함하지 않는 1 kg의 건조공기에 대하여, 그 건조공기와 공존하는 수증기의 중량(kg)으로 표시한다.

$$\text{절대습도} = \frac{\text{그 공기 중의 건조공기 1 kg과 공존하는 수증기량(kg)}}{\text{수증기를 포함하지 않는 건조공기 1 kg(kg)}} \text{ [kg/kg]} \qquad (2.2)$$

공기는 수증기를 무한히 함유하는 것은 아니고 온도에 따른 한도가 있다. 한도 가득히 함유한 수증기량을 포화 절대습도라고 한다. 포화 절대습도는 온도가 높을수록 크다(표 2.9).

설비공학 등에서 사용되는 절대습도의 표시방법으로 지금 어느 공기가 건조공기 1 kg에 대하여 x kg의 수증기를 포함하고 있을 때의 절대습도를 x kg/kg′와 같이 나타낸다. 이 경우는$(x+1)$kg의 공기가 하나의 단위이고, x kg/kg′란 '1 kg의 건조공기를 함유한 공기' 중의 수증기량이 x kg인 것을 나타낸다. 이 kg에 ′를 붙인 kg′의 기호는 kg of dry air의 의미이다.

(4) 수증기압(수증기장력)

공기의 절대습도가 증가하면 대기압은 증가한다. 대기압은 건조공기의 압력과 공기 중에 함유되어 있는 수증기에 의한 압력에 따라 생기고, 수증기압은 수증기량이 많을수록 커지기 때문이다.

그런데 수증기압에 의해서 공기 중의 수증기량을 표시할 수 있다. 수증기압(steam pressure)은 진공 중에서 수은주를 밀어올린 높이[mmHg]로 나타내거나, 단위면적당 압력의 크기[kg/cm^2]로 나타낸다. 포화공기(포화 수증기량을 함유한 공기 ; saturated air)의 수증기압을 포화수증기압(saturated steam pressure)이라고 한다(표 2.10).

또한 수증기압은 수증기가 다른 것을 누르는 힘이지만 수증기 자체에서 보면 장력이므로 수증기장력(vapour tension)이라고 할 수 있다.

표 2.10 포화수증기압[mmHg]

(1) 얼음의 포화수증기압

온 도[℃]	0	1	2	3	4	5	6	7	8	9
-19	0.851	0.843	0.836	0.827	0.819	0.812	0.804	0.797	0.789	0.782
-18	0.936	0.927	0.919	0.910	0.901	0.893	0.884	0.876	0.868	0.860
-17	1.028	1.019	1.009	1.000	0.990	0.981	0.972	0.963	0.954	0.945
-16	1.130	1.119	1.109	1.098	1.088	1.078	1.068	1.058	1.048	1.038
-15	1.239	1.228	1.217	1.205	1.194	1.183	1.172	1.161	1.151	1.140
-14	1.358	1.346	1.334	1.322	1.310	1.298	1.286	1.274	1.262	1.250
-13	1.488	1.475	1.461	1.448	1.435	1.421	1.409	1.396	1.383	1.370
-12	1.629	1.615	1.600	1.586	1.571	1.557	1.543	1.529	1.515	1.502
-11	1.782	1.766	1.751	1.735	1.719	1.703	1.688	1.673	1.658	1.643
-10	1.948	1.931	1.913	1.897	1.880	1.863	1.847	1.830	1.814	1.798
-9	2.128	2.109	2.090	2.072	2.054	2.036	2.018	2.000	1.983	1.965
-8	2.323	2.303	2.282	2.263	2.243	2.224	2.204	2.185	2.166	2.147
-7	2.534	2.513	2.491	2.469	2.448	2.427	2.406	2.385	2.364	2.343
-6	2.764	2.740	2.717	2.693	2.670	2.647	2.624	2.601	2.578	2.557
-5	3.011	2.986	2.960	2.935	2.909	2.885	2.860	2.836	2.811	2.788
-4	3.279	3.252	3.224	3.197	3.170	3.143	3.116	3.090	3.063	3.037
-3	3.568	3.538	3.509	3.479	3.450	3.421	3.393	3.364	3.336	3.307
-2	3.880	3.848	3.816	3.784	3.753	3.721	3.690	3.659	3.629	3.598
-1	4.218	4.183	4.148	4.114	4.080	4.046	4.012	3.978	3.945	3.913
-0	4.581	4.543	4.506	4.469	4.432	4.395	4.359	4.323	4.288	4.253

(2) 물의 포화수증기압

온 도[℃]	0	1	2	3	4	5	6	7	8	9
0	4.581	4.615	4.648	4.682	4.716	4.750	4.785	4.820	4.885	4.890
1	4.925	4.961	4.997	5.033	5.069	5.105	5.142	5.179	5.216	5.251
2	5.292	5.329	5.368	5.406	5.445	5.484	5.523	5.562	5.602	5.642
3	5.682	5.722	5.763	5.804	5.845	5.886	5.928	5.970	6.012	6.056
4	6.098	6.141	6.184	6.227	6.271	6.315	6.360	6.404	6.449	6.494
5	6.540	6.586	6.632	6.678	6.725	6.772	6.819	6.866	6.914	6.962
6	7.010	7.059	7.108	7.157	7.207	7.252	7.307	7.357	7.408	7.459
7	7.510	7.562	7.614	7.666	7.719	7.772	7.825	7.879	7.933	7.937
8	8.042	8.097	8.152	8.208	8.263	8.320	8.377	8.433	8.491	8.543
9	8.606	8.665	8.723	8.782	8.841	8.901	8.961	9.021	9.082	9.143
10	9.205	9.267	9.329	9.392	9.445	9.518	9.582	9.646	9.710	9.775
11	9.840	9.906	9.972	10.04	10.10	10.17	10.24	10.31	10.38	10.45
12	10.51	10.58	10.65	10.72	10.79	10.87	10.94	11.01	11.08	11.15
13	11.23	11.30	11.38	11.45	11.52	11.60	11.68	11.75	11.83	11.91
14	11.98	12.06	12.14	12.22	12.30	12.38	12.46	12.54	12.62	12.70
15	12.78	12.87	12.95	13.03	13.12	13.20	13.29	13.37	13.46	13.54
16	13.63	13.72	13.81	13.89	13.98	14.07	14.16	14.25	14.34	14.43
17	14.53	14.62	14.71	14.81	14.90	14.99	15.09	15.18	15.28	15.38
18	15.47	15.57	15.67	15.77	15.87	15.97	16.07	16.17	16.27	16.37
19	16.47	16.58	16.68	16.79	16.89	17.00	16.07	17.21	17.32	17.42
20	17.53	17.64	17.75	17.86	17.97	18.08	17.10	18.31	18.42	17.53
21	18.65	18.76	18.83	18.99	19.11	19.23	18.19	19.46	19.58	19.70
22	19.82	19.95	20.07	20.19	20.31	20.44	19.35	20.69	20.81	20.94
23	21.07	21.19	21.32	21.45	21.58	21.71	21.84	21.98	22.11	22.24
24	22.38	22.51	22.65	22.78	22.92	23.06	23.19	23.33	23.47	23.61
25	23.76	23.90	24.04	24.18	24.33	24.47	24.62	24.76	24.91	25.06
26	25.21	25.36	25.51	25.66	25.81	25.96	26.12	26.27	26.43	26.58
27	26.74	26.90	27.05	27.21	27.37	27.53	27.70	27.86	28.92	28.18
28	28.35	28.52	28.68	28.85	29.02	29.19	29.36	29.53	29.70	29.87
29	30.04	30.22	30.39	30.57	30.75	30.92	31.10	31.28	31.46	31.64
30	31.83	32.01	32.19	32.38	32.56	32.75	32.94	33.13	33.32	33.51

(5) 포화도(비교습도)

공기는 수증기를 무제한 함유할 수 없으므로 어느 온도의 공기 중 수증기량(절대습도)이 그 온도에서 함유하는 최대의 수증기량(포화절대습도)에 대하여 어느 정도의 비율인가를 고려하는 편이 공기 중의 수증기량을 표시하는 방법으로서는 실제적이고, 공기의 건습 느낌은 이 비율에 의한 것이 많다.

포화도(비교습도라고도 한다 ; saturation degree)는 이와 같은 방법에서 기호 ψ 를 사용하여 나타낸다.

$$\psi = \frac{\text{공기 중의 절대습도}}{\text{그 공기의 포화절대습도}} \times 100[\%] \tag{2.3}$$

(6) 상대습도(관계습도)

어느 상태 공기의 상대습도(관계습도 ; relative humidity)는 그 상태 수증기의 분압과 그 온도에 있어서 포화수증기압과의 비로서 φ의 기호로 나타낸다.

기온이 상당히 높아지지 않으면 ψ와 φ는 큰 차이가 없으므로 일반적으로 습도를 표시하는 데는 어느 것을 사용하여도 되지만 습관적으로 φ를 사용하는 경우가 많다.

$$\varphi = \frac{\text{공기 중의 수증기압}}{\text{그 공기의 포화수증기압}} \times 100[\%] \tag{2.4}$$

예제 2.2

기온 20℃, 상대습도 80% 공기의 수증기압 및 이 공기를 30℃로 했을 때의 상대습도를 구하여라. 다만, 20℃, 30℃의 포화수증기압은 17.53 mmHg, 31.83 mmHg이다.

풀이

수증기압 $= 17.53 \times 0.8 = 14.02[\text{mmHg}]$

$$\varphi = \frac{14.02}{31.83} \times 100 = 44.0[\%]$$

(7) 실효습도

실효습도(effective humidity)는 화재 예방의 목적으로 수일 전부터의 상대습도에 경과 시간에 따른 가중치를 주어서 산출한 목재 등의 건조도를 나타내는 지수를 말한다. 실효습도가 50% 이하가 되면 큰 화재로 번질 위험성이 높아진다.

2.3.2 습도의 변화

일평균 습도는 매시 관측시(1일 24회), 또는 1일 8회 관측시의 평균치이다. 또 월평균 습도는 그 달의 평균 수증기압의 월평균 기온에 의한 포화수증기압에 대한 백분비로 나타낸다.

습도의 1일 변화도 기온의 1일 변화와 같이 정현곡선적인데 기온의 경우와는 전혀 정반대의 형이 된다. 결국 기온이 최저가 되는 일출 전에 최대가 되고, 기온이 최고가 되는 오후 1~2시경에 최저가 된다.

1년을 통하여 습도의 변화는 습도의 각 월의 평균치에 의해서 알 수 있는데 기온의 연변화와 마찬가지이다.

내륙에서의 습도의 연변화는 일변화와 같이 기온이 높은 하계에 낮고, 기온이 낮은 동계에 높아진다. 그러나 우리나라는 하계에 높고 동계에 낮아진다. 이것은 주로 계절풍의 영향이며 하계에는 남쪽의 바다에서 많은 습기를 포함한 고온의 남풍이 불고, 동계에는 북서풍의 산맥에 막히어 눈이 되어 건조해지기 때문이다(표 2.11).

우리나라에서의 습도가 1년 중에 특히 하계에 많은 것은 기온이 상당히 높아지는 것과 상관해서 하계의 기후를 체감상 좋지 않게 하고 있다.

기온과 습도는 기후요소(온습도, 비, 바람, 일조, 기압 등 기후를 성립시키는 직접 원인) 중에서 쾌적성, 위생과의 관계가 가장 깊다.

표 2.11 평균습도 [%]

(1981~2010)

지 점	01월	02월	03월	04월	05월	06월	07월	08월	09월	10월	11월	12월	평년값
서 울	59.8	57.9	57.8	56.2	62.7	68.1	78.3	75.6	69.2	64.0	62.0	60.6	64.4
인 천	61.5	61.8	63.4	64.1	70.3	74.8	82.2	79.1	73.1	67.3	63.9	62.0	68.6
수 원	65.1	64.3	64.2	62.5	67.6	72.3	80.1	78.3	74.5	71.0	68.6	66.4	69.6
이 천	64.4	59.9	58.0	55.3	62.1	67.8	77.3	76.9	74.5	70.4	67.1	66.6	66.7
철 원	68.9	64.9	62.6	58.9	65.5	72.1	80.7	79.9	76.8	72.9	71.1	70.6	70.4
춘 천	69.3	65.4	63.1	59.2	66.2	71.8	79.6	79.8	78.0	75.3	73.1	71.7	71.0
원 주	66.9	64.2	61.6	58.4	64.1	70.3	78.5	78.1	76.0	73.2	70.9	69.2	69.3
인 제	67.4	64.0	62.0	57.5	65.7	71.7	79.0	79.2	77.2	72.9	69.6	68.7	69.6
속 초	50.8	55.1	60.8	61.5	69.0	78.6	82.2	82.6	77.5	65.3	55.8	49.5	65.7
강 릉	49.0	52.1	56.6	54.1	61.1	71.4	76.6	78.1	74.3	62.2	53.8	47.8	61.4
대관령	67.3	67.0	67.5	61.0	68.4	79.2	85.7	87.0	84.6	75.2	69.9	67.3	73.3
울릉도	70.1	69.6	69.8	69.2	72.1	80.4	85.9	85.0	80.3	72.5	68.6	68.5	74.3
태 백	61.3	60.6	61.8	55.3	61.3	71.8	78.6	79.8	78.8	70.3	64.1	60.5	67.0
청 주	67.2	63.3	60.3	56.6	61.5	68.0	76.4	76.1	74.2	70.4	69.1	69.1	67.7
추풍령	61.8	59.8	58.3	55.9	63.1	71.6	80.5	80.5	77.9	71.1	66.7	63.9	67.6
충 주	72.9	69.0	65.7	60.4	64.3	70.4	77.4	78.5	78.4	76.2	75.2	74.9	71.9
제 천	69.4	66.4	63.8	58.1	64.0	69.6	78.5	77.1	75.3	72.8	70.9	71.1	69.8
서 산	71.4	69.6	68.5	67.6	71.9	75.9	83.4	81.8	78.5	74.8	73.4	72.7	74.1
대 전	64.8	59.5	56.5	55.3	62.1	68.7	77.7	77.5	74.4	70.4	66.9	66.4	66.7
천 안	72.1	68.3	65.7	62.1	65.9	72.4	79.4	78.7	76.5	73.0	73.2	72.8	71.7

표 2.11 평균습도 [%](계속)

(1981~2010)

지 점	01월	02월	03월	04월	05월	06월	07월	08월	09월	10월	11월	12월	평년값
보 령	71.0	70.1	68.7	67.6	72.3	76.6	82.8	80.0	76.4	72.4	70.7	71.0	73.3
부 여	73.0	69.0	66.9	65.2	69.3	74.2	81.1	79.7	77.1	74.7	73.9	75.1	73.3
군 산	70.9	70.7	70.9	71.5	74.9	79.5	83.6	82.2	77.9	73.3	71.7	71.9	74.9
전 주	68.6	66.5	63.7	60.6	65.3	71.3	77.5	76.7	74.1	70.4	69.1	68.9	69.4
남 원	71.9	67.5	64.8	62.1	66.6	72.5	79.1	78.8	75.6	73.9	73.4	74.2	71.7
광 주	67.7	65.2	62.9	61.9	66.4	72.8	80.0	78.1	74.3	68.4	68.1	68.8	69.5
목 포	68.7	69.0	67.8	68.0	72.5	77.8	83.7	80.3	75.8	69.2	67.6	68.7	72.4
여 수	54.6	55.7	59.2	63.0	69.5	77.5	84.6	79.8	72.4	63.5	60.0	56.8	66.4
순 천	58.5	58.2	59.4	61.4	66.6	72.8	79.3	77.6	73.6	65.5	63.6	60.1	66.4
제 주	65.3	64.9	64.9	66.5	70.4	76.8	78.3	76.5	73.7	66.9	65.1	65.1	69.6
서귀포	62.8	62.1	62.4	64.5	69.9	78.2	84.1	79.0	72.5	63.9	63.2	62.2	68.7
안 동	61.6	60.1	59.8	56.7	63.0	71.3	79.3	78.6	77.8	73.3	68.8	64.4	67.9
대 구	54.4	53.6	54.1	53.2	58.7	65.5	73.8	72.9	71.3	64.5	60.3	56.8	61.6
포 항	49.1	51.8	57.0	57.9	64.6	73.9	78.7	78.8	75.9	65.5	57.6	51.0	63.5
영 주	61.4	59.0	59.1	55.4	61.9	69.5	78.3	78.1	75.7	70.2	66.4	63.7	66.6
문 경	57.5	55.9	56.3	53.2	61.0	69.3	79.4	78.7	75.4	68.5	63.6	59.7	64.9
구 미	61.2	59.2	58.0	55.3	60.7	67.5	76.0	76.0	74.6	69.4	66.8	64.3	65.8
영 천	58.0	58.2	59.4	57.0	61.9	68.6	75.3	74.8	73.8	68.3	65.0	61.3	65.1
부 산	48.3	51.4	57.7	62.7	69.8	77.4	84.3	79.9	73.9	64.0	57.0	50.1	64.7
울 산	49.6	51.9	57.6	60.3	66.1	73.3	78.9	77.7	75.7	67.2	59.9	52.4	64.2
창 원	50.8	51.8	56.8	60.9	67.7	75.5	80.2	76.5	70.7	62.3	58.3	53.4	63.8
통 영	53.4	54.6	58.4	64.9	72.4	78.9	84.8	80.6	74.3	66.8	61.9	55.0	67.2
진 주	62.4	61.8	62.9	65.2	70.4	76.0	81.8	81.0	78.2	74.0	70.8	66.2	70.9
밀 양	60.8	59.2	60.1	61.0	66.0	70.8	78.4	77.2	75.2	71.3	68.2	64.5	67.7

클라이모그래프(climograph)는 가로 축에 습도, 세로축에 온도를 잡고 각 월의 표시점을 연결하여 만든 도형의 위치와 형으로 그 지방의 기후 특성을 알 수 있다.

Taylor는 좌표 위의 위치에 따라 기후의 체감을 다음과 같이 나타내었다(표 2.12).

표 2.12 클라이모그래프에 따른 기후의 체감

	습구온도	습 도	명 칭
혹 서	16~32℃	20~50%	고온저습
증 서	16~32℃	70~90%	고온다습
혹 한	−18~4℃	20~50%	저온저습
냉 한	−18~4℃	70~90%	저온다습

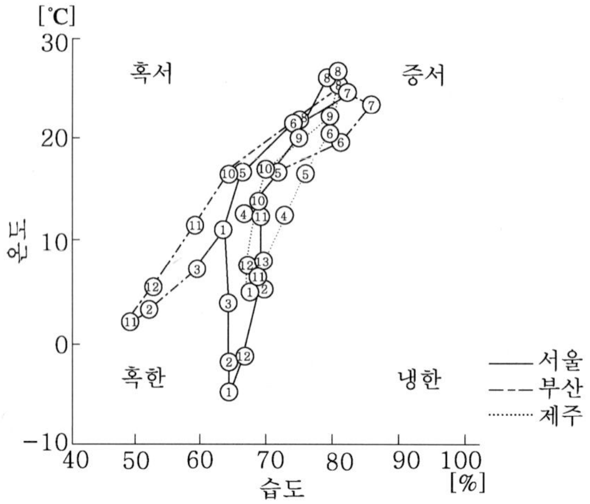

그림 2.4 클라이오그래프(서울 · 부산 · 제주)

클라이모그래프의 오른편 상부는 고온다습, 왼편 하부는 저온저습이며 어느 것도 체감상 바람직하지 않는 기후이다. 그래프가 왼편 아래에서 오른편 위로 경사지는 형이 되는 것은 그 지방의 기후가 별로 좋지 않음을 나타낸다. 우리나라 각 도시의 그래프는 대부분 이 형이 되고 있다(그림 2.4).

2.3.3 습도의 관측

습도도 온도와 마찬가지로 백엽상 안의 통풍건습계의 건구온도와 습구온도에서 상대습도 및 수증기압으로서 측정한다. 그러나 최근은 백금저항 온도계와 염화리튬 노점온도계가 조합되어 있는 격측 온습도계에 의하여 기온 및 노점온도를 측정하고, 그 눈금으로부터 계산하는 방법으로 점차 바뀌어가고 있다.

습도 측정의 방법에는 여러 가지가 있는데 아래와 같은 것을 들 수 있다.

(1) 건습계(wet and dry bulb thermometer)

건구온도계와 습구온도계를 설치하여 양자의 눈금 차이로부터 습도를 구하는 것이며, 온도계의 구부에 강제적으로 통풍을 주는 형의 것과, 그렇지 않은 형의 것이 있다. 후자는 건습구온도계를 가대 위에 설치한 이른바 어거스트 건습계(August's psychrometer)라고 하는 것이며, 이것은 공기의 움직임이 작은 실내에서는 측정 정도가 낮아 실내 습도의 측정에는 부적합하여 강제통풍형의 것을 사용하는 편이 좋다. 이 형의 것에는 소형의 팬을 내장하는 아스만의 통풍건습계(Assmann's aspiration psychrometer), 진회식건습계(sling psychrometer) 등이 있다.

그림 2.5(a)는 소형의 아스만의 통풍건습계를 나타낸다. 그림의 정상부에 해당하는 곳에 팬이 내장되어 있고, 흡인에 따라 양각부의 하단에서 온도계 구부로 통풍이 주어진다. 통풍을 행하면 3~5분에 눈금이 안정되므로 재빠르고, 또한 체온이나 호기의 영향이 눈금에 미치지 않도록 주의하여 1/10℃까지 읽는다.

(2) 모발습도계(hair hygrometer)

흡습에 의한 모발의 늘어남을 이용한 것으로 여러 가지의 것이 있으며 펜으로 기록하는 자기(모발)습도계도 이용되고 있다. 그림 2.5(b)는 자기습도계의 보호 덮개를 벗겨 내부를 나타낸 것이며, 그림의 H-H′의 사이에 탈지한 수 10본의 모발을 끼우고, 그 중앙을 갈고랑이 F에 끌어당겨 걸쳐 추 C와 펜의 지지침 L의 무게로 평행을 유지하도록 되어 있다. 모발은 청정하게 유지하고 때때로 교환하도록 한다.

(3) 전기저항습도계(electric resistance hygrometer)

흡습성 물질의 작은 조각에 전류를 통하여 흡습량에 응한 전기저항을 측정하여 습도를 아는 것이다. 측정이 용이하고 응답이 빠르다는 이점이 있으나 온도 보정을 요하고 안정도가 약간 낮고, 반드시 보정하면서 이용하여야 하는 등의 결점이 있다. 흡탈습에 의한 신축에 따라 일어나는 탄소립 등 입자간의 압력 변화에 의거하여 전기저항의 변화를 읽어 습도를 측정하는 방법도 있다.

(4) 노점계(dew point hygrometer)

수은면, 깨끗한 서울번 등을 에테르의 증발에 의하여 냉각하고 표면에 결로가 일어나 흐리기 시작했을 때의 표면온도를 측정하여 공기의 노점을 알고 여기에서 습도를 구하도록 한 것이다.

그림 2.5(c)는 Nrppoldt의 노점계라고 불리는 것이며, 그 주요부로서 c는 에테르, q는 수은, B는 곡관온도계로 구부는 수은면 바로 아래에 위치하고 있다. 또한 l은 베 또는 실로 에테르의 증발을 돕기 위함이다. F에 의하여 E를 지나 공기가 에테르 내에 보내지면 에테르는 거품이 일어나 증발한다. 증발한 에테르는 공기와 함께 D에서 달아난다. 에테르의 증발에 의하여 수은은 냉각되어 표면에 결로하게 된다. C는 수은면

의 결로를 감시하기 위한 거울이다. 이 노점계를 사용할 때에는 관측자와 기기의 사이에 유리판 등을 세워 인체의 영향이 미치지 못하도록 하는 것이 필요하다.

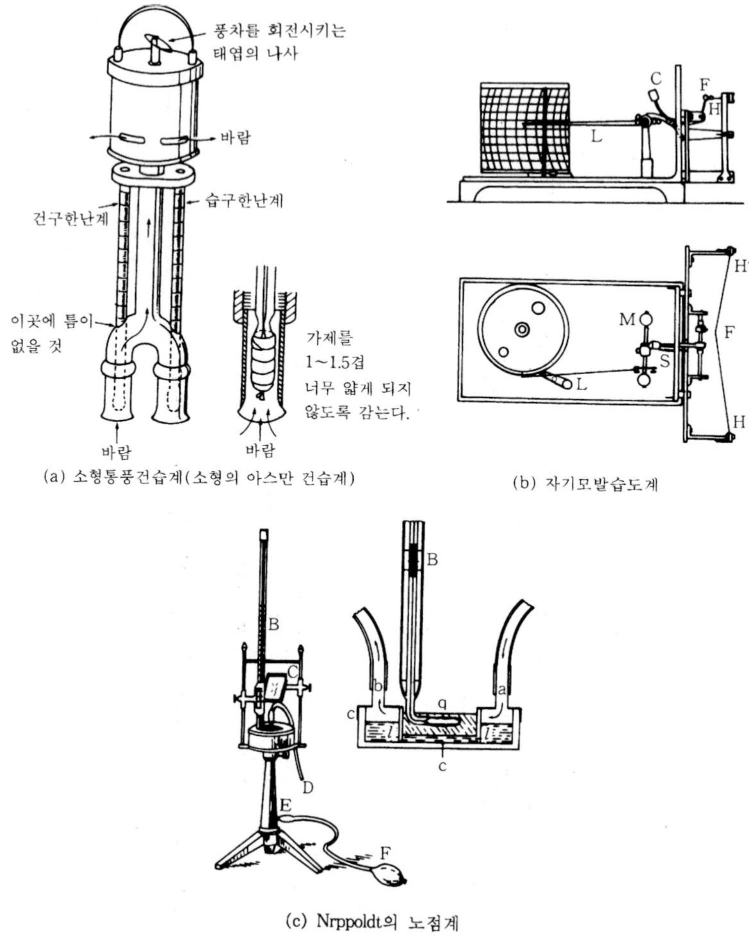

(a) 소형통풍건습계(소형의 아스만 건습계)

(b) 자기모발습도계

(c) Nrppoldt의 노점계

그림 2.5 습도계의 종류

예제 2.3

모발습도계에 의한 측정방법에 대하여 설명하라.

풀이

모발 습도형은 모발이 흡습으로 늘어나서 탈습으로 줄어드는 성질을 이용한 것으로, 신축하는 길이를, 회전축을 통하여 지침이 나타내는 눈금을 읽거나 확대 기구, 캠(cam) 장치 등을 통하여, 지시계 또는 자기 기록 또는 전기적으로 신호를 변환하고, 그 값을 교정에 의거하여 측정 공기의 상대습도로 한다.

2.4 바 람

2.4.1 바람의 특성 및 관측

(1) 기 류

자연으로 일어나는 공기의 흐름을 일반적으로 기류(air current)라 하고, 수평방향의 기류를 바람이라 부르고 있다. 지구상의 기류는 대기 중의 온도 분포에 의거한 대류이다. 일사분포의 불균일, 열적 성격이 상위하는 육지와 바다와의 복잡한 분포, 더 자세히 보면 지세나 토지상태가 영향하여 대단히 복잡한 대류현상이 일어난다.

지구의 자전을 고려하지 않으면 적도부에서 상승하고 양극부에서 하강하는 대기의 순환이 검토된다. 여기에 지구의 자전을 고려하면 그림 2.6과 같은 기류의 보넬이 검토된다. 적도지방에서는 무역풍(trade wind), 중위도 지방의 편서풍(westerlies) 등의 환류가 있다.

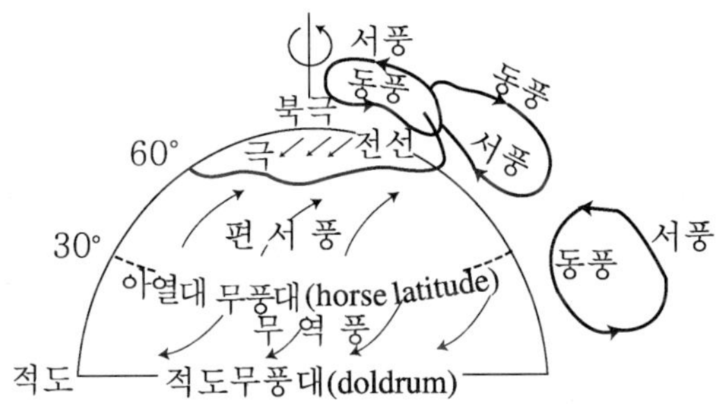

그림 2.6 대기순환의 모델(3세포 남북환류라고 한다)

(2) 바람의 특성

바람이란 공기의 지표면에 대한 상대적 운동을 말한다. 지표는 같은 양의 햇볕을 받더라도 지표 상태에 따라 온도가 다르게 나타나며, 그에 따라 공기의 밀도도 달라진다. 바람은 결국 대기의 균형을 이루기 위하여 밀도가 높은 곳에서 낮은 곳으로 흐르는 공기의 움직임을 말하며, 그 밀도차가 클수록 바람의 세기도 강해진다. 기온과 기압의 차이가 생기는 곳이면 바람은 어디에서나 불고, 바람의 속도는 공기의 온도차가 클수록, 기압의 차가 클수록 빠르고 강하게 된다. 바람은 풍향과 풍속에 따라 벡터로 나타내며, 보통 수평 방향의 운동을 말한다. 연직 방향의 운동에 대해서는 상승기류라고 한다.

해안지방에서, 주간에는 바다에서 육지로 해풍(Sea breeze)이 불고 야간에는 육지에서 바다로 육풍(Land breeze)이 분다. 이와 같은 해풍과 육풍을 총칭하여 해륙풍이라 한다.

주간에 일사를 받으면 육지가 해면보다 비열이 작으므로 빨리 가열되어 육상은 약한 저압부가 되고 해상은 고압부가 되어 지표부근에서는 해상에서 육상으로, 몇 백m 상공에서는 그와 반대방향으로 바람이 불어 하나의 대류 순환을 이룬다.

야간에는 육상은 심히 냉각되나 해상의 온도는 거의 변하지 않으므로 주간과는 정 반대의 순환을 이룬다. 해륙간의 온도차는 낮이 밤보다 크므로 해풍이 육풍보다 강하여 해풍은 5~6 m/s, 육풍은 2~3 m/s 정도이다.

계절풍(monsoon)은 해·륙의 분포에 의해 여름철의 경우 대륙이 해양보다 기온이 높고 기압이 낮으며 반대로 겨울철에는 기온이 낮고 기압이 높다. 이러한 현상은 1년을 주기로 반년마다 풍향을 바꾸는 대규모 풍계의 변화를 의미한다(표 2.13).

Monsoon의 어원은 고대 아라비아어에서 계절을 의미하는 'Mausin'에서 유래된 말이다. 계절풍은 대륙과 해양상의 온도차에 기인하는 것으로 열대지방이나 고위도 지역과 같이 온도차가 적은 곳에서는 현저하지 않으며 중위도 지방에서 뚜렷하다. 중위도 지방의 겨울철 계절풍은 대륙으로부터 한랭건조한 기단이 불어오므로 건조기가 되며, 여름철 계절풍은 해양상의 습한 기단이 불어오므로 우기가 된다.

해양의 열용량이 대륙에 비하여 크기 때문에 대륙은 빨리 데워지고 빨리 냉각된다. 따라서 여름에는 대륙이 해양보다 온도가 높아 저압부가 되고, 겨울에는 온도가 낮아 고압부가 되므로, 바람이 여름에는 해양에서 대륙으로 불고, 겨울에는 대륙에서 해양으로 불게 되는 열적 순환이 나타난다.

우리나라에서는 겨울에 북서풍이 불고 여름에는 남동풍 계열의 바람이 분다. 즉 겨울에는 대륙과 해양이 다같이 냉각되나, 비열이 작은 대륙의 냉각이 더 커서, 대륙 위의 공기가 빨리 냉각되므로 밀도가 높아지고, 이것이 쌓여 큰 고기압이 발생된다. 일반적으로 대륙과 해양의 온도차는 겨울에 현저하고 여름에는 비교적 작으므로, 겨울의 계절풍은 여름의 계절풍에 비하여 훨씬 강하다.

일반적으로 지면 부근의 풍속은 이른 아침에 가장 약하고 오후 3시경에 가장 강해지는 경향이 있다. 아침 바다의 잔잔함, 저녁 바다의 잔잔함은 육상과 해상의 기온차가 작아지고 기압차가 작게 되기 때문에 무풍이 되는 상태이다.

(3) 바람의 관측

바람은 기압의 차이에 따라 발생하는 공기의 흐름이다. 물론 바람은 고압측에서 저압측으로 향하여 불지만, 지표 부근에서는 등압선과 25~35°의 각도를 이루면서 불고, 상공에서는 지균풍・경도풍에 가까운 바람이 불어서 북반구에서는 고기압의 중심에 대하여 시계방향으로 불고, 저기압 중심에 대하여 반시계 방향으로 불며, 남반구에서는 그 반대가 된다. 그리고 기압의 차이가 크면 바람은 강하게 분다.

바람의 불어오는 방향을 풍향(wind direction)이라고 하는데, 풍향은 시시각각으로 변화하므로 기상관측에서의 풍향이란 관측시전 10분간의 평균풍향을 말하고, 16방위 또는 북쪽을 360°로 하는 방위각의 100단위와 10단위의 두 숫자로 나타내나, 8방위나 32방위로 나타낼 때도 있는데, 그 어느 것이나 지리학상의 진북을 기준으로 한다.

또한 공기가 거의 수평한 흐름의 빠르기를 풍속(wind velocity)이라 하고, 매초 미터[m/s]의 단위로 나타낸다. 풍향이나 풍속의 표준으로서는 평활하게 전개된 토지에서 지상 10 m에서 측정한 것으로 하고 있다.

일반적으로 「풍속」은 10분간의 평균풍속을 가리킨다. 한편, 순간풍속은 0.25초간의 풍속이며, 평균풍속의 1.5~3.0배에 달하는 경우가 있다. 풍속은 풍속을 관측하는 기기의 프로펠러가 하루 동안 회전한 횟수에서 구한다.

바람은 풍속이 어느 한도를 넘어서면 지상의 물건들을 날려보내거나 파괴하게 된다. 풍속이 10 m/s 이상되면 강풍에 의한 영향이 나타나기 시작하여 물건이 날아가고 약간의 재해가 일어난다. 20 m/s 이상되면 폭풍에 의해서 상당한 재해가 발생하기 시작하고, 30 m/s 이상되면 대규모의 재해가 발생한다.

기상대에서는 풍속이 13.9 m/s 이상이 될 것으로 예상되면 폭풍주의보를 발표한다. 또 21 m/s 이상으로 예상될 때에는 폭풍경보를 발표한다.

실제 바람은 순간적으로는 더 강한 바람이 불고 있다. 이러한 바람을 순간 풍속이라고 하며, 순간 풍속이 10분간 평균 풍속의 몇 배가 되는가 하는 것은 그때 그때의 바람의 구조나 지형, 지역에 따라 다르다.

평균적으로는 최대 순간 풍속은 최대 10분간 평균 풍속의 1.5배 정도라고 보면 될 것 같다. 즉 어느 태풍에서 최대 평균 풍속이 30 m/s이면 최대 순간 풍속은 45 m/s, 최대 평균 풍속이 40 m/s이면 최대 순간 풍속은 60 m/s가 된다.

표 2.13 Beaufort 풍력 계급표

풍력 계급	명 칭	지상 10 m에서의 상당풍속			육 상 상 태
		m/s	km/h	mile/h	
0	정온 Calm	0~0.2	〈 1	〈 1	연기가 수직으로 올라간다.
1	지경풍(실바람) Light air	0.3~1.5	1~5	1~3	풍향은 연기가 날리는 것으로 알 수 있으나, 풍향계는 작동하지 않는다.
2	경풍(남실바람) Slight breeze	1.6~3.3	6~11	4~7	바람이 얼굴에 감촉됨. 나뭇잎이 흔들리며 풍향계도 제대로 작동하지 않는다.
3	연풍(산들바람) Gentle breeze	3.4~5.4	12~19	8~12	나뭇잎과 가는 가지가 흔들리고 깃발이 가볍게 날린다.
4	화풍(건들바람) Moderate breeze	5.5~7.9	20~28	13~18	먼지가 일고 종이조각이 날리며 작은 가지가 흔들린다.
5	질풍(흔들바람) Fresh breeze	8.0~10.7	29~38	19~24	잎이 무성한 작은 나무 전체가 흔들리고 호수에 물결이 인다.
6	웅풍(된바람) Strong breeze	10.8~13.8	39~49	25~31	큰 나뭇가지가 흔들린다. 전선이 울리며 우산받기가 곤란하다.
7	강풍(센바람) Moderate gale	13.9~17.1	50~61	32~38	나무 전체가 흔들린다. 바람을 안고서 걷기가 어렵다.
8	질강풍(거센바람) Fresh gale	17.2~20.7	62~74	39~46	작은 나뭇가지가 꺾인다. 바람을 안고서는 걸을 수가 없다.
9	대강풍(큰센바람) Strong gale	20.8~24.4	75~88	47~54	가옥에 다소 피해가 발생한다(굴뚝이 넘어지고 기와가 벗겨짐).
10	전강풍(노대바람) Whole gale	24.5~28.4	89~102	55~63	내륙지방에서는 보기 드문 현상이다. 수목이 뿌리채 뽑히고 가옥에 큰 피해가 발생한다.
11	폭풍(왕바람) Storm	28.5~32.6	103~117	64~72	이런 현상이 생기는 일은 거의 없다. 광범위한 파괴가 발생한다.
12	태풍 Hurricane	32.7~	118~	73~	

해면이나 육상의 지물이 변화하는 형태를 관찰하여 풍력을 측정할 수 있는데 여러 방법 중 'Beaufort wind scale'이 흔히 이용된다. 계기에 의한 관측에서도 확인을 위하여 이 스케일과 비교하여 기록하기도 한다. 이 방법은 영국의 해군제독 'Francis Beaufort'경이 1805년 고안한 것으로 풍력을 표 2.13과 같이 해면상 33피트의 풍속을 기준으로 하여 난바다에서의 풍력계급 0에서 12로 구분하여 나타냈다.

표 2.14 평균풍속 [m/s]

(1981~2010)

지 점	01월	02월	03월	04월	05월	06월	07월	08월	09월	10월	11월	12월	평년값
서 울	2.4	2.6	2.8	2.8	2.5	2.2	2.3	2.1	1.9	2.0	2.2	2.3	2.3
인 천	3.2	3.5	3.7	3.5	3.0	2.5	2.6	2.4	2.1	2.3	3.0	3.3	2.9
수 원	1.5	1.8	2.0	2.0	1.8	1.7	1.8	1.7	1.5	1.3	1.5	1.5	1.7
이 천	1.2	1.4	1.7	1.8	1.5	1.2	1.3	1.1	1.0	0.9	1.1	1.1	1.3
철 원	1.4	1.6	2.1	2.3	2.2	1.9	2.0	1.8	1.6	1.4	1.6	1.4	1.8
춘 천	1.1	1.4	1.6	1.7	1.5	1.3	1.2	1.2	1.1	1.0	1.1	1.1	1.3
원 주	1.0	1.2	1.5	1.6	1.3	1.1	1.0	1.0	0.9	0.9	1.0	1.0	1.1
인 제	1.7	1.8	2.2	2.4	2.1	1.7	1.8	1.6	1.5	1.4	1.6	1.7	1.8
속 초	3.3	3.1	3.1	3.3	3.0	2.4	2.3	2.2	2.4	2.7	3.0	3.2	2.8
강 릉	3.5	3.1	2.8	2.8	2.4	1.8	1.8	1.7	2.0	2.5	3.0	3.4	2.6
대관령	5.6	5.0	4.5	4.8	4.3	3.2	3.7	3.0	2.7	3.8	5.1	5.8	4.3
울릉도	3.6	3.8	4.1	4.4	4.1	3.2	3.6	3.4	3.3	3.5	3.7	3.6	3.7
태 백	1.7	1.7	1.9	2.1	1.9	1.5	1.7	1.6	1.4	1.5	1.6	1.7	1.7
청 주	1.6	1.8	2.0	2.1	2.0	1.8	1.9	1.8	1.6	1.4	1.5	1.5	1.8
추풍령	3.9	3.7	3.3	3.1	2.5	1.9	1.7	1.7	1.7	2.1	2.8	3.5	2.7
충 주	1.1	1.3	1.4	1.5	1.3	1.2	1.0	1.0	1.0	1.0	1.1	1.1	1.2
제 천	1.4	1.5	1.7	1.7	1.5	1.3	1.2	1.2	1.2	1.1	1.2	1.2	1.4
서 산	2.2	2.4	2.8	2.8	2.7	2.3	2.6	2.3	2.0	1.9	2.2	2.2	2.4
대 전	1.7	1.8	2.2	2.3	2.2	1.9	2.1	1.9	1.8	1.4	1.5	1.5	1.9
천 안	1.5	1.7	2.0	1.9	1.7	1.5	1.5	1.5	1.4	1.3	1.5	1.5	1.6
보 령	1.9	2.0	2.1	2.1	2.1	1.8	2.3	1.9	1.7	1.6	1.9	1.9	1.9
부 여	1.0	1.2	1.4	1.4	1.4	1.2	1.3	1.2	1.1	0.9	1.0	1.0	1.2
군 산	3.8	4.1	4.5	4.2	4.0	3.6	3.4	3.5	3.5	3.5	3.7	3.6	3.8
전 주	1.4	1.6	1.8	1.9	1.8	1.6	1.7	1.6	1.4	1.3	1.4	1.4	1.6
남 원	1.4	1.6	1.7	1.7	1.5	1.3	1.3	1.1	1.1	1.0	1.2	1.2	1.3
광 주	2.1	2.2	2.3	2.3	2.3	2.1	2.5	2.2	1.9	1.7	1.8	1.9	2.1
목 포	4.6	4.8	4.5	4.0	3.7	3.2	3.6	3.3	3.2	3.7	4.1	4.2	3.9
여 수	4.9	4.8	4.6	4.0	3.4	3.1	3.3	3.6	4.2	4.0	4.1	4.5	4.1
순 천	1.9	1.9	2.0	1.9	1.7	1.5	1.5	1.6	1.6	1.6	1.7	1.8	1.7
제 주	4.5	4.2	3.9	3.4	3.0	3.0	3.0	3.0	3.1	3.2	3.7	4.3	3.5

표 2.14 평균풍속 [m/s] (계속)

(1981~2010)

지 점	01월	02월	03월	04월	05월	06월	07월	08월	09월	10월	11월	12월	평년값
서귀포	2.8	3.0	3.2	3.0	2.7	2.7	2.7	3.0	3.3	3.0	2.8	2.8	2.9
안 동	1.9	2.0	2.1	2.1	1.7	1.6	1.4	1.4	1.3	1.3	1.6	1.8	1.7
대 구	2.9	2.9	3.0	2.9	2.8	2.7	2.6	2.6	2.3	2.2	2.4	2.6	2.7
포 항	3.0	2.9	3.0	3.0	2.8	2.5	2.6	2.7	2.7	2.6	2.6	2.8	2.8
영 주	3.4	3.1	2.8	2.6	2.1	1.5	1.3	1.3	1.4	1.9	2.4	3.1	2.2
문 경	2.1	2.1	2.1	2.0	1.6	1.3	1.0	1.0	1.1	1.3	1.7	2.0	1.6
구 미	2.2	2.1	2.0	2.0	1.7	1.3	1.1	1.1	1.1	1.3	1.6	1.9	1.6
영 천	2.3	2.1	2.1	2.0	1.8	1.6	1.5	1.4	1.3	1.4	1.7	2.1	1.8
부 산	3.7	3.8	4.0	4.0	3.6	3.3	3.8	3.7	3.6	3.3	3.4	3.6	3.7
울 산	2.4	2.4	2.5	2.3	2.1	1.9	2.0	2.0	1.9	1.8	1.9	2.2	2.1
창 원	2.2	2.3	2.4	2.3	2.3	2.3	2.4	2.2	2.1	2.0	1.9	2.0	2.2
통 영	2.7	2.7	2.9	2.7	2.4	2.3	2.6	2.6	2.5	2.4	2.4	2.6	2.6
진 주	1.9	2.1	2.2	2.1	1.9	1.8	2.1	1.7	1.5	1.3	1.5	1.6	1.8
밀 양	1.3	1.5	1.6	1.7	1.5	1.5	1.5	1.4	1.3	1.1	1.2	1.2	1.4

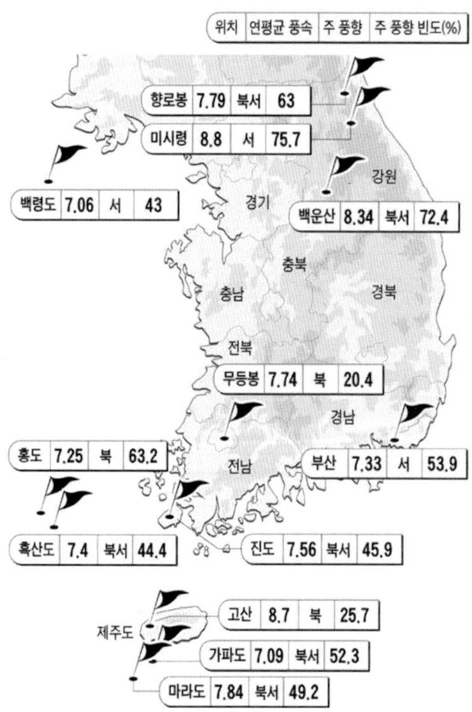

그림 2.7 풍력자원지도

기상청에서는 전국 612개 지점에서의 '바람의 품질'을 담은 풍력자원지도(Wind Resource Map)를 발표했다. 이는 2005년 한 해 동안 바람개비와 비슷한 50 m와 80 m의 높이에서 연평균 풍속, 월별 풍속, 풍향의 변화, 초속 5 m 이상의 바람이 부는 시간 비율을 조사해서 지도로 표현한 것이다(그림 2.7).

바람이 강한 곳으로는 대관령보다 미시령과 제주도 고산면의 연평균 풍속은 초당 8.7~8.8 m이다. 제주도 남쪽 마라도와 흑산도·백운산 등 12곳의 연평균 풍속은 초속 7 m가 넘는다. 초속 5 m 이상이면 풍력발전이 가능하지만, 발전량을 늘리기 위해서는 풍속이 일정하게 유지되고 항상 일정한 방향으로 불어주어야 한다. 풍력 발전기는 바람이 세고, 풍차가 클수록 더 많은 전기를 만들어낸다.

2.4.2 태 풍

(1) 태풍의 발생

적도 부근이 극지방보다 태양열을 더 많이 받기 때문에 생기는 열적 불균형을 없애기 위해, 저위도 지방의 따뜻한 공기가 바다로부터 수증기를 공급받으면서 강한 바람과 많은 비를 동반하며 고위도로 이동하는 기상 현상을 태풍이라고 한다.

태풍은 중심 부근 최대 풍속이 17m/s 이상의 강한 비바람을 동반하는 열대성 저기압이다. 태풍의 강도는 중심기압보다 중심최대풍속을 기준으로 약, 중, 강, 매우강으로 분류한다. 일반적으로 태풍이 발생하려면 열대 해역에서 해수면온도가 보통 27℃ 이상이어야 한다. 또한 공기의 소용돌이가 있어야 하므로 적도 부근에서는 발생하지 않고, 남·북위 5°이상에서 발생한다. 계절별로는 7~10월 사이에 많이 발생한다.

(2) 태풍의 구조

태풍의 수명은 발생부터 소멸까지 1주일에서 1개월 정도이다. 태풍이 접근하면 폭풍과 호우로 수목이 꺾이고, 건물이 무너지고, 통신 두절과 정전이 발생하며, 하천이 범람하는 등 막대한 피해가 일어난다. 그러나 태풍이 늘 해로운 것만은 아니다. 태풍은 중요한 수자원의 공급원으로서 물부족 현상을 해소시킨다. 또한 저위도 지방에 축적된 대기 중의 에너지를 고위도 지방으로 운반하여 지구 상의 남북의 온도 균형을 유지시켜 주고, 해수를 뒤섞어 순환시킴으로써 바다 생태계를 활성화시키는 역할을 한다.

태풍의 중심 부근에서 반경 수~수십 ㎞인, 날씨가 맑고 바람이 아주 약한 구역을 '태풍의 눈'이라고 한다. 이 '태풍의 눈' 바깥 주변에서는 바람이 매우 강하다.

(3) 태풍의 분류

토네이도는 강력한 바람을 동반하는 점은 같지만, 전혀 다른 현상이다. 토네이도는 깔때기 모양의 거대한 회오리바람이다. 풍속은 태풍보다 훨씬 빠르고, 갑자기 생겼다가 5~6시간 뒤 사라진다. 태풍은 바다에서만 생성되지만, 토네이도는 넓은 평지에서도 생길 수 있다.

태풍의 종류는 발생 해역별로 구분한다. 북태평양 남서해상에서 발생하는 것은 태풍(Typhoon), 북대서양・카리브해・멕시코만・태평양 동부에서 발생하는 것은 허리케인(Hurricane), 인도양과 오스트레일리아 부근 남태평양 해역에서 발생하는 것은 사이클론(Cyclone)이라 한다. 이 중 오스트레일리아 부근 남태평양 해역에서 발생하는 것을 그 지역 주민들은 윌리윌리(Willy-Willy)라고 한다(그림 2.8).

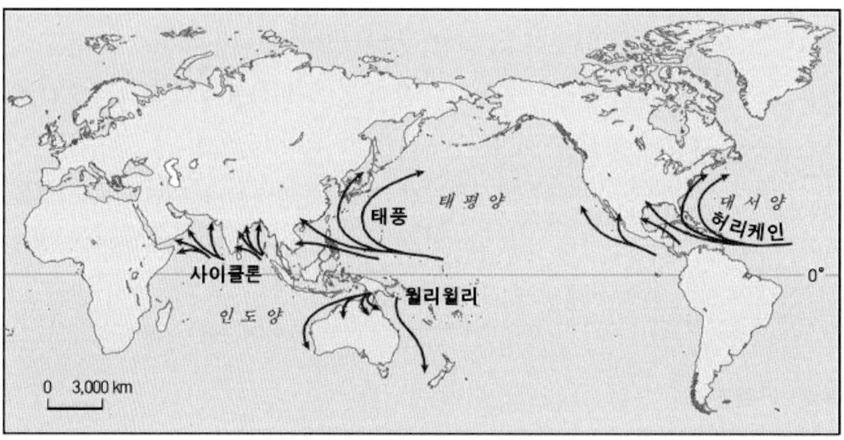

그림 2.8 태풍의 발생 지역

(4) 태풍의 이동 경로

일반적으로 태풍은 발생 초기에는 무역풍을 타고 서북서진하다가 점차 북상하여 편서풍을 타고 북동진한다. 고기압의 중심을 오른쪽으로 바라보면서 진행하므로 6월의 태풍은 계속 서쪽으로 진행하여 남지나해쪽으로 향하고 7월의 태풍은 대만근해에서 중국연안을 따라 북상하여 서해로부터 우리나라 쪽으로 진행한다. 9월의 태풍은 남쪽 해상으로부터 오키나와 동쪽 해상을 지나 일본열도 쪽으로 진행한다. 10월의 태풍은 일본 남쪽 해상을 멀리 지나간다.

우리나라에서 발생하는 태풍은 내습빈도가 연평균 3개 정도인데 내습 최대월은 7, 8, 9월 순이다. 진로를 보면 7월에는 서해안을 따라 북상하며 중북부지방을 통과하고, 8월에는 서해안을 따라 북상하며 군산~강릉을 연결하는 중부지방을 통과한다. 9월에는 남해안 지방을 거쳐 일본을 통과한다. 그런데 아주 드물게 6, 10월에 내습하는 경우도 있다(그림 2.9).

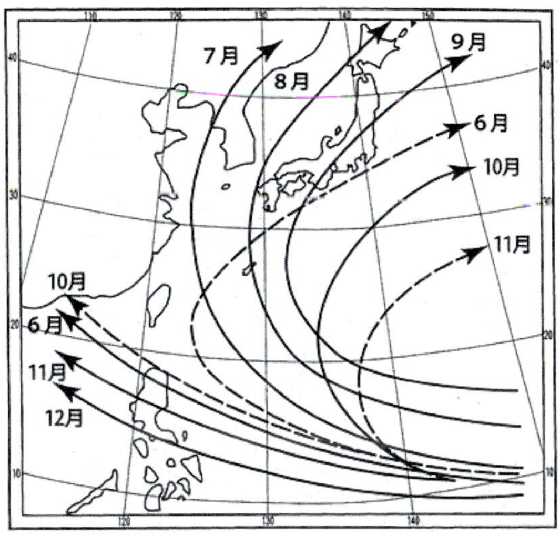

그림 2.9 월별 태풍 진로

2.4.3 빌딩풍의 유형과 대책

(1) 빌딩풍의 유형

자연풍은 큰 관점에서 볼 때 그 지역 전체 지형의 기복과 건물이나 수목 등의 부피 밀도에 크게 영향을 받고, 상공에서 지상에 가까워짐에 따라 곡선을 그리면서 서서히 바람이 약해진다. 이 곡선은 해안과 연안 지역에서는 느슨하게, 전원 지역→교외 주택지→시가지→내도시 등과 같이 건물이 많고 커지김에 따라 점점 강해진다.

한편, 개별 건물 주변과 같이 더 작은 관점에서 보면 바람은 국소적으로 강해지거나 약해지거나 방향도 불안정하고 매우 복잡하게 불고 있다. 이 지상 부근에서 국소적으로 강약하고 복잡하게 흐르는 바람 중 빌딩풍의 주요 현상을 그림 2.10에 나타낸다.

빌딩풍은 평균 풍속의 증가에 기인하는 것과 난류 에너지의 증가에 기인하는 것으로 대별된다. 평균 풍속의 증가의 기본적인 원리는 넓은 영역에서 좁은 영역으로 바람이 불려고 하면 흐름이 수렴되어 그 흐름 필드에서 바람이 가속화된다. 그러나 야외 공간에서는 그 밖에도 바람의 탈출구가 많으므로, 좁으면 좁은 장소일수록 바람이 강해지는 것은 아니다.

예를 들어, 곡간풍이라는 건물 사이에 발생하는 강풍 현상은 2동 사이의 거리와 배치에 크게 영향을 받는다. 적당한 동 사이 거리가 1동의 경우보다 강한 바람이 불지만, 동 사이 거리가 점차 좁아지면 바람이 불기 어려워지고, 반대로 풍속은 약해진다.

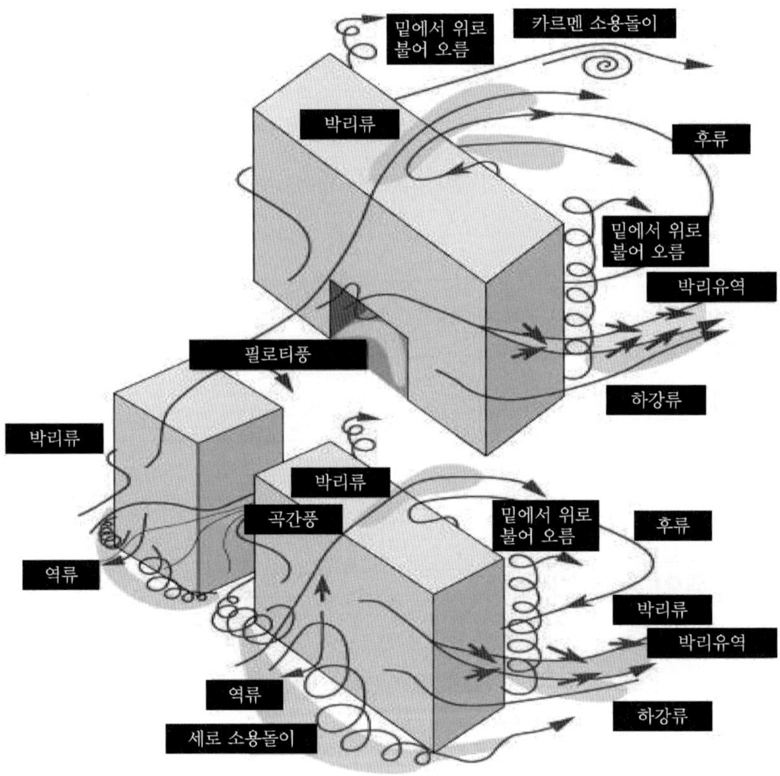

평균풍속의 증대에 기인하는 현상	난류에너지의 증대에 기인하는 현상
• 박리류 • 곡간풍 • 불어내림 • 역류 • 필로티풍 등	• 박리영역에서의 난류 • 세로 소용돌이 • 카르멘풍 • 후류역에서의 난류 • 밑에서 불어 오름 등

그림 2.10 주요 빌딩풍 현상

마찬가지로 필로티의 경우는 건물 벽면과 필로티의 겉보기 면적의 비율에 영향을 받기 때문에 필로티의 겉보기 면적이 적당한 크기의 경우에는 강한 바람이 불지만, 극단적으로 바늘구멍처럼 좁으면 강풍은 발생하지 않는다.

또한 밀집된 건물에 의해 발생되는 강풍은 다음과 같다(그림 2.11).

(1) Channel effect : 가로에 면하여 건물이 나란히 입지한 경우 연속한 건물들은 바람의 통로가 되어 가로를 흐르는 바람이 동굴의 흐름과 같이 빠른 흐름이 된다.

(2) Venturi effect : 건물 사이의 공간을 따라 흘러온 바람은 건물 간격이 좁으면 함께 집중하여 서서히 빠른 흐름이 된다.

(3) Pressure connection effect : 건물이 2동 나란히 입지한 경우 배치 형상에 따라서는 후측 건물의 정압대에서 앞의 건물 부압대를 향하여 빠른 흐름이 발생한다.

(4) Pyramid effect : 피라밋상으로 건물이 입지한 경우 상공의 바람은 차단되는 것이 적고 지표면 부근에서는 강풍이 발생하기 어렵다.

(5) Shelter effect : 같은 정도의 높이와 규모의 건물이 고밀도에서 나란히 입지한 경우 상공의 빠른 바람은 건물군 위를 그냥 통과하고 지표면 부근과 건물군의 배후에는 강풍이 발생하기 어렵다.

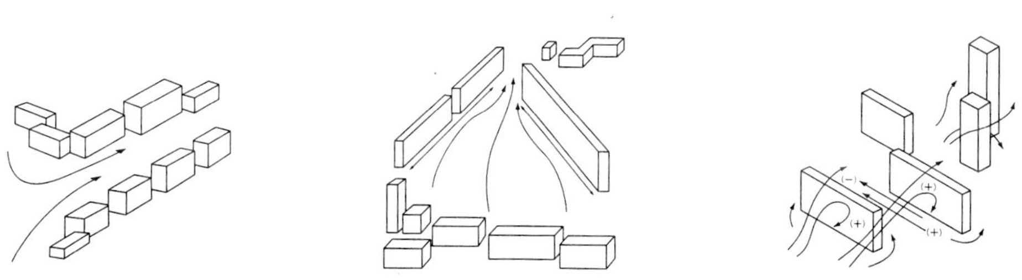

Channel effect (1) 통도 효과 | Venturi effect (2) 벤츄리 효과 | Pressure connection effect (3) 차압 효과

Pyramid effect (4) 피라미드 효과 | Shelter effect (5) 차폐 효과

그림 2.11 밀집된 건물 주변의 바람의 변화

(2) 빌딩풍의 대책

방풍 대책의 목적은 빌딩풍에 의한 돌풍의 영향을 완화하는 것이다. 방풍이라고 하더라도 일반적으로 바람을 완벽하게 차단하는 것을 목적으로 하지 않는다. 바람을 적당한 세기로 약하게 하는 것이 목적이다.

빌딩이 없어도 돌풍은 분다. 빌딩이 있으면 그 주변에서는 국소적으로 더 강한 돌풍이 불 수 있다. 그 국소적으로 강해지는 돌풍을 적당히 약하게 하는 것이 중요하다. 너무 약화되면 다른 부분의 바람이 강해진다.

또한 방풍 대책에 따라 해당 위치의 기능과 경관을 해치는 경우도 있을 수 있다. 바람은 항상 불고 있는 것은 아니기 때문에, 방풍 대책에 따른 장단점의 균형을 고려하면서 대책을 강구해 나갈 필요가 있다.

1) 식재에 의한 대책

가장 인기 있는 대책이다. 방풍 대책을 위한 수목은 상록수가 아니라 낙엽수도 괜찮다. 오히려 낙엽수를 적극적으로 이용하여 겨울의 채광성을 확보하는 등의 설계를 할 수 있다. 낙엽수는 겨울에 잎이 없기 때문에 그것을 고려한 해석이 필요하다(그림 2.12).

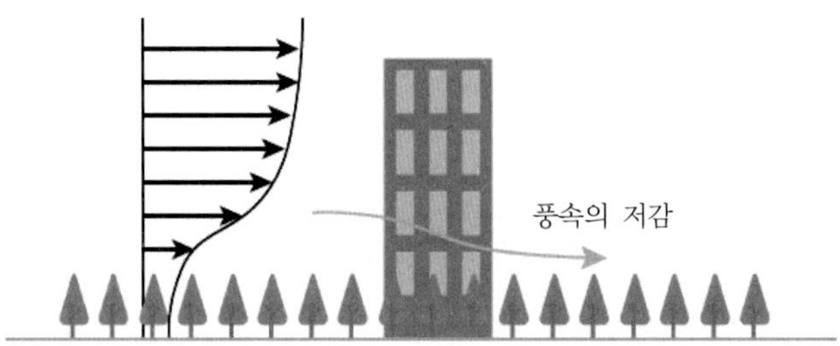

그림 2.12 식재에 의한 방풍대책 이미지

방풍 식재는 나무의 키가 클수록 방풍 효과도 높다고 볼 수 있지만, 보행자에 대한 방풍 효과는 바람이 불어내림을 수반하는 곳에서는 나무의 키가 효과적이지만, 수평방향으로만 바람이 부는 곳에서는 나무의 키보다 수관폭이 더 효과적이다. 방풍 대책이 필요한 곳에 어떤 바람의 흐름 방식으로 할 것인가에 따라 유효한 식재 형상이 달라진다.

수목이 많을수록 각 부분의 풍환경이 좋아지는 것은 아니다. 식재가 많으면 많을수록 모든 곳의 풍환경이 개선되는 것도 아니다. 식재가 많으면 어느 곳의 바람이 약해지더라도 다른 곳의 바람이 강해지는 경우도 있다.

식재에 의한 방풍 대책은 녹화의 장점인 '아름다운 경관, 대기의 정화, 열섬 현상의 완화 등'을 수반하므로, 특히 도시 지역에서는 이용하기 쉬운 대책이라고 할 수 있다. 한편, 식재는 세월과 아울러 형태가 변화하기 때문에 방풍 효과도 세월과 아울러 변화하는 것에 주의를 기울여야 한다. 즉 유지관리에 번거로움과 비용이 드는 경우가 있다는 점을 잊어서는 안 된다.

또한 바람이 강한 곳에의 식재는 건조해지기 쉽기 때문에 건조에 강한 수종을 선정하도록 한다. 방풍 식재로 내풍력이 큰 수목은 후박나무, 가시나무, 느티나무, 밤나무, 졸참나무, 떡갈나무 등이다.

2) 펜스 등 구조물(건물 본체 이외)에 의한 대책

식재한 다음에 자주 사용되는 대책이다. 울타리라 하여도 개구율 0%의 것도 있고, 개구율이 다양한 메시 형상 울타리와 루버 모양 울타리도 있다. 기본적으로는 개구율에 의해 방풍 효과의 특성이 다르지만 일반적으로 적당히 바람이 빠지는 상태가 바람직하므로 개구율은 20~30% 정도의 것이 채용되는 경우가 많다.

개구율이 0%인 경우 그 풍하측 부근의 바람은 상당히 약해지는데 곧바로 바람을 끌어들이고, 바람이 약해지는 범위가 풍하 방향으로 좁은 것도 많다. 또한 울타리의 위는 바람이 강해지기 쉽고, 울타리에 작용하는 풍하중도 크기 때문에 장점보다 단점이 더 부각될 수 있다.

개구율이 수십 % 정도의 경우 풍하측의 바람은 적당히 약해지고, 약해지는 범위가 풍하 방향으로 상대적으로 길어지는 경향이 있다. 개구율 0%에 비하면 울타리 위의 바람은 그다지 강하지 않으며, 풍하중도 작아진다. 그러나 개구부의 형상이나 구조에 따라 풍절음(Wind Noise)이나 진동음이 발생할 수 있으므로 주의가 필요하다(그림 2.13).

울타리 이외에는 광범위를 커버하기 위한 방풍망과 스크린, 파고라 등이 있다. 바람의 저항이 되는 것이면 어떤 구조물도 결과적으로는 방풍 대책이 될 수 있으며, 예를 들어 기계식 주차장은 의도하지 않았더라도 방풍 효과를 발휘하는 경우가 많다.

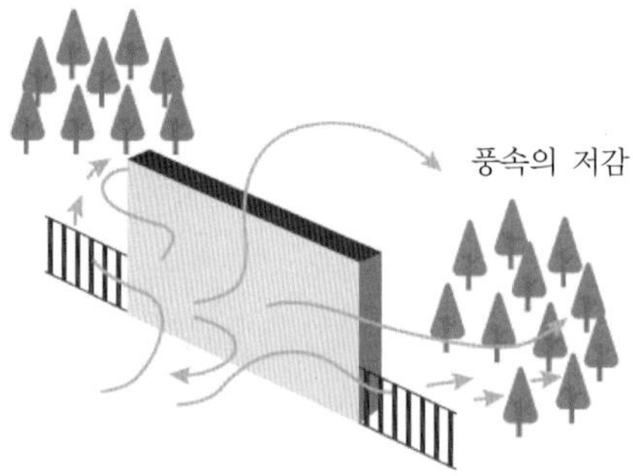

그림 2.13 울타리에 의한 방풍대책 이미지

3) 건물 본체의 형상에 의한 대책

바람이 건물에 접촉하면 바람의 저항을 받는다. 바람의 저항 크기는 건물의 형상에 따라 달라진다. 각진 형상보다는 둥근 형상이 바람의 저항이 작은 것은 경험적으로도 감각적으로도 이해하기 쉽다.

바람은 건물의 주변을 통과할 때 부드럽게 흐르지 않고, 옆 방향으로 우회하거나, 우회했을 때 그 기세로 건물에서 떨어지면서 풍하로 향하고, 일부 흐름은 건물의 틈새에서 소용돌이치고, 건물을 지나갈 때 또한 벗어나 건물의 풍하측에 큰 소용돌이를 형성하고 큰 난류를 동반하기도 한다. 이 현상은 바람의 저항이 클수록 현저하게 박리 흐름이 발생하기 쉽고, 강풍 영역이 확대되기 쉽다.

건물의 평면 형상을 고안하여 방풍 대책을 도모할 수 있다. 형상으로 바람의 저항을 줄이면 박리 흐름이 발생하는 범위는 작아지는 경향이 있으며, 건물에 작용하는 풍하중도 작아진다. 그러나 이러한 대책은 일부 대규모 건물에서만 채용되고, 비교적 소규모 건물의 경우는 거의 이루어지지 않고 있는 것이 현실이다(그림 2.14).

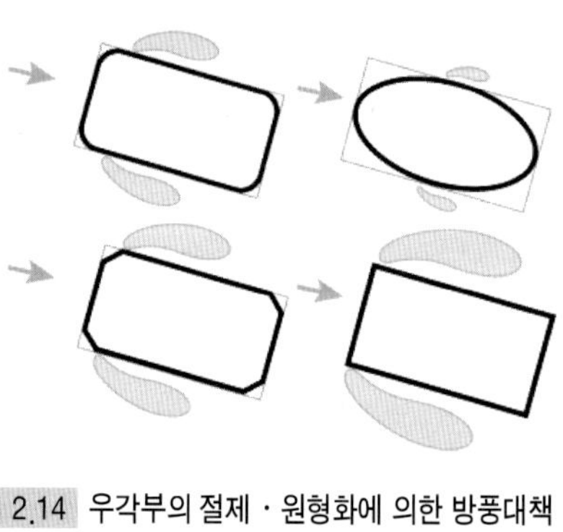

그림 2.14 우각부의 절제 · 원형화에 의한 방풍대책 이미지

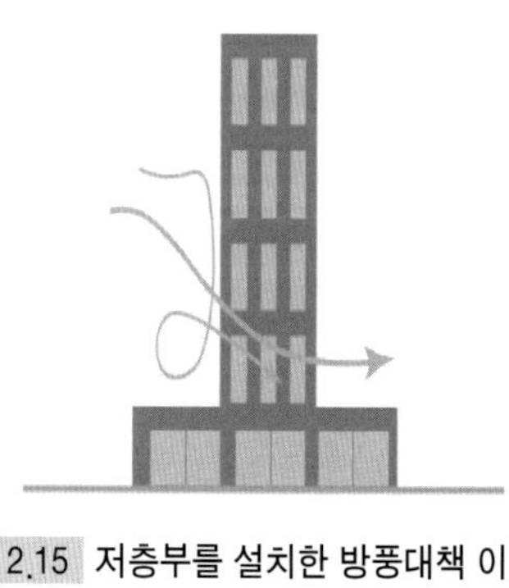

그림 2.15 저층부를 설치한 방풍대책 이미지

평면 형상의 검토 이외에도 불어내림을 보행자 수준까지 도달하지 않게 한다는 발상에서 건물을 고층화한 후, 저층부를 크게 만들 수도 있다(그림 2.15).

또한 보도에 아케이드를 설치하는 것도 유효하다(그림 2.16).

그림 2.16 아케이드를 설치한 방풍대책 이미지

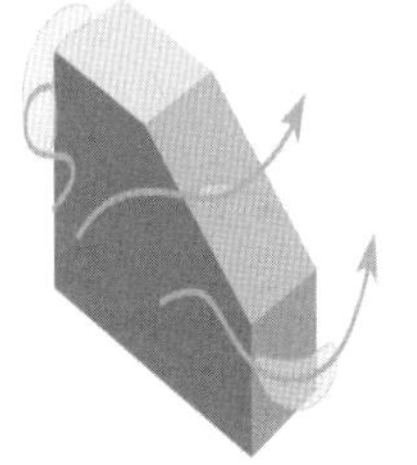

그림 2.17 셋백에 의한 방풍대책 이미지

일영규제에 의해 셋백하는 건물이 많은데 셋백은 결과적으로 방풍 대책도 이루어진다(그림 2.17).

유리 외벽면의 심플한 상업용 건물보다 베란다 등에 의한 요철이 있는 아파트 등에서는 강한 바람이 작은 난류로 변환됨으로써 바람의 에너지가 흡수되어 주변의 바람을 약화하는 효과가 있다(그림 2.18).

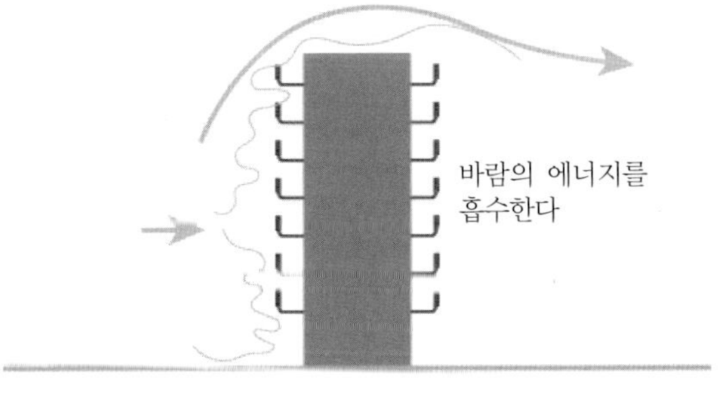

그림 2.18 표면에 요철부를 설치한 방풍대책 이미지

4) 건물의 배치에 의한 대책

건물의 배치를 검토하여 방풍 대책을 할 수 있다. 예를 들면 충분히 넓은 부지이면 강풍 영역이 발생하는 범위를 예측하고, 그것이 부지 내에 들어가도록 배치한다.

지역에 따라 바람의 주된 풍향은 특성이 있다. 판 모양의 건물 등은 바람 부는 빈도가 높은 풍향에 대해 건물의 뒷면으로 향하는 방풍 대책을 고려한다(그림 2.19).

그러나 아파트 등에서는 거실 남향으로 하고 싶다는 이유로 판상 건물의 대부분은 동서 방향으로 긴 경우가 많으며, 남북 방향으로 바람이 불기 쉬운 지역에서는 방풍 대책은 이루어지지 않고 오히려 동서측에 강풍 영역이 만들어질 수 있다.

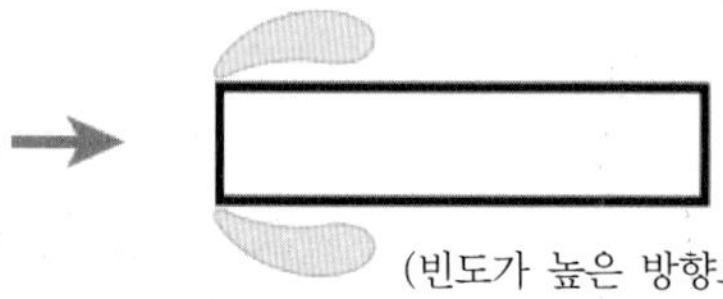

그림 2.19 바람의 저항이 작은 방향을 탁월풍의 풍상으로 한 방풍대책 이미지

이웃 건물의 방향을 조절하여 방풍 대책을 수립할 수도 있다(그림 2.20).

건물의 배치 조절은 방풍 대책뿐만 아니라 바람길을 만드는 것도 가능하기 때문에 도시 개발의 수준에서 매우 중요한 개념이다.

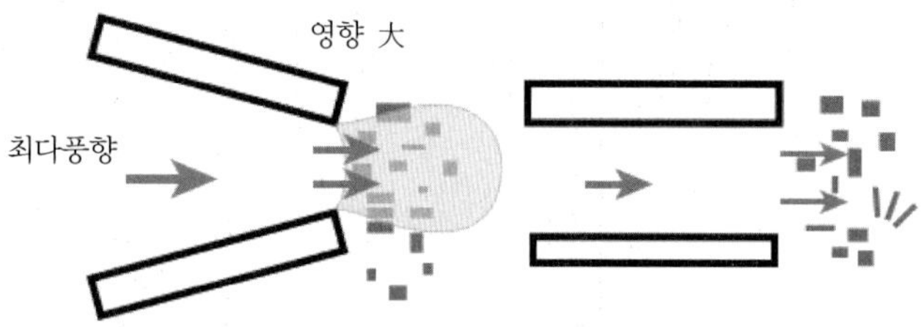

그림 2.20 인접 동의 배치를 고려한 방풍대책 이미지

(3) 빌딩풍의 예측방법

빌딩풍을 예측하는 방법에는 대별하여 다음의 3가지가 있다.

1) 탁상예측

탁상예측은 간편하게 예측을 행하는 경우에 이용되고, 기존의 자료에서 유사한 상황의 기류를 선택하고, 이것을 참고하여 예측한다. 다만 지표면의 건물주변기류는 주변에 위치하는 건물이나 가로에 따라 큰 영향을 받으므로 탁상예측을 할 때에는 이 점에 충분한 주의가 필요하다.

2) 풍동모형실험에 의한 방법

대규모인 계획에서는 최종 단계에 풍동실험을 행하는 것이 필요하다. 구체적인 건물계획에서 주변에 발생하는 강풍을 예측하는 방법으로 널리 이용되고 있다.

풍동실험은 2가지로 대별된다. 하나는 풍동 내에서 풍속계를 이용하여 시가지 모형 각 지점에서 풍속치를 측정하는 정량적인 실험과, 또 하나는 각종 기류의 가시화 방법을 이용하여 바람의 성상을 정성적으로 조사하는 실험이다. 어느 경우에도, ① 시가지의 풍동 내부에서 재현과, ② 고층건물 및 시가지의 기하학 모형에 의한 재현이 중요하다(그림 2.21).

그림 2.21 풍동실험의 상황

3) 시뮬레이션에 의한 방법

수치 시뮬레이션은 유체역학의 기초방정식(Navier-Stokes 방정식 등)을 수퍼 컴퓨터 등을 이용하여 수치적으로 해석하는 방법이다. 이미 단순한 형상의 건물에 관해서는

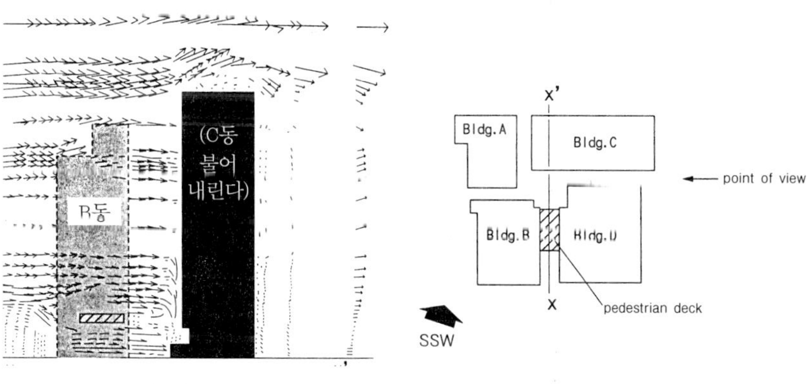

그림 2.22 수치 시뮬레이션에 의한 건물주변기류의 예측

이 방법이 풍동실험을 보완하는 실용적인 예측방법으로 이용되고 있다. 그림 2.22에 수치 시뮬레이션으로 고층건물주변의 기류를 조사한 일례를 나타낸다. 이 방법은 장래에 빌딩풍의 예측에도 사용될 것으로 보인다.

예제 2.4

그림과 같은 경우에 '내리 부는 바람'이 바로 빌딩풍이 되는가?

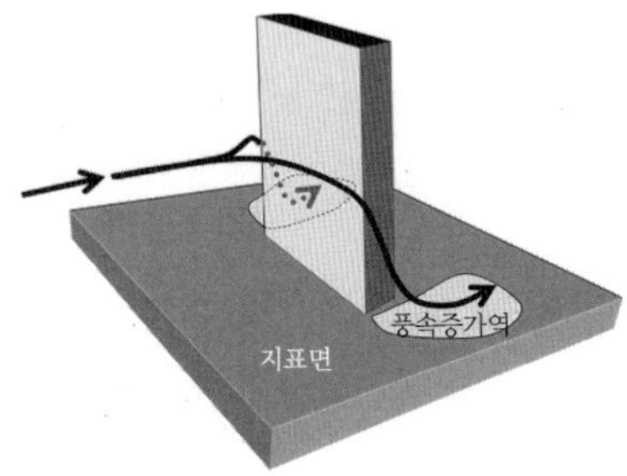

풀이

건물 근방에서 내리 부는 바람이 관찰되는 것은 건물의 풍상측의 정면뿐이다. 여기는 약풍대이다. 즉 내리 부는 바람이 기세를 타고 건물 측면에서 급강하하여 지상 부근의 빌딩풍이 되는 것은 아니다. 풍동실험, 컴퓨터 시뮬레이션의 어느 결과에서도 풍속 증가역의 바람은 거의 수평에 가까운 각도이다. 건물의 좌우 모서리와 처마에서 강한 바람이 불기 시작한다.

2.4.4 풍동실험

(1) 풍 동

풍동(wind tunnel)은 송풍기(blower)에서 발생시킨 바람을 확산부(diffuser), 정류격자(settling chamber), 축류부(contraction)를 통하여 공간적으로 난류성분이 적고 안정된 기류를 측정부분에 불어 보내기 위한 장치로서 회류형(closed circuit type)과 개방형(open circuit type)으로 대별된다. 회류형은 공기가 순환하는 형식이고, 개방형은 그림 2.23에 나타낸 것처럼 공기 흡입구와 토출구가 개방된 형식이다.

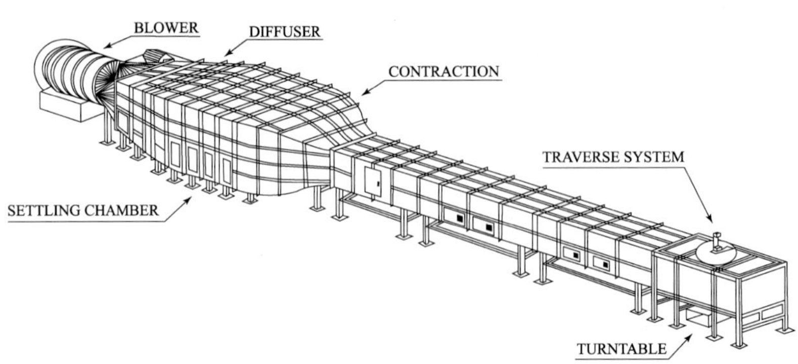

그림 2.23 개방형 풍동

풍동에서 재현된 바람은 기본적으로 자연에서의 바람과 그 성질이 같아야 한다. 그러나 풍동은 실험실마다 그 모양 및 크기가 다양하기 때문에 풍동이 가진 성능 또한 달라진다. 따라서 풍동에서 재현된 바람이 자연풍과 같아지기 위해서는 다음과 같은 조건을 만족하도록 하여야 한다.

① 풍동 내 풍속의 고도분포는 건설 현장의 자연 대기 경계층의 조건에 적절하도록 재현하여야 한다.
② 풍동테스트 단면 내 난류강도의 분포는 건설현장의 조건에 적절하도록 재현하여야 한다.
③ 설계대상건축물은 물론 주변의 건축물 및 지형조건은 적절하게 재현하여야 한 다.
④ 풍동 내 설계대상건축물 및 주변 모형에 의한 단면폐쇄율은 풍동의 테스트 단면에 대하여 8% 미만이 되도록 하여 실험하여야 한다.
⑤ 풍동 내의 압력 분포는 일정하도록 하여야 한다.
⑥ 레이놀즈수에 의한 영향은 최소화하여 실험한다.
⑦ 풍동실험에 사용되는 계측기는 해당실험에 적절한 응답특성을 만족하여야 한다.

(2) 풍동실험의 종류

건축물의 내풍설계를 위하여 실시하는 풍동실험에는 풍압실험, 풍력실험, 공력진동실험이 있고, 건축물이나 특수한 지형의 주변에 대한 바람의 성상을 파악하기 위한 풍환경실험으로 대별할 수 있다.

1) 풍압실험

풍압실험(wind pressure test)은 모형에 작용하는 풍압력을 풍압계에 의하여 측정하는 실험이다. 이 실험은 건축물의 외장재용 풍하중을 평가하는 것이 목적이다. 그림 2.24와 같이 밀폐된 건축물인 경우에는 외벽면에 작용하는 풍압계수를 평가하고, 그림 2.25와 같이 개방된 구조물인 경우에는 외장재 윗면과 아랫면에 작용하는 풍압력의 차이에 대한 풍압계수를 평가하여 궁극적으로는 외장재용 풍하중을 제시한다.

실험은 대상 건축물의 모형 및 주변 모형을 턴테이블 위에 고정시키고, 모형 표면에 설치한 다수의 풍압측정공을 비닐튜브로 턴테이블 하부에 설치된 다점풍압계에 연결한 후 기준속도압과의 차압으로 풍압을 측정한다. 모형은 일반적으로 강한 아크릴판을 사용한다.

그림 2.24 밀폐된 건축물

그림 2.25 개방된 건축물

2) 풍력실험

풍력실험(wind force test)은 건축물 또는 부재 등의 전체에 작용하는 풍하중을 평가하기 위하여 행해지며, 설계대상 건축물의 구조골조용 설계자료인 건축물 주축에 대한 풍력, 전도모멘트 및 수직축에 대한 비틀림모멘트를 구하는 것이 주목적이다.

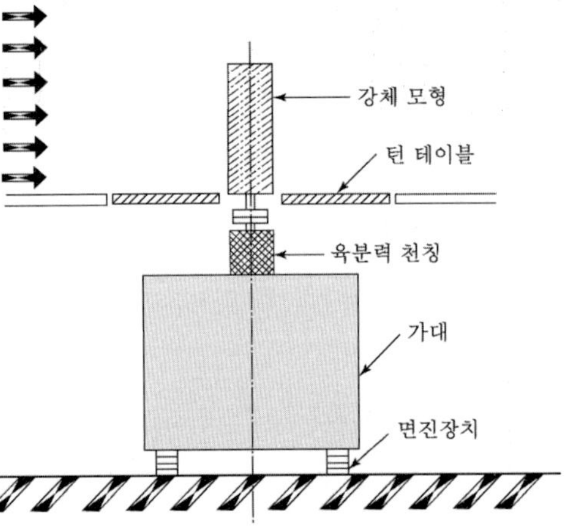

그림 2.26 풍력측정장치의 개요

실험은 그림 2.26에 나타낸 것과 같이 대상 건축물의 모형을 풍동의 턴테이블 하부에 설치된 측정기기(주로 6 component force balance) 위에 고정시키고, 고정된 모형 전체에 작용하는 풍력(항력, 양력, 전도모멘트)을 측정한다. 모형은 풍력에 의하여 발생하는 풍력만을 정확하게 측정하기 위하여 진동하지 않는 강체모형을 이용한다.

3) 공력진동실험

공력진동실험(aerodynamic test)은 세장한 초고층건축물, 기념비, 타워 등과 같이 바람에 의하여 진동하기 쉬운 건축물에 대하여 진동에 의하여 발생하는 부가적인 공기력(건축물의 진동이 주변기류에 새로운 운동을 발생시켜 양자의 상호작용에 의하여 발생하는 공기력)도 외력으로 고려하여 풍력, 진동특성, 공력안정성을 직접 조사하는 실험이다.

실험은 모형에 진동의 자유도를 부여하는 Gimbal, 강성을 부여하는 Spring, 감쇠를 부여하는 감쇠장치로 구성된 일명 짐발장치(그림 2.27 참조)라고 불리는 진동측정장치 위에 모형을 고정시킨 후 바람에 의하여 발생하는 모형의 거동을 직접 레이저 변위계에 의하여 측정한다. 공력진동실험에 사용되는 모형은 건축물의 동적 특성도 모형화하여 제작하여야 하므로 주의하여야 한다. 또한 모형의 동적 거동을 직접 측정하기 때문에 풍동이 가동됨으로써 발생하는 진동이나 기타 외부로부터 발생한 진동이 모형에 전달되지 않도록 짐발장치 하부의 가대는 무겁고 강한 것으로 구성한다.

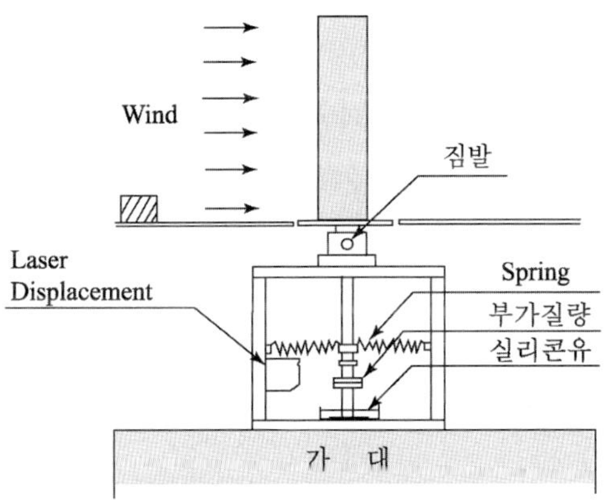

그림 2.27 공력진동측정장치

4) 풍환경실험

건축물이 신축됨에 따라 부지주변의 기류특성은 크게 변하게 되며 "빌딩풍"이라는 국부적 풍속증가현상이 나타나서 거주성에 문제가 되거나 비산물의 발생 등 환경적인 문제가 되기도 하고, 반대로 풍속이 정체되는 현상이 나타나게 되어 환기, 통풍을 저하시키는 원인이 되기도 한다.

풍환경실험(pedestrian test)에서는 이와 같은 신축건축물 주변의 풍환경의 변화를 예측하여 보다 쾌적한 건축공간을 위한 대책의 제안을 목적으로 한다. 아파트단지 및 고층 시가지에 건축되는 건물 주변의 바람이 보행자에게 미치는 영향 등을 평가하여 강풍지역과 약풍지역을 알 수 있으며 강풍지역의 경우는 방풍림 등의 배치계획을 통하여 보행자에게 보다 나은 풍환경을 제공할 수 있다.

2.5 안 개

(1) 안개의 형성

안개(fog)는 매우 작은 물방울이 대기 중에 떠다니고 있는 현상으로 수평 시정이 1 ㎞ 미만인 경우를 말한다. 구름과 안개의 차이는 그것이 지면에 접해 있는지 아니면 하늘에 떠 있는지에 따라 결정된다. 지형에 따라 또는 관측자의 위치가 변함에 따라 구름이 되기도 하고 안개가 되기도 한다. 안개의 농도와 두께는 습도·기온·바람·응결핵의 종류와 양 등에 의해 결정된다.

안개는 자연대기 중에 항상 존재하는 응결핵에 물방울이 응결됨으로써 형성된다. 대기의 상대습도가 1%라도 넘어 과포화되면 이러한 결과가 나타난다. 심하게 오염된 대기에서 응결핵은 상대습도 95% 이하에서도 안개를 형성시킬 수 있을 정도로 성장한다(스모그). 물방울의 성장은 용해성 가스나 묽은 황산을 형성하는 아황산가스를 흡수함으로써 가속된다.

(2) 안개의 종류

① 냉각안개

지면과 접해 있는 공기층의 온도가 이슬점 이하가 되면서 발생하는 안개를 말한다.

② 복사안개

지표면의 복사냉각에 의하여 지표에 접하는 공기가 냉각되어 생기는 안개를 말한다. 땅안개라고도 한다. 대부분 육상에서 복사냉각이 심하게 나타나는 가을·겨울철에 많이 발생한다. 발생 조건은 날씨가 맑아야 하고, 바람이 약하게 불어야 하며, 습도가 높아야 한다.

③ 이류안개

따뜻하고 습기가 많은 공기가 찬 지표면 위를 이동할 때 생기는 안개를 말한다. 해상에서 형성된 안개는 대부분 이류안개로 이를 해무(sea fog)라고 부른다. 해무는 복사안개보다 두께가 두꺼우며, 발생하는 범위가 아주 넓다. 또한 지속성이 커서 한번 발생되면 수일 또는 한 달 동안 지속되기도 한다.

④ 활승안개

습윤한 공기가 완만한 산의 경사면을 따라 불어 올라갈 때 공기가 단열팽창 냉각됨에 따라 생기는 안개를 말한다. 산안개는 대부분이 활승안개이며, 바람이 강해도 생긴다.

⑤ 증발안개

수면에서 증발이 일어나려면 수온이 기온보다 항상 높아야 한다. 따라서 따뜻한 수면에서 찬 공기로 수증기가 증발할 때 안개가 발생하며, 이때 발생한 안개를 말한다.

⑥ 증기안개

찬 공기가 따뜻한 수면 위로 이류할 때 생긴다. 이때는 수면으로부터 증발에 의한 수증기의 공급과 함께 하층이 급속히 가열되므로 대기가 불안정해져서 안개를 소산시키는 작용이 동시에 일어난다. 따라서 기온과 수온의 차가 상당히 커야 하며, 수면 위에 높지 않은 고도에 역전층이 있어야 한다. 늦가을에 호수나 강 부근에서 자주 생긴다.

2.6 강 수

2.6.1 강수의 특성

강수(precipitation)는 비나 눈, 우박 등과 같이 대기 중의 작은 물방울이나 빙정 등이 구름으로부터 땅에 떨어져 내리는 현상을 말한다. 일반적으로 비나 안개비 등을 강우라 하고 눈이나 싸락눈 등을 강설이라고 하나, 강수는 하늘에서 떨어져서 물이 될 수 있는 모든 현상을 가리키는 말이다.

강수량은 비나 눈, 우박 등과 같이 구름으로부터 땅에 떨어져 내린 강수의 양을 말한다. 어느 기간 동안에 내린 강수가 땅 위를 흘러가거나 스며들지 않고, 땅 표면에 괴어 있다는 가정 아래 그 괸 물의 깊이를 측정한다. 눈・싸락눈 등 강수가 얼음인 경우에는 이것을 녹인 물의 깊이를 측정한다. 비의 경우에는 우량 또는 강우량이라고도 하며, 단위는 ㎜로 표시한다.

강수시간은 강수가 있었던 시간의 길이를 말하며, 시간(hr)의 단위로 나타낸다. 강수일수는 일기의 통계를 내기 위하여 쓰며, '비오는 날'의 의미와는 다르다. 일반적으로 강수량이 0.1 ㎜ 이상인 일수로 계산한다.

강수량을 지역적으로 분리해 보면 우리나라 서부 지방보다는 동부와 남부가 많고, 또한 가장 비가 많이 오는 곳은 섬진강 유역이고, 가장 적게 오는 곳은 함경북도 지방이다.

우리나라의 연평균 강우량은 약 1,200 mm로 알려져 있으나 지형과 풍향에 따라 그 양을 달리하므로 해마다 또는 지역마다 강우량은 큰 차이를 보인다. 또 강우량은 계절적으로도 크게 편기된다. 대부분의 호우는 여름철인 6월부터 9월에 편기되고 그 중에서도 7, 8월에 집중되고 있다. 우리나라에는 한해 두 번씩 장마전선이 형성되는 현상이 정착되고 있는데, 오호츠크해 기단과 북태평양 기단의 영향으로 6월 하순에서 8월 중순까지 형성되는 '여름장마'와 7월에 형성된 장마전선이 중국 쪽으로 올라가 시베리아 고기압과 부딪쳐 한반도로 다시 내려오면서 늦여름인 8월 말부터 10월까지 형성되는 '가을장마'이다. 비가 많이 내리는 지역은 섬진강유역과 남해안 일대인데 최근에는 기상이변과 이에 따른 돌발성 집중호우로 우리나라 전역에 걸쳐 국지적으로 많은 양의 비가 내리고 있는 실정이다(표 2.15).

표 2.15 강수량합 [mm]

(1981~2010)

지 점	01월	02월	03월	04월	05월	06월	07월	08월	09월	10월	11월	12월	평년값
서 울	20.8	25.0	47.2	64.5	105.9	133.2	394.7	364.2	169.3	51.8	52.5	21.5	1450.5
인 천	20.6	20.8	40.5	57.7	100.3	112.0	319.6	285.8	153.5	53.4	51.0	19.3	1234.4
수 원	22.4	24.2	47.9	61.3	97.8	129.2	351.1	299.8	153.9	53.1	49.7	21.8	1312.3
이 천	22.5	23.9	47.4	74.0	93.8	146.0	370.2	319.9	176.0	42.1	38.8	16.3	1370.8
철 원	20.6	26.4	40.2	64.0	102.0	138.0	400.9	338.2	148.5	44.7	46.4	21.2	1391.2
춘 천	20.3	23.8	41.7	62.3	104.0	123.1	383.8	317.5	160.9	44.3	44.7	20.9	1347.3
원 주	22.0	26.3	51.6	66.7	93.5	140.1	362.2	290.1	173.4	50.1	43.5	24.1	1343.6
인 제	17.5	20.7	38.0	61.1	97.7	118.2	307.2	294.0	156.4	40.7	39.5	19.7	1210.5
속 초	44.3	46.9	56.9	64.3	95.5	115.7	246.9	293.0	232.9	88.7	78.8	38.2	1402.2
강 릉	55.1	49.6	68.9	68.7	87.0	120.6	242.8	298.9	243.8	110.4	80.3	38.3	1464.5

표 2.15 강수량합 [mm](계속)

(1981~2010)

지 점	01월	02월	03월	04월	05월	06월	07월	08월	09월	10월	11월	12월	평년값
대관령	62.6	53.6	75.6	89.5	122.3	201.0	326.7	420.9	307.3	124.9	76.9	36.8	1898.0
울릉도	116.2	78.1	72.2	81.3	105.1	115.3	170.2	167.9	170.7	83.9	105.5	117.1	1383.4
태 백	32.6	35.8	60.7	77.4	90.4	142.2	287.3	279.6	203.9	51.8	43.4	19.2	1324.3
청 주	25.5	29.4	48.2	66.6	88.3	144.1	282.7	285.1	147.1	50.1	46.7	25.3	1239.1
추풍령	24.5	34.5	50.0	69.6	84.5	146.3	284.6	244.5	139.1	43.9	41.3	24.2	1187.1
충 주	21.2	23.2	44.9	63.1	88.7	134.7	293.5	268.6	148.9	57.5	47.2	21.1	1212.7
제 천	24.7	29.4	56.0	76.1	102.1	154.2	373.5	293.7	161.1	51.5	42.4	23.0	1387.8
서 산	28.2	26.6	46.3	70.2	105.2	138.4	273.4	295.9	162.4	52.2	56.5	30.7	1285.7
대 전	29.6	34.2	55.6	81.7	103.7	206.3	333.9	329.5	169.7	47.4	41.1	25.9	1458.7
천 안	23.4	26.4	45.9	61.4	85.7	133.1	264.7	298.3	158.4	53.1	49.2	26.8	1226.5
보 령	28.1	28.5	46.9	68.9	88.2	137.5	268.7	297.1	138.4	53.4	57.2	31.3	1244.3
부 여	28.8	34.1	56.1	76.1	99.2	166.2	319.6	283.0	152.3	53.1	53.2	27.4	1349.2
군 산	32.5	32.7	45.6	78.2	81.8	154.8	241.2	263.1	127.3	54.2	58.5	32.1	1202.0
전 주	32.7	40.0	54.3	77.3	91.5	167.9	299.6	277.5	137.6	53.5	50.2	31.1	1313.1
남 원	31.2	41.0	52.5	71.5	111.0	176.7	298.9	346.1	137.0	46.3	42.8	25.4	1380.4
광 주	37.1	47.9	60.8	80.7	96.6	181.5	308.9	297.8	150.5	46.8	48.8	33.5	1391.0
목 포	33.2	42.4	60.0	69.3	89.2	173.1	236.7	192.6	147.5	46.9	43.4	29.3	1163.6
여 수	25.1	41.3	75.7	116.6	146.5	213.7	291.5	262.9	157.1	48.1	41.8	18.6	1439.0
순 천	32.9	60.8	99.9	161.8	189.7	268.3	359.3	312.2	213.4	63.7	54.1	23.4	1839.4
제 주	65.2	62.6	88.6	89.6	96.4	181.4	239.9	262.5	221.6	80.3	61.9	47.7	1497.6
서귀포	61.0	77.1	131.2	174.9	205.8	276.9	309.8	291.6	196.6	81.6	71.4	45.1	1923.0
안 동	20.1	26.9	44.9	68.2	91.5	136.8	244.3	217.8	131.9	36.9	30.6	16.6	1066.4
대 구	20.6	28.2	47.1	62.9	80.0	142.6	224.0	235.9	143.5	33.8	30.5	15.3	1064.4
포 항	36.5	40.8	60.9	68.0	86.2	141.6	203.2	227.4	177.1	43.7	41.1	25.7	1152.0
영 주	18.8	28.8	54.3	82.9	109.9	164.6	303.6	273.1	153.2	43.2	39.3	18.3	1290.9
문 경	22.8	29.2	48.6	76.6	106.1	183.2	308.7	203.7	141.4	41.4	38.3	20.0	1259.8
구 미	20.2	28.2	45.4	66.3	77.0	130.3	237.9	237.0	146.3	35.4	31.9	16.8	1072.5
영 천	22.6	27.3	46.9	62.4	87.2	135.8	224.4	225.3	135.0	31.8	32.8	15.2	1046.8
부 산	34.4	50.2	80.7	132.7	157.4	206.7	316.9	255.1	158.0	58.4	45.8	22.8	1519.1
울 산	34.3	42.6	65.8	91.1	108.1	176.8	232.3	240.3	168.2	53.5	41.1	23.0	1277.1
창 원	36.9	45.3	74.3	129.9	142.2	232.3	293.8	299.0	167.3	50.2	52.2	22.0	1545.4
통 영	29.8	40.8	83.1	128.3	180.1	197.6	313.5	225.8	136.7	54.2	39.8	21.1	1450.8
진 주	32.9	43.0	72.1	118.2	122.8	213.0	300.0	316.9	184.5	45.0	45.0	19.2	1512.8
밀 양	22.3	34.0	54.4	86.3	108.7	186.3	269.5	237.6	136.1	39.5	38.2	16.4	1229.4

적설이란 고체상의 강수(눈, 싸락눈, 싸락우박 등)가 지면에 내려 쌓여 있는 깊이를 말하며, 일반적으로 우박은 적설로 취급하지 않는다. 눈이 노장 또는 노장 주위의 지면에 반 이상을 덮었을 때, 적설이 있는 것으로 한다. 아무리 많은 눈이 내리더라도 지면에 쌓이기 전에 녹아버려 지면의 반 이상을 덮지 못하면 적설은 없고, 단지 일기현상만이 있는 것이다.

강설량이란 눈으로 내린 강수량을 뜻하는 것으로 적설과는 전혀 뜻이 다르다. 적설의 단위는 cm이며, 소수 1위까지 측정한다.

우박(hail)은 하늘에서 눈의 결정 주위에 차가운 물방울이 얼어붙어 땅 위로 떨어지는 덩이를 말한다. 주로 적란운에서 발생하며 한 곳에서 보통 몇 분 정도면 그치지만, 때로는 30분 이상 내리는 경우도 있다. 우박은 전체가 투명하거나 불투명한 핵을 중심으로 투명한 얼음층과 불투명한 얼음층이 번갈아 싸고 있다. 크기는 보통 지름이 1 cm 미만이지만 2~3 cm 정도의 것도 많고 그보다 훨씬 큰 것도 있다.

지름 2 cm 이상의 우박이 30분 이상 내리면 특히 농작물에 많은 피해가 있으며, 우박으로 자동차의 지붕이 일그러진다거나 건물의 유리창이 파손되는 등의 피해를 입을 수 있다.

2.6.2 강수의 측정

우량계를 설치할 경우는 지면을 파서 외벽의 부분을 흙으로 덮는다. 깊이는 외벽에 수수기를 끼웠을 때 수수구가 지면으로부터 20 cm 정도 높이가 되게 한다. 우량계의 설치위치는 우량계가 지물(地物)까지의 거리가 지물높이의 최소한 4배 이상은 떨어진 곳이어야 한다. 수수구가 수평이 되도록 설치하여야 하며 수수기의 주위에는 잔디를 심어 빗방울이 튀어 들어가지 않도록 하며, 잔디의 길이는 너무 길지 않고 적당해야 한다.

제본스 효과(Jevons effect ; 바람이 있을 때 수수구 주위의 기류가 뒤섞여 빗방울이 들어오는 것이 적어지는 현상으로, 풍속이 클수록, 낙수 낙하속도가 느릴수록 제본스 효과가 크다)를 최소로 줄이도록 설치한다.

강수량의 측정은 관측대상지역에 내린 실제량을 대표할 수 있는 표본관측의 성격을 지니므로 관측지점의 선정이 중요한 요소 중 하나이다.

우량계나 설량계를 설치하는 곳에는 기류가 될 수 있는 한 수평이 되도록 지면을 골라야 하고, 바람이 빠져나가거나 괴어 모이는 곳을 피하는 한편, 빌딩의 옥상이나 지붕 위도 바람직한 장소는 아니다. 주위에 건물이나 수목 등이 있으면 바람의 영향을 어느 정도 막을 수 있지만 난류(亂流)가 생기므로 도리어 좋지 못하다.

우량계나 설량계의 물받이는 수평이 되도록 하여 될 수 있는 한 지면에 가깝게 한다. 그러나 너무 낮게 하면 땅에 쌓인 눈이 바람에 날려서 들어가게 되므로 겨울에는 어느 정도 높게 해주고 가능하면 바람가리개를 설치하는 것이 좋다. 우량계에 들어간 강수는 될 수 있는 한 증발되지 않도록 한다.

적설상당수량의 측정은 댐의 설계와 관리 또는 홍수대책 등을 위해 해빙기의 출수량(出水量)을 추정하는 목적으로 실시하는 적설조사로서 채설기(snow sampler)를 이용한다.

적설판(snow measuring plate)은 적설깊이를 측정하기 위해 사용되는 측정판으로 가로, 세로 각각 50 cm 크기로 허용오차는 ±10 mm 이하이어야 하며, 복사열의 흡수를 방지하기 위해 백색의 페인트가 칠해져 있다. 적설판의 두께는 10 mm 이상 30 mm 이하이어야 한다.

단단하고 편평한 나무판에 cm 눈금의 자를 부착한 길이 50 cm 이상의 수직자(각목)를 연직으로 세워 적설의 깊이를 측정하는 데 사용하는 것으로 설판(雪板)이라고도 한다.

적설판은 눈이 바람에 날리거나 또는 날려 쌓이지 않는 넓은 지면을 택한다. 적설판은 지면에 수평하게 설치하며, 눈금자(눈자)가 직각으로 되어 있는지 점검한다. 적설판은 관측 노장에 3개를 설치하는데 하나는 관측시마다 측정이 끝나면 적설판 위의 눈을 털어 버리고, 또 하나는 일계(日計)를 기준으로 관측 후 털어 버린다. 나머지 하나는 구적설을 관측하는데 이용된다.

적설의 표면온도는 낮 동안 일사 등에 의해 올라가는 일이 적지 않지만, 눈 자신은 0℃보다도 높아지는 일은 없다. 가장 깊은 적설은 강설이 멈추었을 때 나오는 일이 많으므로, 눈이 멈춘 직후에 적설의 깊이를 측정한다.

확인학습

1 우리나라에 최근 피해를 주는 기상재해의 종류는?

2 지구를 둘러싸고 있는 (　　　)의 무게에 의한 힘이 대기압이므로 (　　　)가 높아지면 대기의 무게가 가벼워져 (　　　)이 내려간다.

3 온도와 습도의 1일 중 변화의 상태는 전혀 (　　　)이며, 온도의 최저는 (　　　), 최고는 (　　　)시경이다. 상대습도는 (　　　)시경 최저가 되고, 최고는 (　　　)이다.

4 전기가열기로 가열된 공기의 절대습도는 (　　　), 상대습도는 (　　　)한다.

5 습윤공기의 수증기 분압과, 그것과 같은 (　　　)의 포화수증기압과의 비를 (　　　)라 하고, 습윤공기의 (　　　)와 그것과 같은 온도의 포화공기의 (　　　)와의 비를 포화도라고 한다.

6 포화하여 있지 않은 습윤공기를 서서히 냉각하면 (　　　)는 높아지고, 노점온도 이하로 냉각하면 그 (　　　)는 낮아진다.

7 클라이모그래프(climograph)는 종축・(　　　)에 각각 (　　　)・(　　　)를 잡고, 온・습도의 (　　　)를 표시한 연간의 기후 추이도이다.

Thermal Environment

제3장 | 열환경

3.1 인체의 열방산과 계측

3.1.1 온열환경인자

음식물로 섭취된 에너지는 최종적으로 열로 변하는데 인간은 이 열에너지를 주로 대류, 복사, 증발이라는 3가지의 경로를 거쳐 체외로 발산하고, 일정의 체온을 유지하고 있다.

물리적 인자는 기온, 주위벽체표면온도, 습도, 기류, 기압, 중력, 인공공기에 영향을 미친다. 인적 인자는 착의량, 대사량(활동량)에 영향을 받는다.

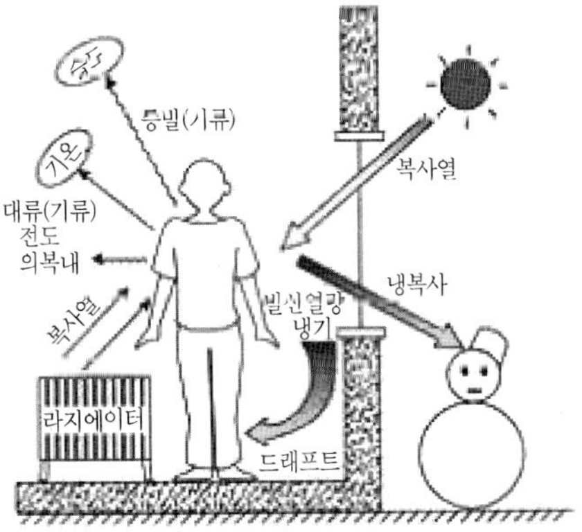

그림 3.1 인체에서의 열발산과 환경인자

표 3.1 온열환경인자와 체열발산의 양식

온열환경인자	관계하는 체열발산의 양식
기온	대류, 호흡
주위벽체표면온도	복사, 전도
습도	피부표면과 호흡기도에서의 증발
기류	체표면에서의 대류와 증발
의복	의복내열전도, 투습, 복사
기압	대류, 증발, 호흡
중력	대류, 증발
인공공기	대류, 증발, 호흡

출처 : 新版・快適な温熱環境のメカニズム, 空気調和・衛生工学会編, 丸善, 2006.

3.1.2 인체의 열평형

대사(metabolism)는 음식물을 먹고 호흡하는 등의 신체를 유지하기 위하여 체내에서 일으키는 현상을 말한다. 대사에 의해 체온이 유지되므로 대사량은 열량으로 측정할 수 있다. 운동하고 있을 때와, 조용히 있을 때에는 체내에서 발생하는 열량이 다르므로 최저한 신체를 유지하는 데에 필요한 열량의 기준이 되는 양을 정할 필요가 있다. 이 기준량을 기초대사량(basal metabolism)이라고 한다.

인체는 일종의 열기관으로서 움직이고 있으므로 그 온도를 활동에 의해 최적의 범위로 유지하는 것이 필요하다. 이 온도가 체온(body temperature)이고, 인체의 열평형에 의해 결정된다. 이 열평형은 열생산(heat production)과 열방산(heat loss)의 평형에 의한다. 체내의 물질대사에 의한 열생산(M)이 전도(C), 대류(K), 복사(R), 수분의 증발(E)에 의한 열방산의 변화와 같아질 때 거의 37℃의 정상체온이 유지된다. 따라서 인체의 열평형식은 다음과 같다.

$$M = E \pm C \pm K \pm R \pm S \tag{3.1}$$

E 이외의 열방산의 수단은 동시에 열획득의 수단으로도 될 수 있다. 예를 들면 서열 폭로 시이다. C, K, R, S에 +, − 양쪽의 부호가 붙어있는 것은 이 이유에서이다.

S는 체내의 열보유량의 변화를 나타내는 축열량(heat storage)이라고 하는 것이고, 열방산을 상회하는 열생산이 있으면 체내에 열이 축열하고, 이 값이 +의 부호가 되고, 열생산을 열방산이 상회하면 −의 부호가 된다. +의 때 체온은 상승하고, −의 때는 체온이 내려간다. 결국 S는 열평형의 과부족을 나타내는 것이고, 열평형이 유지되고 있을 때에는 0이 된다. 이상의 점에서 환경온도가 이와 같은 열평형을 흐트러뜨리는 것처럼 변화했을 때에 체온을 일정하게 유지하기 위한 방법은 열생산의 변화와 열방산의 변화라는 2가지의 현상으로 집약할 수 있다.

그림 3.2와 같은 실내에 인체가 존재하는 경우, E는 보통 발한에서 방열이 되기 때문에 항상 +의 값이지만, C와 R는 그림 3.3과 같이 인체쪽이 주위에서 열을 받는 경우는 −의 값이 된다. 그리고 이들 요인의 열량의 합계, 결국 방출열이 인체 내에서 생산되는 열량 M보다 크면 추운 느낌, 작으면 더운 느낌이 된다.

$$\text{춥게 느끼는 경우} \quad C+R+E>M \tag{3.2}$$

$$\text{덥게 느끼는 경우} \quad C+R+E<M \tag{3.3}$$

$$\text{쾌적상태} \quad C+R+E=M \tag{3.4}$$

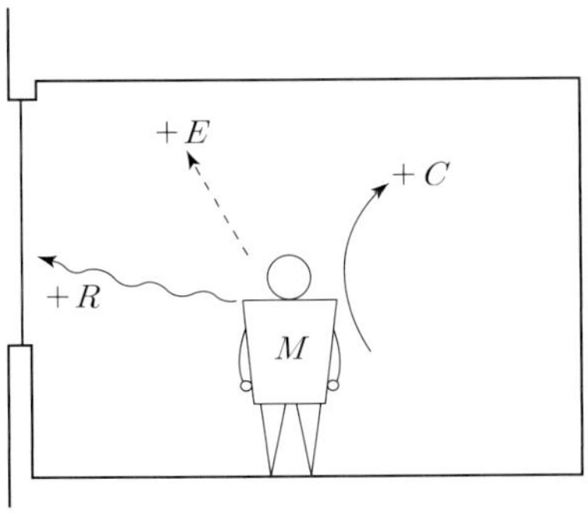

그림 3.2 인체에서 방출되는 열의 경우

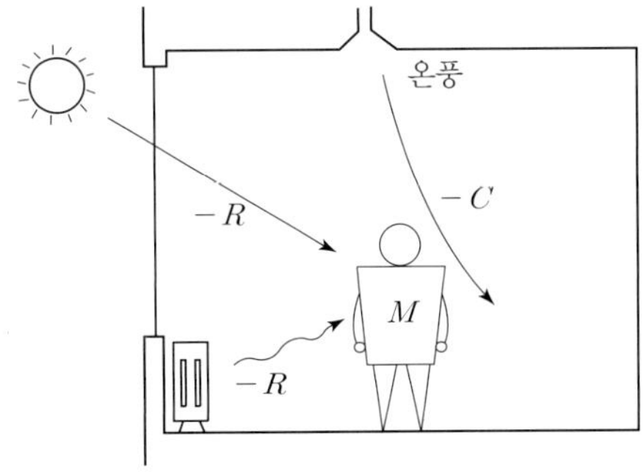

그림 3.3 인체가 주위에서 열을 받는 경우

3.1.3 한랭에 대한 인체반응

환경온도가 28~32℃의 범위에서 인체는 나체에서 열생산을 변화시키고, 혈관운동(확장과 수축)에 의한 열방산의 조절에 따라 열평형을 간직하여 체온을 일정하게 유지할 수 있다.

0~15℃의 한랭에 폭로되면 피부의 냉수용기가 자극되고, 반사에 의해 피부혈관이 수축함에 따라 따뜻한 혈액의 신체 중심부(핵심)에서 표층부(외곽)로의 흐름을 억제한다. 그 결과 표층부의 혈류량이 감소하여 피부온도가 저하하고, 피부표면과 환경과의 온도구배가 감소하여 열방산이 적어진다. 반대로 서열하에서는 피하혈관의 확장에 의해 표층부의 혈류량이 증가하여 피부온도가 상승하고, 피부온도가 환경온도보다 높아져 열방산을 촉진한다. 또한 한랭하에서는 혈관수축의 결과 중심부에서 표층부로의 체내에서 열전도도 감소한다. 예를 들면 환경온도 35℃에서는 중심부와 피부표면 사이의 열전도는 20.3 kcal/m²/℃이지만, 15℃에서는 12.6 kcal/m²/℃으로 감소한다. 따라서 혈관수축에 의한 이 2가지의 요인에 수반하여 열방산이 보다 억제된다.

3.1.4 서열에 대한 인체반응

3~5일간 서열환경하에서 작업하면 열방산능력이 최대에 달한다. 최초에 보이는 반응은 단열성의 감소, 즉 신체 내부에서 열전도의 촉진이다. 이것은 혈관확장, 혈관긴장의 감소에 의한 말초부에의 혈류량의 증가에 의한다. 서열환경하에서 작업하는 사

람의 얼굴이 붉은 것은 안면피부혈관의 확장을 나타내고 있다. 즉 혈류량의 증가에 의해 신체중심부에서 표층부로 보다 많은 체열이 운반되고, 전도·대류·복사에 의한 열방산이 촉진된다. 혈류량의 증가에 의한 말초조직의 열전도도는 5~6배 증가한다.

45세 이상의 사람은 일반적으로 내서열성이 약하다. 또한 11세 이하와 46~67세의 사람은 15~29세의 사람에 비하여 발한 능력이 낮고, 서열하에서의 일 효율이 좋지 않다. 결국 젊은이는 생리기능의 발달이 불완전하기 때문에, 장년은 체온조절기능의 저하 때문에 서열에 대한 적응능력이 약해진다.

3.1.5 온·습도의 계측

(1) 온·습도와 실내기후

실내기후의 좋고 나쁨은 엄밀히는 온열요소의 조합으로 결정되는 것인데 일반 실내에서는 풍속은 작고, 주벽면온도도 기온과 별로 차이가 없는 경우가 많으므로 복사의 영향도 작다. 이 때문에 기온과 습도가 체감상 큰 요소가 되고, 이 2가지의 조합만으로 실내기후의 쾌적함을 나타낼 수 있다.

기온에 대해서는 71℃가 되면 30분간은 참을 수 있고, 49℃가 되면 1시간은 견딜 수 있지만 육체적, 정신적으로는 전혀 활동할 수 없게 된다고 한다. 29℃에서는 정신활동이 둔화되고 반응이 늦어지고 실수하는 일이 많아지고, 25℃ 이상에서는 더위를 느끼고 육체적으로 나른하게 된다. 10℃ 정도에서는 손발의 끝이 굳어지기 시작하고 얼마간의 난방이 원해진다.

온·습도에 의한 쾌적조건에 대한 연구는 많이 있는데 이에 의하면 안정 내지는 경작업 시에 통상의 착의상태에서 쾌적한 것은 계절에 따라 다소 달라지지만 무풍 시에 실온은 18℃ 내외, 습도는 40~65% 정도라고 한다. 또한 습도는 다소 변하여도 쾌적도에 미치는 영향은 온도보다 작다고 한다. 사람의 활동상태가 심할수록 체내의 생산열량이 많아지므로 쾌적함을 유지하기 위해서는 인체에서의 방열을 촉진하도록 더욱 더 낮은 온·습도가 원해지는 것은 물론이다.

(2) 온도계

온도의 측정은 액체 금속의 열팽창을 이용한 수은 온도계가 가장 많이 사용되며, 아주 낮은 온도에서는 알코올 온도계가 사용되기도 한다. 또한 자기 온도계로서는 바이메탈 온도계(그림 3.4)가 사용된다. 바이메탈 온도계는 두 금속의 열팽창 차이에 의하여 기계적으로 움직인다. 최근에는 전기를 이용하여 온도를 감지하고 표시하는 측정기가 널리 사용되고 있다.

그림 3.4 지기 온습도계

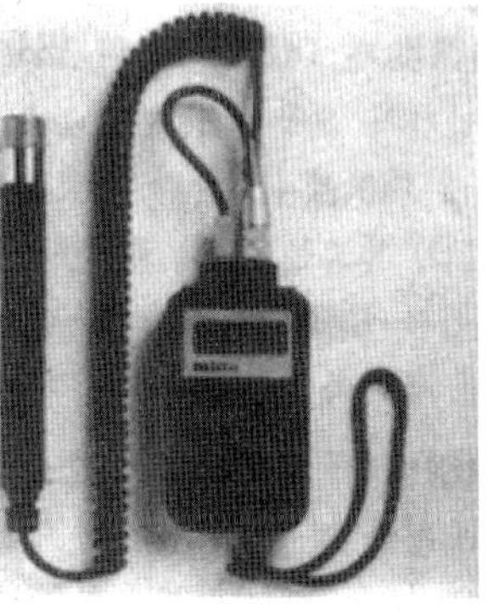

그림 3.5 열선 온도계

여기에는 열전대[thermocouple ; 예를 들면 Cu/CC(구리/콘스탄탄)]와 같이 열전효과(thermoelectric effect)에 의해 발생되는 전압차를 이용하는 것과 서미스터(thermistor)와 같이 온도에 따라 저항치가 변화하는 반도체를 이용한 것이 있다(그림 3.5).

온도계의 특성을 결정해 주는 요인은 안정도(stability), 재현성(reproducibility), 선형성(linearity), 분해능(resolvability), 시정수(time constant) 등이 있으며, 각각의 고유한 특성을 파악하여 가장 알맞은 곳에 필요한 온도계를 설치 운용하여야 소기의 목적을 달성할 수 있다(표 3.2).

온도의 표시에는 섭씨(Celcius) ℃와 화씨(Fahrenheit) °F가 있고, 양자의 사이에는 다음의 관계가 있다

$$C = \frac{5}{9}(F - 32) \tag{3.5}$$

$$F = \frac{9}{5}C + 32$$

또한 열역학적 빙점온도를 기준으로 한 온도가 절대온도(absolute temperature)이며, 여기에도 섭씨절대온도 T °K(Kelvin)와 화씨절대온도 T_F °R(Rankine)가 있다.

표 3.2 온도계의 종류와 특징

종류		측정법	장점	단점
체적변화온도계	액체 온도계	수은이나 착색 알코올의 온도에 의한 체적 변화를 이용. 유리관에 액체를 봉입한 것. 사용범위는 수은은 −30~350℃, 알코올은 −110~50℃.	■ 취급이 용이하다. ■ 일반적으로는 큰 오차가 발생하지 않는다.	■ 파손되기 쉽다. ■ 독해하기 어렵다.
	바이메탈 온도계	팽창계수가 다른 금속을 만곡상으로 장치하여 온도에 따라 만곡의 정도가 변하는 것을 이용.	■ 견고하다. ■ 자동제어용・기록용에 사용한다.	■ 진동이 있는 장소에서는 사용할 수 없다.
전기저항 온도계		온도에 의해 금속이나 반도체의 전기저항이 변하는 것을 이용한 전기측정법의 하나.	■ 비교적 용이하게 정확한 측정을 할 수 있다. ■ 원격측정・기록・제어 등에 사용한다. ■ 얇고 소형의 센서가 구성되어 있으므로 좁은 장소에서 사용한다. ■ 디지털은 독해가 용이하다.	■ 구조가 복잡하다. ■ 충격에 약간 약하다. ■ 장시간의 안정성에 부족한 경우가 있다.
열전대 온도계		2종류의 금속을 환상으로 이은 것이므로 접점간의 온도차에 의한 기전력을 이용.		■ 구조가 복잡하다. ■ 장시간에 특성이 변할 수 있다.
색변화 온도계		온도에 따른 색변화를 이용.	■ 취급이 용이하다. ■ 파손되지 않는다. ■ 독해하기 쉽다.	■ 좋은 정밀도는 그다지 기대할 수 없다.

$$T = C + 273.16$$
$$T_F = F + 459.67 \tag{3.6}$$
$$T = \frac{5}{9} T_F$$

(3) 습도계

간단한 습도 측정에는 건습구 습도계가 사용된다. 이것은 수은봉상 온도계를 2본 1조로 한 것이며, 한편의 구부는 선단이 물그릇에 잠긴 가제로 감싸 항상 습하게 둔다. 이에 의한 온도를 습구온도(wet-bulb temperature)라 하고, 다른 편에 의한 온도를 건구온도(dry bulb temperature)라고 한다. 습구온도는 습구부를 둘러싸는 공기의 건습정도에 따른 수분의 증발에 의해서 기화열이 빼앗겨지기 때문에 건구온도보다 낮아진다. 이 차이가 클수록 습도가 낮은 것을 나타낸다(그림 3.6).

수분의 증발은 기류의 영향을 받으므로 바람이 있는 곳에서는 이와 같은 건습계(psychrometer)에 의한 습도는 실제보다 낮게 나타나게 된다. 이 때문에 일반적으로는 아스만 통풍건습계가 사용된다.

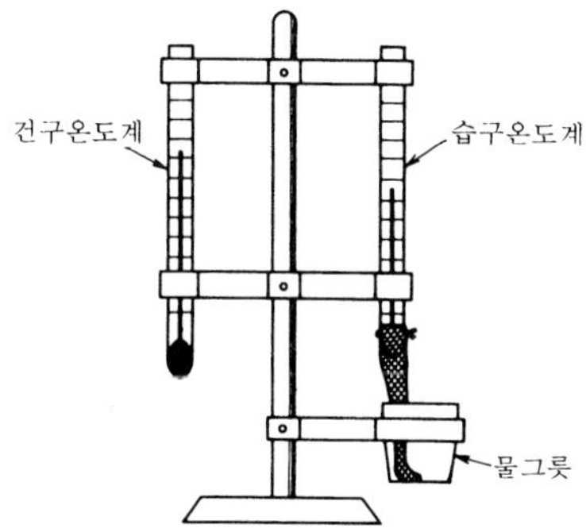

그림 3.6 비통풍식 건습계(어거스트식)

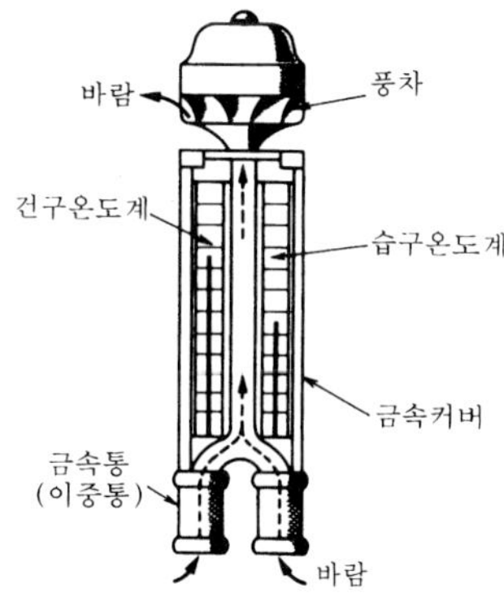

그림 3.7 통풍건습계(아스만식)

아스만 통풍건습계는 그림 3.7에 나타난 것처럼 구부에 태엽장치의 프로펠러가 있어 이 회전으로 온도계의 구부에 항상 일정한 바람(5 m/s)을 맞게 하고 바람의 유무에 의한 습도의 변화를 사전에 없게 한 것이다. 또 건구부에 바람이 맞도록 하는 것은 온도계 눈금의 안정이 빠르고, 기온측정의 시간이 단축되어 알맞게 된다. 구부를 피복하고 있는 2중의 금속통은 통기를 구부에 유도할 뿐 아니라 복사의 영향을 제거하는 일도 하고 있다. 보통 사용되는 기온(건구온도)과 습구온도로서는 특별한 이유가 없는 한 통풍건습계에 의한 것을 표준으로 한다.

각종 습도계의 특성을 표 3.3에 나타낸다.

표 3.3 습도계의 종류와 특징

종 류		측정법	장 점	단 점
건습구 습도계	간이형 건습계	2본의 온도계의 1본에 가제를 감아 물에 적신 것으로 적셔진 쪽이 저온이 된다. 2본의 온도차에서 습도를 환산한다.	■ 취급이 용이하다.	■ 파손되기 쉽다. ■ 독해가 어렵다. ■ 정도는 좋지 않다. ■ 환산이 필요하다. ■ 물의 보급이 필요하다.
	아스만형 통풍 건습계	온도계의 구부에 충분한 기류(2.5 m/s 이상)가 닿도록 통풍장치를 지닌 것. 전동의 팬을 지닌 것도 있다.	■ 정도가 좋다. ■ 복사의 영향을 제거한다.	■ 독해가 어렵다. ■ 환산이 필요하다. ■ 물의 보급이 필요하다. ■ 가제의 교체가 필요하다.
모발 습도계		습도에 의한 모발의 신축을 이용하여 지침을 움직인다. 모발 이외의 신축재를 사용한 것도 있다.	■ 상대습도를 나타낸다. ■ 기록・제어에 사용한다.	■ 구조가 비교적 간단하다. ■ 충격에 약하여 고장나기 쉽다. ■ 정도는 그다지 좋지 않다.

표 3.3 습도계의 종류와 특징(계속)

종 류	측 정 법	장 점	단 점
전기저항 습도계	염화리튬 등을 적신 감습부의 전기저항과 기온으로 환산한다. 디지털의 대부분은 이 방식이다.	▪상대습도를 나타낸다. ▪기록・제어에 사용한다. ▪디지털은 독해가 용이하다. ▪감습부는 소형이다.	▪때때로 교정이 필요하다. ▪감습부의 경년변화가 있다.

3.2 물리적 계측에 의한 온열지표

3.2.1 습구온도

습구온도(wet-bulb temperature)는 기체와 증기(통상은 공기와 수증기의 혼합)의 물리적인 특징을 나타내는 온도의 일종이다.

열역학적 습구온도(thermodynamic wet-bulb temperature)는 어느 공기를 일정기압으로 유지하면서 그 공기 중에 물을 증발시킴에 따라 포화에 도달하기까지 단열적으로 냉각한 경우에 그 공기가 가진 온도이다. 이때 증발에 필요한 기화열은 모두 그 공기에서 빼앗는다.

단열적 습구온도(adiabatic wet-bulb temperature)는 공기의 기압이 내려감에 따라 포화가 될 때까지 단열적으로 냉각하고, 그후 습윤단열과정에서 원래의 기압까지 압축했을 때의 공기온도이다.

열역학적 습구온도는 통풍이 있는 물에서 습한(또는 얼음으로 덮힌) 표면에서 순수하게 증발만에 의한 냉각에 따라 달성될 수 있는 최저의 온도이다.

이미 알려져 있는 기압과 건구온도를 가진 공기에 대하여 열역학적 습구온도는 상대습도와 노점, 기타의 양과 1대 1의 대응관계가 있다. 이들 값의 관계는 습윤공기선도에 나타나 있다.

포화(상대습도 100 %)에 달하고 있지 않은 공기의 경우, 습구온도는 건구온도보다 낮고, 노점온도는 습구온도보다 낮다. 땀의 증발에 의한 인체의 냉각은 주변 공기의 습구온도(및 상대습도)가 증가함에 따라 억제된다.

수증기분압과 기온의 평가를 위하여 Haldane이 1905년 제안하였는데, 발한에 의한 조절역의 상한 부근, 고습도 작업환경에 적용된다.

$$Twb = Ta - 2.0 \times [Pwb - Pa] \tag{3.7}$$

여기서, Twb : 습구온도[℃]

Ta : 온도[℃]

Pwb : 습구온도에서 포화압력[mmHg]

Pa : 수증기분압[mmHg]

3.2.2 카타계

(1) 카타계의 특성

카타계(katathermometer, catathermometer, 별명 : 카타온도계, 카타한란계)는 환경이 인체를 냉각하는 능력의 지표인 카타도(kata cooling power, 별명 : 카타값)를 측정하는 특수한 온도계이다. 카타계의 '카타'는, '하방(down)'을 의미하는 그리스어 '$K\alpha\tau\acute{\alpha}$'에 연유한다.

온도, 습도, 풍속 등에 좌우되는 광산 등의 노동환경 쾌적성을 견적하는 측정기로서 1916년에 영국의 생리학자 Leonard Hill과 O. W. Griffiths 및 M. Flack에 의해 고안되었다. 옥내공간레벨의 10 cm/s 정도 미풍속의 기류 검출에 적합한 구조특성을 지닌 점에서 주로 미풍속계로서 이용되고 있다.

카타계로 카타도를 측정하는 데에는 카타계를 38℃ 이상으로 따뜻하게 하여 환경중에 방치하고, 카타계의 눈금이 38℃에서 35℃까지 내려가는 데 요하는 시간을 측정한다. 카타계의 눈금에 나타난 값을 냉각에 요한 초수로 나누면 카타도가 얻어진다. 카타도는 온도가 38℃에서 35℃까지 내려가는 동안 1초간에 공기중에 방산되는 표면적 1 cm^2당의 밀리칼로리 열량을 나타내는 지표(단위 : $mcal/cm^2 \cdot s$)이다

온도계의 감온부가 건조한 상태에서 측정한 카타도를 건카타도, 감온부를 습한 명겊 등으로 감싼 습한 상태에서 측정한 카타도를 습카타도라고 한다. 건카타도는 피부가 건조한 상태, 습카타도는 피부가 땀으로 습한 상태의 인체의 열방산율을 나타내고, 습카타도와 건카타도의 차이는 증발에 의한 열방산율을 나타낸다. 전자는 복사와 대류의 효과, 후자는 복사, 대류, 증발의 효과를 나타내는 것이다. 인간에 따라 쾌적한 건카타도는 6 전후, 습카타도는 18 전후이고, 이것보다 카타도가 낮으면 덥게, 높으면 춥게 느낀다.

카타계는 그림 3.8에 나타난 바와 같이 보통의 알코올 온도계의 구부를 크게 한 외

관을 이루고 있다. 봉상 부분의 A 눈금은 38℃, B 눈금은 35℃이며, 36.5℃(체온)를 나타내는 것이므로 카타계는 인체의 열적 모형으로 고려된다.

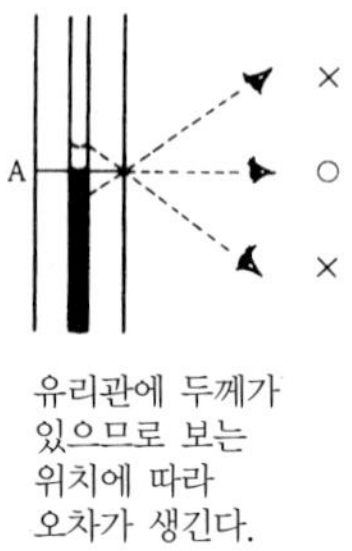

그림 3.8 카타계

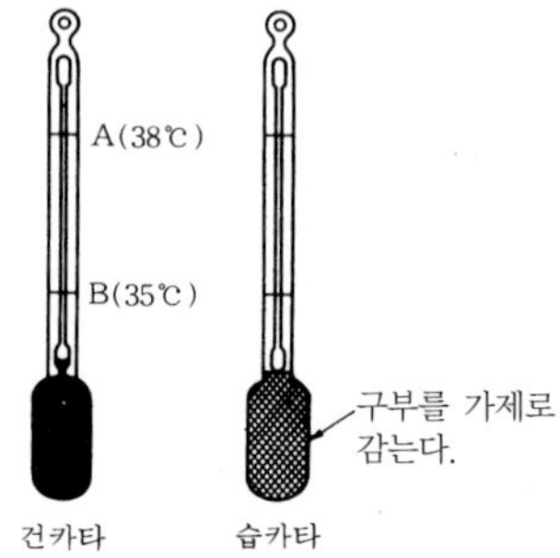

그림 3.9 시 차

(2) 카타계에 의한 측정

측정장소에서 구부를 60℃ 정도의 뜨거운 물에 담가 알코올 기둥을 상승시켜(상부 작은 구부까지), 구부를 충분히 닦은 후 측정 위치에 고정시켜 놓고, 알코올 기둥이 A~B 사이를 하강하는 시간[초]을 측정한다. 이 경우 인체에의 방열이 영향하지 않도록 가능한 한 떨어져 시차(視差)에 충분히 주의하면서 측정하여야 한다(그림 3.9).

60℃ 정도로 뜨거워진 구부는 여기에 접촉되는 공기에의 전열과 주벽으로의 열복사에 의하여 냉각되므로 주위가 한랭하면 하강시간은 매우 짧아지고 온난하면 하강시간은 길어진다. 이 냉각의 상태는 다음 식에 의하여 계산되는 카타 냉각력 H로 나타낸다.

$$H = \frac{F}{T} \ [\mathrm{mcal/cm^2 \cdot s}] \tag{3.8}$$

여기서, T : 하강시간

F : 카타율

카타율은 카타계의 봉상부 뒤쪽에 기록되어 있는데 알코올 기둥이 A~B 사이를 하강하는 사이에 구부의 1 $\mathrm{cm^2}$에서 방산되는 열량[$\mathrm{mcal/cm^2}$]을 나타낸다. 따라서 냉각력은 인체가 주위에서 냉각되는 상태를 나타내는 것으로 고려된다.

냉각력은 기온・기류・복사열의 영향에 의해서 민감하게 변화하므로 카타계는 기온・기류・복사열에 의한 체감을 나타내는 열적 인체모형이라고 할 수 있다. 땀이 나는 것 같은 환경에서는 체감으로 증발에 의해 잃게 되는 열의 영향이 더해지므로 습카타계가 사용된다. 이것은 카타계(습카타계에 대하여 건카타계라고도 한다)의 구부를 가제로 감싼 것이며 카타 냉각력으로 증발의 영향이 포함되도록 되어 있다. 따라서 환경의 습도가 높아지면 건카타와 습카타의 눈금의 차이는 적고 건조되면 양자의 차이는 커지는 것이다.

3.2.3 글로브온도

(1) 글로브 온도계

글로브 온도계(Globe thermometer)는 실내에 있어서 인체 표면과 벽·천장·바닥면 등 주벽면과의 열복사가 재실자의 쾌적감에 미치는 영향을 측정하기 위하여 Vernon에 의하여 1930년에 고안되었다.

본 기기의 표준형은 직경 약 15 cm의 얇은 동판제의 중공구체(中空球體)이며, 표면은 흑색으로 무광택마감으로 하고 내부는 봉상 수은온도계가 구체 중심에 오도록 장착되어 있다(그림 3.10).

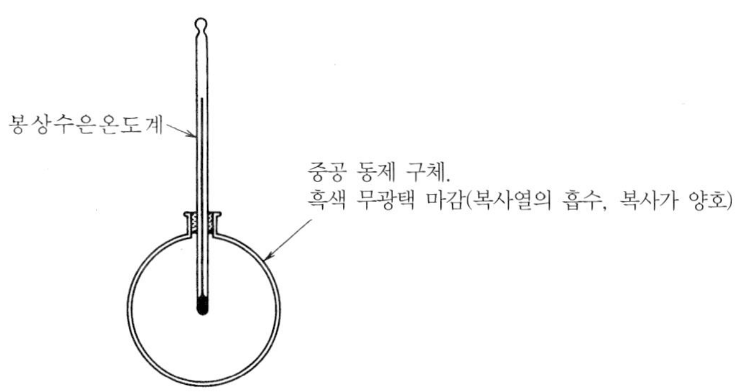

그림 3.10 글로브 온도계(단면)

(2) 글로브 온도계에 의한 측정

글로브 온도계를 약 20분간 공중에 매달아 놓으면 주벽과의 복사열량과 대류에 의한 수수열량이 평형하게 되어 온도계의 눈금이 안정된다. 이때의 눈금을 글로브 온도(globe temperature)라고 한다.

지금 가정하여 주벽면온도가 기온보다 높은 경우를 상정하면 글로브 온도계의 눈금은 처음에는 기온을 나타내는데 이 경우는 주벽면에서 글로브의 표면으로 향하여 열이 복사되므로 내부의 온도가 올라간다. 이 때문에 글로브에 접촉되는 공기로 열이 전해지게 되고, 곧 이 전달열량과 주벽에서의 복사열량이 같게 되어 온도계의 눈금이 안정된다. 이 경우 기온을 t℃, 주벽면온도를 t_S℃, 글로브 온도를 t_g℃라고 하면 $t < t_g < t_S$ 의 관계가 성립한다.

주벽면온도 쪽이 기온보다 낮은 경우에는 같은 상태의 열의 평형관계에서 $t_S < t_g < t$의 관계가 성립한다(그림 3.11).

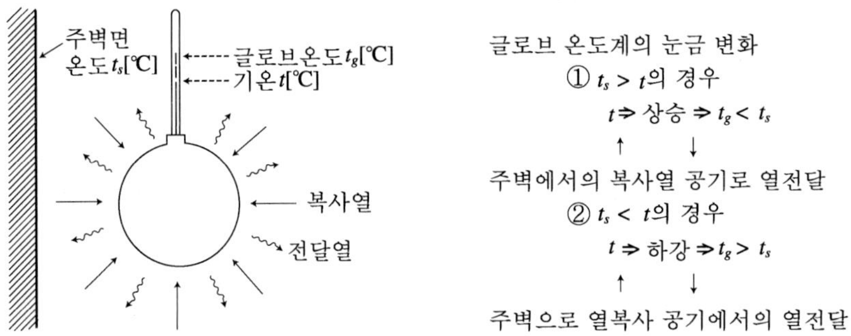

그림 3.11 글로브 온도계의 열평형

또한 공기와의 전달열량은 기온 외에 공기의 대류속도(기류속도)의 영향을 받으므로 글로브 온도는 기온, 기류, 복사열에 의하여 변화하는 것을 알 수 있다. 따라서 글로브 온도계는 기온, 기류, 복사열에 의한 체감을 나타내는 일종의 인체의 열적 모형이다.

(3) 평균복사온도

주벽면과 재실자와의 사이에 생기는 복사열의 수수는 한서의 체감에 크게 영향하는 것은 앞에서 설명하였다. 실내기후에서 기온과 주벽면온도에 큰 차이가 있을 때에는 열복사의 영향은 매우 크고, 이와 같은 경우에는 평균복사온도(MRT ; mean radiant temperature)가 문제된다. MRT란 주벽면이나 기타의 복사면에 의하여 둘러싼 실내의 어느 점에 대하여 이들 복사면에서 복사되고 있는 열량과 같은 양의 복사를 한다고 고려되는 흑체표면온도인 것이다.

일반적으로 주위의 벽, 천장, 바닥 등은 여러 가지 다른 표면온도를 가지고 있어서 이들의 영향은 복잡하며 MRT는 측정장소에 따라 달라지는 것이다. 그러므로 MRT의 개략치로서 주벽 각부의 효과를 평균화한 다음 식에 의한 값이 사용된다. 즉 표면온도가 t_1, t_2,……, t_n의 각부의 면적을 s_1, s_2,……, s_n으로서,

$$\text{MRT} = \frac{t_1 s_1 + t_2 s_2 + \cdots\cdots + t_n s_n}{s_1 + s_2 + \cdots\cdots + s_n} \, [℃] \tag{3.9}$$

로 한다. 또 실용적으로는 글로브 온도와 기온 및 풍속 v(m/s : 카타계에 의한 값)를 사용하여 다음 식으로 나타난다.

$$\text{MRT} = t_g + 2.4\sqrt{v}\,(t_g - t)\,[℃] \tag{3.10}$$

예제 3.1

폭 10m, 안 길이 10m, 천장 높이 3m의 실에서 바닥표면온도 23℃, 천장면온도 30℃, 창・외벽내표면온도 32℃, 다른 3면의 주벽표면온도 25℃일 때 MRT를 구하여라.

풀이

식 (3.9)에서

$$\text{MRT} = \frac{23 \times 100 + 30 \times 100 + 32 \times 30 + 25 \times 30 \times 3}{100 + 100 + 30 \times 4} = 26.6[℃]$$

(4) 글로브 온도에 위한 쾌적치

MRT가 실온보다 낮을 때 글로브 온도는 실온보다 낮지만 풍속이 증가하면 글로브 온도는 실온에 가까워지는 등 실제의 체감과 다른 현상이 생긴다. 그러므로 글로브 온도는 풍속이 0.5 m/s 이하의 거의 정온 상태에서의 체감판정에 유효하다.

Vernon에 의하면 글로브 온도가 무풍경작업 시에 16.7~20℃일 때 쾌적하다고 한다.

3.3 주관적 경험적 온열지표

3.3.1 유효온도

유효온도(Effective temperature)란 기온・습도・기류의 3요소의 조합에 의한 실내 온열감각을 기온의 척도로 나타낸 것이며, 미국인 Yaglou와 Houghten(1923)에 의하

여 실험적으로 구해졌다. 다수의 피험자의 실제 체감에서 구한 것이며 계측기에 의한 것은 아니다.

즉, A, B 2개의 방을 준비하여 A실은 습도 100 %, 기류 0 m/s로 하고 기온만을 조절 가능하도록 한다. B실은 온・습도, 기류를 임의로 변하도록 하여 피험자가 양실에서 받는 온열감각이 같을 때 A실의 기온을 가지고 B실의 조건에 대한 유효온도로 하였다. 예를 들면 B실에서 기온 25℃, 습도 50 %, 기류 1.5 m/s일 때의 체감이 A실의 기온 20℃일 때의 체감과 같을 때 B실의 실내기후를 ET 20℃로 나타낸다.

이 실험의 결과는 그림 3.12와 같이 구해진다. 이 선도는 습도 100 %, 기류 0 m/s, 기온 t℃의 조건을 건구온도축과 습구온도축과 함께 t℃의 점을 연결하는 선분(이 선분상의 점은 기온 t℃, 습도 100 %를 나타낸다)과 기류 0 m/s의 선과의 교점으로 나타내고, 이 조건과 같은 체감을 얻는 온도, 습도, 기류의 조합을 이 교점에서 대체로 왼편으로 경사된 위쪽에 나타나 있는 곡선상의 점으로 제시되어 있다. 따라서 하나의 유효온도에 대한 온・습도, 기류의 3자의 조합은 무수히 고려된다.

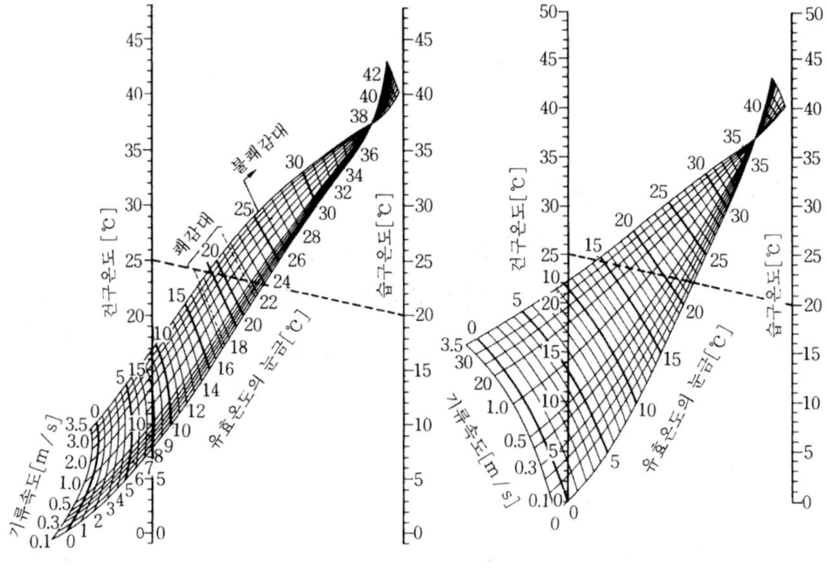

(a) 정지상태에서 상의를 입은 경우 (b) 정지상태에서 상의를 벗은 경우

(예) 기온 25℃, 습구온도 20℃, 기류 1.0 m / s (그림 중의 파선과 기류 1.0 m / s의 곡선과의 교점으로 나타낸다)의 때는 그림 (a)에서는 ET 21.2℃, 그림 (b)에서는 ET 19℃로 된다.

그림 3.12 유효온도선도

예제 3.2

건구온도 32℃, 습구온도 30℃, 풍속 3 m/s일 때 유효온도는 얼마인가?

풀이

ET 27℃(여름은 상반신 나체로 고려한다. 이 부근에서는 풍속의 영향이 큰 것에 주의한다.)

이 선도에 의하면 유효온도에 대한 습도의 영향은 기온이 낮을수록 적고, 또 기류의 영향은 기온이 낮을수록 크고, 37℃ 이상에서는 기류의 가열효과가 나타나는 것을 알 수 있다. 또한 상반신 나체의 경우 기류의 영향은 착의 시보다 큰 데 이것은 그림 (b)의 기류속도곡선의 간격이 그림 (a)의 간격보다 엉성한 것에 의해서 나타나 있다.

유효온도에 의한 한국인의 경우 쾌적범위는 보통의 착의 상태, 경작업 시에서 다음과 같이 검토된다.

동계 ET 17~21℃ (습도 50~60 %)
하계 ET 20~24℃ (습도 60~65 %)
춘추 ET 17~22℃ (습도 60~65 %)

3.3.2 수정유효온도

수정유효온도(Corrected effective temperature)는 기온, 습도, 풍속에 첨가하여 복사의 영향을 고려한 것으로 사람이 느끼는 더위, 추위의 감각을 나타내는 지표이다. 복사는 글로브온도계로 측정하여 구한다.

주벽면온도가 체표면온도(의복면과 노출피부면의 평균온도)보다 낮으면 재실자로부터 주벽으로 향하여 복사열을 빼앗겨 냉각효과가 생기어 그만큼 냉감을 느끼고, 반대로 주벽면온도 쪽이 높은 경우는 그만큼 따뜻하세 느끼게 된다. 더운 벽면이나 찬 벽면이 체감에 미치는 영향은 매우 크고, 벽면온도가 열복사의 점에서 부적당하게 되는 하계나 동계에는 유효온도에 복사의 영향을 가산한 것으로 Vernon과 Warner(1932)에 의해 연구되었다.

수정유효온도(CET)는 기온 대신에 글로브 온도를 사용하고, 습구온도 대신에 상당습구온도를 사용하여 그림 3.12에서 구한다. 상당습구온도란 기온이 글로브 온도가 되었다고 가정했을 때의 동일한 수증기압에 대한 습구온도이며, 그림 3.13에서 구해진다.

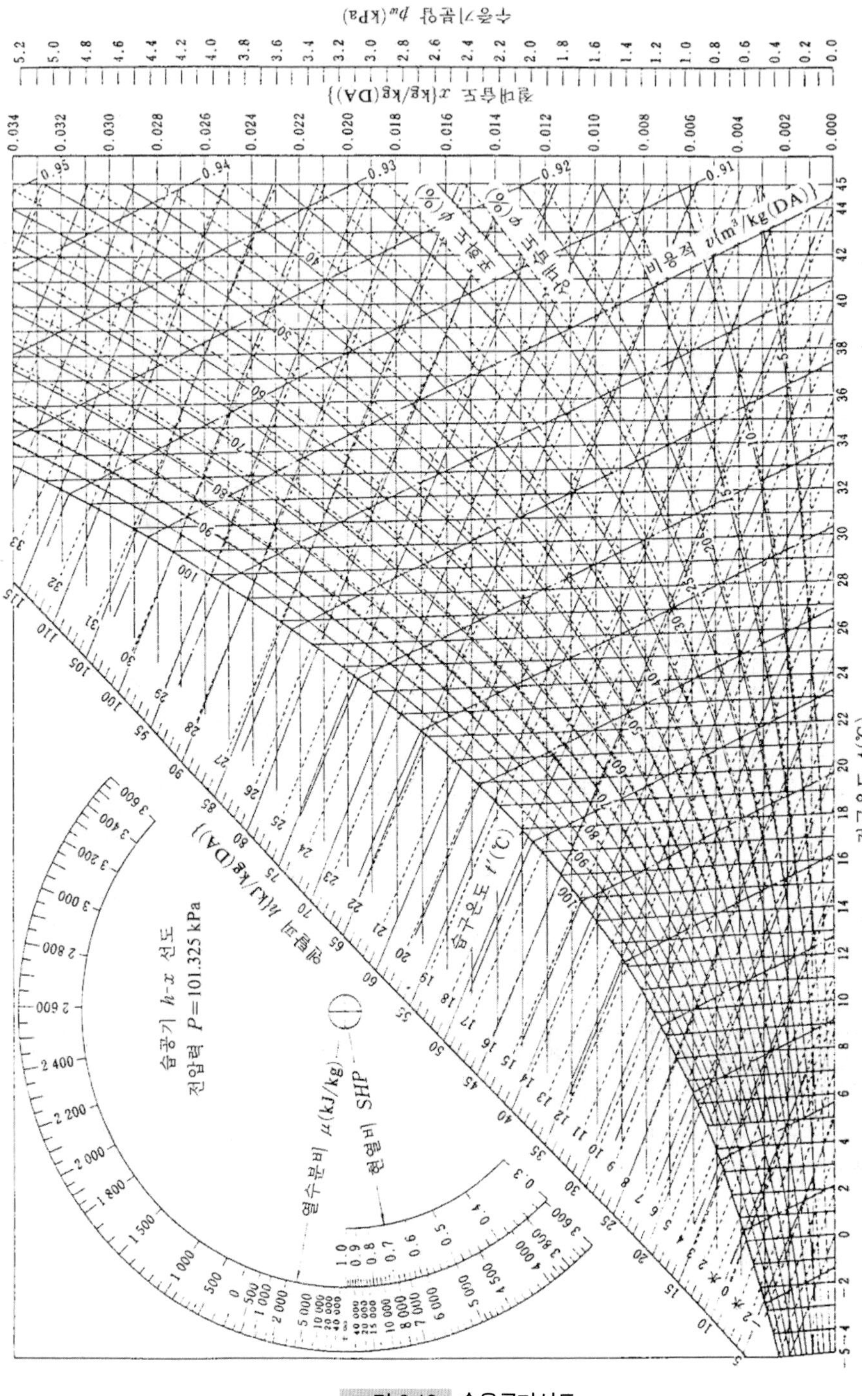

그림 3.13 습윤공기선도

수정유효온도에 의한 쾌적범위는 여름철 22~23 CET, 겨울철 18~20 CET로 되어 있다.

예제 3.3

기온 25℃, 습도 50%, 기류 0.5 m/s, 글로브 온도 30℃일 때 수정유효온도를 구하여라.

풀이

그림 3.12에서 건구온도 25℃를 나타내는 선과 습도 50 %의 곡선의 교점을 오른편에서 수평으로 더듬어(등수증기압선), 건구온도 30℃를 나타내는 직선과의 교점에서 상당습구온도 19.6℃를 얻는다. 그림 3.11(a)에서 건구온도 30℃, 습구온도 19.6℃를 연결하는 선분과 기류 0.5 m/s의 곡선과의 교점에서 CET 24.5℃를 얻는다.

3.3.3 불쾌지수

불쾌지수(discomfort index 또는 temperature-humidity index)는 여름의 무더위를 수량적으로 나타낸 지수이다. 1957년 미국기상국에서 고안한 것으로 냉방환경에 적용된다.

사람은 발한기능이 매우 발달되어 있고 기본적으로 서열에 대한 내성이 강하다. 땀에 의한 체온조절은 주로 땀이 피부표면에서 증발할 때 기화열을 빼앗아 이루어진다. 그러나 습도가 높은 상태에서는 땀의 증발이 저해되기 때문에 「무덥다」고 느낀다.

불쾌지수(DI 또는 THI)는 기온 t℃, 습구온도 t'℃에 의하여 다음 식에서 구해진다. 또 유효온도선도에 기류 0 m/s의 선만을 취하고 이 경우의 유효온도를 화씨온도로 표시하여 DI로 하여도 된다. 표 3.4에 DI와 체감의 관계를 나타낸다.

$$\mathrm{DI} = 0.72(t + t') + 40.6 \tag{3.11}$$

표 3.4 불쾌지수에 따른 신체증상

DI	온도 [℃]	불쾌를 느끼는 정도
86	30.0	매우 불쾌
83	28.5	전원 불쾌
80	26.5	50% 정도 불쾌
75	24	10% 정도 불쾌
70	21	불쾌를 나타냄
68 이하	20 이하	전원 쾌적

이것을 온도 습도 지표로 표시하기도 하는데, 70에서 75의 값은 인구의 약 반 정도가 생활하기 불편하다는 것을 말하며, 80이나 그 이상의 수치는 대부분의 사람들이 불편함을 느끼는 것을 말한다.

예제 3.4

기온 25℃, 습구온도 10℃(습도 65%)일 때 DI를 구하여라.

풀이

$DI = 0.72(25 + 20) + 40.6 = 73$

3.3.4 WBGT

습구흑구온도(WBGT : Wet Bulb Globe Temperature)는 혹서 환경하에서의 행동에 수반하여 리스크의 정도를 판단하는 데에 이용되는 지표이다. WBGT(지수)라고도 한다. 인체의 열수지에 영향이 큰 습도, 복사, 기온의 3가지를 고려한 지표인데, 건구온도, 습구온도, 흑구온도의 값을 사용하여 계산한다.

Yaglou와 Minard에 의해 1957년에 연구되었다. 군대, 스포츠나 고온의 직장 등에서의 일사병(Heatillness) 등을 예방하기 위해 국제적으로 이용되고 있다. ISO7243, JIS Z 8504 등으로서 규격화되어 있다.

$$\text{태양직사가 있는 옥외} : 0.7Tw + 0.2Tg + 0.1Ta \tag{3.12}$$

$$\text{실내 또는 태양직사가 없는 옥외} : 0.7Tw + 0.3Tg \tag{3.13}$$

여기서, Tw : 습구온도[℃]

Tg : 흑구온도[℃]

Ta : 건구온도[℃]

열과 습기 중에서의 어떤 행위나 뜨거운 물체에 직접 접촉하는 행위 등은 일사병의 위험으로 이어진다. 일사병에 걸리는 조건에는 온도, 습도, 기류, 복사온도, 의복, 운동량의 6요소이다.

일사병은 몸에서의 수분감소를 의미하는 발한의 증가가 일어나 곧 몸이 과도로 흥분된다. 가벼운 일사병에 의한 질병의 경우에는 두통, 구토, 현기증 등으로 끝나지만,

조금 더 중병이 되면 건강한 성인도 죽음에 이를 수 있다.

일사병은 열대지방이나 사막지대에 거주하는 사람들의 문제라고 생각되지만, 여름의 시기에는 모든 중간부 지대에 거주하는 사람들에게도 문제는 일어날 수 있다.

그 밖에도 일사병을 일으키는 원인이 되는 요소가 있다. 연령, 체중, 육체적 적합성, 신환경순응도, 그리고 여러 가지 의학적 조건 등이 열허탈이나 열사병의 원인으로서 부가된다. 또한, 과거에 열에 의한 장해의 경험이 있으면 걸리기 쉬워지는 독특한 원인도 있다.

일사병은 5가지로 분류할 수 있다. – 초기일사병, 땀띠, 열경련, 열허탈, 열사병.

우리나라에서 정한 일사병 예방을 위한 '운동 및 야외 활동 지표'는 표 3.5와 같다.

표 3.5 운동 및 야외 활동 지표

지수단계	WBGT [℃]	열사병 예방 정보 및 운동지침
매우위험	31 이상	운동자제
위험	28 이상 31 미만	열사병 위험 높음 / 격렬한 운동 자제, 충분한 휴식, 수분 섭취
경계	25 이상 28 미만	열사병 위험 증가 / 심한 운동 30분 이하, 충분한 수분 섭취
주의	21 이상 25 미만	운동자제
안전	열사병 가능성 상존, 적극적인 수분섭취	열사병 가능성 미약, 수분 공급 필요

작업장소에서의 WBGT 값을 측정하기 위해서는 상황에 따라 습구온도계, 흑구온도계 또는 건구온도계를 사용하고, 각각의 측정치를 바탕으로 위의 'WBGT(습구흑구온도)의 산출방법'의 식에 의해 계산한다.

작업장소에서 WBGT 값의 측정을 행하는 경우에 주의할 사항은 다음과 같다.

① 옥내에서는 열원마다 열원에 가장 가까운 위치에서 측정한다. 또한, 바닥위 0.5~1.5 m로 한다.

② 옥외에서는 건구에 직접 일광이 닿지 않도록 온도계를 그늘에 놓고 측정한다.

③ 자연습구온도(복사가 있는 사언상태에 폭로하여 측정한 습구온도)는 강제통풍하지 않고, 자연기류 중에서의 온도를 측정한다.

④ 흑구온도는 안정하기까지에 시간이 걸리므로 15분 이상 방치한 후에 온도를 측정한다.

⑤ 적어도 사전에 WBGT 값이 WBGT 기준치를 넘을 것이 예상될 때에는 WBGT의 값으로 측정한다.

3.3.5 Wind Chill Index

바람냉각(Wind chill)은 바람이 피부로부터 열을 빼앗아감으로써 일어나는 신체의 냉각을 나타내는 체감지수이다. 체감온도는 기온, 습도, 바람, 햇볕 등의 주변 환경요인에 따라 달라지는데, 주로 바람에 의해 피부에 느껴지는 온도이다. 체감온도는 실제온도보다 낮은데, 이는 체온이 실제온도보다 낮기 때문이다. 이와 반대로 피부의 습도에 의해 더 높은 온도를 느낄 수 있는데, 이는 열지수(Heat index)를 사용한다. 체감온도는 주로 실제 온도가 10℃ (50°F) 이하, 풍속이 4.8 km/h 이상인 경우에만 쓰인다.

겨울철 체감온도는 바람냉각지수(WCI : wind chill index)라 하여 풍속이 1 m/s 증가함에 따라 약 1~2℃ 낮아진다. 영하 10℃에 바람이 시속 10 Km와 30 Km로 불면 체감온도는 각각 영하 15℃, 20℃가 되고, 비나 눈이 내려 습도가 높아지면 체감온도는 더 떨어질 수 있다.

바람냉각지수는 1945년 Siple과 Passel에 의하여 어떤 특정 상태에 폭로된 플라스틱 용기 내의 물이 얼기까지에 요하는 시간을 계측하는 실험을 통하여 개발되었다. 그들은 물이 얼음으로 변하는 시간은 초기 물의 온도와, 외부의 기온과 풍속에 관련하고 있음을 발견하였다.

$$WCI = 10\sqrt{V} - (V + 10.5) \cdot (33 - Ta) \tag{3.14}$$

여기서, WCI : 바람냉각지수 [kcal/m^2/h]

V : 풍속 [m/s]

Ta : 온도 [℃]

바람냉각지수의 계산식에 절대적이라는 것은 없다. 그것은 풍속에 의해 여하히 빨리 열을 빼앗기는가의 기준으로서 유용한 것이다.

초기의 실험이 플라스틱 용기에 바탕하였기 때문에 바람냉각지수의 처음 계산식은 역시 인체의 경우에도 올바르게 관련지을 수 있겠는가 라는 의문이 있다.

이 방정식에는 여하히 빨리 인체에서 열을 빼앗기는가에 대하여 실제 영향하는 많은 요소가 가미되어 있지 않기 때문이다. 이 바람냉각지수에는 어느 정도의 착의가 있고, 사람은 행동하고 있는가, 앉아있는가, 햇빛이 비추는가, 흐린가, 또는 야간인가 마저도 고려되어 있지 않고, 사람은 어느 정도 빨리 호흡하고 있는가도 고려되어 있지 않았다. 빠르고 깊은 호흡은 열을 내리는 주원인이 되므로 고려하지 않아서는 안 된다.

바람냉각지수는 극지에서 동상의 예방을 위한 한랭환경평가에 이용된다.

3.4 열평형식에 의한 온열지표

3.4.1 작용온도

작용온도(OT : Operative Temperature)는 효과온도라고도 하고, 인체에 대한 온열환경을 평가하는 지표의 하나이다. 1937년 Gagge, Winslow, Herrington에 의하여 제안되었다.

기온이 같은 실내에서도 벽면온도와 주변기류의 상태에 의해 체감온도는 다르다. 이것을 가미하여 주변벽면과의 복사열전달과 주변기류와의 대류열전달이 같은 양의 열교환을 행하는 균일온도의 폐쇄공간에서의 가상기온이 작용온도이다.

인체의 발열은 평가되지 않기 때문에 기류에 의한 냉각효과는 평가할 수 없다. 그러므로 이 지표는 복사환경, 통상 실내에 적용된다.

$$t_o = \frac{h_c t_a + h_r t_r}{h_c + h_r} \tag{3.15}$$

여기서, t_o : 작용온도[℃]

h_c : 대류열전달[W/(m^2·℃)]

h_r : 복사열전달[W/(m^2·℃)]

t_a : 기온[℃]

t_r : 평균복사온도[℃]

작용온도는 기온과 복사온도를 열전달률로 가중평균한 온도이고, 간단히 나타내면 기온과 복사온도를 평균한 온도와 거의 같다.

$$\text{작용온도} = (\text{기온} + \text{복사온도})/2[℃] \tag{3.16}$$

쾌적작용온도는 18.3~24℃(동계), 23.3~28.9℃(착의·안정)라고 할 수 있다.

예제 3.5

실내의 공기온도가 20℃, 평균복사온도가 24.3℃ 때 작용온도를 구하라. 인체의 대류열전달율, 복사열전달율은 모두 4.7 W/(m^2·K)로 한다.

풀이

$$\text{작용온도 } OT = \frac{4.7[W/m^2K] \times 20[℃] + 4.7[W/m^2K] \times 24.3[℃]}{4.7[W/m^2K] + 4.7[W/m^2K]} = 22.15[℃]$$

3.4.2 Heat stress index

열 스트레스 인덱스(Heat stress index)는 기온, 복사, 수증기압, 기류, 작업량을 바탕으로 증발에 의하여 잃어버릴 수 있는 열량(E_{reg})을 산출하고 증발에 의하여 조절 가능한 여지를 평가하는 데 있다. Belding과 Hatch(1955)에 의해 제안되었다.

높은 기온, 복사열원, 고습도, 뜨거운 물체에 의한 직접적인 신체 접촉을 수반하는 활동 또는 활발한 신체활동에는 열 관련의 질병을 유발하는 높은 잠재력이 있다. 이들 상황에 의한 작업장은 철강제조공장, 비철금속의 주물공장, 화학공장 등이다. 다음 표는 열 관련 질병의 위해성을 높이는 환경과 작업 특성을 보여준다(표 3.6).

표 3.6 근로자가 보다 큰 위해성에 처하는 요인

환 경	고온과 습도 복사열원 뜨거운 물체와의 접촉 직접적인 일광폭로 (그늘 없음) 한정된 공기 이동 (미풍, 바람 또는 환기 없음)
작업 특성	신체적 활동 크거나 비통기성인 방호복과 장비의 사용

고열 공장 등 고온 환경하에서 인체로부터의 땀을 냄에 따른 방열량 E_{reg}을 생리적 열 스트레스라 하고, 이에 따른 작업 능률 또는 신체 조직의 기능 변화를 스트레인(strain)으로 보아 양자의 관계를 표현하는 방법이다.

땀을 내지 않는 열중성역 가까이에서는 $M-(R+C) \fallingdotseq 0$이고, 대사 M이 복사, 대류에 의한 방열량 $R+C$를 초과할 때에 생리적 열 스트레스 E_{reg}가 존재한다.

$$M-(R+C)=E_{\mathrm{reg}} \tag{3.17}$$

열 스트레스 인덱스(HSI)는 다음 식에 의하여 정의된다.

$$\mathrm{HSI}=\frac{E_{\mathrm{reg}}}{E_{\max}} \times 100 \tag{3.18}$$

열 스트레스 인덱스는 이상에 의하여 구해진다. HSI와 열 스트레인과의 관계는 표 3.7과 같이 주어져 있고, 고열 공장 등에 있어 작업환경 개선이 추진된다.

표 3.7 열 스트레스 인덱스(HSI)와 열 스트레인

열 스트레스 인덱스		8시간 열 스트레스에 대한 생리위생학적 스트레인
-10~-20	미한	고열작업에서의 회복을 위한 환경 조건은 이것이 많다.
0	중성	무스트레인
10~30	미열 약열	고도 두뇌 작업의 능률 저하. 중노동의 능률 저하는 적다.
40~60	중열	적응성이 없는 자에게는 육체적 장애를 발생한다. 훈련되어 있지 않는 자에게는 휴식이 필요. 육체작업의 능률이 저하한다. 계속적 두뇌 작업에 부적합. 순환기, 호흡기의 장애가 있는 자 및 만성피부질환에 대하여 부적합.
70~90	강열	이 조건에 견딜 수 있는 자는 매우 적다. 의학적 검사 및 훈련을 요한다. 특별한 물 및 식염의 보급을 강구한다. 적당한 환경 개선이 강하게 요구된다. 작업 능률 저하 및 증상은 현저하지 않지만 마침내는 이 환경에 적응할 수 없게 된다.
100	극열	훈련을 거쳐 적응성 있는 청년이 매일의 작업에 견딜 수 있는 최대 한도.

3.4.3 Comfort chart

공간내의 쾌적성을 평가하는 대표적인 온랭감지표로서 열적중립에 가까운 상태에서 대다수의 사람이 느끼는 온랭감의 평균치를 산출한다. 체감온도가 아니라 온랭감을 지표로 한 점이 특징이다. 발한에 의한 조절은 포함하지 않고, 직사일광하에서는 적용이 불가하고, 난방환경에 적용한다.

P. O. Fanger가 1970년에 인체의 열부하에 바탕하여 해석한 쾌적방정식의 도출을 발표하고, 이것을 출발점으로 인체의 열부하와 인간의 온랭감을 연결한 온열환경평가지수 PMV(Predicted Mean Vote, 예측온랭감신고) 및 PPD(Predicted Percentage of

Dissatisfied, 예측불쾌자율(그 온열환경에 불만족・불쾌를 느끼는 사람의 비율)을 제안한 것이다. 이 이론은 ISO 7730(1994)에 규격화되었다.

인체의 열적쾌적감에 영향하는 요소는 6개인데, 실온, 평균복사온도, 상대습도, 평균풍속의 4개의 물리적 요소와 재실자의 착의량과 작업량의 2개의 인간 측 요소가 관계한다.

이들 요소에 관하여 그 복합효과를 어떻게 평가할 것인가에 대한 이론이다. 쾌적방정식에 이 6개의 요소를 대입하면 인간이 그때 따뜻하게 느끼는가, 춥게 느끼는가를 「7단계평가척도에 의한 수치」로 나타내고 있다(표 3.8).

PPD는 인간이 어느 한서의 상태에서 몇 %의 사람이 그 환경에 불만족을 나타내는가에 이용된다. 또한 이 지표는 오피스 등 통상인이 이용하는 비교적 쾌적온도 범위에 가까운 온열환경을 평가하는 데 적합하다.

PMV가 −2에서 +2의 범위내의 온열환경평가에 이용하는 것이 바람직하다. ISO의 표준에서는 PMV가 ±0.5 이내, 불쾌자율 10% 이하와 같은 온열환경을 권장하고 있다.

표 3.8 PMV의 적용범위와 평가단계

PMV의 적용범위		PMV의 7 단계평가척도	
PMV	-2 < PMV < +2	+3	Hot 덥다
대사량	0.8～4 met	+2	Worm 따뜻하다
착의량	0～2 clo	+1	Slightly warm 약간 따뜻하다
공기온도	10～30℃	0	Neutral 중립
평균복사온도	10～40℃	-1	Slightly cool 약간 시원하다
평균풍속	0～1 m/s	-2	Cool 시원하다
상대습도	30～70%	-3	Cold 춥다

PMV 및 PPD의 산출식은 다음과 같다.

$$PMV = (0.303e^{-0.036M} + 0.028) \times (M - W - Ed - Es - Ere - Cre - R - C) \quad (3.19)$$

$$PPD = 100 - 95 \cdot e^{-(0.93353 \times PMV^4 + 0.2179 \times PMV^2)} \quad (3.20)$$

여기서, M : 대사량[W/m^2], W : 기계적 일량[W/m^2]

Ed : 불감증설량[W/m^2]

Es : 피부면에서의 증발열손실량 [W/m²]
Ere : 호흡에 의한 잠열손실량 [W/m²]
Cre : 호흡에 의한 현열손실량 [W/m²]
R : 방사열손실량 [W/m²], C : 대류열손실량 [W/m²]

3.4.4 신유효온도

신유효온도(ET*, new effective temperature)는 온열 4요소를 실내환경의 요소로 하고, 여기에 인간 측의 요소로서 작업량, 착의량을 첨가한 것이다. 유효온도는 습도 100 %를 기준으로 하지만, 신유효온도는 습도 50 %를 기준으로 하고 있다. 풍속은 0 m/s를 기준으로 하고 있다.

Gagge, Stolwijk 및 Nishi(1971)에 의하여 제안된 지표는 발한에 의한 체온 조절 기능을 포함하는 열평형 모델에 의거하여 기온, 복사, 습도, 기류, 착의, 작업량, 기압, 인공공기 등의 환경변수에 따른 생리인자로서 피부온도, 체내온도, 발한량, 저장열 등을 종합적으로 평가할 수 있다.

신유효온도 ET*가 임의의 작업량, 착의량에서 산출되고, 동일의 작업량, 착의량의 때에만 쾌적도를 비교할 수 있다. 이에 대하여 온열 4요소에 첨가하여 작업량, 착의량을 고려한 지표로 표준신유효온도(SET*, standard new effective temperature)는 상대습도 50 %, 의자에 앉아서 작업 55 W/m², 착의량 0.6 clo, 풍속 0 m/s의 상태에 표준화하여 다른 작업량, 착의량의 때에도 각각의 쾌적도를 비교할 수 있다.

표준신유효온도 SET*의 계산은 복잡하고, 일반적으로 계산기에 의존하여야 하지만, 이것을 구할 수 있는 모식도를 그림 3.14에 나타낸다.

표준신유효온도와 온냉감, 쾌적감 등과의 관계를 표 3.9에 나타낸다.

착의량의 단위는 일반적으로 clo치로 표시한다. 기온 21.2℃ 상대습도 50 %, 정온이 조건에서 조용히 앉아있는 사람이 쾌적하게 느끼는 의복의 열저항을 1 clo로 하고 있다. 1 clo=0.155 [m²·k /w]가 된다. 의복의 clo치는 그 중량과 상관이 높고, 의복 중량을 측정하면 clo치가 추정될 수 있다. 통상 착의상태에서의 보온력을 표 3.10에 나타낸다

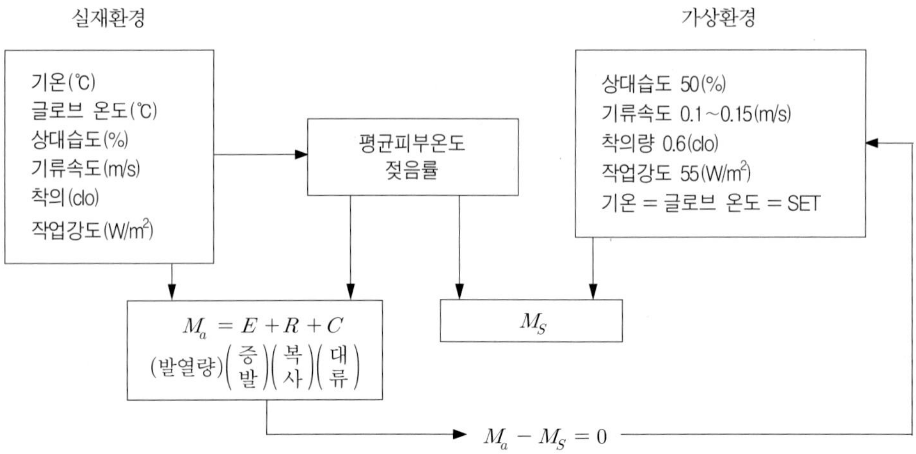

그림 3.14 표준신유효온도 SET*의 모식도

표 3.9 표준신유효온도 SET*와 온열감, 쾌적감

표준신유효온도 SET* [℃]	온 냉 감	쾌 적 감	체 온 조 절	건 강 상 태
40	매우 덥다	허용한계 매우 불쾌 불쾌	발한에 의한 체온 조절 불능 ↑	↑ 히트 쇼크의 위험 증대
35	덥다 따뜻하다	약간 불쾌	혈관 확장에 의한 발한의 증대	
30	약간 따뜻하다			
25	보통(덥지도 춥지도 않다)	쾌적	발한 작용 없음	정상
20	약간 시원하다 시원하다	약간 불쾌	혈관 수축 ↓	
15	춥다		운동이 필요	
10	매우 춥다	불쾌	떨림이 시작한다	피부나 점막의 건조에 의한 불쾌의 증가 말초부에서 혈관순환의 불량

표 3.10 착의 상태와 clo치

착 의	clo
나체	0
비키니	0.05
반바지	0.1
통상의 열대용 의복(반바지 · 반소매 오픈셔츠 · 얇은 하의)	0.3
얇은 여름옷(가벼운 반바지 · 반소매 오픈셔츠 · 얇은 하의)	0.5
가벼운 열대용 의복	0.8
전형적인 외출복	1.0
전통적인 무거운 북구타입 의복, 조끼, 긴소매 내의, 긴 하의	1.5
극지(極地)의 의복	3~4

또 그림 3.15는 Fanger의 쾌적선도의 하나로 기류 0.1 m/s 이하, 습도 50 %일 때 쾌적감을 얻는 실온과 의복 clo치와의 관계를 표시한다. 그림 중의 작업강도 단위 met (metabolic rate)는 1 met=58.2 [W/m^2]로 각종 작업의 met 값은 표 3.11에 나타낸다.

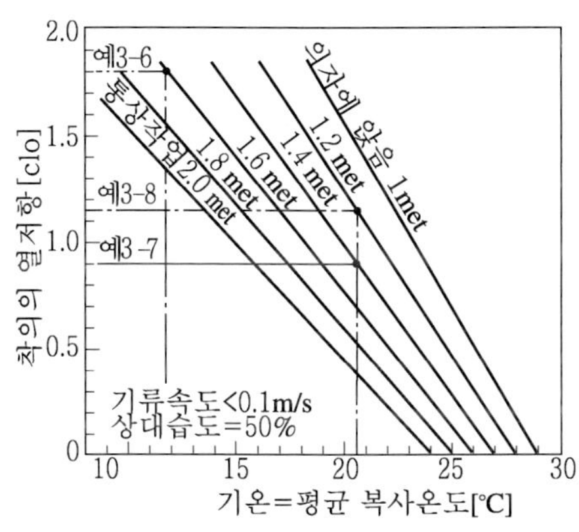

그림 3.15 기온과 의복의 조합에 의한 쾌적선도(parameter는 작업강도)

표 3.11 여러 가지 활동과 신진대사에 의한 발생열의 관계

활동의 종류	met수	W/m^2
수면	0.8	40
기상, 휴식	1.0	50
기립	1.5	70
책상에서의 일, 운전	1.6	80
기립, 가벼운 일	2.0	100
매시 4 km의 도보, 보통의 일	3.0	150

표 3.11 여러 가지 활동과 신진대사에 의한 발생열의 관계(계속)

활동의 종류	met수	W/m^2
매시 5.5 km의 도보, 약간 중노동	4.0	200
화물 20 kg을 가지고 매시 5.5 km의 도보, 중노동	6.0	300
단시간의 중노동(등산이나 운동 등)	10.0	500

예제 3.6

직원이 특별한 제복을 입고 주위 온도가 12℃에서 포장하는 일에 종사하고 있다. 작업강도를 1.6 met 제복에 필요한 clo치를 정하여라.

풀이

그림 3.14에서 1.8 clo가 된다.

예제 3.7

수술실 내에서 외과의사는 0.9 clo의 착의상태에서 작업강도 1.4 met의 일을 하고 있다. 열적으로 쾌적한 주위온도(기온과 평균복사온도는 같다)를 정하여라.

풀이

그림 3.14에서 $t_a = 20.5℃$가 된다.

예제 3.8

예제 3.7과 같은 수술실에서 다른 수술팀이 낮은 작업강도(1.2 met) 하에 있다. 열적 쾌적상태를 만드는 그들의 표준복 clo치를 정하여라.

풀이

그림 3.14에서 1.15 clo가 된다.

3.5 쾌적 환경

3.5.1 온도감각과 쾌적감

온열지표를 검토하는 데 있어 '온도감각(temperature sensation)'과 '온열의 쾌적(comfort sensation)' 각각의 관련성에 대하여 정리하여 보자. 온각과 냉각의 2가지 감각은 별개라는 인식이 19세기 후반이 되어 비로소 이루어졌다. '쾌적'의 정의를 비로소 행한 것은 1923년에 냉난방환경의 평가를 위하여 유효온도를 발표한 Houghten과 Yaglou이다. 이 정의에 의하면, '쾌적'이란 '덥지도 않고', '춥지도 않다'고 느끼는 환경이고, 온도감각의 범주로서 표 3.12에 나타냈다. 이에 대하여 생리학자는, "온열에 대한 불쾌감(thermal discomfort)은 온도감각에 반드시 직접 관련지어야 하는 것은 아니고, 열환경에 대응하여 작동하는 체온조절기능의 작동레벨에 관련된다"는 견해를 나타냈다. Winslow 등이 제인한 감각 범주는 표 3.13 나타낸 것에서 방사열자극에 대한 나체의 피험자 감각을 평가하기 위하여 이용되었다.

표 3.12 온도감각의 범주 스케일 (Houghten과 Yaglou)

7. 덥다	(hot)
6. 따뜻하다	(warm)
5. 약간 따뜻하다	(slightly warm)
4. 쾌적	(comfortable)
3. 약간 시원하다	(slightly cool)
2. 시원하다	(cool)
1. 춥다	(cold)

표 3.13 기분이 상쾌함의 범주 스케일 (Winslow 등)

기분이 매우 상쾌하다	(very pleasant)
기분이 상쾌하다	(pleasant)
보통이다	(indifferent)
불쾌하다	(unpleasant)
매우 불쾌하다	(very unpleasant)

표 3.14 쾌적과 온도감각의 범주 스케일(Gagge, Stolwijk, Hardy)

쾌적감각		온도감각	
4. 매우 불쾌	(very uncomfortable)	7. 덥 다	(hot)
3. 불 쾌	(uncomfortable)	6. 따뜻하다	(warm)
2. 약간 불쾌	(slightly uncomfortable)	5. 약간 따뜻하다	(slightly warm)
1. 쾌 적	(comfortable)	4. 중 립	(neutral)
		3. 약간 시원하다	(slightly cool)
		2. 시원하다	(cool)
		1. 춥 다	(cold)

Gagge 등은 쾌적감각과 온도감각을 표 3.14에 명확히 구별하고, Yaglou 등이 고안한 '쾌적'은 '중립의 온도감각'임을 밝혔다. 또한 Winslow 등의 pleasantness에 대한 데이터도 비교하여 이 3가지의 감각을 환경온도에 관련지어 그림 3.16에 나타낸다.

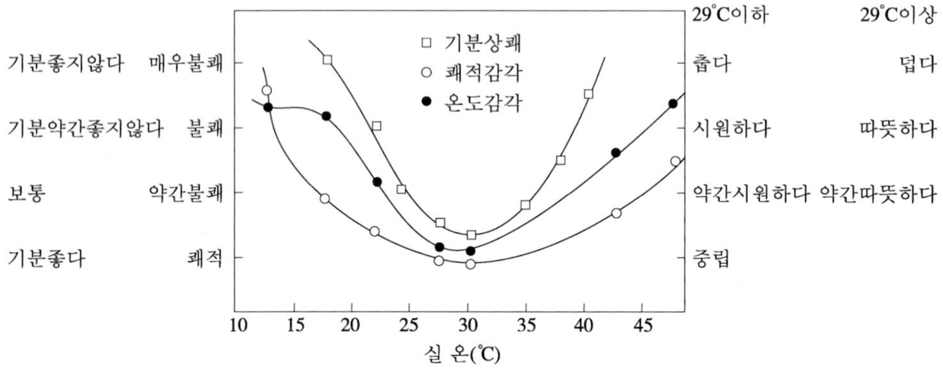

주 : 그림 중의 기호는 각각 □ : pleasantness, ○ : comfort, ● : temperature sensation

그림 3.16 온도감각, 쾌적감과 실온의 비교

(출처 : Gagge, Stolwijk & Hardy, Environmental Research, 1, 1, 1967.)

이와 같이 온도감각과 밀접한 관계를 가진 열환경의 쾌적성(thermal comfort)을 명확히 한 것으로 미국냉난방공조학회(ASHRAE : American Society of Heating Refrigerating and Air-Conditioning Engineers)의 정의가 있다. 즉「열환경에 대하여 만족감을 표현할 수 있는 마음의 상태」이고, 이 정의는 온도감각과 생리적 상태의 양자를 포괄하는 것이다. 실제적으로는 집단 가운데 모든 사람을 만족시키는 온열환경은 존재하지 않고, ASHRAE의 규준에 의하면(ST-55-74) 집단의 구성원 중 80 % 이상이 그 환경에 만족(acceptable)하다고 표현한다면 그 환경을 쾌적(comfortable)하다고 판정한다.

각국마다 그 국가의 특성에 따른 적정온도, 쾌적범위, 열환경지표 등에 대한 연구가 활발히 진행되고 있다. 환경온도를 감각온도로 나타내는 방법은 적정온도, 쾌적온도, 종합지표 등이 있다. 적정온도는 다음의 3가지 측면에서 검토할 수 있다.

① 주관적 적정온도 : 감각적으로 느끼는 온도

② 생리적 적정온도 : 생리적으로 인체에 가장 부담을 적게 주는 온도

③ 생산적 적정온도 : 노동 시 생산능률을 가장 올릴 수 있는 온도

이러한 적정온도를 쾌적온도범위로 볼 수 있다. 종합지표는 단일지표와 복합지표가

있다.

3.5.2 체온에 따른 증상

건강한 인간의 신체는 외부의 기온과 상관없이 신진대사에 의한 열을 발생시켜 36.5℃의 체온을 유지한다. 추위에 노출되면 피부의 핏줄이 오므라들고 몸이 떨리므로 움직임을 늘려 더 큰 열을 만들어낸다.

그러나 이 기능에도 한계가 있다. 신체가 장시간 찬 공기에 노출되어 빼앗기는 열을 자체적으로 보충하지 못할 경우 체온이 서서히 떨어지기 시작한다. 중심체온이 35℃ 이하로 내려가면 심장·폐·뇌 기능이 떨어지고, 31℃ 밑으로 내려가면 혼수상태·호흡부전이 나타나면서 결국 사망하게 된다.

영상의 날씨에서도 냉각된 바닥에 누워있거나 하면 체온은 훨씬 빨리 내려갈 수 있다. 특히 비나 눈을 맞아 몸에 습기가 많은 상태라면 저체온증이 급속도로 진행된다. 흠뻑 젖은 옷은 마른 옷에 비하여 우리 몸의 열을 무려 240배나 빠르게 빼앗아간다. 일단 저체온증이 시작되면 죽음에 이르기까지 불과 2~3시간밖에 걸리지 않는다(표 3.15).

표 3.15 체온에 따른 증상

체 온	증 상
37 → 35℃	몸이 심하게 떨림, 걸음걸이가 느려지고 복잡한 사고능력이 떨어짐
35 → 33℃	건망증이 나타남, 걸음걸이가 위태해지고 목소리가 탁해짐, 판단력이 흐려짐
33 → 31℃	근육이 뻣뻣해지고 기억상실·환각증상이 나타남
31 → 29℃	이성을 잃고 맥박·호흡이 느려짐, 피부가 파래지고 눈동자가 풀림
29 → 26℃	심장박동이 불규칙해지고 의식불명 상태에 빠짐
20℃ 이하	부종이 나타나고 폐에서 피가 나오며 사망에 이름

3.5.3 체감온도

체감온도(apparent temperature)는 인간의 피부가 느끼는 온도감각을 수치로 나타낸 것이다. 실제 온도보다 체감온도는 더 높기도 낮기도 한다. 체감온도는 덥다, 춥다를 느끼는 체감의 정도를 온도로 나타낸 것이다. 실제 온도와는 다르게 사람이 느끼는 온도라고 할 수 있다. 체감은 체표면의 열교환 상태에 따라 좌우되는데 이는 기온, 풍속, 습도, 일사 등 여러 기상 요인이 종합하여 작용한다. 게다가 옷차림 상태, 거주 상태, 심리 상태에 따라서도 달라진다.

인간의 쾌적온도를 정하는 중요한 변수는 Apparent Temperature(AT라고 하는 하나의 지표에 결합할 수 있다. AT는 Robert Steadman에 의해 1971년에 오스트리아에서 연구된 열지수이다.

많은 요인은 쾌적온도의 인간의 인식에 도움이 된다. 4개의 주요한 환경요인은 태양 또는 가까운 지표면에서의 바람, 온도, 습도와 복사이다. 이 중에서 바람과 복사는 미기후적 요인이다. 그것은 바람, 그늘, 가까운 지표면 등으로부터 국면, 셸터와 같은 국소인자에 의해 영향한다. 이러한 이유에서 그것은 지역에 대하여 일반적이라기보다 오히려 현장에서 평가된다.

그늘이나 햇빛 아래를 걷는 성인을 대상으로 한다. AT를 구하는 식은 다음과 같다.

$$AT = Ta + 0.348 \times e - 0.70 \times ws + 0.70 \times Q / (ws + 10) - 4.25 \tag{3.22}$$

여기서, Ta : 건구온도[℃]

e : 수증기압[hPa](습도)

ws : 10 m 높이에서의 풍속[m/s]

Q : 체표면[w/m^2]의 단위면적당 흡수한 순 복사량

e : $rh/100 \times 6.105 \times \exp(17.27 \times Ta/(237.7 + Ta))$

rh : 상대습도[%]

미국 National Weather Service에서는 체감온도에 의한 영향을 제시하고 있다. 체감온도가 마이너스 29℃로 내려가면 생명에 위험이 미친다고 한다. 현실적으로는 위의 그룹에서는 기온이 마이너스 10℃에서 풍속이 10 m/s에서 체감온도 마이너스 29℃가 된다. 이것보다 기온이 내려간다든지, 풍속이 강해진다든지 하면 생명에 위험이 미칠 위험영역에 들어갈 것이다. 이러한 환경에서는 행동하지 않고 따뜻하고 바람이 불지 않는 안전한 장소로 피난할 필요가 있다(표 3.16).

표 3.16 체감온도에 의한 영향

체감온도	추위에 의한 영향
4 ~ -6℃	춥다, 불쾌
-7 ~ -17℃	매우 춥다, 매우 불쾌
-18 ~ -28℃	몹시 춥다, 노출한 피부는 5분 이내에 동결한다.
-29 ~ -56℃	극단적으로 춥고, 노출한 피부는 1분 이내에 동결한다. 옥외행동은 위험하다.
-56℃ 이상	극한, 노출한 피부는 30초 이내에 동결한다.

출처 : National Oceanic and Atmospheric Administration(NOAA) National Weather Service

피부감각은 우리가 느끼는 쾌적함과도 관련이 있다. 임상심리학자이자 가정의학 전문의인 레너드 삭스(Leonard Sax)의 실험에 의하면 남녀 아이들에게 알맞은 교실 온도는 서로 다른 것으로 드러났다. 남아들은 20.5°C이고 여아들은 24°C 정도가 된다는 것이다. 남녀 간에 3.5°C 정도의 차이가 난다. 사우나의 온탕은 우리의 체온보다 불과 3~4°C 정도 높다. 열탕도 매우 뜨겁다고 느끼지만 42~43°C 정도다. 그렇다면 3.5°라는 차이는 상당히 큰 차이이다

실내 냉·난방도 마찬가지이다. 남성과 여성을 비교할 때 상대적으로 남자들은 약간 서늘한 것을 선호하고 여자들은 약간 따스한 것을 선호하는 경향이 있다.

체온의 1/2는 머리에서 잃게 되므로 모자는 반드시 필요하다. 극단적인 냉기로부터 폐를 지키기 위하여 입에는 마스크를 쓴다. 장갑은 가죽장갑보다 벙어리장갑이 보다 유효하다. 극한환경에서의 요점은 항상 건조함을 유지하고, 방풍에 유의하는 것이다.

기상변화는 개개의 기상요소 변화의 조합이라고도 하는데, 그 중에서 건강에 미치는 영향이 가장 큰 것은 기온의 변화이다. 일반적으로는 기온이 급히 상승하면 정신면, 정서면에의 영향을 가져오기 쉽다고 한다. 푄(toehn)현상의 때 기상상황이 이에 해당한다. 반대로 급한 기온의 강하는 신체면에 큰 부하가 된다. 혈압이 급히 올라가 순환기계에의 영향이 특히 우려되는 상황이다. 한랭전선 통과 후의 상황이 이에 해당한다.

다만 기온의 변화에만 주목하여도 좀처럼 질병과의 관련은 분명하게 보이지 않는다. 그래서 인간이 느끼는 한랭의 감각은 기온만으로는 결정되지 않는다는 점을 이해할 필요가 있다. 한서의 감각(온열감각), 즉 체감온도는 6요소로 결정된다. 환경지표(기상요소)에서 기온, 습도, 바람, 일사의 4요소, 인체 측의 조건으로서 착의의 정도,

활동의 레벨이다.

쾌적을 감각적인 것으로서 파악하고 있는 한 1인1인의 주관적인 감각을 지니게 되고, 객관적인 쾌적기준을 지닐 수 없다.

3.5.4 쾌적조건

사람에 따라 쾌적성은 열적인 것뿐만 아니라 실내환경에서 냄새, 빛, 음, 공기질, 습도, 또는 그때 사람의 기분과 선행하는 체험 등 여러 가지 요소에 의해 달라지는데, 「쾌적한 실내환경」이란 어떤 상태인가 하면, 건축환경공학에서는 실내에서 공간상태를 실내기후라 하고, 대체로 다음과 같이 정의하고 있다(표 3.17).

표 3.17 쾌적한 주거의 실내환경 조건

실내온도	겨울에는 20℃ 전후 여름에는 28℃ 전후
방의 수평온도	수평온도분포가 일정할 것
상하의 온도차	3～4 K 이하일 것 어느 부분의 실내에 면한 개소의 온도는 그 부분에 근접하는 실온보다 3～4 K 이하일 것
습도 상황	겨울에는 40～50 %에서 건조감이나 축축함이 없을 것
실내기류	0.1～0.2 m/s의 청정한 실내기류

공기조화에 있어서 쾌적조건의 지표로서는 주로 유효온도 ET가 사용되었다. 통상 착의, 정좌 시에 있어서 미국인의 ET에 대한 쾌적 범위의 조사 결과를 보면 다음과 같다.

① 하계 ET=21.7℃, 동계 ET=20℃에서 쾌적하다고 느끼는 사람의 비율이 가장 많다. 그러나 민족, 지역, 취미, 연령, 성별, 순응 등에 의한 차이가 크다.

② 작업강도가 클 때에는 쾌적온도는 낮아진다.

③ 하계의 착의, 일반 사무 작업에 대해서는 여자의 쾌적 ET는 남자의 그것보다 약 0.5℃ 높고, 남녀 모두 40세 이상의 사람의 그것은 젊은 사람보다 약 0.5℃ 높다.

④ 쾌적 ET의 지역적 상위의 폭은 약 1.5℃이지만 개인차는 이보다 크다. 그림 3.17은 신유효온도선도이며, 그림 중에 미국냉난방공조학회의 규준(ASHRAE STANDARD 55～74)에 의한 추장 쾌적범위(음영 부분)가 나타나 있다.

최근에 신유효온도 ET＊가 ET 대신 사용되고 있다. 에너지 절약에도 관련하여 쾌적 범위는 표준신유효온도 SET＊=22.2~25.6℃로 말해지고 있다.

예를 들면 ASHRAE 규준에서는 동계의 낮은 난방온도에서 80%의 쾌적성에 대한 만족도를 얻기 위함의 실내 온도와 착의량의 조합에 관하여 그림 3.18에 제시하고 있다. 반대로 하계의 낮은 냉방 온도에 대처하고 또 쾌적성을 유지하기 위함의 실내 온도와 실내 기류의 조합에 관하여 그림 3.19를 제시하고 있다. 그림 3.20은 상대습도의 영향 정도를 나타내고 있다.

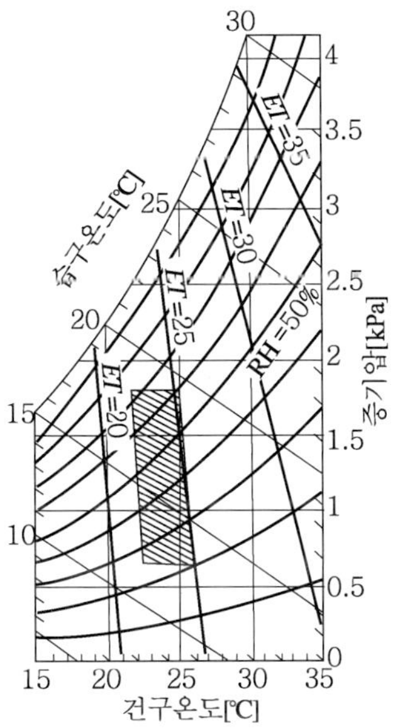

그림 3.17 신유효온도선도 (의자앉음, 경장시, 빗금친 부분은 ASHRAE기준 ST-55-74에 의한 쾌적범위를 나타낸다-McIntyer "Indoor Climate"에서 인용)

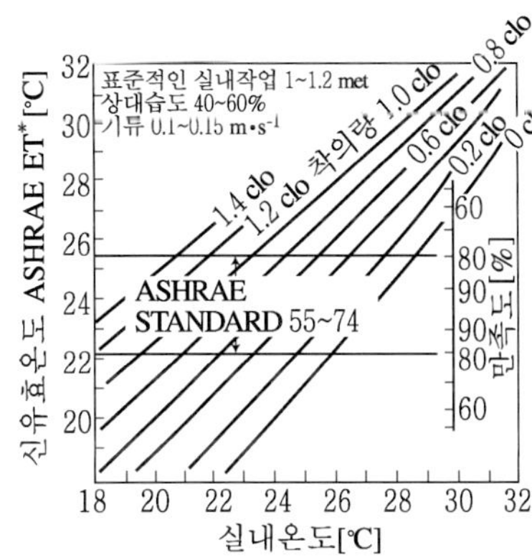

그림 3.18 신표준유효온도와 착의량의 관계＊ (Gagge, Nishi와 Nevins, 1977)＊

예제 3.9

인체의 열적 쾌적감에 영향을 주는 6가지의 온열 환경 요소는 무엇인가?

풀이

공기 온도, 습도, 풍속, 복사온도, 착의량, 작업량

＊Gagge, A.P. and Nishi, Y. : Heat exchange between human skin surface and thermal environment, in "Handbook of Physiology. Reactions to Environmental Agents." (Ed, D.H.K.Lee), section 9, chapter 5, American Physiological Society, Bethesda Md, U.S.A., 1977.

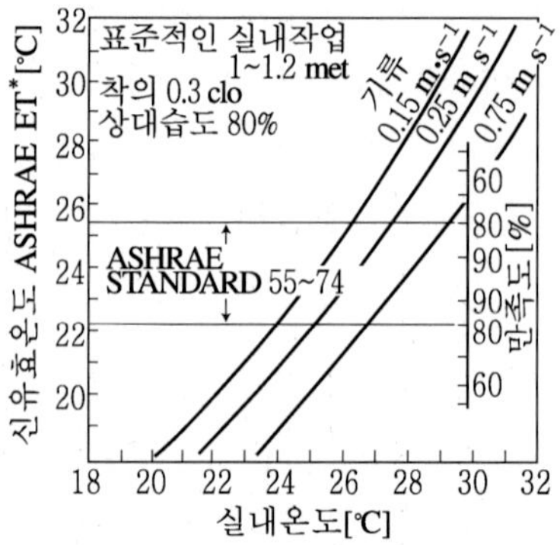

그림 3.19 신표준유효온도와 기류의 관계*

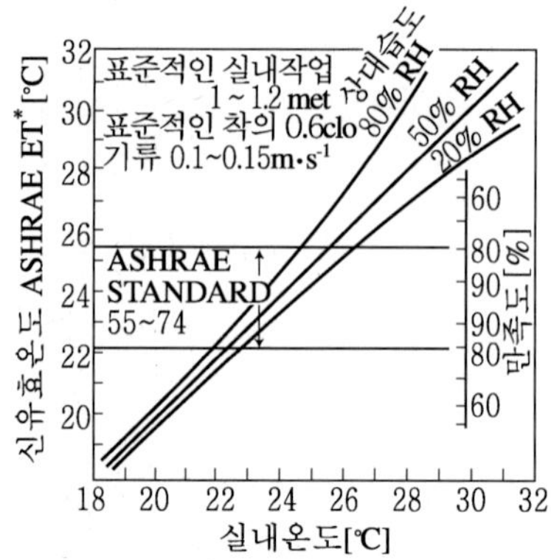

그림 3.20 신표준유효온도와 상대습도의 관계*

예제 3.10

국소의 불쾌의 원인이 되는 요소에 대해서 들고 그 허용치를 제시하여라.

풀이

1) 복사의 불균일 : 따뜻한 천장에 대한 복사의 불균일 한계는 5℃ 이내
차가운 창, 벽면에 대한 복사의 불균일 한계는 10℃ 이내
2) 드래프트 : 드래프트에 의한 예상 불만족자율이 10% 이하
3) 상하 온도 분포 : 바닥 위 0.1 m와 바닥 위 1.7 m의 온도 차이가 3K 이내
4) 바닥 표면 온도 : 구두를 신고 의자에 앉는 것을 상정한 바닥 표면 온도는 19~29℃의 범위 내

확인학습

1 효과온도(OT)는 건구온도, (　　　), 주벽에서의 복사의 총합효과를 나타낸 것이며, 실용상은 (　　　)으로 나타내는 것이고, 일반적으로 (　　　)의 영향은 무시되고 있다.

2 응고 또는 증발, 응축 등의 상태 변화의 원인이 되는 열은 (　　　)이다.

3 체적을 일정하게 보존한 채로 단위량의 기체 온도를 1℃ 올리는 데 필요한 열량을 (　　　)이라고 한다. 압력을 일정하게 하면서 그 온도를 올리면 기체는 팽창하여 밖으로 일을 한다. 그러므로 (　　　)은 (　　　)보다 큰 값이 된다.

4 거주자에 관련된 중요한 요건으로서 연령이나 성별의 다름 외에 신체의 상황을 나타내는 (　　　), 대사량에 큰 영향을 미치는 kcal로 나타내는 (　　　), clo로 나타내는 (　　　), w/m^2으로 나타내는 (　　　) 등이 있다.

5 의복의 단열성능은 간단하게 측정할 수 있는 무차원 단위로서 (　　　)가 사용되고, 인체에서 주위의 공기에 열이 발산되는 정도를 나타내는 데에 신진대사율 또는 (　　　)라고 하는 수치가 사용된다.

6 인체에서의 산열은 주로 간장과 근육에서 행해지고, 노동시에는 (　　　)의 쪽이 현저히 증가한다. 상온에서 (　　　)의 대부분은 피복에서의 전도, 대류, (　　　)에 의하지만 고온시에는 (　　　)에 의한 쪽이 전자를 상회하게 된다.

7 유효온도(ET)란 (   ), (   ), (   )의 조합에 의한 체감을, 이것과 같은 체감을 발생하는 습도 100%, 기류 0 m/s의 경우 기온 값으로 나타내는 것으로 Yaglou에 의하여 연구된 온도지표이다.

8 유효온도 18도라는 것은 기온 (   )℃, 습도 (   )%, 풍속 (   )m/sec일 때를 표준으로 한다. 풍속 1.5 m/sec, 습도 70%, 기온 18℃일 때 유효온도는 약 15.8도로 되는데, 지금 풍속 1.5 m/sec일 때 습도 1%의 강하는 유효온도를 약 0.02도 강하시키는 효과가 있는 것으로 하면 풍속 (   )m/sec, 습도 60%, 기온 18℃일 때 유효온도는 약 (   )도가 된다.

9 수정유효온도는 기온, 습도 및 기류에 (   )에 의한 온감을 가미한 것이다.

10 전기가열기로 가열된 공기의 (   )는 변하지 않고, (   )는 감소하고, (   )는 증가한다.

11 건습구온도계의 습구표면에서는 공기 중의 (   )에 응하여 물이 증발하므로 습구 눈금은 건구 눈금보다 내려간다. 상대습도는 건습구 눈금의 차이와 (   )을 이용하고 습도표에서 구한다.

12 외계의 4요소, 기온, 벽의 평균복사온도(평균벽표면온도), 수증기압, 기류속도는 피부 표면에서의 열방산에 어떻게 관련하고 있는가, 열방산경로에서 설명하여라.

Heat Transmission & Thermal Insulation

제4장 | 전열과 단열

4.1 전도에 의한 전열

(1) 열전도 현상

물질의 이동을 수반하지 않고 고온부에서 이것과 접하고 있는 저온부로 열이 전달되어 가는 현상을 열전도(heat conduction)라고 한다. 온도가 높은 물체와 낮은 물체를 접촉시켜 놓으면 시간이 지나면서 둘 사이의 온도차가 없어지고, 결국에는 똑같은 온도가 된다. 이러한 현상은 열이 고온의 물체에서 저온의 물체로 이동함으로써 일어난다.

열을 전달하는 방법에는 전도, 대류, 복사가 있다. 전도라는 것은 열이 물질에 의해서 전달되는 것을 말하고, 고체 및 대류가 없는 유체 내에서는 전도에 의해 열이 전해진다. 대류는 물이나 공기에 의해 열이 전달되는 것이고, 열이 전도나 대류가 아니고 직접적으로 전달되는 경우는 복사라고 한다. 건물은 인체와 같이 전도·대류·복사에 의하여 열을 손실하기도 하고 취득하기도 한다. 증발은 인체보다는 건물에서 더디게 나타난다.

열이동의 경우 예를 들면, 금속막대의 한쪽 끝을 가열하면 가열되는 부분부터 순차적으로 뜨거워지는데 온도가 다른 물체끼리의 접촉에 의해 열이동으로 나타나는 현상이다. 액체나 기체 내부의 열이동은 주로 대류에 의한 것이지만, 고체 내부의 경우에는 주로 열전도에 의해서 열이 이동한다.

(2) 전도열량

단일재료로 구성된 벽체, 바닥, 지붕에서는 전도에 의하여 고온에서 저온으로 열의 이동이 나타난다. 이 재료의 2점 x_1, x_2에서의 온도를 θ_1, $\theta_2(\theta_1 > \theta_2)$, 단면적을 A로 한다. 이 경우 x_1과 x_2를 통하는 열량은 같고, 이 열량을 시간 t의 사이에 q로 하면 q는 ① 시간 t에 비례하고, ② 단면적 A에 비례하고, ③ 온도차$(\theta_1 - \theta_2)$에 비례하고, ④ 길이$(x_2 - x_1 = \ell)$에 반비례한다.

③과 ④를 조합하면 온도구배 $(\theta_1 - \theta_2)/\ell$에 비례함을 알 수 있다. 이러한 관계를 다음 식으로 나타낸다(그림 4.1).

$$q = \lambda \frac{\theta_1 - \theta_2}{\ell} At \tag{4.1}$$

이 비례정수 λ는 물질의 열의 전도하기 쉬움을 나타내는 것이므로 열전도율(thermal conductivity)이라고 한다. 단위는 W/m·K이다. 따라서 λ는 두께 1 m판의 양면에 1℃의 온도차가 있을 때 1 m^2당을 1시간에 흐르는 열량을 나타내는 것이며, 윗식에서 q의 단위는 W이다.

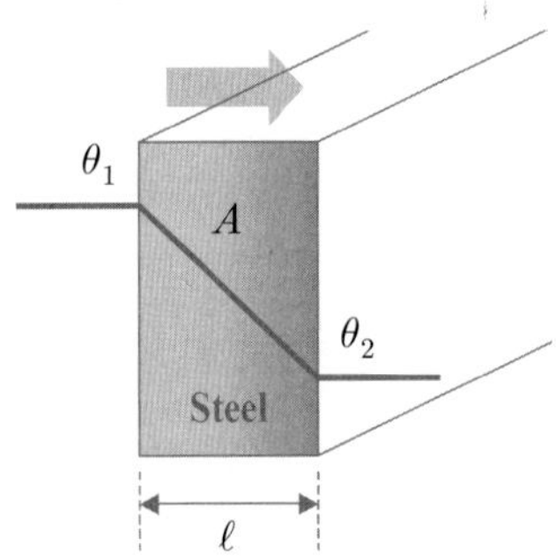

그림 4.1 전도열량

λ의 역수를 열전도비저항(specific thermal resistance)(λ)이라 하고, 열전도의 어려움을 나타낸다$(r = 1/\lambda)$. r의 단위는 m·K/W가 된다. r에 길이 ℓm를 곱한 값을 열전도저항(thermal resistivity)(R)이라고 한다. 단위는 m^2·K/W이다.

r 나 R 를 사용하면 식 (4.1)은 다음과 같이 된다.

$$q = \frac{\theta_1 - \theta_2}{r\ell} At = \frac{\theta_1 - \theta_2}{R} At$$
$$= C(\theta_1 - \theta_2)\, At \quad (4.2)$$

벽체 양측 표면의 온도차가 1℃ 있을 때 벽체의 단위면적을 통하여 양표면 사이의 벽체 내부를 전도하며 이동하는 열류를 열콘덕턴스(conductance)(C)라고 한다. 열콘덕턴스는 그 물체의 열전도저항의 역수이며(C=1/R), 단위는 $W/m^2 \cdot K$이다.

예제 4.1

12 cm 두께의 콘크리트벽 양쪽 표면의 온도는 각각 4℃, 15℃이고 장시간 동안 일정하다면 이 벽을 흐르는 열량은 얼마인가? 콘크리트의 열전도율 $\lambda = 1.6$ W/m·K이다.

풀이

$$q = \frac{1.6}{0.12} \times (15 - 4) = 146.7 [W/m^2]$$

(3) 각종 물질의 열전도율

건물의 에너지 절약과 실내 온열환경을 설계하는 데 건축 재료의 열전도율·열저항 및 비열 등의 열성능을 정확히 파악하는 것이 필요하다. 또한 재료는 온도 변화에 따라 팽창·수축하는 특성이 있다.

보통 금속의 λ는 크다. 그 중에서도 은이 가장 크고, 동은 그 다음이다. 합금으로 되면 λ는 보통 저하한다. 액체는 고체보다 열전도가 작고, 기체는 더욱더 작아진다.

액체나 기체 등의 유체에 대류(convection)가 생기면 전열은 급격히 증가한다. 정지 공기의 λ는 보통 우리들의 주위에 있는 물질 중 최저이다. 보통 단열재는 많은 정지 공기를 포함하고 있어서 λ가 작다. 또 예를 들면 15℃의 대기 중에서는 차가워지지 않는 데 20℃의 물 속에서는 차가운 느낌이 드는 것은 공기보다 물의 쪽이 열전도가 좋아 체표면에서 그만큼 열이 달아나기 때문이다. 표 4.1에 각종 물질의 열적 성질을 나타낸다.

표 4.1 건축재료의 열적 성질

재 료	열전도율 (W/mK)	밀도 (kg/m^3)	재 료	열전도율 (W/mK)	밀도 (kg/m^3)
미네랄울(암면) 100k	0.037	100	구리	370	8,900
미네랄울(암면) 50k	0.038	50	알루미늄합금	200	2,700
글라스울(유리면) 24k	0.037	24	강재	200	2,700
글라스울(유리면) 48k	0.035	48	아연도금철판	44	7,850
비드법보온판 1종1호	0.034	30	스테인리스강	15	7,400
비드법보온판 1종2호	0.035	25	석고	0.35	1,000
비드법보온판 1종3호	0.036	20	콘크리트(1 : 2 : 4)	1.6	2,200
비드법보온판 1종4호	0.038	15	철근콘크리트(1%)	2.3	2,300
비드법보온판 2종1호	0.031	30	철근콘크리트(2%)	2.5	2,400
비드법보온판 2종2호	0.032	25	석회석고모르타르	0.7	1,400
비드법보온판 2종3호	0.033	20	석회모르타르	0.87	1,400
비드법보온판 2종4호	0.034	15	석회시멘트모르타르	1.0	1,800
압출법보온판 특호	0.029	35	대리석	2.8	2,600
압출법보온판 1호	0.03	30	화강석	2.8	2,600
압출법보온판 2호	0.031	25	천연슬레이트	1.5	2,300
압출법보온판 3호	0.033	20	파티클보드	0.15	400～700
경질우레탄 1종1호	0.024	45	석고보드	0.18	700～800
경질우레탄 1종2호	0.024	35	MDF(경량)	0.09	500
경질우레탄 1종2호	0.026	25	MDF(보통)	0.13	750
경질우레탄 2종1호	0.023	45	합판	0.15	400～650
경질우레탄 2종2호	0.023	35	텍스	0.20	-
페놀폼	0.019	30	목재(보통)	0.17	500
시멘트모르타르	1.4	2,000	소나무	0.13	500
내화벽돌	0.99	1,700～2,000	비닐계벽지	0.27	-
붉은벽돌	0.96	2,000	종이계벽지	0.17	700
타일	1.3	-	유리	0.76	2,500

4.2 대류에 의한 전열

(1) 열전달 현상

대류(Convection)는 온도가 올라가 가벼워진 기체나 액체는 상승하고, 온도가 낮으면 하강하여 공간적으로 순환류가 생긴다. 이에 따라 공간이나 그 안의 열이 이동한다.

공기층(air space)의 따뜻한 측면에 의해 공기가 따뜻해지는 것처럼 온도가 증가한다. 차가운 측면을 따라 온도가 낮아지는 것처럼 이 표면에 열이 전달한다. 복사에너지는 고온에서 저온 표면으로 열을 전달한다. 그 정도는 표면에 관계된 온도 및 복사와 흡수의 양에 달려있다. 방향은 항상 고온에서 저온 표면이다.

전도·대류·복사 등의 열 이동현상을 총칭하여 보통 열전달(heat transfer)이라고 하는데, 공학상은 고체 표면과 이에 접하는 유체와의 사이의 열교환을 열전달이라고 한다(그림 4.2).

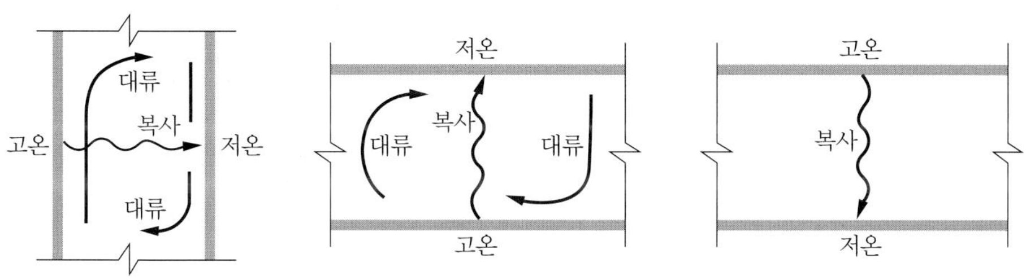

(1) 벽체에서의 공기층 (2) 지붕에서의 공기층 (3) 바닥에서의 공기층

그림 4.2 열의 흐름

고체 표면과 고체 표면에서 떨어진 유체의 주체부와의 사이에는 경계층(boundary layer)이라고 하는 고체 표면에 달라붙은 유체의 얇은 층이 생긴다. 경계층은 유체의 속도·온도·점성, 고체 표면의 상태 등에 따라 달라진다.

고체 표면과 유체와의 사이의 전열은 이 경계층 내부의 열전도와 경계층 밖의 유체 주체부에서의 대류에 의해서 행해지는 외에 복사에 의한 고체 표면과의 사이에 직접 열이동이 있다.

또한 대류에 의한 전열은 열전도와 달리 열을 얻은 유체 분자가 열진동을 하면서 이동하고, 저온 물체에 열을 전하는 현상이다. 대류에는 다음과 같은 종류가 있다.

1) 자연대류

유체의 온도차가 발생되면 이로 인해 밀도차가 생기는데, 이 밀도차 때문에 자연적인 유체의 순환에 의해 열이 이동하는 것을 자연대류(natural convection)라 한다.

2) 강제대류

송풍기나 펌프 등을 이용하여 강제적으로 유체를 순환시킬 때의 열이동을 강제대류(forced convection)라고 한다.

3) 복합대류

자연대류와 강제대류가 합쳐진 열의 이동을 복합대류(compound convection)라고 한다.

열전달이란 관내의 유체에서 관벽을 통과하여 관외의 유체로 열이 전해지는 경우, 즉 고체벽의 한쪽 유체로부터 다른 쪽 유체로의 전열의 총합을 말한다. 이때는 고체벽 내의 열전도와 양벽면에의 열전달이 공존한다.

(2) 전달열량

유체의 순환에 의한 열의 이동, 즉 액체나 기체운동에 의한 열의 이동현상을 대류라고 한다. 예를 들면, 건물의 벽, 천장, 바닥 등과 주위 공기와의 열이동현상, 응축기나 증발기 내의 냉매와 관벽 사이의 열이동현상 등이 이에 속한다.

지금 고체 표면의 온도를 θ_S, 유체 주체부의 온도를 t 라 하고($\theta_S < t$), 유체에서

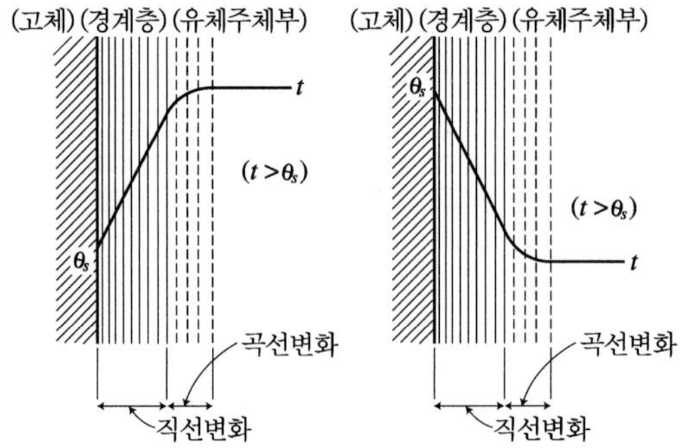

그림 4.3 열전달에 의한 유체각부의 온도

고체 표면에 열전달이 행해지는 경우를 생각하여 본다. 유체 주체부의 온도 t 와 고체 표면온도 θ_S 와의 사이에는 당연히 온도의 저하가 있으며, 그 분포는 그림 4.3과 같다.

유체가 대류하고 있는 경우의 쪽이 대류가 없는 경우보다 온도구배는 급하며 전달 열량도 많다. 또 대류속도가 클수록 전열량은 많아진다.

열전달은 전도, 대류, 복사의 종합적인 효과에 의한 열류현상이며 전달열량의 계산도 용이하지 않다. 그래서 일반적으로는 복사(radiation)에 의한 열전달을 별도로 고려하여 단위면적당 단위시간의 전달열량 q 를 다음 식과 같이 나타낸다.

$$q = \alpha(t - \theta_S)\ [\mathrm{W/m^2}] \tag{4.3}$$

여기서 α 는 열전달률(heat transfer coefficient) [$\mathrm{W/m^2 \cdot K}$]이며, 유체의 속도에 따라 변화한다. 전달열량은 유체의 유속, 고체벽면의 성질 및 형상 등에 따라 달라질 수 있다.

또한 유체의 열전도율을 λ 로 하고 경계층의 두께를 δ 로 하면 경계층 내에서는 근사적으로 $\alpha = \lambda/\delta$ 의 관계가 보인다. 결국 경계층이 얇을수록, 유체의 λ 가 클수록 α 는 크다. 경계층의 두께는 유체의 속도에 강한 영향을 받으므로 α 도 유속에 의해서 변화하는 것이다.

동계에 바람에 닿으면 기온이 그다지 내려가지 않아도 매우 찬 느낌이 드는 것은 바람으로 α 가 많아지기 때문이다. α 의 역수를 열전달저항(resistance of heat transfer) R_S[$\mathrm{m^2 \cdot K/W}$]이라고 한다($R_S = 1/\alpha$). R_S 를 사용하면 식 (4.3)은 다음과 같이 된다.

$$R_S = \frac{t - \theta_S}{q}\ [\mathrm{m^2/W}] \tag{4.4}$$

표 4.2에 벽면의 R_S 및 α 로서 보통 사용되는 수치를 나타낸다. 또한 열관류율 계산시 적용되는 실내 및 실외측 표면 열전달저항은 표 4.3을 적용한다.

표 4.2 열전달저항과 열전달률

구조체의 표면위치		열전달저항 [$\mathrm{m^2 \cdot K/W}$]	열전달률 [$\mathrm{W/m^2 \cdot K}$]	비고
외 벽	내측	$R_{si} = 0.11 \sim 0.12$	$\alpha_i = 8.14 \sim 9.30$	풍속 3~7 m/s
	외측	$R_{so} = 0.03 \sim 0.04$	$\alpha_o = 23.26 \sim 34.89$	

표 4.2 열전달저항과 열전달률(계속)

구조체의 표면위치		열전달저항 [$m^2 \cdot K/W$]	열전달률 [$W/m^2 \cdot K$]	비고
평 지 붕	내측	$R_{so} = 0.04$	(상향열류) $\alpha_o = 23.26$	풍속 3~7 m/s
	외측	$R_{si} = 0.08 \sim 0.12$	(상 향 열 류) $\alpha_i = 8.14 \sim 11.63$	
바 닥	내측	$R_{si} = 0.14$	(하향열류) $\alpha_i = 6.97$	수직벽에 대하여 25% 감소
	하측	$R_{so} = 0.14$	(하향열류) $\alpha_o = 6.97$	
천 장	내측	$R_{so} = 0.08 \sim 0.11$	(상 향 열 류) $\alpha_i = 9.30 \sim 11.63$	수직벽에 대하여 25% 증가
	하측	$R_{si} = 0.08 \sim 0.11$	(상 향 열 류) $\alpha_i = 9.30 \sim 11.63$	

표 4.3 열관류율 계산시 적용되는 실내 및 실외측 표면 열전달저항

열전달저항 / 건물 부위	실내표면열전달저항 R_i [단위 : $m^2 \cdot K/W$]	실외표면열전달저항 R_o [단위 : $m^2 \cdot K/W$]	
		외기에 간접 면하는 경우	외기에 직접 면하는 경우
거실의 외벽(측벽 및 창, 문 포함)	0.11	0.11	0.043
최하층에 있는 거실 바닥	0.086	0.15	0.043
최상층에 있는 거실의 반자 또는 지붕	0.086	0.086	0.043
공동주택의 층간 바닥	0.086	-	-

출처 : 건축물의 에너지절약설계기준(국토해양부고시 제2010-1031호)

예제 4.2

겨울의 실내 기온 $t_i = 23$℃이고 면적이 10 m^2인 유리창 내측표면온도 $\theta_S = 5$℃일 때 내측표면 열전달률 $\alpha_i = 9.3$ $W/m^2 \cdot K$이라 하면 실내 공기에서 유리 표면으로 얼마만큼의 열이 이동하는가?

풀이

$\theta_S < t_i$이므로 실내 공기에서 유리 표면으로 향하는 열류를 q라 하면 식 (4.3)에서,

$q = 9.3 \times (23 - 5) = 167.4 [W/m^2]$

가 된다. 이 값은 유리 면적 1 m^2당의 열류이므로 10 m^2에서는,

$H = 167.4 \times 10 = 1,674 [W]$

예제 4.3

예제 4.2에서 유리 외표면온도 4℃일 때 외기온 $t_o = -1$℃로 하면 유리 외표면과 외기와의 사이의 열전달률은 얼마인가?

풀이

예제 4.2에서 실내에서 유리 내표면으로 향하는 167.4[W/m^2]의 열류는 결국 전부 외기로 흐르는 것이므로 유리 외표면에서 외기로 향하는 열류를 q로 하면,

$q = \alpha_o(\theta_S - t_o)$

에 있어서 $q = 167.4$ [W/m^2]이므로,

$167.4 = \alpha_o\{4-(-1)\}$

$\therefore\ \alpha_o = 33.48$ [W/m^2·K]

4.3 복사에 의한 전열

복사(Radiation)는 물질의 이동을 수반하지 않고 전파되는 에너지로서 온도가 높은 물체에서 열선이 발산되어 공간을 통과하여 다른 온도가 낮은 물체로 열이 전파되는 현상이다.

고온의 물체는 복사선을 낸다(실제에는 절대온도에서 0°K 이상의 물체는 열복사하고 있다. 절대온도란 −273℃를 0°로 하는 온도이다). 이 복사선은 빛과 같은 전자기파의 일종이며 고온 물체일수록 적외선, 가시광선 외에 자외선을 복사하게 된다. 물체는 복사선의 복사에 따라 그 분자의 운동에너지를 잃고 그 결과 온도가 저하하게 된다.

물체에서 복사되는 열량은 그 표면의 절대온도의 4승에 비례하므로(Stefan-Boltzmann의 법칙), 온도차가 있는 2 물체 사이의 복사에 의한 전달열량은 각각의 절대온도의 4승의 차에 비례한다. 온도차가 조금 있더라도 다량의 복사열이 전달되는 것이며 벽체의 전열상 문제가 되는 경우가 많다.

완전흑체(black body) 같으면 최고의 열을 복사할 수 있으나 보통의 것에서는 완전흑체 경우의 일부이다. 이 비율을 복사율(emissivity) ϵ라고 한다.

또 한편 물실의 표면에 복사열 에너지가 닿으면 그 일부는 물질 내부에 흡수되고 일부는 반사되고, 나머지는 투과된다. 입사에너지를 1로 하면,

$$흡수율(a)+투과율(\tau)+반사율(\gamma) = 1 \tag{4.5}$$

이다. $a=1$, $\tau=0$, $\gamma=0$과 같은 표면을 완전흑(absolute black), 반대로 $a=0$, $\tau=0$, $\gamma=1$과 같은 표면을 완전백(absolute white)이라고 한다. 완전흑과 완전백과의 중간의 성질, 즉 $a+r=1$의 표면을 비흑(non black)이라 하고, 이와 같은 표면을 가진 물체를 비흑체라고 한다.

일정온도에 있어서 물체의 복사율(ϵ)과 흡수율(a)이 같은 것은 Kirchhoff의 법칙으로서 알려져 있다. 흡수율이 작은 표면은 복사율도 작은 것을 나타낸다.

그런데 절대온도 T의 완전흑체에서 나오는 열복사량 E_b W/m²는

$$E_b = \sigma_b T^4 = C_b\left(\frac{T}{100}\right)^4 \tag{4.6}$$

여기서, $\sigma_b = 5.67\times 10^{-8}\,[\mathrm{W/m^2\cdot K^4}]$

= Stefan-Boltzmann의 정수(완전흑체의 복사정수)

$C_b = 5.7\,[\mathrm{W/m^2\cdot K^4}]$ = 완전흑체의 복사정수

일반 물체(회색체 ; gray body) 표면에서의 복사방산도 E는 다음 식에서 구한다.

$$E = \epsilon\sigma_b T^4 = \epsilon C_b\left(\frac{T}{100}\right)^4 \tag{4.7}$$

여기서, ϵ : 그 표면의 복사율

완전흑체의 경우 $\epsilon = 1$이다. 보통의 건축재료에서는 표 4.4에 나타난 바와 같이 0.9 정도의 것이 많다. 알루미늄박과 같은 금속의 연마면은 $\epsilon = 0.02$ 정도로 매우 작으므로 복사에 의한 열의 이동을 방지하기 위하여 표면에 사용된다.

표 4.4 각종 재료의 복사율과 일사흡수율

등급	재 료 (표면)	복사율 ϵ (10~40℃)	일사흡수율 a_S
0	완전흑체	1.00	1.00
1	큰 空洞에 뚫린 작은 구멍	0.79~0.99	0.97~0.99
2	흑색 비금속면(아스팔트, 슬레이트, 페인트, 종이)	0.90~0.98	0.85~0.98

표 4.4 각종 재료의 복사율과 일사흡수율(계속)

등급	재 료 (표면)	복사율 ϵ (10~40℃)	일사흡수율 a_S
3	붉은 벽돌, 타일, 콘크리트, 돌, 녹슨 철판, 암색 페인트(적, 갈, 녹 등)	0.85~0.95	0.65~0.80
4	황 및 순황색 벽돌, 돌, 내화벽돌, 내화점토	0.85~0.95	0.50~0.70
5	백 또는 담 크림벽돌, 타일, 페인트, 종이, 플라스터, 도료	0.85~0.95	0.30~0.50
6	창유리	0.90~0.95	대부분 투과
7	광택 알루미늄 페인트, 금색 또는 청동색 페인트	0.40~0.60	0.30~0.50
8	순색 황동, 동, 알루미늄, 함석판, 닦아서 광택을 낸 철판	0.20~0.30	0.40~0.65
9	닦아서 광을 낸 황동, 동, monel metal	0.02~0.05	0.30~0.50
10	잘 닦아서 광을 낸 알루미늄, 양철판, 니켈, 크롬	0.02~0.04	0.10~0.40
11	석면판	0.96	
12	유리판	0.94	
13	붉은 벽돌	0.93	
14	플라스터	0.91	
15	오크재(대패 마감)	0.90	
16	함석판(약간의 광택-산화, 회색)	0.23~0.28	
17	산화알루미늄판	0.1~0.2	
18	알루미늄박	0.06	
19	잘 닦아서 광을 낸 알루미늄판	0.04	
20	수 면	0.95	

[주] 1~10은 ASHVE Guide, 1959, 기타는 McAdams : Heat Transmission에 의함.

예제 4.4

표면온도 50℃, 면적 10 m²의 콘크리트의 열복사량은? 다만, $\epsilon = 0.9$이다.

풀이

$$Q = C_b\left(\frac{T}{100}\right)^4 \cdot F = \epsilon C_b\left(\frac{T}{100}\right)^4 \cdot F = 0.9\times 5.67\left(\frac{273+50}{100}\right)^4 \times 10 = 5,554[\mathrm{W}]$$

무한으로 큰 2평행면 사이의 복사전열은 면 1과 면 2 사이의 전열량을 Q_{12}로 하면,

$$Q_{12} = C_{12}\left[\left(\frac{T_1}{100}\right)^4 - \left(\frac{T_2}{100}\right)^4\right] \tag{4.8}$$

로 나타낼 수 있다. C_{12}는 2면 사이의 유효복사정수라고 한다. C_{12}는 방사 에너지가 2평행평면 사이에 복사와 반사를 무한히 반복하여 마침내 소실하기까지의 계산을 행

하면 다음과 같은 식이 된다.

$$C_{12} = \frac{1}{\frac{1}{C_1} + \frac{1}{C_2} - \frac{1}{C_b}} \tag{4.9}$$

여기서, C_1 : 면 1의 복사정수[W/m^2·K^4]

C_2 : 면 2의 복사정수[W/m^2·K^4]

C_b : 완전흑체의 복사정수[W/m^2·K^4]

T°K는 절대온도이며 θ℃일 때의 °K는 $T = 273 + \theta$℃에서 구한다.

예제 4.5

온도가 35℃와 25℃의 평행으로 놓인 넓은 2평행면이 있다. 각각 복사상수 4.5, 4.0으로 해서 그 사이의 복사열량을 구하여라.

풀이

$T_1 = 35 + 273 = 308$[°K], $T_2 = 25 + 273 = 298$[°K]

$$Q_{12} = \frac{1}{\frac{1}{4.5} + \frac{1}{4} - \frac{1}{4.88}} \left[\left(\frac{308}{100} \right)^4 - \left(\frac{298}{100} \right)^4 \right] = 41.22[\mathrm{W/m^2}]$$

중공벽에서는 중간에 알루미늄박과 같은 방열판(단열판)(heat insulating board)을 넣으면 열의 전달방지에 대단히 유효하다.

표면에 절대온도가 T_1, $T_2(T_1 > T_2)$의 무한대로 넓은 2표면 Ⅰ, Ⅱ의 사이에 얇은 방열판 Ⅲ을 설치하고, 그 안팎 양면의 온도가 T_3, 복사정수 C_3일 때 면 Ⅲ 및 면 Ⅰ에서 Ⅱ로의 복사에 의한 단위면적당 전열량 Q_{12}를 구하는 데에는 먼저 면 Ⅰ에서 Ⅲ으로의 복사량 Q_{13}과 면 Ⅲ에서 Ⅱ로의 복사량 Q_{32}를 구하여 $Q_{13} = Q_{32}$로 놓으면 Q_{12}가 얻어진다(그림 4.4). 따라서,

$$Q_{13} = \frac{1}{\frac{1}{C_1} + \frac{1}{C_3} - \frac{1}{C_b}} \left[\left(\frac{T_1}{100} \right)^4 - \left(\frac{T_3}{100} \right)^4 \right] \tag{4.10}$$

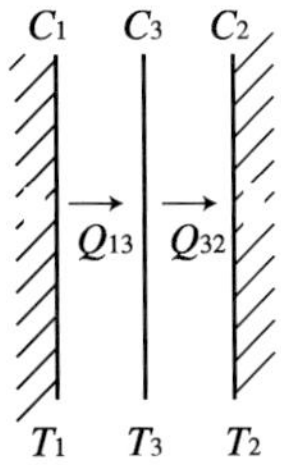

그림 4.4

$$Q_{32} = \frac{1}{\dfrac{1}{C_3} + \dfrac{1}{C_2} - \dfrac{1}{C_b}} \left[\left(\frac{T_3}{100} \right)^4 - \left(\frac{T_2}{100} \right)^4 \right] \tag{4.11}$$

에서 $Q_{13} = Q_{32}$로 놓고 T_3에 대하여 풀면 다음 식이 얻어진다.

$$\left(\frac{T_3}{100} \right)^4 = \frac{1}{C_{13} + C_{32}} \left[C_{32} \left(\frac{T_2}{100} \right)^4 + C_{13} \left(\frac{T_1}{100} \right)^4 \right] \tag{4.12}$$

여기서, $C_{13} = \dfrac{1}{\dfrac{1}{C_1} + \dfrac{1}{C_3} - \dfrac{1}{C_b}}$

$$C_{32} = \frac{1}{\dfrac{1}{C_3} + \dfrac{1}{C_2} - \dfrac{1}{C_b}}$$

다음에 식 (4.12)를 식 (4.10) 또는 (4.11)에 대입하면 Q_{12}가 얻어진다. 지금 이것을 Q_S로 쓰면,

$$Q_S = \frac{C_{13} \cdot C_{32}}{C_{13} + C_{32}} \left[\left(\frac{T_1}{100} \right)^4 - \left(\frac{T_2}{100} \right)^4 \right] \tag{4.13}$$

방열판이 없는 경우는,

$$Q_{12} = C_{12} \left[\left(\frac{T_1}{100} \right)^4 - \left(\frac{T_2}{100} \right)^4 \right] \tag{4.14}$$

이므로 식 (4.13)과의 비를 구하면,

$$\frac{Q_S}{Q_{12}} = \frac{1}{C_{12}} \left(\frac{C_{13} \cdot C_{32}}{C_{13} + C_{32}} \right) \tag{4.15}$$

가 되고, 복사전열을 방지하는 데에는 방열판의 복사정수가 작은 것일수록 유효하다는 것을 알 수 있다.

일반적으로 면 Ⅰ, Ⅱ 및 방열판이 동일 재료일 때에는 n매의 방열판을 설치하면,

$$\frac{Q_S}{Q_{12}} = \frac{1}{n+1} \quad \text{또는} \quad Q_S = \frac{1}{n+1} Q_{12} \tag{4.16}$$

따라서 1매 설치하면 복사전열량은 1/2이 되고, 2매 설치하면 1/3이 된다. 이와 같이 방열판은 벽의 중공 부분의 단열에 대단히 효과적인 것을 알 수 있다.

예제 4.6

무한대의 평행면 Ⅰ, Ⅱ의 표면온도 $t_1 = 30$℃, $t_2 = 20$℃, 복사정수 $C_1 = C_2 = 4.4(\epsilon_1 = \epsilon_2 = 0.9)$의 중공층을 $C_3 = 0.3(\epsilon_3 = 0.06)$의 알루미늄박으로 마감했을 때 중공층의 복사전열량 및 박의 온도를 구하여라.

풀이

식 (4.13)에 있어서 유효복사정수는,

$$C_{13} = C_{32} = \frac{1}{\frac{1}{4.4} + \frac{1}{0.3} - \frac{1}{4.88}} = \frac{1}{3.355} = 0.298$$

$$\therefore \ Q_S = \frac{0.298 \times 0.298}{2 \times 0.298}[84.29 - 73.70] = 1.58[\mathrm{W/m^2}]$$

알루미늄박의 온도 t_3는 식 (4.12)에서,

$$\left(\frac{T_3}{100}\right)^4 = \frac{1}{2 \times 0.298}[0.298 \times 73.70 + 0.298 \times 84.29] = 79$$

$\therefore \ T_3 = 289^\circ\mathrm{K}$, 따라서 $t_3 = 298 - 273 = 25$℃

4.4 관류에 의한 전열

(1) 열관류 현상

실내의 열환경에 대해서는 벽을 관류하여 실내에 출입하는 열량이 문제이다. 벽과 같은 고체를 통하여 유체(공기)에서 유체(공기)로 열이 전해지는 현상을 열관류(heat transmission)라고 한다.

벽의 열관류 현상을 상세하게 보면 먼저 고온측 공기에서 저온측의 벽면으로 열이 전해지고(열전달), 다음에 이 열은 벽체를 고온측 벽면에서 저온측 벽면으로 향하여 흐른다(열전도). 저온측 벽면에 도달한 열은 벽면보다 더욱더 온도가 낮은 공기로 전해지고(열전달), 벽을 관류하는 열류가 생기게 된다(열관류).

열관류 현상은 이와 같이 열전달−열전도−열전달의 과정을 거치는 매우 복잡한 열류현상이다(그림 4.5).

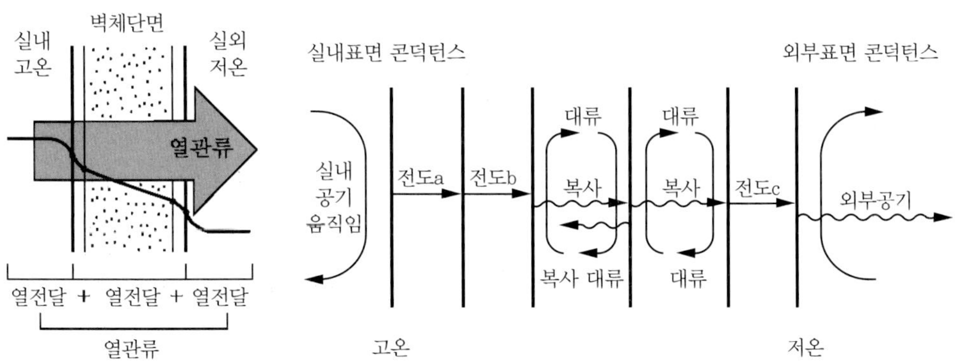

그림 4.5 열 관 류

(2) 관류열량

고온측 공기에서 저온측 공기로 벽을 관류하여 흐르는 열량의 계산은 열관류 현상의 복잡함에서도 아는 바와 같이 결코 간단하지 않다. 그러므로 실용적으로는 관류열량이 벽의 양측에 접하는 공기의 온도차에 비례하는 것으로 벽의 단위면적을 단위시간에 관류하는 열량 q_t를 다음 식에서 구한다.

$$q_t = K(t_i - t_o)\,[\mathrm{W/m^2}] \tag{4.17}$$

여기서, K : 열관류율[W/m²·K]

t_i, t_o : 양측의 공기온도[℃]

열관류율(heat transmission coefficient)은 벽의 양측 공기의 온도차가 1℃일 때 벽의 1 m²당을 1시간에 관류하는 열량을 나타내는 것이며, 이 값이 큰 벽일수록 단열성이 낮다.

건물 구조체의 열관류율 K값은 다음 식에 의한다.

$$K = \frac{1}{\dfrac{1}{\alpha_i} + \dfrac{l_1}{\lambda_1} + \dfrac{l_2}{\lambda_2} + \cdots\cdots + \dfrac{l_n}{\lambda_n} + \dfrac{1}{\alpha_o}} = \frac{1}{r_0 + r_1 + r_2 + \cdots\cdots + r_n + r_i} = \frac{1}{R_t} \tag{4.18}$$

여기서, α_i : 내표면 열전달률[W/m²·K]

α_0 : 외표면 열전달률[W/m²·K]

$l_1, l_2, \cdots, l_n$: 각층의 두께[m]

$\lambda_1, \lambda_2, \cdots, \lambda_n$: 각층재료의 열전도율[W/m·K]

$r_1, r_2, \cdots, r_n$: 각층의 열관류저항[m²·K/W]

K의 역수를 열관류저항(resistance of heat transmission) T_t [m²·K/W]라 하고, R_t를 사용하면 식 (4.17)은 다음과 같이 된다.

$$q_t = \frac{t_i - t_o}{R_t} \text{ [W/m}^2\text{]} \tag{4.19}$$

결국 관류열량은 벽 양측 공기의 온도차에 비례하고, 벽의 열관류저항에 반비례한다고 할 수 있다.

예제 4.7

그림과 같은 벽의 단위면적당 흐르는 열류를 구하여라. 다만, 실내외의 온도는 일정으로 하고, 외기온 $t_o = 33$℃, 실온 $t_i = 26$℃, 외기측 열전달률 $\alpha_o = 23.3$ [W/m²·K], 실내측 열전달률 $\alpha_i = 9.3$ [W/m²·K]로 한다.

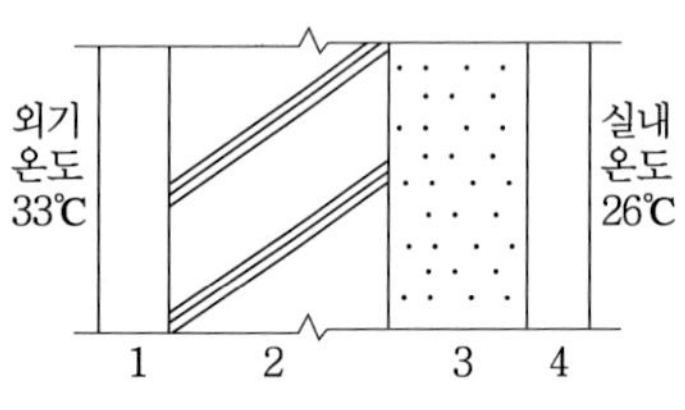

	부 재	두 께[m]	열전도율 [W/m·K]	열전도저항 [m²·K/W]
1	모르타르	0.025	1.4	-
2	콘크리트	0.15	1.6	-
3	중공층	0.054	-	0.2
4	석회모르타르	0.02	0.87	-

풀이

$$K = \frac{1}{\frac{1}{23.3} + \frac{0.025}{1.4} + \frac{0.15}{1.6} + \frac{0.02}{0.87} + 0.2 + \frac{1}{9.3}} = 2.08 \text{[W/m}^2\cdot\text{K]}$$

$$Q = 2.08 \times (33 - 26) = 14.56 \text{[W/m}^2\text{]}$$

(3) 벽의 열관류저항

열관류 현상은 열전달-열전도-열전달의 과정을 거치므로 이 경우의 열류에 대한 저항은 각각의 과정에서 나타난다. 그리고 이들 저항은 열류에 대하여 직렬로 나란하므로 전체의 열관류저항은 각각의 저항의 합이 된다.

지금 고온측 공기에서 벽면으로의 열전달저항을 R_{si}, 벽의 열전도저항을 R, 벽면에서 저온측 공기로의 열전달저항을 R_{so}로 하면 열관류저항 R_t는 다음 식으로 나타난다(그림 4.6).

$$R_t = R_{si} + R + R_{so}\ [\mathrm{m^2 \cdot K/W}] \tag{4.20}$$

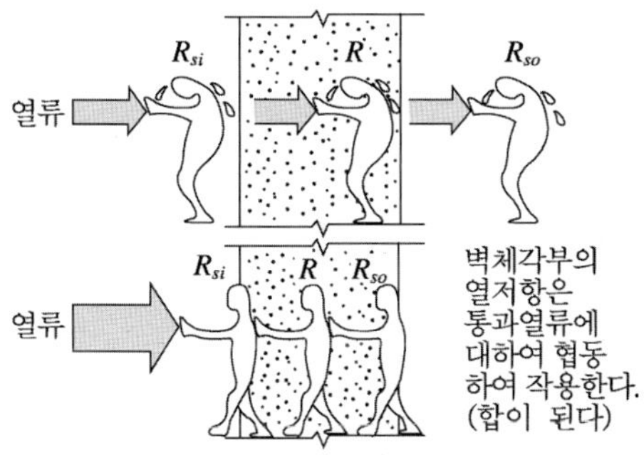

그림 4.6 열관류저항

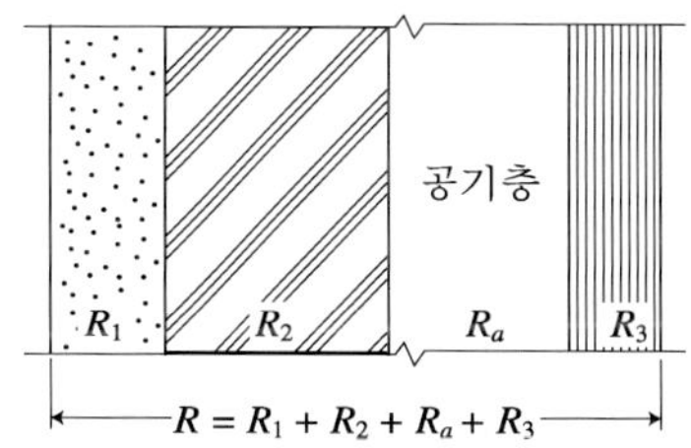

그림 4.7 다층벽의 열전도저항

일반적으로 벽은 그림 4.7과 같이 몇 종류인가의 성분벽으로 구성되어 있고 중공층을 가지고 있는 경우도 있다. 이와 같은 벽이 나타내는 열전도저항은 각 부분의 저항이 직렬하여 있으므로 결국 전부의 합으로 나타난다.

$$R = R_1 + R_2 + R_a + R_3\ [\mathrm{m^2 \cdot K/W}] \tag{4.21}$$

여기서, R_1, R_2, R_3 : 각부의 열전도저항 $[\mathrm{m^2 \cdot K/W}]$

R_a : 공기층의 저항 $[\mathrm{m^2 \cdot K/W}]$

예제 4.8

그림과 같은 벽에서 외부기온 0℃, 실내기온 20℃일 때 관류열량을 구하여라.

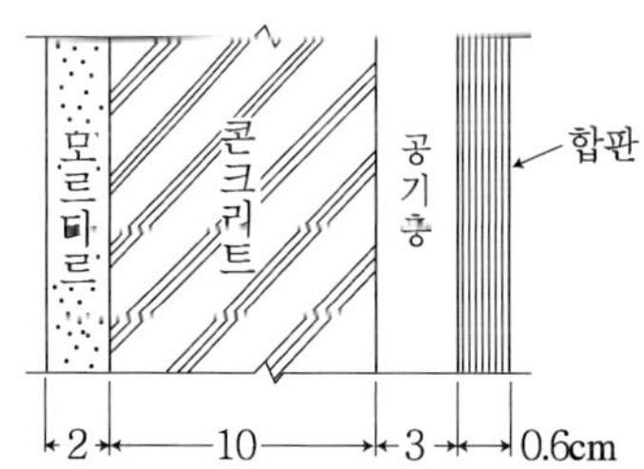

풀이

표 4.2에서 $R_{si}=0.11$(실내측), $R_{so}=0.03$(실외측), 표 4.1에서 모르타르의 열전도비저항으로서 $\gamma=0.71$, 콘크리트의 $\gamma=0.63$, 합판의 $\gamma=6.66$이므로 각각의 R는 $0.71\times0.02=0.014$, $0.63\times0.1=0.063$, $6.66\times0.006=0.004$. 또 $R_a=0.21$로,

$R_t=0.03+0.014+0.063+0.21+0.004+0.11=0.43$

$\therefore\ q_t=\dfrac{20-0}{0.43}=46.5[\mathrm{W/m^2}]$

(4) 벽체 각부의 온도

열관류의 현상을 거시적으로 보면 고온측 공기에서 벽면으로 전달된 열량이 벽체 내를 전도하고, 그 열량이 저온측 공기로 전달하게 된다. 따라서 관류열량은 벽체 각부를 흐르는 열량과 같다.

그림 4.8에서 관류열량을 q_t, 고온측 공기에서 벽체 내의 어느 점(벽면에서 x[m])에 흐르는 열량을 q_x로 하면 다음과 같이 나타난다.

$$q_t=(t_o-t_i)/R_t\ [\mathrm{W/m^2}] \tag{4.22}$$

$$q_x=(t_o-\theta_x)/R_x\ [\mathrm{W/m^2}] \tag{4.23}$$

여기에서, t_o : 고온측 기온[℃]

t_i : 저온측 기온[℃]

θ_x : x 점의 온도[℃]

R_t : 열관류저항[$\mathrm{m^2\cdot K/W}$]

R_x : 고온측 공기에서 x점까지의 열저항[$\mathrm{m^2\cdot K/W}$]

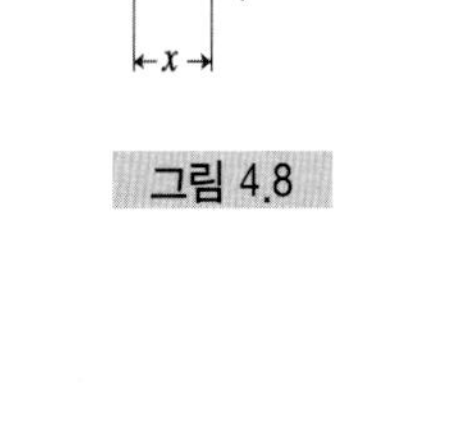

그림 4.8

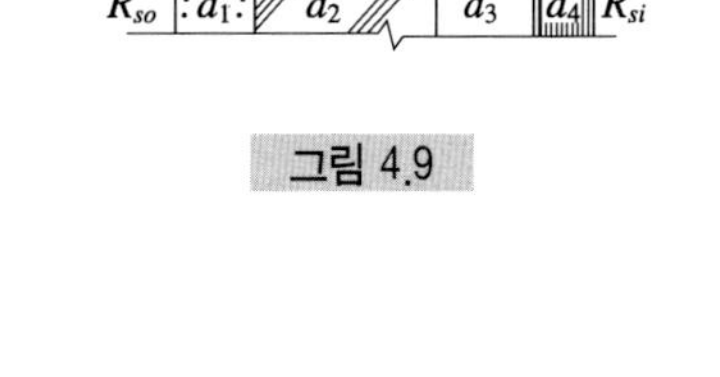

그림 4.9

이 경우 $q_t = qx$ 이므로

$$(t_o - t_i)/R_t = (t_o - \theta_x)/R_x$$

$$\therefore \ \theta_x = t_o - \frac{R_x}{R_t}(t_o - t_i) \tag{4.24}$$

가 된다.

그림 4.9에서 표면온도 θ_0 및 θ_i, 각 경계층의 온도는 다음과 같다.

$$\begin{aligned}
\theta_0 &= t_0 - \frac{R_{S0}}{R_t}(t_0 - t_i) \\
\theta_1 &= t_0 - \frac{R_{S0} + \frac{d_1}{\lambda}}{R_t}(t_0 - t_i) \\
\theta_2 &= t_0 - \frac{R_{S0} + \frac{d_1}{\lambda} + \frac{d_2}{\lambda_2}}{R_t}(t_0 - t_i) \\
&\vdots \qquad\qquad \vdots \\
\theta_i &= t_0 - \frac{R_{S0} + \sum \frac{d}{\lambda}}{R_t}(t_0 - t_i) = t_0 - \frac{R_t - R_{Si}}{R_t}(t_0 - t_i)
\end{aligned} \tag{4.25}$$

다만, 식 (4.19)에서 식 (4.24)가 성립하는 것은 t_0와 t_i가 일정온도로 변화하지 않는 경우이며 이와 같이 시간이 변화하지 않는 전열을 정상전열이라고 한다.

건축에서 실내기온과 외기온도는 항상 변화하고 있는 것이고, 정상상태는 있을 수 없다. 그러나 실용면에서 고려하면,

① 벽, 바닥, 천장 등의 열용량이 대단히 작고, 양측의 공기온도가 변동하면 벽, 바닥, 천장 등의 온도가 곧 순응하는 경우. 예를 들면 유리창이나 통상의 목조주택의 벽, 바닥, 천장, 지붕 등.

② 열용량이 큰 부재에서도 양측의 공기온도가 장시간 일정하며, 부재 내부의 온도 변화가 없고, 열류가 변화하지 않은 경우. 일반적으로 정상상태가 된 경우에는 정상전열계산으로 할 수 있다.

콘크리트 건축물의 경우는 큰 열용량이 영향하고, 내외기온이 항상 변동하므로 정상상태는 있을 수 없다. 그러나 비정상열류의 계산은 대단히 번잡하게 되는 수가 많기

때문에 정상상태로 보아도 실용상 문제 없는 경우는 간이한 정상방정식을 이용한다.

비정상열류 계산으로서 해석하여야 하는 것은 냉난방의 개시에서 실내온도가 소정 온도에 달하기까지, 또는 정지된 후의 온도나 열류의 변화, 외측 단열과 내측 단열이 온도가 전열의 다름, 외기온도나 일사의 변동에 수반하는 건물 각 부위 및 실내온도나 전열량의 변화를 알 수 없는 경우 등을 들 수 있다.

예제 4.9

그림과 같은 벽체 각 층의 온도분포를 구하여라. 다만, 단열재의 $\lambda = 0.03$ [W/m·K], 콘크리트의 $\lambda = 1.6$ [W/m·K]로 한다.

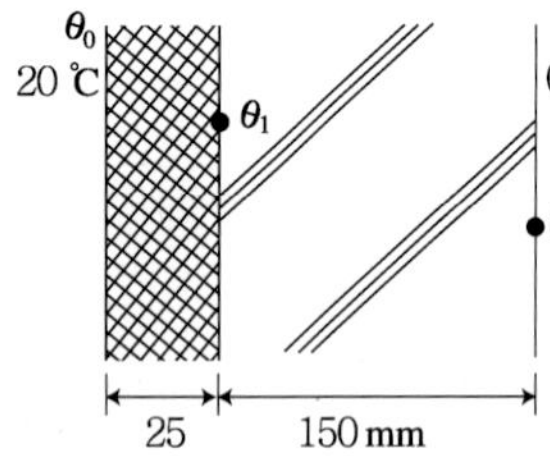

풀이

$$R_t = 0.03 + \frac{0.15}{1.6} + \frac{0.025}{0.03} + 0.11 = 1.06[\text{m}^2 \cdot \text{K/W}]$$

$$K = \frac{1}{R_t} = \frac{1}{1.06} = 0.94[\text{W/m}^2 \cdot \text{K}]$$

$$\theta_0 = 20 - \frac{0.11}{1.06}(20-0) = 17.9[℃]$$

$$\theta_1 = 20 - \frac{0.11+0.833}{1.06}(20-0) = 2.21[℃]$$

$$\theta_2 = 20 - \frac{0.11+0.833+0.09}{1.06}(20-0) = 0.51[℃]$$

(5) 열관류율의 기준

건축물의 열손실방지를 위하여 「건축물의설비기준등에관한규칙」 제21조에서는 열손실방지 등의 에너지이용합리화 조치를 하도록 규정하고 있다. 따라서 거실의 외벽, 최상층에 있는 거실의 반자 또는 지붕, 최하층에 있는 거실의 바닥, 공동주택의 측벽 및 층간 바닥, 창 및 문의 열관류율은 표 4.5에 의한 기준으로 한다.

표 4.5 지역별 건축물 부위의 열관류율표

(단위 : $\text{W/m}^2 \cdot \text{K}$)

건축물의 부위 \ 지 역			중부지역[1)]	남부지역[2)]	제주도
거실의 외벽	외기에 직접 면하는 경우	공동주택	0.210 이하	0.260 이하	0.360 이하
		공동주택 외	0.260 이하	0.320 이하	0.430 이하
	외기에 간접 면하는 경우	공동주택	0.300 이하	0.370 이하	0.520 이하
		공동주택 외	0.360 이하	0.450 이하	0.620 이하

표 4.5 지역별 건축물 부위의 열관류율표(계속)

(단위 : W/m²·K)

건축물의 부위 \ 지역			중부지역[1]	남부지역[2]	제주도
최상층에 있는 거실의 반자 또는 지붕	외기에 직접 면하는 경우		0.150 이하	0.180 이하	0.250 이하
	외기에 간접 면하는 경우		0.220 이하	0.260 이하	0.350 이하
최하층에 있는 거실의 바닥	외기에 직접 면하는 경우	바닥난방인 경우	0.180 이하	0.220 이하	0.290 이하
		바닥난방이 아닌 경우	0.220 이하	0.250 이하	0.330 이하
	외기에 간접 면하는 경우	바닥난방인 경우	0.260 이하	0.310 이하	0.410 이하
		바닥난방이 아닌 경우	0.300 이하	0.350 이하	0.470 이하
바닥난방인 층간바닥			0.810 이하	0.810 이하	0.810 이하
창 및 문	외기에 직접 면하는 경우	공동주택	1.200 이하	1.400 이하	2.000 이하
		공동주택 외	1.500 이하	1.800 이하	2.400 이하
	외기에 간접 면하는 경우	공동주택	1.600 이하	1.800 이하	2.500 이하
		공동주택 외	1.900 이하	2.200 이하	3.000 이하
공동주택 세대현관문	외기에 직접 면하는 경우		1.400 이하	1.600 이하	2.200 이하
	외기에 간접 면하는 경우		1.800 이하	2.000 이하	2.800 이하

1) 중부지역 : 서울특별시, 인천광역시, 경기도, 강원도(강릉시, 동해시, 속초시, 삼척시, 고성군, 양양군 제외), 충청북도(영동군 제외), 충청남도(천안시), 경상북도(청송군)
2) 남부지역 : 부산광역시, 대구광역시, 광주광역시, 대전광역시, 울산광역시, 강원도(강릉시, 동해시, 속초시, 삼척시, 고성군, 양양군), 충청북도(영동군), 충청남도(천안시 제외), 전라북도, 전라남도, 경상북도(청송군 제외), 경상남도, 세종특별자치시

4.5 창유리와 외표면의 전열

(1) 창유리와 전열

유리의 열관류저항은 그 양측 표면 열전달저항의 합과 거의 같고, 유리 자체의 열전도저항은 무시할 수 있다. 따라서 유리의 종류에 따른 차폐계수 및 열관류율은 표 4.6과 같다. 또한 창 및 문의 단열성능은 표 4.11을 적용한다.

창유리의 열관류율은 이와 같이 매우 크므로 일반 벽의 열관류율을 어느 정도 작게 하여도 창에서 열의 출입에 효과가 약하다. 특히 한랭지에서는 겨울의 난방에 대한 열손실, 즉 에너지절약에 영향이 크다. 따라서 창유리의 열관류율을 가능한 한 작게

표 4.6 유리의 차폐계수 및 열관류율

유리종류	두께 및 구조	가시광선 투과율[%]	차폐계수	열관류율[W/m²·K]
맑은유리	3mm	91	1.0	5.6
	6mm	89	0.95	5.5
	10mm	87	0.89	5.4
	12mm	86	0.85	5.3
흡수유리	3mm	69	0.84	5.6
	6mm	50~74	0.69	5.5
	10mm	33~64	0.57	5.4
	12mm	28~61	0.53	5.3
반사유리	6mm	40	0.53	5.0
	6mm	30	0.47	5.0
	6mm	20	0.38	5.0
	6mm	15	0.32	5.0
	6mm	8	0.25	5.0
맑은 복층유리	12mm (3+공기층 6+3)	82	0.89	2.8
	16mm (5+공기층 6+5)	81	0.84	2.8
	18mm (6+공기층 6+6)	80	0.82	2.8
	22mm (8+공기층 6+8)	77	0.76	2.8
	24mm (6+공기층12+6)	80	0.82	2.4
	28mm (8+공기층12+8)	77	0.76	2.4
	3중 유리구조	-	0.65	2.0
흡수 복층유리	12mm (3+공기층 6+3)	62~64	0.72	2.8
	16mm (5+공기층 6+5)	49~54	0.61	2.8
	18mm (6+공기층 6+6)	45~49	0.55	2.8
	22mm (8+공기층 6+8)	40~60	0.48	2.8
	24mm (6+공기층12+6)	45~66	0.55	2.4
	28mm (8+공기층12+8)	35~60	0.48	2.4
	3중 유리구조	-	0.40	2.0
복층 반사유리	24mm (6+공기층12+6)	40	0.40	2.4
	24mm (6+공기층12+6)	30	0.38	2.4
	24mm (6+공기층12+6)	20	0.26	2.4
	24mm (6+공기층12+6)	15	0.22	2.4
	24mm (6+공기층12+6)	8	0.20	2.4
	3중 유리구조	-	0.18	2.0

[주] 1. 차폐계수는 3 mm 맑은유리의 태양복사열 투과량을 기준(기준값 : 1.0)으로 했을 때에 비교유리의 태양복사열 투과량 비례치임.

2. 위 표에 사용대상 유리에 해당하는 항목이 없을 경우에는 공기층을 제외한 유리 두께만의 합을 계산하여, 위 표의 해당 유리종류에서 유리의 두께합이 가장 근접한 구조의 차폐계수를 적용함. 또한, 열관류율은 공기층 및 유리 두께의 전체 두께를 계산하여 22 mm 이하인 경우에는 2.8 kcal/m²·h·℃를, 22 mm를 초과할 때에는 2.4 W/m²·K를 적용함.

3. 위 표에 해당되지 아니하는 유리의 경우, 공인기관의 실험결과 및 자료에 의한 값을 사용할 수 있음.

하는 방법을 고려하여야 하지만, 빛을 투과시키는 기능을 잃지 않는 제약을 잊어서는 안 된다.

전술한 바와 같이 창유리 열저항의 대부분은 양표면 열전달저항이므로 일반벽과 달리 표면 열전달저항을 크게 하는 방법이 유효하다. 또 공기는 빛에 대하여 투명하므로 공기층을 이용하는 것도 효과가 크다. 현재 일반적으로 실용되고 있는 것은 다음의 3종류이다.

① 2중창이나 페어글라스, 한랭지에서는 3중창
② 적외선 반사 유리나 합성수지 필름의 적외선 반사특성을 이용한 필름 부착 유리
③ ①과 ②를 조합시킨 것

2장의 유리는 중공층이 있으면 약 10℃의 차이가 있다. 실내측에 면한 유리의 온도가 높은 것은 재실자의 복사방열을 작게 하고, 거주성이 그만큼 양호하게 된다. 한랭지에서는 난방 열손실을 작게 하여 에너지절약을 도모할 뿐 아니라 냉감복사를 빙지하고, 인체감온의 향상에서도 유리를 2중으로 하는 것이 중요하다.

다음에 적외선을 반사하여 고온측 공기로부터 저온측 공기에의 열관류를 작게 하는 방법이 있다. 즉 적외선을 반사하는 것에 따라 고온측 표면의 열전달률이 작아지는 것을 이용하는 것이다.

로이 유리(Low-Emissivity Glass)는 유리판에 은을 코팅한 것으로, 열의 이동을 최소화시켜주는 저방사형 유리이다. 로이 유리는 특성상 단판으로 사용할 수 없으므로 반드시 복층으로 가공해야 한다. 시공할 때에는 코팅면이 내판 유리의 바깥쪽으로 오도록 해야 한다.

로이 유리의 경우 창을 통해 들어오는 태양광선은 대부분 안으로 투과시켜 실내를 밝게 유지할 수 있다. 또 겨울철이면 안에서 발생한 난방열이 밖으로 빠져나가지 못하도록 차단시키고, 여름에는 코팅막이 바깥의 열기를 차단하는 역할을 하므로 냉·난방비를 줄일 수 있는 것이 장점이다. 또한 코팅면이 견고하여 자르거나 붙이는 등의 가공과정에서의 작업효율이 우수하다.

보통 유리에 반사막이 복합된 경우는 그림 4.10과 같다. 고온 실내측에서 외기로 향하여 복사와 대류열전달에 의해 유리표면으로 열이 이동한다. 통상 실내는 상온이므로 복사는 모두 적외선이다.

이 실내에서 외기로 향하는 열 가운데 복사에 의한 것은 표면의 반사막에 따라 다

시 실내에 반사된다. 그러나 일부는 막을 투과하여 유리 내에 들어가고, 직접 외기로 향하여 투과하는 것과 유리 내부에서 흡수굴절과 양측에의 투과를 반복하는 것으로 분류된다.

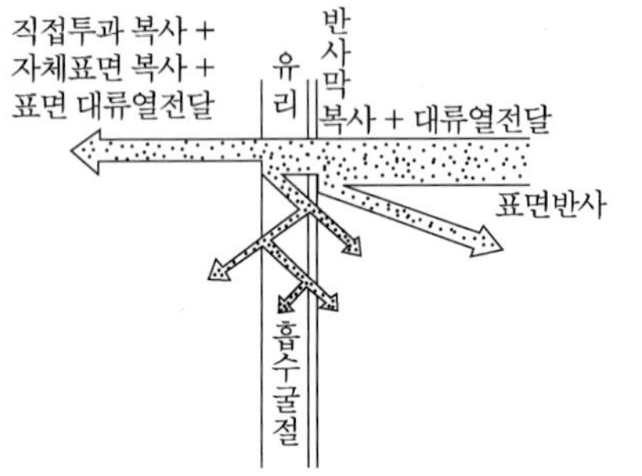

그림 4.10 창유리의 전열(겨울)

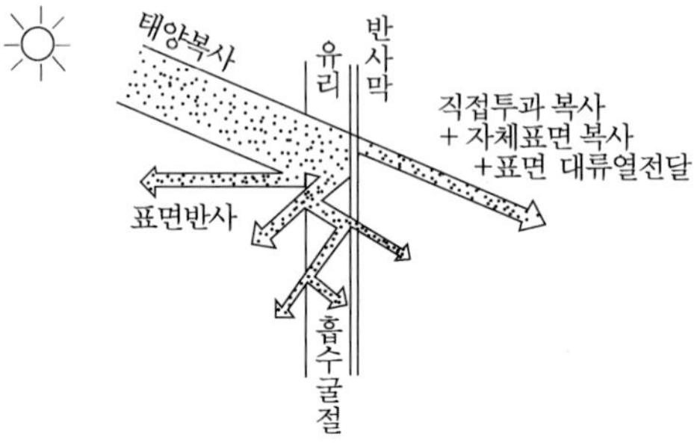

그림 4.11 창유리의 전열(일사)

따라서 외기로 향하여 유출하는 열은 직접 투과하는 복사와, 유리의 외기측 표면에서의 복사, 굴절 때마다 표면에서 투과하는 복사에 표면의 대류열전달에 의한 열을 전부 가산한 것이 된다.

이 경우 실내측의 반사율이 높을수록 외기에 유출되는 열은 적어진다. 그러나 반사율이 높은 막을 이용할수록 가시광선을 반사하는 양이 많아지고 불투명이 되기 쉽다.

그림 4.11은 여름의 일사와 같이 외기측에서 실내측으로 복사로 전열되는 경우이다. 이 경우도 그림 4.10과 전열의 구조는 같다. 다만, 주의할 것은 반사막의 위치가 유리 내면에 있는 것이고, 일사가 유리 내부에서 반사되고, 흡수굴절하면서 열로 변환되는 양이 많으면 유리 자체가 온도 상승한다. 따라서 반사성능이 높은 막을 부착하면 유리는 국부적으로 온도 상승하고 창틀에의 부착이 강하면 열응력에 따라 깨지는 경우가 있다. 막의 내후성이 충분하면 외기측에 반사막을 설치하는 편이 좋다.

보통 유리에 철분을 첨가하면 근적외선의 흡수가 커지고, 근적외선에 대하여 불투명하게 된다. 적외선 흡수유리의 경우는 적외선이 유리 내에 흡수되어 열로 변환되므로 보통 유리보다 온도는 높아지고 자체의 복사가 커진다. 적외선 흡수 또는 반사유리를 사용할 때에는 목적을 명확히 하고, 목적에 적합하게 사용하지 않으면 효과가 없어지는 경우가 있다. 예를 들면 겨울의 난방시에 실내의 복사 열손실을 경감하는 데에는 도움이 되지만 남면의 유리창이 그림 4.11과 같이 되어 귀중한 난방보조가 되는 태양복사가 실내에 입사하는 것을 방해하게 된다. 이와 같은 경우는 방이 오히려 추워진다.

예제 4.10

그림은 2장의 유리가 공장 등에서 미리 밀봉된 공기로 제작된 페어글라스 밀폐의 경우와, 현장시공으로 된 반 밀폐의 경우이다. 중공층의 전열이 밀폐 1 cm 폭은 0℃에 0.168 [$m^2 \cdot K/W$], 반밀폐 2 cm 이상은 0.101 [$m^2 \cdot K/W$]가 된다. 각각의 열관류저항, 열관류율, 페어글라스 경우의 온도분포를 계산하여라.

풀이

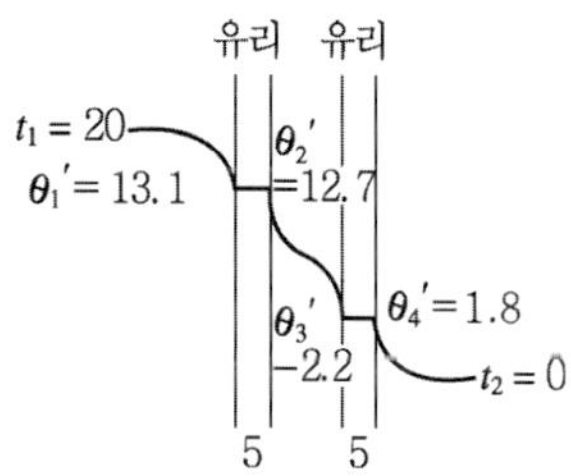

밀폐 $R_t = 0.03 + \dfrac{0.005}{0.68} + 0.168 + \dfrac{0.005}{0.68} + 0.11$

$= 0.32[m^2 \cdot K/W]$

$K = 3.13[W/m^2 \cdot K]$

반밀폐 $R_t = 0.03 + \dfrac{0.005}{0.68} + 0.101 + \dfrac{0.005}{0.68} + 0.11$

$= 0.25[m^2 \cdot K/W]$

온도분포 $\theta_1' = 20 - (20-0)\dfrac{0.11}{0.32} = 13.1[℃]$

$\theta_2' = 20 - (20-0)\dfrac{0.11+0.007}{0.32} = 12.7[℃]$

$\theta_3' = 20 - (20-0)\dfrac{0.11+0.007+0.168}{0.32} = 2.2[℃]$

$\theta_4' = 20 - (20-0)\dfrac{0.11+0.007+0.168+0.007}{0.32} = 1.8[℃]$

(2) 외표면의 전열

1) 외벽면의 열수수

일사를 받은 외벽면은 그 열량을 모두 흡수하는 것은 아니다. 그 표면의 상태에 따라 반드시 일사 수열량의 몇 %인가를 반사(reflection)한다. 반사의 나머지 부분은 벽체 자체에 흡수되고, 또 투과하여 벽의 온도를 상승시킨다.

따라서 일사의 반사율(reflectance factor)이 클수록 일사에 의한 외벽면 온도의 상승을 낮게 억제하는 것이 가능하다. 그러나 일사를 받은 외벽면은 여기에 접하는 외기보다 온도가 높아지는 것이 보통이며, 이 경우는 외벽면에의 외기로 향하여 파장이 긴 열선이 복사되고, 또 외벽면에 접촉되는 공기에 열이 전달된다. 이 때문에 외벽면 온도의 상승은 흡수율과 복사율 및 전달률에 의해서 결정된다.

예를 들어 백색 페인트 바름과 흑색 페인트 바름의 표면온도 상승을 비교하여 보면(전달률은 같다고 본다), 복사율 양쪽 합계 0.85~0.95로서 별로 차이가 없지만 일사 흡수율은 전자가 0.3 내외인 데 비하여 후자는 0.95 정도로 큰 차이가 있다. 그래서 흑색 페인트 바름은 백색 페인트 바름에 비하여 표면온도의 상승이 크다.

이와 같이 일사조절은 벽면을 백색 또는 밝은 담색으로 마감하여 일사 흡수율(표 4.3)을 작게(반사율은 크다), 상온 부근에서의 복사율을 크게 하면 유리하다.

2) 상당외기온도

건물은 외기온도의 영향도 크게 받지만 실내 환경은 그러한 외기온도만에 의해 좌우되고 있는 것은 아니고 일사나 대기 복사의 영향도 받고 있다. 특히 여름은 일사에 의한 수열의 영향이 크다.

벽체(외벽, 지붕 등)의 열류는 그림 4.12에 나타난 바와 같이 외벽면에 일사나 야간복사가 있을 때에는 외기측 열전달률 α_0에 포함되어 있지 않은 이의 영향을 고려할 필요가 있다.

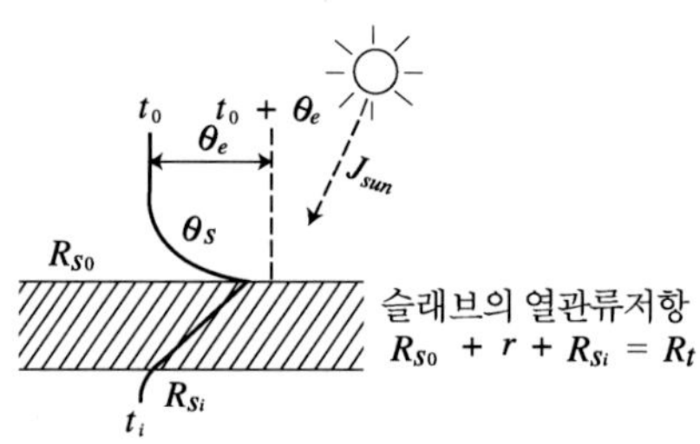

그림 4.12 Sol-air 온도

외벽면에 단파장 복사인 전일사량 J_S [W/m^2]가 입사하고, 장파장 복사인 야간(실효) 복사량 J_n가 방출되는 것으로 하여 외벽면에 유입하는 열량을 고려한다. 복사열량은 직접 온도에 의해 계산할 수 없으므로 주어진 복사열량을 등가기온 θ_e ℃로 환산하고, 환산한 온도(θ_e)를 외기온도(t_0)에 가산하여 상당외기온도(sol-air temperature ; SAT)로서 계산할 수 있다.

그런데 여름의 일사를 고려하는 경우는 대기 복사나 야간 복사를 무시하여도 되는 경우가 많다. 겨울에 일사가 없는 야간은 야간 복사에 의해 건물 표면은 외기온도보다 낮아진다. 이 경우도 복사열량으로 기온을 보정할 수 있다.

$$\theta_e = R_{S0}(a_S J_S - \epsilon J_n) \tag{4.26}$$

$$\mathrm{SAT} = t_0 + R_{S0}(a_S J_S - \epsilon J_n) \tag{4.27}$$

여기서, R_{S0} : 표면의 열전달저항 [m^2·K/W]

a_S : 면의 일사(단파) 흡수율

ϵ : 면의 장파장 복사율(=장파장 흡수율)

J_S : 면에 입사하는 전일사량[W/m^2]

J_n : 면의 야간(실효) 복사량(= $J_{n\theta}$) [W/m^2]

그림 4.12의 경우에 SAT에서 지붕의 표면온도 θ_S를 구할 수 있으며, 외기온 t_0대신 SAT를 사용하면 일사와 야간 복사가 있는 외벽의 관류열량 q는 다음 식으로 계산할 수 있다.

$$\theta_S = \text{SAT} - (\text{SAT} - t_i)\frac{R_{S0}}{R_t}[℃] \tag{4.28}$$

$$q = K(\text{SAT} - t_i) \tag{4.29}$$

예제 4.11

그림 4.13에서 여름의 정오에 일사 흡수율 $a_S = 0.8$, 선일사량 $J_S = 800$ [W/m^2]을 받고 있을 때 ① 지붕의 등가기온, ② 지붕의 상당외기온도, ③ 지붕의 표면온도, ④ 정상상태로서의 실내 침입열량을 구하여라. 다만, 외기온도 $t_0 = 32$℃, 실내온도 $t_i = 25$℃, 외벽의 열관류율 $k = 3.0$ [W/m^2·K], 외측 열전달률 $\alpha_0 = 3.0$ [W/m^2·K]로 한다.

풀이

① 식 (4.26)에서 $\theta_e = \frac{1}{20} \times (0.8 \times 800) = 32$[℃]

② 식 (4.27)에서 $\text{SAT} = \theta_e + t_0 = 32 + 32 = 64$[℃]

③ 식 (4.28)에서 $\theta_S = 64 - (64 - 25)\frac{0.05}{0.33} = 58.1$[℃]

④ 식 (4.29)에서 $q = K(\text{SAT} - t_i) = 3 \times (64 - 25) = 117$[W/m^2]

예제 4.12

서울의 월평균(1월) 외기온도 $t_0 = -3.5$℃이고, 청천시의 야간 복사량 $J_n = 0.9$ [W/m^2], 복사율 $\epsilon = 100$일 때 SAT를 구하여라.

풀이

$\text{SAT} = -3.5 - 0.05 \times 0.9 \times 100 = -8$[℃]

4.6 단열재

(1) 단열재의 요건

단열(Thermal insulation)의 주된 목적은 건물로부터의 열손실이나 열취득을 억제하여 냉난방장치의 용량을 줄이고 연간 냉난방 에너지 소비량을 절약하는 것이다. 또 다른 단열의 목적은 실내측 구조체 표면을 따뜻하게 하여 결로를 방지하는 데 있다.

건물의 각 공간은 사용 목적에 따라 실내온도, 단열재의 사용부위를 달리하여야 한다. 또한 단열재의 선정에서 단열 대상물에 따라 단열재의 안전사용, 주변조건, 기계적 강도, 내화성, 내산성, 무게, 흡음성, 방습성, 경제성 및 시공성 등을 충분히 고려한 후 결정해야 한다. 예를 들면 주택의 경우 침실, 거실, 부엌 등은 난방에 대한 열손실을 줄이기 위해 항상 보온이 필요하나 창고, 지붕속, 지하실, 물탱크실, 차고 등은 난방을 할 필요가 없다. 이러한 비거주 공간의 외기에 면하는 부분은 결로 및 동파를 방지하기 위한 최소한의 단열구조로 하고 오히려 난방하는 공간과의 사이를 단열구조로 하는 것이 타당하다. 즉 비난방공간은 외부로 간주하여 난방공간과 비난방공간과의 사이에 단열 부위를 형성하도록 한다.

단열재가 갖추어야 할 일반적 요건은 다음과 같다.

① 열전도율, 흡수율, 수증기 투과율이 낮을 것
② 가벼우며, 기계적 강도가 우수할 것
③ 내구성, 내열성, 내식성이 우수하여 냄새가 없을 것
④ 경제적이고 시공이 용이할 것
⑤ 품질의 편차가 적을 것

(2) 단열재의 종류

단열재(Thermal insulation)란 열을 통하기 어려운 재료이다. 열이 통하기 어려운 것은 재료의 열용량과 관계있으므로 간단하지 않지만 일반적으로는 열전도율 λ가 작은 재료를 단열재라고 한다.

건축에 사용되는 재료의 λ는 대단히 광범위하고, 크게는 동판의 320 [W/m·K]에서 작게는 정지공기의 0.02 [W/m·K]까지 있는데(벽체 중공부의 공기층을 단열재로 하면), 단열재로서는 $\lambda = 0.04 \sim 0.1$ [W/m·K]의 것이 많다.

일반적으로 단열재의 λ는 그 밀도가 낮을수록 작지만 유리면이나 암면 등에서는 밀도가 너무 낮아지면 대신 λ가 커지는 경우가 있다.

단열재는 다음의 3종류로 대별된다.

1) 충전재

충전형 단열재는 무기질 재료인 암면, 유리면, 질석, 퍼라이트, 규조토 등은 열에 강한 반면 흡수성이 크다. 유기질 재료인 폴리스틸렌, 경질우레탄폼, 발포폴리에틸렌, 우레아폼 등은 흡수성이 적은 것이 장점인 반면 열에 약하다.

벽·바닥·천장 등의 중공부에 충전하는 재료인데 천장·바닥 등 전체에 까는 것도 있다.

① 섬유상의 것 : 유리면·암면 등

② 입상의 것 : 탄각·톱밥·왕겨·코르크립·경석립·팽창 질석 등

③ 분상의 것 : 규조토·탄산마그네슘(85 %) 등

2) 판상 또는 괴상재

① 연질의 것 : 섬유판(텍스)·층상 암면·판상 암면·펠트·탄화코르크판·석면보온판·발포스티렌수지판 등

② 경질의 것 : 기포유리판·경질염화비닐판 등

3) 반사재

반사형 단열재는 보통 알루미늄박(Aluminum foil)이나 알루미늄판이 주종을 이루고 있으며, 이들의 단열성은 복사열 방지에 특히 유리하다. 반사형 단열재의 특성은 다음과 같다(표 4.7).

① 반사형 단열은 복사의 형태로 열이동이 이루어지는 공기층에 유효하다.

② 중공벽 내의 고온측면에 복사율이 낮은 알루미늄박을 설치하면 표면 열전달저항이 증가된다.

③ 중공벽 내의 저온측면에 흡수율이 낮은 알루미늄박을 설치하면 표면 열전달저항이 증가된다.

④ 중공벽 내의 중앙에 알루미늄박을 이중으로 설치하면 가장 큰 단열효과가 있다.

⑤ 반사하는 표면이 다른 재료와 접촉될 때 전도열이 발생하여 단열효과는 저하된다.

표 4.7 반사형 단열재의 단열효과

<table>
<tr><th rowspan="2">구 분</th><th rowspan="2">알루미늄박 사용여부</th><th rowspan="2">공기층 두께</th><th colspan="2">열전달저항 [m²·K/W]</th></tr>
<tr><th>0℃</th><th>20℃</th></tr>
<tr><td rowspan="2">현장에서의 일반시공</td><td>알루미늄박 미사용</td><td>10 mm
20 mm 이상</td><td>0.087
0.101</td><td>0.077
0.087</td></tr>
<tr><td>알루미늄박 사용</td><td>10 mm
20 mm 이상
20 mm 평균</td><td>0.240
0.286
0.238</td><td>0.224
0.267
0.227</td></tr>
<tr><td rowspan="2">완전기밀된 공장제품</td><td>알루미늄박 미사용</td><td>10 mm
20 mm
50 mm</td><td>0.168
0.194
0.194</td><td>0.145
0.166
0.167</td></tr>
<tr><td>알루미늄박 사용</td><td>10 mm
20 mm
50 mm</td><td>0.323
0.445
-</td><td>0.28
0.42
0.57</td></tr>
</table>

(3) 단열재의 두께

거실의 외벽, 최상층에 있는 거실의 반자 또는 지붕, 최하층에 있는 거실의 바닥, 바닥난방을 하는 층간 바닥, 창 및 문 등은 "건축물에너지절약설계기준"에 의거 표 4.8의 단열재 두께 기준(단열재의 등급 분류는 표 4.9에 따름)을 준수하여야 한다. 또한 창 및 문의 단열성능은 표 4.10에 의한다.

표 4.8 단열재의 두께

[중부지역]

(단위 : mm)

<table>
<tr><th colspan="3" rowspan="2">단열재의 등급 / 건축물의 부위</th><th colspan="4">단열재 등급별 허용 두께</th></tr>
<tr><th>가</th><th>나</th><th>다</th><th>라</th></tr>
<tr><td rowspan="4">거실의 외벽</td><td rowspan="2">외기에 직접 면하는 경우</td><td>공동주택</td><td>155</td><td>180</td><td>210</td><td>230</td></tr>
<tr><td>공동주택 외</td><td>125</td><td>145</td><td>165</td><td>185</td></tr>
<tr><td rowspan="2">외기에 간접 면하는 경우</td><td>공동주택</td><td>105</td><td>120</td><td>140</td><td>155</td></tr>
<tr><td>공동주택 외</td><td>85</td><td>100</td><td>115</td><td>125</td></tr>
<tr><td rowspan="2">최상층에 있는 거실의 반자 또는 지붕</td><td colspan="2">외기에 직접 면하는 경우</td><td>220</td><td>260</td><td>295</td><td>330</td></tr>
<tr><td colspan="2">외기에 간접 면하는 경우</td><td>145</td><td>170</td><td>195</td><td>220</td></tr>
<tr><td rowspan="4">최하층에 있는 거실의 바닥</td><td rowspan="2">외기에 직접 면하는 경우</td><td>바닥난방인 경우</td><td>175</td><td>205</td><td>235</td><td>260</td></tr>
<tr><td>바닥난방이 아닌 경우</td><td>150</td><td>175</td><td>200</td><td>220</td></tr>
<tr><td rowspan="2">외기에 간접 면하는 경우</td><td>바닥난방인 경우</td><td>115</td><td>135</td><td>155</td><td>170</td></tr>
<tr><td>바닥난방이 아닌 경우</td><td>105</td><td>125</td><td>140</td><td>155</td></tr>
<tr><td colspan="3">바닥난방인 층간바닥</td><td>30</td><td>35</td><td>45</td><td>50</td></tr>
</table>

[남부지역]

(단위 : mm)

건축물의 부위 \ 단열재의 등급			단열재 등급별 허용 두께			
			가	나	다	라
거실의 외벽	외기에 직접 면하는 경우	공동주택	125	145	165	185
		공동주택 외	100	115	130	145
	외기에 간접 면하는 경우	공동주택	80	95	110	120
		공동주택 외	65	75	90	95
최상층에 있는 거실의 반자 또는 지붕	외기에 직접 면하는 경우		180	215	245	270
	외기에 간접 면하는 경우		120	145	165	180
최하층에 있는 거실의 바닥	외기에 직접 면하는 경우	바닥난방인 경우	140	165	190	210
		바닥난방이 아닌 경우	130	150	175	195
	외기에 간접 면하는 경우	바닥난방인 경우	95	110	125	140
		바닥난방이 아닌 경우	90	105	120	130
바닥난방인 층간바닥			30	35	45	50

[제주도]

(단위 : mm)

건축물의 부위 \ 단열재의 등급			단열재 등급별 허용 두께			
			가	나	다	라
거실의 외벽	외기에 직접 면하는 경우	공동주택	85	100	115	130
		공동주택 외	70	85	95	105
	외기에 간접 면하는 경우	공동주택	55	65	75	80
		공동주택 외	45	50	60	65
최상층에 있는 거실의 반자 또는 지붕	외기에 직접 면하는 경우		130	150	175	190
	외기에 간접 면하는 경우		90	105	120	130
최하층에 있는 거실의 바닥	외기에 직접 면하는 경우	바닥난방인 경우	105	120	140	155
		바닥난방이 아닌 경우	95	115	130	145
	외기에 간접 면하는 경우	바닥난방인 경우	65	75	90	100
		바닥난방이 아닌 경우	60	70	85	95
바닥난방인 층간바닥			30	35	45	50

1) 중부지역 : 서울특별시, 인천광역시, 경기도, 강원도(강릉시, 동해시, 속초시, 삼척시, 고성군, 양양군 제외), 충청북도(영동군 제외), 충청남도(천안시), 경상북도(청송군)

2) 남부지역 : 부산광역시, 대구광역시, 광주광역시, 대전광역시, 울산광역시, 강원도(강릉시, 동해시, 속초시, 삼척시, 고성군, 양양군), 충청북도(영동군), 충청남도(천안시 제외), 전라북도, 전라남도, 경상북도(청송군 제외), 경상남도, 세종특별자치시

표 4.9 단열재의 등급 분류

등급 분류	열전도율의 범위 (KS L 9106 또는 KS F 2277에 의한 20±5℃ 시험조건에 의한 열전도율) W/mK	KS M 3808, 3809 및 KS L 9102에 의한 해당 단열재 및 기타 단열재
가	0.034 이하	- 압출법보온판 특호, 1호, 2호, 3호 - 비드법보온판 2종 1호, 2호, 3호, 4호 - 경질우레탄폼보온판 1종 1호, 2호, 3호 및 2종 1호, 2호, 3호 - 기타 단열재로서 열전도율이 0.034 W/mK이하인 경우
나	0.035～0.040	- 비드법보온판 1종 1호, 2호, 3호 - 암면보온판 1호, 2호, 3호 - 유리면보온판 2호 - 기타 단열재로서 열전도율이 0.035～0.040 W/mK 이하인 경우
다	0.041～0.046	- 비드법보온판 1종 4호 - 기타 단열재로서 열전도율이 0.041～0.046 W/mK 이하인 경우
라	0.047～0.051	- 기타 단열재로서 열전도율이 0.047～0.051 W/mK 이하인 경우

표 4.10 창 및 문의 단열성능 [단위 : W/m²·K]

창 및 문의 종류			창틀 및 문틀의 종류별 열관류율								
			금속재						플라스틱 또는 목재		
			열교차단재 미적용[1]			열교차단재 적용					
유리의 공기층 두께[mm]			6	12	16 이상	6	12	16 이상	6	12	16 이상
창	복층창	일반복층창[2]	4.0	3.7	3.6	3.7	3.4	3.3	3.1	2.8	2.7
		로이유리(하드코팅)	3.6	3.1	2.9	3.3	2.8	2.6	2.7	2.3	2.1
		로이유리(소프트코팅)	3.5	2.9	2.7	3.2	2.6	2.4	2.6	2.1	1.9
		아르곤 주입	3.8	3.6	3.5	3.5	3.3	3.2	2.9	2.7	2.6
		아르콘 주입 + 로이유리(하드코팅)	3.3	2.9	2.8	3.0	2.6	2.5	2.5	2.1	2.0
		아르콘 주입 + 로이유리(소프트코팅)	3.2	2.7	2.6	2.9	2.4	2.3	2.3	1.9	1.8
	삼중창	일반삼중창[2]	3.2	2.9	2.8	2.9	2.6	2.5	2.4	2.1	2.0
		로이유리(하드코팅)	2.9	2.4	2.3	2.6	2.1	2.0	2.1	1.7	1.6
		로이유리(소프트코팅)	2.8	2.3	2.2	2.5	2.0	1.9	2.0	1.6	1.5
		아르곤 주입	3.1	2.8	2.7	2.8	2.5	2.4	2.2	2.0	1.9

표 4.10 창 및 문의 단열성능(계속)

[단위 : $W/m^2 \cdot K$]

창 및 문의 종류			창틀 및 문틀의 종류별 열관류율								
			금속재						플라스틱 또는 목재		
			열교차단재 미적용[1]			열교차단재 적용					
창	삼중창	아르곤 주입 + 로이유리(하드코팅)	2.6	2.3	2.2	2.3	2.0	1.9	1.9	1.6	1.5
창	삼중창	아르곤 주입 + 로이유리(소프트코팅)	2.5	2.2	2.1	2.2	1.9	1.8	1.8	1.5	1.4
창	사중창	일반사중창[2]	2.8	2.5	2.4	2.5	2.2	2.1	2.1	1.8	1.7
창	사중창	로이유리(하드코팅)	2.5	2.1	2.0	2.2	1.8	1.7	1.8	1.5	1.4
창	사중창	로이유리(소프트코팅)	2.4	2.0	1.9	2.1	1.7	1.6	1.7	1.4	1.3
창	사중창	아르곤 주입	2.7	2.5	2.4	2.4	2.2	2.1	1.9	1.7	1.6
창	사중창	아르곤 주입 + 로이유리(하드코팅)	2.3	2.0	1.9	2.0	1.7	1.6	1.6	1.4	1.3
창	사중창	아르곤 주입 + 로이유리(소프트코팅)	2.2	1.9	1.8	1.9	1.6	1.5	1.5	1.3	1.2
창	단 창		6.6			6.10			5.30		
문	일반문	단열 두께 20mm 미만	2.70			2.60			2.40		
문	일반문	단열 두께 20mm 이상	1.80			1.70			1.60		
문	유리문	단창문 유리비율[3] 50% 미만	4.20			4.00			3.70		
문	유리문	단창문 유리비율 50% 이상	5.50			5.20			4.70		
문	유리문	복층창문 유리비율 50% 미만	3.20	3.10	3.00	3.00	2.90	2.80	2.70	2.60	2.50
문	유리문	복층창문 유리비율 50% 이상	3.80	3.50	3.40	3.30	3.10	3.00	3.00	2.80	2.70
문	방풍구조문		2.1								

[주] 1) 열교차단재 : 열교 차단재라 함은 창호의 금속프레임 외부 및 내부 사이에 설치되는 폴리염화비닐 등 단열성을 가진 재료로서 외부로의 열흐름을 차단할 수 있는 재료를 말한다.
2) 복층창은 단창+단창, 삼중창은 단창+복층창, 사중창은 복층창+복층창을 포함한다.
3) 문의 유리비율은 문 및 문틀을 포함한 면적에 대한 유리면적의 비율을 말한다.
4) 창호를 구성하는 각 유리의 공기층 두께가 서로 다를 경우 그 중 최소 공기층 두께를 해당 창호의 공기층 두께로 인정하며, 단창+단창, 단창+복층창의 공기층 두께는 6 mm로 인정한다.
5) 창호를 구성하는 각 유리의 창틀 및 문틀이 서로 다를 경우에는 열관류율이 높은 값을 인정한다.
6) 복층창, 삼중창, 사중창의 경우 한면만 로이유리를 사용한 경우, 로이유리를 적용한 것으로 인정한다.
7) 삼중창, 사중창의 경우 하나의 창호에 아르곤을 주입한 경우, 아르곤을 적용한 것으로 인정한다.

4.7 공기층의 단열효과

(1) 공기층의 단열 작용

벽에 공기가 접촉되어 있는 경우 벽면에는 어느 두께에서 공기가 달라붙어 있어서 이것을 경계층이라고 한다는 것은 언급한 바 있다.

경계층 내부에서 벽면 가까운 부분은 윗부분으로 끌려하고 윗부분은 아랫부분으로 만류하려고 하는 힘을 받으므로 벽면에 밀착하는 공기의 속도는 0이 되고, 벽면에서 떨어짐에 따라 속도가 증가되고, 어느 두께 δ에 도달하면 결국 경계층 밖에서 공기는 일정 속도로 대류한다. 따라서 공기와 벽면 사이의 전열은 경계층 밖 공기의 대류와 경계층 내 공기의 열전도에 의한 것 외에 복사에 의한 전열이 가산된다.

경계층의 두께 δ는 공기의 점성과 유속으로 정해지는데 공기의 열전도율 λ와 열전달률 α에 의하여 λ/α로 표시된다. 따라서 δ는 몇 cm 정도이지만 벽의 공기층과 같이 그 폭이 좁은 중공층에서는 양면의 경계층이 접근하므로 공기는 대류하기 어렵다.

열전달에 대류를 수반하면 전열량은 매우 증가하지만, 대류가 생기기 어려운 공기층에서는 주로 복사와 전도로 전열하고, 복사에 의한 전열량은 보통 벽 내부에 생기는 온도차 정도에서는 많지 않으므로 공기층(air space)의 양면 사이에 전달되는 열량은 작아진다. 결국 공기층의 열저항은 대류가 일어나지 않는 범위의 두께에서는 상당히 크고 1 cm 두께의 유리면이나 암면의 열전도 저항에 가까워진다. 그러나 중공층이 상당히 좁으면 공기 자체의 열전도저항이 작아져 공기층의 열저항도 극단적으로 저하하게 되므로 주의를 요한다.

공기층의 양면 벽에 균열 등의 틈이 생기면(반밀폐 공기층), 공기층의 공기가 밖으로 누설되어 유동하므로 전열량이 많아지고 공기층의 열저항이 저하하게 된다. 또 공기층의 열저항은 열류의 방향에 의해서도 달라진다. 그림 4.13에 천장 내부 등의 수평 공기층과 벽의 수직 공기층 열저항의 차이를 나타낸다.

공기층을 이용하는 것에 따라 벽의 단열성을 비교적 용이하게 높일 수 있는데 이 경우도 공기층에 알루미늄박을 넣어 복사열을 차단하면 단열효과는 더욱더 올라가고, 또 예를 들면 10 cm의 공기층을 1층 설치하는 것보다 5 cm의 공기층을 2층 설치하는 쪽이 열저항이 거의 2배가 되어 매우 유리하다.

2중 유리도 이 공기층의 단열효과를 이용한 것이다. 그러나 유리의 경우는 일사를 통하므로 어느 것이든 한 쪽의 유리를 흡열유리로 하면 좋다.

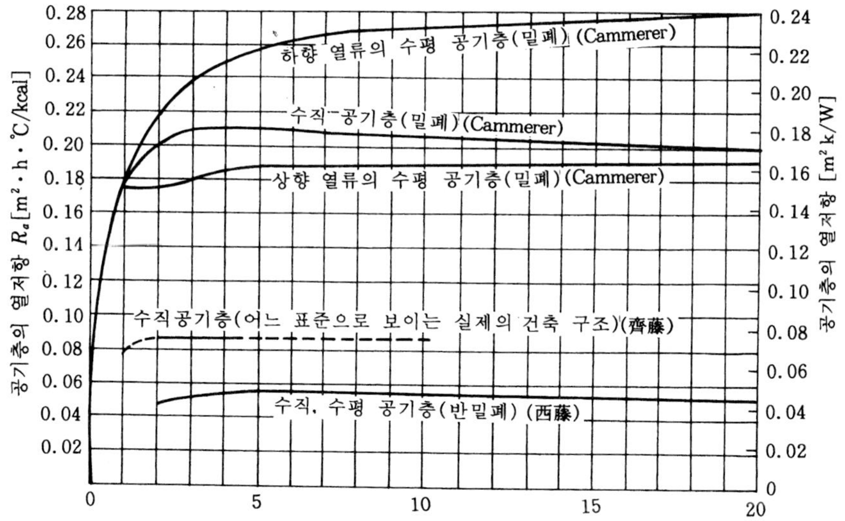

그림 4.13 공기층의 두께와 열저항의 관계

(출처 : 일본 건축학회편, "건축설계자료 집성 1-환경" 丸善, p.122, 1978)

열관류율 계산시 적용되는 건물 구조체 내부의 중공층의 열저항은 표 4.11을 적용한다.

표 4.11 열관류율 계산시 적용되는 중공층의 열저항

공기층의 종류	공기층의 두께 da (cm)	공기층의 열저항 R_a [단위 : $m^2 \cdot K/W$]
(1) 공장생산된 기밀제품	2 cm 이하	$0.086 \times da$ (cm)
	2 cm 초과	0.17
(2) 현장시공 등	1 cm 이하	$0.086 \times da$ (cm)
	1 cm 초과	0.086
(3) 중공층 내부에 반사형 단열재가 설치된 경우	방사율 0.5 이하 : (1) 또는 (2)에서 계산된 열저항의 1.5배 방사율 0.1 이하 : (1) 또는 (2)에서 계산된 열저항의 2.0배	

출처 : 건축물의 에너지절약설계기준(국토해양부 고시 제2010-1031호)

(2) 단열재를 넣은 공기층

공기층의 두께가 좁아지고 지나치지 않을 정도로 단열재를 넣는 것은 벽 전체의 단열성을 증가시켜 매우 유효한 것은 물론이다. 그러나 일반적으로 벽에 틈이 생기는 것은 피할 수 없는 것이고, 이와 같은 반밀폐 상태의 공기층의 경우에도 단열재는 유효하게 작용하고 벽의 단열성 저하의 방지에 큰 도움이 된다.

예제 4.13

그림과 같이 중공층의 고온측에 단열재를 시공한 경우 단열재의 열전도율을 0.03 [W/m·K], 중공층의 열저항을 0.09 [m^2·K/W], 복사열 전달량 q_r는 ϵ_1, ϵ_2를 각각 0.9로 할 때, ① 열관류저항 R_t, ② 중공층의 양측온도 θ_1 및 θ_2, ③ 복사열 전달량 q_r를 구하여라.

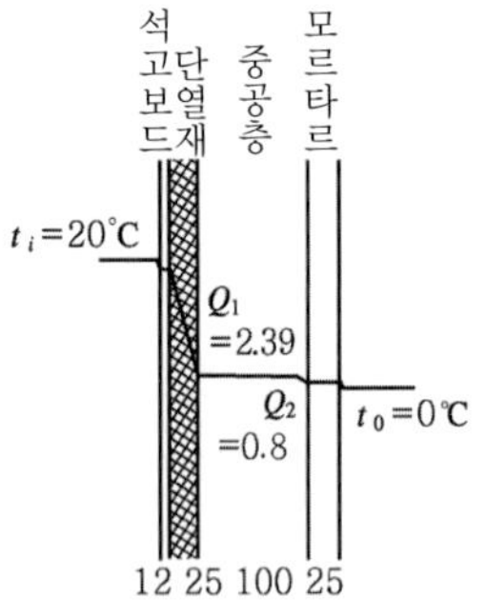

풀이

$$R_t = 0.11 + \frac{0.012}{0.18} + \frac{0.025}{0.03} + 0.09 + \frac{0.025}{1.74} + 0.03$$

$$= 1.14[\mathrm{m^2k/w}]$$

$$\theta_1 = 20 - 20 \times \frac{0.11 + 0.067 + 0.833}{1.14} = 2.39[℃]$$

$$\theta_2 = 20 - 20 \times \frac{0.11 + 0.067 + 0.833 + 0.09}{1.14} = 0.8[℃]$$

$$q_r = \frac{4.88}{\frac{1}{0.9} + \frac{1}{0.9} - 1} \times \left[\left(\frac{273 + 2.39}{100}\right)^4 - \left(\frac{273 + 0.8}{100}\right)^4\right]$$

$$= 3.32[\mathrm{W/m^2}]$$

4.8 벽의 열용량

물체에 같은 열량을 주어도 물체에 따라 온도의 상승 비율은 달라진다. 또 같은 물질에서도 그 양이 달라지면 역시 온도 상승의 비율에 차이가 있다. 이것은 물질에 따라 비열이 다르기 때문이다.

비열(specific heat)이란 어느 물질 1 kg의 온도를 1℃ 상승시키는 데에 필요한 열량(J)을 말하는 것이다. 물의 비열이 1(15℃)인데 비하여 보통 콘크리트의 비열은 0.2~0.21이고, 아연도금철판의 비열은 0.11이다(표 4.12 참조). 결국 같은 1 kg의 온도를 1℃ 높이는 데에 콘크리트에서는 물의 약 1/5의 열량으로 충분하고, 아연도금철판에서는 약 1/10의 열량으로 충분하다.

표 4.12 각종 재료의 비열[kJ/kg · k]

재 료	비 열	재 료	비 열	재 료	비 열
구리	0.393	콘크리트	0.879	석고보드	1.088
아연도금철판	0.460	경량콘크리트	1.004	석면시멘트판	0.795
대리석	0.879	모르타르	1.130	암면	0.837
화강암	0.795	벽돌	1.339	유리면	0.837
토벽(마감)	0.879	타일	0.837	우모펠트	1.632
사질벽(마감)	0.879	판유리	0.795	물	4.186
회반죽	0.837	콘크리트 블록	0.920	공기	1.010
플라스터	0.837	하드텍스	1.841		

비열의 정의에서 알 수 있는 바 그 물체 전체의 온도를 1℃ 높이는 데에는 그 물체의 양(물질)이 관계한다. 질량 m[kg], 비열 c[kJ/kg · k]의 물체의 온도를 1℃ 높이는 데에는 mc[J/K]의 열량이 필요하며, 이 열량을 그 물체의 열용량(heat capacity)이라고 한다.

물질의 비열 C_p[kJ/kg · k]와 비중량 r[kg/m^3]가 주어지면 체적이 V[m^3]인 물체의 열용량 Q[J/K]는 다음 식에 의하여 나타난다.

$$Q = C_p \gamma V \tag{4.30}$$

열용량이 큰 물체의 온도를 올리는 데에는 많은 열량이 필요하다. 또 열용량이 큰 물체는 뜨거워지기 어렵고(온도를 올리기 어렵다), 차가워지기 어렵다(온도가 내려가기 어렵다).

콘크리트의 비열은 별로 크지 않지만 하나의 건물에 사용되는 콘크리트 양은 매우 많기 때문에 콘크리트 건물이 열용량은 대단히 크다. 한편 아연도금철판 등을 벽이나 지붕에 사용한 건물은 일반적으로 열용량이 상당히 작아진다. 콘크리트 등 열용량이 큰 두꺼운 벽으로 둘러싸인 실은 외기온이나 일사의 영향을 받기 어렵기 때문에 실온의 상승 · 하강이 완만하며 그 진폭도 작다. 또한 외기온의 최고 · 최저에 대하여 실온이 최고 · 최저에 도달하는 시간은 상당히 늦다. 이에 대하여 철판을 피복재료로 사용하도록 한 박벽 구조에서는 외기온이나 일사의 영향을 받기 쉽고 실온은 이러한 변화를 바로 받아 변화하고 변화폭도 크다. 이 모양은 그림 4.14와 같이 나타난다.

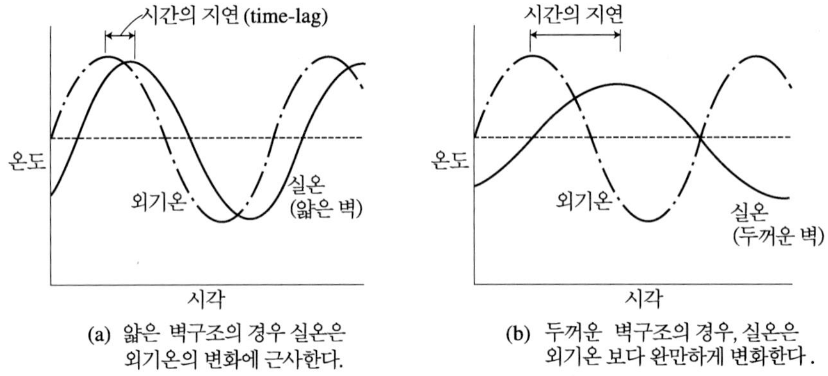

그림 4.14 외기온도와 실내온도의 변화

예제 4.14

50 kg 콘크리트의 열용량을 구하여라.

풀이

콘크리트의 비열은 0.879[kJ/kg·k]이므로

$Q = 0.879 \times 50 = 43.95$[J/kg·k]

예제 4.15

가로 9 m, 세로 9 m, 천장높이 2.5 m인 실의 온도가 20℃일 때 공기의 열용량을 구하여라.

풀이

실내 공기의 열용량이란 실온을 1℃ 상승시키는 데에 필요한 열량이다. 식 (4.30)에서,

$C_p = 1.01, \quad r = 1.205$(20℃의 공기)

$V = 9 \times 9 \times 2.5 = 203$

$Q = 1.01 \times 1.205 \times 203 = 247.1$[J]

4.9 단열공법

단열공법은 내단열, 중단열, 외단열 등으로 분류된다. 내단열은 실내의 열이 밖으로 손실되지 못하도록 내부쪽에 시공하고, 중단열은 내단열과 외단열의 중간 위치에 단

열재를 시공하며, 외단열은 외부의 열이 실내로 들어오지 못하도록 단열재를 외부쪽에 시공하는 공법이다.

(1) 내단열

내단열은 일반적으로 아파트 거실이나 창호 주변의 상부(내부측) 천장, 좌우(내부측) 벽면, 바닥 등에 설치하는 공법이다. 천장에는 보통 두께 10 mm의 판상 단열재를 설치한다. 발코니의 외기로부터 내부의 열을 보호해준다. 내부측 좌우 벽면에는 단열재를 시공하는 경우도 있고, 단열모르터를 시공하는 경우도 있다. 바닥은 일반 모르터에 공기방울을 발생하는 약품을 첨가하여 다공성 바닥 콘크리트인 기포콘크리트를 시공한다. 이 기포가 단열층을 형성한다. 병원의 내주부 부분 또는 진료부, 수술부 등과 같이 비교적 높은 실내온도가 필요하고 산헐난방을 하는 부분에서의 단열은 내단열공법으로 하는 것이 바람직하다.

(2) 중단열

중단열은 시멘트벽돌 사이에 단열재를 설치하는 공법이다. 일반적으로 학교, 공장, 관리사무실, 노인정 등에 주로 사용된다. 단열재의 양면에 다른 마감재가 시공되므로 단열재를 위한 특별한 마감을 고려하지 않아도 되는 장점이 있으나, 마감벽체의 두께가 두꺼워지는 단점이 있다. 병원 건축물의 경우 외피구조체의 단열은 중단열이나 외단열공법으로 하는 것이 바람직하다.

(3) 외단열

외단열은 건축물 각 부위의 단열에서 단열재를 구조체의 외기측에 실치하는 난열방법으로 모서리 부위를 포함하여 시공한 경우를 말하며, 외단열 실치비율은 단열시공이 되는 외부면적(창호 제외)에 대한 외단열 시공 면적비율을 말한다. 외단열은 일반적으로 빌라, 저층 오피스, 오피스텔 등의 건물에 많이 사용된다. 철근콘크리트 벽체 외부에 단열재를 시공하고, 보강메쉬를 부착하여 드라이비트와 같은 외장재로 도포한다.

단열재의 시공방법에는 다음과 같은 것이 있다.

① 끼움공법(그림 4.16)

② 붙임공법(그림 4.17)

③ 다짐공법(그림 4.18)

④ 스며듦공법(그림 4.19)

⑤ 뿜칠공법(그림 4.20)

각 공법마다 단열재의 틈새나 움푹한 곳이 생기지 않도록 주의가 필요하다.

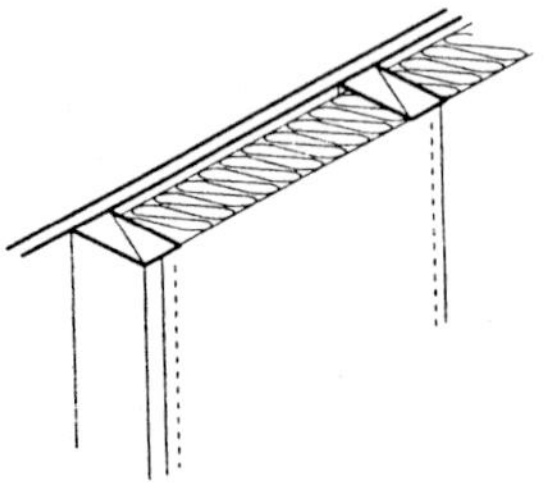

샛기둥이나 장선 등에 끼운다.

그림 4.16 끼움공법

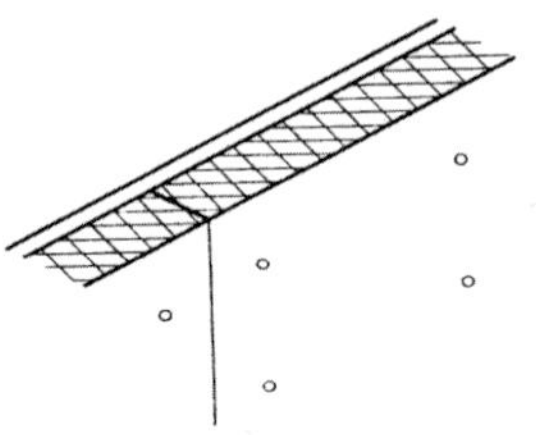

접착제, 못 또는 볼트를 사용한다.

그림 4.17 붙임공법

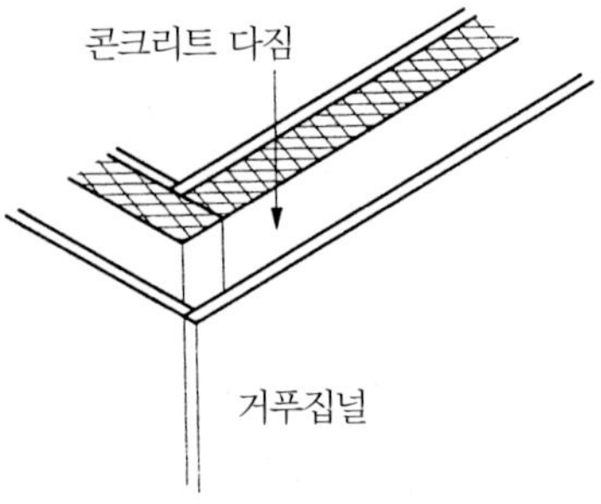

그림 4.18 다짐공법

그림 4.19 스며듦공법

그림 4.20 뿜칠공법

(출처 : 大西正宜, 環境と共生する建築25の キーワード, 學藝出版社, p.91, 1999.)

4.10 단열계획

(1) 외피단열계획

건축물은 인체와 마찬가지로 실외 환경 기후와 끊임없는 열교환이 이루어진다. 건물 외피(building envelope)는 기후의 영향을 조절함으로써 인체의 열적 스트레스를 최소화하여 쾌적환경 조건을 제공하는 역할을 한다. 건물의 외피 설계는 냉난방부하와 에너지소비에 가장 직접적으로 관련되며 쾌적한 실내환경을 조성하기 위한 1차적인 요소이므로 건물의 기본설계시부터 면밀하게 계획되고 분석되어야 한다.

건물 외피는 기후조건이나 계절에 따라 외부로부터의 열을 차단하거나 또는 필요한 열을 취득하여 열적 평형을 유지한다. 건물 외피에 의한 열 취득과 손실은 전도, 대류에 의하여 이루어진다.

관류열량을 최소화하기 위해서는 면적을 가능한 한 작게 하여야 하며 반구형이 가장 유리하나. 성육면체(입방체)는 구형 중에서 가장 유리하며, 긴 장방형은 주어진 용적에 대하여 가장 넓은 표면적을 가진다(그림 4.15). 따라서 에너지 절약에 유리한 건물의 형태계획뿐만 아니라 각 부위의 열관류율을 극소화 할 수 있도록 전반적인 건축의 열성능을 조절하여야 한다.

건물 외피의 단열성능은 연간 에너지 소비량을 결정하는 중요한 에너지 절약 변수이다. 건물 외피의 단열성능은 외벽의 열용량, 열저항, 단열재의 위치 및 종류, 외부의 마감색과 질감, 창호의 구성방식, 사용 유리의 종류와 위치 등에 의해 결정된다.

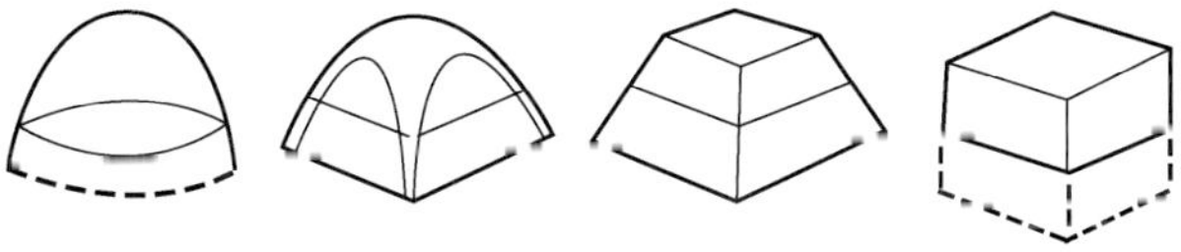

그림 4.15 열보존에 유리한 건물형태

(2) 단열 리모델링

단열 리모델링의 주된 목적은 기존건축물 각 부부의 열관류저항을 증가하고, 건물 전체의 열손실계수를 작게 하여 공조 소비에너지를 감소시키고, 적은 에너지로 쾌적하게 생활할 수 있도록 하는 데 있다.

건물의 단열 리모델링이 행해지는 경우는 그 목적에 따라 단열의 필요 부위나 시공이 다르게 된다. 일반적으로 리모델링의 목적으로서 냉난방 에너지의 경감, 실내표면 결로방지, 방한, 방서 등의 4가지를 들 수 있다. 단열 리모델링은 건물의 종류에 따라 그 단열의 방법, 시공이 다르다.

목조 주택에서는 틈새 바람에 의해 실내 기온이 낮아진다든지, 직접 차가움을 느끼는 경우가 많다. 목조주택은 철근 콘크리트나 콘크리트 블록조의 주택과 달리 개구부 주위의 틈새 환기뿐만 아니라 구체 자체에 다수의 통기부분이 있으므로 통기대책이 필요하다. 이 점에서 철근 콘크리트나 콘크리트 블록조는 구체 자체가 기밀하여 단열재를 사용하면 효과가 있다.

리모델링 공사의 실시 예에서 보면 철근 콘크리트나 콘크리트 블록조의 경우는 표면결로의 피해에 의해 결로방지를 목적으로 리모델링하는 수가 많다.

상업 빌딩이나 청사 등의 사무소 건축에서 단열 리모델링을 하는 경우는 냉난방 부하의 경감을 목적으로 하는 수가 많다. 공기조화설비가 되어 있는 사무소 건축의 경우는 냉난방 부하와 단열의 평형을 고려하여 적정한 단열이 시공되어야 한다. 이것은 사무소 건축에 한하지 않고, 공장을 리모델링하는 경우에도 고려되어야 하며, 내부결로가 큰 공장이나 백화점과 같은 경우는 지붕만을 일사투과 대책으로서 단열하고, 벽체는 단열하지 않아도 되는 경우가 있다.

단열 리모델링에 있어 가장 중요한 것은 진단이고, 진단을 잘못하면 효과가 나타나지 않는다. 리모델링의 요망과 결함을 정확히 판단하고, 어떤 재료로 어떤 공법이 가장 적합하겠는가를 결정하여야 한다.

일반적으로 방한, 표면결로의 방지, 또는 난방에 대한 에너지절약의 경우는 단열재로 건물을 둘러싸는 것에 따라 동시에 해결되는 수가 많으나 방서가 되면 일사의 차폐가 가장 중요하고, 지붕의 외측 단열(목조에서는 지붕단열)이 가장 효과가 있다. 또 서측 벽의 단열이 중요하다. 이와 동시에 차양이나 창의 블라인드, 통풍 등이 고려되어야 한다.

건물의 소재·구조방법에 의하여 구체적인 단열 리모델링의 방법은 다르지만, 대체로 표 4.13과 같이 고려하여 단열 리모델링을 추진할 수 있다.

표 4.13 단열 리모델링의 목표와 방법

가능한 곳에서 착수한다	신축할 때와 같이 완전한 단열을 목표로 하는 것은 좋으나 공사비도 많고 공사기간도 길어진다. 완전한 리모델링을 목표로 하기보다 조금씩이더라도 가능한 곳에서 행하는 편이 리모델링 효과를 실감할 수 있다.
공사비가 그다지 소용되지 않고, 효과가 큰 곳에서 리모델링 한다	벽이나 바닥의 단열 리모델링은 기존의 내외장을 철거하여 복원하는 등 큰 공사비가 소요된다. 이에 비하여 지붕의 단열 리모델링은 적은 공사비로 큰 효과를 기대할 수 있다.
좋은 기회를 이용한다	예를 들면 내장이나 외장에 손질하는 경우 적은 공사비를 추가하는 것만으로 단열 리모델링할 수가 있다.
K값을 현상의 40% 이하로 감소한다	최종적으로 건물의 Q값을 감소하고, 에너지소비를 감소하는 것이 단열 리모델링의 목적이지만, 한 번에 이상적인 리모델링을 할 수 없는 경우도 많다. 리모델링 부분의 K값을 분명히 감소하도록 한다.
공사비가 들지 않는 공법을 검토한다	외단열공법에 의해 단열 리모델링하는 경우 기존의 내단열을 철거하는 것이 원칙이지만, 리모델링의 경우에는 내단열을 존치하는 것이 현실적이다.
소음・진동이 작은 공법을 채용한다	근린에의 소음・먼지에 의한 피해 외에 입수자 중에 고령자・유유아가 있는 경우 공사 중의 건물 내에서 생활할 수 없게 될 우려가 있다.

확인학습

1 고체 내의 열이 이동하는 경우, 내부 에너지가 분자에서 분자로 전달된다. 이 이동현상을 ( )라고 한다. 모든 물체는 전열온도가 0이 아닌 한 전자파의 형으로 열을 방출하고, 또 다른 물체의 ( )를 흡수한다.

2 벽체의 열전달저항은 벽체에 닿는 ( )이 클수록 작아진다.

3 벽이나 바닥, 지붕 등의 건물 부위에 단열이 연속되지 않는 부분이 있을 때 이 부분은 열적 취약 부위가 된다. 따라서 이 부위를 통한 열의 이동이 많아지며 이것을 ( ), 또는 열의 손실이라는 측면에서 ( )라고 한다.

4 공기층은 밀폐, ( ), 기밀성이나 ( )에 의하여 단열효과는 다르다.

5 밀폐된 공기층은 너무 두꺼우면 공기가 ( )를 일으켜 ( )효과가 내려가는 경우가 있다.

6 동계 난방시에 외벽의 열관류율이 작은 것일수록 그 실내 ( )온도는 높아진다.

7 두께 5 cm 유리면의 단열재와 두께 5 cm 콘크리트층을 비교하면 ( )의 쪽이 동일 면적당에서 열용량은 크다.

8 열관류율을 작게 하는 데에는 벽체 내에 열전도율이 작은 재료인 (   )를 삽입하는 방법과 (   )을 설치하는 방법, 또는 공기층에 알루미늄박과 같은 (   )을 사용하여 공기층의 (   )를 작게 하는 방법이 있다.

9 공기층의 단열효과는 (   )가 커질수록 작아진다.

10 목재의 열전도율은 열류방향이 (   )에 평행한 경우는 수직인 경우의 약 (   )배가 된다.

11 열전도율과 밀도의 관계에 대하여 서술하여라.

12 열전도율과 습도의 관계에 대하여 서술하여라.

13 외피란 무엇인가?

14 외기에 직접 면하는 부피란 무엇인가?

15 외기에 간접 면하는 부피란 무엇인가?

Humidity & Condensation

제5장 | 습기와 결로

5.1 습기의 특성

공기 또는 재료가 기체(수증기) 및 액체(물)의 형으로 함유하는 수분을 습기라고 한다.

5.1.1 공기의 습기

공기가 수분으로서 수증기를 함유할 때 이것을 습윤공기(wet air)라고 한다.

수증기 양은 여러 가지 표시법에 따른 습도에 의하여 나타나지만 이들의 관계를 온도와 조합하여 나타낸 그래프(그림 3.13)를 습윤공기선도(psychrometric chart), 또는 다만 공기선도라 하고, 습윤공기의 상태 혹은 상태 변화를 아는 데에 이용된다. 특히 습윤공기의 혼합, 가열, 냉각, 가습, 제습 등을 취급하는 공기조화설비의 설계에 널리 사용되고 있다.

5.1.2 재료의 습기

벽이나 지붕, 바닥 등의 양측에 습도차가 있으면 수증기가 투과한다. 만일 양측이 같은 절대습도에서도 투습하는 성질이 있는 재료이면 재료가 주위의 습도와 평형할 때까지 흡습한다. 또 습도차가 있어 투습하는 과정에서도 평형상태가 되기까지의 과도상황에서는 흡습과 같은 현상이 된다.

소방관계에서는 실효습도라는 표시를 이용하여 화재경보 발령의 기준치로 하고 있다. 실효습도란 당일의 상대습도뿐만 아니라 수일간 거슬러 올라가 평균치를 구하는 것이다.

건물을 동계 난방하고 있는 경우는 항상 실내에서 외기로 수증기가 유출된다. 즉 내외에 절대습도의 차이가 있고, 구성재료의 수증기에 대한 상태는 투습평형형이 된다. 이에 대하여 여름은 냉방을 하고 있지 않은 보통의 주택에서는 내외의 절대습도 차가 거의 없으므로 흡습평형형이 된다. 따라서 겨울의 외기 절대습도는 낮으므로 구성 부재는 비교적 건조하여 있으나 여름에 특히 장마시에는 상당히 습할 것으로 예상된다.

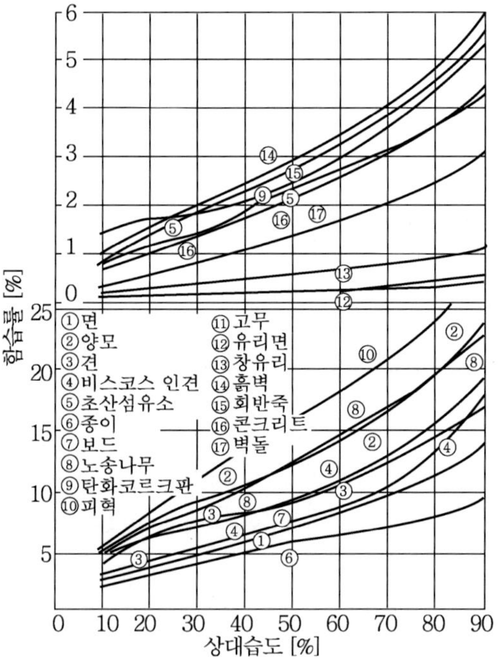

그림 5.1 각종 재료의 함습률(상온)

평형상태에서의 함습량을 평형함습량, 또 재료의 절건중량에 대한 그 비를 평형함습률(equilibrium moisture content) 또는 다만 함습률이라고 한다. 함습률(ϕ_d)은 재료의 종류에 따라 다를 뿐 아니라 그림 5.1에 나타난 바와 같이 주위 공기의 온도와 상대습도에 의하여 다르다.

$$\phi_d = \frac{a}{W_d} \times 100[\%] \tag{5.1}$$

여기서, a : 함습량[kg]

W_d : 재료의 건조중량[kg]

투습의 정도는 투습률[g/mh mmHg]이나 그 역수인 투습비저항[mh mmHg/g]으로 표시되고, 어느 두께[m]일 때의 투습저항[m^2h mmHg/g]으로 나타난다. 재료의 투습저항이 두께에 직선 비례하여 커지는 경우는 기준 단위인 투습률이나 투습비저항으로 나타나지만 두께마다 투습이 비직선적으로 변하는 것이나, 재료가 불균일하며 층에 따라 값이 변하는 것은 투습저항으로 나타난다.

$$\text{투습저항}[R_v] = \frac{\text{재료의 두께}[d]}{\text{두습률}[\delta])} \tag{5.2}$$

$$\text{투습저항}[R_v] = \text{투습비저항}[\gamma_v] \times \text{재료의 두께}[d]$$

5.1.3 실내의 습도

인간의 체온조절에 부담이 가장 적은 온도, 다시 말하면 덥지도 춥지도 않는 최적온도는 18℃ 정도이며, 15.6~20℃ 정도에서 쾌적함을 느낄 수 있다.

실내의 쾌적함을 유지하려면 온도 외에도 습도를 고려해야 하는데, 습도가 30% 미만이거나 80% 이상이면 좋지 않고, 40~70% 정도면 대체로 쾌적함을 느낄 수 있다. 실제로 쾌적함을 주는 습도는 온도에 따라 달라지는데 15℃에서는 70% 정도, 18~20℃에서는 60%, 21~23℃에서는 50%, 24℃ 이상에서는 40%가 적당한 습도이다.

인체가 느끼는 춥고 덥다는 감각은 겨울은 추위에 대하여, 여름은 너위에 대하여 민감하다. 또 같은 기온이라 하더라도 봄에는 가을보다 보통 두껍게 옷을 입는다. 이와 같은 점들이 복합되어 최적온도는 겨울에는 낮아지고 여름에는 높아진다. 높은 습도는 알레르기 유발물질인 곰팡이와 집먼지진드기가 활동하기 좋은 환경이어서 질병의 증상이 악화될 수 있다. 실내습도의 상태에 따른 대책을 검토할 수 있다(표 5.1).

표 5.1 실내습도의 상태와 대책

습도의 범위	실내습도의 상태와 대책
80% 이상	· 곰팡이 등 세균 서식 · 천식, 알레르기, 비염증상 유발
60∼80%	· 약간 습한 정도, 환기 필요
40∼60%	· 가장 적당한 범위
30∼40%	· 실내가 다소 건조 · 유아에게 코 막힘 현상 발생 · 알레르기, 천식 등의 질병 증상 악화
30% 이하	· 실내 건조, 유아의 기도점막 건조 · 기도의 세균감염 예방 작용 약화 · 각종 바이러스의 생존기간 연장 · 호흡기질환 악화, 정전기 발생 용이

예제 5.1

열의 전파와 수증기 이동과의 상위를 설명하고, 장시간의 평균(월평균)에 대한 정상 계산에 있어서 양자의 대응을 검토하여라.

풀이

열이동과 물질이동과의 차이가 있다.
온도 θ [℃] ↔ 수증기압 f [mmHg]
열류 q [w/m^{2}k] ↔ 수증기류 ω [g/m^{2}h mmHg]
열전도율 λ [w/mk] ↔ 투습률 p [g/mh mmHg]
열전도저항 R[m^{2}k/w] ↔ 투습저항 R_v [m^{2}h mmHg/g]

5.2 결로의 특성

5.2.1 결로의 발생

공기는 온도가 내려가면 약간의 수증기를 함유할 수 있지만, 온도가 높아짐에 따라 다량의 수증기를 함유할 수 있다. 온도별로 1 m^{3}의 공기가 어느 정도 양의 수증기를 함유할 수 있는가를 나타낸 그래프를 포화수증기곡선이라고 한다(그림 5.2). 공기가 함유할 수 없는 수증기는 물로 변한다. 이 현상이 결로(condensation)이다. 결로는 공기 중의 수증기량이 증가한다든지, 공기의 온도가 내려가 발생한다.

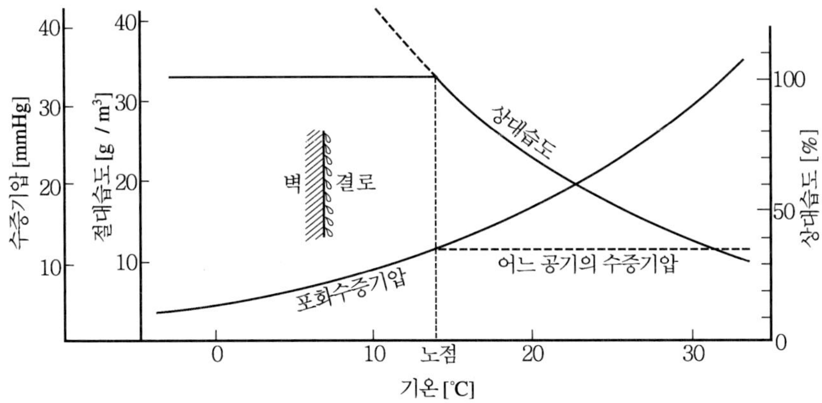

그림 5.2 포화수증기곡선

예를 들어 공기 중의 수증기량이 같고, 25℃에서 상대습도 60%의 공기가 15℃로 온도가 내려가면 어떻게 될까?

15℃ 때의 포화수증기량은 13 g이므로 상대습도는 14 g÷13 g=108%가 된다. 결로를 일으켜 1 g량의 수증기가 물로 변한다(그림 5.3).

공기가 유입되어 변하지 않은 상태에서는 온도가 내려가면 상대습도는 상승하여 이윽고 결로를 일으킨다. 상대습도는 기온이 내려가는 새벽녘이 가장 높아지고 실내에

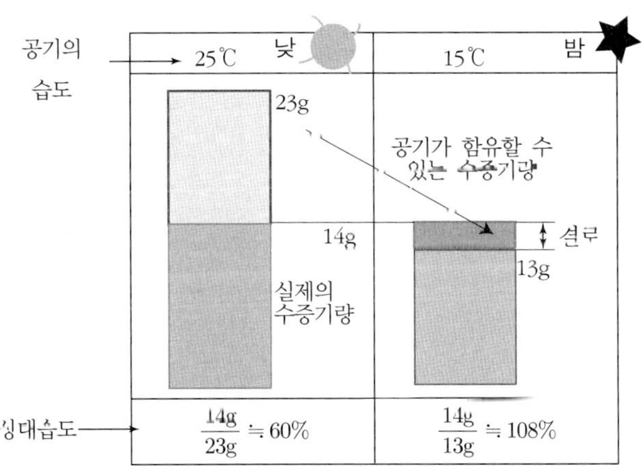

그림 5.3 결로발생의 예

서 결로를 일으키기 쉬워진다.

결로는 발생장소에 따라 표면결로(surface condensation), 내부결로(internal condensation)가 있고, 발생원인에 따라 여름형 결로, 겨울형 결로로 분류된다.

1) 표면결로

표면결로란 고체 표면 가까이의 공기의 노점온도보다 그 고체 표면온도가 낮을 때 공기에 포함되어 있는 수증기가 냉각되어 그 고체 표면상에 응결하는 현상을 말한다.

표면결로가 일어나기 쉬운 예로서는 난방시에 외벽이나 창유리의 "실내측 표면"에 실내 공기의 수증기가 응결하여 표면결로가 되는 경우, 무더운 여름에 흙에 접한 지하실 등의 벽의 실내측 표면에 결로가 일어나는 경우 등이 있다.

2) 내부결로

내부결로는 열저항이 큰 벽체의 내부온도가 외측으로 갈수록 낮아지고, 특히 단열층의 온도구배가 커지므로 단열적 벽체일수록 일어나기 쉽다. 흡습성의 재료, 즉 단열재와 같이 공극을 다량 함유한 재료에 내부결로가 일어나면 썩는다든지 단열성을 잃는다든지 한다.

내부결로가 일어나는 조건은 벽체 내부의 다공질재료에 함유되는 공기의 수증기압(습압이라고도 한다)이 그 온도에 대한 포화수증기압 이상이 될 때이다. 따라서 내부결로가 일어나는가 안 일어나는가를 점검하는 데에는 주어진 외벽에 대하여 그 양측 공기의 온도와 습도가 주어졌을 때, 먼저 벽체 내부의 온도 분포를 구하고, 다음에 각 부분의 온도에 대응하는 포화수증기압 분포를 구하고, 주어진 양측의 수증기압에 대한 각 부분의 수증기압 분포를 구하면, 그 수증기압이 포화수증기압을 넘는 부분에 결로가 발생하게 된다. 또한 그 결로한 부분의 온도가 0℃ 이하가 되면 빙결하여 팽창하고 구조를 파괴할 수도 있다.

3) 여름형 결로

여름형 결로는 고온다습의 공기가 저온도의 공간에 흘러들어 습도가 더욱 상승하고 이에 따라 결로가 촉진되는 경우이며, 하계에 북측의 반침이나 지하실, 창고 등에서 자주 일어나는 현상이다. 이 종류의 결로는 비교적 열용량이 커서 단열성이 높은 구조에 발생하는 경우가 많다.

4) 겨울형 결로

겨울형 결로는 가장 보통으로 보이는 것이며, 일반적으로 단열성의 부족이 원인이다. 따라서 보통으로는 단열재에 의하여 벽을 단열적으로 하면 그 대부분이 방지될 수 있다.

겨울형 결로는 밤형과 낮형으로 분류된다. 밤형은 유리칭이나 철판 지붕의 내면에 발생하는 결로이며, 야간에 외기온도의 강하에 따라 발생하고, 아침이 되어 외기온도가 상승하면 차차 없어진다. 낮형은 야간에 차가움이 단절된 외벽 내면에 아침부터 시작되는 난방이나 취사 등에 의한 발생 수증기가 결로하는 것이며, 주간에 내벽면 온도가 상승하는 데에 따라 소멸한다. 낮형 결로는 콘크리트 블록벽 등의 비교적 열용량이 크고, 단열성이 있는 벽체에서 흔히 발견되는 현상이다.

5) 계절에 관계없는 결로

일반적으로 결로는 일사에 닿지 않고 언제나 그늘로 되어 있는 외벽면이나 여기에 따라 구성되어 있는 반침 등에 많다. 따라서 북측이나 북의 모서리 부분은 특히 주의가 필요하다. 부엌이나 욕실 등의 수증기나 열의 발생원이 근접하고 있으면 결로의 피해는 한층 커진다.

5.2.2 결로의 영향

1) 결로의 피해

지역에 따라 발생하는 장소나 결로에 의한 피해의 상황은 다른데, 건물에 큰 손해를 초래할 뿐 아니라 미관이나 위생상에서도 문제가 된다.

결로가 발생하면 함수율이 어느 값 이상이 되고, 때로는 물방울이 되어 흘러내리거나 낙하한다. 결로에 의하여 벽체 내의 함수율이 높아지는데, 일반적으로는 재료의 열전도율은 함수율이 증가함과 아울러 커지기 때문에 결로가 촉진되고, 건물의 열손실도 증가하는 악순환을 초래한다. 결로는 장기에 걸치면 곰팡이의 발생, 마감재료의 박리, 벽체 재료의 부후 등의 피해를 일으킨다. 또한 동계에도 난방한 실내에서 결로로 습해진 표면은 곰팡이가 번식하고, 벽면을 더럽히거나 비위생 상태를 초래한다. 한랭지에서는 결로한 물이 얼어 벽체를 훼손하는 경우도 있다.

2) 곰팡이와 진드기

곰팡이는 진균이라고도 불리운다. 곰팡이는 기온이 5~45℃의 범위에서 번식하고, 온도 20~30℃, 상대습도 80% 이상이 되면 번식이 활발해진다.

실내의 벽면에 발생한 결로는 곰팡이가 증식하여 다시 실내 공기 중으로 비산한다. 외기에 비하여 10배 정도라는 보고도 있고, 곰팡이에 의한 알레르기증에 걸릴 가능성이 높아진다. 곰팡이가 일으키는 질병으로서 감염증이나 곰팡이독에 의하여 일어나는 중독이 있다.

한편 진드기는 이 곰팡이 등을 영양원으로 하여 그 사해가 실내공기를 오염하게 된다. 번식조건은 기온 20~30℃, 습도 60~80%가 최적이 된다.

5.3 결로방지계획

결로의 발생원인을 제거하기 위한 방법에는 크게 환기, 난방, 단열의 세 가지로 분류된다.

첫째, 환기를 통해 습한 공기를 제거하여 실내의 결로를 방지한다. 수증기 발생이 많은 부엌이나 화장실에 배기구나 배기팬을 설치한다.

둘째, 난방을 통해 건물내부의 표면온도를 올리고 실내온도를 노점온도 이상으로 유지시킨다. 난방방법은 낮은 온도로 난방시간을 길게 하는 것이 높은 온도로 난방시간을 짧게 하는 것보다 유리하다.

셋째, 단열을 통해 구조체의 열손실 방지와 보온의 역할을 하도록 한다.

5.3.1 표면결로의 방지

기본적인 결로방지 방법으로 실내의 수증기량을 감소하든가, 표면온도를 높이는 방법이 있다. 구체적인 표면결로의 방지대책은 다음과 같다.

① 실내에서 발생하는 수증기를 억제한다.

② 환기에 의해 실내 절대습도를 저하한다.

③ 단열강화에 의해 실내측 표면온도를 상승시킨다.

④ 직접가열이나 기류촉진에 의해 표면온도를 상승시킨다.

단열재를 사용하여 벽체의 열관류저항을 증진시키고 벽면온도의 저하를 방지하기 위해서는 다음의 사항을 고려한다.

식 (4.25)에서 내벽면 온도를 θ_i, 내벽면의 열전달저항을 R_{si}, 실온을 t_i, 외기온도를 $t_o(t_i > t_o)$로 하면,

$$\theta_i = t_i - \frac{R_{si}}{R_t}(t_i - t_o)[℃] \tag{5.3}$$

가 된다. 이 θ_i가 실내 공기의 노점 $t_{i''}$에 대하여 $\theta_i > t_{i''}$이면 방로된다.

윗식에서 R_{si}로서는 일반적으로 0.11이 사용되고, 또 t_i, t_o는 일정한 것으로 고려하므로[실제에는 t_i, t_o는 시간적으로 변화하고, 벽의 관류열량도 일정하지 않지만(부정상열류 ; unsteady flow), 단시간에서는 실용상, 온도도 관류열량도 일정하다고 본다(정상열류 ; steady flow)], θ_i를 크게 하기 위해서는 R_t를 크게 하면 된다. 일반적으로는 외벽의 실내측에 단열재를 사용하여 벽 전체의 R_t를 증가시키고 $\theta_i > t_{i''}$로서 방로의 목적을 달성한다.

또한 이 경우 벽면 온도의 저하 방지 대신에 벽면을 직접 가열하여 방로하는 방법도 고려될 수 있다.

예제 5.2

거실의 온도 20℃, 상대습도 60%의 공기가 반침에 유입되어 온도가 15℃로 저하되었다. 이때 상대습도는 얼마인가? 또 반침 내의 벽 표면에 결로가 발생하기 시작하는 벽면 온도를 구하여라.

풀이

표 2.10의 포화수증기압 표에서 20℃의 $f_S = 17.5$ [mmHg], 따라서

$f = 17.5 \times 0.6 = 10.5$ [mmHg]

가 된다. 15℃의 $f_S = 12.8$ mmHg에서 상대습도 φ%

$\varphi = \frac{10.5}{12.8} = 0.82 \quad \therefore 82$ [%]

또 $f = 10.5$를 f_S로 하는 노점온도 $t'' = 12.0$℃. 그러므로 벽면 온도가 12℃ 이하(3℃ 저하)가 되면 결로한다.

예제 5.3

$t_i = 25℃$, $t_o = 0℃$, $\varphi = 60\%$일 때 노점온도 θ_d를 구하고, 표면결로가 일어나지 않는 벽을 설계하여라.

풀이

$t_i = 25℃$에 대한 포화수증기압(표 2.10)에서 $f_S = 23.76$[mmHg], 실내의 현존 수증기압 $f = \frac{60}{100} \times 23.76 = 14.25$[mmHg]

따라서 $f_S = 14.25$[mmHg]가 되는 온도를 구하면 $\theta_d = 16.7℃$를 얻는다.

다음에 $\theta_i > 16.7℃$를 만족하도록 R_t를 정한다. 식 (5.3)에서

$$R_t = \frac{R_{si}}{t_i - \theta_i}(t_i - t_o) = \frac{0.11}{25 - 16.7} \times (25 - 0) = 0.3\,[\mathrm{m^2k/w}]$$

$$R_t - (R_{si} + R_{so}) = 0.3 - (0.11 + 0.03)$$

$$= 0.17\,[\mathrm{m^2k/w}] \cdots\cdots \text{벽의 열전도저항}$$

그러므로 열전도율 $\lambda = 1.6$[w/mk]의 RC를 벽재로 하고, 그 두께= d m로 하면,

$d = \lambda \times 0.17 = 1.6 \times 0.17 = 0.272[\mathrm{m}] = 272[\mathrm{mm}]$

즉 벽두께 280 mm의 RC벽으로 하면 충분하다.

또한 공기선도를 이용하면 절차는 더 간단하게 된다. 건구온도 $\theta = 25℃$의 세로선과 상대습도 $\varphi = 60\%$의 곡선과의 교점을 구하고, 그 점에서 왼편으로 수평선을 더듬어 $\varphi = 100\%$의 포화곡선과 교차하는 점의 온도를 읽으면 약 17℃로 단숨에 노점온도가 구해진다.

5.3.2 내부결로의 방지

달라진 수증기압을 지니는 2가지의 공기가 다공질의 재료나 틈새가 있는 벽에서 멀리 있으면 수증기압이 높은 쪽에서 낮은 쪽으로 수증기압의 차이에 따라 수증기량이 흐른다. 이 경우 벽체 내에 저온으로 포화수증기압의 낮은 부분이 있으면 여기서 결로한다.

내부결로를 방지하기 위해서는 구조체 내부의 온도가 그 지점에서의 노점온도를 초과해야 한다. 이에 따른 내부결로의 방지대책은 다음과 같다.

① 벽체내부로 수증기의 침입을 억제한다.

② 벽체내부 온도가 노점온도 이상이 되도록 단열을 강화한다(열관류율을 적게 하여 열관류저항을 높인다).

③ 단열공법은 외측단열공법으로 시공한다.

④ 내부결로를 방지하기 위해 방습층은 온도가 높은 단열재의 실내측에 위치하도록 한다.

⑤ 벽체내부측에 단열재, 실외측에 공기층을 두어 통기시킨다(단, 단열성능의 저하를 방지하기 위해 단열재 외기측 표면에 방풍층을 설치한다).

방습층(vapor barrier)은 습한 공기가 구조체에 침투하여 결로발생의 위험이 높아지는 것을 방지하기 위해 설치하는 투습도가 24시간당 30 g/m^2 이하 또는 투습계수 0.28 g/m^{2}h mmHg 이하의 투습저항을 가진 층을 말한다.

내부결로를 방지하기 위해서는 내측 단열구법보다 외측 단열구법이 효과가 크다. 단열층을 벽의 옥외측 가까이에 설치하여 벽체 내 온도를 노점온도 이상으로 높게 유지하는 것인데, 특히 습류 차단의 방법을 강구하지 않으면 효과가 나타나지 않는다. 그림 5.4의 벽구조에 대하여 이것을 검토한다.

벽체 각부의 온도를 실선 ①로 나타내고, 각 온도에 대응하는 포화수증기압(표 2.10)을 파선 ②로 나타낸다. 벽의 투과습류에 의한 각부의 수증기압은 양측 공기의 수증기압(12.3 mmHg, 2.4 mmHg)의 사이를 온도분포의 경우와 마찬가지로 각부의 투습저항(표 5.2)에 의하여 비례 배분하여 구한다. 이것을 1점 쇄선 ③으로 나타내면 ②가 ③의 아래로 와서 사선 부분에 결로가 발생한다. 벽면에도 결로하는 것을 알 수 있다(표 5.3 참조).

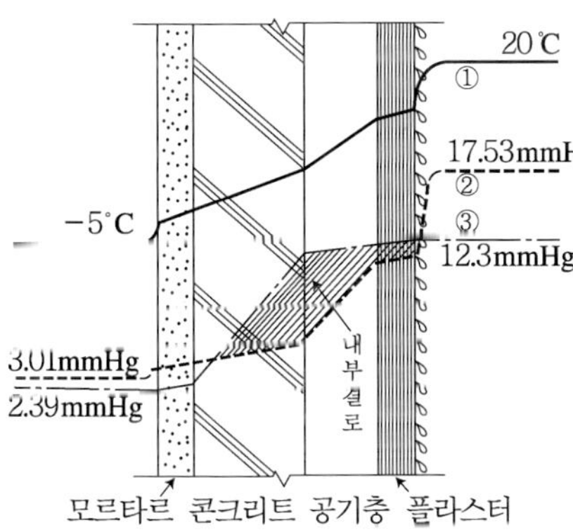

그림 5.4 외부·내부결로

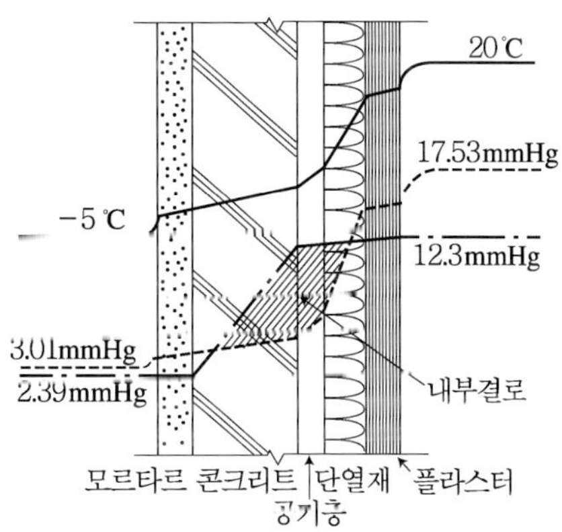

그림 5.5 단열재에 의한 내부결로

표 5.2 각종 재료의 투습저항[m^2h mmHg]

재 료	두께 [mm]	투습저항	재 료	두께 [mm]	투습저항
셀로판	0.1	3.13~1.92	콘크리트 1:2:4	100	44.8
폴리스틸렌	1.0	33.333	모르타르 1:4	21	4.25
아스팔트 펠트	0.7	4.65	라왕합판	2.8	1.85
아스팔트 루핑		300	암 면	25~50	0.38~0.76
폴리에틸렌 시트	0.05	263~227	기밀공기층	>20	0.267
플라스터	19	2.47	외기측 벽면공기		0.02
에나멜 2회 바름		83.3~43.5	실내측 벽면공기		0.01

표 5.3 (1) 그림 5.4의 해설

층	재 료	두 께 [m]	열저항 R	투습저항 R_v [m^2h mmHg/g]
1	내표면 경계층	-	$\frac{1}{9.3}=0.11$	$R_{vi}=0.01$
2	플라스터	0.019	$\frac{0.019}{0.8}=0.02$	2.47
3	공기층	0.05	0.21	0.267
4	콘크리트	0.1	$\frac{0.1}{1.6}=0.06$	44.8
5	모르타르	0.021	$\frac{0.021}{1.4}=0.015$	4.25
6	외표면 경계층	-	$\frac{1}{23.26}=0.04$	$R_{v0}=0.02$
		0.19	열관류저항 $R_t=0.46$	습기관류저항 $R_{vt}=51.82$

표 5.3 (2) 그림 5.4의 해설

층	내외온도차의 각 층에 대한 배분[℃]	각 층 경계의 온도[℃]	내외수증기압차의 각 층에 대한 배분[mmHg]	각 층 경계의 수증기압 [mmHg]	각 층 경계온도에 대한 포화수증기압 [mmHg]
실내공기	-	(실온) 20.0	-	12.3	17.53
1. 내표면 경계층	6.6		0.002		
		(표면온도) 13.4		12.29	11.52
2. 플라스터	1.0		0.47		
		12.4		11.82	10.79
3. 공기층	10.7		0.05		
		1.7		11.77	5.17
4. 콘크리트	3.5		8.56		
		-1.8		3.21	3.94
5. 모르타르	0.7		0.81		
		(표면온도) -2.5		2.4	3.72
6. 외표면 경계층	2.5		0.004		
외 기	-	(외기온) -5.0	-	2.39	3.01
계	25.0	-	9.91	-	

이 때문에 단열재를 그림 5.6과 같이 공기층에 충전하면 표면결로는 없어지지만 내부결로가 사선 부분에 발생한다. 이것은 단열재와 같은 투습저항이 작은 단열재는 열류는 차단하지만 습류의 차단이 충분하지 않기 때문에 단열재에 의하여 온도가 한층 저하된 부분에 습류가 흘러들기 때문이다. 이 경우에도 투습저항이 큰 루핑(roofing) 등을 단열재의 실내 측에 장착하면 내부결로가 방지될 수 있다(그림 5.6).

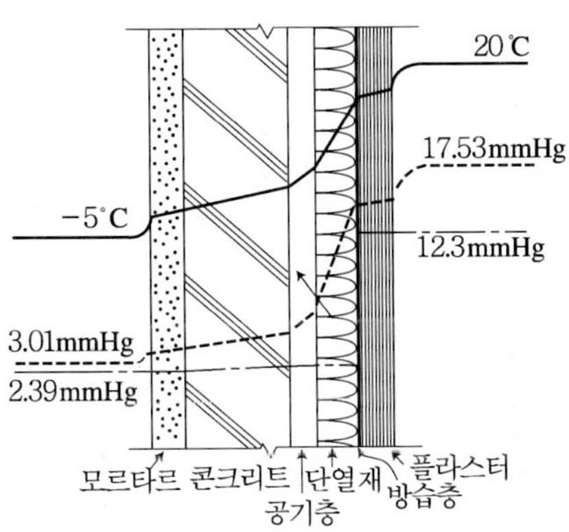

그림 5.6 방습층에 의한 방로

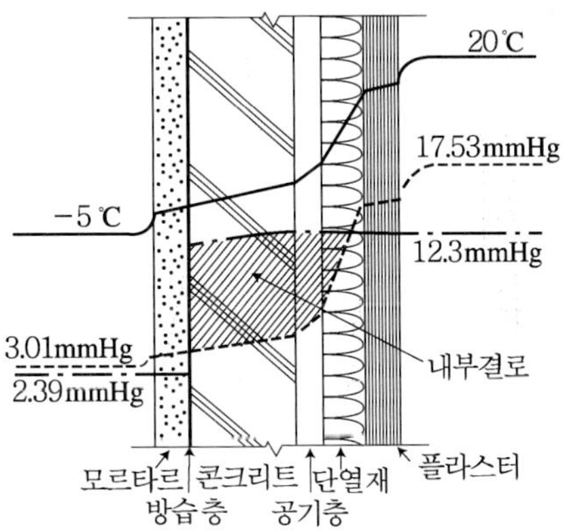

그림 5.7 방습층의 삽입 결함

그러나 방습층을 그림 5.7과 같이 단열재의 실외측에 설치한 것으로는 오히려 내부결로의 범위가 많아질 수 있다. 단열재의 내부에서 결로가 발생하면 단열재의 성능이 저하하고 이 때문에 결로가 증대하게 된다. 따라서 방습층은 일반적으로 단열재의 고온고습측(실내측)에 설치하여야 한다.

5.3.3 공동주택의 결로 방지 설계기준

공동주택 세대 내의 결로 저감을 유도하고 쾌적한 주거환경을 확보하는데 기여하는 것을 목적으로 "공동주택 결로 방지를 위한 설계기준"을 정하고 있다.

실내와 외기의 온도차이에 대한 실내와 적용 대상 부위의 실내표면의 온도차이를 표현하는 상대적인 비율을 "온도차이비율(TDR : Temperature Difference Ratio)"이라고 한다. 해당부위의 "결로 방지 성능"을 평가하기 위한 단위가 없는 지표로서 식 (5.4)에 따라 그 범위는 0에서 1 사이의 값으로 산정한다.

$$\text{온도차이비율(TDR)} = \frac{\text{실내온도} - \text{적용 대상부위의 실내표면온도}}{\text{실내온도} - \text{외기온도}} \qquad (5.4)$$

공동주택 세대 내의 다음 각 호에 해당하는 부위는 기준에서 정하는 온도차이비율 이하의 결로 방지 성능을 갖추도록 설계하여야 한다. 평가를 위한 표준적인 실내외 환경조건은 온도 25℃, 상대습도 50%의 실내조건과 외기온도 조건을 기준으로 한다.

① 출입문 : 현관문 및 대피공간 방화문(발코니에 면하지 않고 거실과 침실 등 난방설비가 설치된 공간에 면한 경우에 한함)

② 벽체접합부 : 외기에 직접 접하는 부위의 벽체와 세대 내의 천정 및 바닥이 동시에 만나는 접합부(발코니, 대피공간 등 난방설비가 설치되지 않는 공간의 벽체는 제외)

③ 창 : 난방설비가 설치되는 공간에 설치되는 외기에 직접 접하는 창(비확장 발코니 등 난방설비가 설치되지 않은 공간에 설치하는 창은 제외한다)

5.3.4 보온의 약점(결로하기 쉬운 장소)

1) 모서리부

RC조, 경량 콘크리트조의 모서리는 평면벽 부분보다 3~4℃ 저온이 된다. 가구가 놓여져 있으면 용이하게 결로한다. 외벽의 보온이 필요하다.

2) 간막이벽

RC조의 외벽과 간막이벽의 접합부의 계산치는 1~2℃ 고온(실온 20℃, 외기온 0℃)이 되는데 외벽만 보온하면 열교가 되어(간막이벽의 온도가 저하한다) 결로의 위험이 있다.

3) 반침

외벽에 설치한 반침의 기온은 실온보다 낮고 수증기압은 실내 공기와 다르지 않기 때문에 극히 결로하기 쉽다. 반침은 간막이벽에 설치하면 된다.

4) 지붕속

RC조의 평지붕은 천장에서 침입한 수증기에 의하여 결로가 발생한다. 지붕 슬래브의 보온과 천장판의 기밀을 필요로 한다. 목조의 지붕속 공간은 크고, 지붕속 환기에 의해 수증기를 배제할 수 있다. 그러므로 보온재는 환기를 고려하여 천장속에 시공한다.

5) 열교

벽이나 바닥, 지붕 등의 부위에 단열이 연속되지 않은 부분이 있을 때, 이 부분은 열적 취약 부위가 된다. 따라서 이 부위를 통해 열의 이동이 많아지며, 이것을 열교(heat bridge), 또는 열의 손실이라는 측면에서 냉교(cold bridge)라고 한다.

단열구조의 지지 부재들, 중공벽 내의 연결 철물이 통과하는 구조체, 벽체와 지붕 또는 바닥과의 접합부위, 창틀 등에서 열교가 일어난다(그림 5.8).

그림 5.8 열교현상

열교현상을 방지하기 위해서는 접합 부위의 단열설계 및 단열재가 불연속됨이 없도록 시공이 이루어져야 한다. 콘크리트 라멘조나 조적조의 건물에서는 단열이 연속되기 어려운 점이 있으나 가능한 한 외단열과 같은 방법으로 취약 부위를 감소시키는 설계 및 시공이 요망된다.

6) 과도적 결로(마루밑, 지하실)

지반이나 콘크리트벽, 철골 등은 큰 열용량 때문에 기온에 의한 온도상승이 늦어지고, 장마시 고온다습의 공기가 마루밑이나 지하실에 유입하면 과도적 결로가 발생한다. 이 결로방지에는 단열재를 이용하여 표면온도를 높이고 흡습성 재료로 마감한다. 또 수증기를 배제한다. 흡습성 재료는 후일의 건조가 필요하다.

5.3.5 약점 부분의 보강

건축물의 모서리부는 실내측의 면적에 비하여 외기측의 면적이 크므로 열이 현저히 관류한다. 이 경우 그림 5.9와 같은 단열보강을 한다.

외단열의 경우 창호나 발코니의 부분, 내단열의 경우 슬래브나 간막이벽의 부분에서는 그림 5.10과 같이 단열재가 도중에서 끊어지므로 주의를 요한다.

현수볼트나 파이프류가 단열층을 관통하는 경우 재료의 열전도성이 높기 때문에 열손실을 일으킴과 아울러 결로를 발생시키는 경우가 있다. 이 경우도 그림 5.11과 같이 열을 통하기 어려운 재료를 채용하거나 단열보강을 행한다.

그림 5.12에 나타난 토대 주변에서는 바닥밑의 냉기가 벽체 내를 흘러 단열성을 훼손하는 경우가 있으므로 유효한 기류멈춤장치를 설치할 필요가 있다.

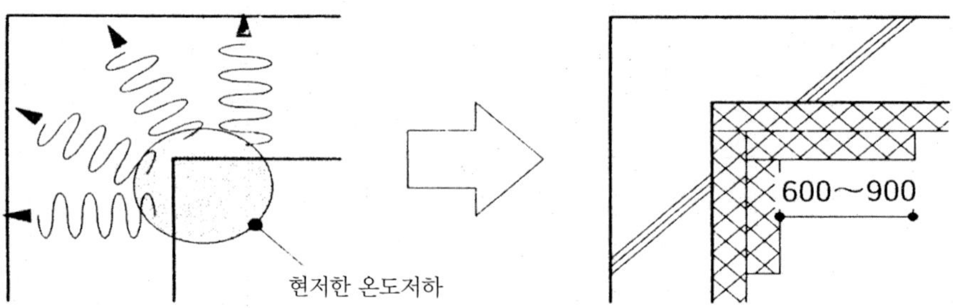

그림 5.9 우각부의 보온

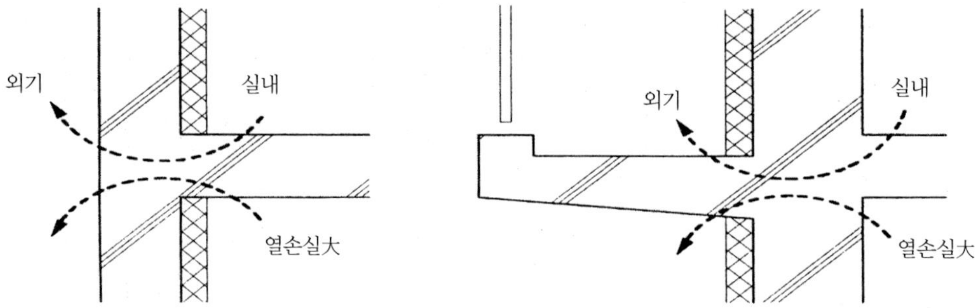

(a) 슬래브나 내벽과 내단열

(b) 발코니나 창문과 외단열

그림 5.10 내단열과 외단열의 약점부분

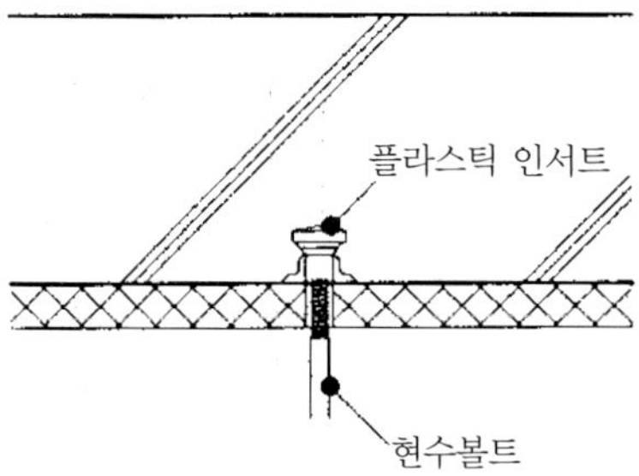

그림 5.11 열교의 단열화

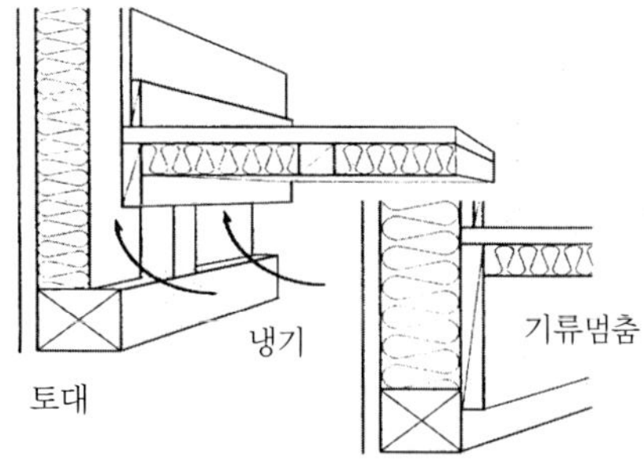

그림 5.12 토대 주변의 기류멈춤장치

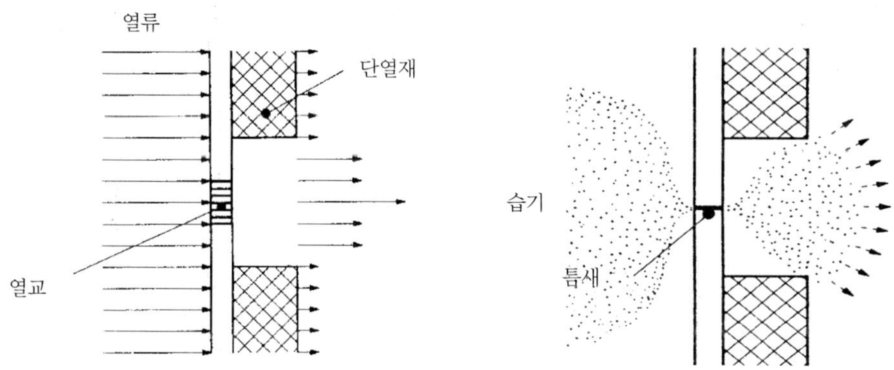

(a) 열류 (b) 습류

그림 5.13 열류와 습류의 차이

습기는 약간의 틈새에서도 벽체 내에 침입한다(그림 5.13). 방습층을 설치한 경우에는 방습시트의 이음부분은 기둥이나 샛기둥에서 10 cm 이상, 천장과 벽이나 벽과 바닥의 경계에서는 15 cm 정도 포갠다. 또한 배관 등이 관통하는 부분이나 공사 중에 이루어진 절단접합부 등은 확실히 보수하여야 한다.

확인학습

1 실내 벽면의 결로방지에는 실내 벽면 온도가 노점(　　　)로 (　　　) 않도록 할 필요가 있다. 따라서 외벽은 열관류율을 (　　　) 하여야 한다.
벽면의 결로방지가 이루어지더라도 습기가 실내에 침입하여 (　　　)에서 (　　　)를 발생할 염려가 있다. 그것을 방지하기 위하여 (　　　)을 벽 내측 가까이 설치하면 좋다.

2 결로방지에는 같은 두께의 경우, (　　　)이 큰 재료만을 사용하기 보다 큰 것과 작은 것을 (　　　)넣는 것이 효과적인 경우가 많다.

3 표면결로의 방지 대책으로서는 건물의 (　　　), 적정한 환기, (　　　) 발생량의 억제 등이 유효하다.

4 동계에 있어서 벽체 (　　　)의 결로는 벽체 내부에 단열층을 설치하는 것에 의하여 방지할 수 있지만, (　　　)측에 방습층을 설치하지 않으면 벽체 (　　　)의 결로를 일으킬 염려가 있다.

5 결로에 의해 발생하는 피해에는 목재의 부후, 금속의 녹슬음, 결로수의 결로에 따른 (　　　), 물에 젖음, (　　　)면의 결로에 따른 전망의 방해, 유리의 더러워짐 등이 있다.

6 투습의 정도는 투습률이나 그 역수인 (　　　)으로 표시되고, 어느 두께일 때의 투습저항으로 나타난다.

7 방습층이란 무엇인가?

8 방습층에 사용하는 재료는 무엇이 있는가?

Sunshine & Solar Radiation

제6장 | 일조와 일사

6.1 일조의 특성

6.1.1 일조의 보건 위생적 효과

일조(Sunshine)는 태양광의 직사광(직사일광)이 지표에 비추고 있는 상태이다.

태양광선에 의한 효과로서는, ① 광원으로서의 밝기 효과, ② 동계에는 채난으로서 유효한 열효과, ③ 비타민 D 생성이나 살균작용 등의 보건효과를 들 수 있다. 이 외에 햇빛이 들어오는 데 따른 만족감 등의 정신적 효과도 있다.

빛은 우리가 눈을 통하여 물체의 형태와 색채를 분별할 수 있도록 하여준다. 이 가시광선(visible ray)은 진한 적색으로부터 자색에 이르는 일곱 가지의 다른 색깔을 나타내는 빛들을 말한다. 이 빛들을 모두 합치면 흰색으로 보이게 되는데 바로 이러한 이유 때문에 태양이 희게(白光) 보이는 것이다. 마찬가지로 태양광 아래에서 하얀 색깔의 종이가 하얗게 보이는 이유는 일곱 가지의 색을 다 반사하기 때문이고, 파란색의 종이가 파란 것은 가시광선 중에서 파란색만을 반사하여 그 색깔만 눈에 감지되기 때문이다(그림 6.1).

가시광선은 전자기파의 파장 전역에서 보면 극히 좁은 부분에 지나지 않는다. 우선 가시광 영역보다 긴 파장을 갖는 인간의 눈에는 감지되지 않는 전자기파의 종류에는 흔히 전파라고 하는 라디오파, 전자레인지나 레이더 등에 이용되는 마이크로파, 적외

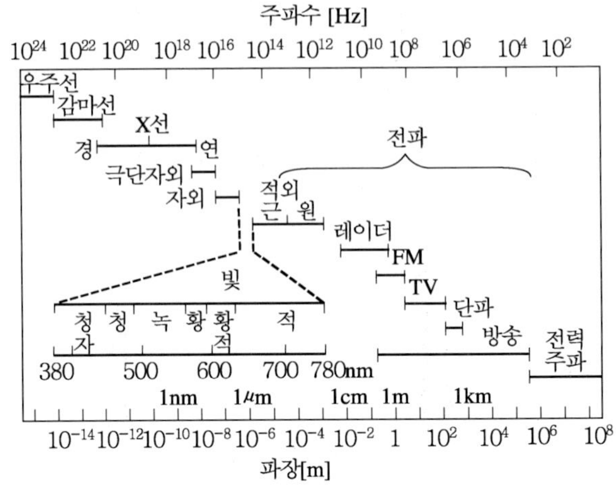

그림 6.1 복사의 spectreum

선 등이 있다. 가시영역보다 파장이 짧은 쪽에는 눈으로 감지되지 않는 자외선, X선 등이 있으며 이들 역시 전자기파이다. 파장이 아주 짧은 쪽의 X광선은 병원에서 X선 사진 등 진단용으로 사용되는데 물체를 투과하는 성질이 있다.

파장이 짧은 순서부터 나열하면, 감마선-X선-자외선-가시광선-적외선-전파 등으로 이루어져 있다. 이 때 가시광선을 스펙트럼(색을 쪼갠다 하여 분광이라 한다)과 파장이 짧은 것부터 다시 분류하면, 보라, 남색, 파랑, 초록, 노랑, 주황, 빨강 등으로 구성된다. 여기서 전체 파장을 다시 정리하면, 감마선-X선-자외선-가시광선{보라(자색), 남색, 파랑, 초록, 노랑, 주황, 빨강(적색)}-적외선-전파로 구성된다. 따라서 자외선은 가시광선 중에서 자색의 바깥이라 하여 자외선(紫外線)이라 하며, 적외선(infrared rays)은 적색의 바깥에 있는 빛이라 하여 적외선(赤外線)이라고 한다.

6.1.2 자외선지수

태양으로부터 방사되어 지상에 도달하는 자외선(Ultraviolet rays)의 양은 태양고도나 상공의 오존량, 구름이나 에어로졸(대기 중의 부유미립자) 등의 영향을 받아 변화한다. 특히 태양고도는 크게 영향하고, 태양고도가 높을수록 자외선량은 일반적으로 많아진다. 그리하여 오존량이나 구름 등 다른 조건이 같다면 자외선량은 하루 중에서는 정오경, 1년 중에서는 하지 전후에 최대가 되고, 또한 국내에서는 남쪽 지방일수록 많아진다. 겨울에서 여름으로 향하는 날 중의 태양고도가 높아짐에 따라 UV지수

(Ultraviolet rays index)가 서서히 커진다.

1년 중 6~8월에 가장 높은 자외선 세기를 나타내고, 12~1월에 가장 낮은 자외선 세기를 나타낸다. 또 하루동안 비추는 자외선 세기는 오전 10시~오후 2시 정도에 가장 높다. 월에 따라서도 조금씩 차이를 나타내는데, UV-A는 4~6월에 많은 세기를 보이고, UV-B는 6~8월에 많은 세기를 보인다.

UV지수는 태양고도가 최대인 남중시각 때 지표에 도달하는 UV-B 영역의 복사량을 지수식으로 환산한 것이다. 0은 과다 노출 때 위험이 매우 낮음을 나타내고, 9 이상은 과대 노출 때 매우 위험이 높다는 것을 의미한다. 햇빛으로부터 보호받기 위해서는 선글라스, 모자, 느슨한 옷, 햇빛 차단제 등이 필요하다(표 6.1).

표 6.1 자외선지수

강 도	정 도	대 책
9.0 이상	매우 강하다	20분 내외 피부노출시 홍반 생성, 외부활동 삼가
7.0~8.9	강하다	30분 내외 피부노출시 홍반 생성, 11시~13시 외출 삼가
5.0~6.9	보통이다	1시간 내외 피부노출시 홍반 생성, 선글라스, 모자, 양산 필요
3.0~4.9	낮 다	100분 내외 피부노출시 홍반 생성, 장시간 노출시 자외선대책 필요
0.0~2.9	매우 낮다	2~3시간 피부노출시 홍반 생성

지표면이 햇빛을 반사하는 비율을 반사율(albedo)이라고 한다. 단위는 백분율, 또는 비율(0~1)이다.

지표면에서의 자외선의 반사율에는 지표면의 상태에 따라 표 6.2와 같이 크게 다르다. 풀밭이나 아스팔트의 반사율은 10% 또는 그 이하이지만, 강변에서는 25%, 새로 내린 눈에서는 80%에 달한다. 또한 지표면에서 반사된 자외선의 일부는 상공으로 향하고, 대기 등으로 다시 산란되어 지상으로 향한다. 결국 지표면의 반사율이 큰 곳에서는 반사율이 적은 곳보다 산란광이 강해진다.

표 6.2 반사율

구분	반사율
새로 내린 눈	80%
강 변	10~25%
아스팔트	10%
수 면	10~20%
초지・흙	10% 이하

6.1.3 실내에 입사하는 자외선량

실내에 입사하는 자외선량의 다소는 보건 위생상 중요한 의미를 가지고 있는데, 보통 실내의 자외선량은 옥외의 양에 비하여 매우 적다. 게다가 실의 방위에 따라 자외선량은 크게 변화하고, 연간을 통하여 보면 ① 남, ② 동의 오전, 서의 오후, ③ 북(남의 약 1/2), ④ 동의 오후, 서의 오전의 순으로 적다. 담천일 때는 청천일 때의 약 1/2이 된다고 한다.

실내에 자외선을 도입하기 위해서는 보통의 창유리는 자외선을 거의 통과시키지 않으므로 일반적으로는 창을 개방하여 놓을 필요가 있다. 이 때문에 병실이나 일광욕실, 온실 등 창의 개방을 할 수 없는 실에서는 자외선을 충분히 투과하는 유리가 사용된다. 표 6.3에 각종 자외선 투과유리의 성능을 나타낸다.

표 6.3 각종 유리 등의 자외선 투과율

유리 등	두께[mm]	투과율[%]
(자외선 투과유리)		
콜렉스 유리(corex glass)	23	약 90
헬리오 유리(hellio glass)	-	30~60
바이터 유리(vita glass)	2.0	36
보통유리	2.0	0
염화비닐판	2.0	40~80
아크릴판	2.0	20~70
창호지	-	4.3~20

6.1.4 자외선의 인체영향과 예방

지구에 도달하는 자외선 가운데 280~320 mm의 범위는 특히 도르노선(Dormo's ray) 또는 건강선이라고 하며, 인간의 건강과 깊은 관계가 있다. 도르노선에는 주로 세포의 발육을 자극 촉진하고, 혈액 중에 백혈구, 혈색소, 칼슘, 인, 철분 등을 증가시키며, 통증 치료에 유효하고, 피하의 에르고스테린(Ergosterin)에 작용하여 비타민 D를 만든다.

일광욕을 통하여 곱사병, 빈혈, 피부결핵, 탈모증 등의 예방이나 치료를 할 수 있는 것은 자외선에 이와 같은 작용이 있기 때문이다. 또 일광소독이라고 하여 일상생활에서 침구나 의류, 건물 바닥 등의 소독에 일광이 충분히 이용되는 데는 자외선의 살균력에 의하는데 이 경우는 자외선의 작용이 동시에 되어 효과가 크다고 한다. 직사 일광에 쬐면 결핵균도 1~2시간에 사멸한다.

자외선은 기미, 주근깨와 같은 피부 잡티의 형성 및 악화에 중요한 역할을 할 뿐 아니라 피부의 노화를 촉진하여 피부의 주름, 혈관 확장, 피부 두께의 변화 등을 촉진하며, 만성적인 자외선 노출은 피부암을 유발하는 원인으로까지 작용한다.

자외선은 생물학적으로 파장에 따라 UV-C(100~280 nm), UV-B(280~320 nm), UV-A(320~400 nm)로 구분하고 있다. UV-C는 성층권 오존층에 완전히 흡수되어 지표에는 미치지 않는다. 그러나 UV-B는 성층권 오존층의 변화에 따라 지표에 도달하는 양이 달라진다(그림 6.2).

100	200	280	320	400 nm

Vacuum UV　　UV-C　　UV-B　　UV-A

그림 6.2 자외선 파장 구분

복사는 파장이 짧을수록 지니고 있는 에너지가 커지기 때문에 A파 보다 B, C파의 쪽이 유해하다. UV-C는 피부암이나 백내장을 일으키는데, 「살균광선」이라고도 한다. UV-B는 피부의 표피 및 진피상층의 비교적 엷은 곳까지 투과하지만, UV-A는 진피하의 피부심부까지 미친다. 피부에 피해를 주는 자외선은 파장에 따라 두 가지로 나뉜다. 파장이 짧은 UV-B 복사는 피부암을 발생하고 피부를 그을리게 한다. 이에 비하여 파장이 긴 UV-A는 피부주름을 만들고, 피부 아래 위치한 연결조직(connective tissue)에 타격을 주고, 면역계통에 약화를 일으킨다. 이러한 자외선에 대한 피부보호를 위해서 자외선 차단제를 사용하고 있다(표 6.4).

표 6.4 자외복사의 피부에 대한 상해

	UV-A	UV-B
급성염증	일시 흑화 즉시 홍반	피부가 햇볕에 타서 검어짐 멜라닌 신생에 의한 2차 흑화
만성염증	진피내 섬유의 변성 피부노화에의 관여	진피내 섬유이 변성 피부노화에의 관여 피부암 발생에의 관여
광과민증		광과민성에의 관여

UV-Biometer에서 나온 값의 단위는 MED(Minimum Erythema Dose · 홍반을 일으킬 수 있는 최소량)이다. 여기서 관측된 UV-B는 피부의 biological sunburn action spectrum에 가중된 값이다. 1 MED는 태양광에 노출된 후 24시간 이내에 피부에 홍반(sunburn)을 일으키기에 필요한 최소한의 자외선 복사량이다. MED는 태양광에 의한 피부 손상(skin damage) 측정 단위로 널리 사용된다. 예를 들어 1 MED/h는 1시간 동안 태양복사를 받은 후에 평균적으로 피부에 최소한의 홍반을 일으키는 효과를 수치로 나타낸 것이다.

흡수, 반사, 분산 등의 기전에 의해 피부에 미치는 태양 자외선을 줄이기 위하여 물리, 화학적 국소 제제인 일광차단제를 사용한다. 화학적 일광차단제는 한 가지 이상의 무색의 자외선 흡수 성분을 포함하고 있는데 대개 UV-A보다 UV-B를 더 잘 흡수한다. 일광차단지수(sun protection factor, SPF)란 일광차단제의 효능을 표시한다(식 (6.1)).

$$SPF = \frac{\text{자외선 차단제를 바른 뒤의 MED}}{\text{자외선 차단제를 바르지 않았을 때의 MED}} \tag{6.1}$$

6.2 태양의 위치

6.2.1 진태양시 · 평균태양시

일조에 대한 계획을 하는 데에는 그 지방의 어느 시계의 어느 시각에 태양이 어느 위치에 있는가를 알아야 한다.

어느 지방에서 태양의 남중시(그 지방의 자오선 통과시)에서 다음의 남중시까지를 1일로 하는 시간을 그 지방의 진태양시(true solar time) 또는 시태양시라고 한다. 진태양시의 1일의 길이는 일정하지 않고 매일 24시간으로 한하지 않는다.

이와 같이 매일 변화하는 진태양시에서는 시간의 기준이 될 수 없으므로 보통으로는 1일의 길이가 24시간에 일정하는 평균태양시(mean solar time)를 기준으로 한다. 어느 지방의 평균태양시란 그 지방에서 남중부터 남중까지가 24시간인 것처럼 가상의 태양(평균태양이라고 한다)을 생각하여 이 운행(360°/24시간=15°/시간)에 의해 시간을 결정하는 것이다.

따라서 진태양시와 평균태양시에는 차이가 있고, 이것을 균시차(equation of time)라고 한다. 균시차는 매일 변화하는 값인데 그 최대는 11월 15일에 15분 30초 정도가 된다(그림 6.3).

평균태양시는 지방(경도)에 따라 날라시는네(경도가 15° 증가미다 1시간 증가한다), 한국에서는 동경 135°에서 평균태양시를 중앙표준시로 하고 시계의 시간을 여기에 통일시키고 있다.

시계의 시간(T_s)과 어느 지방(동경 $L°$)의 진태양시(T)의 관계는 다음 식으로 나타난다.

$$T = T_s + \frac{L - 135°}{15} + E \tag{6.2}$$

여기서, E : 균시차

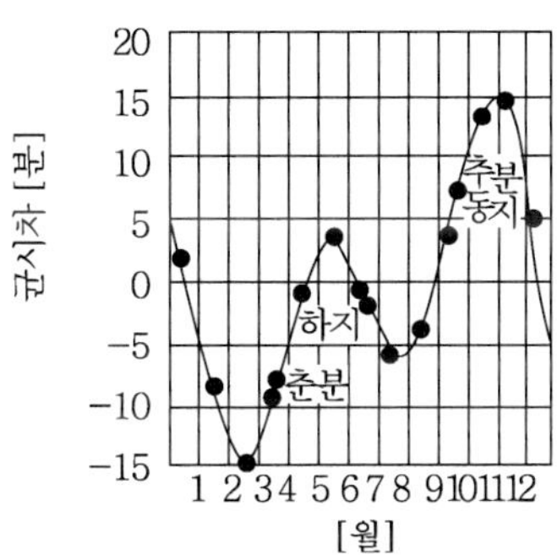

그림 6.3 균시차

그림 6.4 천구

예제 6.1

동경 140°에서 춘분의 오후 3시는 진태양시로 몇 시인가?

풀이

춘분(3월 21일)의 균시차는 그림 6.3에서 −7분 19초, 따라서 윗식에서,

$$T = 3[시] + \left(\frac{140 - 135}{15}\right)[시] - 7[분]\ 19[초]$$

$$= 3[시]\ 12[분]\ 29[초]$$

예제 6.2

서울지방(경도 127.5도E)에서 태양에 의한 그림자가 가장 짧은 시각은 우리가 사용하는 시계로 몇 시 몇 분인가? 다만 우리나라는 135도E의 지방시를 표준으로 하며, 이날 실제 태양은 평균 태양보다 10분 앞선다.

풀이

동경 135도와 127.5도와는 7.5도의 차이가 나고, 7.5도 만큼 태양이 더 이동했으니까 12시 30분이다. 그런데 실제 태양과 평균 태양과는 10분 차이가 나므로 실제 태양시간은 빠르고, 평균태양시는 느리다. 따라서 실제 태양시는 12시 30분이고, 느린 평균태양시는 12시 30분−10분=12시 20분

6.2.2 태양위치의 표시

태양은 천구(skydome)상의 위치에 따라 나타난다. 천구에 대한 명칭은 그림 6.4에 나타난 것처럼 지점의 진상을 천정, 북과 천정 및 남을 연결하는 선을 자오선, 지점에서 지축에 평행하게 그은 직선이 천구와 만나는 점을 하늘의 북극(또는 남극), 그 직선에 수직한 평면이 천구와 만나게 되는 큰 원을 하늘의 적도라고 한다.

태양은 천구상을 그림 6.5와 같이 적도와 평행하게 움직이는데 지축은 태양과 적도를 지나는 평면(공전면)의 법선과 23.5°의 기울기를 유지하고 있다. 이 기울기를 황도의 기울기 또는 일적위(solar declination)라고 한다. 일적위는 매일 변화하고 하지 및 동지에 최대이다. 춘추분에는 태양은 천구의 적도상에 있으므로 일적위는 0°이다.

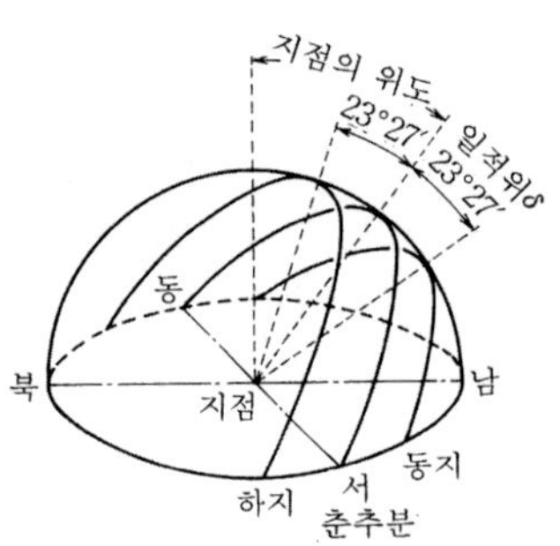

그림 6.5 태양의 일주괘도

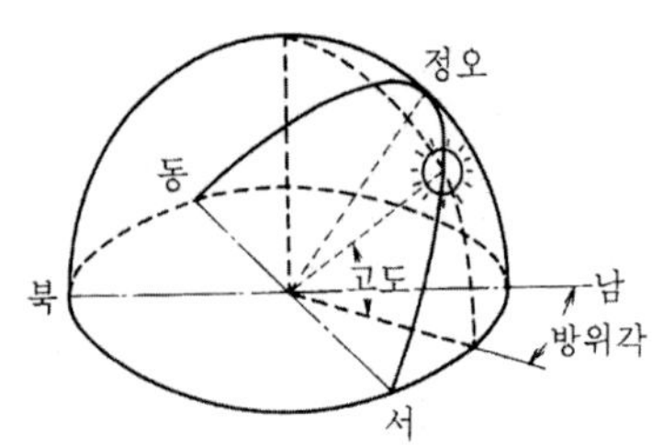

그림 6.6 태양의 방위각(α)과 고도(h)

태양의 천구상 위치를 나타내는 데에 보통은 그림 6.6에 나타나는 방위각(azimuth angle)과 고도를 이용한다. 방위각은 남을 0°로 하고 동(−), 서(+)의 부호를 붙여 표시한다. 고도는 수평면과 이루는 각이다.

어느 지점에서 위도$=\phi$, 그 날의 일적위$=\delta$, 시각$=t$(1[시간]$=360°/24=15°$, 정오는 시각 0°, 오전은 −, 오후는 +로 한다)로 하면 어느 지점의 어느 일시의 태양고도 h와 방위각 α는 다음 식으로 나타난다.

$$\sin h = \sin\delta \cdot \sin\phi + \cos\delta \cdot \cos\phi \cdot \cos t \tag{6.3}$$

$$\sin\alpha = \frac{\cos\delta \cdot \sin t}{\cos h} \tag{6.4}$$

$$\cos\alpha = \frac{\sin h \sin\phi - \sin\delta}{\cos h \cos\phi} \tag{6.5}$$

예제 6.3

서울($\phi = 37°34'$)에서 하지의 정오 시각의 태양고도 및 방위각을 구하여라.

풀이

$h = \sin^{-1}(\sin 23°27' \sin 37°34' + \cos 23°27' \cos 37°34' \cdot \cos 0°) = 76°$

$\alpha = \sin^{-1}\left(\frac{\cos 23°27' \cdot \sin 0°}{\cos 76°}\right) = 0$

예제 6.4

서울에서 동지의 정오 시각의 태양고도 및 방위각을 구하여라.

풀이

$h = \sin^{-1}(\sin - 23°27')\sin 37°34' + \cos(-23°27' \cdot \cos 0°)$

$= \sin^{-1} 0.49 = 29°20'$

$\alpha = \sin^{-1}\left(\frac{\cos(-23°27') \cdot \sin 0°}{\cos 29°20'}\right) = 0$

6.2.3 신태양궤적도

균시차를 고려한 신태양궤적도를 이용하여 태양의 고도와 방위각을 구할 수 있다. 서울지방에서 하지(6월 22일)와 동지(12월 22일) 때 오후 3시의 태양 고도와 방위각은 다음과 같은 방법에 의하여 구한다(그림 6.7).

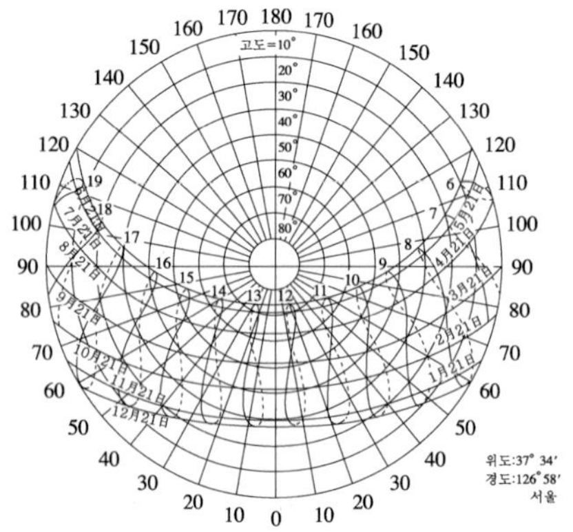

그림 6.7 신태양궤적도 : 서울

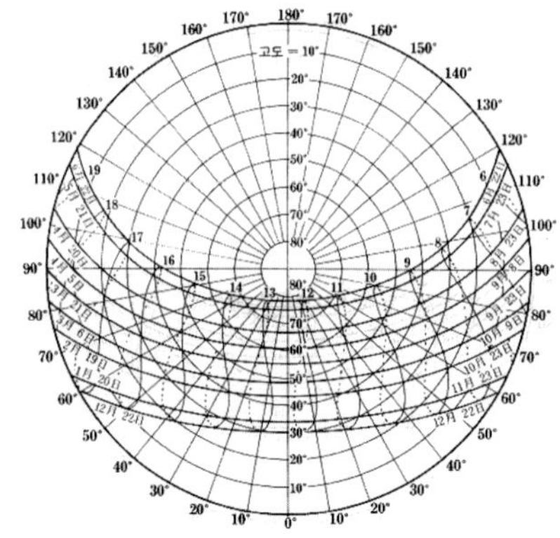

그림 6.8 신태양궤적도 : 부산

하지 때의 고도와 방위각

- 6월 22일 궤적도를 찾는다.
- 오후 3시의 실선과 점선 중에서 실선과 만나는 점을 잡는다.
- 이 점은 동심원의 값이 56°이다(고도).
- 이 점은 방사선을 연장하여 가장 큰 원호와 만나는 점의 값이 76°이다(방위각).

동지 때의 고도와 방위각

- 12월 22일 궤적도를 찾는다.
- 오후 3시의 실선과 점선 중에서 실선과 만나는 점을 잡는다.
- 이 점은 동심원의 값이 20°이다(고도).
- 이 점은 방사선을 연장하여 가장 큰 원호와 만나는 점의 값이 37°이다(방위각).

6.2.4 신월드램 태양궤적도

신월드램 태양괘적도는 관측자가 천구상의 태양경로를 수직 평면상의 직교좌표로 나타낸 것으로 태양의 괘적을 입면상에 그릴 수 있어 이해하기 쉽고 편리하다. 특히 태양열 획득을 위한 건물의 향, 외부공간계획, 내부의 실 배치, 창 및 차양장치, 식생 및 태양열 집열기 등을 설계하는 데 필수적이다(그림 6.9~6.13).

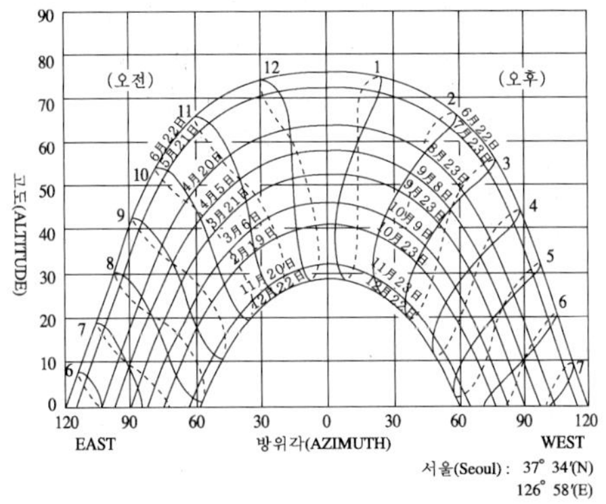

그림 6.9 신월드램 태양궤적도(서울)

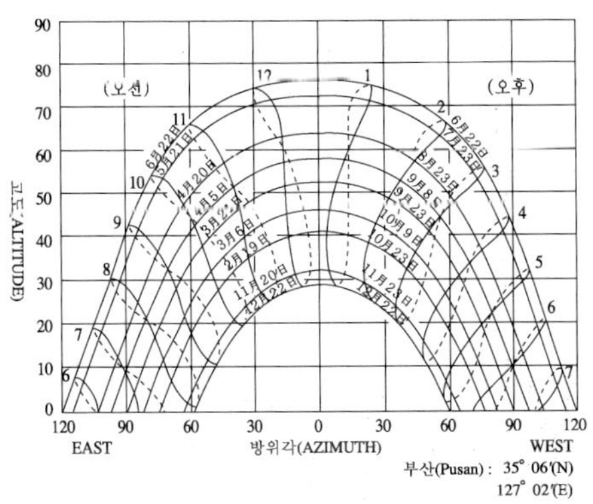

그림 6.10 신월드램 태양궤적도(부산)

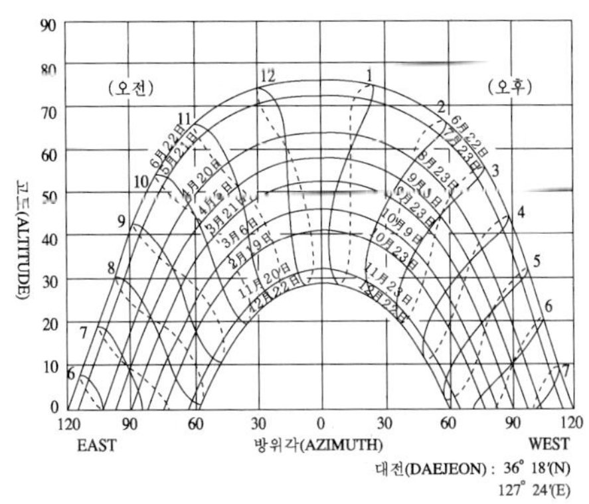

그림 6.11 신월드램 태양궤적도(대전)

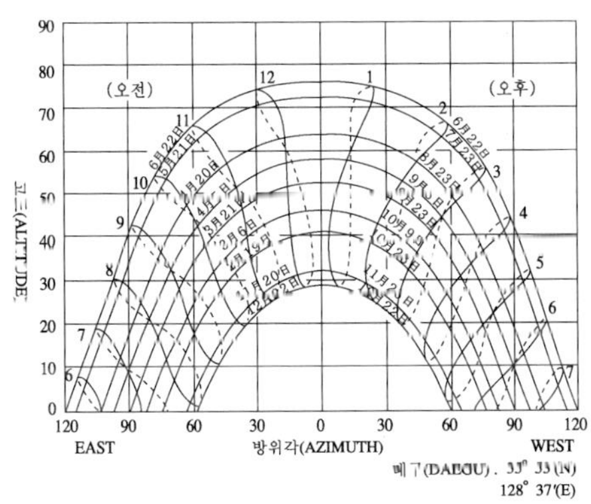

그림 6.12 신월드램 태양궤적도(대구)

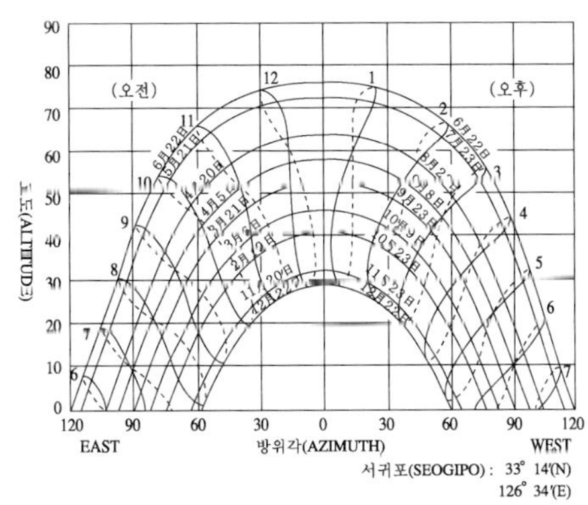

그림 6.13 신월드램 태양궤적도(서귀포)

서울지방에서 하지(6월 22일)와 동지(12월 22일) 때 오후 3시의 태양 고도와 방위각은 다음과 같이 구할 수 있다.

하지 때의 고도와 방위각

- 6월 22일 궤적도를 찾는다.
- 오후 3시의 실선과 점선 중에서 실선과 만나는 점을 잡는다.
- 이 점에서 좌측으로 수평선을 작도하여 y축과 만나는 값이 56°이다(고도).
- 이 점에서 밑으로 수직선을 작도하여 x축과 만나는 값이 76°이다(방위각).

동지 때의 고도와 방위각

- 12월 22일 궤적도를 찾는다.
- 오후 3시의 실선과 점선 중에서 실선과 만나는 점을 잡는다.
- 이 점에서 좌측으로 수평선을 작도하여 y축과 만나는 값이 20°이다(고도).
- 이 점에서 밑으로 수직선을 작도하여 x축과 만나는 값이 37°이다(방위각).

또한 신월드램 태양궤적도를 이용하여 일조시간을 예측할 수 있다(그림 6.14). 일사차폐물의 기입방법은 다음과 같다.

① 트란시트, 나침판으로 진남을 정한다.

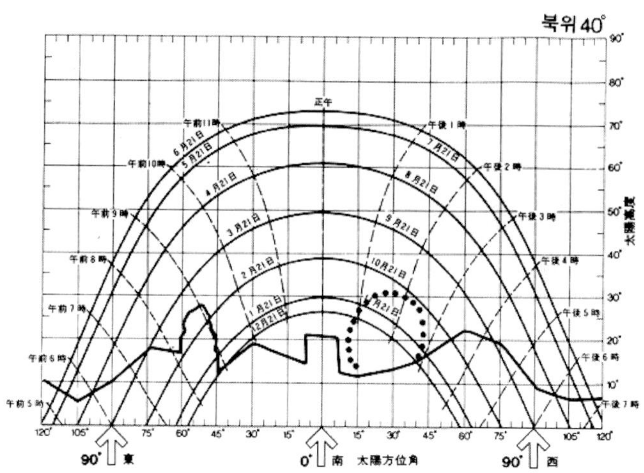

그림 6.14 신월드램 태양궤적도에 의한 일조시간

② 핸드레벨을 진남을 향하게 하고 그 방향의 스카이라인의 수평면상 고도각을 구한다.
③ 같은 방법으로 진남으로부터 동서로 각각 120°씩 스카이라인의 고도각을 찾아 태양궤적도에 실선으로 표시한다.
④ 상록수나 고층빌딩들도 스카이라인과 같은 방법으로 방위각과 고도각을 측정하여 표시한다.
⑤ 활엽수는 겨울철에 일사에 방해가 되지 않으므로 파선으로 궤적도에 표시한다.

6.3 건물에의 일조

6.3.1 일조시간

양지 바른 건물은 건조하여 기분이 좋고, 건강한데 볕이 들기 어려운 건물은 눅눅하여 불쾌하고 건강상 바람직하지 않다.

볕이 듦의 양부는 건물에의 일조시간(duration of sunshine)에 의해 고려되는데 일조시간의 길이는 벽면의 방위에 따라 상당한 차이가 있다. 또 같은 방위의 벽면에서도 그 날의 날씨에 의해서 변화한다.

따라서 1일 중 담천인 경우에 외벽이 직사일광을 받는 시간수를 그 외벽의 가조시간이라 하여 일조시간의 기준으로 한다. 예를 들면 남면 벽은 동서로 평행하여 있으므로 그 춘추분의 가조시간은 일출에서 일몰까지의 12시간이다.

표 6.5에 벽면의 방위에 의한 가조시간의 변화를 나타낸다. 여기에 의하면 남면·남동면·남서면의 일조가 양호하여 위생상으로 바람직함을 알 수 있다.

어떤 지점에서 태양의 중심이 동쪽 지평선에서 나와 서쪽 지평선에 이르는 동안의 시간. 위도와 계절에 의하여 결정되는 것을 가조시간이라고 한다. 일조시간을 가조시수로 나눈 것을 일조율이라고 한다. 일조율은 백분율로 표시하고 소수 1위까지 산출한다.

$$\text{일조율} = \frac{\text{일조시간}}{\text{가조시간}} \times 100[\%] \tag{6.6}$$

일조시간은 실제 해가 비추고 있는 시간으로서 지형이나 날씨의 영향을 받는다. 가조시간은 일출에서 일몰까지의 시간이다.

표 6.5 벽의 방위별 가조시간

벽의 방위	하 지	춘분 · 추분	동 지
남 면	7시간 0분	12시간 0분	9시간 32분
남 동 면	8시간 4분	8시간 0분	8시간 6분
동면 · 서면	7시간 14분	6시간 0분	4시간 46분
북 면	3시간 44분	0분	0분
북동 · 북서면	6시간 24분	4시간 0분	1시간 26분
남 서 면	8시간 4분	8시간 0분	8시간 6분

* 출처 : 佐藤鑑, 건축환경학

6.3.2 건물의 음영

건물에 적당한 일조를 얻기 위해서는 그 건물 자체의 방향이 중요함과 함께 다른 건물 등의 음영(shadow)이 영향을 주지 않는 것이 필요하다.

건물의 음영은 태양의 위치를 알 수 있으면 계산에 의하여 용이하게 구해진다. 예를 들면 태양의 방위가 남 20° 동이며, 고도가 30°라면 건물의 음영은 북 20° 서의 방향으로 $H\cot 30° = \sqrt{3}\,H$(H는 건물높이)의 길이가 된다.

그러나 건물의 음영은 태양의 운행에 의해 시시각각 변화하므로 그 모양을 계산으로 구하는 것은 간단하지 않다. 이 경우 일영곡선을 이용하면 편리하다.

일영곡선(Solar shadow curve)은 지상에 연직으로 세워진 막대의 그림자 선단이 1일에 그린 궤적이다. 물체의 음영은 지방의 위도나 시계에 의하여 달라지므로 일영곡선도 위도마다 시계별로 나타나게 된다.

그림 6.15는 춘·추분, 하지, 동지 때의 일영곡선이다. 일영곡선은 태양궤적도나 도표가 없을 경우 다음과 같은 방법으로 쉽게 작도할 수 있다.

① 춘·추분, 동지, 하지 정오의 태양고도를 구한다($h_n = 90° - L \pm \delta$).

② 수직막대의 일영 길이를 구하기 위해 춘·추분, 동·하지 정오의 태양고도를 막대의 입면에 그린 후 각각의 길이를 평면상에 옮긴다.

③ 계절별로 일출, 일몰방위를 그리고 이 방위를 점근선으로 하여 각각의 정오 점근

선에 평행하게 기점을 통과하는 완만한 쌍곡선을 작도하면 3개의 일영곡선을 얻을 수 있다.

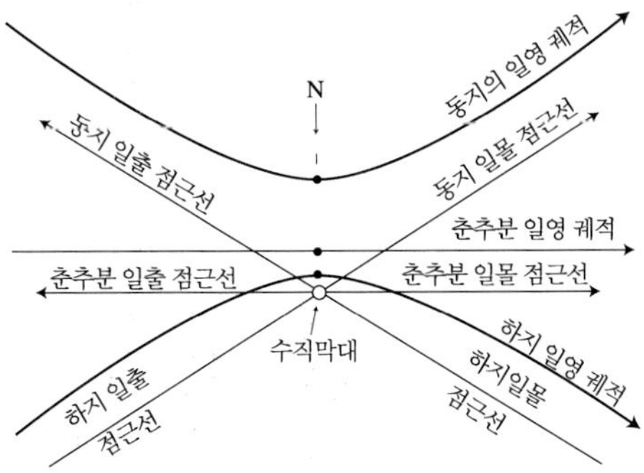

그림 6.15 수직막대의 일영곡선

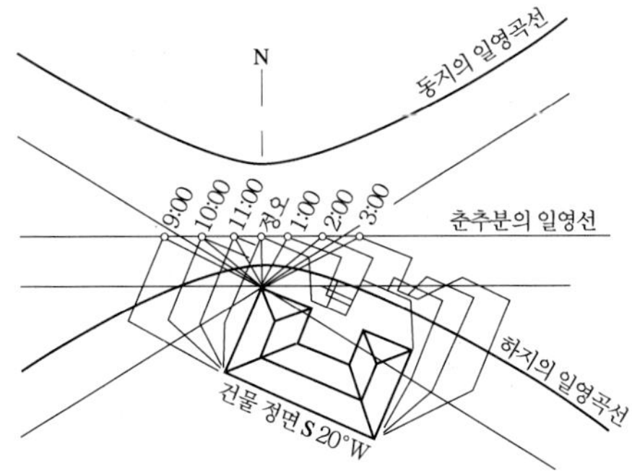

그림 6.16 건물에 대한 일영곡선

건물의 일영패턴은 그림 6.16과 같이 건물 모서리의 그림자를 평행하게 그려 넣음으로써 쉽게 그릴 수 있다.

하지와 동지 때 오전 8시와 오후 2시 때의 일영을 검토하면, 동지 때는 태양의 고도가 낮기 때문에 그림자가 길게 드리워지고, 하지 때는 태양의 고도가 높기 때문에 그림자가 짧게 드리워짐을 알 수 있다. 일영의 길이는 수직막대 높이의 스케일로 읽는다(그림 6.17).

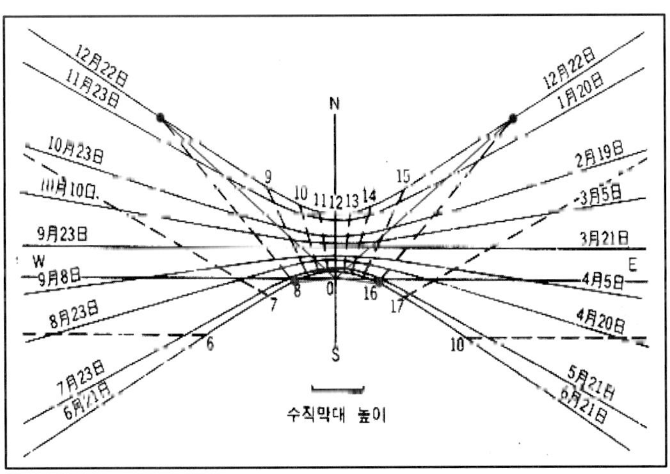

그림 6.17 북위 36도 지방의 일영곡선

6.3.3 인동간격

건물군에서 바람직한 일조를 얻는 데에는 남측 건물의 음영이 영향받지 않도록 건물의 간격(인동간격 ; pitch of building)을 적당하게 결정하면 된다.

이를 위해서는 1년 중 건물의 음영이 가장 길게 되는 동지에 오전 10시에서 오후 2시까지의 4시간의 일조가 얻어지도록 계획하는 것이 보통이다.

그림 6.18(a)와 같이 건물이 남면하고 있는 경우는 그림 중의 D가 필요한 인동간격이 되고, (b)와 같이 동서로 기울어져 있는 경우는 D'가 여기에 상당한다. 이러한 길이는 그림 6.15의 일영곡선에 의하면 서울 부근에서는 D는 높이의 2.06배에 있는 것을 알 수 있다. D는 위도가 높은 지점이면 커지는데 한국에서는 대체로 2배 전후가 된다.

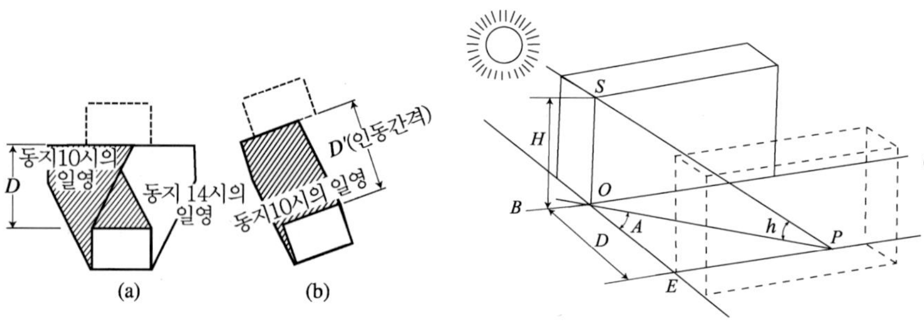

그림 6.18 인동간격

남북 인동간격 결정에 영향을 미치는 요소는, ① 전면건물높이(H) ② 태양의 고도(h) ③ 방위각(A) ④ 일영길이(OP) 등이다. 인동간격은 그림 6.18에 의하여 식 (6.7)과 같이 설명할 수 있다.

$$\tan h = OS / OP = H / OP$$

$$\therefore \ OP = H / \tan h \tag{6.7}$$

$$\cos A = OE / OP = D / OP = D / H / \tan h$$

$$\therefore \ 인동간격(D) = \cos A \times H / \tan h$$

예제 6.5

그림 (a)는 어느 지점에 있어서 수평면상에 세운 단위길이의 연직봉의 동지에 있어 일영곡선이다. 이 지점에서 그림 (b)의 A점의 동지에 있어 일조시간은 얼마인가? 다만, 그림 (b)에서 지면은 수평이고, 건축물 B는 동서방향으로 무한히 긴 것으로 하고, 또 건축물 B 이외의 영향은 고려하지 않도록 한다.

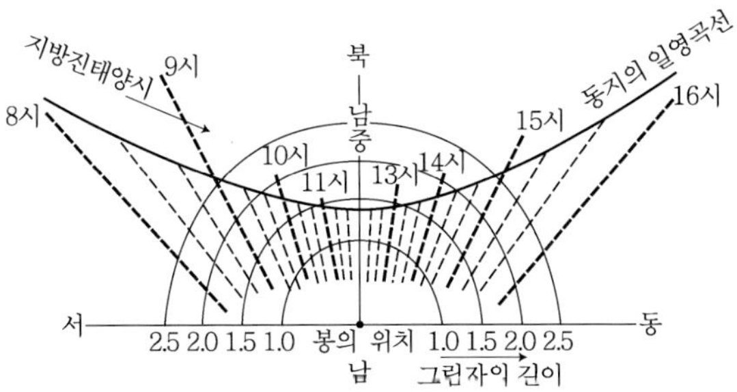

그림 (a)

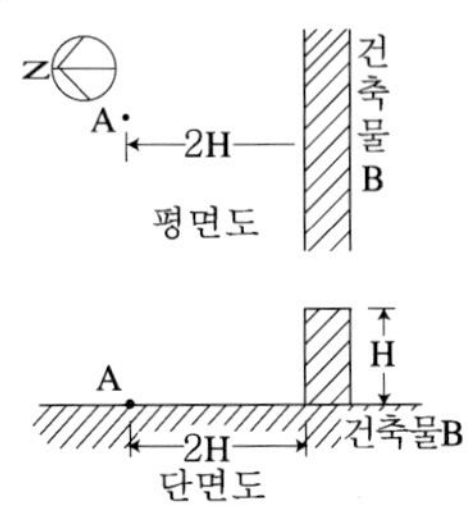

그림 (b)

풀이

건축물 B는 동서로 무한히 길므로 그림 (a)에서 그림자의 길이 2.0의 정점에서 수평선을 그어 일영곡선과의 교점으로부터 9시~15시, 즉 6시간의 일조가 얻어진다.

예제 6.6

북위 35° 부근에서 동계에 전면 건물의 일영에 지장이 없도록 하기 위해서는 인동간격을 어느 정도로 해야 하는가? 남쪽 전면 건물의 높이를 H로 할 때 이의 몇 배 필요한가?

풀이

동지에 있어서 정오의 태양고도는 평사법 태양위치도를 보아 약 30° 이다. 따라서 건물의 간격 D는,

$D = H/\tan\theta = \sqrt{3}\,H = 1.7H$

6.4 일조의 측정

실제로 일조가 있었던 시간을 측정하는 일조계에는 Jordan 일조계, Campbell-Stokes 일조계 등이 있다.

그림 6.19는 졸단 일조계의 외관을 나타낸다. 그림 중 AA'는 원통으로 안에 감광지를 넣도록 되어 있고, H, H' 양측에 작은 구멍이 있어 정위치에 설치하면 오전은 H'에서 오후는 H에서 일광이 투사하여 감광지를 감광시킨다. 원통 상부의 지붕모양은 H, H'에서의 일광 투사를 상기와 같이 조절하기 위한 것이고, 지침 B는 하방의 위도 눈금 C에 맞추고, AA' 원통 축을 관측점의 천구의 축에 평행되게 조절하기 위한 것이다.

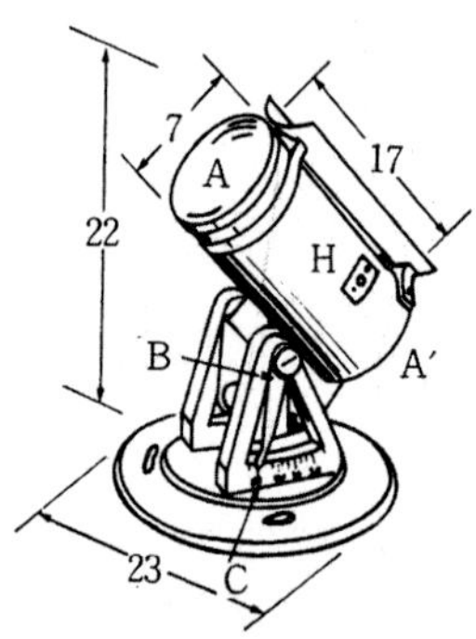

그림 6.19 졸단일조계

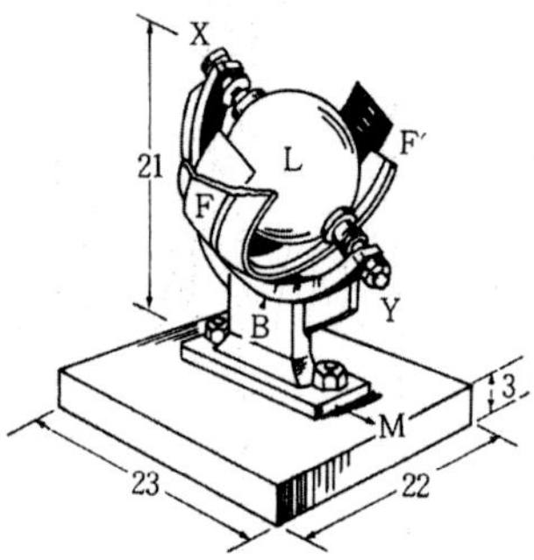

그림 6.20 캠벨-스토크스 일조계

이 기기를 바르게 설치하여 측정하면 원통 내의 감광지에 일조시간에 상당하는 영상이 얻어진다. 감광지에는 시각을 나타내기 위한 눈금이 표시되어 있다. 이 눈금은 천구의 축을 도는 태양의 운행이 등각속도로 행해지기 위하여 원통의 축에 평행한 등간격의 선으로 나타나 있다.

그림 6.20은 캠벨-스토크스 일조계의 외관이다. 그 중요부는 구 L이고 소디움광에 대한 굴절률이 1.511~1.513 정도의 것이 사용된다. 이 유리구와 동심구를 이루고 있는 진유제의 틀 FF'가 있어 일조지를 삽입하도록 되어 있다. 태양이 이 구를 비추면 일조지에는 초점에 해당하는 곳에 불탄 흔적이 생긴다. 이 기기는 M을 관측지의 남북선에 맞추어 B의 표시를 그곳의 눈금에 맞도록 조절하면 XY가 천구의 축에 평행하여 틀의 위치가 적당하면 불탄 흔적은 일조지의 가에 평행한 선이 된다.

6.5 일조조절

일조조절(Solar control)에 있어서 일조는 단순히 일사에 대응하는 의미는 아니다. 이른바 볕이 듦의 문제에서 일광에 의한 열적 작용(일사), 화학적·보건위생적 작용(좁은 의미의 일조), 밝기(채광) 등 일광이 가지는 모든 효과를 포함하고 있다.

일조조절의 목적은 작업면의 과대 조도의 방지, 심한 조도 변동의 방지, 실내의 조도·휘도의 현저한 불균일 방지, 하계의 과대 수열의 방지와 동계의 적극적인 수열 등 4계를 통한 수열조절 등이 주이다.

창은 다만 채광이나 통풍의 목적만 있는 것은 아니다. 재실자는 창을 통하여 밖을 바라보고 자연과 먼 실내라는 인공적인 공간에 들어앉아서 심리적으로 자연과 연속하고 폐쇄감이 없이 마음의 안정을 얻는 것이다. 창은 건물의 외관에도 영향을 미친다. 창의 기능은 다양하다. 일조조절은 창의 다양한 기능을 살리고 그 목적을 달성해야 한다.

기본 계획적인 고안으로서 건물 전체의 형과 방향, 지형, 지물, 수목의 이용 등이 관련된다. 건물의 형은 하계 수열의 점에서는 남북으로 면하는 판상체가 유리하지만 동서로 면하는 판상체는 입방체보다 불리하다. 건물이 산이나 주변 건물에 의하여 일조를 방해받는 경우가 있는데 일조가 작은 부분에 일조를 피하는 실을 배치하는 것도 하나의 고려 방법이다.

수목은 우수한 일조조절 장치이다. 나뭇잎은 대부분 적외선을 거의 반사하므로 하계에 쾌적한 그늘을 만든다. 동계에 잎이 떨어지는 낙엽수는 겨울 해를 가리지 않으므로 환경을 한층 좋게 한다.

이상의 기본적인 계획에 속하는 고려에 대하여 직접적인 일조조절은 대부분 창 내·외에 이용되는 여러 가지 구조물이나 설비에 의해서 행해진다. 차양, 처마, 발코니나 각종의 루버 이외에 길게 내민 벽, 깊은 창틀 등이 있다. 발이나 베니션 블라인드(venetian blind)도 일사방지에 유효하다. 또 유리블록은 일조조절상 유효한 창 재료이며 창면에서 빛을 확산시킴과 아울러 단열 효과도 있다.

일조를 조절하는 장치에는 그림 6.21과 같은 것이 있다. 이와 같은 일조조절장치를 brise-soleil(프랑스어로 일조조절의 의미)라고 한다.

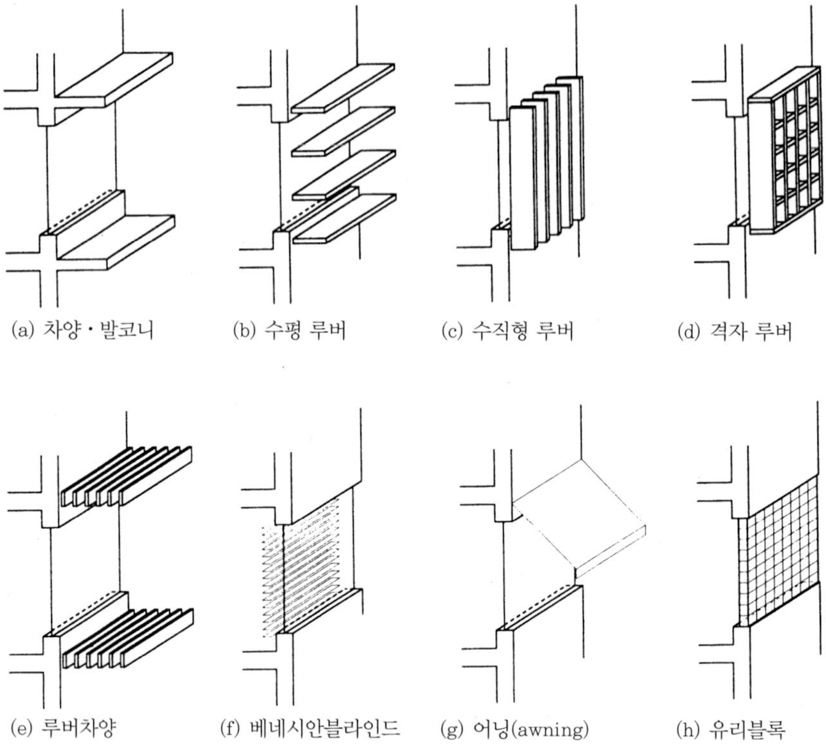

그림 6.21 일조조절장치

6.6 일사의 특성

6.6.1 지상에 도달하는 태양 복사

일사(Solar radiation)는 지구에 도달하는 태양복사(태양에서 방사되는 전자기파) 가운데 근자외에서 근적외의 전자기파이다. 일사는 지구대기를 통하여 오는 동안에 공기분자나 진애에 의해 산란되는 한편, 오존, 이산화탄소(탄산가스), 수증기에 의해 흡수된다. 남은 일사는 지표에 도달하여 지표와 해면을 따뜻하게 한다. 따라서 일사의 에너지는 대기와 해양에서 일어나는 여러 가지 자연현상의 근원이 될 뿐 아니라 농작물의 생육이나 보건위생 등과 깊은 관련을 지니고 있다.

적외선은 열적 작용을 가진다. 일사는 적외선에 의한 열적 작용을 고려하는 문제이다. 일사는 외기온의 변화에 영향을 미치고, 건물의 외벽을 따뜻하게 한다. 실내 기후는 이와 같은 온도 변화의 영향을 강하게 받는 것이고, 이 의미에서 일사는 실내 기후를 좌우하는 중대한 요소라고 할 수 있다.

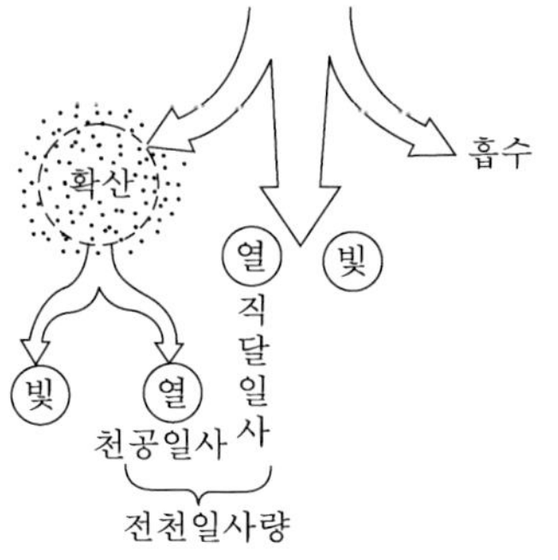

그림 6.22 직달일사와 천공일사

일사에는 직달일사(direct solar radiation)와 천공복사(sky radiation)가 있다. 선사는 태양 복사의 대기 투과시의 감쇠잔부인 직사일광에 의하고, 후자는 대기 투과시에 산란하여 지상에 도달하는 천공광(skylight)에 의한다. 직달일사의 실내외의 기후에 미치는 영향은 크다(그림 6.22).

태양은 감마선에서부터 전파에 이르기까지 모든 파장의 전자기파를 방사하고 있다. 그 중에서 0.75~1,000[㎛]의 파장영역을 적외선이라고 한다(그림 6.23).

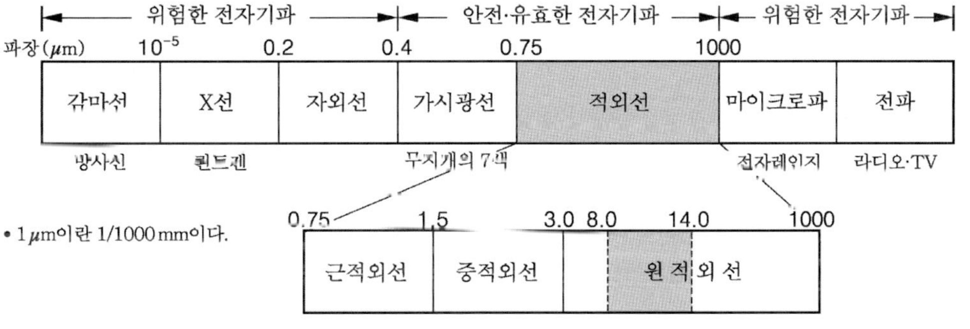

그림 6.23 전자기파의 종류와 적외선의 범위

적외선은 적색광보다 파장이 길고, 밀리파장의 전파보다 파장이 짧은 전자기파 전반을 가리키고, 파장은 약 1~700[nm]에 분포한다. 즉 가시광선과 전파 사이에 속하는 전자기파로서 열선이라고도 한다.

적외선은 파장에 따라 근적외선, 중적외선, 원적외선으로 분류된다.

1) 근적외선

근적외선은 약 0.7~2.5[㎛]의 가시광(赤)에 가까운 전자기파이다. 가시광선에 가까운 성질을 가지고 눈에 보이지 않는 열선이며 따뜻함이 느껴지는 열선이지만, 인간의 정서를 불안정하게 하고, 저온에서도 화상을 입는 경우가 있다.

재래의 스토브・적외선램프・전기스토브에 주로 이용되고, 음식을 삶거나 굽는 요리에 사용된다. 또한 적외선통신, CCD카메라의 야간광원 등에 이용되는데, 적외선 LED가 광원으로 흔히 이용되고 있다.

2) 중적외선

중적외선은 약 2.5~4[㎛]의 전자기파이다. 근적외선의 일부로서 분류되는 것도 있다.

3) 원적외선

원적외선은 약 4~1,000[㎛]의 전자기파이다. 이 파장을 온도로 환산하면 450~-270℃가 된다. 결국 비교적 저온의 방사체가 발하는 전자기파가 원적외선인 것이다. 전파에 가까운 성질도 가진다. 원적외선은 열을 가진 물체(절대온도가 0 K를 넘는 물체)에서는 반드시 방사되고 있다. 즉 열선으로서의 성질을 가지고, 고온도의 물체일수록 적외선을 강하게 방사한다. 8~14[㎛]의 원적외선이 인체에 가장 유익하다.

주로 열선으로서 조리나 난방, 건조, 건강, 의료, 미용, 보온 등에 이용된다. 일반적으로 전자기파는 파장이 긴 편이 물체에 침투하는 능력이 커지므로 원적외선을 이용하는 것에 의해 대상을 내부에서 따뜻하게 할 수 있다.

6.6.2 지면(수평면)이 받는 일사량

일사는 지상에 도달하기까지 대기의 흡수나 산란에 의해서 약해지는 데 그 감쇠량은 투과하는 대기층의 두께와 대기의 상황에 따라 변화한다. 1일 중에 지상에 도달하는 에너지는 대기의 외측에 입사된 양과 비교하면 개인 날 약 70 %, 청우천을 평균하여 약 50 %이다. 일사량은 태양으로부터 오는 태양 복사 에너지(일사 I_o)가 지표에 닿는 양을 말한다. 일사량은 태양광선에 직각으로 놓은 1[cm^2] 넓이에 1분 동안 복사되는 에너지의 양(복사량)을 측정함으로써 알 수 있다.

일사량의 단위 환산

$1MJ/m^2$

$= 10^6 J/m^2$ [W=J/s → J=Ws]

$= 10^6 Ws/m^2$ (1h=3600s → s=(1/3600)h)

$= 10^6 W\times(1/3600)h/m^2$

$= 10^3 kW\times(1/3600)h/m^2$

$= 10^3/3600 kWh/m^2$

$= 0.278 kWh/m^2$

I_o에 따라 지상의 직달일사에 의한 법선면 일사량 I_n(일사에 직각인 면이 받는 일사량)은 다음 식으로 나타난다.

$$I_n = I_o P^{\frac{1}{\sin h}} \ [w/m^2] \tag{6.8}$$

여기서, h : 태양고도

P : 대기의 투과율

투과율(transmission coefficient)은 시가지에서 0.6~0.8, 고산처럼 공기가 맑고 깨끗한 곳에서는 0.9 정도이다(그림 6.24).

지면 등의 수평면의 직달일사량 I_h는 I_n과 다음 식의 관계가 있다.

그림 6.25(a)에서 일사량을 Q[w], 법선면의 면적을 $S m^2$, 수평면의 면적을 $S' m^2$, 태양광도(solar luminous intensity)를 $h°$로 하면,

$$I_h = \frac{Q}{S'} = \frac{Q}{S \operatorname{cosec} h} = \frac{Q}{S} \sin h \ [w/m^2] \tag{6.9}$$

그런데 $I_n = Q/S \ [w/m^2]$이므로,

$$I_h = I_n \sin h \ [w/m^2] \tag{6.10}$$

가 된다.

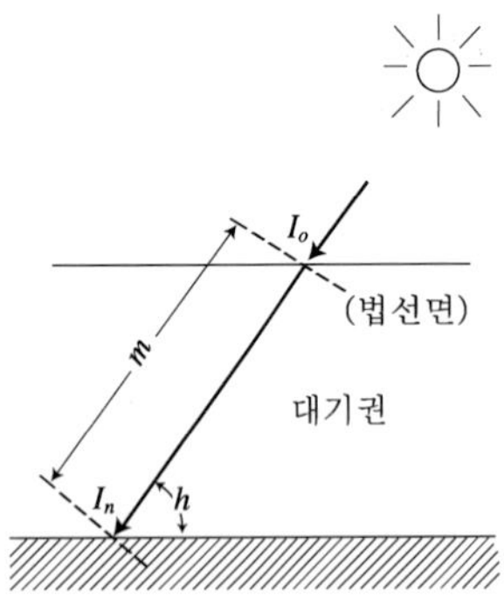

I_o는 대기중의 투과거리 m가 길수록(태양고도 h가 낮을수록 길다) 크게 감쇠하여 I_n이 된다.

그림 6.24 법선면 일사량

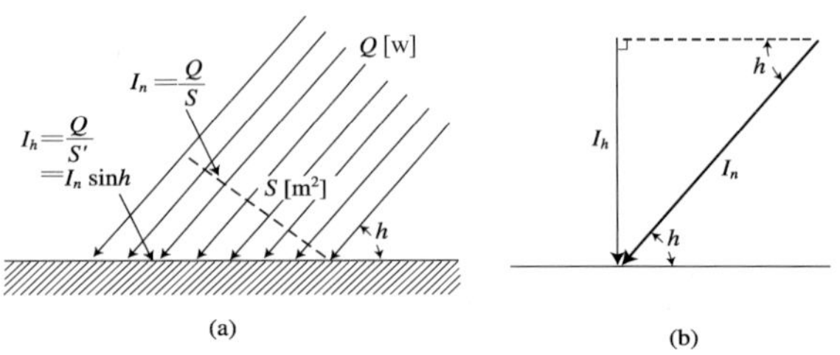

그림 6.25 수평면 일사량

식 (6.10)에 의하여 I_h는 태양광도에 따라 변화하고 태양의 방위는 관계없는 것을 알 수 있다. 또한 I_h는 I_n에 의해서 그림 6.25(b)와 같이 나타날 수 있는 것도 이해된다.

예제 6.7

일사 문제에서 태양상수란 무엇인가?

풀이

태양 상수(solar constant)의 값은 태양활동 극소기에 대략 1.361[kW/m^2]로 나타났고, 극대기에는 이보다 0.1% 큰 1.362[kW/m^2] 값으로 나타났다.

6.6.3 일사량계의 측정원리

대기오염의 정도를 크게 좌우하는 기상조건의 하나로 대기안정도가 있다. 대기안정도는 대기의 상하혼합 정도를 나타내는 지표이고, 안정의 경우에는 흐트러짐이 작고 상하혼합이 작아진다. 불안정의 경우에는 흐트러짐이 크고 상하혼합이 심해진다. 이 상태에 의해 대기 중에 배출된 대기오염물질의 청정공기에 의한 희석이나 확산의 정도가 달라진다. 주간의 대기안정도는 풍속과 일사량에 의해 분류되기 때문에 대기오염의 확산예측 시뮬레이션이나 대기오염현상의 해명에 일사량의 데이터는 필요하다.

일사량은 지면부근의 수평 평면에 입사하는 태양에너지의 단위면적당의 양이다. 일사량은 대기 중의 수증기, 먼지 및 구름 등의 영향을 받아 시시각각의 변동이 심하기 때문에 어느 시각의 순시값이 아니라 일정시간의 적산량을 이용하는 경우가 많다. 단위는 순시값에 대해서는 KW/m^2, 적산량에 대해서는 MJ/m^{2}이다.

전천일사량은 단위면적의 수평면에 입사하는 태양복사의 총량이며, 직달일사, 천공의 전방향에서 입사하는 산란일사 및 구름에서의 반사일사를 합한 것이고, 일출 전 및 일몰 후에도 약간이지만 관측된다.

직달일사량은 단위면적의 수평면에 입사하는 태양복사 중 산란광 및 반사광을 제외한 일사량이다. 태양으로부터 직접 도달하는 직달일사량을 관측할 수 있는 날은 일출부터 일몰까지이다.

산란일사량은 단위면적의 수평면에 입사하는 태양복사 중 직달일사를 제외하고, 대기 중에서 공기분자, 수증기, 에어로졸 등으로 산란된 빛의 에너지량이다.

일사량계의 원리는 일사를 받은 물체가 그 에너지를 흡수하여 온도가 상승하는 성질을 이용하고 있다. 백색의 물체와 흑색의 물체는 일사에 대한 반사율이 다르므로 흡수되는 에너지의 차이에 의해 양자 사이에 온도차가 발생한다. 그 온도차를 강/콘스탄탄열전퇴(다수의 열전대를 직렬로 접속한 것)를 이용하여 측정하고, 입사한 일사량으로 환산한다.

전천일사계는 감부, 변환부 및 기록부로 구성된다. 감부는 일사에너지를 열에너지로 변환하고, 일사의 세기에 비례한 온도차를 열전퇴에 의해 열기전력으로 출력한다. 열전퇴의 기전력에 의한 신호는 변환부에서 증폭, 보정을 하고, 일사량으로 환산, 변환된다. 그 변환정수는 표준측기와의 비교검정에 의해 「검정정수」로 정해지고, 일사량계마다 다른 정수를 가지며 호환성이 없다.

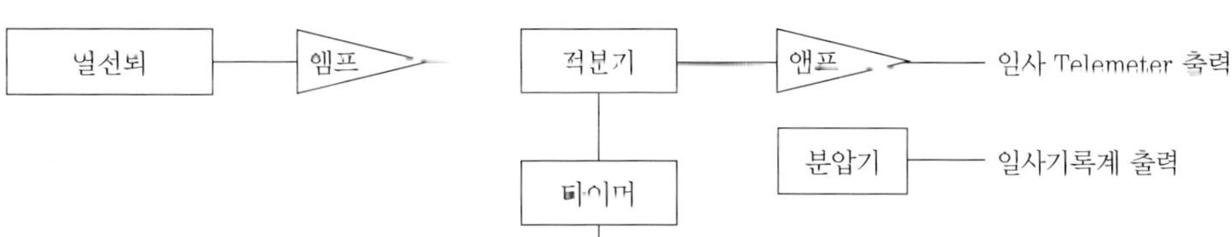

그림 6.26 일사량의 측정시스템

6.6.4 일사의 실측

(1) 직달일사

직달일사의 측정에는 Abbot의 고안에 의한 수류일사계, 은반일사계, Ångström보상식 일사계 등이 있는데, 그림 6.27은 은반일사계의 외형을 나타낸다. 그림 중의 t는 수은한란계, α는 은제의 중공원반이며, 내면에 얇은 철판이 덧붙여 있고, 측면의 구멍에 한란계의 원통형 구부가 삽입되어 있다. 한란계 구부 둘레의 공극은 수은이 가득 들어 있어 은반이 받는 일사열을 용이하게 한란계의 구부에 전하도록 되어 있다. 이와 같은 원반은 상면을 유연(油煙)으로 그슬리고, 내면을 마찬가지로 그슬린 원통기 내에 넣어 두어져 있다. 원통기 내의 f_1, f_2는 조리개로 기내에 바람이 분다든지, 기류가 출입하는 것을 방지하기 위한 것이다.

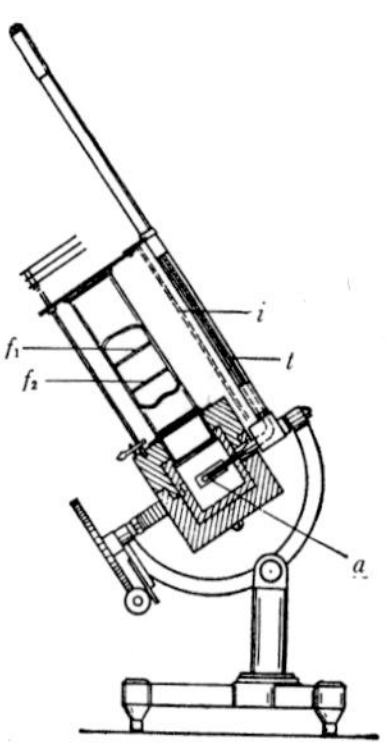

그림 6.27 Abbot의 은반일사계

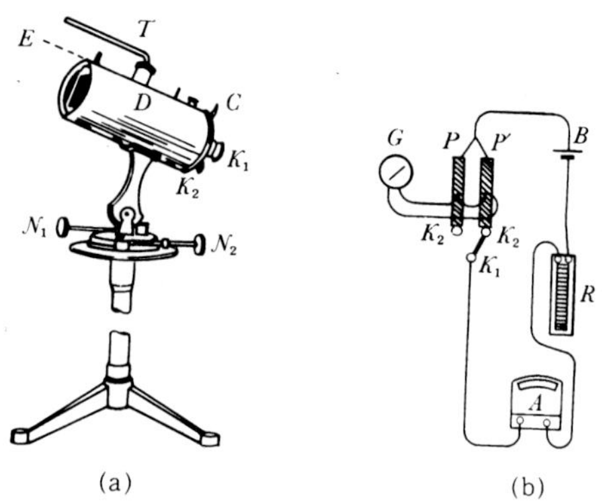

그림 6.28 Ångström 일사계

이상의 원통기는 그림과 같이 목재 상자로 보호하여 외계와의 열교환을 단절하고, 가대 위에 얹어 원반을 일사에 직면시켜 관측을 행한다. 이 경우 일사가 수직으로 은반 위에 떨어지는 것이 필요하며, 그 때문에 이 가대에는 작은 구멍이 뚫어져 있고, 이것을 통하는 일광을 보다 조정의 필요 여부를 판단하도록 되어 있다. 그림 중에 점선으로 나타난 i는 그 경우의 광선을 나타낸다.

그림 6.28은 Ångström 일사계이다. 중요부는 그림 (b)의 PP'인 표면 검정페인팅의 망가닌편의 뒷면에 열전대를 장치하여 양접점의 온도차에 의한 열전류는 전류계 G를 보도록 하고 있다. 먼저 P'를 일사에서 차폐하고 P에 일사가 오면 P는 그 때

문에 P'보다 고온이 되어 G의 지침이 움직인다. 이때 그림과 같이 C에 의해 K_1, K_2를 이어 전원 B에 의한 전류를 P'에 통하면 P'는 열을 얻어 P와 같은 온도가 될 때 G의 지침은 0점에 돌아온다. 이 경우 P가 흡수한 일사와 P'가 전류에 의해 얻은 열량은 같으므로, 전류에 의한 열량을 계산하여 일사량을 구하고자 한 것이다.

이 망가닌편 D는 그림 (a)에서 보는 바와 같이 은도금 원통 중에 넣어 있고, N_1, N_2를 조작하여 원통을 태양방향으로 향하여 E로 P'를 일사에 직면시킨다. C에 의해 P'에 전류를 통하여 R의 저항기를 가감하여 전류계 G의 지침이 0점에 있게 하고 ammeter A의 지시 i를 읽는다. 다음 P를 둘러싸고 P'를 일사에 직면시켜 i를 읽고 평균을 구한다.

(2) 수평면 일사량

일반적으로 Robitzsch 일사계, Eppley 일사계 등이 사용된다. 이들은 반구형 또는 구형의 유리종 안에 들어 있는 흑, 백의 금속판이 일사를 받을 때 흑, 백에 의하여 일사열 흡수에 따른 온도상승에 차이가 있는 것을 이용하여 수평면 일사의 세기 J_h를 측정하도록 한 것이다.

Robitzsch 일사계는 그림 6.29와 같은 외관을 지니고, 그림에 보이는 반구형 유리 뚜껑의 안에 백색, 흑색으로 칠한 같은 모양의 바이메탈이 설치되어 있고, 이들이 일사를 받는 경우 색에 의하여 열흡수에 따른 온도 상승에 차이가 생기게 한다. 이 차이에 의거하여 바이메탈의 차동적인 움직임을 펜으로 자동 기록되는 것이다.

Eppley 일사계는 그림 6.30과 같은 외관을 지니고, 유리구 내에 동심원 고리 모양

그림 6.29 Robitzsch 일사계

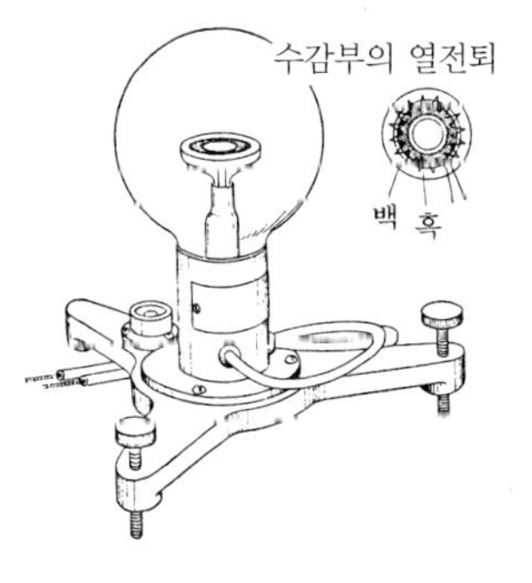

그림 6.30 Eppley 일사계

의 백색, 흑색의 은판을 갖추어 이들이 일사를 받는 경우 색에 의하여 생기는 온도차를 열전퇴에 의하여 측정하고, 이것으로부터 일사의 세기가 구해지도록 되어 있다. 열전퇴는 절연하여 그림과 같이 판의 하면에 흑백을 교대로 접속하고 있다. 이와 같은 수감부를 수용하고 있는 유리구 내부에는 건조공기가 봉입되어 있다.

Robitzsch 일사계, Eppley 일사계 등에 의한 관측은 직달일사 외에 전천공에서의 이른바 천공복사, 반복사를 포함하는 것, 즉 전 일사의 세기이다.

(3) 전천일사 · 산란일사 · 반사일사

1) 관측의 종류

① 천공의 전방향에서의 태양복사를 전천일사라 하고, 수평면에서 받은 단위면적당의 전천일사에너지를 전천일사량이라고 한다.

② 대기성분에 의해 산란·반사하여 천공의 전방향에서 미치는 태양복사를 (천공) 산란일사라 하고, 수평면에서 받은 단위면적당의 산란일사에너지를 산란일사량이라고 한다.

③ 지상에 도달한 태양복사 중 지표면에서 반사하여 천공방향으로 되돌리는 것을 (지표)반사일사라 하고, 수평면에서 받은 단위면적당의 반사일사에너지를 반사일사량이라고 한다.

2) 측정의 방법

관측은 전천일사계를 이용한다. 전천일사계는 수광면과 열적기준점과의 온도차를 검출하는 것에서 일사량을 측정하는 구조로 되어 있다. 수광면은 풍우 등에서의 방호 및 바람에 의한 수광면 온도의 흐트러짐을 방지하기 위해 유리돔으로 덮이어 있고, 또한 돔의 방진·방상(防霜)용으로 통풍팬이 부착되어 있다.

전천일사의 관측에는 수평으로 설치한 전천일사계를 이용하고, 산란일사는 수평으로 설치한 전천일사계에 차폐링이나 차폐디스크 등의 직달일사를 차폐하는 장치를 부착하여 관측한다(그림 6.31~6.32).

반사일사는 지상 1.5~2 m 높이의 폴(pole)에 전천일사계를 하향수평으로 설치하여 관측한다(그림 6.33). 또한 전천일사는 직달일사의 수평면 성분과 산란일사의 합성값으로 산출하는 것도 가능하다.

그림 6.31 전천일사의 관측

그림 6.32 산란일사의 관측

그림 6.33 반사일사의 관측

6.6.5 태양광 자원지도

기상청에 의하여 우리나라 어느 곳에, 얼마만큼의 태양에너지가 내리쬐고 있는지 실측한 '태양광 자원지도'가 마련되었다. 최근 20년간 전국 22개 관측지점에서 측정한 일사량 등 자료를 토대로 개발된 '태양광 자원지도'는 태양광발전소 부지 선정 등 의사결정 과정에 활용할 수 있다.

일사량이 가장 풍부한 곳은 전남 목포로, 지난 20년간 1 m^2에 내리쬔 연평균 일사량이 5,110 MJ(메가줄·에너지 단위)로 측정됐다. 효율이 100 %인 태양전지를 사용할 경우 연간 1,420 kWH(킬로와트시)의 전력을 생산할 수 있는 에너지 양이다.

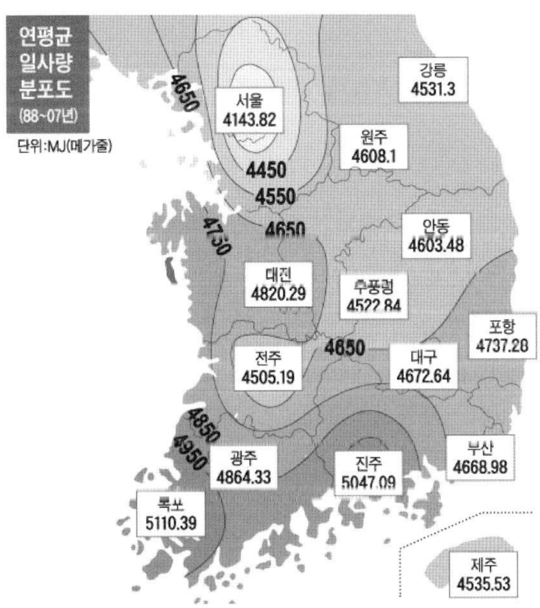

그림 6.34 태양광 자원지도

경남 진주시와 광주시, 대전시, 충남 서산시 등 남서해안과 서해안 쪽에 접한 도시들은 상대적으로 일사량이 풍부한 반면, 서울과 경기도 수원, 전주시 등은 전국 평균(4,675 MJ)을 밑돌았다(그림 6.34 참조).

6.6.6 BIPV 시스템

BIPV 시스템(Building Integrated Photovoltaic System)은 건물 외피에 전지판을 이용하는 건물외장형 태양광 발전시스템이다. 태양광발전(PV : Photovoltaic)은 특별한 유지관리, 공해 및 재료의 부식없이 간단하게 태양광을 이용하여 전기를 생산하는 기술로 다양한 응용분야가 있지만, 그 중에서도 특히 PV를 건축물의 외피 마감재료로 대체하는 건물 통합형 또는 건물 일체화 PV시스템에 대한 기술개발이 전 세계적으로 활발히 진행되고 있다.

건물의 외피를 구성하는 요소로 통합된 PV시스템은 전력생산이라는 본래의 기능에, 건물의 외피재료로서의 새로운 기능을 추가함으로써 PV시스템의 설치에 드는 비용을 절감하는 이중 효과를 기대할 수 있다. 또한 기존의 독립형 PV시스템과 같이 설치공간을 위한 별도의 부지확보가 필요 없기 때문에 더욱 경제성 측면에서 유리한 기술이다.

PV 모듈을 건축에 일체화하여 적용할 수 있는 건물 구성 요소는 커튼월, 천창, 차양, PV 지붕 타일, 투명 PV 창호 등 매우 다양하며, 그 특성에 따라 자연채광이나 차양에도 이용 가능하여 건물의 전체적인 에너지성능 및 쾌적성을 향상시킬 수 있다.

PV를 건물에 일체시키는 통합 방법은 다음과 같다.

• 지붕에 단순설치 • 지붕의 차양장치로 설치 • 지붕 마감재로 부착 • 방수용 지붕마감재로 부착 • 투명한 지붕재로 시공 • 투명 PV모듈을 통한 채광용 창문으로 설치 • 건물 전면에 설치 • 건물 전면 마감재로 설치 • 온실, 아트리움 마감재로 설치 • 차양장치로 설치 • 불투명 또는 반투명 블라인드 • 캐노피로 설치 • 건물 전면 보호용 처마로 설치 • 복합형 태양열 집열기로 설치

6.6.7 일사조절

(1) 건물 자체에 의한 검토

일사조절(Solar radiation control)의 목적은 일사에 의한 건물의 수열이나 흡열을 작

게 하여 특히 하계의 실내 기후의 악화를 방지하는 데 있다. 이를 위해서는 건물의 구조나 사용재료의 선택, 사용시간대를 고려한 실의 배치 등 건물에 의한 대책과 이것을 보완하기 위한 각종 구조물의 부설이나 설비의 배치가 고려된다.

일사에 의한 건물의 수열, 결국 지붕면, 벽면의 수열은 앞에서 설명한 것처럼 그 방위에 따라 상당한 차이가 있다. 남벽면의 일사량은 하계에 북벽면에 뒤이어 작고, 동계에는 어느 방위의 벽면보다 많다. 이 때문에 일사수열량의 점에서는 건물의 축을 동서 또는 동서에서 ±10° 이내의 범위에 잡아 주요한 실이나 주간의 사용시간이 긴 실을 남면측에 배치한다. 따라서 건물은 남북으로 긴 평면형이 되는 경우가 많다. 또 예를 들면 초등학교 저학년용의 교실 등과 같이 오전 중만 사용하는 실은 서향으로 하면 그 실만 아니라 다른 실에 대한 일사조절상의 효과가 크다.

일사수열량은 그 전부가 벽면에 흡수되고 벽의 온도를 상승시키는 것은 아니다. 반드시 수열량의 몇 %는 반사하고, 몇 %는 외기에 재복사한다. 이 비율은 벽면의 상태에 따라 상당한 차이가 생기는 것이나. 반사하고, 재복사하여 달아나는 열량의 나머지는 벽을 통하여 실내에 유입되는데 그 양은 벽의 열류에 대한 저항력에 의해서 크게 변화한다. 그러므로 벽의 단열성은 일사의 실내 기후에의 영향을 좌우하는 큰 요소라고 할 수 있다.

(2) 설비 기타에 의한 검토

일반적으로 유리창은 단열성이 부족하고, 특히 투명유리의 경우는 일사가 직접 실내에 들어와서 실내의 벽면이나 바닥면, 가구류를 뜨겁게 하여 실온 상승의 원인이 된다.

창면에서의 일사조절로서 가장 보통의 방법은 추녀와 차양(pent roof)이다. 이것은 비막이의 의미뿐 아니라 여름의 일사를 조절하는 한편 가을의 일사를 충분히 도입하도록 고려된다.

지붕의 일사수열도 실내에 큰 영향을 준다. 최상층의 천장에는 단열성능이 충분하도록 고려하고, 지붕 안의 환기도 필요하다. 또한 차열을 위한 방법으로 지붕에 적외선반사특수안료 등을 바름으로써 일사반사율 및 장파장복사율을 높이고, 열전도율을 낮추는 것에 의해 차열효과를 높일 수 있다. 유리창에서 유입하는 일사열을 적게 하는 방법으로는 반사유리(Reflective Glass)와 같은 복사열 차단 기능을 가진 유리나 일사조절필름을 통하여 햇살을 완화시켜 차열하고, 채광에 의한 조도 불균일과 눈부심을 개선할 수 있다.

강한 일사, 부드럽고 쾌적한 실내환경을 실현하기 위하여 발이나 미닫이 등은 오래전부터 이용되어 왔다. 최근에는 블라인드, 루버, 롤스크린 등을 통하여 계절이나 시간, 실내의 사용상황에 따라 일사를 조절할 수 있고, 통풍을 저해하지 않는 일사조절장치라고 할 수 있다. 이 일사조절장치를 활용하여 여름철 열의 침입을 방지하여 냉방에너지소비량의 감소가 기대될 수 있다.

또한 일사차폐성능을 향상하기 위한 열선흡수유리나 열선반사유리, 이들을 2매 사용한 복층유리 등의 기능유리도 냉방에너지 감소에 효과적이다. 특히 복층유리는 난방시의 부하도 경감할 수 있다(그림 6.35).

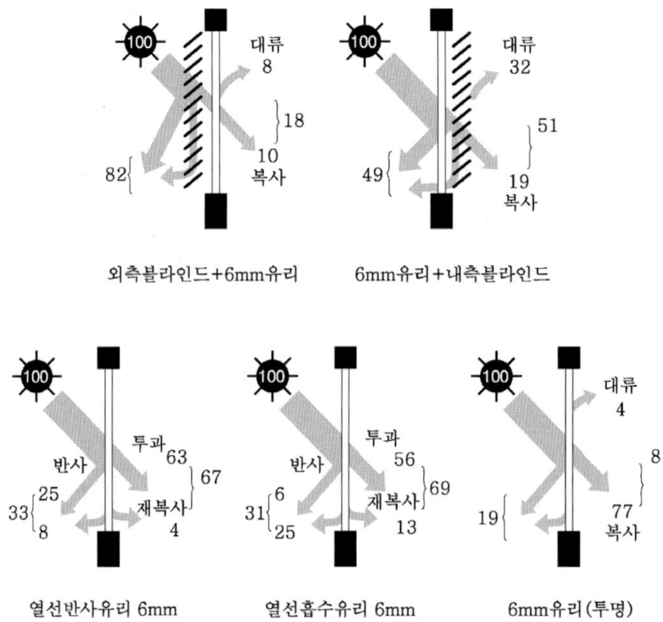

그림 6.35 일사열의 차폐효과 비교

반사유리는 플로트 유리를 고진공 상태에서 표면코팅한 것으로 빛을 받아들이고 투과하는 단순한 기능의 유리와는 달리 빛도 쾌적하게 느낄 정도로만 받아들이고 외부시선을 막아주는 효율적인 기능을 가진 유리이다. 즉 실내에서는 그대로 보여 시선에 지장이 없으나 실외에서는 실내가 보이지 않고 거울처럼 보인다. 냉난방비를 절감시키며 태양열의 차단효과가 투명유리, 색유리보다 양호하다. 가시광선의 반사율이 양호하므로 고속도로 주변이나 경사면에 시공할 때에는 주위의 자동차나 건축물에 영향

표 6.6 유리의 종류와 특성

유리의 종류	특성	효과
단판유리	가장 일반적인 투명의 평판유리로 일사를 거의 투과한다.	소
복층유리	2매의 판유리의 사이에 건조공기를 봉입하여 단열성을 높인 유리인데, 일사의 대부분을 투과한다.	소
일사취득형 Low-E복층유리	실내측의 유리에 단열성과 보온 효과가 뛰어난 특수 금속 Low-E막을 코팅한 복층 유리로 일사 차폐 효과가 약간 있다.	소~중
일사차폐형 Low-E복층유리	실외측의 유리에 차열성과 단열성이 뛰어난 특수 금속 Low-E막을 코팅한 복층 유리로 일사 차폐 효과가 있다.	중
블라인드 내장 복층유리	복층유리의 중공층에 블라인드를 장착한 유리. 높은 단열효과와 아울러 블라인드의 개폐에 따라 빛의 조절효과도 겸비하고 있어 일사차폐에도 유효하다.	중~대

을 주지 않도록 주의한다. 그리고 반사유리는 열선반사유리(Solar Reflective Glass)와 난방보온유리(Low Emissive Glass)로 구분되는데, 전자는 태양열의 일부 투과와 반사가 적절히 조절되고, 후자는 태양빛을 파장별로 흡수하고 반사하는데 단파장의 복사열은 투과시키고 난방기구에 의한 장파장의 복사열은 반사한다. 일반건축물 및 고층빌딩의 창, 프라이버시를 필요로 하는 곳이나 태양열을 차단할 필요가 있는 곳에 사용한다(표 6.6).

차폐계수(Shading Coefficient)는 햇살의 차단 효과를 나타내는 지표로서 맑은 유리(3 mm)의 태양 복사열 투과량을 기준값 1.0으로 했을 때, 비교유리의 태양 복사열 투과량이 나타내는 비례값을 말한다. 값이 낮을수록 차폐효과가 높고, 냉방부하의 저감에 효과가 있다. 이와 같이 차폐계수란 창에서 들어오는 빛의 양을 수치화한 것이다. 태양광이 두께 3 mm의 투명평판유리에 비췄을 때 투과한 열에너지와 재복사에 의해 실내에 유입한 열에너지의 합을 「1」로 하고, 일사가 전혀 없는 경우를 「0」으로 하여, 1~0의 수치로 나타낸다. 각종 유리에서 유입열에너지의 합의 비율을 나타내는 상대값으로 이용되고, 태양열에너지의 차열성능을 나타낸다.

일사조절필름은 일반적인 열선반사유리와 동등 이상의 차폐계수를 가진다. 일사조절필름에 의해 유리개구부의 유입열량이 현저히 감소하여 창 부근의 온도상승이 효과적으로 억제된다(표 6.7).

표 6.7 일사차폐계수

제 품	차폐계수
투명판유리(3mm 두께)	1.00
열선반사유리	약 0.7~0.5
일사조절필름 A	0.30
일사조절필름 B	0.24
불투명	0.22

두께 3 mm의 투명판유리와 두께 6 mm의 투명판유리에 필름을 첨부한 경우의 차폐계수는 식 (6.11)에서 구할 수 있다. 두께 3 mm의 투명판유리의 경우 일사열의 직접투과는 85 %이고, 재방열은 3 %로서 유입량 합계는 88 %인데 비하여 두께 6 mm의 투명판유리에 필름을 첨부하면 직접투과 13 %, 재방열 13 %로서 유입량 합계는 26 %로 차단 효과가 상당히 큼을 알 수 있다(그림 6.36).

$$\text{차폐계수} = \frac{\text{필름 첨부시의 유입열량}}{\text{3mm 두께 투명판유리의 유입열량}} \tag{6.11}$$

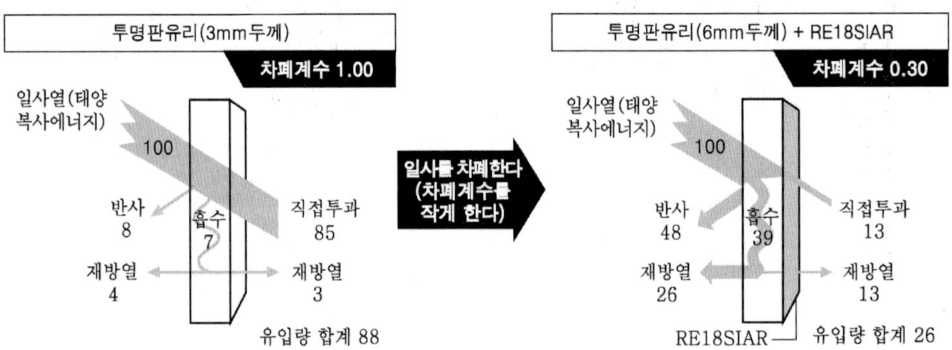

그림 6.36 투명판유리의 일사차폐효과

예제 6.8

창유리가 6 mm두께 투명유리(차폐계수 0.95)이고, 일사조절필름이 차폐계수 0.30일 때 에너지절약의 효율은 어느 정도가 되는가?

풀이

$$\text{에너지절약의 효율} = \frac{\text{투명판유리의 차폐계수} - \text{필름 첨부시의 차폐계수}}{\text{투명판유리의 차폐계수}} \times 100$$

$$= \frac{0.95 - 0.30}{0.95} \times 100 = 68\%$$

(3) Direct gain의 이용

유리를 투과하여 실내에 유입된 일사열을 direct gain이라고 한다(그림 6.37). 투명유리의 일사투과율은 입사각이 45° 정도까지는 85~90 %에서 거의 일정하지만, 60~70° 정도에서 투과율이 급격히 내려간다. 이것은 겨울의 일사는 유효하게 실내에 입사하고, 여름의 높은 고도의 일사는 유입하기 어려움을 나타내고 있다. 따라서 어느 정도 차양이 마련되면 동계의 일사는 방해받지 않고, 하계의 일사를 방지할 수 있다.

유입된 일사는 바닥이니 벽면에서 수열하지만, 수열면은 일사흡수율이 높고, 축열성이 큰 재료로 하는 것이 좋다. 일사열은 단파장복사가 주가 되므로 암색의 것일수록 흡수율이 높아진다. 다만, 바닥에서 반사한 것은 벽이나 천장에 입사하므로 색에는 그다지 구애되지 않아도 된다.

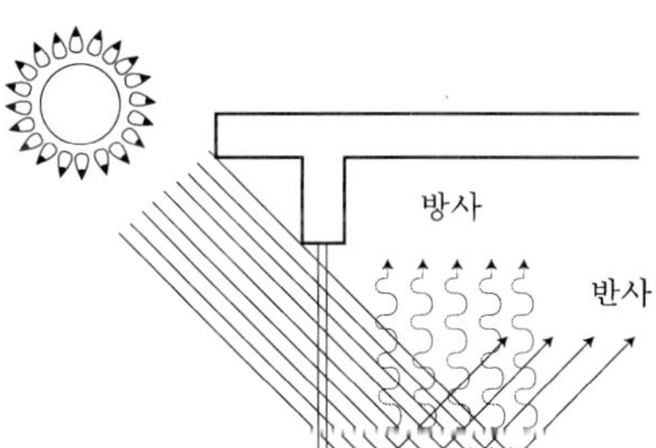

그림 6.37 Direct gain

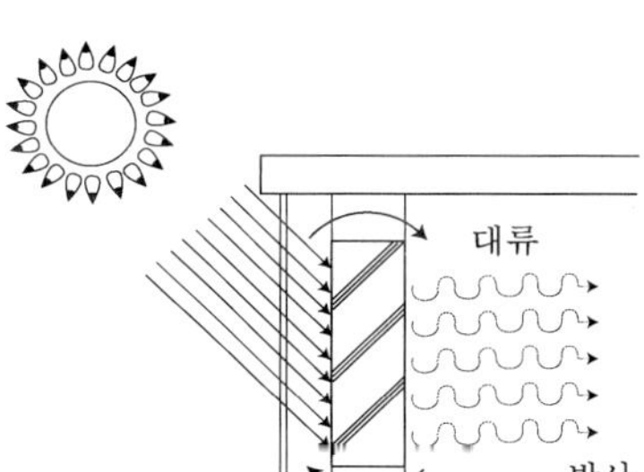

그림 6.38 Trombe Wall

그림 6.38과 같이 남측 유리의 바로 내측에 벽을 설치하여 축열체로 하는 방법이 있다. 이 벽을 Trombe벽이라고 한다. Trombe벽과 유리와의 사이의 고온공기는 대류에 의하여 실내를 따뜻하게 하고, Trombe벽에 모아진 열은 야간에도 방열한다. Trombe벽의 두께는 30 cm 정도, 면적은 실 바닥면적의 1/3 정도이며, 흑색에 가까울

수록 효과가 있다.

바닥의 축열체나 Trombe벽을 설치한 장소는 하중의 관계에서 1층으로 하는 경우가 많다. 그러나 도시지역에서는 남측이 도로에 면하고 있더라도 동계에 1층 남면에서 direct gain을 얻는 것으로 대처할 수도 있다(그림 6.39). 축열체를 2층 이상에 설치하는 경우는 구조적 배려가 필요하다.

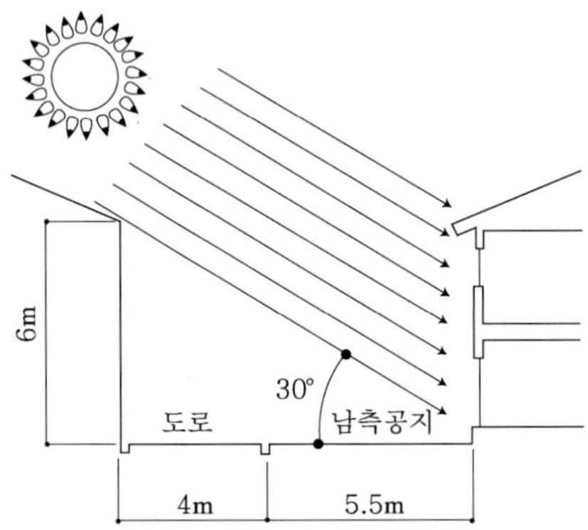

그림 6.39 Direct gain을 얻기 위한 남측의 공지 확보

(4) Roof pond와 옥상살수

물은 열용량이 크고, 같은 용적의 콘크리트의 2배, 같은 중량에 비하면 5배의 열을 모을 수 있다. 물을 플라스틱의 통에 넣은 water back을 옥상에 올려 놓고, 냉난방에 이용하는 방법이 있다. 이것을 roof pond방식이라고 한다.

동계에는 주간 water back에 일사를 흡수시키고, 야간에 상부를 단열창호로 피복하여 실내측에 방열시킨다. 하계에는 야간에 water back을 외기에 노출시켜 축랭하고, 주간에는 상부를 단열창호로 피복하여 실내의 열을 흡수시킨다(그림 6.40).

Roof pond는 우리나라와 같이 고온다습한 지역에서는 하계의 냉각효과는 작다. 그래서 하계는 옥상을 풀(pool)로 이용하고, 동계의 야간에는 풀 상부를 단열창호로 피복하여 roof pond로 이용하는 방법도 있다.

여름에 정원이나 마당에 물을 뿌려 시원하게 하는 것은 어느 가정에서도 이루어지고 있다. 100℃의 물 1 kg이 증발하는 데에는 2.26 MJ(540 kcal)의 열을 필요로 한다.

따라서 20~30℃의 물을 1 kg 살수하여 증발시키면 그 면에서 2.5 MJ(600 kcal) 정도의 열이 빼앗기게 된다. 이를 이용하여 하계의 옥상면에의 일사를 방제할 수도 있다.

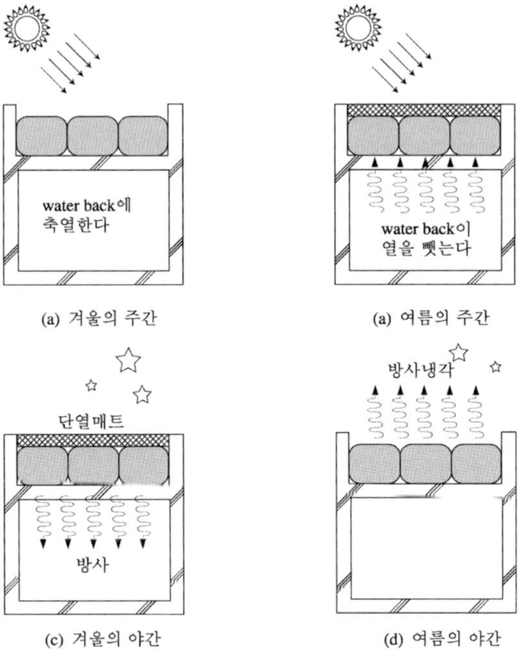

그림 6.40 Roof pond

(출처 : 大西正宜, 環境と共生する建築25のキーワード, 學藝出版社, p.99, 1999.)

(5) 녹화의 효과

겨울에 고사한 것처럼 보이는 가느다란 낙엽수의 가지에서도 추위가 누그러짐과 아울러 싹이 트기 시작한다. 초여름의 아주 맑게 개인 날에는 나무 그늘 밑에서 올려다본 신록의 빛남도 아름답다. 여러 나무들이 각각의 꽃을 피우고 열매를 맺는다. 나뭇잎은 성하의 푸른색에서 만추에는 노랑이나 붉은색으로 변한다. 그리고 낙엽은 나무의 뿌리를 보호하고, 새로운 생명을 키운다. 낙엽수도 상록수도 각각 사계의 표정으로 우리의 마음을 온화하게 한다. 이것이 녹화 효과의 첫째이다.

식물에서의 수분증발은 주로 잎의 기공에서 이루어지는데, 이것을 증산이라고 한다. 기공의 개폐는 일사량에 비례하고, 일사가 강할수록 식물체온을 저하시키기 위하여 기공을 크게 열어 증산을 촉신시킨다. 또한 수목의 밑은 흙이고, 거기에서도 수분이 증발한다. 녹음의 시원함은 잎이 일사를 막아줄 뿐 아니라 수목이나 흙의 증발산 작용에 의한 점도 크다(그림 6.41). 도시의 중심부에 위치한 건축물의 정원 등은 무성한 푸르름의 덕택으로 주위보다 2~3℃ 기온이 낮다.

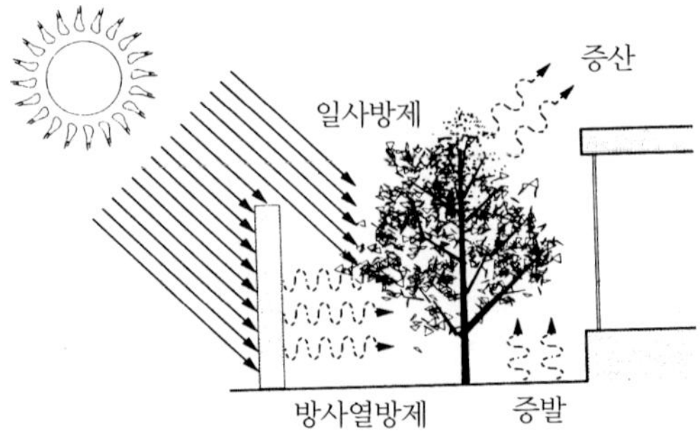

그림 6.41 일사열의 방지

수목은 이 외에 바람을 온화하게 하고, 소음을 흡수하고, 먼지 등의 공기오염물질을 흡착하여 제거하는 작용도 한다(그림 6.42). 또한 도시적인 관점에서 보면 열섬 방지에 도움된다.

그림 6.42 푸르름의 효과

(6) 옥상녹화의 방법

옥상녹화(Roof vegetation)는 일사방지와 아울러 단열에도 공헌한다. 특히 인공경량토양(습윤시의 열전도율 0.3 W/m·k)의 단열효과는 크다.

옥상녹화에 대하여 누수를 우려하는데, 올바른 방수시공을 한 건축물에 대해서 누수는 일어나지 않는다. 이것은 흙의 피복과 단열이 일사에 의한 구조체의 열팽창이 방지되고, 방수층에 대하여 열이나 자외선의 영향을 제거하는 점에 의한다. 말하자면 옥상녹화는 방수층의 보호층이 되고 있는 것이다. 오히려 토양부분과 통로부분의 경계선이 열화하기 쉬우므로 주의를 요한다.

옥상에 흙을 쌓는 것은 하중의 대폭적인 증대가 되므로 구조적 안전성에의 배려는 중요하다. 특히 기존 건축물 옥상의 전면에 흙을 쌓는 경우에는 사전의 구조적 진단이 필요하다. 인공경량토양의 비중은 0.6 정도이며, 자연토양의 1/3 정도이므로 경량화가 필요한 경우에는 적합하다.

옥상은 일반적으로 바람이 강하고, 잎에서의 증산이 촉진되기 쉽다. 또한 옥탑이나 상부에 처마 등이 있는 경우에는 일조나 수분이 부족하기 쉽다. 이와 같이 자연환경과는 다른 악조건을 환경압력이라고 하는데, 이것에의 배려를 게을리하면 식물은 충분히 생육할 수 없다.

그림 6.43은 녹화부분의 단면을 나타낸 것이다.

방수층에는 아스팔트방수, 시트방수, 도막방수가 있는데, 신뢰가 있는 것은 아스팔트방수이다. 누름콘크리트를 생략한 경우에는 방수층을 보호하는 내충격성의 시트를 깔도록 한다.

대나무나 산죽류를 심는 경우에는 물론이지만 다른 식물에도 뿌리가 방수층의 틈새에 침입할 가능성이 있으므로 뿌리보호대책이 필요하다. 특히 아스팔트방수의 경우에는 방근층을 반드시 설치하여야 한다. 그림 6.43의 방근시트는 불투수성인데 투수성의 경우에는 배수층의 위에 깐다.

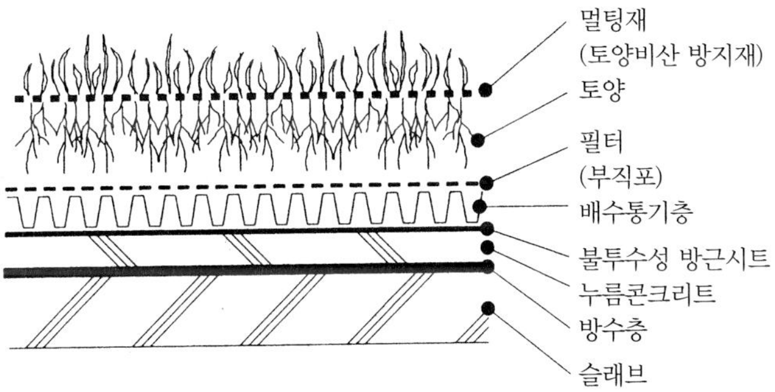

그림 6.43 녹화부분의 단면

시재토양 중에 여분의 물이 장기간 체류하지 않도록 배수층을 마련한다. 토양두께가 작은 경우에는 이 층에 보수성을 가진 것도 필요하다. 배수층에는 흑요석을 발포시킨 큰 입자의 퍼라이트나 수지제의 배수판 등을 이용한다(그림 6.44). 녹화면적이 넓은 경우에는 수지제의 투수관 등을 배수층 내에 매입하여 배수를 촉진시킨다.

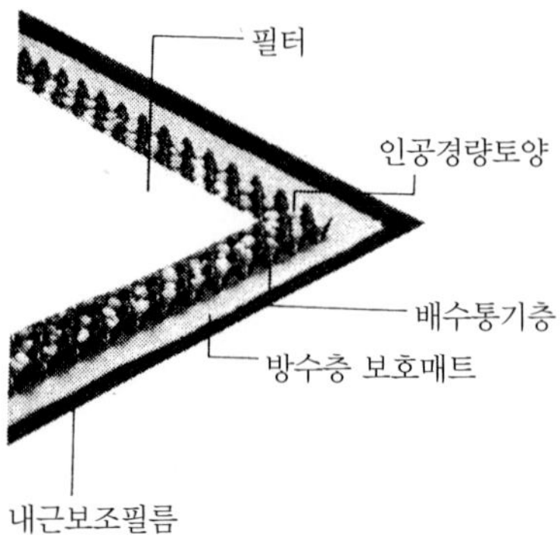

그림 6.44 옥상식재용 지반의 구성

(1) 잔디	A	C	C	C	C	C
(2) 소저목	—	A	C	C	C	C
(3) 대저목·중목	—	A	B	C	C	C
(4) 천근성 고목	—	—	A	B	C	C
(5) 심근성 고목	—	—	—	A	B	C

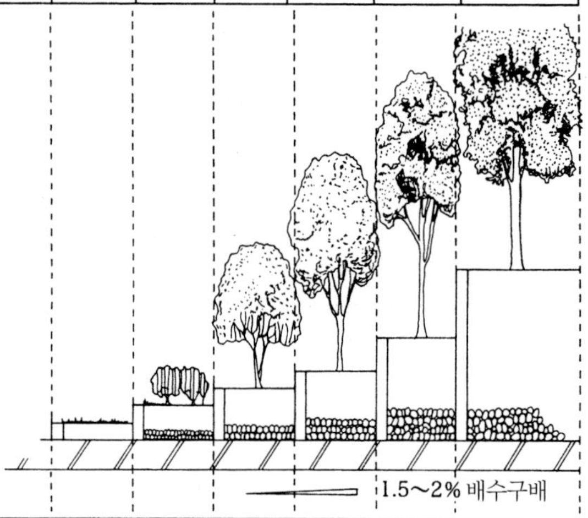

성토의 두께		~15cm	30cm	45cm	60cm	90cm	150cm~
배수층의 두께		5cm	10cm	15cm	20cm	30cm	30cm~
하중 kg/m²	자연토	250	500	750	1,000	1,500	2,460
	경량토	100	200	300	400	600	960

건축공간의 녹화기법

— : 식재하는 것이 곤란. 생육불가능
A : 관수에 의하여 수분을 보충하면 생육가능
B : 어린나무의 단계에서 식재를 하면 생육가능
C : 통상의 유지관리만으로 충분히 생육가능

그림 6.45 식물체와 토양두께

토양두께는 식물체의 크기에 따라 그림 6.45와 같다. 이것은 식물체가 클수록 뿌리의 생육을 위한 큰 토양부분이 필요하게 되기 때문이다. 그림의 토양두께는 자연토양이지만, 인공경량토양은 보수성이 양호하므로 두께를 3~5% 엷게 할 수 있다. 다만 엷은 토양에 중고목을 심는 경우에는 지주가 필요하다.

식물에 따라 물은 불가결하므로 관수시스템의 계획도 중요하다. 하중 관계에서 토양두께가 충분히 확보되지 않은 경우나 비가 직접 닿지 않는 경우에는 특히 자동관수장치를 설치하는 편이 좋다.

(7) 벽면녹화의 방법

벽면을 덩굴성의 식물로 덮으면 하계의 일사를 차단하므로 벽면온도의 상승을 방지할 수 있다. 낙엽성이라면 동계에는 남면을 중심으로 일사를 얻을 수 있다. 상록성에서도 외벽부근의 기류를 완화시키므로 대류열전달을 억제하는 보온성이 증대한다.

덩굴식물에는 부착뿌리나 빨판으로 벽면에 붙어 자력으로 오르는 것과 덩굴손을 내민다든지, 덩굴이 나선상으로 감아 오르는 것이 있다. 전자의 경우에는 부착하기 쉽도록 벽표면을 거친면으로 하는 편이 좋다. 뿌리에 의하여 벽면에 균열이 생기는 것을 우려할 수도 있는데, 바위수국 이외에는 전혀 걱정이 없다. 후자의 경우에는 기어오름용의 보조재로 금속망 등을 설치한다.

덩굴식물에는 담쟁이덩굴과 같이 홍엽이 되는 것, 능소화나 으아리와 같이 아름다운 꽃을 피우는 것, 포도나 키위와 같이 열매를 맺는 것 등이 있고, 벽면뿐만 아니라 퍼골라나 아치, 펜스에 휘감기도록 하는 등 여러 가지로 디자인할 수 있다.

벽면녹화를 하는 경우에는 다른 식물과 마찬가지로 각각 식물의 내음성이나 내건성, 내서·내한의 정도에 대하여 충분히 파악하여야 한다. 한 종류의 덩굴식물을 심기보다 몇 가지의 종류를 혼식한 편이 병해충에도 강하고, 경합하여 생육한다.

벽면녹화는 주택 등이 저층 건축물에 많이 시행되고, 사무소 건축 등에서는 발코니에서 밑으로 드리운 형식이 이용되는 경우가 많다.

확인학습

1 일반 실내환경상 문제되는 복사선은 광선, 열선 및 (   )이다.

2 전자기파의 파장에서 건강선(Dorno rays)은 (   )nm에 해당한다.

3 일조조절이란 무엇인가?

4 하계의 일조조절에 대하여 서창의 경우 무슨 형의 루버가 좋은가, 또 이유는?

5 일조조절의 방법에 대하여 서술하여라.

6 일조시간의 환경공학적 의미, 내용을 서술하여라.

7 대기의 투과율이란 무엇인가?

Daylighting

제7장 | 채 광

7.1 채광의 특성

7.1.1 시환경

(1) 시환경과 조명

빛에 의하여 눈으로 느낄 수 있는 환경을 시환경이라고 한다. "태초에 빛이 생겨났다"는 창세기에 나오는 말인데, 인간의 생활 중에서는 빛이 있는 것이 전제로 검토되고 있다. 사실 시각은 인간의 활동 중에서 80~90 %의 정보를 지배하고 있고, 시환경은 쾌적한 생활에 큰 비중을 차지하고 있다. 이 시환경을 창출하는 것이 조명이다.

채광(Daylighting)은 실내와 중정에 주간의 자연광(주광)을 적절하게 도입하여 사물의 보기 용이한 환경을 형성한다든지, 밝은 분위기를 연출하는 건축기술이다. 인공 광원을 이용하는 인공조명에 대하여 자연조명 또는 주광조명이라고도 한다.

유효한 채광을 행하기 위해서는 건물의 배치·형상, 창의 크기·형태·위치·재료, 실내표면의 마감재료·색채 등에 관한 고안을 채광설계라고 한다. 일반적으로 주간은 자연광을 적극적으로 도입하고, 부족분을 인공조명으로 보충한다. 그리고 야간은 인공조명에 의하여 분위기 있는 환경을 창출하는 것처럼 쾌적한 시환경을 창출하는 것이 목표가 될 것이다.

(2) 시환경과 시감도

인간의 눈에 밝기나 색을 느끼게 하는 전자기파의 파장대는 밝은 곳에서는 380~780 nm이고, 이것을 빛 또는 가시광선(visible rays)이라고 한다. 전자기파의 에너지에 대한 감각은 파장대에 의하여 다르고, 녹색 부근(파장 555 nm)의 파장에 가장 강하게 느낀다. 각 파장에 대한 전자기파의 에너지에 대한 감도를 나타낸 것이 그림 7.1이다.

이 표준비시감도는 국제조명위원회에 의하여 결정되었다. 시감도는 빛의 세기에 의해서도 다르다. 저녁 때 약한 빛(박명시)에서 곡선은 파장이 짧은 편에 접근하고, 청색은 선명하게, 그리고 적색은 흐릿하게 보인다. 황혼 무렵에는 푸른 잎이 돋보이는 것은 흔히 경험하는 바이다. 밤의 밝은 곳에서 정점의 파장은 510 nm가 된다. 색각은 없어지므로 녹색은 녹색답게 느껴지지 않으나 녹색의 쪽이 빨강보다 밝게 보인다.

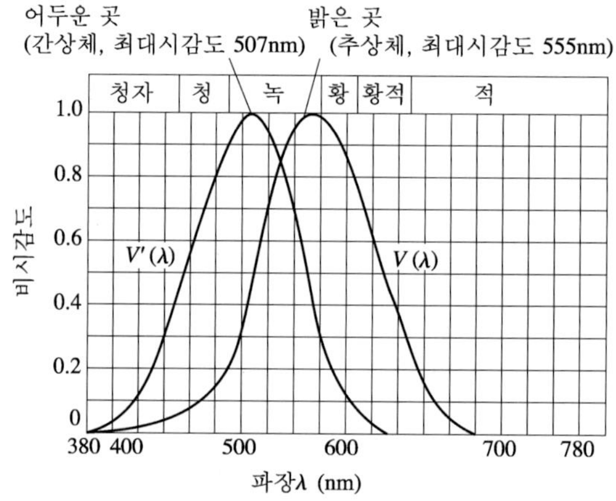

그림 7.1 국제조명위원회(CIE)의 표준비시감도

7.1.2 측광량

빛 또는 복사를 양적으로 취급하는 데 필요한 측광량(photometric quantities) 혹은 복사량(radiant quantities)이라고 한다.

표 7.1에 측광량과 그 단위를 나타낸다.

표 7.1 측광량

명 칭	기 호	정 의 식	단 위	비 고
광 속	F	$K_m \int_{380}^{780} V(\lambda)P(\lambda)d\lambda$	lm	$K_m = 680 \frac{\text{lm}}{\text{W}}$
조 도	E	$\frac{dF}{dS}$	lx	dF : dS 면에서의 입사광속
광속발산도	M	$\frac{dF}{dS}$	$\frac{\text{lm}}{\text{m}^2}$	dF : dS 면에서의 발산광속
광 도	I	$\frac{dF}{d\omega}$	cd	dF : dS 점광원에서 $d\omega$ 입체각에서 광속
휘 도	L	$\frac{dI}{dS \cdot \cos\theta}$	$\frac{\text{cd}}{\text{m}^2}$	dI : dS 면의 θ 방향의 광도

(1) 광 속

복사로서 전파하는 에너지의 시간적 비율을 복사속(radiant flux)이라 하고, 기호는 P, 단위는 watt(약호 W)이다. 이 복사속 가운데 빛으로서 느끼는 능력, 결국 시감을 바탕으로 측정한 것을 광속(luminous flux)이라 하고, 기호는 F, 단위는 lumen(약호 lm)이다.

파장별의 복사속, 즉 분광복사속(spectral radiant flux)을 $P(\lambda)$[W/nm], 표준 비시감도를 $V(\lambda)$, 최대시감도를 $K_m = 780$lm/W라고 하면 광속 F는,

$$F = K_m \int_{380}^{780} V(\lambda)P(\lambda)d\lambda \text{ [lm]} \tag{7.1}$$

(2) 조 도

수조면의 단위면적에 입사하는 광속을 조도(illumination)라 하고, 기호는 E, 단위는 lux(약호 lx)이다. 수조면상의 어느 점의 조도 E는 그 점을 포함하는 미소면적을 dS, 거기에 입사하는 광속을 dF로 하면,

$$E = \frac{dF}{dS} \text{ [lx]} \tag{7.2}$$

단위 lx는 dF를 lm, dS를 m^2로 한 경우, 즉 lx=lm/m^2이다. 영미에서는 dF를 lm, dS를 ft^2로서 foot candle(약호 fc)=lm/ft^2을 사용하고 있는데 국제용어로서는 럭스가 추장되고 있다. 또한 1 fc =10.76 lx이다.

(3) 광속발산도

조도와는 반대로 면의 단위면적에서 발산하는 광속을 광속발산도(luminous exitance)라 하고, 기호는 M, 단위는 lm/m^2이다. lm/m^2를 radlux(약호 rlx)라 하기도 한다. 발광하는 면, 반사면, 투과면 어느 것으로도 정의할 수 있다. 어느 면상, 어느 점의 광속발산도 M은 그 점을 포함하는 미소면적을 dS, 거기에서 발산하는 광속을 dF로 하면,

$$M = \frac{dF}{dS} \text{ [lm/m}^2\text{]} \tag{7.3}$$

단위 lm/m^2는 dF를 lm, dS를 m^2로 한 경우이다.

(4) 광 도

점광원에서 어느 방향으로 그 점광원을 정점으로 하는 단위입체각당 나오는 광속을 그 방향의 광도(luminous intensity)라 하고, 기호는 I, 단위는 candela(약호 cd)이다. 점광원을 정점으로 하는 미소입체각을 $d\omega$, 그것을 지나는 광속을 dF로 하면 그 방향의 광도 I는,

$$I = \frac{dF}{d\omega} \text{ [cd]} \tag{7.4}$$

단위 cd는 dF를 lm, $d\omega$를 steradian(약호 sr)으로 한 경우, 즉 cd=lm/sr이다.

(5) 휘 도

빛을 발산하는 면을 어느 방향에서 보았을 때 그 밝기를 나타내는 측광량을 휘도(luminance)라 하고, 기호는 L, 단위는 cd/m^2이다. 그 면 어느 점의 면의 법선과 θ의 각도를 이루는 방향의 휘도 L은 그 점을 포함하는 미소면적 dS의 같은 방향의 광도를 dI로 하면,

$$L = \frac{dI}{dS \cdot \cos\theta} \text{ [cd/m}^2\text{]} \tag{7.5}$$

로 정의된다. 즉 면의 어느 방향의 휘도란 "면의 그 방향의 단위투영면적당 단위입체각당 나오는 광속"이고, 발광하는 면, 반사면, 투과면 어느 것으로도 정의할 수 있다.

단위 cd/m^2는 dI를 cd, dS를 m^2로 놓고 nit(약호 nt)라고 하기도 한다. 다른 계통

의 단위로서 apostilb(약호 asb)가 있고 1 asb=1/πcd/m^{2}의 관계가 있다. 미영에서는 apostilb와 같은 계통의 단위로서 foot lambert(약호 fL)를 사용한다. 1 fL=1/πcd/ft^2= 10.76 asp=3.426 cd/m^{2}의 관계가 있다.

휘도는 광속발산도와 마찬가지로 빛을 발산하는 면에 관한 측광량이지만, 광속발산도가 면적당 면에서 나오는 모든 광속을 차지하고 있는 데에 비하여 휘도는 어느 특정 방향에 대하여 정의되어 있는 점에 주의해야 한다.

예제 7.1

광도 1 cd의 점광원이 있어서 각 방향으로 균등히 빛을 내고 있다고 한다. 광원에서 1 m 떨어진 곳의 조도는 얼마인가?

풀이

1 cd의 균등점 광원에서는 단위입체각에 대하여 1 lm의 광속을 낸다. 단위입체각이 반경 1 m이 구면을 자르는 면적은 입체각의 정의에서 1 m^{2}이므로 여기서 1 lm이 도달하면 조도는 1 lm/m^2, 즉 1 lx이다.

7.1.3 채광의 조건

(1) 명시의 조건

보고자 하는 물체가 확실히 보이고 불쾌감이나 피로감이 없도록 하는 것은 바람직한 빛의 환경을 창출하는 조건의 하나로서 중요하다.

일반적으로 물체가 보이기 위해서는, ① 물체의 크기, ② 밝기, ③ 색, ④ 물체와 주위의 밝기 대비, ⑤ 보는 데 요하는 시간의 5가지를 명시(visibility)의 기본적 조건으로서 들 수 있다. 2개의 물체의 밝기(휘도)가 같아도 색의 종류(색상)나 선명함(채도)이 다르면 양자를 구별할 수 없다. 이 밖에 실내의 밝기 분포를 적당히 하고, 작업면으로의 입사광을 알맞게 확산시켜 시대상이 다른 나머지 광선에 방해되어 보는 정도가 해치게 되는 일이 없도록 하는 등도 필요한 사항이다.

(2) 밝기와 시력

물체의 형태를 인식하는 능력을 시력(visual acuity)이라고 한다. 시력은 보통 어두울 때에는 작고, 밝을 때에는 커지지만 일정 한계를 넘으면 밝기가 증가되어도 시력의 상승은 별로 보이지 않는다.

한편 시작업에 따른 피로는 시력이 증가할수록 적어지는 것인데 이 경우 주위의 밝기와의 관계도 있어 어느 정도 이상으로 밝아지면 오히려 피로가 커진다고 한다. 그러나 보통 실내에서 얻어지는 정도의 밝기라 하면 밝아지면 밝아질수록 피로가 적어진다고 볼 수 있다.

(3) 눈부심

눈부심(glare)은 시야 내에 이상하게 높은 휘도가 있다든지 하면 눈부심이 발생하는 경우가 있다.

전구나 형광등의 빛남이 눈에 들어온다든지, 햇빛을 반사하는 창이나 반사가 강한 건물이 시야에 들어오면 눈부심을 느낀다. 흑판이 빛나서 보이지 않게 되는 것도 눈부심에 의한 것이다. 눈부심의 강함은 밝기나 눈의 상태 등에서 같은 휘도이더라도 눈부시게 느낀다든지, 느끼지 않게 된다든지 한다.

눈부심의 정도를 좌우하는 조건은 다음과 같다.

① 보이는 물체의 주위가 어둡고, 시력이 낮아질수록 눈부시다.

② 휘도(광원의 빛남)가 높을수록 눈부시다.

③ 빛남이 시선에 가까울수록 눈부시다.

④ 빛나는 면의 크기가 클수록 눈부시다.

그림 7.2와 같이 시선을 중심으로 30°의 범위에 휘도가 높은 것이 있으면 물체를 보는 데에 방해를 받는다. 이 범위를 글레어 존(glare zone)이라고 한다.

이러한 눈부심을 방지하기 위한 방법은 다음과 같다.

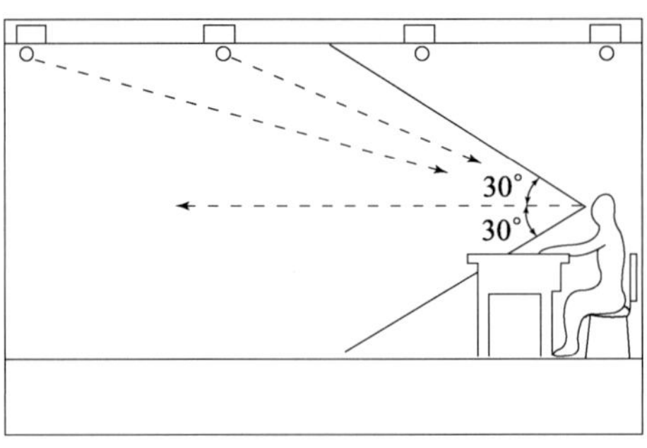

그림 7.2 글레어 존

① 휘도가 낮은 광원(형광램프)을 사용하든가, 또는 플라스틱 커버가 되어 있는 조명기구를 선정한다.
② 시선을 중심으로 해서 30° 범위 내의 글레어 존에는 광원을 설치하지 않는다.
③ 광원 주위를 밝게 한다.

일반적으로 글레어는 휘도가 높은 물체가 직접 시야 속에 보일 때 발생하는 직접글레어(direct glare)와 휘도가 높은 물체가 직접 시야 속에 보이지 않아도 광택이 있는 표면에 비친 것에 의해 발생하는 간접글레어(반사글레어, reflective glare)가 있다. 따라서 글레어를 방지하기 위해서는 직접적, 간접적으로 고휘도의 물체가 시야 속에 들어오지 않게 할 필요가 있다.

그리고 글레어는 시 대상물을 식별하는 능력을 저하시키는 생리적 측면의 불능 글레어(disability glare)와, 실제의 빛환경 속에서 고휘도의 조명기구나 주간의 창에서 들어오는 빛에 의해 사람들에게 눈부심을 느끼게 하거나 눈부심 때문에 불쾌감을 느끼게 하는 심리적 측면의 불쾌 글레어(discomfort glare)가 있다.

(4) 휘도대비

눈부심은 시야 내에 휘도의 고르지 못함이 있으면 눈의 순응에 대한 균형이 어지러워져 일어난다. 따라서 물체를 보는 경우 시대상 자체에 큰 휘도대비(luminance contrast)가 있으면 보는 정도가 약해지고, 시대상과 그 주위의 휘도대비에 의해서도 보는 정도가 약해진다.

시대상 자체에 대해서는 빛이 비추어 밝은 부분과 어두운 부분의 휘도대비가 2~6 : 1 정도이면 물체의 형태가 분명하여 입체감이 있어 좋다. 대비가 10 : 1 정도가 되면 지나치게 강렬한 느낌이 들고, 1.5 : 1 정도에서는 평면적인 느낌이 든다. 시대상과

표 7.2 권장 휘도비(IES)

구 분	사무소	학교	공장	주택
작업면과 주변 사이	1 : 1/3	1 : 1/3	1 : 1/3	1 : 1/10
작업면과 조금 떨어진 어두운면 사이	1 : 1/5	1 : 1/3	1 : 1/10	1 : 1/10
작업면과 조금 떨어진 밝은면 사이	1 : 5	1 : 10	1 : 10	1 : 10
창(또는 광원)과 주변 사이	20 : 1	-	20 : 1	-
일반적인 정상시야 내	40 : 1	-	40 : 1	-

그 주위의 관계는 주위가 시대상과 같든지, 어두운 정도가 가장 보기 쉽고, 주위가 밝으면 대단히 보기 어려워진다고 한다(표 7.2).

7.2 주광광원

7.2.1 직사일광

대기권 내에 태양광이 도입되면 먼지나 수증기에 의해 산란, 흡수되지만, 대기층을 투과하여 직접 지면에 도달하는 것이 직사일광(direct sunlight)이다. 지표면 직사일광의 조도는 날씨, 방위, 시각 등에 의해 변동한다. 또한 직사일광에는 방향성이 있으므로 그것을 받는 면의 방향에 의해서도 달라진다. 따라서 직사일광은 광원으로서 이용하는 데에는 불확실하고, 강한 그림자나 불쾌글레어의 원인으로도 되기 쉽기 때문에 안정된 광원으로서의 이용은 어렵다고 할 수 있지만, 직사일광을 적절하게 제어하면서 활용하는 것이 에너지의 유효이용이 도모된다.

7.2.2 천공광

대기층에서 산란된 빛의 약 반분은 대기권 외로 되돌아가고, 나머지 반 정도는 청공광(clear sky light)으로서 지표면에 받는다. 이에 따른 조도를 청공광조도라고 한다. 공기가 구름이나 아지랑이 등으로 가리워져 있는 경우 태양에서의 빛은 구름 등의 가느다란 물방울에 의하여 산란 또는 흡수되고, 산란(반사를 포함)된 빛의 약 반 정도는 지표에 도달하여 담천광(overcast sky light)이 된다. 이에 따른 조도를 담천광조도라고 한다. 천공에 구름이 떠 있는 경우는 청공광과 담천광의 양자가 존재하고, 특히 직사일광에 의한 구름의 반사광이 현저하다. 이를 종합하여 천공광(sky light), 그것에 의한 조도를 천공광조도, 약하여 천공조도, 장애물이 없는 장소의 수평면 조도를 전천공조도(illumination from unobstructed sky)라고 한다. 직사일광과 천공광을 합하여 주광(daylight)이라 하고, 이에 따른 조도를 주광조도(daylight illumination)라고 한다.

설계용의 전천공조도의 고려 방법으로서 하나는 전천공조도의 최저치에 대하여 실내에 필요 최소조도를 얻도록 하는 것이다. 이 입장에서의 기준으로서 일반적으로

5,000 lx가 사용되고 있다.

또 하나의 고려 방법으로 전천공조도의 대표치에 대하여 실내에 적당한 조도를 준다고 하는 계획기준도 고려한다. 표 7.3에서 보통의 날 15,000 lx가 이 경우의 추장치이다.

표 7.3 설계용 전천공조도

조 건	전천공조도(lx)
특히 밝은 날	50,000 lx
밝은 날 보통의 날 어두운 날	30,000 lx 15,000 lx 5,000 lx
대단히 어두운 날(뇌운, 강설 중)	2,000 lx
쾌청의 청공	10,000 lx

7.3 주광률

7.3.1 주광률의 정의

실내의 밝기는 휘도에 의하여 결정되는데 완전확산면(어느 방향에서 보아도 밝기의 보이는 방식－휘도－이 변하지 않는 면)이나 이에 준하는 면에서 휘도는 그 면의 조도와 반사율을 곱하여 나타내므로 실내의 밝기를 표시하는 일반적인 지표로서 조도를 사용해도 된다.

실내의 조도를 채광에 의해서 얻는 경우 야외의 주광조도는 시시각각으로 변화하므로 실내의 조도도 이에 따라 변화한다. 채광설계에 있어서 이와 같이 변화하는 조도를 실내 밝기의 기준으로 하는 것은 불합리하므로 이에 대신하는 것으로서 주광률(daylight factor)이 사용된다.

주광률(D)은 실내의 조도가 옥외의 조도 몇 %에 해당하는가를 나타내는 값이며, 이에 의하면 옥외의 조도와는 무관계하게 실내 밝기의 정도가 나타난다. 주광률은 다음 식으로 표시된다.

$$D = \frac{\text{실내 어느 점의 조도 } E}{\text{그때의 전천공조도 } E_S} \times 100\ [\%] \tag{7.6}$$

식 (7.6)에서 E_S로서는 실용적으로는 별로 떨어져 있지 않는 옥상 등의 전천공이 바람직한 위치에서의 천공광에 의한 수평면조도가 사용되고, 보통 5,000 lx를 최저기준치로 한다.

채광설계에 있어서는 예를 들면 옥외의 조도가 5,000 lx가 될 때 실내에 100 lx의 조도가 필요하다고 하면 D는 2%이어야 하며, 표 7.4에 보통 사용되는 주광률의 기준을 나타낸다.

표 7.4 기준주광률

기준 주광률 [%]	시작업 · 행동의 패턴(예)	실공간의 종별 예	전천공조도가 15,000 lx 경우의 값 [lx]
5	장시간 정밀한 시작업(정밀제도, 정밀공작)	설계 · 제도실(천장 · 정측광에 의한 경우)	750
3	정밀한 시작업(일반제도, 타이프)	공식경기용 체육관, 공장제어실	450
2	장시간 보통의 시작업(독서, 진찰)	사무실 일반, 진찰실, 역 · 공항 concourse	300
1.5	보통의 시작업(판서, 회의)	교실 일반, 학교, 체육관, 병원 검사실	230
1	단시간 보통의 시작업 또는 경도의 시작업(단시간의 독서)	회화전시 미술관*, 병원 대합실, 주택의 거실 · 부엌**	150
0.75	단시간 경도의 시작업(포대 교환)	병원 병실, 사무소의 복도 · 계단	110
0.5	극히 단시간 경도의 시작업(접객, 휴식, 짐꾸리기)	주택의 응접실 · 현관 · 변소**, 창고	75
0.3	단시간 출입할 때의 방향(통상의 보행)	주택의 복도 · 계단**, 병동 복도	45
0.2	정전시 등의 비상용	체육관 관객석, 미술관, 수장고	30

* 전시된 회화면 위.
** 실공간의 중앙 바닥면 위.
일본건축학회편 : 設計計劃 ペンフレット30晝光照明の計劃, 彰國社, 1985.
원전 : Cuttle, C., Valentine, W.B., Lynes, A. & Burt W. : Beyond the Working Plane, (Compte Rend CIE Washington, Vol. 8, 1967) pp.67-72[그림 3.27], p.480[그림 5.11].

예제 7.2

실내 어느 1점에서 수평면조도를 측정하니 220 lx이었다. 옥외 전천공 수평면조도를 20,000 lx로 할 때 이 실내 이 점의 주광률은 얼마인가?

풀이

$D=\frac{220}{20,000}\times 100 \fallingdotseq 1.1\,[\%]$

7.3.2 직접주광률과 간접주광률

실내의 조도(E)는 창에서의 직접광에 의한 조도(E_d)와 주벽에 반사되어 도달하는 반사광에 의한 조도(E_r)와의 합으로 표시한다.

따라서 주광률은 다음 식과 같이 직접주광률(D_d)과 간접주광률(D_r)의 합이 된다.

$$D=\frac{E}{E_S}\times 100=\frac{E_d}{E_S}\times 100+\frac{E_r}{E_S}\times 100=D_d+D_r \tag{7.7}$$

실의 안쪽에서는 보통 D_d는 저하하는데 식 (7.7)에서 알 수 있는 바 D_r에 의하여 보강될 수 있으며 실의 형태나 크기·구조, 혹은 실내의 벽이나 천장·바닥의 마감은 D_r를 보강하는 입장에서 고려하는 것이 중요하다.

예제 7.3

측창채광의 통상의 실에서, 실내 중앙의 점에서 수평면조도를 측정하니 350 lx이었다. 옥외 수평면 전천공조도를 20,000 lx로 했을 때 이 창 중앙의 점에 대한 직접주광률을 추정하여라. 다만, 간접주광률은 0.6%로 일정하다.

풀이

$D=D_d+D_r$, $D_r=0.006$, 천공광을 $E_S=20{,}000$ lx로 하면

$D=\frac{E}{E_S}=\frac{350}{20,000}=0.0175$

$\therefore\ D_d=D-D_r=0.0115$ 따라서 1.15%

7.3.3 창에 의한 직접주광률

간접주광률에는 창이나 실내 주벽 등 실내의 밝기에 영향하는 여러 가지 요소가 포함되어 있어 이것을 구하는 것은 간단하지 않다. 이에 비하여 직접주광률은 창의 조건을 단순하게 할수록 용이하게 구해진다.

그림 7.3과 같이 휘도가 일정한 면광원 S(예를 들면 창)에 의한 수평면 T상의 1점, p의 조도를 구하는 것으로 한다. 먼저 p를 중심으로 T를 저원으로 한 반경 r의 반구를 그린다. 다음에 점 p에서 본 S를 반구의 표면상에 투영시키면 S'가 된다. 이 S'를 또 저원상에 수직으로 투영시키면 S''가 된다. 이 때 점 p의 조도는 S''에 비례한다. 만일 S가 전천공을 덮을 때 S''는 저원의 면적과 같아지고, 당연히 점 p의 조도는 전천공조도와 같아진다고 볼 수 있다. 마찬가지로 S가 전천공의 1/2이면 S''는 저원 면적의 1/2이 되고, 점 p의 조도는 전천공조도의 1/2이 된다. 이와 같이 고려하여 S''의 면적이 원 면적의 몇 분의 1인가를 나타내면 점 p에서의 조도가 전천공조도의 어느 정도 비율에 해당하는가를 알게 되는 것이다. 이것이 주광률이고, 이 방법에서 점 p의 주광률이 산정될 수 있다. 이와 같이 어느 입체각을 가진 면의 저원에의 투영면적 S''가 저원에 대하여 차지하는 비율을 입체각 투사율이라 하고, 이것은 주광률과 거의 같다. 입체각 투사율 U는 다음 식으로 나타난다.

$$U = \frac{S''}{\pi \cdot r^2} \times 100\ [\%] \tag{7.8}$$

여기서, U : 입체각 투사율 ≒ 주광률 [%]

r : 그림 7.3의 저원의 반경(통상 $r = 1$)

π : 원주율

S'' : 그림 7.3의 저원에 투사된 S의 면적

창에 유리가 없고 벽 두께가 무시되고 창의 전면에 장애물이 없고 천공이 조망되는 개구부에서는 직접주광률은 입체각 투사율(그림 7.3)과 일치한다. 입체각 투사율은 그림 7.4에 의해서 쉽게 구할 수 있다.

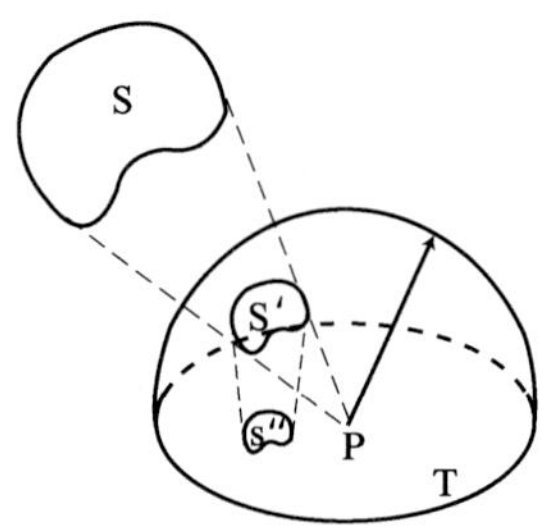

그림 7.3 입체각 투사율 설명도

이렇게 하여 구한 직접주광률은 창에 가상조건을 준 것이므로 실제의 직접주광률은 그 창에 따른 보정을 가산하면 된다. 보정치로서는 다음의 창 유효율 K를 이용한다.

$$K = \tau \cdot M \cdot R \tag{7.9}$$

여기서, τ : 창 유리의 투과율

M : 창의 오염에 의한 감광률

R : 창 면적 유효율

그림 7.4, 그림 7.5는 장방형 광원의 입체각 투사율, 즉 주광률에 근사한 값을 직접 읽는 그래프이고, 각각 광원과 수조면이 서로 수직한 경우와 평행한 경우를 나타내고 있다. 결국 그림 7.4에서는 벽면에 위치한 창을 광원으로 한 경우의 바닥면이나 책상면 등의 주광률을, 그림 7.5에서는 천창에 대한 책상 위의 주광률 등을 구할 수 있다.

주광률은 X(창의 폭), Z(창면에서의 거리), Y(창의 높이)에서 X/Z를 가로축, Y/Z를 수직축에 잡고, 그 교점을 읽으면 된다.

다만 창면과 측정면의 위치관계에 따라 계산방법이 다르고, 그래프 옆의 그림은 측정위치에 의한 계산방법의 차이를 나타낸 것이다.

그림 7.6은 $U=U_1+4$와 2개의 에리어의 합계가 주광률이 된다. 이 경우 U_1 에리어의 주광률을 구하면, $X_1/Z_1=0.8/2,5=0.32$, $Y_1/Z_1=1.55/2.5=0.62$, 그림 7.4에서 읽으면 $U_1 \fallingdotseq 1.4$가 된다.

마찬가지로 U_4에 대해서는 $X_4/Z_4=0.5/2.5=0.2$, $Y_4/Z_4=0.62$이므로 $U_4 \fallingdotseq 0.9$가 된다.

따라서 구하는 주광률은 $U=1.4+0.9=2.3$이 된다.

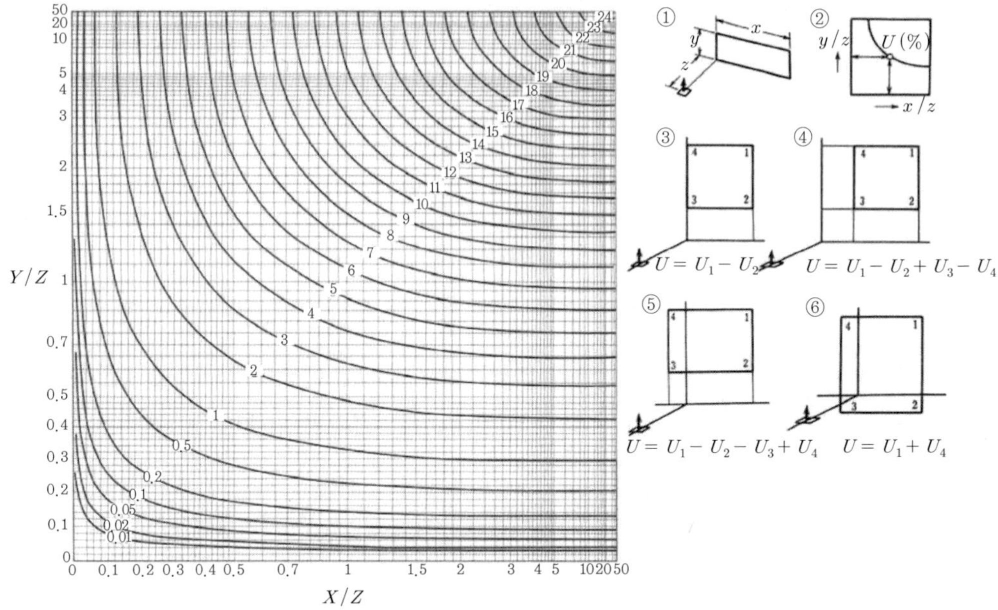

그림 7.4 입체각 투사율 I(벽면의 창을 대상으로 한 경우)

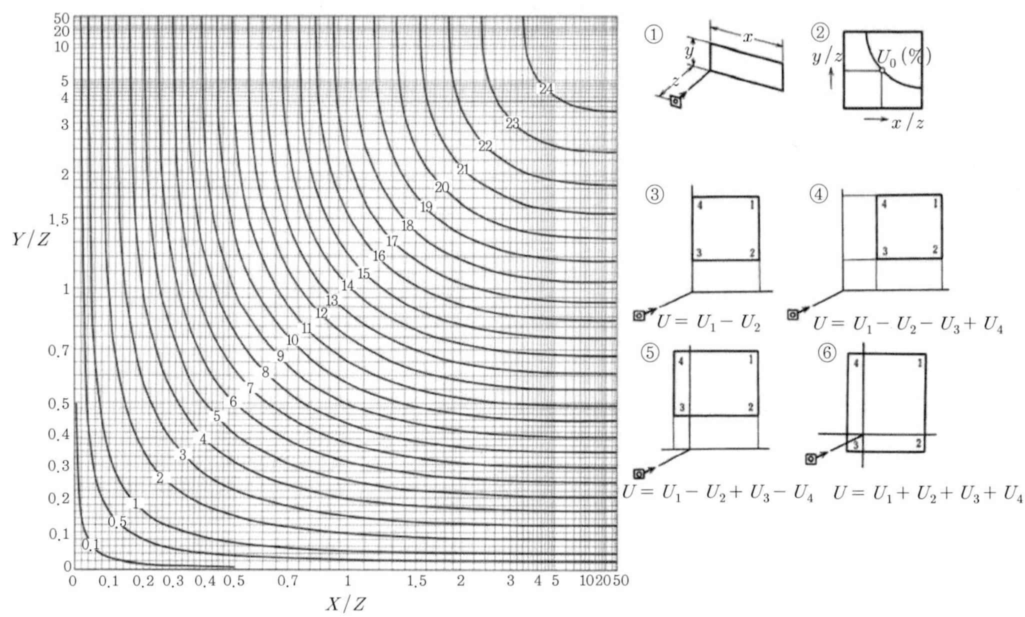

그림 7.5 입체각 투사율 II(천창을 대상으로 한 경우)

마찬가지로 창과 측정면과의 위치관계가 다른 경우에는 그래프 옆의 그림을 참조하는 것에서 합계치의 구하는 방법을 이해할 수 있다. 또한 그림 7.5의 창면과 측정면이 평행의 관계에 있는 경우에 대해서도 위와 같은 방법으로 구할 수 있다. 측정면은 책상면의 높이로 하고, 측정위치는 실 중심으로 한다.

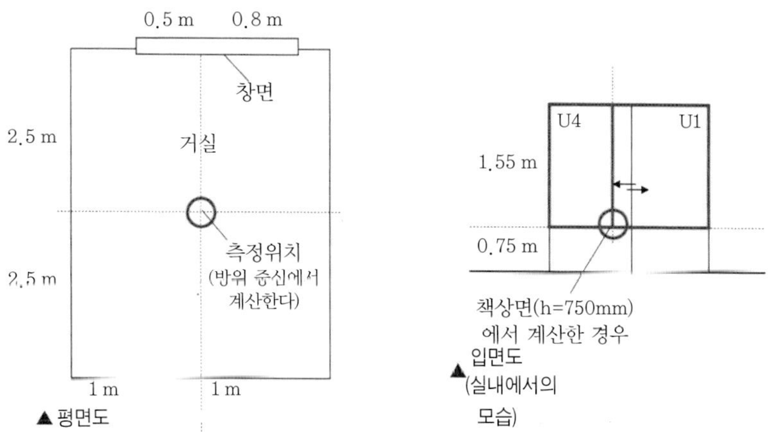

그림 7.6 주광률의 계산 예

예제 7.4

그림과 같은 창에 의한 A점의 직접주광률을 구하여라. 또 전천공조도를 5,000 lx로 하면 A점의 직접조도는 얼마인가? 다만, 창유효율은 55%로 한다.

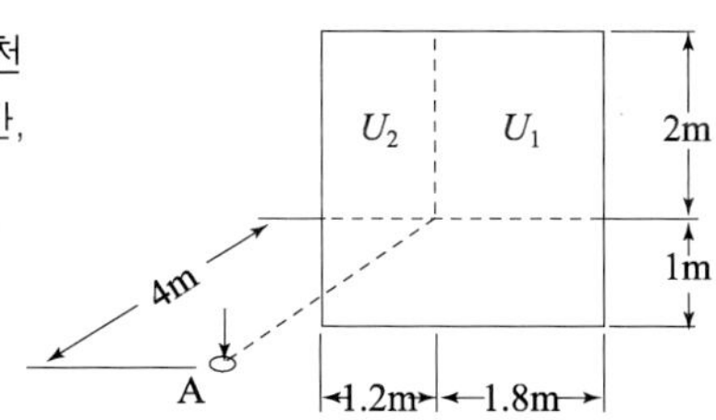

풀이

창을 점선에 따라 둘로 나누어 각 부분에 의한 A점의 입체각 투사율 U는 그림 7.4를 이용하여

$X_o = 1.8/4$, $Y_o = 2/4$에서 $U_1 = 1.3$, $X_o = 1.2/4$, $Y_o = 2/4$에서 $U_2 = 0.8$

$\therefore U = U_1 + U_2 = 2.1[\%]$

따라서 $D_d = 0.021 \times 0.55 \fallingdotseq 0.012(1.2\%)$

또한 $E_d = 5{,}000 \times 0.012 = 60\,[\text{lx}]$

7.4 채광의 방법

7.4.1 건축적 채광 방식

인간의 눈은 자연광 아래에서 사물의 색을 가장 자연스럽게 느낀다. 그런데 인공광은 극히 안정적인 데 비하여 자연광은 효율이 좋으면서도 불안정하다는 점이 있다.

채광(daylighting)이란 실내에서 주간의 자연광을 도입하여 바람직한 빛환경으로 하는 것이다. 건축적 채광의 방법은 일반적으로 창, 드라이에리어, 광정 등으로 분류할 수 있다.

(1) 창

1) 측광(lateral lighting)

연직 외벽면의 창에서 채광하는 방법으로 측창채광이라고도 한다. 측광은 가장 일반적인 채광법이고 많은 이점이 있는 반면에 결점도 적지 않다.

이점으로서는, ① 구조·시공이 용이하며 비막이에 유리하다. ② 개폐 기타의 조작이 용이하며, 청소 보수가 간단하다. ③ 투명 부분을 설치하면 해방감이 있다. ④ 통풍·차열에 유리하다 등이 고려되며, 결점으로서는 ① 편측채광의 경우는 조도분포가 불균일하며 실 안쪽의 조도가 부족하는 경향이 많고, ② 근린의 상황에 의한 채광 방해 등이 있다.

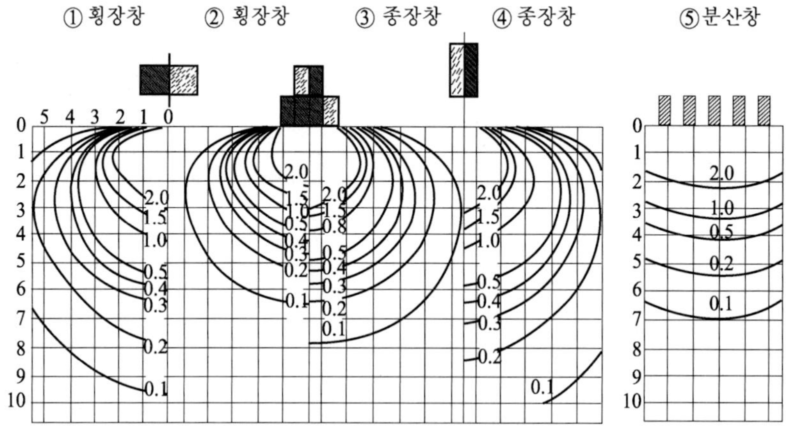

그림 7.7 측창에 의한 직접 주광률 분포

①의 결점에 대해서는 창을 세로로 길게 한다든지, 1개소에 모이지 않도록 분산시키면 상당히 유리한 데(그림 7.7), 고창채광(눈보다 높은 위치에 있는 측창채광)에 의하면 특히 안길이 방향에 유리하다. 또 양측채광(bilateral lighting)으로 하는 것도 효과적이다.

2) 정광(top lighting)

천창에 의한 채광으로 천창채광(sky light)이라고도 한다. 정광의 장단점은 측광의 경우와 전혀 반대이며, ① 비막이에 불리, ② 조작・보수에 불리, ③ 좁은 실에서는 해방감이 들지 않고, ④ 통풍・차열에 불리하지만, ⑤ 채광량적으로 유리, ⑥ 조도 분포의 균일화에 유리, ⑦ 근린의 상황에 따라 채광을 방해받는 경우가 적다.

특히 ⑤, ⑦의 이점에 의하여 천장은 그 면적을 3배하여 적용할 수 있다.

3) 정측광(top side lighting)

천장의 채광 효과를 얻기 위하여 천창의 위치에 설치하고, 비막이에 좋은 측창의 구조적 장점을 살리기 위하여 연직 또는 연직에 가까운 방향으로 한 창에 의한 채광법이다.

실내 벽면에 높은 조도가 바람직한 미술관이나 넓은 작업면에 주광률 분포의 균일성이 요구되는 공장 등에 널리 사용된다. 톱날지붕(saw-tooth)・솟을지붕(monitor roof) 등은 이 일종이다.

(2) 드라이에리어

드라이에리어(dry area)란 지하실을 가진 건축물의 외벽에 파내려간 공간이다. 드라이에리어를 설치하는 목적은 주로 지하실의 환경 개선이고, 채광・방습・통풍의 확보・폐쇄감 등의 해소・피난경로의 확보 등이다. 외부공간에 면한 개구부를 설치하기 때문에 지하실에 지상에 준한 거주성을 실현할 수 있다. 이 드라이에리어에 의해 본래 빛이 닿지 않는 폐쇄적인 지하층이 「주위보다 일단 내려간 만큼의 지

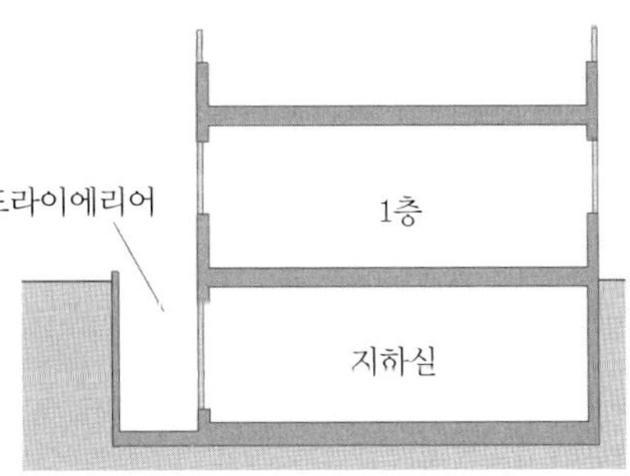

그림 7.8 드라이에리어

표면」화한 것이다(그림 7.8).

(3) 광정

건축물의 내부에 채광목적에서 설치하는 중정으로 Courtyard라고도 한다. 평면적으로 규모가 큰 건축물에서는 내측에 자연채광이 곤란한 문제를 해소하는 방법의 하나이다.

7.4.2 설비적 채광 방식

(1) 태양광 채광 시스템의 정의

「태양광 채광 시스템(sunlighting)」은 태양광을 채광하기 위하여 자동추적하는 구동부를 갖춘 시스템이다. 인공조명으로는 얻을 수 없는 쾌적한 자연광의 환경을 제공하기 위하여 개발된 시스템이다. 태양광을 적극적으로 도입하기 위하여 태양광을 자동추적하는 구동시스템을 구성하여 일출에서 일몰까지 하루 중 고효율 태양광의 채광을 실현할 수 있다. 고층화나 과밀화된 도시환경에서는 북측의 거실, 창이 없는 방, 지하실, 지하가 등 자연채광이 불충분하거나 불가능한 공간도 있다. 그러한 환경에도 태양광을 넉넉하게 도입하는 것을 가능하게 한 것이 태양광 채광 시스템이다.

(2) 태양광 채광 시스템의 요구

1) 건축상의 요구

도시의 과밀화나 건축물의 고층화, 지하공간의 이용증가 등에 의해 태양광이 미치지 못하는 공간이 증가하여 자연채광의 요구가 높아지고 있다.

① 건물의 북측 등에서 햇빛이 비추지 않는 거실이나 실내공간

② 건물의 북측에서 그늘이 지는 주변공간

③ 쇼핑몰, 지하공간

④ 중정, 아트리움

⑤ 터널이나 고가 아래 보도

2) 특수한 환경조건 창출을 위한 요구

실내에서의 일광욕이나 식물재배, 자연광에 의한 연색을 필요로 하는 상품의 조명,

또한 태양광에 의한 퇴색이나 열화에의 배려가 필요한 미술품·가구의 조명 등이다. 특수한 경우에는 컴퓨터의 모니터에 비추는 직사광을 싫어하여 항상 블라인드를 내리고 있는 사무실의 실내조명, 또한 실내공간의 쾌적성을 높이기 위한 연출 등 여러 가지이다.

① 사람의 실내 일광욕, 일조의 확보
② 거북(tortoise) 등 파충류의 실내 일광욕, 일조의 확보
③ 실내에서 식물 재배나 수조 내의 수초 재배
④ 자연광 아래에서의 연색성이 요구되는 상품의 조명
⑤ 미술품, 가구 등의 조명
⑥ 쾌적한 공간 만들기

(3) 태양광 채광 시스템의 개요와 특징

태양광 채광 시스템은 채광부와 거기에 부수하는 태양추적장치(광센서), 전송부, 조사부(照射部)의 3부분으로 이루어져 있다.

1) 채광부

채광부에는 반사경, 프리즘 또는 렌즈 등이 사용된다(그림 7.9).

① 반사경방식

이 방식은 평면경이나 곡면경을 이용하여 태양광을 반사하여 필요에 따라 2차 반사경 등을 사용하여 소정의 장소에 태양광을 보내는 방식이다. 빛의 전송은 공기 중을 통하여 직접 보내진다. 비교적 장거리의 조사도 가능하다. 집광부와 조사면과의 거리는 30 m 이내가 바람직하다. 또한 장거리가 되는 경우에는 조사하고자 하는 장소에 정확히 빛을 유도하는 설치 정밀도가 시공의 포인트가 된다. 반사경의 원리상 태양고도가 높으면 거울의 수광면적이 적어지기 때문에 태양고도가 높은 여름철이나 남중시의 채광량은 저하한다.

② 복합·반사경방식

대형 복합반사경이 태양을 자동 추적하여 임의 일정 범위에 태양광을 조사한다. 빛의 전송은 공기 중을 통하여 직접 행해지고, 장거리의 조사도 가능하다. 복수의 곡면경을 구성한 것으로 쳐다보아도 눈부시지 않다. 옥외의 공원이나 교정 등에의 대규모

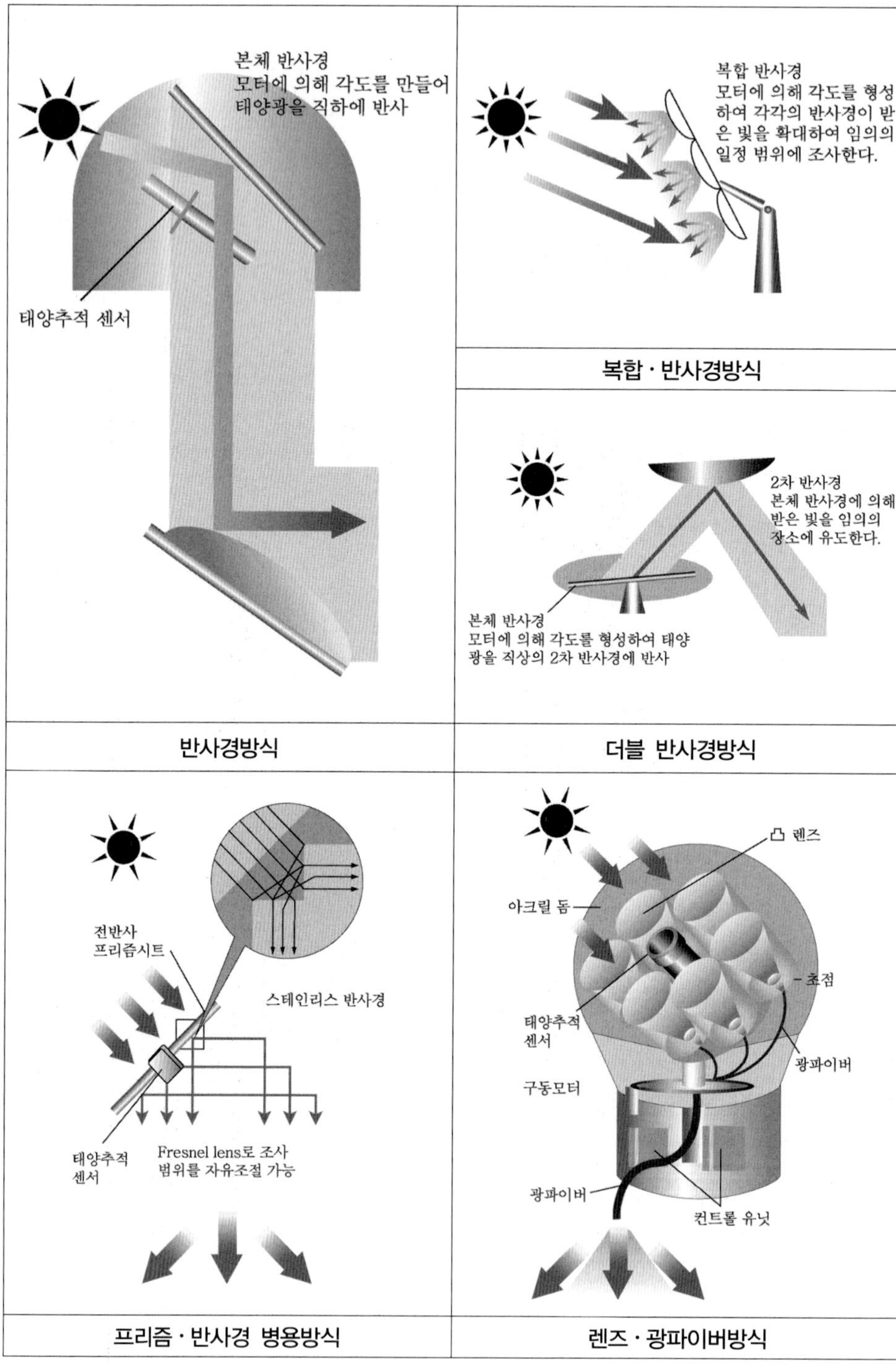

그림 7.9 채광부의 구성방식

채광에 최적이다.

③ 더블 반사경방식

본체 반사경(1차 반사경)이 태양을 추적하여 표준장비의 2차 반사경에 의해 임의 장소에 태양광을 채광한다. 빛의 전송은 공기 중을 통하여 직접 행해지고, 비교적 장거리의 조사도 가능하다. 일조가 차단되는 빌딩 북측에의 채광에 최적이다.

④ 프리즘·반사경 병용방식

전반사프리즘시트에서 도입된 태양광을 시트면의 프리즘에서 직하방향으로 전하고, 수평방향의 빛은 평면반사경에 의하여 직하에 반사하는 방식이다. 이 방식은 반사경 방식에서 태양고도에 의한 채광량의 변화가 적고, 대용량의 광량을 전송할 수 있고, 직선적인 장거리 조사·단거리 조사가 가능하다.

⑤ 렌즈·광파이버방식

凸렌즈를 사용하여 빛을 농축하여 집광한다. 렌즈는 항상 태양에 정면으로 향하도록 제어되므로 태양고도의 영향은 받지 않는다. 또한 렌즈는 빛의 파장에 의하여 결합하는 초점 위치가 다르므로 그 성질을 이용하여 가장자리를 중심으로 한 가시광만이 초점을 연결하도록 조절하여 자외선이나 적외선을 미리 배제할 수 있다. 또한 광파이버 케이블로 전송되므로 전송로나 전송거리의 제약이 거의 없고, 설계의 자유도가 높은 것이 특징이다.

2) 추적제어장치

태양광 채광 시스템은 채광방식의 차이는 있지만, 모두 태양의 자동추적장치를 갖추고 있고, 태양의 방위, 고도를 정확히 포착하여 태양의 위치에 관계없이 채광하도록 고안되어 있다.

① 광센서에 의해 태양의 위치를 확인하면서 제어하는 형시
② 설치장소의 위도·경도와 시각에서 컴퓨터로 태양위치를 산출하는 프로그램 방식
③ 상기 2가지 방식을 병용한 것

①의 센서방식은 태양이 구름에 가려지면 그 위치에서 정지하고, 다시 태양이 나타난 시점에서 추적을 재개하기 때문에 다소의 시간적 손실이 생긴다.

②의 프로그램방식과 ③의 병용방식은 태양이 가려져 있는 동안에도 추적을 계속하고 있으므로 다시 태양이 나타난 곳에서 곧 채광을 재개한다. 또한 일몰 후에는 자동

적으로 다음날의 일출에 대비하여 채광부의 방향을 바꾸도록 되어 있기 때문에 일단 설치하면 인간의 조작은 불필요하다. 다만 프로그램방식은 태양의 위치를 항상 계산할 필요가 있고, 정전에 대비한 백업 전원의 축전지도 필요하다. 추적을 위한 채광부의 구동방식은 어느 방식에서도 에너지절약 설계가 추진되고, 소형 모터를 사용하고 태양전지를 이용한 것도 있다.

3) 전송부

채광한 태양광은 공기 중 또는 케이블 등의 매체로 전송된다.

① 공중 전송방식은 채광부의 단면적과 같은 정도의 단면적으로 차단되지 않는 직선로가 필요하다.

② 광파이버 케이블을 사용하는 방식에서는 전송로는 곡선도 좋고, 기둥이나 보에 방해되지도 않는다. 케이블이 통하는 가는관이 확보되면 문제없다.

광파이버 케이블을 사용하는 방식은 미리 건물 내부에 배관한다. 공중전송방식은 특별 공사의 필요는 없으나, 빛의 조사하는 방향을 변경하는 경우에는 반사경을 부착할 필요가 있다.

4) 조사부

채광부에 많은 종류가 있는 것은 광파이버를 전송로로 사용한 것으로 스폿라이트(천장매입형, 스탠드형)에서부터 다운라이트, 천장부착형으로 방 전체를 조명하는 허니컴형의 조사기구 등이 있다. 공중전송방식은 일반적으로 특별 조사기구를 이용하지 않으나 배광판에 의해 빛을 확산시키는 것도 있다.

(4) 건물 · 용도별 선정방식

건물 내외공간의 용도에 따라 최적 시스템방식을 선정한다(그림 7.10).

CASE 1	CASE 2	CASE 3	CASE 4
건물의 중정 등에 조사·채광하여 쾌적공간을 연출한다.	태양광을 직하의 방이나 시설에 채광하여 자연광에 의한 조명을 한다.	주위가 밀집한 공동주택 베란다의 반사경에 의해 채광이나 일조가 차단되는 인접 건물에의 자연광을 확보한다.	직접 채광할 수 없는 건물 내부나 지하실에 자연광을 도입한다든지, 스폿적으로 자연광을 조사할 수 있다.
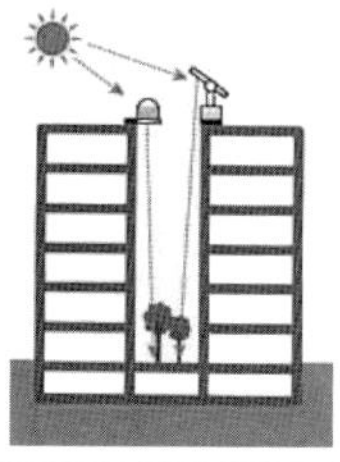	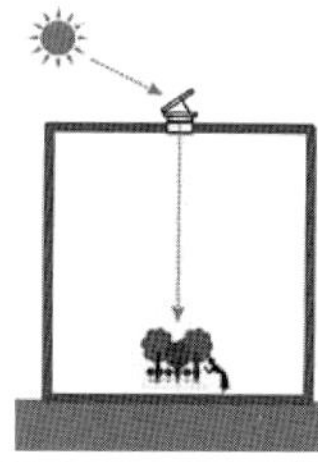	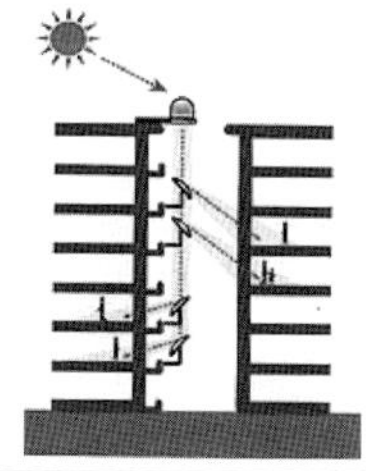	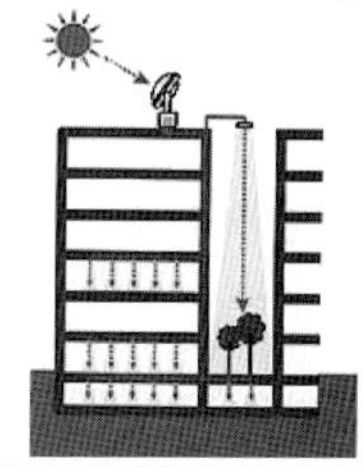
프리즘·반사경 병용방식, 반사경방식, 렌즈·반사경 병용방식	멀티·반사경방식, 프리즘·반사경병용방식	반사경방식, 프리즘·반사경병용방식	렌즈·광파이버방식

그림 7.10 태양광 채광방식

7.4.3 창재료의 영향

채광적으로 큰 영향을 가지고 있는 요소에는 상기의 창의 형태나 크기, 위치 외에 창면을 구성하는 재료가 고려된다.

투명유리는 개방적이지만 직사일광의 입사가 있고, 뽀얀유리는 빛을 확산시키지만 개방성이 약하다. 이 때문에 투명유리 위에 확산성의 커튼을 사용하는 방법이 일반적이다. 또 형판유리는 투명·확산의 중간적 효과가 있다. 지향성 유리블록, 포도유리, 프리즘 유리, 루버, 베니션 블라인더, 비늘문 등의 사용은 투과광에 약간 상향의 시향성을 주어 천장면을 먼저 비추는 간접조명의 효과를 일으킴과 함께 창면의 눈부심을 방지할 수 있다.

7.4.4 주벽면의 반사에 의한 효과

채광에 의한 실 안쪽의 조도 저하에 대해서는 주벽에서의 반사광은 효과적이다. 반사의 효과를 크게 하는 데에는 주벽의 마감을 고반사율로 하는 것이 제일이며(표 7.5), 상기의 지향성 재료의 사용도 유리하다.

표 7.5 각종 재료의 반사율(주로 45° 입사의 전반사율) [%]

1. 정반사재료(수직입사)	
알루미늄 특수합금 전해연마면	90~95
유리면(알루미늄 합금)	80~85
알루미늄	70~75
동, 강	50~60
투명유리	10~12
수면	2
2. 확산성 재료(a) 금속, 유리, 도료	
산화마그네슘(특제 · 반사율 기준)	97
산화알루미늄	80~85
아연도금철판(신)	30~40
젖빛유리	60~70
형판유리	15~25
백색페인트, 에나멜, 법랑	80~85
담색 페인트	30~70
농색 페인트	15~40

3. 확산성 재료(b) 종이 및 포목류	
흰도화지	70~80
흰아트지	60~65
신문지	40~50
담색커튼	30~50
흑포(빌로드)	0.4~3
4. 확산성 재료(c) 건축재료	
목재, 클리어래커 밝은색 마감면	40~60
목재, 유성착색	10~20
붉은 벽돌(신)	25~35
석재	20~50
농색 타일, 농색 기와	10~20
흰회반죽벽(신)	75~85
담색 비닐타일	40~70
농색 비닐타일	10~20
자갈, 콘크리트, 포석	15~30

표 7.6에서 나타난 실내면의 반사율은 사무실, 학교 등에서 조명률을 고려하고, 능률적이고 안락한 빛환경을 이루게 하므로 권장되는 값이다.

밝기의 점에서 유효한 실의 안길이 한계는 일반적으로 천장높이의 약 2배가 되며 조건이 좋지 않으면 1.5배 정도가 한도이다.

표 7.6 실내면 반사율의 추장치

반 사 면	반 사 율 [%]
천 장	80~90
벽	40~60
기계, 탁상, 작업대	25~45
바 닥	20~40

7.5 채광의 조사

7.5.1 채광의 조사 목적

채광설계되어 사용되고 있는 실이 과연 소기의 목적을 달성하고 있는가 어떤가, 혹은 채광상태의 양부를 판정하는 데에 채광조사가 필요하다.

측광은 간단하게 보이지만 실제는 주의하여야 할 점이 적지 않다. 특히 주광은 확산광인 것과 그것이 끊임없이 변동하고 있는 데에 문제가 있다.

7.5.2 측정 기기

(1) 조도의 측정

조도의 측정에는 보통 광전지 조도계 또는 광전관 조도계가 사용된다. 광전지 조도계는 수광부에 selen 광전지를 사용하고, 그 광전류를 조도 눈금의 microammeter로 측정하며 취급이 간편하기 때문에 널리 사용되고 있다. 측정범위 0.2~3,000 lx의 것이 흔히 사용되고 있고, 회색 필터 또는 이것과 겹쳐 구멍난 필터를 사용하는 것에 의하여 30,000 lx 정도까지 측정 가능한 것도 있다. 간이형 조도계는 수광부와 지시부를 일체로 하여 소형화한 것이며, 간이측정에 사용된다.

그림 7.11 조도계

광전진공관은 음극에 빛을 받으면 그 양에 비례한 방전을 행한다. 광전관 조도계는 이것을 증폭하여 조도 눈금의 microammeter로 측정하는 것으로서 광전지 조도계보다 감도가 높고 측정범위는 0.01~9,000(또는 0.05~30,000) lx이다. 수광부 광전자 증배관을 사용한 것은 측정범위가 지극히 넓어 0.0001~100,000 lx의 측정이 가능하다.

이상의 광전지, 광전관 등은 표준 비시감도와 다른 분광감도 특성을 지니므로 조도계는 이것을 시감도 보정 필터로 보정하고 있다. 이 필터를 떼낸 경우는 측정치에 빛의 종류에 응한 색보정계수를 곱할 필요가 있다. 수광면에의 입사각에 따른 감도의 차이를 없도록 하기 위하여 수광부에는 확산투과성의 커버가 장착되어 있다(그림 7.11).

(2) 휘도의 측정

수광부에 광전관을 사용하고 여기에 렌즈계를 조합하여 파인더(finder) 시야 내 중앙부 휘도를 직접 읽을 수 있는 휘도계가 시판되고 있다. 그 측정 범위는 0.1~16,000 cd/m^2, 시각은 0.5~2°이며 대비휘도의 직독도 가능하다. 수광부에 광전자 증배관을 사용한 것은 극히 고감도이며 10^{-4}~10^{6} cd/m^2(시각 0.1~2°)의 측정을 할 수 있다. 또 이 타입의 것은 색채계도 겸하고 있다.

스폿노출계는 수광부에 Cds광도전지를 이용하고 파인더 시야 중앙부 소면적의 노광지수를 읽도록 되어 있다. 감도가 높고 이것을 휘도와 대응시킨 것은 휘도계로서 이용할 수 있다. 시각은 약 1°이며 측정범위는 1.5~15,000 cd/m^{2}이다(그림 7.12).

그림 7.12 휘도계

7.5.3 채광의 조사 방법

(1) 천공 상태의 선택

측정의 표준적 조건은 담천공과 쾌청의 때이다. 담천공은 채광계획의 기본 개념에 근사하여 일단 불리한 조건으로 보이므로 이것을 규준의 천공 상태로 한다. 쾌청시의 측정은 직사광의 영향으로 천공 휘도분포의 다름에 의한 차이를 보기 위하여 행하는 것이다. 쾌청시 쪽이 오히려 좋지 않은 조건이 될 수가 있으면 양자의 조건 하에서 조사하는 것이 바람직하다. 변동이 많은 아침·저녁을 피하고 안정시에 측정해야 한다.

(2) 주광률의 측정

측정 위치는 작업면이 정해져 있을 때는 그 면상으로. 하지만 이것이 명확하지 않을 때는 그림 7.13에 나타나는 ◦표시의 25점, 상세히는 •표시를 가산한 35점으로 한다. 바닥면상의 높이는 의자 작업 75 cm, 선작업 100 cm, 앉은 작업 40 cm, 복도, 계단 등은 바닥면으로 한다.

전시벽면, 흑판면 등은 그 면상의 조도만을 취하면 되지만, 일반 작업면에서는 입체적인 작업을 포함하므로 작업면상의 외, 여기에 수직한 2면 이상의 조도를 주요점에 대하여 측정한다.

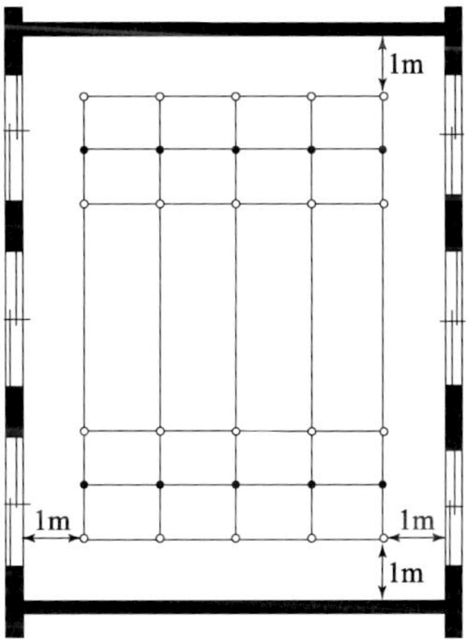

그림 7.13 측정 위치

(3) 휘도의 측성

통상의 자세에서 시야 내에 눈부심을 발생시키는 고휘도면의 유무, 동일 시야 내에 들어오는 면과 면 사이 휘도비가 허용범위 내에 있는가를 음미한다. 이것을 주요한 개소, 천장과 벽면, 벽면과 흑판면, 벽면과 창면 등에 대하여 측정한다.

(4) 기타의 조사 사항

직사광이 있을 때는 이에 따른 법선조도, 실내 주요면의 반사율, 기타 창의 상황, 창 밖의 상황 등을 스케치 또는 사진으로 기록한다.

7.6 각종 건물의 채광계획

7.6.1 학 교

학교의 채광에서 특히 중요한 것은 교실의 채광계획이다. 교실에서 가장 어두운 안쪽에 있어서는 창에서 직접 들어오는 빛보다 천장이나 벽에서 반사되어 오는 빛이 중요하다. 편측창 채광에서는 통상 반사광을 예상하지 않고서는 계산상 목표로 하는 조도는 얻기 어려운 경우가 많다. 실내 특히 안쪽은 가능한 한 밝은 마감으로 한다. 또 눈의 피로를 초래하는 눈부심을 피하는 데에 실내의 명도배분은 중요하다(그림 7.14).

직사광선을 포함하지 아니하는 천공광에 의한 옥외 수평조도와 실내조도와의 비가 평균 5% 이상으로 하되, 최소 2% 미만이 되지 아니하도록 한다. 최대조도와 최소조도의 비율이 10대 1을 넘지 아니하도록 한다. 교실 바깥의 반사물로부터 눈부심이 발생되지 아니하도록 한다.

흑판과 그 주위 벽에서는 벽을 지나치게 밝지 않도록 하고, 창의 새시에서는 가능한 한 밝게 마감하여 휘도비를 부드럽게 한다. 마감은 확산성의 무광택 마감을 원칙으로 한다. 그것은 실내에 눈부심이 없는 부드러운 빛을 준다.

흑판은 본질적으로 경면반사가 적고, 그 표면상태가 변화하기 어렵도록 내마모성이 있는 재질이 바람직하다.

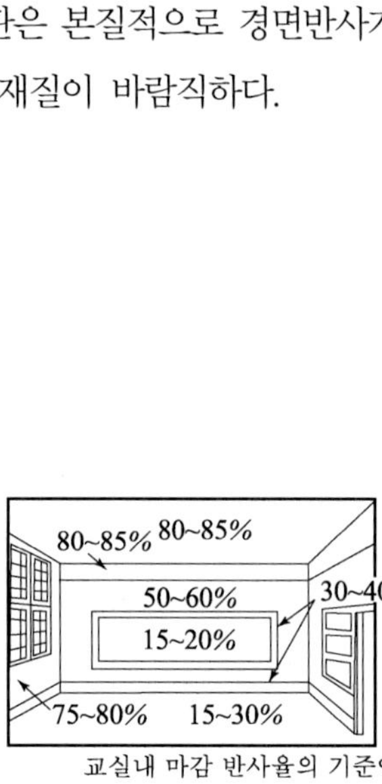

그림 7.14 교실 내 마감 반사율의 기준안

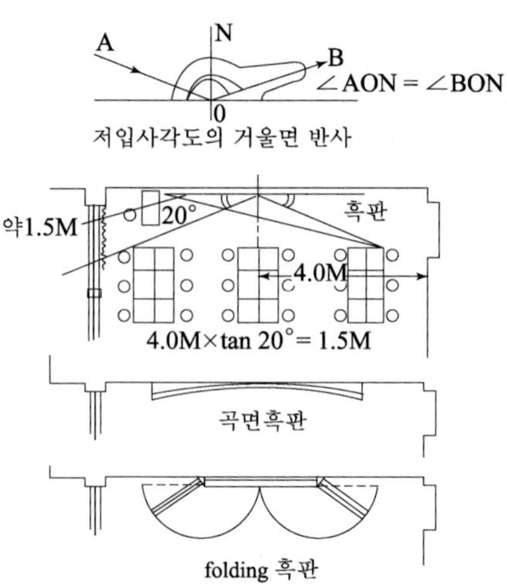

그림 7.15 각종 흑판과 반사

흑판이 빛나는 반사 눈부심을 방지하는 데에는 그림 7.15와 같이 흑판에 가까운 쪽의 외벽에 창을 설치하지 않거나, 그 창을 확산성으로 하거나, 곡면흑판이나 접(folding) 흑판을 사용하는 등의 고려를 요한다.

7.6.2 사무소

냉방부하의 경감, 소음방지의 점에서 창이 작은 것이 바람직하고, 무창도 고려되고 있다. 그러나 종일 실내에서 일하는 사람에 따라서는 기분전환, 정신 안정의 의미에서 밖을 내다보는 것은 중요하고, 창에 의한 채광도 기대되고 있다.

창의 일조조절은 방서, 냉방부하의 경감을 위하여 필요하지만 눈부심의 원인이 되는 강한 직사일광의 차폐를 위해서도 설치하게 된다. 방법으로서는 외측에 부착하는 루버, 내측에 부착하는 베니션 블라인드, 흡열유리 등이 있다(그림 7.16).

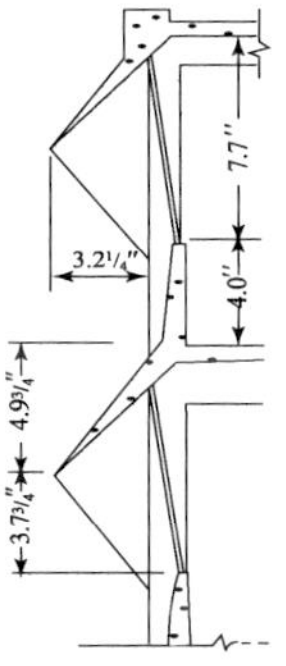

그림 7.16 일사를 완전히 차폐하여 지면 반사광만으로 채광하는 예
(Eyebrow라고 불리우고 있다)
Columbia주의 연구소

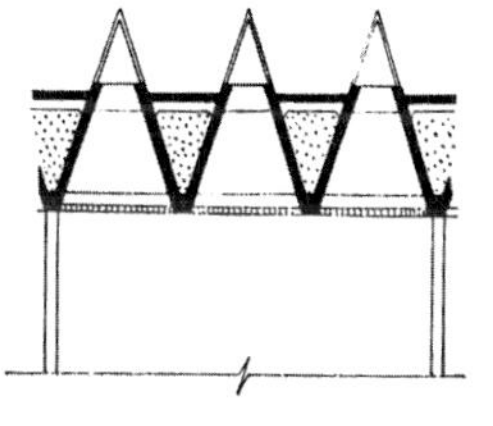

그림 7.17 광천장의 변형 : 입체적인 콘크리트트러스를 구성, 트러스의 구멍을 이용하여 광천장을 만드는 것. 천장에서 들어온 빛은 천장 하면에 부착한 확산판을 통하여 실내에 산란시키므로 광천장과 미친가지 효과가 얻어진다.

7.6.3 공 장

공장의 채광에도 여러 가지 방법이 있는데 모니터나 톱날지붕이 가장 많이 채용되고 있다.

측창은 조도분포가 치우치고, 실 안쪽에서는 조도 부족을 초래하는 결점이 있다. 천창은 채광 효율이 매우 큰 이점은 있으나 눈부심의 원인도 되고, 직사일광을 정면으로 받으므로 조도의 변동과 수열에 문제가 있다. 모니터는 천창과 중간적 성격을 지닌다. 최근에는 비대칭의 모니터도 제작되고 있다. 톱날지붕은 처음에 변동이 작은 북측 광선의 이용을 저해한 것으로 보았지만 그 후의 발전에 의해 최근에는 유리면을 경사시켜 채광량의 효용을 도모하여 톱날의 간격을 작게 하고 천장면에 확산판을 이용하여 조도분포를 균일화함과 아울러 확산성을 높이도록 되었다(그림 7.17).

7.6.4 전시관

전시물이 예술품이든 상품이든 그 자체의 색을 충실히 재현하는 광색이어야 한다. 예술품에 대해서는 제작이 북측 천공광하에서 행해지는 경우가 많으므로 이 광색으로 관상하는 것이 추장되고 있으나 북측 천공광도 계절, 시각, 천후에 의해 상당히 변동되고 있으므로 반드시 이에 구애될 필요는 없다.

주광에 의한 경우 직사일광은 눈부심 등의 원인으로 보는 정도를 해친다. 또 미술품, 상 품 등을 손상하게 되므로 반드시 차폐해야 한다.

주광을 주광원으로 하는 미술관, 박물관이 전에는 주류이었지만 현재는 인공조명만으로 하는 곳도 많다. 이유는 인공광원이 양적으로도 질적(주로 광색)으로도, 또 제어의 점에서도 주광보다 늘어났기 때문이다. 현재 주광을 광원으로 하는 것은 미술관 등에서 전시공간에 변화를 가져오기 위하여, 또 시간과 함께 미묘하게 변화하는 광량과 광색을 살리기 위함이 많다.

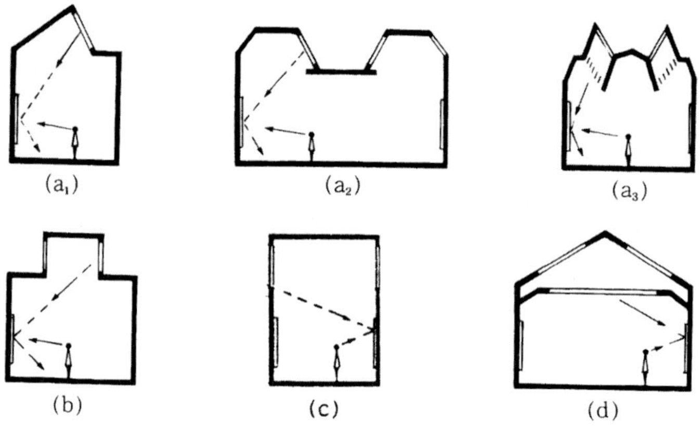

그림 7.18 전시관의 채광방식

전시관의 채광방식에는 그림 7.18에 나타난 바와 같이 각종이 있다.

① 정측광(top-side lighting) : 그림 7.18(a_1)이 그 기본형이며, 주로 반사눈부심을 피할 수 있는 위치에 창을 설치하고, 관람자의 위치를 어둡게 하여 반사영상을 발생하지 않도록 하고 있다. 가장 정통적인 방식인데 전시면 조도가 약간 부족, 불균일인 것과 머리 위의 낮아진 천장에 의한 압박감이 결점이다. 그림의 (a_2), (a_3)는 (a_1)을 둘 조합시킨 형이다.

② 클리어스토리(clerestory lighting) : 그림 7.18(b)에 나타나는 단면을 지니지만 정측광의 한 변형이라고도 말한다. 전시면 조도 불균일의 결점도 있다.

③ 고창(high side lighting) : 그림 7.18(c)와 같이 구조는 단순하지만 창면을 크게 하면 반사눈부심의 원인이 된다. 관람자 위치의 조도가 크므로 반사영상을 방지하기 어렵다.

④ 천창(정광 ; top lighting) : 그림 7 18(d)의 단면과 같은 광천장 방식으로 벽면조도를 크게 하여 이중지붕의 천장 안에 보조인공조명을 설치할 수 있다. 결점은 고창과 같고, 천장을 높게 하지 않으면 반사눈부심을 일으키고, 반사영상은 피하기 어렵다.

확인학습

1 육안이 (a) (　　　) 속을 (b) (　　　) 속으로서 느끼는 정도는 파장에 따라 다르다. 어느 파장의 에너지를 빛으로서 느끼는 정도, 즉 (b)의 (a)에 대한 비를 (　　　)도라고 한다. 파장 λ에 대한 그 값을 v_λ로 표시하면 v_λ는 파장 (　　　) nm에 있어서 최대로 된다. 그 최대치를 v_m로 표시하여 임의의 파장에 대한 v_λ의 값 v_m에 대한 비를 (　　　)라고 한다.

2 광도란 광원에서 나오는 (　　　)의 입체각 (　　　)를 말하고, (　　　)의 밝기를 나타내는 것이며, 단위는 (　　　)를 사용한다.

3 조도란 수조면의 (　　　)에 도달하는 광속의 (　　　)을 말하고, (　　　)의 밝기를 나타내는 것이며, (　　　)를 단위로 한다.

4 주광률이란 야외 조도와 관계없이 실내 어느 점의 (　　　)를 나타내는 지표이다.

5 비추어진 면의 입사광속밀도를 (　　　)라고 한다.

6 망막의 2종류의 시세포인 (　　　)는 통상 밝기의 빛에, (　　　)는 약한 빛에만 움직인다.

7 직접 글레어 시선 가까이에 (　　　)의 광원, 창이나 조명기구가 있어서 시대상이 보기 어렵게 되는 것이며, 빈도와 (　　　)의 정도도 크다.

8 반사 글레어는 시대상 표면에 (　　　)이 비치어 시대상의 보는 정도가 손상되는 현상인데, 표면 광택의 정도나 광원의 (　　　), 크기에 의하여 구별된다.

9 병치된 대상물, 예를 들면 테이블의 면과 지면, 흑판면과 주위의 벽면과 같은 것의 휘도대비는 1 : (　　　) 이하, 병치되어 있지 않은 것, 예를 들면 흑판면과 지면, 바닥면과 천장면과 같은 것은 1 : (　　　) 이하, 특히 광원면과 그 근방, 예를 들면 창면과 창측의 벽, 천장의 조명면과 그 둘레와 같은 경우는 커지는 경향이 있으므로 (　　　) : 1 이하라는 제한을 할 수 있다.

10 빛은 전자기파로서 파동적인 면과 (　　　)라고 하는 입자적인 면을 가지고 있다.

11 주광조명의 밝기 기준으로서 조도 대신에 주광률을 이용하는 이유를 설명하여라.

12 명순응과 암순응에 대하여 설명하여라.

13 시감도에 대하여 설명하여라.

14 Weber-Fechner의 법칙에 대하여 설명하여라.

15 명시의 4조건에 대하여 설명하여라.

16 불쾌 글레어에 대하여 설명하여라.

17 편측채광과 천창채광을 비교하고 그 특징을 밝혀라

18 louver, venetian blind, canopy를 비교하고 그 득실을 논하여라.

19 주광을 주된 광원으로 하는 미술관의 존재 이유는 무엇인가?

Lighting

제8장 | 조 명

8.1 인공광원

조명은 빛을 발하여 이를 이용하는 기술인데, 일반적으로는 인공조명(인공광을 광원으로 하는 조명)에 의하여 밝게 하여 사물을 보기 쉽게 하는 기술을 말한다. 인공광원의 대부분은 안정된 빛을 내어 확실한 조명 설계를 할 수 있다. 현재까지 인공조명의 발전은 현저하고 주택, 빌딩, 도로, 광장 등 모든 곳에 조명이 보급되어 있다. 그 결과 인간 삶의 장이 시간적으로도 공간적으로도 크게 확대되고 있다.

램프 종류에는 백열등, 형광등, HID램프, LED램프, 유기 EL의 5종류가 있다.

8.1.1 백열등

에디슨에 의해서 발명된 이래 일반 주택의 조명용으로 오래 사용되어 왔다. 유리구로 밀폐된 안에 아르곤 가스 등이 채워져 있으며 그 중 가는 코일형의 필라멘트에 전류를 흘려 고온으로 하여 발광하는 램프이다.

백열등은 저렴하게 제조할 수 있고, 연색성도 좋아 일반 주택에 널리 사용되어 왔다. 그러나, 필라멘트의 수명이 짧은 것과 램프 효율이 좋지 않아 점차 사용되지 않게 되고, 형광등이나 LED램프로 바뀌고 있다.

백열등의 주된 종류는 다음과 같다.

① 일반 전구

화이트 등이라고도 불리며, 종전의 일반 주택용 램프로 가장 많이 쓰이고 있었다. 눈부심을 덜어주도록 안쪽에 백색 페인트가 칠해져 있다. 램프 효율이 좋지 않고 수명도 짧기 때문에 생산을 중단하고 있다.

② 클리어램프

클리어램프는 유리구가 백색 도장되지 않은 투명한 것이다. 반짝 반짝 빛나 아름다운 장식용의 샹들리에 등에 사용되고 있다.

③ 크립톤램프

일반 백열등에는 아르곤 가스가 채워져 있지만 크립톤 가스가 채워진 것은 크립톤 램프로 불리고 있다. 크립톤 가스에 의해서 필라멘트의 수명이 긴 특징을 가지고 있다.

④ 볼램프

문자 그대로 둥근 공 모양을 한 백열전구이다. 투명한 클리어, 백색 도장, 여러 가지 색깔로 도장된 것이 있다. 주로 점포 등의 장식용으로 사용되고 있다.

⑤ 할로겐램프

유리구 안에 할로겐 가스가 채워져 있어 할로겐램프이다. 매우 밝은 램프이어서 스포트라이트와 자동차 전조등에도 사용되고 있다. 램프 효율도 좋고 수명도 긴 점이 특징이다.

⑥ 반사형 백열전구

유리구 안쪽의 후방에 알루미늄의 반사경을 붙인 램프이며 효율적으로 전방에 빛을 쪼일 수 있다. 다운라이트나 스포트라이트의 용도로 사용되고 있다.

8.1.2 형광등

형광등이 발광하는 구조는 방전 전자가 수은 원자에 충돌함으로써 발생한 자외선이 형광의 안쪽에 칠해진 형광 물질에 접촉하여 발광하는 것이다. 램프 효율이 좋고 수명도 긴 것(약 6,000~24,000시간)이 장점이다. 현재 가장 일반적인 램프로, 일반 주택과 사무실 등에서 사용되고 있다. 단점은 형광등에는 점등하기 위해서 필요한 방전을 안정시키는 안정기가 부착되어 있다.

형광등을 색으로 구분할 때는 보통 주광색, 주백색, 전구색 등 3가지로 나눈다. 이렇게 구분하는 기준은 온도이다. 빛은 온도가 높을수록 푸른빛을 띠게 되고, 온도가 낮을수록 노란빛을 띤다.

주광색의 경우는 온도가 약 6,500K로 태양빛보다 강하기 때문에 푸른빛을 띠며, 시원하고 산뜻하며 깔끔해 보이는 인상의 빛이라고 할 수 있다. 공부방이나 사무실 등 집중력을 높여야 하는 장소에 사용하는 것이 적절하다.

주백색은 태양빛에 가장 가까운 자연스러운 빛으로 온도가 약 5,000K이다. 주백색은 주광색보다 푸른 기가 적어 희게 보인다. 생생하고 자연스러운 색으로 거실이나 부엌 등에 사용하는 것이 좋다. 특히 평소에 가장 오랫동안 머무는 장소에 사용하면 좋다.

전구색은 따뜻한 느낌을 주는 오렌지색 계열로 온도가 약 3,000K이며, 침착하고 안정되며 편안함을 느낄 수 있는 색이다. 따라서 침실 또는 욕실이나 음식점의 실내에 잘 어울린다.

형광등에는 3개의 점등 방식이 있다.

① 스타터(starter) 방식

글로램프(glow lamp)로 불리는 점등관을 사용하여 점등한다. 가장 오래된 방식으로 필라멘트를 달구어 방전을 발생시키기 때문에 점등에는 2~3초 정도의 시간이 걸린다.

② 래피드 스타트(rapid start) 방식

점등관을 필요로 하지 않는 방식으로 스위치를 넣으면 즉시 점등이 가능하다.

③ 고주파 점등 방식

고주파 점등 방식(HF : Flourescent High frequency)은 가장 새로운 방식으로 인버터로 불리는 안정기를 사용하여 교류를 직류로 바꾸고 고주파로 변환하여 점등한다. 즉시 점등이 가능하고 어른거림도 적고 램프 효율도 좋아 최근 가장 많이 이용되고 있는 점등 방식이다.

8.1.3 HID램프

고휘도 방전등(HID : High Intensity Discharge)은 형광등보다 높은 압력에서 방전되는 램프이다. 그래서 광속이 커지고 체육관과 야외의 그랜드나 야구장 등 넓은 공간의 조명에 적합하다. 램프 효율이 좋고, 휘도가 높고, 수명이 길다(약 10,000~20,000시간)는 장점은 있지만 연색성이 떨어지고, 점등까지에 시간이 걸리는 단점이 있다.

HID램프의 종류는 다음과 같다.

① 고압수은램프

고압수은램프는 창백한 빛을 발하는 램프에서 연색성은 좋지 않다. HID램프 중 가장 저렴하게 제조할 수 있다. 옥외의 넓은 시설, 그랜드, 가로등에 사용되고 있다.

② 고압나트륨램프

고압나트륨램프는 오렌지색 빛을 발하는 램프이며 연색성이 뛰어나다. 창고, 공장 등의 시설과 가로등에 사용되고 있다.

③ 메탈핼라이드램프(metal halide lamp)

고압수은과 할로겐 화합물의 혼합에 의한 램프로 연색성이 뛰어나다. 램프 효율도 좋아 실내의 대형 상업 시설 등에 주로 사용되고 있다.

8.1.4 LED램프

LED(Light Emitting Diode : 발광 다이오드)는 직류 전류로 빛나는 반도체의 일종으로 램프 효율이 뛰어나고 수명도 길어(약 40,000시간) 차세대의 램프로 기대되고 있다. 가격면에서 아직 과제가 남아 있는데, 기존의 램프에 비하여 뛰어난 오랜 수명과 소비 전력이 적고, 유해 물질을 포함하지 않으며, 빛의 밝기 조절과 색채 창출이 용이하고, 점멸 동작이 빠르다는 등 뛰어난 특징을 많이 지니고 있다. 단점은 고온·고열에 약하지만 향후 점점 보급되어 갈 것으로 예상한다.

LED램프의 종류는 다음과 같다.

① 전구형 LED램프

전구형 LED램프는 백열전구와 같은 금속마개가 되어 백열등에서의 변경이 용이하다. 종류가 풍부하고 또 광색에도 여러 가지 유형이 있다. 스포트라이트에 사용하는 할로겐 램프형, 샹들리에, 촛불의 불꽃 무늬 샹들리에 전구형 등이 있다.

② 직관형 LED

직관형 LED에는 기존 형광등의 기구에 그대로 사용할 수 있는 유형, 안정기를 떼어 사용하는 유형, 컨버터 내·외장형의 3가지 유형이 있다.

8.1.5 유기 EL

유기 EL(Organic Light-Emitting Diode, OLED : 유기 발광 다이오드)은 빛을 내는 층이 전류에 반응하여 빛을 발산하는 유기 화합물의 필름으로 이루어진 박막 발광 다이오드(LED)이다. 유기 재료를 도포한 기반에 전압을 부하함으로써 발광한다. 연색성이 뛰어나고 얇은 형태로 제작이 되고 면 발광이 가능하다. 향후 새로운 조명 방법으로 기대되고 있는데 일부 디지털 카메라의 액정 화면이나 텔레비전에는 이미 사용되고 있다.

8.2 조명의 방법

8.2.1 조명기구의 의장에 의한 분류

1) 단등방식 : 광원이 점 또는 점에 근접형으로 보이는 기구
2) 다등방식 : 광원을 몇 개 모아서 1기구에 종합한 기구
3) 연속열방식 : 광원의 보이는 형이 선 또는 선형이 된 기구
4) 면방식 : 발광면이 평면상으로 보이는 방식

8.2.2 조명기구의 배광에 의한 분류

조명방식은 기구의 형태, 구조, 성능에 따라 여러 가지가 있으나 가장 중요한 성능인 배광에 따라 분류하면 직접조명, 반직접조명, 전반확산조명, 반간접조명, 간접조명 등의 5가지로 분류된다(그림 8.1).

1) 직접조명(Direct lighting)

작업면을 비추는 조도 중 직사조도가 확산조도보다 높은 경우를 말하며, 등기구에서 발산되는 광속의 90% 이상을 직접작업면에 투사하는 조명방식이다. 이 방식은 공장의 일반적 조명방식으로 널리 사용되고 있으며, 작업면에서 높은 조도를 얻을 수 있으나 주변과의 심한 휘도의 차, 짙은 그림자와 반사눈부심 등이 발생하는 것이 흠이다. 그러므로 기구를 설치할 때는 고휘도 광원이나 광원과 배경과의 심한 휘도 차이

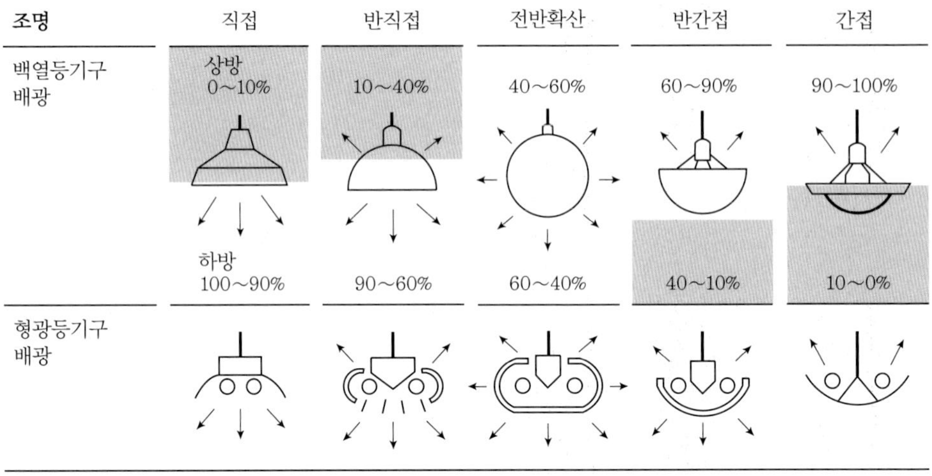

그림 8.1 조명기구의 배광에 의한 분류

등의 눈부심이 발생하지 않도록 하며 직사광이 직접 눈에 들어오는 것을 막기 위하여 15~25도 정도의 차광각이 필요하다.

직접조명기구는 보통 두 가지로 구분되는데 빛을 집중시키는 것과 분배시키는 것이 있다. 빛을 집중시키는 것은 설치높이가 높고 작업면에 집광시키는 것이며, 빛을 분배시키는 것은 설치 높이가 낮은 곳에 사용된다.

2) 반직접조명(Semi-direct lighting)

이 방식의 기구로부터의 발산광속은 60~90 %의 빛이 아래 방향으로 향하여 작업면에 직사된다. 그리고 위 방향으로 10~40 %의 빛이 천장이나 윗벽 부분에서 반사되고 이 반사광이 작업면의 조도를 증가시킨다.

일반적으로 이러한 종류의 기구는 밑바닥이 개방되어 있으며 갓이 유백색 유리나 플라스틱으로 되어 있다. 이 기구는 주로 일반 사무실이나 주택의 조명용으로 사용된다.

3) 전반확산조명(General diffuse lighting)

수평작업면 위의 조도는 기구로부터 직접 쬐고, 몇 부분의 위 방향으로 향한 빛이 천장이나 윗벽부분에서 반사광을 이룬다. 이러한 종류의 조명기구의 대부분은 유백색 유리나 플라스틱 및 아크릴의 외구형이다. 고급 사무실, 상점, 주택, 공장 등의 전반조명용으로 상용되고 있다.

이와 같이 유백색 외구형은 발광면을 크게 하여 광원의 휘도를 감소시켜 눈부심을 느끼지 않도록 하기 위한 것이다. 외구 내의 온도상승을 어느 한도로 억제하기 위하여 외구의 크기를 조절한다.

4) 반간접조명(Semi-indirect lighting)

이 방식은 발산광속의 60~90%가 위 방향으로 향하여 천장, 윗벽부분으로 발산되고, 나머지 부분이 아랫방향으로 향한다. 그러므로 천장을 주광원으로 이용하므로 천장의 색과 유지율에 대하여 고려하여야 한다. 이 기구는 간접방식보다 약간 많은 광속과 질이 좋은 빛을 발산한다. 이 방식은 세밀한 일을 오랫동안하게 되는 작업에 적당하며 교실이나 사무실에 사용되는 최하의 방식이다.

5) 간접조명(Indirect lighting)

작업면을 비추는 조도 중 확산조도가 직사조도보다 높은 경우를 말하며, 등기구에서 발산되는 광속의 90% 이상을 천장이나 벽에 투사시켜 이로부터 반사 확산된 광속을 이용하는 방식이다. 그러므로 매우 넓은 면적이 광원으로서의 역할을 하기 때문에 직사눈부심은 거의 일어나지 않는다. 그러나 천장과 윗벽부분이 광원의 역할을 하므로 이 부분은 밝은 색이어야 하며 빛이 잘 확산되도록 광택이 없는 마감이 되어야 한다.

이와 같은 간접조명방식은 우수한 확산성과 낮은 휘도에 의해 위생적인 시각조건을 갖추고 있으나 설비비와 경상비가 많이 드는 것이 흠이다. 이 방식은 대합실, 입원실, 회의실 등에 사용되고 있다.

8.2.3 조명기구의 배치에 의한 분류

1) 전반조명

실내 전체를 균일의 조도가 되도록 일정 간격으로 조명기구를 배치하는 것이다. 학교의 교실, 사무소, 공장, 작업실 등에 적합하다.

2) 국부조명

특정의 좁은 범위에 조명을 행하는 것이다. 스탠드로 작업면을 밝게 하여 가게에서 특정 상품에만 빛을 비추는 등으로 에너지절약의 효과가 있지만, 조도가 불균일하게 되기 때문에 눈이 피로해지기 쉽다.

3) 전반국부병용조명

전반조명과 국부조명을 병용하는 것이다.

4) PSALI

PSALI(Permanent Supplementary Artificial Lighting of Interiors : 주간인공조명)의 목적은 쾌적한 주간의 실내 시환경을 구성하는 것인데 생리적인 조건과 함께 심리적인 조건도 대단히 중요하다. 즉 공간의 쾌적함에는 그 외부와의 접촉에 대한 역할이 커지고, 따라서 구체적으로는 창의 존재와 그 심리적 효용, 조망, 주광의 입사, 주광의 변동 등이 각각 상호 관련되어 미묘한 영향을 준다. 특히 PSALI에서는 주광이 중시되고, 심리적으로는 주광으로 조명되고 있다는 인상을 실내 공간의 어떠한 장소에서도 주도록 계획하는 것이 원칙이다.

PSALI의 설계에 이용되는 각종 기준치의 적정화와 평형, 주야 겸용의 조명기기도 포함하여 그 적정한 배치와 능률적인 사용을 고려하는 것이 필요하다. 그림 8.2는 그 일례이다.

또한 적정한 창면적의 결정, 투과율이 낮은 창유리의 사용에 의한 창면의 휘도 저하 등 건축의 기본계획에까지 거슬러 올라가 종합적으로 PSALI를 검토하여야 한다.

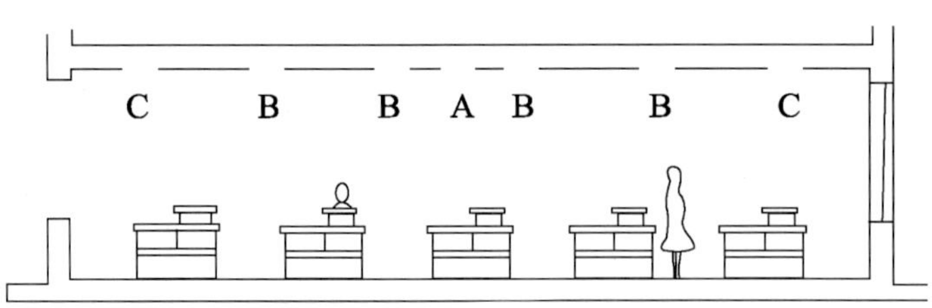

(주간은 A와 B를 점등, 야간은 B와 C를 점등한다).

그림 8.2 양측채광 사무소의 PSALI

5) VDT 작업

VDT 작업이란 디스플레이, 키보드 등으로 구성되는 VDT(Visual Display Terminal s : 영상표시단말기)를 사용한 작업을 말하고, 일반적으로는 컴퓨터를 이용한 작업을 가리킨다.

VDT 작업이 보급되기 시작하던 때의 화면은 CRT(Cathode Ray Tube : 브라운관) 디스플레이이고, 화면으로 조명의 영상 포함이 우려되고 있었지만, 작금의 PC 화면은 LCD(Liquid Crystal Display : 액정 디스플레이)이며, 그 대부분의 디스플레이는 표면에 논글레어 가공이 되어 있기 때문에 영상 포함이 문제가 되는 경우는 감소하고 있다(그림 8.3).

① 조명 및 채광

(ㄱ) 실내는 가급적 명암의 대조가 두드러지지 않고 눈부심을 불러일으키지 않도록 한다.

(ㄴ) 디스플레이를 사용할 경우 디스플레이 화면에서의 조도는 500lx 이하, 서류상 및 키보드상에서의 조도는 300lx 이상으로 한다. 또한, 디스플레이 화면의 밝기, 서류 및 키보드 면에서의 밝음과 주변 밝기의 차이는 가급적 작게 한다.

(ㄷ) 디스플레이 화면에 직접 또는 간접적으로 태양광 등이 입사하는 경우는, 필요에 따라 창문에 블라인드 또는 커튼 등으로 적절한 밝기를 조절한다.

② 글레어의 방지

(ㄱ) 디스플레이 화면의 위치, 전후의 기울기, 좌우의 방향 등을 조절한다.

(ㄴ) 반사 방지형 디스플레이 화면을 이용한다.

(ㄷ) 간접 조명 등의 눈부심 방지용 조명 기구를 이용한다.

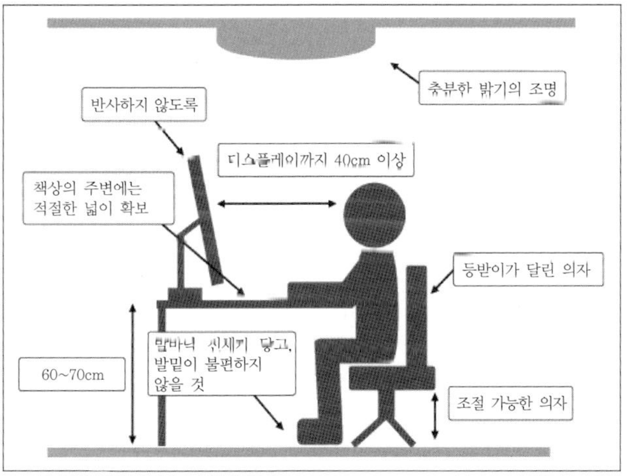

그림 8.3 VDT 작업

6) TAL 시스템

작업(task)장소 조명을 task조명, 주위(ambient)의 조명을 ambient조명이라고 하는데, 사무소 조명시에 흔히 사용된다. 테이블용의 국부조명이 task조명, 실내전체용의 전반조명이 ambient조명이라고 할 수도 있다. 또한 시작업 및 뚜렷이 보이는 것을 목적으로 시대상(예 : 테이블면, 벽에 장식된 그림 등)에 대한 조명을 타깃 조명(target light)이라고 한다. 즉 국부조명을 가리킨다.

테이블이나 캐비닛에 작업용의 조명기구를 설치하고, 이것보다 낮은 레벨의 주위조명을 간접조명 등으로 형성하는 사무소 조명을 특히 TAL(Task and Ambient Light) 시스템이라고 한다.

TAL 시스템은 에너지 절약을 목적으로 개개의 작업장소에만 task light로 필요한 조도를 제공하는 한편 ambient light의 전반 빛으로 실 전체를 온화한 분위기로 하는 것이며, 주로 사무실의 조명에 적용된다. ambient light의 조도수준은 task light의 1/2~1/3이 일반적이다. 그림 8.4에 TAL 시스템의 일례를 나타낸다.

7) 건축화조명

건축화조명(Architectural lighting)이란 천장이나 벽 등 건축물 자체에 광원을 장착한 조명방법이다. 광원의 존재를 느끼지 않도록 하는 간접조명의 하나이다. 실내장식의 일부로서 천장이나 벽에 배치된 조명기법으로 건축구조와 일체화하여 조명기구를 건축 내에 장착하므로 외관상은 보이지 않는다.

따라서 글레어를 방지할 수 있고, 벽면이나 천장을 비추는 것에서 공간이 넓게 느

형 식	TAL(1)	TAL(2)	TAL(3)
task 조명용	task등	task등	task등
ambient 조명용	직접조명	간접조명	TAL(1)과 (2)의 복합
모 습	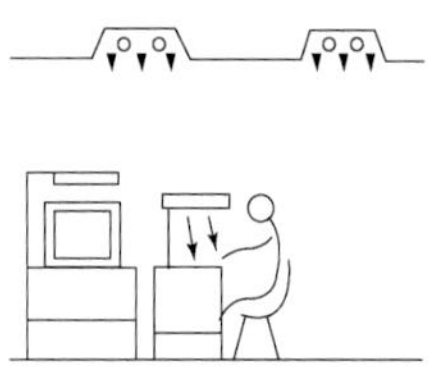	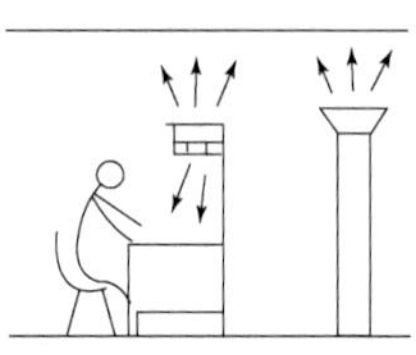	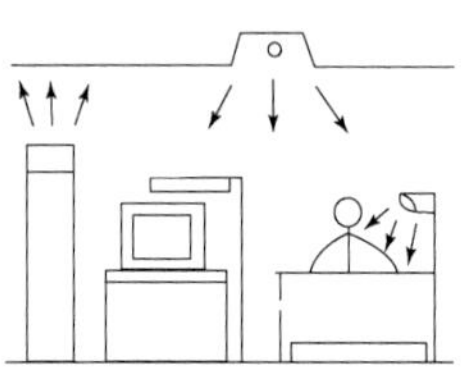

그림 8.4 TAL 시스템의 예

껴지고, 천장 전체를 비춘다든지, 벽면에 빛이 흐르는 연출을 시도한다든지, 새로운 기법이 점차 고안되고 있다. 이와 같은 조명기법은 건축설계의 단계부터 병행하여 계획할 필요가 있다(그림 8.5).

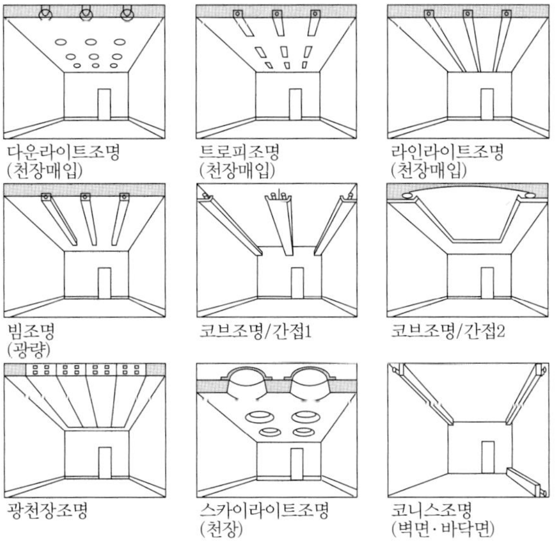

그림 8.5 건축화조명

8.3 조도의 기준과 분포

8.3.1 조도의 기준

사업의 종류와 그에 필요한 시력은 어느 정도 정해져 있다. 이 경우 작업이 장시간 걸리더라도 피로가 적도록 필요한 시력이 확보되는 밝기를 요하는 것은 물론이다. 한편 보통 실내에서 얻어지는 정도의 밝기에서는 밝으면 밝을수록 시력이 증가하고 피로도 적다.

느끼는 밝기는 휘도에 따라 정해지는데 같은 면의 휘도는 조도가 높을수록 크다. 이 때문에 어느 작업에 필요한 밝기는 조도에 의해서 나타나며, 작업이 장시간 걸려도 피로를 적게 하는 데에는 고조도일수록 좋다고 한다.

표 8.1은 국제조명위원회(CIE)에서의 추장조도기준이고, 표 8.2는 작업의 등급에 따

라 1993년에 새로 설정된 KS기준조도이다. 그러나 실용상 필요한 조도는 다만 작업의 종류만에 의하여 결정되는 것은 아니다. 조도의 결정에 있어서는 경제적 조건 외에 사회적 제약도 고려되어야 하고, 또 개인의 취향 문제도 중요하며 많은 요소를 가미하여야 한다. 표 가운데 조도 범위에 2배 정도의 차이가 나는 것은 이 때문이다.

표 8.1 옥내 추장조도(CIE-1975)

분 류	추장조도[lx]	작업의 형	비고
정밀한 시작업의 부가조명	20,000 / 15,000 / 10,000	극히 특별한 시작업	고연령의 경우
	10,000 / 7,500 / 5,000	매우 정밀한 시작업	위험작업·대비가 낮을 때·반사율이 낮을 때
	5,000 / 3,000 / 2,000	극히 장시간의 정밀 시작업	
작업실의 전반조명	2,000 / 1,500 / 1,000	특별한 시작업	
	1,000 / 750 / 500	보통의 시작업	
	500 / 300 / 200	한정된 조건의 시작업	
단순한 보임이 필요한 장소의 조명 (그다지 사용하지 않는 장소)	200 / 150 / 100	연속적으로 사용하지 않는 시작업	
	100 / 75 / 50	단시간 출입할 때의 시작업	
	50 / 30 / 20	주변의 어두운 공공장소	

표 8.2 KS기준조도

작업등급	기준조도(lx)		
	최저 허용조도	표준 기준조도	최고 허용조도
초정밀	1,500	2,000	3,000
정 밀	600	1,000	1,500
보 통	300	400	600
단 순	150	200	300
거 친	60	100	150

표 8.3은 표준 조도 및 조도 범위를 나타내는데, 이 조도는 주로 시(視) 작업면(특별히 시작업면의 지정이 없을 경우에는 바닥 위 85 cm, 앉아서 하는 일일 경우에는 바닥 위 40 cm, 복도 및 옥외 등은 바닥면 또는 지면)에 있어서의 수평면 조도를 나타내

지만 작업내용에 따라서는 수직면 또는 경사면의 조도를 표시하는 것도 있다.

표 8.3 조도분류와 일반 활동 유형에 따른 조도값

활동 유형	조도 분류	조도범위(lx)	작업면 조명방법
어두운 분위기 중의 시식별 작업장	A	3～4～6	공간의 전반조명
어두운 분위기의 이용이 빈번하지 않은 장소	B	6～10～15	
어두운 분위기의 공공 장소	C	15～20～30	
잠시동안의 단순 작업장	D	30～40～60	
시작업이 빈번하지 않은 작업장	E	60～100～150	
고휘도 대비 혹은 큰 물체 대상의 시작업 수행	F	150～200～300	작업면 조명
일반 휘도 대비 혹은 작은 물체 대상의 시작업 수행	G	300～400～600	
저휘도 대비 혹은 작은 물체 대상의 시작업 수행	H	600～1,000～1,500	
비교적 장시간 동안 저휘도 대비 혹은 매우 작은 물체 대상의 시작업 수행	I	1,500～2,000～3,000	전반조명과 국부조명을 병행한 작업면 조명
장시간 동안 힘드는 시작업 수행	J	3,000～4,000～6,000	
휘도대비가 거의 안 되며 작은 물체의 매우 특별한 시작업 수행	K	6,000～10,000～15,000	

8.3.2 작업면에서의 조도 분포(균제도)

시작업 대상의 정확한 배치와 그것이 어떻게 바뀔지는 보통 예측하기 어려운 것으로써 작업 면 조도는 어느 정도 균제도 내에 할 필요가 있다.

조도는 전 평면에서 균일하게 할 필요는 없지만, 변화는 완만하지 않으면 안 된다. 권장치의 예를 나타낸다.

① 작업 면에서 시각 작업 대상면 바로 주변의 밝기는 조금 어두운 편이 좋지만 1/3 이하에서는 안 된다.

② 전반 조명에서의 평균 조도 : 최소 조도의 비는 0.6 이상으로 하는 것이 바람직하다.

③ 더 인접한 다른 작업 간의 휘도 비율은 1 : 5를 넘어서는 안 된다.

또한 위의 조도 균제도 외에 손 그늘이나 그림자가 생기지 않도록 유의해야 한다.

균제도는 실내의 작업범위(통상은 수벽에서 1m 이내는 제외)에서 다음 식과 같이 나타낸다.

$$\text{균제도} = \frac{\text{최저조도}}{\text{최고조도}} \tag{8.1}$$

예제 8.1

어느 실내에서 수평면 조도를 측정하여 다음 값을 얻었다. 이 실의 균제도는 얼마인가?

창 옆	1,020	900	850 lx
중 앙	200	400	300 lx
안	100	150	100 lx

풀이

$$\text{균제도} = \frac{\text{최저치}}{\text{최고치}} = \frac{100}{1,020} = 0.098$$

8.3.3 실내 각면의 휘도 분포와 조도 배분

조명 환경의 사물이 잘 보이고 쾌적한 것으로 만들기 위해서는 적절한 휘도 분포로 할 필요가 있다. 이는 실내 각 면의 반사율을 타당한 범위로 하고, 적절한 조도 배분을 통하여 이루어진다.

시야 내에 휘도가 높은 점이나 면, 예를 들어, 광원·창·광택면 등이 있을 경우 휘도의 높음이나 상태에 의한 바람직한 조건이나 글레어를 생기게 한다.

계측할 수 있는 측광량에는 조도뿐만 아니라 휘도가 있다. 그림 8.6에 조도와 휘도의 관계를 나타낸다.

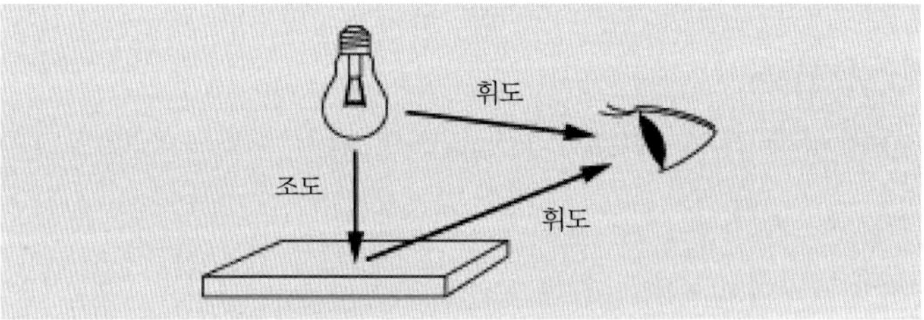

그림 8.6 조도와 휘도의 관계

(1) 휘도 분포

시야 내의 휘도 분포가 적정한 경우 물건이 선명하게 보인다. 실내의 휘도 분포의 변화가 과대한 경우의 시선은 고정하고 있는 것이 아니라 여기저기 둘러보기 때문에 눈의 순응 상태가 자주 변화하여 눈의 피로나 불쾌감을 일으킨다. 그러므로 휘도 분포는 어느 정도 균일한 것이 바람직하다. 그러나 너무 균일한 휘도 분포는 평범하고 음침한 느낌이 들어 바람직하지 않다.

또 명시 중심의 조명이 아니고 분위기 중심 조명의 경우는 오히려 어느 정도의 휘도 변화를 통하여 실내가 단조롭지 않고, 즐거운 분위기를 연출할 수 있다. 예를 들어 응접실이나 식당 등에서 탁자 위에는 그 주변에 대해서 3~5배의 조도가 있는 편이 중심감이 느껴져서 효과적이라고 한다.

(2) 권장치

휘도 분포 또는 실내 각 면의 반사율의 권장값, 또는 각 면의 반사율과 각 면에 대한 조도 배분을 조합한 권장치를 나타낸다.

1) 영국의 기준

조도 배분과 실내의 각 면의 반사율에 대하여 그림 8.7과 같은 권장치를 나타내고 있다.

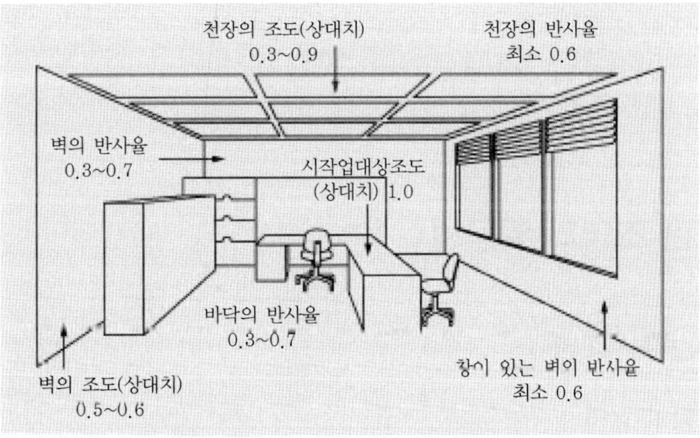

출처 : CIBSE Code for Interior Lighting, 1994.

그림 8.7 실내 각 면의 반사율과 상대조도의 권장값

2) 미국의 기준

① 실내 각부의 휘도 분포의 한도

순응 휘도의 변화와 감능 글레어를 제한하기 때문에, 휘도 대비는 표 8.4와 같이 하는 것이 바람직하다고 여겨지고 있다.

표 8.4 오피스의 휘도비의 권장치

작업대상과 그 주변과의 사이	1~1/3
작업대상과 거기에서 떨어진 어두운 면과의 사이	1~1/10
작업대상과 거기에서 떨어진 밝은 면과의 사이	1~10

출처 : IES Lighting Handbook, 2000.

② 실내 각 면의 반사율의 권장치

실내 각 면의 반사율의 권장값을 표 8.5에 나타낸다.

표 8.5 오피스의 실내 반사율의 권장치

	반사율의 권장치
천 장	80% 이상
벽	50~70%
파티션	40~70%
집 기	25~45%
바 닥	20~40%

출처 : IES Lighting Handbook, 2000.

8.4 경관 조명과 빛공해

8.4.1 야간경관조명

(1) 경관조명의 정의

경관조명은 야간에 있어 단순히 빛을 이용하여 대상물을 주간과 동일하게 인식시키는 것에 머무르지 않고, 대상을 알기 쉽게 하여 쾌적성을 확보하는 동시에 주간에는 보이지 않는 경관의 조형미나 입체감, 아름다움 등의 미적 효과를 강조한다. 즉, 경관조명이란 인공적인 조명을 사용하여, 사람들이 즐겨 찾는 공간과 조망 범위 내 도시 구성요소를 중심으로 이용시간 대에 맞추어 점등하는 조명을 지칭한다.

(2) 경관조명 적용 대상 유형 구분

경관조명은 야간이라는 시각적 소재를 바탕으로 조명을 활용하여 야간의 대상물에 생동감을 부여하고 성격에 따라 시각적으로 강조, 미화함으로써 지역의 야경을 한 차원 끌어 올려 쾌적한 야간경관을 형성하는 것을 목적으로 한다.

도로는 가로, 몰, 자동차전용도로 등 다양한 유형으로 구분할 수 있다. 역전광장은 도시의 중심성을 강조하는 것이 필요하다. 스트리트퍼니처(가로시설물)은 경우에 따라 공공디자인에서 다룰 수도 있다.

야간경관 및 경관조명의 대상을 유형화하면 표 8.6 및 그림 8.8과 같다.

표 8.6 야간경관 및 경관조명 유형구분

유형구분	내 용	비 고
도로	가로, 몰, 자동차 전용도로 등에 대한 연출기법	기능적인 부분 포함
교량	도시게이트, 수변경관형성 등 다양한 교량	
역전광장	도시의 중심성 강조	세부적인 구분
공원	유인요소, 개방성 등 강조	
광장	유인요소, 즐거움 등 강조	
건축물/구조물	상징성, 역사성, 기능성 등 강조	
스트리트퍼니처	조각, 수목, 화단, 분수 및 유수(물)	공공디자인적 요소
빛의 이벤트	환상적인 조명의 연출	

(3) 조도

조명 대상이 밝기는 조명 대상의 휘도와 배경(주변)의 휘도에 관계하고, 대부분의 경우 수평 시선 가까이 위치하기 때문에, 조명 대상의 수직 부분의 조도(연직면 조도)에 의존한다. 소요 조도는 대상의 소재 등에 따라 다르고, 주위의 밝기를 고려하여 표 8.7을 기준으로 설정한다. 또한 가로 조명기구 등의 휘도를 규제하고, 주변의 조도를 줄여 설정하는 등 배경 (주변)의 밝기를 조절하면 보다 높은 연출 효과를 기대할 수 있다.

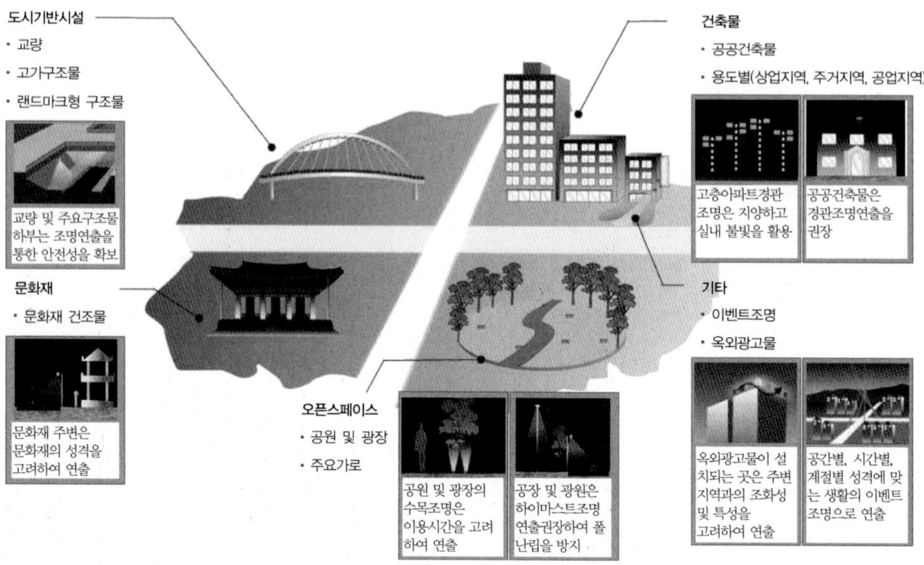

그림 8.8 경관조명 적용대상

표 8.7 조명대상의 조도

조명의 밝기		밝다	중	어둡다
		·도시지역 ·빌딩가 ·광고 디자인의 밀집지대	·작은 거리 ·광고 디자인이 약간 있는 중 비즈니스가	·약간 어두운 지역 ·광고 디자인이 적은 장소
표면재질	반사율	12 [cd/m^2]	6 [cd/m^2]	4 [cd/m^2]
흰대리석 크림색의 테라코타 백색플라스터	70～85 %	150 [lx]	100 [lx]	50 [lx]
콘크리트 밝은 회색의 석회석 거친면벽돌	45～70 %	200 [lx]	150 [lx]	100 [lx]
중회색의 석회석 황다색의 벽돌	20～45 %	300 [lx]	200 [lx]	150 [lx]
다갈색의 석재 암회색의 벽돌	10～20 %	500 [lx]	300 [lx]	200 [lx]

(4) 광원

경관조명에 이용되는 광원에는 주로 표 8.8과 같은 종류가 있고, 빛을 비추는 대상

표 8.8 경관조명에 이용되는 주된 광원의 종류와 특성

광원의 종류	특성				구분의 포인트	조형					식물				물		
	효율	연색성	색온도	수명		청동	석재	목재	동	벽돌	청죽	잔디	수목	꽃	폭포	분수	수중
할로겐전구	낮다	우수하다	낮다	짧다	소형으로 편리하게 사용할 수 있고, 노랑·빨강이 아름답게 보인다. 수명이 짧으므로 유지관리가 편리한 장소에 사용		○	○	○	○				○	○	○	○
형광램프(전구색)	높다	높다	낮다	길다	고효율, 장수명으로 연색성도 양호하여 정원, 유보도 등의 낮은 조명에 최적. 색온도가 낮아 따뜻한 분위기가 나온다.			○	○	○				○			
형광램프(백색)	높다	높다	중고	길다	고효율, 장수명으로 연색성도 양호하고 수은램프, 메탈헬라이드램프와 색온도가 비슷하여 위화감이 작다.		○				○	○					
형광램프(주백색)	높다	높다	높다	길다	고효율, 장수명으로 연색성도 양호하고 색온도가 높고, 상쾌한 분위기가 나온다.			○			○	○					
고압수은램프	약간 낮다	낮다	높다	매우 길다	수목이나 잔디 등 푸르름이 생생하게 보인다. 장수명이기 때문에 유지관리도 용이하다.						○	○	○				

표 8.8 경관조명에 이용되는 주된 광원의 종류와 특성(계속)

광원의 종류	특성				구분의 포인트	조형					식물				물		
	효율	연색성	색온도	수명		청동	석재	목재	동	벽돌	청죽	잔디	수목	꽃	폭포	분수	수중
메탈헬라이트램프	수은램프보다 길다	높다	높다	길다	고효율로 연색성도 우수하므로 사람의 왕래가 많은 큰 광장조명이나 가로등에 적합하다.	○	○				○	○	○		○		
고연색형, 메탈헬라이트램프	높다	우수하다	중고	길다	특히 연색성이 우수하고, 사람의 왕래가 많고, 세련된 광장과 몰 등에 적합하다.	○	○	○	○		○	○	○	○	○		
고압나트륨램프	매우 높다	낮다	낮다	매우 길다	고효율로 장수명이고, 경제성이나 보수성이 우수하다. 수목 등의 푸르름이 비추지 않으므로 경제성 우선 장소에 적합하다.			○	○	○							
고연색형 고압나트륨램프	높다	우수하다	낮다	길다	전구색에 가까운 광색으로 연색성이 우수하고, 따뜻한 분위기를 연출할 수 있고, 사람의 왕래가 많은 장소에 적합하다. 단풍수목에 적합하다.		○	○	○	○		○	○				

이나 장소의 특성에 따라 적절히 구분하는 것이 중요하다.

또한 에너지절약 대책의 관점에서는 효율성이 높고, 집광(빛이 나오는 방향의 조절)이 용이한 광원을 사용하는 것이 중요하다.

(5) 조명 방법

건축물이나 구조물 등에 대하여 빛을 비출 때에는 면밀한 명암의 변화가 나타나고, 윤곽이 명료하도록 조명을 고려하는 것이 중요하고, 조명의 대상이 되는 것에 따라 바람직한 조명방법은 다르다.

건축물에서는 전체를 균일하게 조명하고 평면적으로 보이면 눈에 띔, 안정성 및 아름다움이 저하된다. 따라서, 요철이 많은 건물을 선정하고 거기에 따라 나타나는 음영이 명확하도록, 또는 윤곽이 명료하게 돋보이도록 조명하는 것이 중요하다.

구조물에서는 배경이 어두운 경우에는 철골구조 등이 어두운 배경에 발광체처럼 보여, 눈에 띔, 안정성 및 아름다움이 향상한다. 즉 면밀하고 강한 휘도 대비가 생기는 '트러스트 구조물' 같은 것을 선택하는 것이 포인트가 된다.

식재에서는 줄기 중심의 조명은 안정성과 아름다움의 평가가 좋지 않지만, 나뭇잎 중심의 조명으로 하면 반대로 평가가 높아진다. 따라서, 줄기가 눈에 띄지 않고, 나뭇잎이 어느 정도의 퍼짐을 가지는 빛으로 조명한다. 광원으로는 투명 형식의 수은램프가 적합하다.

시설별 조명의 고려방법은 그림 8.9와 같다.

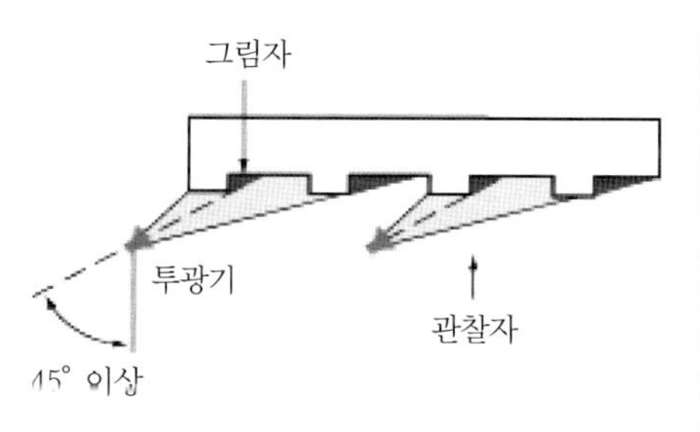

조명 방향과 시선 방향이 이루는 각도는 45° 이상으로 한다.

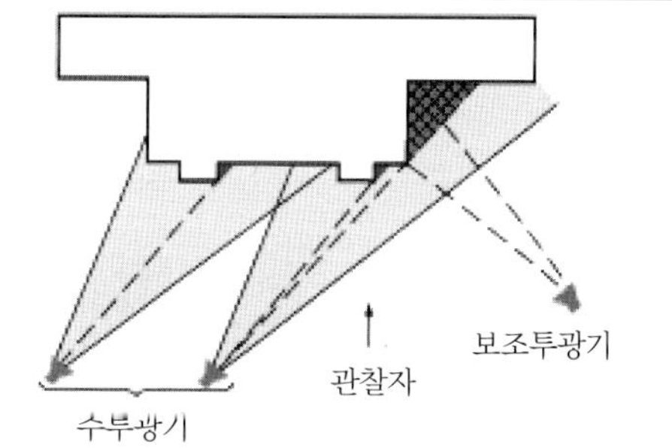

큰 돌출물이 있는 경우에는 반대 방향에서 약한 빛을 비추어 크고 어두운 그림자를 줄일 수 있다.

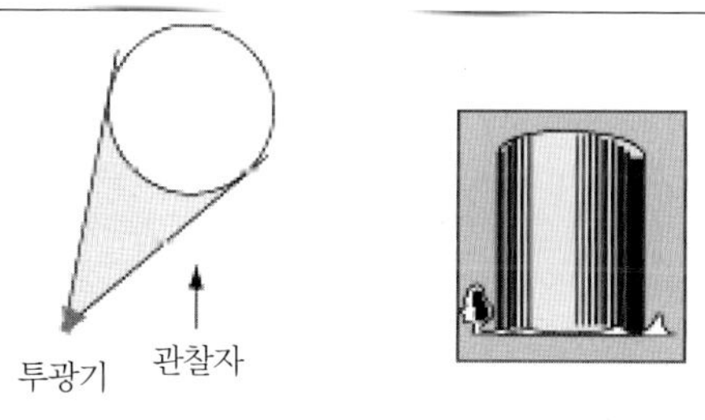

배경이 밝은 때는 경계부분을 어둡게, 중앙부를 밝게 한다.

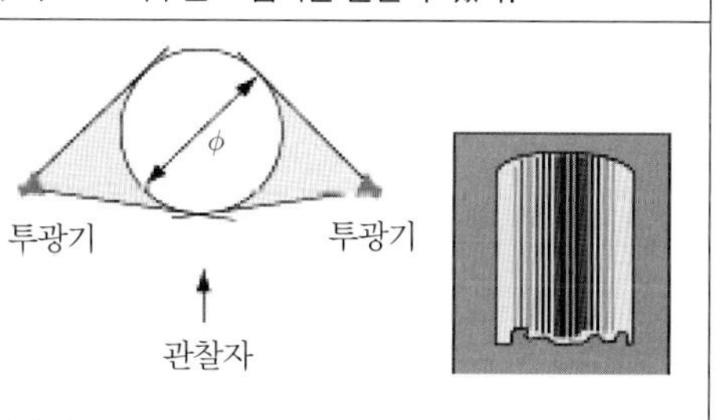

배경이 어두운 경우에는 경계부분을 밝게, 중앙부를 어둡게 한다.

<table>
<tr>
<td>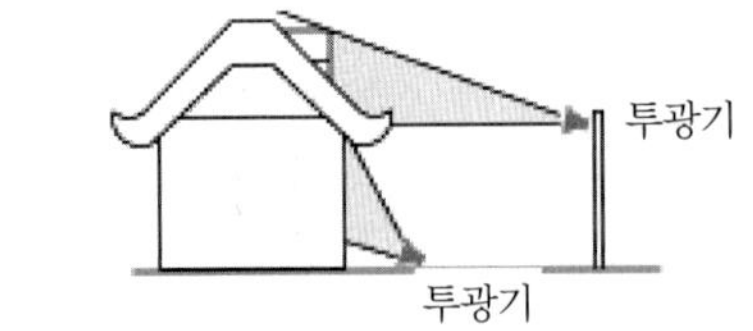

지붕의 라인이 분명하게 알 수 있도록 적절한 위치에 마스트를 세워 조명한다.</td>
<td>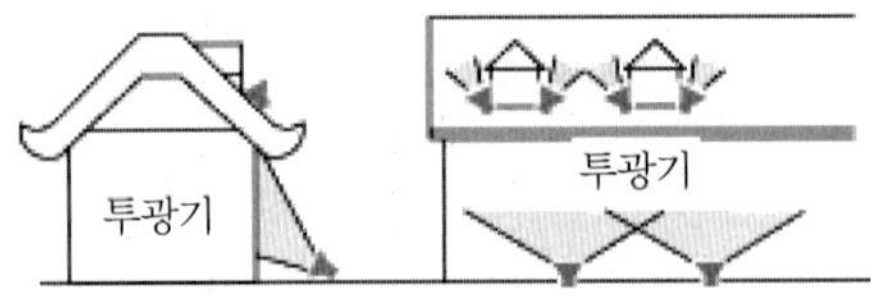

지붕에 투광기를 설치해도 좋지만, 낮 시간대의 미관을 고려하여 구조물의 그림자 등에 은폐한다.</td>
</tr>
<tr>
<td>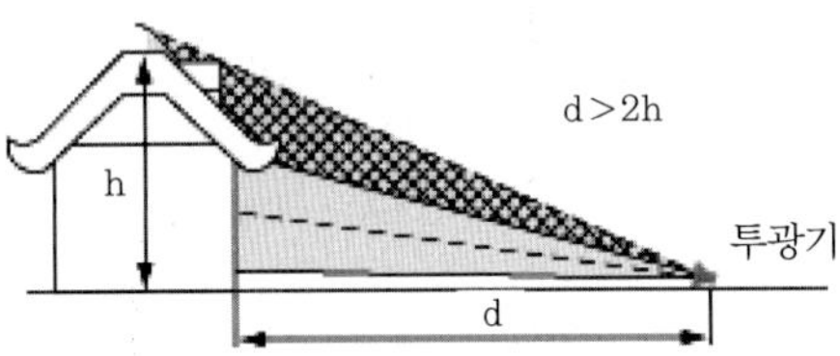

충분한 거리가 확보된(d>2h) 경우에는 퍼사드 조명의 누설 빛으로 지붕도 조명할 수 있다.</td>
<td>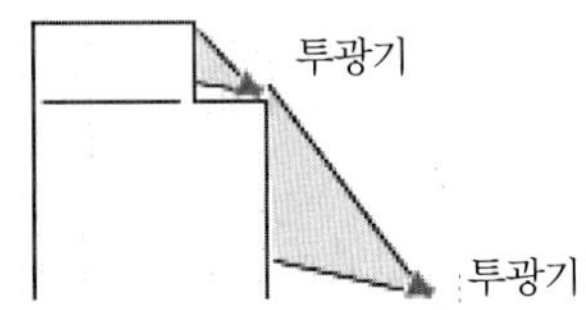

층층 외관은 테라스의 가장자리에 투광기를 설치한다.</td>
</tr>
<tr>
<td>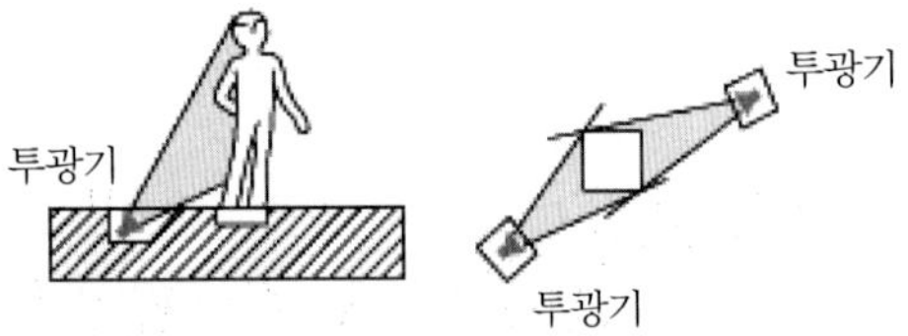

투광기 뒤에 식물 등의 장벽이 있는 경우(얼굴의 보임, 눈부심에 주의).</td>
<td>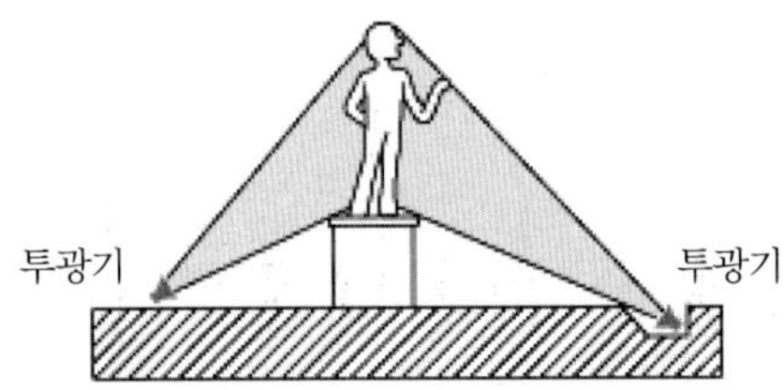

좌대가 너무 밝지 않고, 그 그림자가 방해 되지 않는 위치에서 빛을 비춘다.</td>
</tr>
<tr>
<td>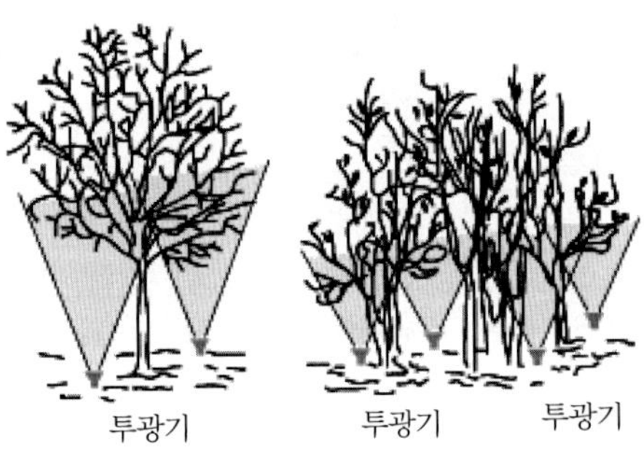

식물 고유의 형상에 적합한 조명 방식을 채용한다. 잎이 작아 통풍이 좋은 나무는 잎을 실루엣으로 보여준다.</td>
<td>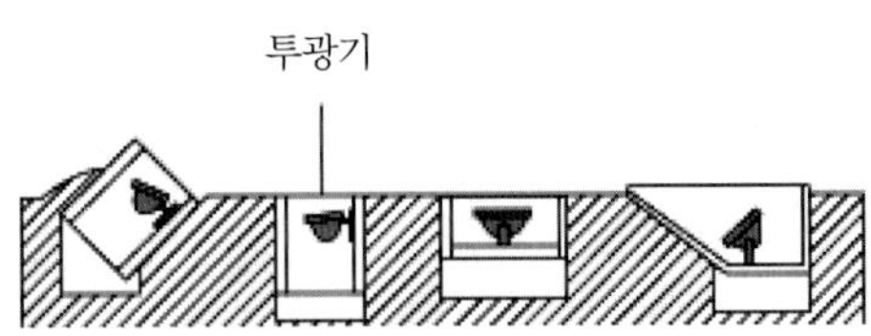

조명기구는 낮의 외관, 잔디 깎는 기계 등으로부터 보호를 고려하여 설치한다. 또한 비 등에 의한 침수에 견딜 수 있도록 한다.</td>
</tr>
</table>

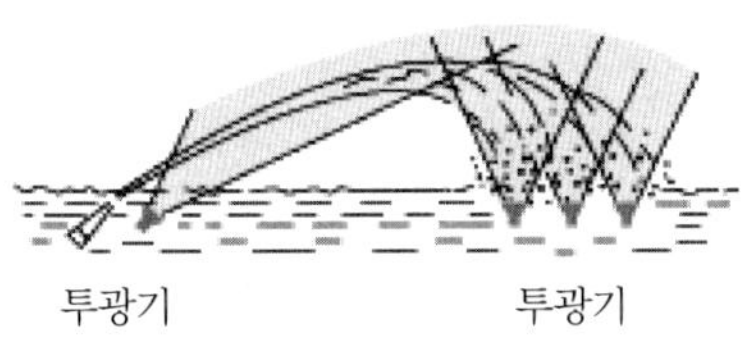

물이 움직여 거품이 있는 노즐의 바로 옆, 물의 낙하점에 조명기구를 설치한다.

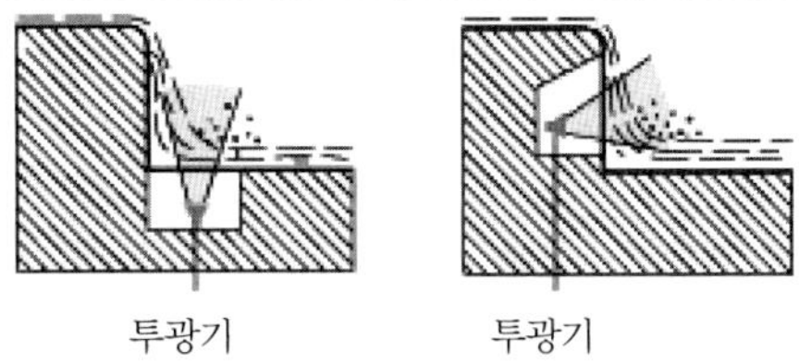

물의 낙하 부분의 바닥 또는 뒷면에 조명기구를 설치한다. 흐름의 폭이 넓은 경우에는 장방형 광원이 적합하다.

그림 8.9 시설별 조명 방법

(6) 경관조명 제한구역 설정

경관조명의 목적인 안전성, 쾌적성, 조화성을 달성하기 위해서는 경관조명 도입 대상 및 유형뿐만 아니라, 적절한 경관조명의 제어가 필수적인 사항이다. 과도한 빛을 절제하며 친환경적인 야간경관 조성을 위해서는 적절한 빛의 조절이 요구되는 상황이므로 경관조명을 제한하는 구역이나 대상을 제시하는 것이 바람직하다. 빛 공해 방지 차원에서 주거지역에 대해서는 야간경관의 쾌적성 유지를 위해 조명을 제한할 필요가 있다. 문화재 주변지역에는 경관조명의 효과를 극대화하기 위해 조명을 제한하여야 하며, 녹지 및 생산지 주변에 대해서는 생태계를 고려하여 조명을 제한하는 것이 바람직하다(표 8.9).

표 8.9 경관조명 제한구역

적용 제한구역	경관조명 제한 의도
주거지역	거주지 야간경관 쾌적성 유지를 위한 조명 제한(빛 공해 방지)
문화재 주변지역	경관조명의 효과 극대화를 위한 주변지역 조명 제한(경관연출)
녹지/생산지역	생태계를 고려한 조명 제한(친환경적 경관조명)

8.4.2 인공조명에 의한 빛공해의 대책

(1) 인공조명에 의한 빛공해의 정의

인공조명에 의한 빛공해란 인공조명의 부적절한 사용으로 인한 과도한 빛 또는 비추고자 하는 조명영역 밖으로 누출되는 빛이 국민의 건강하고 쾌적한 생활을 방해하거나 환경에 피해를 주는 상태를 말한다.

옥외조명에 관계되는 사항은 그림 8.10과 같다.

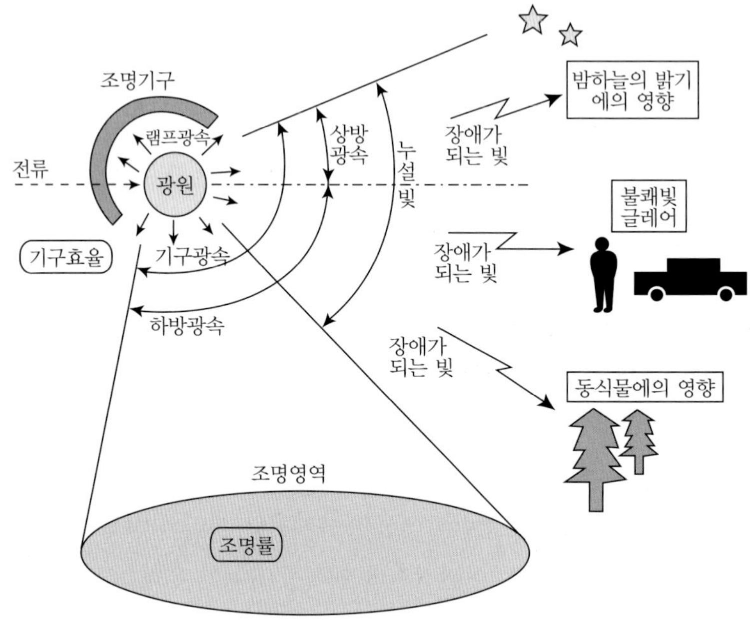

그림 8.10 옥외조명의 관계

(2) 조명에 의한 환경 영향

조명을 설치할 때 그 설치장소 및 조명설비에서 누설하는 빛에 의해 그 주변에 여러 가지 환경영향을 미친다. 조명에 의한 환경영향을 정리하면 다음과 같다.

1) 식물에 미치는 영향

야간조명은 식물의 생리생태에 영향을 미칠 가능성이 있고, 특히 광합성과 성장 등의 영양생리와 생물계절의 영향, 단일(短日)식물과 장일(長日)식물의 꽃눈 형성에 미치는 영향, 수분(受粉)을 위한 방화(訪花)곤충에의 영향 등 여러 가지 영향이 보고되고 있다. 또한 도시 내에 심어져 있는 가로수 등은 수종에 따라 인공조명의 영향 정도가 다르고, 느티나무, 은행나무에 대해서는 야간조명에 의한 영향은 없는 것으로 확인되고 있지만, 플라타너스, 백합나무, 벽오동 등은 영향이 크다는 보고도 있다.

따라서 야간조명은 식물의 종류에 따라 빛의 파장과 강도, 점등계절·시간 등을 고려하여 적절한 위치에 설치하는 것이 바람직하다.

2) 인간의 제반 활동에 미치는 영향

인간이 활동하고 생활하는 장소나 거주자에의 조명의 영향은 다음과 같은 경우에 조바심이나 불쾌감, 경관의 저해나 어두운 환경의 유실 등을 일으킨다. 또한 휘도가 높은 광원에 의해 나타나는 글레어는 자동차 운전자와 보행자의 시인성에 장애가 된다.

① 천체관측

도시지역의 빛이 대기 중의 수분이나 먼지 등으로 확산되어 밤하늘이 밝아져 천문관측에 악영향을 미치고 있다. 관측소 주변의 시설조명 등이 천문관측에 대하여 영향을 미치는 것으로 예측되는 경우에는 빛의 영향문제를 미연에 방지하는 대책이 필요하다.

② 거주자(거주 창면)

도로·가로 등의 옥외조명 빛이 주거 내에 강하게 비치면 거주자의 안면, 프라이버시 등에 좋지 않은 영향을 미칠 우려가 있다. CIE(국제조명위원회)에서는 거실의 창면에서 조도의 상한을 규정하고 있는데, 창면조도는 매우 낮은 것이 바람직하다. 대책으로서는 조명기구의 설치 위치나 높이를 검토하는 것과 조명기구에 차광판이나 루버를 부착하여 배광제어를 하는 것 등이 있다.

③ 보행자

가로등의 선정·설치가 부적절한 경우 필요한 조도를 얻을 수 없을 뿐 아니라 보행자에게 불쾌한 글레어를 줄 가능성이 있다. 또한 방범상의 안전성을 훼손할 가능성도 있다. 적절한 조명기구의 선택이 중요하다.

④ 장년

거주자, 보행자 또는 자동차의 운전자가 불쾌한 글레어를 느끼는 정도는 연령에 따라서도 변화한다. 일반적으로 젊은층에 비하여 장년이 될수록 글레어를 강하게 느끼므로 조명의 설치 시에는 글레어의 방지에 배려하는 것이 필요하다.

⑤ 교통기관

㉠ 자동차 운전자·자전거 운전자·보행자

자동차 운전자·자전거 운전자와 보행자 등의 도로 이용자는 휘도가 높은 광원에 의해 나타나는 글레어에 의해 시기능의 저하가 일어난다. 글레어가 나타나면 대상물의 배경에 대한 겉보기의 휘도대비가 저하하고, 조명이 불완전한 장소에서는 대상물을 보기 어려워지거나, 보이지 않을 가능성이 있다. 또한 교통신호의 배경에 신호와 색이 유사한 고휘도의 빛이 점등된 경우 신호기로 오인할 수 있다. 운전자나 보행자에게 광원이 직접 눈에 들어오지 않도록 조명기구를 이용할 필요가 있다.

㉡ 선박・항공기

도시 등화 및 항만시설 조명이 부주의하게 설치되어 있으면 해상등화와 항로표지의 시인성에 악영향을 주는 경우가 있다.

(3) 빛방사허용기준

"인공조명에 의한 빛공해 방지법"에 따라 환경부장관은 관계 중앙행정기관의 장과 협의하여 조명환경관리구역에서 허용되는 빛방사허용기준을 에너지 절약과 기술의 발전을 고려하여 환경부령으로 정한다(표 8.10).

특별시・광역시・특별자치시・도・특별자치도는 빛방사허용기준으로는 빛공해의 방지 또는 쾌적한 환경의 조성이 어렵다고 인정하는 때에는 해당 지방자치단체의 조례로 보다 엄격한 빛방사허용기준을 정할 수 있다.

표 8.10 빛방사허용기준

1. 영 제2조제1호의 조명기구

구분 / 측정기준	적용시간	기준값	조명환경관리구역				단위
			제1종	제2종	제3종	제4종	
주거지 연직면 조도	해진 후 60분 ~해뜨기 전 60분	최대값	10 이하			25 이하	lx (lm/m^2)

2. 영 제2조제2호의 조명기구
 가. 점멸 또는 동영상 변화가 있는 전광류 광고물

구분 / 측정기준	적용시간	기준값	조명환경관리구역				단위
			제1종	제2종	제3종	제4종	
주거지 연직면 조도	해진 후 60분 ~해뜨기 전 60분	최대값	10 이하			25 이하	lx (lm/m^2)
발광표면 휘도	해진 후 60분 ~ 24:00	평균값	400 이하	800 이하	1000 이하	1500 이하	cd/m^2
	24:00 ~해뜨기 전 60분		50 이하	400 이하	800 이하	1000 이하	

나. 그 밖의 조명기구

<table>
<tr><th rowspan="2">구분
측정기준</th><th rowspan="2">적용시간</th><th rowspan="2">기준값</th><th colspan="4">조명환경관리구역</th><th rowspan="2">단위</th></tr>
<tr><th>제1종</th><th>제2종</th><th>제3종</th><th>제4종</th></tr>
<tr><td>발광표면 휘도</td><td>해진 후 60분
~해뜨기 전 60분</td><td>최대값</td><td>50
이하</td><td>400
이하</td><td>800
이하</td><td>1000
이하</td><td>cd/m^2</td></tr>
</table>

3. 영 제2조제3호의 조명기구

<table>
<tr><th rowspan="2">구분
측정기준</th><th rowspan="2">적용시간</th><th rowspan="2">기준값</th><th colspan="4">조명환경관리구역</th><th rowspan="2">단위</th></tr>
<tr><th>제1종</th><th>제2종</th><th>제3종</th><th>제4종</th></tr>
<tr><td rowspan="2">발광표면 휘도</td><td rowspan="2">해진 후 60분
~해뜨기 전 60분</td><td>평균값</td><td colspan="2">5 이하</td><td>15
이하</td><td>25
이하</td><td rowspan="2">cd/m^2</td></tr>
<tr><td>최대값</td><td>20
이하</td><td>60
이하</td><td>180
이하</td><td>300
이하</td></tr>
</table>

비 고

가. 조도 및 휘도의 뜻은 한국산업표준 KS A 3012(광학용어)에 따른다.

나. "주거지 연직면 조도"란 해당 조명기구로부터 방사되는 빛이 「건축법 시행령」 제3조의4에 따른 단독주택 또는 공동주택의 창면을 비출 때 그 창면에서의 연직면(鉛直面) 조도를 말한다. 이 경우 측정 대상 창면이 해당 조명기구가 설치된 조명환경관리구역 바깥에 위치할 때에는 조명기구가 설치된 조명환경관리구역의 빛방사허용기준을 적용한다.

다. "전광류 광고물"이란 영 제2조제2호에 따른 조명기구 중 발광(發光) 다이오드, 액정표시장치 등 전자식 발광기구 또는 화면변환의 특성을 이용하여 표시내용이 수시로 변하는 문자 또는 모양을 나타내는 조명기구를 말한다.

라. 점멸 또는 동영상 변화가 있는 전광류 광고물의 주거지 연직면 조도는 연출주기, 휘도 변화정도 등을 고려하여 2회 이상 측정한 연직면 조도 중 최대값을 기준으로 한다.

마. "발광표면"은 조명기구 및 그 조명기구가 광고 또는 장식을 목적으로 비추는 사물의 바깥면을 말한다. 이 경우 점멸 또는 동영상 변화가 있는 조명의 경우에는 연출주기 동안 발광하는 모든 부위를 포함한다.

바. 빛공해의 측정 및 평가 기준은 「환경분야 시험 · 검사 등에 관한 법률」 제6조에 따른 환경오염공정시험기준에서 정하는 바에 따른다.

사. 「옥외광고물 등 관리법」 제6조제3항 단서에 따른 옥외광고사업에 의해 설치되는 조명기구에 대해서는 설치지역에 관계없이 제4종의 빛방사허용기준을 적용한다.

8.5 조명설계

8.5.1 조명기법

설정된 프로젝트를 가장 효율적으로 설계할 수 있는 방법은 시선을 집중시키고자 하는 장소에 반사율이 높은 재료나 색을 사용함으로써 시작되며, 물체와 그 배경사이의 대비가 적절하고, 반사율이 높은 색으로 조명될 때 적절한 효과를 얻을 수 있다.

표면의 질감이 부드러운 광택성 표면은 빛의 침투가 적고 반사율이 높으며, 무광택의 거친 표면은 빛을 흡수하거나 확산시켜 반사율이 감소된다. 이처럼 반사광을 최대/

최소화시킴으로써 디자이너는 밝기의 대비와 시각적 인상을 조화시킬 수 있으며, 조명기법을 구성하기 위해 다음의 방법들을 이용할 수 있다. 그러나 제시한 12가지 조명구성에 관한 기법들은 주어진 공간의 용도 및 특성을 고려하여 고객 및 디자이너의 의도에 따라 선택, 사용되는 것이며 이를 분석, 평가하기 위해서는 에너지 절약, 설치 및 운영관리, 시공의 난이도 및 세부사항들을 검토하여야 한다.

(1) 하이라이트 기법(High lighting)

어떤 물체의 밝기를 그 배경보다 5배 이상으로 하여 밝기대비를 구성함으로써 시선을 집중시키고 행동을 유도하여 제1초점을 구성하는 방법이다.

(2) 월 워싱 기법(Wall washing)

수직면을 시각적으로 균일하게 조명하는 방법으로 다음과 같은 효과를 부여한다.

① 공간 내에서 방향성을 유도한다.
② 벽체에 부착 전시된 여러 가지 개별 대상물 모두에 시선을 집중시킬 수 있다.
③ 많은 양의 부드러운 반사광이 공간 내부로 투사되어 전반 조명을 보충한다.
④ 벽체의 재질감이 평탄하게 보이게 한다.

형광램프를 사용하여 월 워싱할 때에는 어두운 줄무늬를 없애기 위해 빔을 8~9 cm 정도 겹쳐야 한다.

(3) 광선연출 기법(Beam play)

광선 그 자체를 이용하여 시각적 형태를 연출하는 것으로 공간에 생동감을 부여한다. 사용되는 조명기구는 빛을 분산시키지 않는 것으로, 가능한 소켓 위치를 조절할 수 있도록 하여 광선의 빔각도와 빛의 형태를 조절할 수 있도록 하는 것이 바람직하다.

(4) 음영연출 기법(Shadow play)

광선연출 기법의 역개념으로 광선이 배경이 되고 음영의 형태가 시각적 메시지를 전달하는 역할을 하는 것으로, 예를 들면 실내 천장에 식물의 그림자를 투영하여 천장에 드리워지는 음영효과를 연출하는 것이다. 여기에 사용되는 조명기구는 넓고 부드러운 확산광을 투사시키는 것이 정밀하고 선명한 광선보다 효과적이다.

(5) 실루엣 기법(Silhouetting)

거주자와 광원 사이에 피조물을 두어 빛의 강한 대비로 물체의 윤곽만을 강조한다. 이 방식의 효과는 시각적으로 눈부심을 없애고 물체의 전면은 디테일이 소멸되는 것이다.

(6) 후광 기법(Back-lighting)

아크릴 패널, 실크 스크린, 스테인드 글라스, 대리석 박판이나 그 밖의 투과성 재료를 통하여 빛을 확산 투과시키는 방법으로, 피조물의 3차원적 특성을 부드럽게 연출, 부각시킨다. 때로 빛을 고르게 확산시키기 위해 간접조명기구를 사용하기도 한다.

(7) 구조물 조명 기법(Structural lighting)

조명기구를 건축 구조물이나 가구 등에 설치하는 것으로 후광조명, 월워싱, 상향조명 등을 시야로부터 숨겨 조명기구나 광원이 직접 보이는 것을 피하며 구조적으로 깔끔하고 조각적으로 보이게 한다.

(8) 하향 조명 기법(Down lighting)

빛을 조명기구로부터 직접 하향시켜 작업면 조명 또는 공간 전체의 전반조명으로 이용하는 것이다. 이때 수직면들은 반사광에 의해 간접조명이 되며 하향되는 직접조명은 수평면을 밝히므로 직접 눈부심을 최소화시켜야 한다. 공간은 차분해 보이나 반면 시각적 흥미가 부족해 보이기 쉽다.

(9) 상향 조명 기법(Up lighting)

간접광을 이용하여 상부를 조명하고 부드러운 반사광으로 전반조명을 부여하는 방법으로, 그 다양성은 조명기구의 위치나 기구 디자인에 연관된다. 용도의 예를 들면,

① 관리나 보수가 어려운 높은 벽을 조명할 때
② 보도나 잔디에 조명기구를 묻어서 수목을 조명할 때
③ 플로어 스탠드를 사용하여 배경조명으로 이용할 때
④ 일정한 간격으로 배열된 상향 팬던트를 사용하여 공간 전체를 간접조명할 때

(10) 그레이징 조명 기법(Grazing lighting)

수직면의 재질을 강조하기 위하여 빛을 수직으로 쓸어내리는 방법으로 수직면으로부터 15~30 cm 거리 이내에 광원을 설치해야 한다. 백열전구를 사용할 때에는 스켈럽(scallop)이 발생되며 장식물 설치가 적절하지 않은 벽면에서 벽면 자체의 재질이 강조되어 마치 조각 패널처럼 보이게 할 수 있다.

(11) 스파클 조명 기법(Sparkle)

피사체 대신에 광원 그 자체의 반짝임을 어두운 배경에서 이용하는 방법으로 축제의 장식성이나 대화의 분위기에 생동감을 부여할 수 있으나 눈부심을 주어서는 안 된다.

(12) 회화로서의 조명 기법(Light as art)

다양한 광원이나 빛의 형태들을 이용하여 마치 미술작품처럼 연출하는 것으로 실내 전체의 균형을 고려하여 디자이너의 의도적 포인트로 이용할 수 있다.

8.5.2 조명설계의 에너지 절약

전력 절약의 조명설계를 하는 데에는 조명계산의 하나인 광속법의 분모를 크게, 분자를 작게 하여 최소의 전력으로 최대의 조명효과를 올리도록 한다.

광속법은 다음의 계산식으로 나타낼 수 있다.

$$\text{조명의 전력량} = \frac{\text{조도} \times \text{면적} \times \text{점등시간} \times \text{소비전력}}{\text{램프광속} \times \text{조명률} \times \text{보수율}} \tag{8.2}$$

(1) 적정 조도의 선정

설정조도는 작업내용이나 조명하는 장소, 환경에 의하여 설정한다. 먼저 조도기준을 참고하여 주택, 사무소, 공장 등 그 장소에 적합한 적정 조도를 설정한다. 전력을 절약하기 위하여 조도를 낮게 억제하면 작업능률이 내려간다든지, 피로의 원인이 되므로 적정한 설정조도는 전력 절약의 관점에서도 중요하다.

(2) 면적(조명범위)의 설정

조명범위를 넓히면 그 정도에 비례하여 조명기구 대수가 증가하여 전력량도 증가한다. 따라서 조명범위의 설정은 필요 이상으로 크게 설정하지 않고 적절한 조명범위로 한다.

(3) 점등시간을 근실히

점등시간은 불필요한 시간대는 근실히 소등한다. 또한 넓은 사무소에서 일부만이 작업하고 있지 않은 경우는 작업범위를 조명하고 다른 장소는 가능한 한 소등한 편이 좋다. 기타 주광 이용으로 주간 창측이 밝은 장소는 소등할 수 있는 제어반을 이용하여 주광을 최대한 이용할 수 있도록 설비한다.

(4) 고효율 광원의 선택

고효율 광원은 소비전력에 대한 램프 광속의 비율이 높아지는 것이다. 따라서 작은 기구 대수로 적정한 조도를 확보할 수 있도록 한다. 환언하면 적은 소비전력으로 직정한 조도를 확보하도록 한다.

광원측에 효율이 높은 것을 설치한다면 저압 나트륨램프, 고압 나트륨램프, 메탈핼라이드램프, 형광등, 수은등, 할로겐전구, 백열전구의 순서가 된다. 광원의 사용시에는 효율은 물론 연색성, 광색, 눈부심, 램프광속 등 종합적으로 검토하여야 한다.

(5) 조명률

조명률은 램프광속 중 조명범위에 유효하게 이용되는 광속의 비율이다. 광원만 고효율인 것을 사용하여도 좋지 않으므로 그 광원에 적합한 것으로 하고, 조명범위를 정확히 조명할 수 있는 것을 채용한다.

(6) 보수율

조명기구의 청소나 램프의 교환이 편리한 조명기구를 선택한다. 또한 커버나 반사거울이 쉽게 변색하지 않는 것으로 한다.

(7) 기 타

기타, 전력 절약의 조명설계를 위해서는 배선설계를 상세히 하여 조명제어를 관리하거나, 내장마감을 밝은 재료로 하여 조명효과를 높인다.

8.5.3 색온도

색온도(Color Temperature)는 흑체를 가열했을 때의 색과 비교하여 같은 색의 흑체 온도로 표시되는 것이다. 태양의 색이나 하늘의 색은 아침 햇빛에서부터 석양의 색이 변화하는데, 이 색은 흑체를 과열했을 때의 색과 일치하므로 각각의 색이 흑체가 나오는 색과 동일하게 되었을 때 흑체의 온도에 의하여 색의 온도가 표현하게 되고, 이것을 매우 높은 온도를 표현하기 위한 척도이다. 색온도의 단위는 절대온도(K)로 표시한다(그림 8.11).

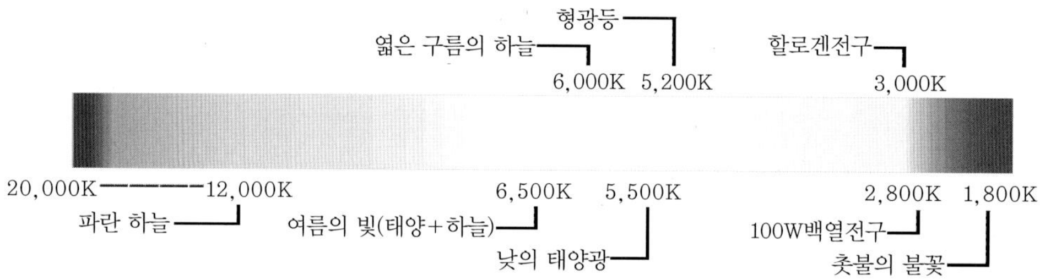

그림 8.11 색온도

예를 들면 철을 가열하면 처음에 희미한 적색을 나타내고, 고열이 됨에 따라 적등, 백, 청백색의 빛을 방산한다. 이 때의 분광분포는 절대온도(단위 : K)에 따라 이론적으로 정해지고, 광색의 색온도도 정해진다. 800 K에서 적, 3,000 K에서 황백색, 5,000 K에서 백, 8,000 K에서 청백색, 60,000 K에서는 빛나는 청색이 되고, 수치가 낮을수록 빨강 정도가 강하고, 높을수록 청백으로 보인다. 표 8.11에 대표적인 광원의색온도를 나타낸다.

표 8.11 대표적인 광원의 색온도

발 광 체	색 온 도(K)
청공광	11,000~20,000
전담천광	6,500
주광색 형광등	6,500
백색 형광등	4,200
할로겐전구	3,000
가스봉입텅스텐전구	2,850
적외선전구	2,500
양초의 불꽃	2,000

8.5.4 연색성

연색성(演色性)은 램프 등 빛을 발하는 도구·장치가 어떤 물체를 비추었을 때 그 물체의 색이 보이는 방법에 미치는 광원의 성질을 나타내는 것이다. 광원의 질을 나타내는 지표의 하나로 램프 등 인공조명에서 발산되는 빛이 자연광을 기준으로 얼마나 색깔을 충실히 재현할지를 판단하는 지표가 된다.

연색성의 평가에는 연색성을 수치화한 '평균연색평가수(Ra : average of Rendering index)'가 이용되는데, 광원으로부터 조명된 물체의 색과 기준 광원으로 조명된 물체의 색이 어느 정도 다른지를 나타내는 척도로서 Ra 0~100으로 나타낸다.

Ra가 100에 가까울수록, 조사(照射) 대상 본래의 색깔을 재현할 수 있다. 반대로 Ra가 0에 가까울수록 색의 재현이 어렵다고 판단한다. 일반 조명 환경에서는 Ra 70 이상의 연색평가수가 요구되며, 전시 등을 하는 장소에서는 Ra 95 이상이 바람직하다.

연색평가수가 높을수록 좋은 색이라는 판단 기준이 아니라 인공조명에 비추어진 물체의 색이 보이는 방법이 본래의 색에 얼마나 가까운지를 나타내는 것이기 때문에 수치의 취급에 주의가 필요하다. 수치가 높을수록 '고운 빛', '바람직한 빛'이란 뜻은 아니다.

백열전구는 Ra=100, 형광등은 Ra 70~90, 수은등은 Ra 60, 고압나트륨램프는 Ra 25 정도를 나타낸다. LED조명도 Ra 70 이상의 기구가 일반적으로 유통되고 있고, Ra 95 등 고연색성의 기구도 보급되어 있는데, 연색성을 높이면 광속이 저하하므로, 조도를 요구하는 계획에서는 주의를 요한다.

예제 8.2

주명설계의 미적효과에 대하여 설병하라.

풀이

조명에 의한 미적 효과를 얻기 위해서는 대상물을 연출하는 조명 설비, 조명 기구 자체가 인테리어에 조화하도록 검토되어야 한다. 그러기 위해서는 기구의 의장, 배치, 설치 방법 등이 그 실내에 조화하도록 선성할 필요가 있다. 또한 건축화조명도 효과적인 방법의 하나로 꼽으며, 이런 경우, 특히 건축설계 초기 단계부터 신중한 조명계획이 필요하다.

8.6 조명계산

8.6.1 옥내조명의 설계순서

(1) 조도의 결정

조도기준을 목표로 조도를 결정한다.

(2) 조명 질의 고려

그 실(장소)의 용도나 작업내용에 의하여 연색성, 눈부심 등의 요구도나 허용되는 정도를 검토한다.

(3) 조명방식의 결정

실의 용도나 작업내용에 의하여 전반조명, 국부조명, 국부적 전반조명의 어느 것이 좋은가를 검토하여 결정한다.

(4) 광원의 선정

출력(W수, 광속), 효율, 색온도, 연색성, 수명, 조명기구와의 관계(W수, 형상, 배광, 효율) 등을 검토하여 선정한다.

(5) 조명기구의 결정

실의 구조(천장구조, 천장높이 등), 조명방식, 사용광원, 조도, 설비비, 요구되는 조명의 질 등을 고려하여 선택한다.

(6) 조명기구 필요수의 산출

일반적으로는 광속법으로 계산한다.

(7) 조명기구 배치의 결정

계산한 소요 조명 기구수를 바탕으로 하여 천장구조나 기둥의 위치 등을 검토하여 배치한다. 조도의 고르지 못함을 적게 하기 위해서는 그 기구의 최대부착간격 이하가 되도록 조명기구의 간격을 설정한다.

(8) 조도분포의 계산

결정된 조명기구의 배치를 바탕으로 목적 장소의 조도분포도를 작성한다. 이 작업은 조명 메이커 등에서 컴퓨터를 사용하여 행한다.

8.6.2 전반조명의 계산

(1) 옥내의 경우

광원에서 나온 광속의 총량에 대한 작업면(통상은 바닥과 같은 면적의 수평면)에 도달하는 빛의 양의 비, 즉 조명률을 구하여 작업면의 평균적인 조도를 구한다든지, 어느 조도를 구하는 데에 필요한 광원의 수를 구한다든지 하는 계산에는 광속법(lumen method)을 이용한다.

· 조도를 구하는 경우

$$E = \frac{F \cdot N \cdot U \cdot M}{A} \tag{8.3}$$

· 광원수를 구하는 경우

$$N = \frac{E \cdot A}{F \cdot U \cdot M} \tag{8.4}$$

여기서, E : 평균조도[lx]

A : 바닥면적[m^2]

F : 램프 광속[lm]

N : 램프 개수

U : 조명률

M . 보수율

(2) 옥외의 경우

$$E = F \times U \times M \times N / (w \times S) \tag{8.5}$$

여기서, W : 보도의 폭[m]

S : 기구의 설치간격[m]

N : 기구의 배열에 의한 계수(편측·지그재그=1, 대향=2)

1) 조명률

조명률(utilization factor)이란 그림 8.12에 나타난 바와 같이 광원에서 나온 빛을 분류하면

① 램프에서 작업면에 직접 도달하는 빛
② 천장에서 반사하여 오는 빛
③ 벽에서 반사하여 오는 빛
④ 바닥의 반사에 의한 빛

및 이들 빛이 몇 번 반사를 반복한 상호반사에 의한 빛 등이 있다.

또한 램프에서 발하여진 빛 가운데,

⑤ 조명기구의 반사판이나 확산재에서 흡수하는 빛
⑥ 창의 밖으로 나오는 빛
⑦ 천장, 벽, 바닥, 가구 등에서 흡수되는 빛

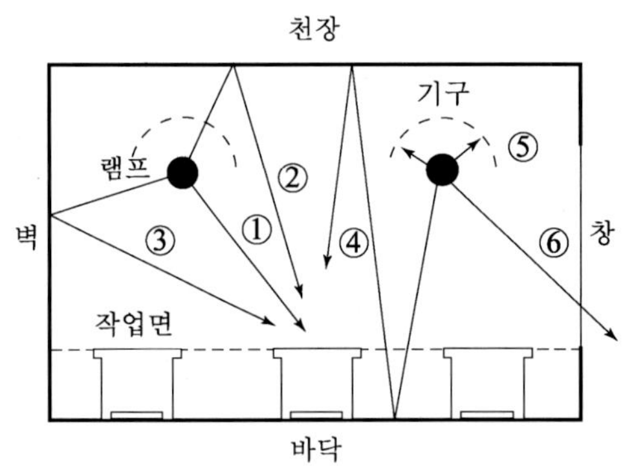

그림 8.12 조명률의 설명도

등이 있고, 이들은 작업면을 조명하는 데에는 도움이 되지 않는 빛이다. 즉, 조명률이란 램프에서 발하여진 빛 가운데 작업면에 도달하는 빛(①, ②, ③, ④의 합계)이 몇 % 인가를 나타내는 비율이다. 따라서 조명률은 일반적으로는 1보다 작은 수로 표시된다.

2) 실지수

실지수(room index)는 실의 형상을 나타내는 지수이고, 광원에서 작업면(바닥면)에 직접 도달하는 빛은 실의 바닥면적에 대하여 천장의 높이가 낮을 때는 많고, 천장의 높이가 높을 때에는 적어진다.

광원에서 작업면에 직접 도날하는 빛 뿐만 아니리 천장, 벽, 바닥에서 반사하여 오는 빛에 대해서도 마찬가지로 변하게 된다.

그러므로 가로, 세로, 광원의 높이의 관계를 나타내는 것이 실지수로서 일반적으로 천장이 낮은 경우 또는 가로, 세로가 넓은 경우는 실지수가 커지고, 그 반대의 경우는 작아진다(그림 8.13 참조).

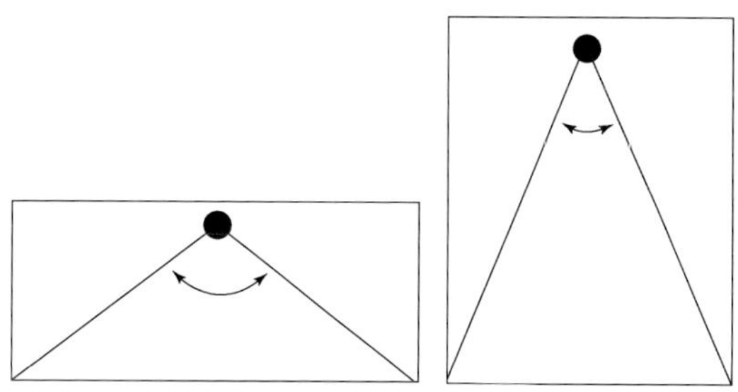

그림 8.13 실지수의 설명도

실지수 R는 다음 식에 의해 구한다.

$$R = \frac{x \times y}{(x+y) \times H} \tag{8.6}$$

여기서, x : 실의 폭[m]

y : 실의 안 길이[m]

H : 작업면에서 광원까지의 높이[m]

실지수는 큰 편이 조명의 효율이 좋고, 표 8.12에 나타난 바와 같이 A에서 J까지의 등급으로 분류되어 있다.

표 8.12 실지수의 등급

분 류	A	B	C	D	E
실지수	5.0	4.0	3.0	2.5	2.0
범 위	> 4.5	3.5~4.5	2.75~3.5	2.25~2.75	1.75~2.25
분 류	F	G	H	I	J
실지수	1.5	1.25	1.0	0.8	0.6
범 위	1.38~1.75	1.12~1.38	0.9~1.12	0.7~0.9	< 0.7

3) 보수율

보수율(maintenance factor)이란 조명시설을 어느 기간 사용한 후의 작업면상의 평균조도와 초기조도와의 비이다. 즉 조명시설의 조도는 설비의 사용시간 경과와 함께 램프 자체의 광속 감쇠, 램프·조명기구의 더러움, 천장, 벽, 바닥 등 실내면의 반사율 저하 등에 의해 내려간다.

조명설계의 단계에서는 이와 같은 조도 저하를 보완하기 위하여 조도 계산 중에 보정계수를 설정하고, 그 값에 따라 시설에 필요한 조도 레벨보다 높은 조도 레벨로 설계한다.

이 보정계수를 보수율(M)이라 하고,

$$M = \frac{E_t}{E_i} \tag{8.7}$$

로 정의된다.

여기서, E_t : 그 시설에서 확보해야 할 조도(조명기구의 청소, 오래된 램프의 교환을 행하기 직전의 조도)

E_i : 신설시에 얻어지는 조도(초기 조도)

또한 보수율은 조명기구의 형식, 램프의 종류, 사용 환경에 따라 여러 가지로 변하지만 일반적으로는 대개 0.85~0.65의 값이 채용되고 있다.

표 8.13 조명률의 예(매입 하면 개방형 형광등 기구)

반사율	천장	80%				70%				50%				30%				0%
	벽	70	50	30	10	70	50	30	10	70	50	30	10	70	50	30	10	0%
	바닥	10%				10%				10%				10%				0%
실지수		조 명 률(×0.01)																
0.6		46	35	28	24	45	35	28	23	42	34	28	23	41	33	27	23	22
0.8		54	44	37	32	53	43	37	32	50	42	36	32	48	41	36	32	30
1.0		60	50	44	38	58	50	43	38	56	48	43	38	54	47	42	38	36
1.25		65	56	50	45	64	56	50	45	61	54	49	44	58	53	48	44	42
1.5		69	61	55	50	67	60	54	50	65	58	53	49	62	57	52	49	47
2.0		74	67	62	57	72	66	61	57	70	64	60	56	67	63	59	56	54
2.5		77	71	67	63	75	70	66	62	73	68	65	61	70	67	63	61	58
3.0		79	74	70	66	78	73	69	66	75	71	68	65	73	70	67	64	62
4.0		82	78	75	72	81	77	74	71	78	75	72	70	76	73	71	69	67
5.0		84	80	78	75	82	79	77	74	80	78	75	73	78	76	74	72	70
7.0		86	83	81	79	84	82	80	78	82	80	79	77	80	78	77	76	73
10.0		87	85	84	82	86	84	83	81	84	82	81	80	82	81	80	79	76

예제 8.3

40 W 형광램프(광속 3,000 lm) 2등용 매입 하면 개방형 조명기구를 7 m × 14 m의 실에 16대 설치한다. 천장 높이를 2.7 m로 하면 바닥위 0.85 m의 책상 작업면의 평균수평면 조도는 얼마인가? 다만, 천장, 벽, 바닥의 반사율은 각각 80%, 50%, 10%로, 보수율은 0.70으로 한다.

풀이

$$\text{실지수} = \frac{7\times 14}{(7+14)\times(2.7-0.85)} = \frac{98}{21\times 1.85} \fallingdotseq 2.5$$

이 조명기구의 조명률은 메이커의 카탈로그 등에 의해 조사한다. 그 결과 예를 들어 표 8.14에 의하면, 실지수는 상기의 계산에 따라 2.5이고, 천장, 벽, 바닥의 반사율은 각각 80 %, 50 %, 10 %이므로, 실지수 2.5의 경우는 $v = 0.71$을 얻는다.

$$E = \frac{3{,}000\times 2\times 16\times 0.71\times 0.70}{7\times 14} \fallingdotseq 486\,\text{lx}$$

즉, 약 480 lx의 책상작업면 수평면 조도가 얻어지는 것을 알 수 있다.

예제 8.4

9 m × 12 m의 방의 평균조도를 120 lx로 하자면 150 W 백열전구(광속 2,450 lm)를 몇 개 시설하여야 하는가? 단, 보수율은 0.7, 조명률은 70%이다.

풀이

$$N=\frac{EA}{FUM}=\frac{120\times9\times12}{2,450\times0.7\times0.7}=10.5[\text{등}]$$

그러므로 11등으로 한다.

8.6.3 국부조명의 계산

일반적으로 천장, 벽, 바닥 등의 사이에서의 상호 반사에 의한 간접분은 생략하고, 광원에서의 직접 빛만에 따른 조도를 구하는 국부조명에는 축점법(point by point method)을 이용한다.

통상은 점광원, 선광원, 면광원 등에 의한 계산식이 이용되지만 점의 수가 많을 때나 복잡할 때에는 전산기를 이용하여 행하는 경우가 많다.

(1) 점광원에 의한 조도

광원과 피조면과의 거리에 비하여 광원의 크기가 충분히 작을 때, 이 광원을 점광원(point source)이라고 한다.

그림 8.14에서 하나의 점광원 L에 의한 어느 면상의 점 P에 있어서 조도는 다음 식으로 나타난다.

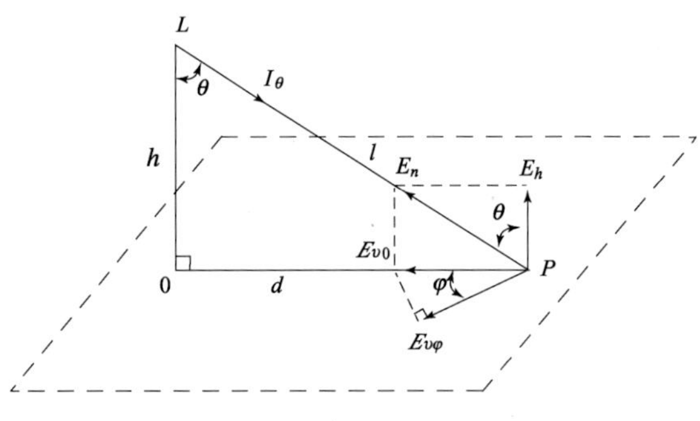

그림 8.14 점광원에 의한 P점 조도의 관계기호

수평면조도 $$E_h=\frac{I_\theta}{l^2}\cos\theta \tag{8.8}$$

법선 조도 $$E_n = \frac{I_\theta}{l^2} \tag{8.9}$$

연직면 조도 $$E_{vo} = \frac{I_\theta}{l^2}\sin\theta \tag{8.10}$$

여기서, I_θ : θ 방향의 광도[cd]

l : 광원에서 그 점까지의 거리[m]

θ : 입사각[도]

예제 8.5

그림 A와 같은 배광곡선을 가진 수은램프용 고천장 셰이드(shade)를 작업면상 7 m에 설치한 경우, 그 직하에서 수평으로 5 m 떨어진 점의 수평면 조도는 얼마인가? 그런데 광원으로서는 400 W 수은램프(전광속 22,000 lm)를 사용하는 것으로 한다.

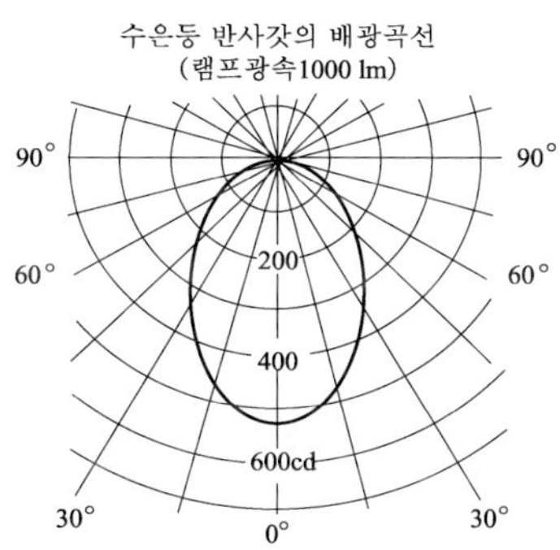

그림 A 수은램프용 고천장 Shade의 배광곡선의 예

풀이

이 경우 계산식에서는 식 (8.8)을 이용한다. 광원의 직하에서 5 m 떨어진 점의 방향에서의 연직각 θ는

$\tan\theta = \frac{5}{7} = 0.714, \quad \theta = 35.5°$

그림 A에 의해 $\theta = 35.5°$의 광도는 1,000 lm당 300 cd이다. 따라서 램프의 전광속이 22,000 lm의 때는

$$I_\theta = 300 \times \frac{22,000}{1,000} = 6,600\ [\text{cd}]$$

$$E_h = \frac{6,600}{7^2 + 5^2} \times \cos 35.5$$

$$= \frac{6,600}{74} \times 0.814$$

$$\fallingdotseq 73\ [\text{lx}]$$

(2) 직선 광원에 의한 조도

그림 8.15와 같이 직선 광원 L의 일단을 포함하는 수직면 내의 점 P의 조도는 다음 식에 의해 계산할 수 있다.

법선 조도 $$E_n = K_n \frac{I_\theta}{l} \tag{8.11}$$

수평면 조도 $$E_z = K_n \frac{I_\theta}{l} \cos\theta \tag{8.12}$$

연직면 조도(X방향) $$E_x = K_n \frac{I_\theta}{l} \sin\theta \tag{8.13}$$

연직면 조도(Y방향) $$E_y = K_y \frac{I_\theta}{l} \tag{8.14}$$

여기서, K_n, K_y : $\frac{L}{l}$에 의해 결정되는 계수(그림 8.16에서 구한다.)

I_θ : 직선 광원 1 m당 θ 방향에의 광도[cd]

L : 직선 광원의 길이[m]

l : 직선 광원과 피조면 P와의 거리[m]

θ : 연직각(그림 8.15)

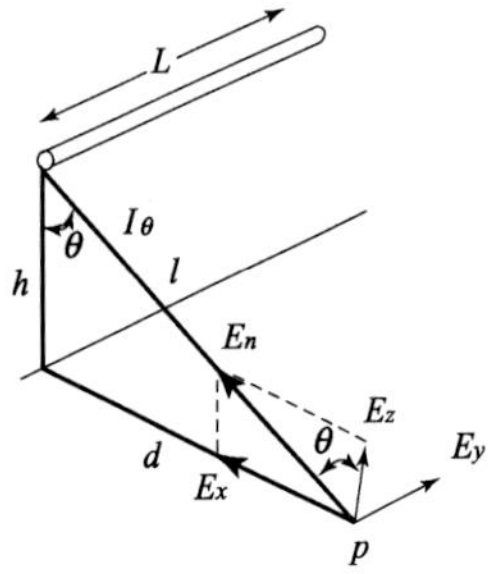

그림 8.15 직선광원에 의한 P점 조도의 관계기호

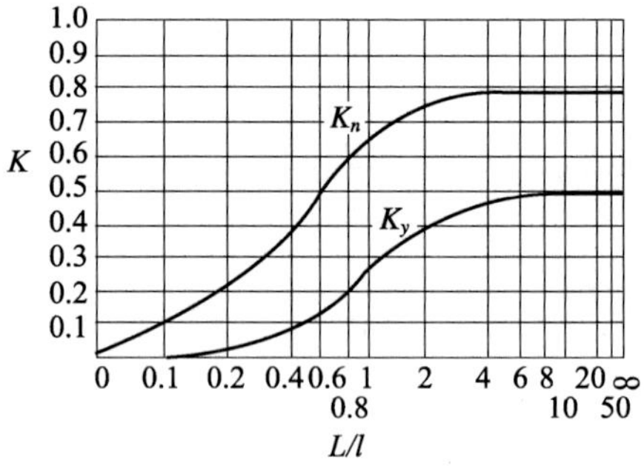

그림 8.16 K_n, K_y를 구하는 그래프

또한 P가 L의 일단을 포함하는 수직면 내에 없을 때에는 그림 8.17에 나타난 바와 같이 광원을 L_1, L_2로 분류하여 고려한다.

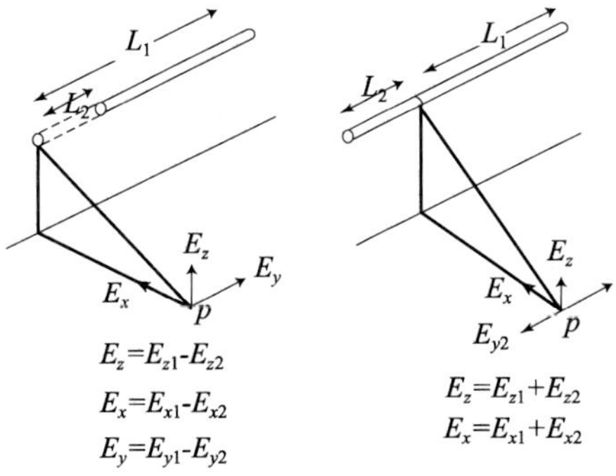

그림 8.17 점 P가 직선광원의 단부를 포함하는 수직면상에 없는 경우의 조도관계 기호

예제 8.6

40 W 2등용 형광등 반사갓 기구를 작업면상 1.5 m의 높이에 설치하고, 그 중앙 직하에서 수평으로 1 m 떨어진 점 P의 수평면 조도 E_z를 구하여라. 그런데 이 형광등 기구의 배광곡선은 그림 B와 같다.

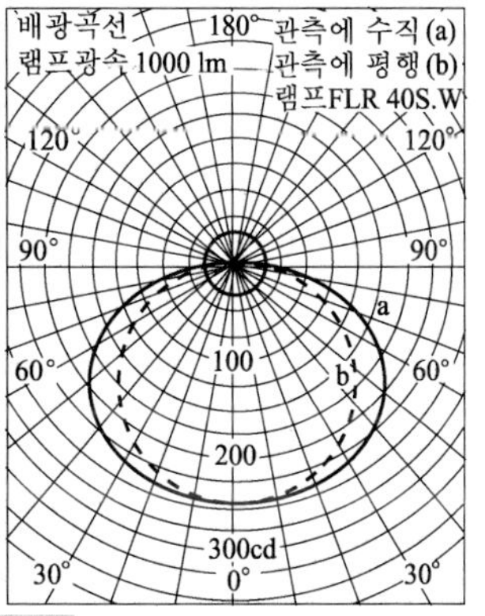

그림 B 직선광원의 계산 예제에 이용하는 배광곡선(반사갓 부착 40W 2등용 형광등 기구)

풀이

식 (8.11) $E_z = K_n \frac{I_\theta}{l} \cos\theta$를 이용하여 계산한다.

그림 8.12에서 $l = \sqrt{1.5^2 + 1^2} \fallingdotseq 1.8$ [m]

$$\cos\theta = \frac{h}{l} = \frac{1.5}{1.8} = 0.833$$

$\theta = 33.5°$

33.5° 방향의 광도 I_θ 는 그림 B(실선)에서 구한다. 1,000 lm당 220 cd(다만, 램프 길이 1.2 m당)이므로

$$I_\theta = 220 \times \frac{3,000 \times 2}{1,000} \times \frac{1}{1.2} \fallingdotseq 1,100 \text{ [cd]}$$

(램프 길이 1 m당)

다음에 K_n 을 구한다.

$$\frac{L}{l} = \frac{0.6}{1.8} = 0.33$$

그림 8.13에서 $K_n = 0.31$을 얻는다. $E_z = 0.31 \times \frac{1,100}{1.8} \times 0.833 \fallingdotseq 158$ [lx]

이것은 40 W 형광 램프의 1/2의 길이에 대해서이므로 구하는 답은 158×2 = 316 lx로 된다.

8.6.4 옥외조명설계의 순서

옥외조명시설은 운동, 도로나 터널 등 교통에 관계되는 시설, 사람이 모이는 공원이나 광장 등 다종다양하다.

(1) 조명할 대상물 내용의 파악

도로조명에서는 주위 환경이 어떤가, 운동조명에서는 경기종목이 무엇인가, 경기의 수준은 어떻게 되는가와 같이 조명하고자 하는 대상물의 조명목표를 명확히 하는 것이 중요하다.

(2) 조명방침의 결정

조명 목적이 명확하게 되어 내용 파악을 할 수 있고, 조명의 요구조건을 만족시키기 위해서는 어떻게 하면 될 것인가 방침을 결정한다.

조명의 요구조건은 다음과 같다.

① 조도(휘도인 경우도 있다)
② 조도균제도(휘도의 경우는 휘도균제도)
③ 글레어(눈부심)
④ 명멸
⑤ 빛의 방향성과 확산성
⑥ 광원색(색온도)과 연색성
⑦ 주변환경과의 조화
⑧ 경제성

(3) 조명조건의 설정

① 조도의 설정
② 조명방식의 선정
③ 광원의 선정

(4) 상점가의 조명

① 인접하는 점포 내 조명보다 약간 어둡거나 밝게 한다.

② 조명기구의 의장은 상점가의 환경에 걸맞게 한다.
③ 조명기구의 설치장소가 비교적 낮은 곳이 되므로 눈부심에 주의한다.
④ 조명기구는 램프 교환이나 청소 등 보수점검을 할 수 있어야 한다.
⑤ 연색성이 좋은 광원을 사용한다.
⑥ 관계법령이나 기준 등에 위반하고 있지 않은가를 검토한다.

(5) 교통관련조명

① 조도균제도(휘도균제도)가 양호해지도록 폴 간격, 조명기구의 설치높이, 광원의 크기를 선정한다.
② 눈부심의 저감을 도모한다.
③ 도로 상황에 따라서는 유도효과가 향상되는 조명배열을 한다.
④ 상황에 따라 밝기의 수준을 선택한다.

8.7 조명의 조사

8.7.1 조사의 목적

조명 조사의 목적은 조명설계를 행한 실이 과연 소기의 목표로 한 것을 만족하고 있는가, 특히 계산대로의 조도 혹은 휘도치가 되어 있는가를 점검하는 것이다.

기타, 설계 자료를 얻기 위한 각 시설의 비교조사, 보수 및 조명 개선을 위한 조도 경년변화, 시환경 및 보이는 방식의 평가에 대한 기초를 얻기 위한 휘도 측정 등의 조사도 있다.

8.7.2 조사에 있어서 일반사항

(1) 측정 전에 확인할 사항

측정을 행하기 전에 측정 장소를 미리 조사하여 조도 측정점을 정하고, 휘도 측정 기준점(휘도계를 놓을 위치)에서의 사진 혹은 투시도를 제작하여 휘도의 피측정점도 결정하여 놓는다. 또 다음의 여러 사항을 확인한다.

① 전원상황
② 광원의 형식 및 크기, 최초 점등 이후 점등시간
③ 조명기구의 상태
④ 광원의 조명기구에의 부착상태
⑤ 환경조건(측정은 주광이 들어오지 않는 조건에서 행한다.)

(2) 측정시의 주의사항

① 측정 개시 전, 광원의 제특성이 안정하기까지 예비점등하여 놓는다(전구 5분간, 방전등 30분간).
② 전압을 측정하는 경우는 가능한 한 광원의 가까이(방전등에서는 안정기 1차측)에서 측정한다.
③ 조도계, 휘도계는 초기 효과가 나타나지 않기 때문에 측정 개시 전에 충분히 안정할 때까지 노광을 행한다.
④ 수광기의 위치 및 방향은 정확히 설정한다.
⑤ 수광자의 위치 및 복장이 측정에 영향을 주지 않도록 주의한다.
⑥ 미터 전눈금의 1/4 이하 독해는 가능한 한 하지 않도록 한다.
⑦ 휘도계 측정 시야의 밝기가 일정하게 되도록 한다.

8.7.3 조도의 측정방법

(1) 전반조명의 경우

① 측정높이 : 수평면 조도를 측정하는 바닥면상의 높이는 의자작업 75 cm, 선작업 100 cm, 앉은 작업 40 cm, 복도 계단은 바닥면으로 한다.
② 측정범위 : 실의 벽면에서 1 m 뺀 부분을 등간격(2~3 m)의 종횡의 선으로 분할하여 등면적의 단위구역으로 분류, 그 구역의 평균조도를 산술평균하여 전 측정범위의 평균조도로 한다.
③ 측정점의 배치 : 단위구역의 평균조도를 구하기 위한 측정점의 배치는 5점법에서는 그림 8.18에 나타난 바와 같이 평균조도 $\overline{E}$는 그림의 식에서 구할 수 있다. 조도 변화가 작은 경우는 그림 8.19에 나타나는 4점법에 의하여 평균조도 $\overline{E}$를 구한다.

④ 조도분포 : 상기의 각 측정점에 있어서 조도치를 적당히 선정한 직선상의 조도 곡선 또는 평면도상의 등조도 곡선(그림 8.20 참조)으로 도시한다.

⑤ 기타 : 작업 등의 필요에 따라서는 수평면 이외에 연직면·경사면 등의 조도도 측정 기록한다.

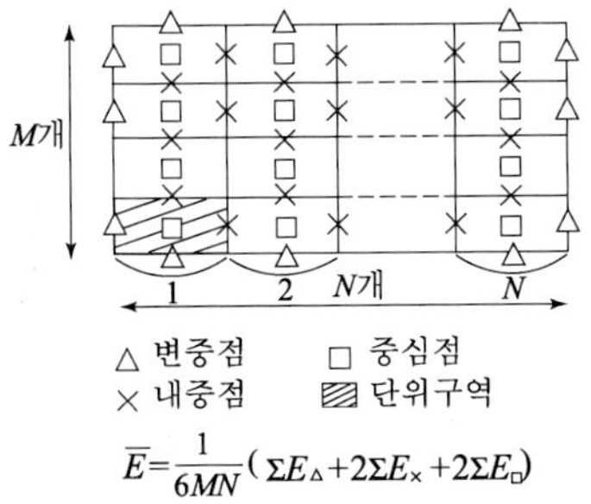

그림 8.18 5점법에 의한 측정점의 배치

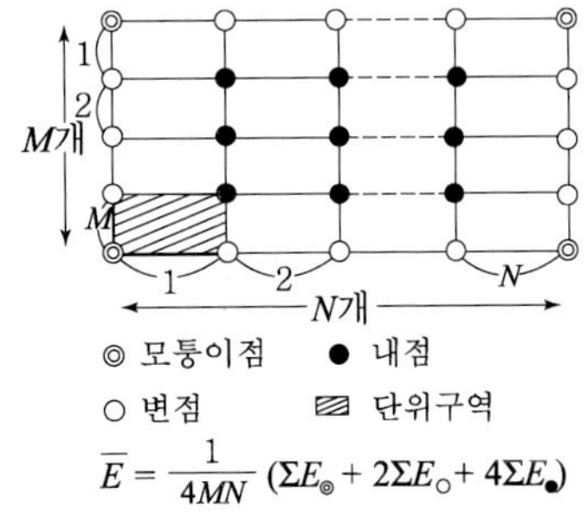

그림 8.19 4점법에 의한 측정점의 배치

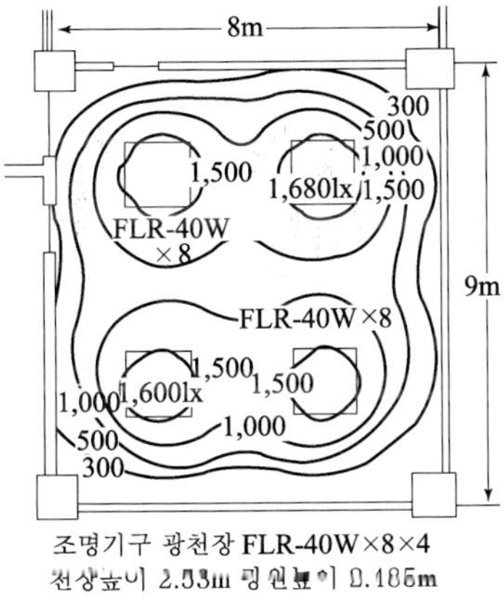

그림 8.20 등조도 곡선의 예 (조도변화가 큰 경우)

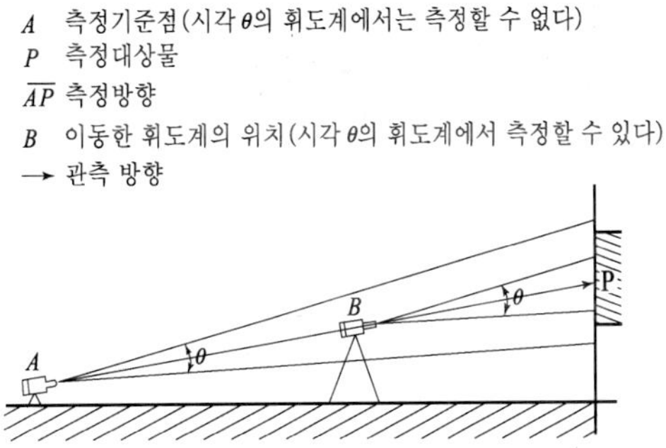

그림 8.21 필요한 시각의 휘도계가 얻어질 수 없는 경우의 측정방법

(2) 국부조명의 경우

측정은 조도가 문제시 되는 장소에 있어서 행한다. 그 장소가 좁은 경우에는 대표적인 1점에서 한다. 넓은 경우는 (1)에 따라 여러 점에서 측정하고, 평균조도 및 필요에 응하여 최대, 최소의 조도 등을 구한다.

일반적으로는 수평면 조도를 측정하지만 작업의 성질에 따라 연직면·경사면 등의 조도를 측정한다. 전반조명을 첨가하는가, 없애는가는 상황에 따라 적당히 선택하지만 그 내용은 명기한다. 작업자의 유무, 위치, 자세에 대해서도 경우에 따라 기록한다.

8.7.4 휘도의 평가 및 측정방법

(1) 불쾌 휘도의 평가방법

조명 설비에 의한 휘도의 평가 요인으로는 다음과 같은 것을 들 수 있다.

① 광원 휘도

② 광원의 겉보기 크기와 수

③ 광원의 위치

④ 주변의 휘도

(2) 측정의 일반 사항

① 측정기준점의 높이

- 옥내조명 : 바닥 위에서 1.5 m
- 옥외조명 : 지상면에서 1.5 m

(경기장 등의 경우에는 관객의 눈의 위치로 할 수도 있다)

② 휘도계는 원칙적으로 측정기준점은 측정기준점에 둔다.

③ 휘도계의 측정각의 크기

- 옥내조명 : 1도

(상세한 휘도분포가 필요한 경우는 1도 이하가 바람직하다)

- 옥외조명 : 도로조명 … 0.1도, 기타의 조명 … 1도

(피측정면의 휘도가 상기의 측정각을 넘는 범위의 크기에서는 거의 동일한 경우, 목적에 따라서는 더 큰 측정각을 이용하여도 관계없다.)

(3) 측정 방법

측정 기준점에서 측정 목적에 따라 정한 범위 내에 있어서 관측자의 시야 내에 들어오는 조명기구 및 창 등을 포함하여 가능한 한 상세히 측정한다. 작업자의 표준이 되는 시선의 방향을 중심으로 측정점을 정하지만 시야 내의 휘도분포, 눈부심 등이 시

작업에 영향을 미치는 것은 시선에서 30° 이내라고 하므로 이 범위 내의 측정점을 많게 한다(그림 8.18 참조).

8.7.5 측정결과의 정리

(1) 측정 조건의 기록

측정 목적에 따라 측정치에 영향을 주는 사항에 대하여 기록하여 놓는다. 일반적으로 다음과 같은 항목이 있다.

① 조명 조건 : 광원, 조명기구의 정격, 시공과 배치도(평면도 및 입면도, 투시도), 광원 및 조명기구의 사용시간, 주광의 상황 등

② 측정 조건 : 측정기의 종류, 사용 조건(휘도계의 시각 등), 조도 측정점 및 그 높이, 휘도 측정 기준점 및 그 높이, 전원전압, 계기의 종류

③ 환경 조건 : 연월일, 개시시와 종료시, 천후·온도·습도·벽·천상·바닥 등의 표면 상태(색, 반사율, 재질, 광택의 정도 등)

(2) 측정 결과의 기록

적당한 형식을 정하여 측정 데이터를 기록하고 정리한다. 필요에 따라 측정 데이터에 이유를 달아 보정치를 부기한다.

8.8 각종 건물의 조명계획

8.8.1 조명 계획의 단계

(1) 조사·기획

조명설비를 하고자 하는 건축물, 예를 들어 빌딩·체육관·가게 등의 용도·사용 목지을 명확히 설정한다. 따라서 그 공간의 이용자 및 운영 관리자를 통하여 사용상의 희망을 조사하여 특별한 희망과 공간의 특성화가 있으면 이를 명확하게 정리하고 표현할 필요가 있다.

(2) 구상 계획

대략 어떤 조명 상태를 어떤 조명 기법에 의해 만들어낼 것인가, 대략적인 구상을 결정할 필요가 있다. 특히 공간의 이미지에 큰 영향을 미치는 인테리어와 어울리는 것이 중요하다.

1) 조명의 개념 설정

공간의 개념을 충족하는 조명의 목적, 특징적인 사항을 정리하고 간명하게 표현하는 것이 중요하다. 개념은 대상 공간의 이미지를 파악하고 추상적으로 표현할 수 있다. 예를 들어 법정에서는 '법의 명성과 위엄을 나타내는 조명' 또는 주택에서는 '식사 밝기', '휴식의 밝기', '단란의 밝기' 등이다.

2) 조명 연출 방침 결정

주요 조명 대상을 선정하고 이들을 어떻게 보이고 싶은가의 표현을 고려하고, 아울러 공간에 갖게 하고 싶은 분위기를 정한다.

3) 빛의 상태 결정

방의 조명의 최종 완성형에 대해 빛의 상태를 상정한다. 다음에 이것을 빛에 관련된 용어를 적용하여 표현하는 것이 바람직하다.

4) 인테리어와 조명 양식의 결정

조명은 공간의 이미지를 좌우하는 큰 요소이며, 인테리어(색채나 질감 등)와 뗄 수 없는 관계에 있다. 공간의 기본적인 개념이 정해지면 그 개념을 이미지로 적절하게 표현할 수 있도록 인테리어와 조명을 계획한다.

5) 조명 구상의 결정

이와 같이 빛의 상태에 대한 이미지가 설정되면 이 상태의 광속 배분에 대하여 실제 조명 기술로 대체해야 한다. 어떤 방법에 의할 것인지, 채택 광원과 기구의 대략 방침을 정한다. 시야 내의 휘도분포에 대해서도 지나친 눈부심이나 반짝임을 피하고, 완만한 변화를 줄 수 있어야 한다.

(3) 기본 설계

구상 계획이 정해지면 구체적으로 공간의 규모 및 형상에 적합한 조명 설계를 한다.

1) 조명 요구 사항의 결정

조도, 조도 분포 등의 조명 각 요구 사항의 설세 목표치를 결정할 필요가 있다.

2) 광원 조명기구의 선정

3) 조명기구의 배치 결정

4) 조명 요구 사항에 대한 체크

위에서 만든 조명 설계안이 기본 설계의 당초에 정한 조명 요구 사항의 설계 목표치를 충족하는지 확인한다.

8.8.2 주택 · 아파트

(1) 밝 기

주택에서는 하나의 실에 있는 광원수가 적어 실내 조도의 분포가 불균일하게 되기 쉬우나 사람의 동작범위 내에서는 기준조도가 필요하다. 특히 외관 의장이나 비용에 지나치게 구애되어 조도 부족을 초래하지 않는 것이 중요하다.

광원의 눈부심에서는 일반적으로 천장등은 시야에서 벗어나는 수가 많고, 형광등 정도의 휘도라면 거의 문제되지 않는다. 천장등도 낮게 매어 달고 벽걸이등 등은 확산커버로 빛을 부드럽게 할 필요가 있다. 특히 전구의 경우는 보통 커버를 부착하더라도 항상 눈에 띄면 곤란하므로 광원은 반사광만이 눈에 띌 수 있도록 하는 것이 좋다.

눈부심이 흔히 문제시 되는 것은 작업장소이다. 작업면은 상당한 고조도를 요하기 때문에 광원을 가까이에 놓는 경우가 많은데 시야 내에 높은 휘도가 있으면 사물을 보기 곤란할 뿐 아니라 눈이나 신경을 현저히 피로하게 한다.

(2) 물체 색이 보이는 방식

주택은 장기간에 걸쳐 생활하는 장이므로 가능한 한 자연광 아래에서와 마찬가지로 사물의 색이 바르게 보이는 것이 적합하다. 다행히 형광등이 자연광에 가깝고, 특히 딜럭스형(DL형 · 천연형 · 자연색형 등이라고도 한다) 형광등은 거의 자연광과 차이가 없으므로 주택 조명용 광원으로 이상적이다. 특정의 사물을 특별히 아름답게 보여 주기 때문에 자연광과 상위한 적당한 광원을 부분적으로 사용하는 것은 생활에 정감을 주는 의미에서 바람직하다.

(3) 사용하기 용이함

주택의 조명은 생활에 연결되어 사용하기 용이함을 지니는 것이 필요하다. 휴식·취침시의 밝기 조절, 작업전후·입퇴실시의 점멸조작, 원격의 점멸조작, 독서면·작업면에의 빛의 방향 등을 용이하게 취급하고, 또 노인·어린이도 쉽게 다룰 수 있어야 한다. 또한 램프 교환이나 조명기구의 청소 등 보수 손질은 경험이 없는 사람이 행하는 것도 고려해야 한다.

(4) 기분 좋음

상기 각항의 기능을 만족시키고 조화된 아름다움이 가산되는 기분 좋은 조명의 준비이다. 화려한 아름다움보다 오랫동안 보아도 싫증나지 않는 소박한 아름다움이 바람직하다. 조명의 아름다움에는 빛의 색·빛의 분포·조명기구의 배치·외관 등이 큰 요소이다.

또 한서를 조명에 의하여 심리적으로 완화할 수도 있다. 푸르름을 함유한 빛(예를 들면 DL형 주광색 형광등)은 시원함을, 붉은 빛을 띠는 빛(예를 들면 전구나 DL형 온백색 형광등)은 따뜻함을 느끼게 하고, 조도를 떨어뜨리면 심리적으로 시원함을 준다.

(5) 비 용

주택 건축시 전기공사비는 전공사비의 5% 정도를 차지하는 것으로 추장되고 있다. 아파트에서는 건축주와 거주자가 다르기 때문에 생활상의 편의를 경시하여 설비공사비가 압축되고 주거의 목적에 충분히 달성되고 있지 않은 예가 때때로 보인다. 주거의 조명은 실 수의 2배 이상 광원수가 바람직하다.

이상 (1)~(5)의 제조건은 기본적인 것이지만 구체적으로 주거의 구성과 그에 대한 조명의 고려 방법을 요약하면 표 8.14와 같다. 주택조명에서 주로 사용되는 백열전구와 형광등의 색감을 비교하면 표 8.15와 같다. 또한 주택의 조도기준은 표 8.16과 같다.

표 8.14 주거의 구성과 조명의 고려 방법

구 분	장소명	조명의 고려 방법
휴식장소	거실, 침실, 응접실, 자녀실	알맞은 밝기, 부드럽고 안정된 빛의 분포, 실 전체의 아름다움과 조화
작업장소	서재, 주방, 가사실	작업에 충분한 밝기, 광원위치와 그림자와의 관계, 눈이나 심신의 피로방지
생리조절장소	식당, 세면소, 욕실, 변소	휴식을 겸한 분위기, 밝기에서 오는 청결감, 필요부분에 충분한 밝기
수납장소	반침, 창고, 차고	확인 점검에 충분한 밝기, 그림자의 배제
연락장소	문, 포치, 현관, 홀, 복도 계단, (탈의실)	균일한 밝기의 분포, 진로 · 표시물의 명시, 점멸조작 위치의 적정
환경완화장소	테라스, 발코니, 정원	밝기보다 분위기를 중시

표 8.15 백열전구와 형광등의 색감 비교

램프의 구분		램프의 광색	피사체의 색	색 감
백열전구		황적백	황적색을 띤다	따뜻한 느낌
할로겐전구		황 백	황백색을 띤다	따뜻한 느낌
형광등	주광색	청 백	다소 청백색을 띤다	시원한 느낌
	백 색	백	백	적당하게 따뜻한 느낌
	온백색	백	황적색을 띤다	따뜻한 느낌
	3파장주백색	백	백	산뜻하고 밝은 느낌

표 8.16 주택의 KS 기준조도

분 류	조 도 [lx]
공부, 독서, 재봉	600~1,000~1,500
화장	300~400~600
세탁, 엘리베이터, 오락, 응접실, 싱크대	150~200~300
계단, 복도, 욕실, 현관	60~100~150
비상계단, 차고, 창고, 테라스	30~40~60
침실 전반	15~20~30

8.8.3 학 교

학교 조명은 학교 교육에 있어서 시작업에 대하여 충분한 밝기와 질적인 조명에 의하여 각각 교실의 용도에 따른 학습 상태를 충분히 파악하여 밝은 환경과 학습에 충분한 명시조명을 행하는 데에 있다. 또한 교실 내에서의 TV학습에 따른 TV의 위치, 조명방법 등 다각적인 명시의 검토가 필요하다.

(1) 일반교실의 조명설계

일반교실은 주간의 수업을 위하여 채광을 충분히 고려하는 것은 물론 야간수업에 대해서도 그 조명시설을 충분히 검토하여 설계하도록 한다.

① 교실의 조명도는 책상면을 기준으로 300 lx 이상이 되도록 한다.

② 최대조도와 최소조도의 비율이 3대 1을 넘지 아니하도록 한다.

③ 인공조명에 의한 눈부심이 발생되지 아니하도록 한다.

(2) 흑 판

흑판의 조명에 있어서 학생이나 교사의 학습이나 강의의 상태를 고려하여 다음 항목을 만족되도록 설계한다.

1) 학생측의 조건

① 흑판면에서 받는 정반사에 의한 눈부심이 없도록 하고, 보기 쉬운 흑판으로 할 것. 흑판면의 조도기준은 300~600 lx이다.

② 흑판 조명용 기구의 광원이 학생 책상의 어디에서도 직접 눈에 들어오지 않도록 할 것.

2) 교사측의 조건

① 교사가 강의 중에 눈부심이 없도록 흑판조명의 광원이 앙각 45° 이상으로 할 것.

② 교사가 흑판에 판서할 때에 광원이 눈부시지 않도록 할 것.

3) 학생과 교사의 공통 조건

① 흑판면의 연직면 조도가 높고, 밝고 보기 쉬울 것.

② 흑판면의 상하 및 좌우의 조도가 가능한 한 균일할 것.

이상 6가지를 만족시키는 조명방법이나 조명기구의 위치, 높이를 설계하여 부착하는 것이 긴요하다.

표 8.17 학교의 KS 기준조도

분 류	조 도[lx]
도서열람, 정밀실험, 정밀제도, 컴퓨터 판독작업	600～1,000～1,500
계단, 복도, 승강구, 교실 칠판, 일반 제도, 컴퓨터 일반작업	300～400～600
식당, 주방, 방송실, 보건실, 서고, 실내체육관, 휴게실	150～200～300
교직원실, 사무실, 회의실, 수위실, 화장실, 탈의실	60～100～150
비상계단, 창고, 차고	30～40～60

8.8.4 사무소 · 은행

(1) 조명의 질

1) 일정한 조도

작업면의 조도분포는 될 수 있는 한 균일을 요하고, 일반사무실 등에 있어서 작업면의 조도비는 적어도 3 : 1을 넘지 않도록 하는 것이 바람직하다. 조도분포를 일정하게 유지하는 데에는 전반조명을 행하고, 광원 1등당의 피조명면적을 작게 하고, 반직접 내지 전반확산형의 배광기구를 이용하며, 광원면적이 큰 확산성 좋은 기구의 이용 등이 효과적이다.

또한 일반적으로 기구 상호간격은 기구 부착 높이의 1.5배 이내, 기구와 벽과의 간격은 기구 상호간격의 1/2～1/3로 한다. 실내의 천장, 벽, 바닥 등 각면을 밝은 마감으로 하면 상호반사에 의해 효율을 증진하고, 조도분포를 충분히 하는 데 효과적이다.

사무실의 조도기준은 표 8.18과 같다.

표 8.18 사무실의 KS 조도기준

구 분	분 류	조 도[lx]
일반사무실	로비, 응접실, 휴게실, 계단, 복도, 엘리베이터, 세면장, 화장실	60～100～150
	오프셋 인쇄와 복사, 회의실, 시청각실	150～200～300
	키보드 식별, 우편물 분류, 금전출납부	300～400～600
설계사무실	밝은 테이블	60～100～150
	고명도 대비소재, 세밀한 일, 그래픽, 사진, 청사진	300～400～600
	설계와 예술작품제작, 암갈색물감 인쇄, 저명도 대비소재, 색상선택, 해도, 지도제작	600～1,000～1,500

2) 눈부심의 제거

눈부심을 적게 하는 데에는 다음의 방법을 고려한다.

① 휘도를 낮게 한다.
② 시선에서 가능한 한 떨어진다.
③ 겉보기의 면적을 작게 한다.
④ 휘도의 대비를 완화한다.
⑤ 정반사를 없앤다.

(2) 실내의 마감

실내면의 밝기는 천장, 벽, 바닥, 테이블 등 넓은 면일수록 영향이 크다. 통상 넓은 실에서는 천장면, 좁은 실에서는 벽면, 가늘고 길다란 복도에서는 벽, 바닥면이 시야에 넓은 면적을 차지하고, 사무실에서는 테이블 등의 면이 항상 보이는 중요한 면이다.

이들 면의 광택면은 정반사에 의해 광원 기타의 상이 비치어 보이고, 눈부심 및 밝기의 고르지 못함이 생기기 쉬우므로 확산성의 마감으로 하는 것이 바람직하다.

표 8.19 사무실 내부의 반사율

실 내 면	반 사 율 [%]
천 장	70~90
벽	50~70
테이블・사무기	30~50
바 닥	20~40

사무실에 있어서 각부의 마감에는 색채조절의 원리가 도입되고, 일반적으로 적당한 반사율의 값은 대략 표 8.19와 같다.

(3) 광원 및 기구

사무실 조명에 있어서는 조명의 효율 및 질의 양면에서 일반적으로 형광등에 의한 전반조명이 적합하고, 램프로는 40 W 백색이 효율도 좋아 가장 보편적으로 사용되고 있는데 고조도화에 수반되지 않은 고출력 형광등 110 W의 이용이 증가하고 있다. 수은등, 메탈 핼라이드 램프 등은 주로 고천장의 장소에, 또 전구는 저조도의 장소 및 보조조명 등에 이용된다.

조명기구는 사무실 등에서는 현수형의 반직접 내지 전반확산형 배광, 매입형의 직접형 배광 기구가 사용되고, 그 결정은 천장면의 높이, 시환경에의 배려 등으로부터 이루어진다. 나램프 형광등 기구는 고조도화에 수반되어 설치수의 증가와 아울러 눈부심도 높으므로 루버, 확산판 등에 의해 차광, 휘도저감을 꾀할 필요가 있다. 플라스틱 확산판을 이용한 저휘도 대면적의 면광원은 고조도의 경우에 기구의 배치를 합리적, 경제적으로 할 수 있고, 밝기의 고르지 못함, 눈부심 등을 적게 할 수 있다.

8.8.5 공 장

(1) 조 도

작업에 필요한 조도, 쾌적한 조도는 작업의 성질, 종류 등에 따라 다르지만 시작업이 미세하고 중요할수록 고조도를 요한다.

물체의 보이는 방식에서는 조명의 상한은 없고, 고조도가 될수록 보이는 방식은 향상하지만 경제성에서는 자연히 한계도 발생한다(표 8.20).

표 8.20 공장의 KS 기준조도

분 류	조 도 [lx]
정밀시험, 설탕색상검사, 신발가죽제작, 유리검사	600～1,000～1,500
기계보통작업, 실험실, 설탕등급분류	300～400～600
거친작업, 가죽제품 무두질, 검사, 기계단순작업, 일반시험	150～200～300
목재창고, 사료가공	60～100～150
건조작업	30～40～60

(2) 조도분포

작업장 내의 조도분포는 가능한 한 일정한 것이 바람직하다. 이에 따라 시야에 있어서 밝기(휘도)의 분포가 일정하게 유지되기 쉽게 되고, 물체의 보이는 방식은 좋아지고, 피로방지에 도움이 되기 때문이다. 또 조도가 어디에서도 일정하려면 작업장소, 설비 등의 배치를 검토해야 한다(표 8.21).

표 8.21 공장에 있어서 휘도비의 한도

작업 대상물과 그 주위	5 : 1
작업 대상물과 떨어진 면	20 : 1
조명기구나 창과 그 부근의 면	40 : 1
작업환경 내의 모든 면	80 : 1

넓은 작업면의 전반에 있어서 조도분포는 밝은 곳과 어두운 곳에서 조도비가 3 : 1 이내에 있으면 거의 양호하다고 간주할 수 있으나 작업개소가 좁은 범위에서는 10 : 9 이내에 유지하는 것이 바람직하다. 또한 국부조명을 행하는 경우도 주위와의 밝기 차이가 커지지 않도록 전반조명을 행할 필요가 있고, 각각의 조도비는 적어도 10 : 1 을 넘지 않도록 하는 것이 필요하다.

(3) 눈부심

눈부심을 방지하는 데에는 광원의 휘도를 완화하고 광원을 시선에서 멀리하고, 또는 기구 등으로 차폐하는 외에 광원의 주위를 밝게 하여 휘도대비를 적게 하고, 또 전반의 조도를 높이고, 실내 각 면을 밝게 마감하여 눈의 순응 명도를 높게 유지하는 것 등이 유효하다.

일반적으로 공장의 조명에서는 반사갓 기구가 이용되지만 전구, 수은등 등 고휘도의 광원을 사용하는 기구에서 경도의 시작업에서는 보호각을 15°이상으로 하고, 보조조명 등 중요한 시작업에 이용하는 기구는 시선에 대하여 30°이내에 눈부심을 받지 않도록 차광 또는 부착 위치의 조절을 한다. 또 반사에 의한 눈부심은 광원과 물체와 눈의 상대위치의 조절을 통하여 방지하도록 한다. 반사면을 확산면으로 바꿀 수 있으면 반사의 눈부심을 방지하는 데 효과적이다.

(4) 광 색

물체 색의 보이는 방식은 광원의 광색・연색성과 밝기와 관계된다. 일반적으로 전구, 백색 형광램프 등은 보통 작업에는 충분한 광색・연색성을 지니지만 염색, 컬러인쇄, 도장, 기타 재료 및 제품의 색을 정확히 식별, 관리하는 작업에는 적당하지 않다.

일반적으로 이 종류의 작업에는 북창광 등의 주광이 이용되고 있으나 계절・시각・기상의 변동, 채광상의 제약에서 안정된 조도가 어렵다. 주광에 근사한 광색・연색성을 지닌 광원으로서는 크세논 램프, 고연색 형광등(천연 주광색・순정색 등), 고연색

메탈 핼라이드 램프(양광램프) 등을 들 수 있고, 크세논 램프는 표준 백색광원으로서 검사조명장치 등에 적합하고, 고연색 형광등은 작업 장소의 전반조명 및 보조조명에, 또 고연색 메탈 핼라이드 램프는 천장이 높은 작업장소의 전반조명 및 특히 고조도의 보조조명 등에 우수한 특색을 발휘한다.

8.8.6 병 원

병원의 조명계획에 있어서는 다음 사항을 충분히 고려할 필요가 있다.

① '조도'는 각실의 사용목적에 적합할 것.
② 실 상호간의 조도는 '조화'가 있을 것.
③ 실내의 '휘도분포'가 적정하게 되도록 할 것.
④ 각 실의 광원은 '연색성'에 대하여 배려할 것.

또한 병원의 조명에는 의학적 지식이 필요하므로 진료 관계자 및 환자의 의견 존중과 아울러 질에 중점을 둔 조명으로 하여야 한다(표 8.22).

수술시의 조도는 수술대 위의 지름 30 cm 범위에서 무영등에 의하여 20,000 lx 이상으로 한다.

표 8.22 병원의 KS 기준조도

분 류	조 도[lx]
부검, 구급처치, 분만실, 주사실, 기공실 정밀작업, 수술실	600~1,000~1,500
기공실 일반작업, 검사실, 중앙재료실, 동위원소실	300~400~600
기록실, 대합실, 면회실, 멸균실, 물리치료실, X선실	150~200~300
계단, 내시경검사실, 마취실, 영안실, 진료실, 회복실	60~100~150
동물실, 비상계단, 암실	30~40~60

병원의 조명에서는 빛의 색이 중요한 요소이고, 고조도를 필요로 하는 장소도 많으므로 주로 천연색 형광등을 사용하는 것으로 한다. 또 수은등, 백열전구 및 EL 램프 등도 적절히 사용하면 좋다.

광원의 사용 구분의 표준은 표 8.23과 같다.

표 8.23 광원 사용 구분

종 류	사 용 장 소
천연백색형광등	진료실, 수술실, 약국, 각종 검사실 접수, 회계 등 환자와 대응하는 사무부분 대합실, 복도, 식당, 배선실, 기타 환자가 출입하는 부분
백색형광등	보일러실, 전기실, 기계실, 세탁실, 각종 창고
수은등	정 원
형광수은등	병원 앞 광장
백열전구	병실(야간), 암실, 뇌파근전도 검사실
EL 램프	병실의 표시등, 병동 복도의 바닥등

[주] 백열전구에는 쿨 레이 램프(cool ray lamp) 및 요소전구를 포함.

8.8.7 상 점

(1) 상점조명의 방향

최근의 상점조명의 기본적인 방법은 다음의 3가지로 요약된다.

① 상품을 「손님」이 분별하기 용이하게 제시할 것

② 판매 모습을 「손님」이 분별하기 용이하게 제시할 것

③ 직장이나 주거와 같은 일상생활 중에는 없는 화려함을 「손님」에게 제시할 것

종래부터 상점조명은 다음과 같이 3가지로 크게 분류된다.

① 점포의 밝기를 확보하는 기본조명(base 조명)

② 마네킹 등의 전시상품을 밝게 비추는 중점조명(accent 조명)

③ 점포로서의 화려함을 연출하는 장식조명(exciting 조명)

이 분류방법은 어느 정도로 점 내의 조명을 이해할 수 있지만, 광원이나 조명기구 입장에서의 분류로 상업시설과 직접 대응하는 분류가 될 수 없다. 그래서 상점의 기본과 대응한 새로운 빛의 분류방법을 검토할 필요가 있다.

① 상품의 특징을 설명한다=상품조명

② 점포 이미지를 호소한다=환경조명

③ 비일상적인 화려함을 연출한다=장식조명

이 분류방법은 조명기구 발상이 아니라 본래 점포에서 중요한 ≪사람(손님)≫, ≪상

품≫, ≪공간상호의 관계≫에 관점을 두고 있는 것이 특징이다.

(2) VMD와 조명설계

1) VMD와 조명연출

VMD(visual merchandising)은 상품을 시각적으로, 또 아름답게 보이는 진열 기법뿐만 아니라 경영전략상의 주요한 시스템의 일부이고, 이익을 창출하기 위한 「상품 제공 스타일」을 최종적 목표로 하는 종합적인 노하우이다.

그것을 바탕으로 점포조명의 설계를 행하는 경우 조명에 의한 공간연출과 상품연출의 2가지 측면을 고려하는 것이 필요하다. 전자는 인간적인 측면, 결국 고객의 심리적인 부분에 작용하여 점포로 유도하기 위한 연출방법이다. 후자는 물리적인 측면, 결국 상품의 특장을 충분히 발휘시키는 것을 주안으로 하는 연출방법이다.

그래서 일반적으로 통행인이 어느 가게의 고객이 되는 심리과정을 분석하면 9단계가 있다고 한다(표 8.24). 이들 단계를 만족시키는 조명이 필요하다.

표 8.24 구매의 심리와 조명

단 계	조명의 포인트
① 무관심	점포 이미지 (외장, 간판 등 충분한 설비)
② 주 의	눈에 띄도록 할 것 (조도, 휘도 균형)
③ 흥 미	상품 이미지와의 조화 (조명 디자인, 크기의 균형, 광색의 효과적 이용)
④ 연 상	좋은 인상 (즐거움, 쾌적한 분위기, 입체감의 표현)
⑤ 욕 망	유도 (조도와 그 배분, 장식효과)
⑥ 비 교	보기 쉬움 (충분한 조도, 글레어규제, 광질의 효과적 이용)
⑦ 신 뢰	연색성 (실용상 필요한 연색성, 광색의 배려)
⑧ 행 동 ⑨ 만 족	소병의 균형

2) 상점조명의 목적

상점조명은 기구 디자인뿐만 아니라 고객의 눈을 어떻게 유도하여 점포로 들어오게 하고, 상품 또는 서비스를 돋보이게 하여 구매의욕을 불러일으키도록 연출하는 것이 중요하다.

상점조명의 목적은 대별하여 다음의 2측면이 있다. 고객을 점포 내로 유도하여 구매의욕을 불러일으키는 공간연출설계 =환경조명과, 상품의 특장, 가치, 정보를 고객에게 바르게 전달하기 위한 상품연출설계, 상품표현설계=상품조명이다(표 8.25).

표 8.25 조명의 목적

조명의 목적	설 계
점포 내에의 유도	공간연출설계
상품에의 매혹	상품연출설계
상품의 선택과 결정	상품표현설계

3) 조명의 대상

조명의 대상으로는 고객에의 상품 제안, 제공방법과 그 매장 전체의 환경・분위기의 연출방법의 2가지가 중요함은 설명하였지만, 상점 본래의 모습인 「점포는 무대, 주역은 상품」이라는 기본에서 상점조명의 구분은 상품을 눈에 띄게 하기 위한 task lighting과 상점의 분위기를 높이는 ambient lighting의 2가지로 분류할 수 있다.

Task lighting은 상품이 보기 쉽고, 각 상품의 특장・가치・정보를 고객에게 바르게 전달하기 위한 「상품조명」이라고 환언할 수 있다. 또한 ambient lighting은 상점의 검토・이미지를 연출하는 「환경조명」이라고 환언할 수 있다. 상점의 상품내용이나 이미지에 어울리는 「상품조명」과 「환경조명」을 구성하여 조화시키는 것이 중요하다(표 8.26, 그림 8.22). 상점의 기준조도는 표 8.27과 같다.

표 8.26 조명의 구분과 방법

<table>
<tr><th rowspan="2">조명구분</th><th rowspan="2">조명대상과 광원</th><th rowspan="2">요 건</th><th colspan="3">조명방법</th></tr>
<tr><th>전반조명</th><th>국부조명</th><th>장식조명</th></tr>
<tr><td rowspan="2">task
(상 품)</td><td>중점상품(선택(pickup)상품)
→전시조명</td><td>상품이 매력적으로 보일 것</td><td></td><td>중점조명</td><td>-</td></tr>
<tr><td>일반상품(품질확보상품)→
selling stock 조명</td><td>상품이 바르게 보일 것</td><td rowspan="2">≒base 조명과
거의 같다</td><td></td><td>-</td></tr>
<tr><td rowspan="2">ambient
(환 경)</td><td>주벽(천장, 벽, 바닥)</td><td>안전성
분위기</td><td>벽면조명</td><td>-</td></tr>
<tr><td>광원</td><td>분위기의 형성과 장식 효과</td><td></td><td>-</td><td>장식조명</td></tr>
</table>

※ 환경조명에는 장식조명이나 사인 등의 조명을 포함한다.

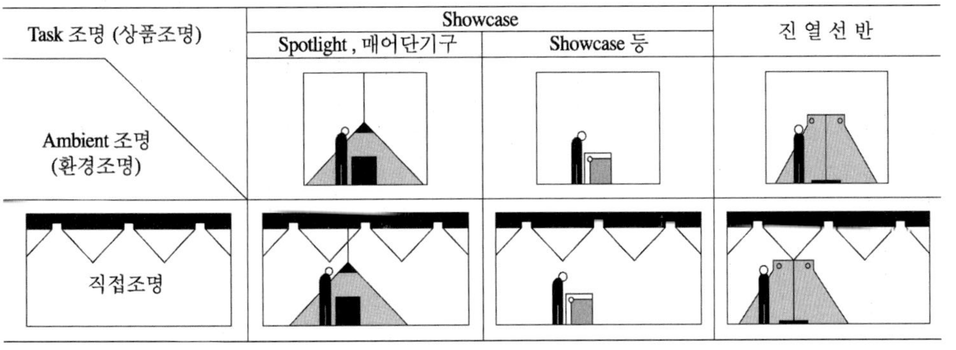

그림 8.22 task & ambient lighting을 구체화하는 조명방법

표 8.27 상점의 KS 기준조도

분 류	조 도 [lx]
서점 및 가전제품 점포 내 진열, 귀금속 판매점 일반진열, 백화점 일반 진열, 수예점 점포 내 진열 중점, 슈퍼마켓 도심상점, 시계판매점 중점 진열, 식품점 중점 진열, 의류판매점 일반진열	600~1,000~1,500
귀금속 판매점 디자인 코너, 수예점 점포 내 전반, 슈퍼마켓 교외 상점, 시계판매점 점포 내 전반, 식품점 점두, 의류판매점 디자인 코너	300~400~600
서점 및 가전제품 연출진열부 전반, 귀금속 판매점 점포 내 전반, 식품점 점포 내 전반, 의류판매점 점포 내 전반	150~200~300

8.8.8 박물관 · 미술관

(1) 조도 기준

빛은 조도가 높아지면 이들의 광화학작용도 커지고, 전시·수장자료를 훼손할 우려가 있으므로 기준을 정하여 그 이하의 조도 범위에서 연색성이 우수한 광원을 선택한다. 조도의 추장기준을 표 8.28에 나타낸다.

표 8.28 미술관 · 박물관의 KS 기준조도

분 류	조 도 [lx]
모형, 조형물, 조각(돌, 금속)	600~1,000~1,500
매점, 서양화, 연구실, 조사실, 입구홀, 조각(플라스틱, 나무, 종이)	300~400~600
공예품, 동양화, 일반진열품, 교실, 소강당, 화장실	150~200~300
계단, 복도, 미술품진열실전반, 박제품, 표본, 식당	60~100~150
수납고	30~40~60

(2) 조도의 제한

박물관건축에서는 낮은 조도로 전시물이 시각적으로 밝게 보이게 할 수 있는 조명을 어떻게 행할 것인가를 최우선 사항으로 검토할 필요가 있다. 먼저 빛으로 인간 눈의 순응성을 기대하여 견학자의 시야 내에 광원이나 밝은 창 등에서의 빛을 제외한다. 결국 주위가 어두워 눈이 거기에 익숙해질 때 휘도가 높은 광원을 보면 눈부심을 느끼는 것에의 대응이다.

다음에 광원의 휘도를 저하시켜 광원의 출력을 작게 하여 대수를 증가시킨다. 조명기구에 후드나 루버를 부착하여 시선방향의 휘도를 저하시킨다. 조사방향을 조절하고, 광원의 부착높이를 높인다. 간접조명이나 반간접조명을 병용하여 광원의 휘도를 억제한다.

또한 전시실 입구 부근에서 내부로 향하여 조도를 낮추고, 견학자가 밝은 다른 실에서 들어온 순간부터 낮은 휘도에 점차 순응하도록 전시실내 조명을 설정한다. 이것은 전시계획에 관계하여 전시실 입구 부근에는 빛에 의한 영향을 받기 어려운 자료를 배치하는 것이 아울러 요청된다.

(3) 연색성

전시물은 빛에 의하여 그 색이 변하여 보인다. 이것을 광원의 연색성이라고 한다. 평균연색성평가수 Ra 100이 연색성이 가장 우수하지만, 95 이상의 것을 사용하는 것

표 8.29 각종 광원의 광화학적 손상계수 및 색온도, 평균연색성평가수

<table>
<tr><th colspan="2" rowspan="2"></th><th rowspan="2">상관색온도 (K)</th><th rowspan="2">평균연색 평가수 Ra</th><th colspan="2">필터없음</th><th colspan="2">400 nm 이하의 파장컷</th></tr>
<tr><th>단위조도당 손상계수</th><th>상대치 (%)</th><th>단위조도당 손상계수</th><th>상대치 (%)</th></tr>
<tr><td colspan="2">천공광(천정광청공)</td><td>11,000</td><td>-</td><td>0.4800</td><td>100.0</td><td>0.0407</td><td>8.5</td></tr>
<tr><td colspan="2">백열전구(2,856 K)</td><td>2,856</td><td>100</td><td>0.0148</td><td>3.1</td><td>0.0068</td><td>1.4</td></tr>
<tr><td rowspan="4">형광등</td><td>미술・박물관용 전구색(L-EDL・NU)</td><td>3,000</td><td>95</td><td>0.0061</td><td>1.3</td><td>0.0059</td><td>1.2</td></tr>
<tr><td>〃 백 색(W-SDL・NU)</td><td>4,500</td><td>91</td><td>0.0169</td><td>3.5</td><td>0.0059</td><td>1.2</td></tr>
<tr><td>자연백색(W-SDL)</td><td>4,500</td><td>91</td><td>0.0262</td><td>5.5</td><td>0.0187</td><td>3.9</td></tr>
<tr><td>백 색(W)</td><td>4,200</td><td>63</td><td>0.0253</td><td>5.3</td><td>0.0120</td><td>2.5</td></tr>
</table>

[주] EDL : 고연색형의 기호, SDL : 연색본위형의 기호, NU : 퇴색방지 nonultraviolet rays의 약어, W : 백색 white

이 바람직하다(표 8.29).

(4) 색온도

광원의 빛에는 고유의 색이 있다. 이 색을 캘빈(K)을 단위로 하는 색온도로 나타낸다. 그 수치가 낮을수록 빨강측에, 즉 파장이 길고, 높을수록 자색측에, 즉 파장이 짧아진다. 일찍이 5,000 K가 일반적인 전시물에 바람직했지만, 최근에는 조도가 낮게 설정되고, 상관색온도 3,000 K의 저색온도의 것이 선호되고 있다(표 8.30).

표 8.30 조도와 색온도에 대한 일반적인 느낌

조도(lx)	광원 색온도		
	따뜻하다(<3,300K)	중간(3,300~5,000K)	서늘하다(>5,000K)
≤500	즐겁다	중간	서늘하다
500~1,000	↑	↑	↑
1,000~2,000	자극적이다	즐겁다	중간
2,000~3,000	↓	↓	↓
≥3,000	부자연스럽다	자극적이다	즐겁다

(5) 눈부심

광원이 형광등에서도 시야 내에 항상 있다면 글레어를 느껴 불쾌하다. 또한 전시케이스나 전시물에서의 반사에 의한 글레어도 전시물의 보이는 방식을 훼손한다. 그러므로 프리즘커버 부착이나 루버부착의 기구를 사용하는 등 조명기구의 선정과 설치위치, 조명방법을 자료·작품의 전시방법과 아울러 검토한다.

직사글레어를 방지하기 위해서는 수평시선을 중심으로 30°이상 시야의 범위에 견학자에 대하여 광원에서의 직사관이 존재하지 않도록 주의한다. 전시벽에 건 유화 기타 광택이 있는 전시물이나 유리부착의 액자, 섬 모양으로 배치된 작은 이동전시케이스 등 사선방향에서 조명되는 것이 보통이지만, 반사글레어에서 보이는 방식이 훼손되지 않도록 광원과 그 위치관계를 충분히 검토하여야 한다.

(6) 그림자(modeling)

전시물의 바로 위에서 빛을 비추면 전시물의 돌기부분의 하부에, 또 바로 위에 그림자가 생긴다. 이들은 전시는 방해되고 전시물의 인식 관점에서 보면 유해할 수 있다. 한편 이에 따라 전시물을 눈에 띄도록 하는 데 도움되는 경우도 있다. 이와 같이 빛이 전시물 등에 의하여 생기는 그림자는 그 시각적 인식에 중요한 작용을 하는 요소가 된다.

불필요한 그림자를 적게 하기 위한 광원의 위치 검토, 국소광의 병용, 또는 발광면적이 큰 광원을 사용한다. 빛의 확산과 억제를 검토하고, 일부에 완충물(Buffer)을 이용하는 등의 방법도 검토한다.

(7) 전시조명의 방법

전시물은 평면, 입체, 벽면, 바닥, 공중에 전시하는 것 등 여러 가지인데, 일반적으로는 사선 방향에서 조명하는 것이 보통이다. 조명방법에는 다음 사항의 충분한 검토가 필요하다(그림 8.23~8.24 참조).

① 전시면에 반사글레어가 나타나지 않도록 광원과 전시물·전시면의 위치관계를 정한다.

② 전시물과 평행하게 전시물의 바로 위 또는 바로 아래에서 조명하면 전시물 표면의 凹凸이 그림자를 만들어 전시물을 올바로 볼 수 없고, 또는 보기 어려워지는 경우가 많다. 전시면의 방향과 광원의 상대적 위치 및 빛의 지향성을 중요시한다.

③ 전시면에 상대한 면에 휘도가 높은 것이 있으면 그것이 전시물에 비추어 보기 어려워진다.

④ 밝은 창과 창과의 사이 틈에 낀 상태에 전시물을 배치하지 않는다.

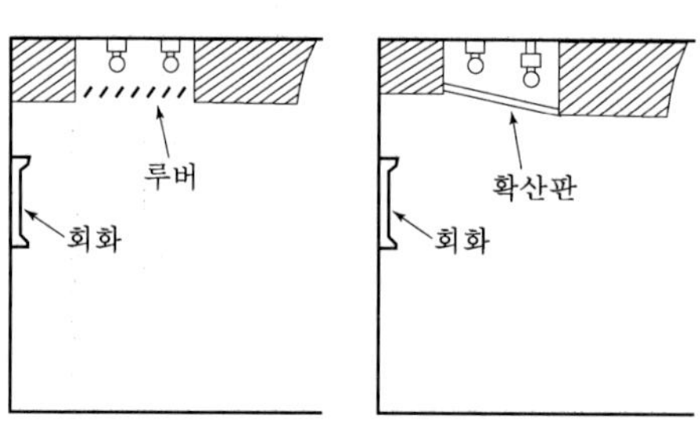

그림 8.23 미술관 내 회화전시실의 조명법

그림 8.24 불상의 조명법

⑤ 전시면이 균일하게 조명되는 것은 바람직하지만, 동시에 약간 집광성이 있는 빛으로 조명하면 전시효과가 올라가는 경우가 많다.

⑥ 화면상의 조도균제도는 최소조도/최대조도≥0.7 이상이 바람직하고, 특히 큰 회화 등에서도 0.3 이상으로 할 필요가 있다.

⑦ 전시 내 조명은 광원의 위치를 검토하고, 견학자에게 직사글레어가 나타나지 않도록 한다. 또한 광원과 전시물 및 견학자 눈의 상대적 위치에 유의하여 반사글레어가 나타나지 않도록 한다.

⑧ 전시케이스의 유리면에서의 다른 광원에서의 반사글레어가 나타나지 않도록, 또한 견학자 자신이나 대항하는 면의 영상, 천장의 조명 등이 비추어 전시물이 보기 어려워지지 않도록 한다.

전시조명은 목적에 따른 조명기구를 적절한 장소에서 올바른 조명방법에 의하여 행하여야 한다. 조명기구 자체의 광학적 특성, 즉 배광의 검토가 그 기본이 된다. 이 배광에는 다음의 종류가 있다.

① 직접조명형 : 물체에 대하여 목적의 조도를 얻는 것이 목적물 이외에의 빛이 거의 없으므로 주의가 필요하다.

② 반직접조명형 : 목적물 이외에의 빛이 고려된다.

③ 전반확산조명형 : 광원에서의 빛이 거의 균일하게 조사된다. 전시물은 평탄한 느낌이 되기 쉽다.

④ 반간접조명형 : 같은 크기의 램프를 사용한 직접조명형의 기구에 비하면 밝기는 낮다. 공간의 건축방식이 크게 영향한다. 그러나 부드러운 분위기를 얻을 수 있나. 전시물에 대한 조명보다 전시공간을 대상으로 하는 조명이며, 이에 따라 전시물이 평가되는 큰 요인이 된다.

⑤ 간접조명형 : 반간접조명형보다 더욱 안정된 분위기를 창출하지만, 실의 내장과도 관련한 하나의 조명 연출로 고려한다. 전시실이 간접조명에만 의존하면 전시물의 표면 부근 조도는 매우 어두워지는 것이 보통이며, 다른 광원에 의한 방법으로 조명을 첨가하지 않으면 견학자는 대상물을 잘 볼 수 없는 것이 통례이다.

8.8.9 도서관

도서관은 큰 전문 도서관 외에 학교나 기타 기관에 부속되어 있는 도서관도 있는데 조명의 요구는 모두 동일하다. 다만, 다수인이 한꺼번에 들어가는 열람실과 소수의 특수한 사람이 조용히 독서하는 실과는 자연히 다소의 다름이 있다.

일반 열람실에서는 장시간에 걸쳐서도 눈이 피로하지 않을 것, 손 그늘이 지지 않을 것, 통로도 상당히 밝아 통행에 불편이 없을 것 등이 요구되는데, 또한 색채 인쇄의 그림 등의 색채를 정확히 알기 위해서 좋은 연색성이 필요하기는 미술관이나 박물관과 마찬가지이다.

공공도서관의 컴퓨터 워크스테이션 가구는 인간공학적으로 배치되어야 한다. 의자와 VDT(Visual Display Terminal)는 각각의 중심부가 직선상에 놓이도록 배치하고, 눈과 VDT의 거리는 45~66 cm 정도를 유지하며, VDT 화면은 휘광의 최소화를 위하여 조명등이나 채광창과 직각을 형성하도록 배치하고, 화면의 입사조도는 100~500 lx(고령자는 200~500 lx), 주변(키보드, 서류면)의 수평면 조도는 500~1,000 lx를 유지하여야 한다. 그리고 키보드의 높이는 테이블 표면에서 5~6 cm 이하를, 키보드의 경사각도는 7~11°를 유지하여야 한다.

공공도서관의 자료 및 이용자공간에는 직접조명을 설치하고, 업무수행 및 컴퓨터 워크스테이션 공간에는 중간조명을 선택하되 테이블 또는 좌석당 부분조명으로 보광하는 방식이, 공유공간에는 간접조명이 바람직하다. 그리고 자료 및 이용자공간 중에서 일반열람실 및 개가제 서고는 300~500 lx, 폐가제 서고는 100~200 lx의 조도를 유지하여야 한다.

표 8.31 도서관의 KS 기준조도

분 류	조 도 [lx]
그림열람실, 지도실	600~1,000~1,500
카드목록대, 개인열람실, 복사실	300~400~600
대출대, 목록제작실, 제책실, 책수선실, 서가 일반, 시청각실	150~200~300

8.8.10 종교건축

교회·사원 등 종교건축의 조명은 원래 그 건축과 서로 어울리는 것인데, 일반적으로 예배와 기도의 경우에 전체는 그다지 밝지 않고 필요한 곳에만 점점으로 등을 설치하는 방식이 안정된 장엄한 분위기를 자아낸다.

그런데 교회에서는 예배 외에 성서나 성가처럼 작은 글씨를 읽을 필요가 있는 경우도 많아 충분한 조명이 필요하다.

사원에 있어서도 사원 내의 행사가 주된 절과, 많은 신자의 참배를 받아들이는 것을 주로 하는 절에서는 당연히 조명에 대한 고려방법은 다르다.

또 하나 잊어서는 안 되는 것은 헌등이라는 것이다. 결국 신불에 불을 헌납하는 것이 예배의 한 요소로 되어 있는 것이며, 그러므로 세단에 불이 보이는 것이 바람직하다.

따라서 전등 모두를 간접조명이나 광천장만으로 하는 것은 이 의미에서 피해야 한다.

표 8.32 종교집회장소의 KS 기준조도

분 류	조 도 [lx]
건축적으로 풍부한 실내장식이 있는 좌석에서의 독서	60～100～150
현대적이고 실내장식이 단순한 좌석에서의 독서	150～200～300
액센트조명	독서의 3배
건축조명	독서의 25%

8.8.11 경기장

스포츠 조명은 일반 작업조명과 달리 게임으로 이루어지는 구기 종목의 볼류는 상당한 속도가 있고, 거리감의 정확성이 요구되고, 그것이 순간적이다. 따라서 경기종목에 의해 적당한 조도와 정교한 조명 수법에 의해서 경기자는 게임을 행하기 쉽고, 심판자 및 관람객은 보기 쉬운, 이른바 쾌적한 조명이 요구된다(표 8.33).

조도는 보통 그라운드면으로 표시하는데 탁구는 탁구대면상의 조도, 스키의 공중케이블(rope way), 활의 과녁 등은 연직면 조도로 나타내는 것으로 되어 있다.

조도는 관람석에서도 경기의 진행이나 공의 행방이 잘 보이는 것이 이상적이다.

경기가 영화로 촬영되는 경우, 혹은 TV에 중계되는 경우는 카메라의 성능, 화질 및 배경의 색조 등으로 조도는 일률적으로 결정되지 않지만, 흑백 TV에서는 600 lx, 컬러 TV에서는 2,000 lx 이상이 요망되고 있다.

경기면의 주변이 밝으면 기구의 휘도와 주변 휘도의 차이가 작아지고, 보이는 방식도 좋아진다. 옥내의 경우는 천장면・벽면을 밝은 색의 미감으로 하는 것에 의해 효과적으로 해결할 수 있으나, 옥외의 경우는 스탠드를 적당히 조명하든가, 펜스(fence)를 밝은 마감으로 하는 동시에 경기면 조명용 외에 여분으로 준비하여 놓고, 주변의 조명에 맞추도록 한다.

표 8.33 경기장의 KS 기준조도

분류	조도 [lx]
공식경기(농구, 롤러스케이트(실내), 배드민턴, 사격 표적, 수영 실내풀장바닥, 씨름, 체조, 태권도, 펜싱, 권투) 아이스하키(실내) 대학경기 및 프로경기	600～1,000～1,500
일반경기(롤러스케이트(실내), 배드민턴, 체조, 태권도, 펜싱, 씨름) 공식경기(롤러스케이트(실외), 축구) 수영 실내 경기	300～400～600
레크레이션(롤러스케이트(실내), 배드민턴) 일반경기(농구) 수영 실내 경기, 수영 실외 풀장바닥, 씨름 일반경기	150～200～300
레크레이션(농구, 수영(실내), 축구, 필드하키, 핸드볼)	60～100～150
실내관람석(농구, 롤러스케이트, 배드민턴, 씨름, 체조, 태권도, 검도, 탁구, 펜싱, 레슬링, 권투)	30～40～60
실외관람석(롤러스케이트, 소프트볼, 야구, 육상경기, 축구, 핸드볼, 필드하키, 스쿼시)	15～20～30

8.8.12 무대 조명

무대 조명은 정경 설명(계절, 시간, 분위기, 환상 등) 또는 조명의 변화에 의한 시간의 경과, 무대공간의 전환을 표현한다.

(1) 무대 조명의 종류

무대에 사용되는 조명 설비는 무대의 크기와 용도, 구조마다 다르지만 조명 기구의 배치는 대별하자면, 무대 상부・무대 측면・무대 바닥 위・무대 앞면의 4 가지로 나눌

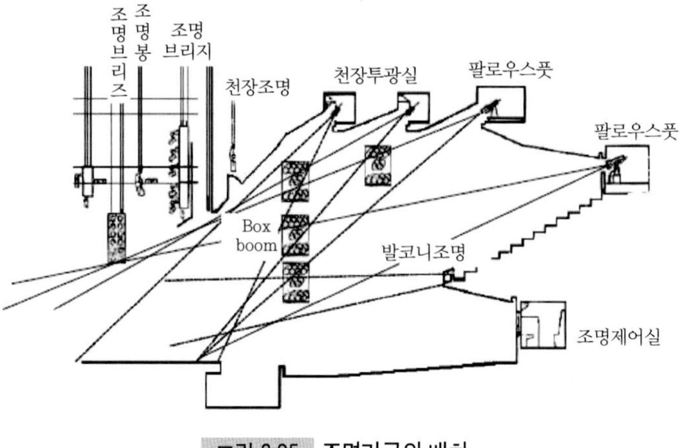

그림 8.25 조명기구의 배치

수 있다(그림 8.25).

1) 무대 상부의 조명

무대와 객석 사이의 프로시니엄보다 무대 쪽의 상부에 설치된 조명 기구를 말한다. 무내 천장에는 그리드가 있다, 무대막·가림막·중간막·배경막 등 많은 매다는 것이 내려오는데, 조명은 이 사이에 장착하여 사용한다.

① 보더라이트(border light)

무대 상부에 설치되어 무대 바닥을 비추는 조명으로 무대 전체를 균등한 조도를 유지하는 조명이다.

② 서스펜션 스포트라이트(suspension spotlight)

무대상부에 설치되어 연기가 이루어지는 부분을 수직으로 조명하는 것으로 고정적으로 배치되어 강한 빛을 확산시켜 행위자 연기에 중심적으로 투광하는 조명이다.

③ 업퍼 호리전트 라이트(upper horizont light)

무대 뒷부분의 상부에 설치되며 무대 최후방에 위치한 배경막을 조명하는 것으로로어 호리전트와 조화를 이루어 하늘, 노을, 바다, 구름, 달 등 원근감 분위기 등을 창출하는 조명이다.

④ 프레넬 스포트라이트(fresnel spotlight)

내부 리플렉터를 조절하여 광선의 폭을 좁게 함으로써 스포트라이트 효과를 내는 조명기이다. 리플렉터를 프레넬 렌즈 쪽으로 가까이 접근시키면 광선의 폭이 넓어지게 되는데 반대로 이를 렌즈로부터 멀게 하면 광선이 특정 스폿으로 집중되어 스포트라이트가 된다. 정확하고 미세한 조정을 요하는 조명에 이용된다.

2) 무대 바닥 위의 조명

무대 바닥에 설치되어 아래쪽으로 조명하는 기구를 말한다.

① 푸트 라이트(foot light)

무대 바닥의 제일 앞부분에 설치하여 조명하는 것으로 균등한 조명효과 및 특히 인물의 턱, 코 부분의 어두운 부분의 그림사를 없애기 위하여 사용한다.

② 스포트라이트(spotlight)

무대의 한 부분이나 특정한 인물만을 특별히 밝게 비추는 조명이다.

3) 무대 측면 조명

① 타워라이트(tower light)

무대 좌우 측면에서 무대 중앙의 피사체를 향하여 스포트라이트 조명을 투시하기 위하여 설비하는 것으로 스포트라이트의 부착 및 조정은 물론 필요시에 따라 승하강하여 연출 효과의 활용 등에 사용한다. 필요에 따라 조명감독이 탑승하여 촬영한다.

② 토멘터라이트(tormentor light)

무대 앞쪽 양측면의 프로시니엄 안쪽 면에 세로로 설치하는 조명이다.

4) 무대 앞면 조명(front light)

프로시니엄에서 객석 쪽에 설치하는 조명 기구로 무대 위의 인물이나 사물 앞에 입체적으로 조명한다. 객석 천장이나 벽면에 장착된 스포트라이트가 주가 된다.

① 실링라이트(ceiling light)

객석 상부에 길이 방향으로 조명실 단면상 투광각도 30~55도, 평면상으로 프로시니엄과 평행을 이룬 곳으로 투광하는 조명으로 행위자의 연기 특정 부분에 대하여 집광 및 보더 라이트의 조명을 보완하여 균등한 빛을 제공하기 위한 조명이다.

② 프론트 사이드 스포트라이트(front side spotlight)

객석 전면 상부 좌우측 단면상 투광각도 15~55도, 평면상 투광각도 90~110도가 되는 범위의 프로시니엄에서 5~10m의 거리에서 행위자의 연기 특정부분에 대하여 강한 빛을 집광하는 조명이다.

③ 파 라이트(par light)

주로 콘서트나 야외 행사에서 많이 사용되며, 빛이 강하면서 직진하기 때문에 무대 구성 및 용도에 따라 다양한 경로를 만들어 사용하는 특성이 있다.

④ 팔로우 스포트라이트(follow spotlight)

핀(pin spot)이라고 부르기도 한다. 좁은 각의 매우 강한 빛으로 25m 이상의 장거리에서 비출 수 있는 조명기이다. 매우 높은 색온도를 낸다.

⑤ LED 빔 라이트(LED beam light)

색상의 빛을 조합하여 여러 색을 구현해내는 것이 가능하기 때문에 연출 효과가 뛰어날 뿐 아니라 전력소비량이 적다.

⑥ 무빙 라이트(moving light)

컴퓨터 또는 조명 콘솔을 이용하여 빛의 움직임부터 크기, 밝기, 컬러변경 등 다양한 변화를 주는 것이 가능하다. 콘솔이나 컴퓨터를 이용해 빛을 조작하는 게 가능한 만큼 가장 최적의 타이밍에 최적의 효과를 주는 것이 가능하다.

⑦ 타원 반사경 스포트라이트(ellipsoidal Reflector spotlight)

빛의 퍼짐이 크고 강하므로 무대조명으로 많이 사용되고 있다. 바로 앞쪽에 틈이 있어 여기에 고보홀더(gobo holder)에 고보를 끼워 넣음으로써 빛의 형태를 조절하여 여러 무늬를 만들어내기도 한다.

(2) 무대 형태에 따른 조명

1) 프로시니엄 무대(Proscenium stage)

높은 바닥의 무대로부터 관객을 분리하는 형태로 관객들은 무대의 정면만을 바라볼 수 있으며, 측면 및 후면은 바라볼 수가 없다. 환상 내지는 극적인 사실에 입각한 shadow box 조명이 잘 나타나는 무대이다.

2) 돌출 무대(Thrust stage)

무대가 객석을 향해 돌출된 형태의 무대이다. 관객의 시선이 총 3 방향에서 형성될 수 있다. 정면과 좌우에서 관극을 하므로 조명기 배치에 유의하여야 한다.

3) 원형 무대(Arena stage)

원형으로 둘러싸인 객석 중앙에 무대가 자리하고 있는 형태로 관객들은 무대의 사면을 모두 들여다볼 수 있다. 일반적으로 배우와 관객을 분리하는 벽이 없는 연극 공간이다. 무대가 중앙으로 사방의 관객이 관극할 수 있도록 하려면 많은 조명기가 필요하다.

4) 가변형 무대(Flexible stage)

고정되어 있지 않은 무대로 객석 또한 고정되어 있지 않으며, 작품과 환경에 따라 무대와 객석의 형태를 변화시킬 수 있다. 무대와 객석의 배치를 재조정함으로써 시각선을 변화시켜 무대 양식을 변형시킬 수 있다. 조명기는 노출되고 사방의 어느 곳이든 투사할 수 있는 조명기 배치가 필요하다.

5) 환경연극(Environmental theatre)

전통적인 극장 구조가 파기되고, 그 대신 관객과 연기자들이 서로 뒤섞일 수 있는 장소가 가능하게 된다. 공간과 관객 그리고 연기자 간 관계의 성격상 초점이 신축적이고 다양해지며, 한 가지 이상의 사건이 동시적으로 진행될 수도 있다. 조명기가 장치적인 요소와 다각적인 면에서 조명 이용을 요한다.

8.8.13 스튜디오 조명

텔레비전은 우리 일상생활에 없어서는 안 되는 것이 되고 있다. 위성 방송, 지상 디지털 방송, 케이블 텔레비전 등의 보급에 의한 영상 콘텐츠의 증가 등에 수반하여 스튜디오가 텔레비전 업계 외에도 상업 분야 교육 분야 등에 보급하고 있다. 텔레비전을 통해서 시청자에게 정보를 알리려면 자연광, 인공광에 관계없이 빛이 없으면 안 된다(그림 8.26~8.27).

(1) 스튜디오 조명기의 종류

1) 베이스 라이트(base light)

화면에 들어가는 곳을 균일하게 조명하는 것으로 평면 배광의 기구를 사용한다. 일반 조명에서는 책상 위를 작업면으로 보고 수평면 조도를 문제로 하지만 카메라가 화면에 들어가는 곳이 주로 수직면이기 때문에 연직면 조도를 중요시하고 있다.

빛의 방향은 수평이 효율적으로 조명할 수 있지만, 인물 등의 그림자가 배경 세트 위에 나오고, 그것이 화면 안으로 들어가지 않게 하려면 30도 정도의 방사 각도가 필요하다.

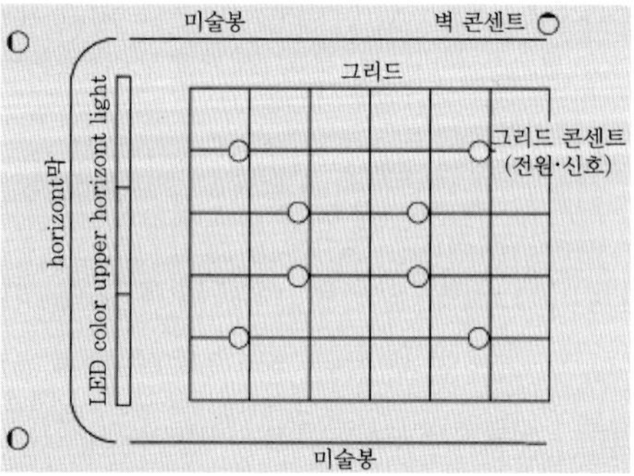

그림 8.26 스튜디오 내의 조명용 고정설비 배치도 예

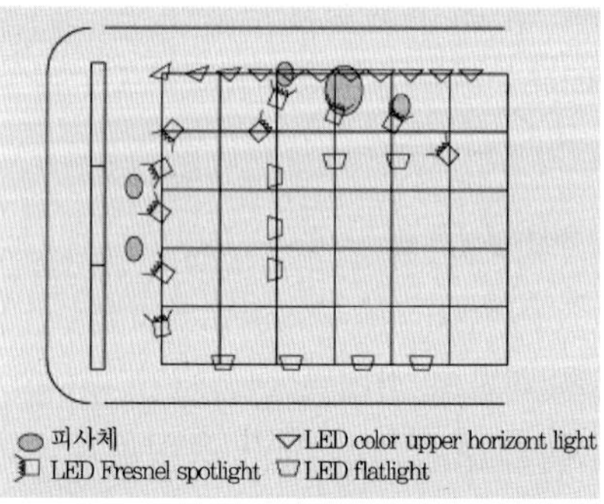

그림 8.27 스튜디오 조명의 기구배치도 예

2) 톱 라이트(top light)

베이스 라이트와 더불어 위에서부터 빛을 주는 게 이 라이트이다. 우리의 생활환경에서는 위에서의 빛이 보통이므로, 그 환경 조성에 사용된다. 간편하게 베이스 라이트와 톱 라이트를 겸용하여 상향 45도 정도의 위치에서 행하는 경우도 있다.

3) 키 라이트(key light)

스튜디오 조명의 주역으로, 인물 등의 주요 피사체에 하이라이트를 주고, 화면 안의 주위에서 두드러지는 역할을 한다.

피사체의 정면보다 조금 좌우로 비스듬한 위치에서 스포트라이트에 투광한다. 인물 등의 입체적인 피사체는, 그 쪽이 보다 입체감이 있다.

한편 이 강한 빛은 30° 이하의 위치에서 투광의 경우에는 피사체의 인물에 눈부심을 주고, 배경으로 짙은 그림자가 있다. 또 60° 이상이면 턱, 코 등 아래에 짙은 그림자가 드리워지므로 주의를 요한다.

또 스포트라이트를 사용해도 불필요한 부분에 빛이 닿는 경우가 있으므로 반 도어(barn door・조명 기기의 앞에 부착된 4장의 차광판으로 조명의 범위를 조절하는 기구)를 병용하는 것이 좋다.

4) 필 라이트(fill light)

키 라이트에 의한 짙은 그림자가 불필요한 곳에 나오고 볼썽사나운 화면이 되는 일이 자주 있다. 특히 인물은 움직이기 때문에 생각지도 못한 곳에 그림자를 만듦으로 그 그림자의 부분에 빛을 쏘아 그림자를 줄이는 역할을 하는 것이 필 라이트이다. 3점 조명을 구성하는 라이트의 하나이다. 주로 키 라이트의 보조 조명으로 평면 배광의 것을 사용한다. 광량은 키 라이트의 절반 정도로 효과가 있다.

5) 세트 라이트(set light)

스튜디오 안에 장착한 각종 세트에 적절히 조명하는 조명 기구이다. 세트가 배경, 휠판, 그림 등이 경우에는 균일하게 조명한다. 이 조명에 의한 화면 속으로 실루엣, 배경의 색깔 변화, 원근감 등을 만들 수 있다. 그러기 위해서는 주요 피사체와 혼합하지 않도록 조명할 필요가 있다.

6) 백 라이트(backlight)

인물 등의 입체적인 피사체를 뒤에서 조명하여 윤곽을 밝게 하고 배경에서 뚜렷이 나타나는 효과이다. 피사체에 카메라의 광축 정반대의 방향 또는 키 라이트의 정반대의 방향으로 상향 45°의 위치에서 스포트라이트에 투광한다. 그 경우 카메라에 스포트라이트의 직사광이 들어가지 않도록 주의함과 아울러 인물의 그림자가 카메라 측에 나오므로 이 점에도 충분한 고려가 필요하다.

(2) 3점 조명

3점 조명(Three-point lighting)은 사진, 영화, 컴퓨터 그래픽 등에 쓰이는 조명 기술 중 하나이다. 3방향에서 피사체를 향해 빛을 주는 방법으로, 빛의 세기와 위치에 따라 주광(Key light), 보조광(Fil light), 역광(Back light)으로 나뉜다(그림 8.28).

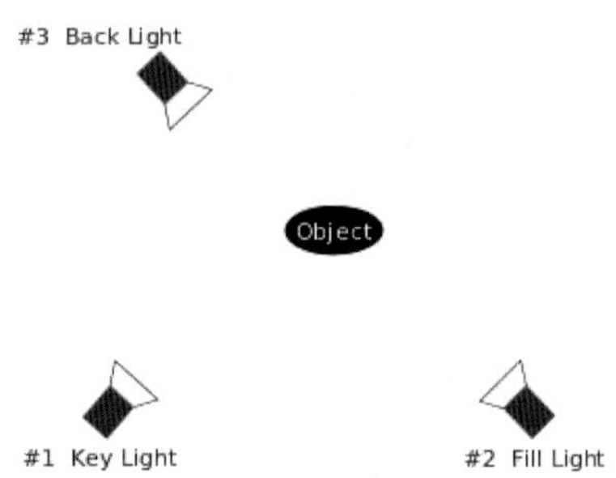

그림 8.28 3점 조명

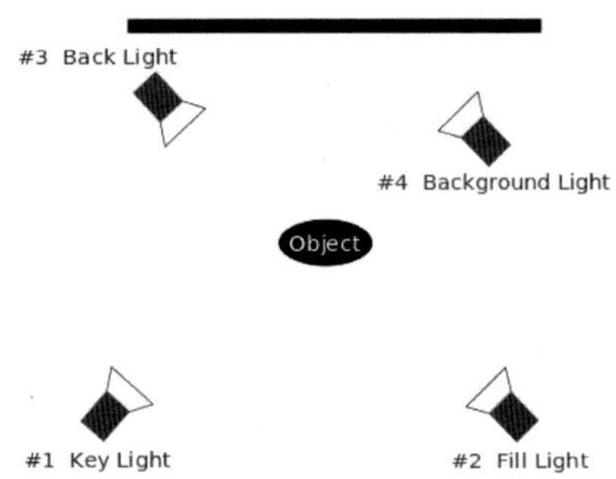

그림 8.29 4점 조명

(3) 4점 조명

영화에서는 일반적으로 3점 조명에 배경 조명(Background light)을 합친 4점 조명을 주로 사용하고 있다. 배경 조명은 물체의 뒤에 설치된다. 전경을 비추는 3 조명과는 다르게, 이는 벽이나 바깥 풍경과 같은 배경을 비춘다. 이 기술은 배경에 생기는 전경의 그림자를 없애거나, 배경에 더 많은 주의를 끌기 위해서, 카메라로 찍은 사진이 깊이감을 갖게 하기 위해서 쓰인다(그림 8.29).

확인학습

1 광원 및 조명기구의 입체적 광도분포를 나타내는 것을 (　　　)이라고 한다.

2 백열전구도 (　　　)의 변화가 필라멘트 온도에 영향을 주고, 광속, 효율, 수면 등을 변화시킨다. 그러나 형광등처럼 전압이 떨어지면 (　　　)하지 않는 일은 없다.

3 백열전구는 정격전압보다 낮은 전압에서 사용하면 (　　　)가 떨어진다.

4 형광방전등은 조명용 광원으로서 여러 가지의 뛰어난 특색이 있는데 보통형의 것에서는 (　　　)성이 좋지 않는 것이 결점이다. 주로 (　　　)색을 발광하는 형광체를 첨가하여 이 결점을 개선한 것으로 천연색형이나 순정색형이 있는데 보통형에 비하여 (　　　)은 낮아진다. 또 형광방전등은 시동방식에 따라 분류하면 예열 시동형, (　　　)형 및 (　　　)형의 3종류가 있다.

5 수은등에서는 관은 외관과 내관으로서의 (　　　)관으로 되어 있고, 후자는 (　　　)유리로 되어 있다. 시동 후 온도가 상승하고, 정상인 점등 상태에 도달할 때까지의 시간을 (　　　)시간이라고 한다. 또 소등 직후에는 (　　　)이 높고, (　　　)전압이 전원전압 이상으로 되어 있으므로 재시동할 수 없다.

6 비추어진 면의 입사광속 밀도를 (　　　)라 하고, 단위는 (　　　)로 나타내며, 광의 양은 (　　　)이라 하고 그 단위는 (　　　)이다. 또한 광원 및 조명기구의 입체적 광도분포를 나타낸 것을 (　　　)이라고 한다.

7 주광조명, 인공조명에 관계없이 건축의 조명계획에 있어서 목표가 될 수 있는 중요한 항목을 설명하고 이에 대응하는 물리량은 무엇인가를 밝혀라. 예를 들면 밝기에 대한 물리량은 조도이다.

8 건축을 설계하는 입장에서 보아 장래에 어떤 인공광원의 출현이 바람직한가?

9 무창건축은 어떤 용도의 실에 허용되는 것이 좋은가 검토하여라.

10 조명설비와 공조설비를 종합적으로 설계하는 것의 이점은 무엇인가?

11 초고층사무소의 건축조명의 고려방법에 대하여 서술하여라.

12 건축조명의 광원으로서 백열전구와 형광등에 대하여 그 특징을 비교하여 서술하여라.

Air Quality & Ventilation

제9장 | 공기질과 환기

9.1 실내공기질의 특성

9.1.1 실내공간의 오염물질

오염물질이라 함은 실내공간의 공기오염의 원인이 되는 가스와 떠다니는 입자상물질 등을 말한다.

1) 미세먼지

미세먼지는 아황산가스, 질소산화물, 납, 오존, 일산화탄소 등과 함께 수많은 오염물질을 포함하는 대기오염 물질로 자동차, 공장 등에서 발생하고 있다.

먼지는 입자의 크기에 따라 총먼지, 지름이 10㎛ 이하인 미세먼지(PM 10), 지름이 2.5㎛ 이하(PM-2.5)인 초미세먼지로 나뉜다.

장기간 미세먼지에 노출될 경우 면역력이 급격히 저하되어 감기, 천식, 기관지염 등의 호흡기 질환은 물론 심혈관 질환, 피부질환, 안구질환 등 각종질병에 노출될 수 있다. 특히 직경 2.5㎛ 이하의 초미세먼지는 인체 내 기관지 및 폐 깊숙한 곳까지 침투하기 쉬워 기관지, 폐 등에 붙어 각종 질환을 유발한다.

2) 이산화탄소

이산화탄소는 탄소 원자 하나에 산소 원자 둘이 결합한 화합물이다. 화학식은 CO_2

이고, 고체 상태일 때는 드라이아이스(dry ice)라고 한다. 대기 중에도 존재하며, 화산의 배출 기체에도 포함되어 있다. 유기물의 연소, 생물의 호흡, 미생물의 발효 등으로 만들어진다. 식물은 광합성 과정에서 이산화탄소를 이용하여 탄수화물을 만들고 부산물로 대기 중에 산소를 방출한다.

고농도의 이산화탄소는 신체에 치명적일 수 있다. 부피 백분율로 0.1~1 %의 이산화탄소는 나른함과 두통을 일으킨다. 농도가 8~10 %일 경우 질식에 의한 사망에까지 이를 수 있다.

3) 폼알데하이드

폼알데하이드(Formaldehyde)는 유기화합물의 일종으로 가장 간단한 알데히드이다. 폼알데하이드(화학식=HCHO)는 독성이 강하고, 상온에서 무색의 자극취가 있는 기체이며, 물에 용해되는 성질을 가지고 있다.

폼알데하이드의 37 % 수용액은 포르말린(Formalin)이라 하고, 대소 여러 가지 용도가 있다. 요소멜라닌접착제, 폴리아세탈수지, 페놀수지 등 많은 수요가 있고, 소량용도로서는 종자의 감염방지제, 토양살균제, 발한억제제, 방부제, 약용비누, 피부진균치료제, 박테리아, 균류의 살균제, 염료, 안경의 제조, 현상액, 오그라듦방지제, 필름의 강화제, 부패방지제, 가죽의 무두질제, 기타 여러 가지 용도가 있다.

인체에는 점막에의 자극성을 중심으로 한 급성독성이 있고, 증기는 호흡기계, 눈, 목 등의 염증을 일으킨다. 피부나 눈 등이 수용액에 접촉한 경우에는 심한 자극을 받아 염증을 발생한다. 폼알데하이드가 인체에 미치는 영향은 독성 정도에 따라 흡입, 흡수, 피부를 통한 경로로 침투되고, 이 중에서 흡입에 의한 독성이 가장 강하게 나타나는 것으로 알려져 있다. 폼알데하이드는 그 농도가 1.0 ppm 또는 그 이하에서 눈, 코, 목의 자극 증상을 보이며, 동물 실험에서 발암성이 있는 것으로 나타났다.

4) 총부유세균

총부유세균(TAB ; Total Airborne Bacteria)은 먼지나 수증기 등에 미생물들이 부착되어 있는 것이며, 주로 호흡기관에 영향을 주고 병원성 감염 등을 초래할 수 있다. 부유세균, 부유곰팡이와 같은 미생물성 실내공기 오염물질은 전염성질환, 알레르기질환, 피부질환, 호흡기질환, 폐질환, 기관지질환, 폐암을 비롯한 각종 질병을 유발시키는 것으로 알려져 있다. 부유곰팡이의 경우 인간에게 이로운 곰팡이도 있지만, 특정

곰팡이는 가려움증, 습진, 피부반점, 무좀 등의 증상을 일으킬 수 있다.

5) 일산화탄소

탄소를 함유한 물질이 산소가 부족한 환경, 혹은 고온의 환경에서 불완전 연소할 때 나오는 물질이다. 일산화탄소가 완전연소하면 이산화탄소가 된다.

일산화탄소(CO)는 체내에 흡수되면 독성물질로 작용한다. 이는 일산화탄소가 몸에 흡수되어 혈액에 다다르면 적혈구 내의 산소 운반 물질인 헤모글로빈과 결합하여 카복시헤모글로빈을 형성하는데, 카복시헤모글로빈은 일산화탄소의 영향으로 전반적인 혈액의 산소 운반 능력을 떨어뜨리기 때문에 질식사 가능성이 높아진다.

증상은 초기에 두통, 귀 울림, 현기증 정도인데, 점차 그 정도가 심해지며 구역질을 하기 시작한다. 심할 경우 의식이 없어지며 안면 홍조, 맥박 촉진, 경련, 혼수상태에 이르고 결국 사망하게 된다.

6) 이산화질소

이산화질소(NO_2)는 일산화질소(NO)와 함께 질소 산화물의 대표적인 기체로, 자극적인 냄새가 나고 질식성이 강하므로 인체와 식물에 해로운 유독성의 적갈색 기체이다. 이산화질소는 과산화질소라고도 하며, 질산이나 질산납이 분해될 때 생성된다. 공기보다 무겁고, 물에 잘 녹으며 찬물에 녹으면 질산과 아질산이 된다. 또한, 실온에서는 보통 기체이며, 일부 중합하여 사산화이질소(N_2O_4)가 되는데, 이 사산화이질소와 평형 혼합물이 된다.

7) 라돈

라돈(Rn)은 방사성 비활성기체로서 무색, 무미, 무취의 성질을 가지고 있으며 공기보다 무겁다. 자연에서는 우라늄과 토륨의 자연 붕괴에 의해서 발생된다.

라돈은 지구상에 흔한 우라늄, 토륨에 의해서 발생되므로, 건물의 미세한 균열이나 노출된 지표에 의해서 지표면의 건물 안이나 지하의 건물 안에서도 발견될 수 있다. 라돈의 물리적 특성상 공기보다 무겁기 때문에 공기순환이 잘 이뤄지지 않은 곳에서는 라돈이 쌓여서 축적될 수 있다. 이렇게 축적된 고농도의 라돈이 실내 생활을 하는 사람들의 폐에 들어가게 되어 폐암의 주요 원인이 되고 있다.

8) 휘발성유기화합물

실온에서 특정한 고체 또는 액체 물질은 가스상태로 방출되는데 이를 휘발성유기화합물(Volatile Organic Compounds)이라고 한다. 휘발성유기화합물(VOCs)은 증기압이 높아 대기 중으로 쉽게 증발되고, 대기 중에서 질소산화물과 공존시 태양광의 작용을 받아 광화학반응을 일으켜 오존 및 PAN(Peroxyacetyl Nitrate) 등 광화학산화성물질을 생성시켜 광화학스모그를 유발하는 물질의 총칭이다. 단일체에서는 톨루엔, 크실렌, 초산에틸렌의 외에 도료용제(신나), 접착제, 잉크 등에 함유되어 있다.

실내에서 VOC의 발생원은 대별하여 가정용품과 건자재가 검토된다. 가정용품 중에서도 사용빈도가 높은 용제는 methylene chlolide, m-xylene, ethyl benzene 등이다. 한편 건축재료, 예를 들면 석고보드, 광물면, 유리면, 셀룰로스면, 장식벽, 바닥 및 천장의 피막제 등에서도 상당량의 VOC가 방산하고 있다.

기억곤란, 집중력결핍, 설사, 변비 등의 자율신경계의 기능이상, 또한 공포감, 고독감의 조장, 어깨 빠근함, 냉증, 두통, 현기증, 구토, 피로감 등의 증상이 보고되고 있다.

9) 석면

석면(Asbestos)은 자연계에서 존재하는 섬유상 규산광물의 총칭으로서 화학구조가 수정 같은 구조를 가지는 섬유성 무기물질을 말한다. 사문석이나 각섬석이 섬유 형태로 변화한 천연 광물이다.

석면 먼지를 마시게 되면 일단 암에 걸릴 가능성을 안게 된다. 석면의 튼튼한 물성상 절대 빠지지도 녹지도 않은 채 평생 몸 안에 머무르면서 조직과 염색체를 손상시켜 암을 일으킨다.

10) 오존

오존(O_3)은 상온 대기압에서 푸른빛의 기체이다. 영하 112℃ 이하에서는 검푸른 액체이며, 영하 193℃ 이하로 내려가면 고체가 된다. 오존은 불안정하여 이원자의 산소로 분해되려는 경향이 있는데, 이러한 경향은 온도가 올라갈수록, 압력이 낮아질수록 강하다.

오존이 갖고 있는 강력한 산화력은 하수의 살균, 악취제거 등에 유용하게 이용되기도 하고, 지구 대기 중에 오존층을 형성하여 보호막의 역할도 하지만, 지표면에 생성되는 오존은 인간의 건강에 해로운 대기오염 물질이 된다.

오존은 호흡기와 눈 건강에 치명적인 영향을 미칠 수 있다. 눈의 각막(검은자위) · 결막(눈꺼풀의 안쪽과 안구의 흰 부분을 덮고 있는 얇고 투명한 점막)을 손상시킨다.

11) 곰팡이

곰팡이(Mold)가 서식하기 좋은 환경은 습기가 많은 곳으로, 즉 화장실이나 상태가 좋지 않지 않은 건물이나 반지하는 곰팡이가 살기 아주 좋은 곳이다. 때문에 벽지 같은 곳에 번식하면서 미관상으론 물론이고 공기까지 나쁘게 만드는 원인이 된다. 쥐와 바퀴벌레와 함께 주거 환경을 위협하는 생물 중 하나이다.

곰팡이는 미세한 포자를 배출하고 그 포자는 공기 중을 떠도는데, 이 포자가 많으면 알레르기 및 호흡기 질환을 일으키거나 무좀 같은 피부염을 유발 및 악화시키는 원인이 된다. 그리고 많은 종류의 곰팡이가 독소를 내놓으며, 이것이 건강에 해를 끼치기도 한다.

대부분의 곰팡이들은 휘발성 유기 화합물을 대기 중으로 방출하는데 이중에는 새집 증후군을 일으키는 원인 물질이 들어있어 비염이나 피부염을 더욱 악화시킬 수가 있다. 또한 염증을 유발하거나 면역력을 저하시키는 물질도 들어 있다.

12) 벤젠

벤젠(Benzene) 또는 벤졸(benzol)은 무색이고 가연성이 있으며, 발암 물질로도 알려져 있다. 상대적으로 높은 끓는점을 가진 것으로 알려져 있으며 달콤한 냄새를 가진 것이 특징이다. 발암성 때문에 가솔린에의 첨가는 제한되지만 화학 공정에서 중요한 용매로 사용되며, 약품, 플라스틱, 인조 고무, 염료의 제조에 중요한 역할을 하다 벤젠은 원유의 성분이며, 석유에 존재하는 다른 물질들을 통해서 합성할 수도 있다.

13) 톨루엔

톨루엔(Toluene)은 벤젠, 자일렌과 함께 BTX라고 불리는 석유정제나 석유화학 분야의 화학산업에서 중요한 기본 방향족화합물 중 하나다.

BTX 삼총사 가운데 가장 싸며, 무극성 용매나 석유첨가제로 사용된다. 다른 BTX 삼총사인 벤젠이나 자일렌도 마찬가지인데, 석유를 분리하면 쏟아져 나오는 것이 톨루엔이다.

톨루엔 증기는 들이마시면 뇌가 녹으면서 환각 작용을 일으키는데, 이 때문에 법적으로 환각물질로 지정되어 있다. 본드의 용매 등으로도 쓰이므로 본드 역시 환각물질로 지정되어 관련 규제를 받는다. 발암물질 중의 하나이다.

14) 에틸벤젠

에틸벤젠(Ethylbenzene)은 방향족 탄화수소 유기물이다. 합성 고무의 제조, 용매, 자동차와 항공 연료의 성분, 스티렌 전구체로 사용된다.

에틸벤젠은 동물과 인간에게 만성 및 급성 독성을 유발한다. 눈, 피부, 점막에 대한 자극성이 있다. 에틸벤젠 증기는 눈에 일시적인 자극을 준다. 농도가 증가하면 눈물을 유발하고 농도가 더 증가하면 자극감과 눈물이 심해지고 최고 농도에서는 눈과 코에 참을 수 없는 자극감을 유발한다. 에틸벤젠을 다량 흡입하면 독성이 나타나며, 점막 자극을 유발할 수 있다.

에틸벤젠은 간의 효소 유도제로 높은 농도에서는 중추신경계 독성, 간과 신장에 경미한 독성을 유발할 수 있고 심한 경우 호흡곤란, 혼수, 사망에 이를 수 있다. 석유화학 연소 가스에서 흔하게 검출되는 환경오염물질로서 담배 연소 가스에도 포함되어 있다. 에틸벤젠은 암을 유발할 가능성이 의심되는 물질로 분류되고 있다.

15) 자일렌

화학산업에서 석유를 원료로 자일렌(Xylene)을 생산한다. 자일렌은 용매로 사용되며 인쇄, 고무 및 가죽 산업에 주로 사용된다.

흡입하면 흡입량의 약 60%가 폐에 축적된다. 자일렌은 생체 변환되어 소변으로 배출된다. 자일렌은 인체에 그다지 축적되지 않는다. 고농도의 자일렌에 급성 노출되면 중추신경계에 영향을 미칠 수 있다.

16) 스티렌

스티렌(Styrene)은 비닐 벤젠이라고도 불리는 유기화합물로서 폴리스티렌 중합에 사용되는 유성 액체로 휘발성이 있다. 점막 자극성이 있으며, 그 자체로는 심한 급성 독성을 나타내지 않는다. 국제암연구소는 스티렌을 인체 발암가능 물질로 분류하고 있다. 약한 돌연변이 유발성이 있으며 생식독성은 거의 없는 것으로 알려지고 있다. 담배 연기에서 검출되고 있다.

9.1.2 실내공기오염물질의 건강영향

실내공기의 오염은 외부공기가 실제로 유입된 결과에 의한 것이거나, 건축자재, 건물의 관리 또는 실내에서의 인간의 활동에 의하여 발생된다. 실내공기 중의 오염물질은 외부공기 중의 오염물질이 실내로 유입되거나, 실내에서 발생되는 오염물질 농도가 클수록 심하게 나타날 수 있다. 실내공기오염물질에는 분진(TSP), 흡연, 중금속, 이산화질소(NO_2), 일산화탄소(CO), 이산화탄소(CO_2), 라돈(radon), 폼알데하이드(formaldehyde), 석면(asbestos), 미생물(microorganisms), 유기탄소(VOC), 악취(odor) 등이 있으며, 외부공기의 상태, 환기율, 이용할 수 있는 공기의 체적, 실내 거주에 필요한 공기 체적, 실내에서의 미세기후(micro-climate) 등의 제 요인이 작용할 수 있다(그림 9.1, 표 9.1~9.3).

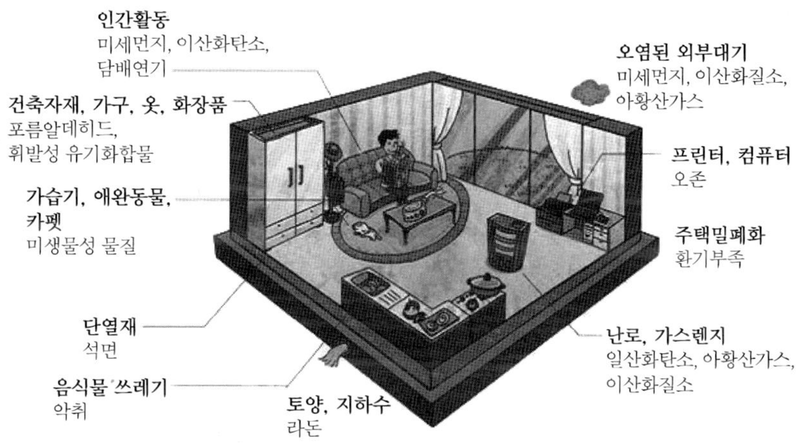

그림 9.1 건축물에서의 환경오염물질

표 9.1 오염물질별 건강영향

오염물질	건강영향
휘발성유기화합물 (벤젠, 톨루엔, 자일렌, 스티렌, 에틸벤젠 등)	- 인체 발암성 확인 물질(벤젠) - 호흡곤란, 피로감, 두통, 구토, 현기증 - 중추신경 계통 억제 및 신경이상, 정신착란 - 신장, 폐, 간에 건강영향 유발 - 혈액계 및 면역계 이상 유발 - 알레르기 증상 악화 가능

표 9.1 오염물질별 건강영향 (계속)

오염물질	건강영향
톨루엔	- 호흡기도 · 피부 · 눈에 자극 - 두통, 현기증, 피로, 평형장애 - 중추신경 계통 억제 및 신경이상 등의 건강영향 - 고농도 노출 시 마비상태, 의식상실, 사망
폼알데하이드	- 인체발암 유발물질 - 흡입 시 눈 · 코 · 목 등의 자극 증상, 알러지 반응, 호흡곤란, 천식, 두통 등의 건강영향 유발 - 호흡기계 이상, 피부질환 및 알레르기 증상 악화 가능 - 대표적인 새집증후군 유발물질

표 9.2 실내공기오염물질과 그 발생원

발 생 원		오 염 물 질
건재 · 가구	콘크리트 구체	수증기, 암모니아, 라돈 및 라돈 유래의 방사성물질, 분진 등
	합판, 파티클보드, 중질섬유판, 플로링, 접착제, 벽지(방부제) 등	폼알데하이드 등
	도료용제, 접착제 등	톨루엔, 키실렌 등의 휘발성유기화합물
	아스베스트계 건재	호흡기계 질환(아스베스트폐)의 원인이 되는 섬유상 물질(아스베스트)
	카펫계 건재	분진, 진드기, 폼알데하이드, 취기, 휘발성유기화합물 등
	가구	폼알데하이드, 휘발성유기화합물, 가소제, 취기 등
	방부, 방청, 토양처리제(기초공사)	유기린계 약제, 피레스로이드계 약제
	건물 주위의 토양	라돈 및 라돈 유래의 방사성물질, 세균(레지오넬라균), 분진, 진드기 등
인체 · 기기 외	인체(재실자)	O_2, 수증기, 취기, 분진, 미생물(의류, 머리카락) 등
	개방형 연료기구(가스 · 석유)	CO, 수증기, 탄화수소, O_2, 질소화합물, 유황산화물, 취기, 탄소의 분진 등
	조리기구	조리재료의 연소에 의한 취기, 기름 · 물의 증기나 연무
	냉각탑, 가습기, 급수 · 급탕, 샤워, 24시간 목욕	레지오넬라균 등
	공조기	분진, 진균, 취기 등
	사무기기	오존, 휘발성유기화합물, 분진 등
	세탁기, 건조기	수증기, 휘발성유기화합물 등
	담배	분진, CO, NO, O_2, 니코틴 등 2,000종류 이상의 오염물질
	왁스, 세제류	각종의 휘발성유기화합물
	방향제	알코올류, 케톤류, 알데히드류, 에스테르류, 에테르류
	방충제, 살충제	para – Dichlorobenzene, 나프탈린 등
	침구, 애완동물, 봉제인형 등	진드기 알레르겐, 분진, 수증기, 취기 등

표 9.3 실내공기 중의 유해오염물질 발생원인과 인체에의 영향

	유해오염물질	근 원	인체에 미치는 영향
가스상의 물질	일산화탄소 이산화탄소	난로, 가스레인지 난방시스템	두통, 메스꺼움, 무력증
	폼일데하이드	가구, 건자재, 접착제	눈, 피부, 폐질환, 발암물질
	벤젠	세탁물	백혈병
	스티렌	플라스틱, 비닐제품, 카펫	신장, 간
	유기화합물(농약포함)	방충가공제, 페인트용제, 접착제	시력감퇴, 현기증, 두통, 메스꺼움
	라돈	흙벽, 석고보드, 콘크리트	폐암
	오존	대기오염, 복사기기, 연소기기	눈병, 두통, 만성피로
무기입자 섬유상 물질	유리섬유(석면)	파이프 절연재, 천장 및 바닥재	폐질환, 암
	아스베스트	파이프 절연재	폐질환, 암
	중금속	물, 음식물, 페인트	말초신경장애
	섬유먼지	면침구류, 카펫, 의류	피부염, 천식
유기입자상 물질	꽃가루	실외공기	알레르기, 천식
	비듬, 각질, 동물털	인체, 애완동물	알레르기, 천식
	곰팡이	음식물, 실내벽체	천식, 면역장애, 호흡기
	담배연기	애연가	폐암
미생물 세균류	박테리아	가습기, 냉방기	알레르기, 천식, 레지오네병
	세균, 진드기	냉방기, 카펫	알레르기, 천식, 순환기장애, 기도장애

9.1.3 새집증후군의 원인과 대책

(1) 원인

새집증후군의 원인은 휘발성화학물질이다. 이 중에서 포름알데히드가 대표적인 원인물질로, 포름알데히드는 자극성 냄새를 가진 무색의 기체로 물에 잘 녹는 특성이 있다. 주로 방부제나 접착제의 원료(건축, 가구산업), 실내장식을 위한 스프레이식 페인트가 문제가 되며, 포름알데히드를 함유한 건축자재를 사용한 건축물의 경우 수년 동안 포름알데히드가 실내로 방출된다.

이 밖의 건축자재에 사용하는 화학물질로는 크실렌, 톨루엔, 벤젠, 유기인 및 연소방지제 등이 있다. 이 중 내장재가 특히 문제가 되는데 염화비닐은 천장, 벽, 마루의 쿠션, 시트 등에 많이 사용되고 있다.

(2) 증상 및 진단기준

신축건물에서 신체에 이상을 호소하는 사람들이 발생한다. 증상은 아토피 피부염과 천식 등 기존의 알레르기 질환이 악화되거나, 특별한 이유 없이 두드러기가 생기는 경우 등을 예로 들 수 있다. 새집증후군의 증상 중에서 자극 반응은 주로 눈, 코, 후두 및 기도 점막의 자극에 의한 증상으로, 눈이 아프고 가렵고, 목이 따갑고 쉬거나, 기침을 하는 등의 증상이고, 이 밖에 비특이적 증상으로는 두통을 호소하거나 쉽게 피로하고 무기력증에 빠지는 것을 들 수 있다. 새집증후군에 의한 증상은 개인차가 큰 편으로 면역력이 약한 유아나 노인의 경우 증상이 더욱 심하고, 알레르기 질환을 앓고 있는 환자의 경우에는 증상이 악화된다.

건물이 초래하는 질병과 같은 증상이라는 점에서 「새집증후군」(SHS : Sick House Syndrome), 「새빌딩증후군」(SBS : Sick Building Syndrome)이라고 불리고 있다.

세계보건기구(WHO)에서 정한 새집증후군의 진단기준의 내용은 다음과 같다.

1) 눈, 코, 목의 자극증상, 점막의 건조감
2) 피부의 홍반, 가려움
3) 피로하기 쉬움, 두통, 신경성피로, 집중력저하, 현기증, 구토
4) 취각, 미각의 이상
5) 과민성의 반응(분비항진 등)

(3) 방지 대책

1) 환기

사실 가장 쉬운 듯하면서도 어렵고 또한 제대로만 하면 경제적으로도 가장 효율성이 높은 방법이다. 유기화합물은 길게는 10년간 뿜어져 나온다. 입주하지 얼마 안 된 경우라면 2~3시간에 한 번씩 집안 전체의 공기를 완전히 바꾸어주는 것이 바람직하다.

2) 환기 시스템

실내 환경을 효율적으로 관리하기 위해 일정 규모의 실내공간에서 건물의 특성에 따라 적절한 환기시설을 장착하는 것이 요구된다. 환기시스템을 설치하면 층고의 낮아짐과 배관 청소 불량에 따른 2차 오염, 소음 등의 문제가 해결 대상이다.

3) 입주 시기 조절

신축건물에 입주하는 경우에는 완공에서 잠시 기다렸다가 입주하기를 권한다. 약 3개월 후에는 포름알데히드와 톨루엔의 농도가 상당히 감소한다는 보고가 있다. 물론 그 동안에 환기를 하는 것이 필요하다.

4) 건물건조화(Bakeout)

입주 15~30일 전 7일 정도 실내를 난방하는 것으로 실내온도를 첫날 23~25℃, 이후에는 28~30℃를 유지할 수 있도록 난방을 하는 것이다. 이것은 건축물 자체의 온도를 높여 분자 운동이 활발하도록 하여 건축자재 안에 내포된 유해물질이 밖으로 방출되도록 하는 방법이다. 그러나 건축자재 외부에 있는 유해물질 제거에는 어느 정도 효율이 있으나, 내부 깊이 함유된 유해물질 제거에는 한계가 있다.

5) 숯의 이용

숯은 음이온 방사, 원적외선 방사, 소취작용, 가스흡착, 탈취작용, 항균 작용 등의 효과가 있어 유해물질 농도를 낮추는 데 다소 도움이 된다.

6) 친환경 제품 사용

유해한 화학물질의 사용을 적극적으로 억제한 건자재나 접착제를 사용한다든지, 친환경 건자재를 사용한다. 그러나 시중에는 순수자연 마감재라고 하더라도 화학물질이 함유된 제품이 많기 때문에 성분을 반드시 살펴보고 선택해야 한다.

7) 유해물질 흡착제 및 분해제 사용

실내 벽, 비닥, 가구 등에 분무하거나 도포하는 화학 흡착 및 분해제는 시중에 약물제재 형태로 시판되고 있으며, 흡착이나 분해시키는 종류로는 흡착시키는 방식, 고분자계 약물로서 분해하는 방식, 특수가공수(水)를 실내에 분무하여 건자재내의 화학물질을 안정화시키는 방식, 노송나무유(油), 아미노산 등 천연성분을 주성분으로 하는 분무 도포형 방식, 특수산수의 변화를 이용한 도포액 등이 있다.

8) 광촉매 시공

새집증후군 해결 방안 중 비용이나 효율 면에서 우수한 방법이다. 실험 결과 공기

정화 기능 및 항균 기능면에서 99.9%의 성능을 발휘하는 것으로 알려져 있다. 그러나 주택은 완벽한 조건이 갖추어져 있지 않기 때문에 성실한 시공이 되었을 경우, 평균 약 60~70% 정도의 저감 효과를 발휘한다.

9) 바이오 세라믹 시공

바이오 세라믹 시공의 장점은 시멘트 위에 직접 시공을 해서 독성 차단력이 우수하다는 것이다. 또 원적외선 방사도 이루어지는데, 겨울철 난방 시에만 효과를 볼 수 있다. 투과 거리가 20 cm 정도에 불과해 바닥에 요를 깔고 자는 경우에 어느 정도 효능이 있으나, 침대 생활을 한다면 전혀 효능을 볼 수 없다. 또한 바이오 세라믹 코팅 위에 시공하게 되는 벽지나 각종 인테리어 목재 등에서 발생하는 유해물질 정화에는 제대로 대처를 못하는 단점이 있다.

10) 공기정화기

공기정화기는 필터 청소를 소홀히 하면 성능이 현격히 감소하는 단점이 있다. 또한 24시간 가동하여야 하기 때문에 유지 관리비용이 소요된다.

9.1.4 실내공기오염농도의 기준치

실내환경은 온도, 습도, 기류의 복사열 등과 같은 직접적인 요소와 착의정도, 대사량, 연령, 성별, 체질, 시간적 적응상태, 계절 등의 간접적인 요소들에 따라 쾌적성 여부가 결정된다. 이 가운데 온습도는 건축자재나 기기로부터의 오염물질의 방출과 지각적 공기질의 평가에 중요한 영향을 미치는 환경요소로 작용하고 있다. 예를 들어 폼알데하이드의 경우에는 실내 온습도와 밀접한 연관관계를 갖고 있으며, 실내온도가 1℃ 정도 상승하면 폼알데하이드 농도는 대략 10% 정도 상승하는 것으로 조사되고 있다. 또한 Fanger(1996) 등의 연구에 의하면 온습도 조건에 따라 달라지는 마감재료에 의한 오염물질 방출량이 공기질에 대한 지각만족도에 중요한 영향을 미치는 것으로 나타남으로써 실내공기환경기준의 설정을 위해서는 실내온습도 조건 등에 대한 고려가 필수적인 요소가 되고 있다.

실내공기는 인간의 호흡작용에 의하여 차츰 산소가 감소하고 탄산가스가 증가한다. 또한 일간의 생활에는 취사나 난방은 수반되는 것이고, 이것에 의해서도 산소의 소비,

탄산가스의 발생이 있다. 실내의 공기는 반드시 외기보다 탄산가스 농도는 높다(표 9.4).

표 9.4 O_2 농도 [%]와 증상

O_2 농도 [%]	증 상
15~14	호흡이 깊어지고, 맥박수가 증가, 노동이 곤란해진다.
11~10	호흡곤란, 졸음이 온다. 동작은 완만 내지 불가능해진다.
7	안색이 없어진다. 정신혼란, 감각 둔중해진다.
6	근육의 반응이 없어지고, 지각을 잃는다.
4 이하	40초 이내에 지각을 잃고 졸도한다.

맛있는 듯한 음식물의 냄새는 식욕을 북돋아주지만 불쾌한 취기에는 식욕이 감퇴된다. 취기는 연속하여 냄새를 맡으면 느낌이 둔화된다. 그러나 강한 취기가 있으면 두통이나 구역질이 나게 된다. 실내에서의 취기는 인체에서의 취기 외에 끽연 냄새나 조리 냄새 등이 고려되는데 어느 것도 발생한 취기 입자가 취각 기구를 자극하는 것에 의해서 냄새가 느껴지는 것이다.

공기 중에는 이와 같은 취기 입자 외에 인간의 동작에 따라 의복이나 바닥에서 올라간 분진의 입자도 많이 부유하고 있다.

분진은 그 농도(표 9.5)뿐만 아니라 크기(5~0.3μm의 분진은 폐포에 부착한다)나 형, 단단함, 화학적 성질에 따라 인체에 대한 영향이 달라진다(그림 9.2).

표 9.5 부유분진의 인체 영향

농도 [mg/m^3]	영 향	비 고
0.0025~0.05	기본적인 농도	0.1 mg/m^3 이상되면 사망률이 증가한다.
0.075~0.1	다수인이 만족하는 농도	
0.1~0.14	시정 감소	
0.15~0.2	다수인이 '더럽다'고 느끼게 되는 농도	
0.2 이상	다수인이 '아주 더럽다'고 느끼게 되는 농도	

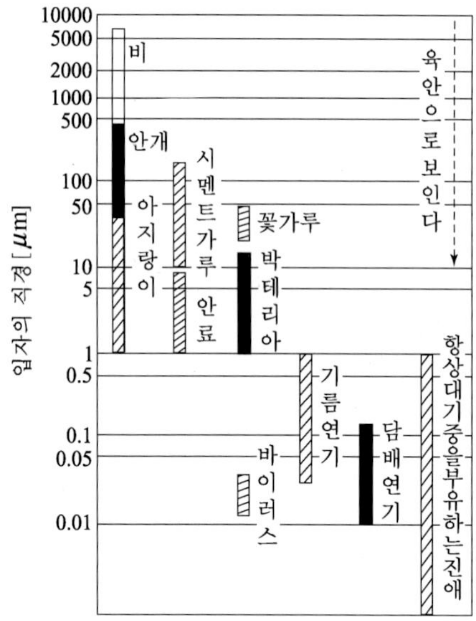

그림 9.2 부유입자의 크기

그런데 분진(특히 유기성 분진)에 부착되어 세균이 부유하는 것이 더욱더 문제이다. 세균은 일반적으로 곰팡이균 등의 무해한 잡균이지만 병원성의 세균이나 바이러스 등이 부유하는 수가 있고, 공기 감염의 원인이 되므로 주의가 필요하다.

미생물은 대부분 분해효소를 생산하고, 각종 유기물을 분해하고, 생태계에서 평형을 유지하는 작용을 하고 있다. 일반적으로 보건 위생상 공중부유균을 유해로 간주하고, 다종다양의 미생물을 일괄하여 양적으로 적으면 좋은 것으로 보고 있다. 공중세균이 특히 문제가 되는 장소는 약품·식품공장, 병원, 창고 등이다. 표 9.6에 공중세균의 판정기준을 나타낸다.

표 9.6 공중세균 판정기준

colony 개수	판 정
30 이하	청 정
30 ~ 50	경도오염
50 ~ 100	중정도오염
100	허 용 도
100 이상	고도오염

[주] 1개소에 3매의 살레(schale)를 사용, 5분간 폭로, 37℃, 48시간 배양에 의한 평균.

일산화탄소는 극히 저농도에서 생명에 영향을 미치므로(표 9.7), 공기오염의 원인 중 가장 문제이다. 일산화탄소는 연료의 불완전 연소에 의해서 발생하는 것인데 최근 건물의 기밀성 향상은 일산화탄소가 발생하기 쉬운 상태를 만들어내고 있다.

표 9.7 일산화탄소의 인체 영향

농도 [ppm]	인체 영향
200	2~3시간 이내에 앞머리에 가벼운 정도의 두통
400	1~2시간에 앞머리 아픔이나 구역질, 2.5~3.5시간에 후두통
800	45분간에 두통・현기증・구역질이 있고, 2시간에 실신
1,600	20분간에 두통・현기증・구역질이 있고, 2시간에 사망
3,200	5~10분간에 두통・현기증, 30분간에 사망
6,400	1~2분간에 두통・현기증, 사망 10~15분간에 치사의 위험
12,800	1~3분간에 사망

이산화탄소의 인체 영향은 표 9.8과 같다.

외기의 탄산가스 농도는 350ppm 정도이고, 도시지역에서는 고농도화(400~450ppm 정도)하며, 지구규모에서 탄산가스 농도는 해마다 상승하고 있다.

표 9.8 이산화탄소의 인체 영향

농도 [ppm]	인체 영향
0.1% 1,000ppm	호흡기・순환기・대뇌 등의 기능에 영향
4% 40,000ppm	귀울림・두통・혈압상승 등의 징후
8~10%	의식혼미, 경련 등을 일으키고 호흡정지
20%	중추장애를 일으키고 생명이 위험

건물의 종류 및 주요 관리 대상 오염물질 특성에 따라 관리방법을 차별화하여 관리상 효율성 확보를 위해 "실내공기질관리법"에 의해 실내공기질 기준을 유지기준과 권고기준으로 이원화하였다(표 9.9, 9.10).

표 9.9 실내공기질 유지기준

<table>
<tr><th>오염물질 항목
다중이용시설</th><th>미세먼지
(PM-10)
[$\mu g/m^3$]</th><th>이산화탄소
[ppm]</th><th>폼알데하이드
[$\mu g/m^3$]</th><th>총부유세균
[CFU/m^3]</th><th>일산화탄소
[ppm]</th></tr>
<tr><td>지하역사, 지하도상가, 철도역사의 대합실, 여객자동차터미널의 대합실, 항만시설 중 대합실, 공항시설 중 여객터미널, 도서관 · 박물관 및 미술관, 대규모 점포, 장례식장, 영화상영관, 학원, 전시시설, 인터넷컴퓨터게임시설제공업의 영업시설, 목욕장업의 영업시설</td><td>150 이하</td><td rowspan="3">1,000 이하</td><td rowspan="3">100 이하</td><td>-</td><td rowspan="2">10 이하</td></tr>
<tr><td>의료기관, 산후조리원, 노인요양시설, 어린이집</td><td>100 이하</td><td>800 이하</td></tr>
<tr><td>실내주차장</td><td>200 이하</td><td>-</td><td>25 이하</td></tr>
<tr><td>실내 체육시설, 실내 공연장, 업무시설, 둘 이상의 용도에 사용되는 건축물</td><td>200 이하</td><td>-</td><td>-</td><td>-</td><td>-</td></tr>
</table>

[주] 1. 도서관, 영화상영관, 학원, 인터넷컴퓨터게임시설제공업 영업시설 중 자연환기가 불가능하여 자연환기설비 또는 기계환기설비를 이용하는 경우에는 이산화탄소의 기준을 1,500ppm 이하로 한다.

2. 실내 체육시설, 실내 공연장, 업무시설 또는 둘 이상의 용도에 사용되는 건축물로서 실내 미세먼지의 양이 200$\mu g/m^3$에 근접하여 기준을 초과할 우려가 있는 경우에는 실내공기질의 유지를 위하여 다음 각 목의 실내공기정화시설(덕트) 및 설비를 교체 또는 청소하여야 한다.
   가. 공기정화기와 이에 연결된 급 · 배기관(급 · 배기구를 포함한다)
   나. 중앙집중식 냉 · 난방시설의 급 · 배기구
   다. 실내공기의 단순배기관
   라. 화장실용 배기관
   마. 조리용 배기관

표 9.10 실내공기질 권고기준

<table>
<tr><th>오염물질 항목
다중이용시설</th><th>이산화
질소
[ppm]</th><th>라돈
[Bq/m^3]</th><th>총휘발성
유기화합물
[$\mu g/m^3$]</th><th>미세먼지
(PM-2.5)
[$\mu g/m^3$]</th><th>곰팡이
[CFU/m^3]</th></tr>
<tr><td>지하역사, 지하도상가, 철도역사의 대합실, 여객자동차터미널의 대합실, 항만시설 중 대합실, 공항시설 중 여객터미널, 도서관 · 박물관 및 미술관, 대규모점포, 장례식장, 영화상영관, 학원, 전시시설, 인터넷컴퓨터게임시설제공업의 영업시설, 목욕장업의 영업시설</td><td rowspan="2">0.05 이하</td><td rowspan="3">148 이하</td><td>500 이하</td><td>-</td><td>-</td></tr>
<tr><td>의료기관, 어린이집, 노인요양시설, 산후조리원</td><td>400 이하</td><td>70 이하</td><td>500 이하</td></tr>
<tr><td>실내주차장</td><td>0.30 이하</td><td>1,000 이하</td><td>-</td><td>-</td></tr>
</table>

"새집증후군"이 특히 문제되는 공동주택과 관련하여 100세대 이상 신축 공동주택의 시공자는 주민입주 전 유해물질을 측정하여 그 측정결과를 지자체의 장에게 제출하고, 출입문 게시판 등 주민들의 확인이 용이한 장소에 주민입주 3일 전부터 60일간 공고를 의무화하고 있다(표 9.11).

표 9.11 신축 공동주택의 실내공기질 권고기준

(단위 : $\mu g/m^3$)

구 분	폼알데하이드	벤젠	톨루엔	에틸벤젠	자일렌	스티렌	라돈
기 준	210$\mu g/m^3$ 이하	30$\mu g/m^3$ 이하	1,000$\mu g/m^3$ 이하	360$\mu g/m^3$ 이하	700$\mu g/m^3$ 이하	300$\mu g/m^3$ 이하	200Bq/m^3 이하

교사 안에서의 공기의 질에 대한 유지 · 관리기준은 "학교보건법"에 의하여 표 9.12와 같다.

표 9.12 교사 안에서의 공기의 질에 대한 유지 · 관리기준

1. 유지기준

오염물질 항목	기준	적용시설	비 고
미세먼지($\mu g/m^3$)	100	모든 교실	10마이크로미터 이하
이산화탄소(ppm)	1,000		기계환기시설은 1,500 ppm
폼알데하이드($\mu g/m^3$)	100		
총부유세균(CFU/m^3)	800		
낙하세균(CFU/실당)	10	보건실 · 식당	
일산화탄소(ppm)	10	개별난방 및 도로변교실	직접연소에 의한 난방의 경우
이산화질소(ppm)	0.05		
라돈(pCi/L)	4.0	지하교실	
총휘발성유기화합물($\mu g/m^3$)	400	건축한 때로부터 3년이 경과되지 아니한 학교	증축 및 개축 포함
석면(개/cc)	0.01	석면을 사용하는 학교	단열재로 석면을 사용한 학교의 경우
오존(ppm)	0.06	교무실 및 행정실	오존을 발생시키는 사무기기(복사기 등)가 있는 경우
진드기(마리/m^2)	100	보건실	

2. 관리기준

대상 시설	중점관리기준
신축학교	■「다중이용시설 등의 실내공기질관리법」 제11조의 규정에 의한 오염물질방출건축자재의 사용을 제한할 것 ■ 교사 안에서의 원활한 환기를 위하여 환기시설을 설치할 것 ■ 책상 · 의자 · 컴퓨터 등 학교의 비품은 폼알데하이드 방출량이 작은 것을 사용할 것 ■ 교사 안에서의 폼알데하이드 및 휘발성유기화합물이 유지기준에 적합하도록 필요한 조치를 강구하고 사용할 것
개교 후 3년 이내의 학교	■ 폼알데하이드 및 휘발성유기화합물 등이 유지기준에 적합하도록 중점적으로 관리할 것
노후화된 학교 (10년 이상이 된 학교)	■ 미세먼지 및 부유세균이 유지기준에 적합하도록 중점 관리할 것 ■ 기존시설을 개수 및 보수를 하는 때에는 친환경 건축자재를 사용할 것 ■ 책상 · 의자 · 컴퓨터 등 학교의 비품은 폼알데하이드 방출량이 작은 것을 사용할 것
도로변 학교 등	■ 차량의 통행이 많은 도로변의 학교와 겨울철에 개별난방(직접연소에 의한 난방의 경우에 한한다)을 하는 교실은 일산화탄소 및 이산화질소가 유지기준에 적합하도록 중점적으로 관리할 것 ■ 식당 및 보건실 등은 낙하세균과 진드기(보건실에 한한다)가 유지기준에 적합하도록 중점적으로 관리할 것 ■ 석면을 단열재로 사용한 학교는 석면이 유지기준에 적합하도록 중점적으로 관리할 것

또한 건축자재의 오염물질 방출기준은 표 9.13과 같다.

표 9.13 건축자재의 오염물질 방출 기준

구 분 \ 오염물질 종류	폼알데하이드	톨루엔	총휘발성유기화합물
접착제	0.02 이하	0.08 이하	2.0 이하
페인트	0.02 이하	0.08 이하	2.5 이하
실란트	0.02 이하	0.08 이하	1.5 이하
퍼티	0.02 이하	0.08 이하	20.0 이하
벽지	0.02 이하	0.08 이하	4.0 이하
바닥재	0.02 이하	0.08 이하	4.0 이하

[주] 위 표에서 오염물질의 종류별 측정단위는 $mg/m^2 \cdot h$로한다. 다만, 실란트의 측정단위는 $mg/m \cdot h$로 한다.

9.2 실내공기질의 측정

9.2.1 기류측정

(1) 압력 측정

공기의 움직임은 2점간에 압력차가 발생했을 때 일어난다. 따라서 이 압력차를 물 또는 에탄올 등 가벼운 액체의 액주로 변환하여 그 높이를 읽는 방법이 이용된다.

이들 압력 측정기에는 U자관 마노미터(U-tube manometer ; 그림 9.3), 경사관 마노미터, 수직관 마노미터, 다이어프램(diaphragm) 차압계, 미차압변환기 등이 있다. 또한 정압과 속도압을 분리하여 측정하는데 편리하게 제작된 정압관이나 피토관(전압과 정압차 ; 그림 9.4)이 이용되고 있다.

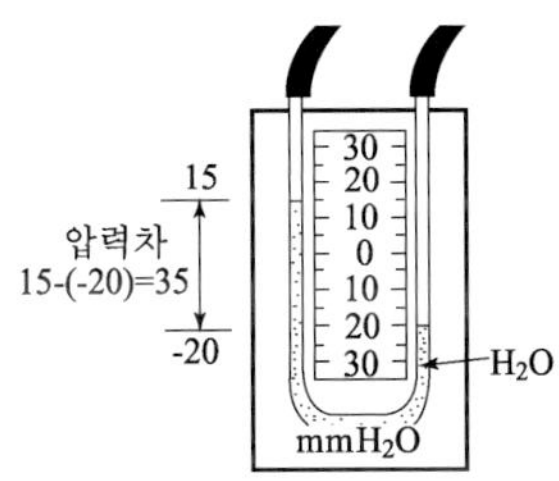

그림 9.3 U자관

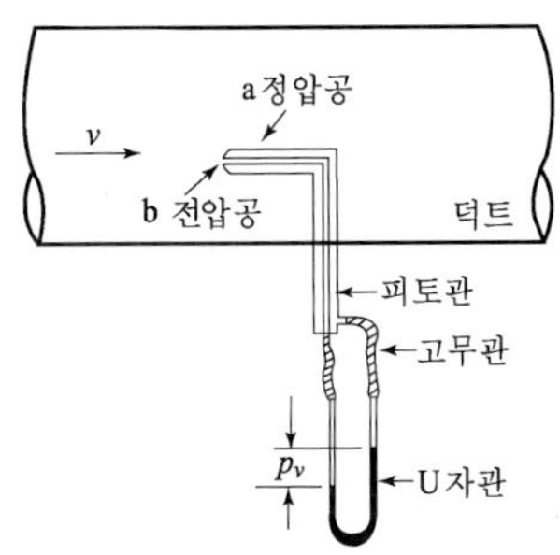

그림 9.4 pitot관

(2) 유속 측정

각종 유속 측정기에는 피토관(pitot tube), 회전날개식 풍속계, 발전식 풍속계, 가열식 풍속계, 초음파 풍속계 등이 있다. 실내외에서 우리들이 접하는 바람은 난류로 복잡하게 변동하고 저풍속에 대해서도 어느 정도의 정밀도가 요구된다.

이와 같은 조건을 가미하여 현재 이용되고 있는 옥외풍속계는 초음파 풍속계, 프로펠러형 풍속계이다. 또 실내 혹은 모형실험에서는 열선풍속계가 이용된다. 어느 쪽에서 바람이 불더라도 풍속을 읽을 수 있도록 검지부를 구형으로 한 열전대 풍속계가 있으며, 최근 다시 개량된 미풍속계로서 카타한란계가 있다.

(3) 유량 측정

소풍량일 때에는 가스 미터나 부자식 유량계에 의하여 측정할 수 있다. 그러나 관이나 통 안을 흐르는 기류의 유량 측정에는 통상 그 단면을 그림 9.5와 같이 분할하여 각각의 유속을 측정하여 유량을 구한다든지, 규정의 오리피스(orifice)나 노즐을 이용하여 그 전후의 압력차를 측정하여 유량을 구하는 방법이 채용되고 있다.

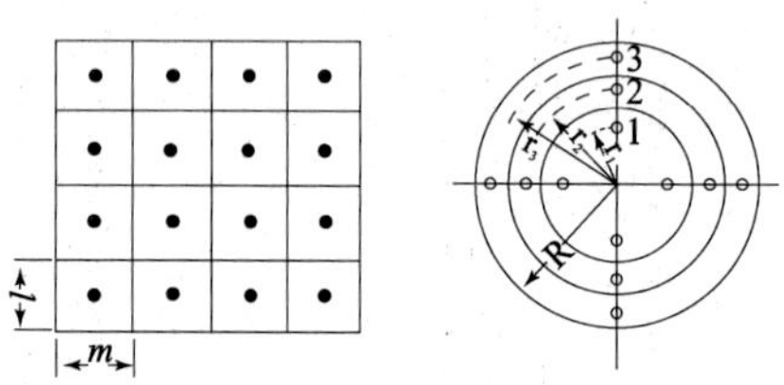

(a) 구형단면에 있어서 측정점 (b) 원형단면에 있어서 측정점

그림 9.5 풍속계에 의한 측정점의 위치

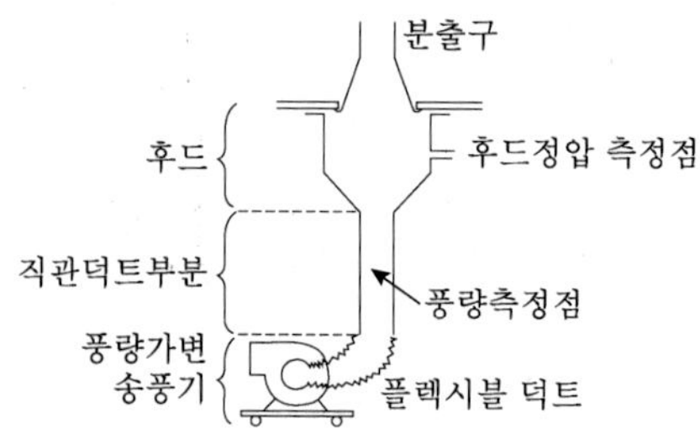

그림 9.6 분출풍량의 측정법

또 실제 건물의 경우 덕트 도중에서 풍량을 측정할 수 없는 경우가 많다. 그래서 분출구나 흡입구에서 풍량을 측정한다. 분출풍량을 그림 9.6에 나타내는 직관부분을 지니는 후드를 벽면에 밀착시켜 가변송풍기로 풍량을 조정하여 후드 내의 정압이 실내 정압과 동등하게 되도록 한다. 그리고 직관부에서 풍속을 측정하여 급기량을 구한다.

(4) 환기량 측정

건물에는 환기구 외에 창, 출입구 등과 같이 여기저기에 통기 경로가 있고, 이들 각각의 압력차나 유속을 측정하여 통기량을 측정하는 것은 대단히 어렵다. 따라서 이와 같은 실의 환기량은 tracer-gas method에 의해 어느 일정시간에 있어서 평균치로써 구한다. Tracer-gas는 공기와 비슷한 중량으로 불활성이고, 인체에 무해하여야 한다. 통상 탄산가스, 아르곤, 헬륨 등이 사용된다.

측정방법은 tracer-gas를 일정량 연속 발생하는 경우와 초기 실내에 일정하게 tracer-gas를 확산시키는 경우가 있다. 어느 것이나 그때의 실내 가스 농도의 변동을 측정하여 환기량을 예측하는 것이다.

9.2.2 공기오염농도 측정

(1) 탄산가스 · 일산화탄소 농도의 측정

탄산가스(CO_2)나 일산화탄소(CO) 농도의 측정은 검지제와의 화학 반응에 따라 그 가스 농도를 측정하는 방법이 일반적으로 많이 이용되고 있다.

그림 9.7은 이 방법을 나타낸 것으로 내경 2~4 mm의 유리관 안에 검지제를 밀어넣고 대상가스를 진공펌프로 흡입하여 검지제의 착색도에 의해 농도를 측정할 수 있다.

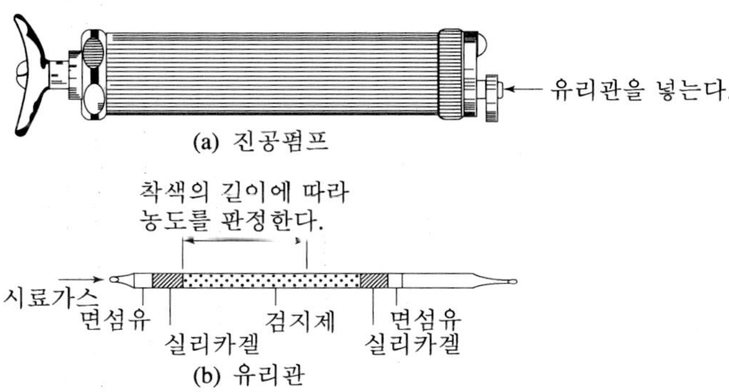

그림 9.7 검지관법 가스검지기

(2) 부유분진의 측정

부유 입자상 물질−aerosol−에 의한 환경 오염 및 생체작용을 고려하는 경우 그 입도분포를 조사하는 것이 매우 중요하다.

미국인 Dr.A.A.Andersen에 의하여 고안된 Andersen Sampler는 다단·다공식 제트 노즐(jet nozzle)을 갖춘 impactor 방식에 의해 여과포집에 따른 중량 농도측정법에서는 얻을 수 없는 에어로솔의 입도분포 측정을 할 수 있는 특징을 지닌 장치이다.

이 기기는 그림 9.8에 나타난 모양으로 통상 8단(부유입자상 물질 포집용) 또는 6단(부유입자상 미생물 포집용)의 내식성 알루미늄 합금의 스테이지가 포개진 구조로 되어 있고, 각단 스테이지에는 800, 400 및 200개의 원형 노즐이 열려져 있다. 그 하부에는 유리제, 스테인리스제 또는 필터용 알루미늄제 포집판이 배치되어 있다. 이 기기 상부의 공기 도입구에서 진공펌프에 의해 일정 유량(1 CFM≒28.3 l/min)으로 시료공기를 샘플러 중에 흡인하면 각 스테이지의 노즐 유속은 하단 스테이지로 감에 따라 증대한다. 공기 동역학적 입경에 의한 입자의 관성력에 차이를 줌에 따라 위에서 아래로 분급하는 관성충돌 분리방식이다.

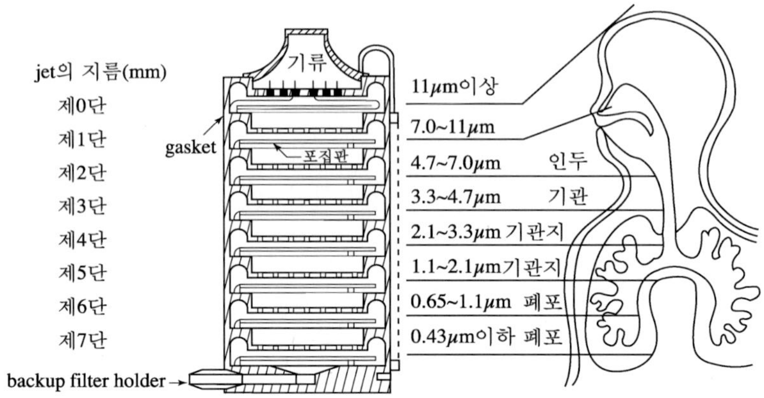

그림 9.8 Andersen Sampler의 구조와 입도분포도

9.3 환기의 방법

9.3.1 중력환기

(1) 환기의 원동력

환기(ventilation)는 자연의 힘에 의하여 생기는 경우와 인공적으로 행하는 경우가 있다. 전자는 자연환기(natural ventilation)라고 하여 실내외의 온도차에 의한 공기의 밀도차가 원동력이 되는 중력환기(gravitational ventilation)와 건물의 외벽면에 가해지는 풍압이 원동력이 되는 풍력환기(wind forced ventilation)로 대별된다. 후자는 환기팬이나 송풍기 등의 기계력을 원동력으로서 환기를 강제적으로 하는 경우이며, 기계환기(mechanical ventilation) 또는 인공환기 혹은 동력환기라고 한다.

자연환기의 힘에는 한도가 있으므로 많은 환기량을 요하는 실에서는 반드시 기계환기에 의하여야 한다.

(2) 중력환기의 원리

실내가 실외에 비하여 고온측이 되면(냉방시 이외는 일반적으로 실내가 고온측), 실내에는 가벼운 공기, 밖에는 무거운 공기가 있게 된다. 그러므로 무거운 외기는 아래 쪽에서 실내로 들어오고, 가벼운 공기는 윗쪽에서 밖으로 달아나도록 된다. 이것이 중력환기 원리이다.

공기의 흐름은 압력차(기압차)에 의하여 생기는 것이므로 이 경우도 실의 주벽에 압력차의 분포가 고려된다. 그리고 그 중간에 압력차가 0이 되는 곳이 만들어진다. 이의 것을 중성대라고 한다. 중력환기의 경우 일반적으로는 중성대의 하부가 공기의 유입측으로, 상부는 공기의 유출측이 된다(그림 9.9). 실온의 냉방 등으로 외기보다 저온의 경우는 이 방향은 반대가 되고, 중성대의 상부가 유입측, 하부가 유출측이 된다.

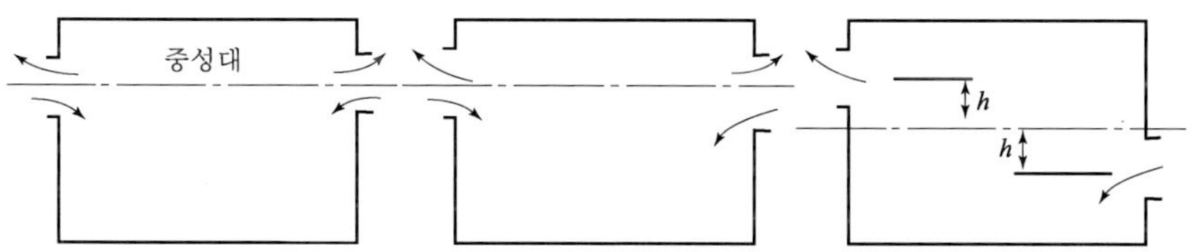

(a) 2개의 개구부 높이에 차이가 없으면 환기는 효과적으로 발생하지 않는다.

(b) 높이에 큰 차이가 있으면 유입구, 유출구로 분류되어 환기가 효과적으로 발생한다.

그림 9.9 개구부의 위치와 중력환기

(3) 중력환기량의 계산

개구부의 전후에 압력차가 있으면 고압측에서 저압측으로 향하여 공기가 흐른다.

지금 압력차를 $p\Delta$ kg/m^{2}로 하면 개구부 A m^{2}를 통과하는 공기량 Q m^3/s는 Bernoulli의 정리에 의하여 다음 식으로 나타난다.

$$Q = aA\sqrt{\frac{2g}{r}\Delta p} \tag{9.1}$$

여기서 a는 유량계수라고 하여 개구부의 치수나 벽 두께 등에 의하여 결정되고, 개구부 전후의 압력차에 의하여 생기는 이상적 유량의 저항에 의한 손실을 고려한 실효율이다. 또 r는 공기밀도(kg/m^3)이며, g는 중력에 의한 가속도(9.8 m/s^2)이다.

실내공기의 밀도를 r_i kg/m^{3}로 하고, 외기의 밀도를 r_o kg/m^{3}로 하면 중성대에서 h m 거리의 점에서의 압력차 Δpg는 실온이 외기온보다 높을 때 결국 $r_i < r_o$일 때에는 그림 9.12에 나타난 것처럼,

$$\Delta pg = (r_o - r_i)h \tag{9.2}$$

이 된다. 그림 9.10은 이 Δpg의 분포를 나타낸 것이다.

식 (9.2)를 식 (9.1)에 대입하면 중력환기량 $a\,m^3/s$가 유도된다.

$$Q = aA\sqrt{\frac{2g}{r_o}h(r_o - r_i)} \tag{9.3}$$

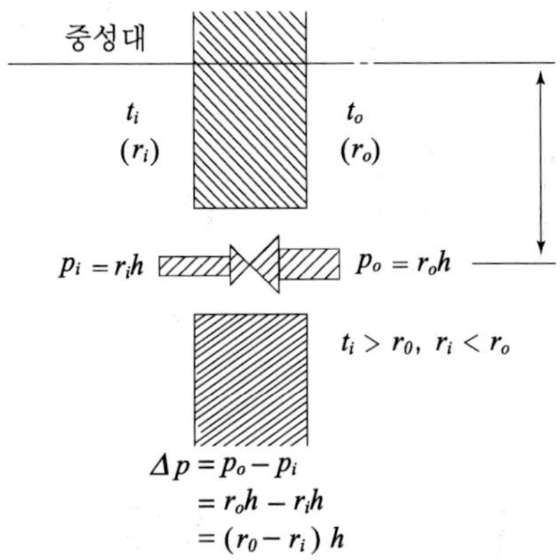

그림 9.10 개구부 전후의 압력차

공기의 밀도는 절대온도에 반비례하므로 실내외의 기온을 t_i℃, t_o℃로 하면 식 (9.3)은 다음과 같이 된다.

$$Q = aA\sqrt{2gh\left(1 - \frac{273 + t_o}{273 + t_i}\right)} \tag{9.4}$$

식 (9.4)에 의하면 자연환기량은 실내외의 온도차가 클수록, 또 중성대에서의 공기 유입구 또는 유출구까지의 높이(일반적으로는 공기유입구와 유출구 높이의 차이)가 클수록 많아지고, 그리고 개구부 면적에 비례하여 증가하는 것을 알 수 있다.

예제 9.1

그림 A의 건물에서 중성대가 3 m의 경우 실내외의 압력차 분포를 구하여라. 다만, 실내온도 20℃, 외기 0℃로 한다.

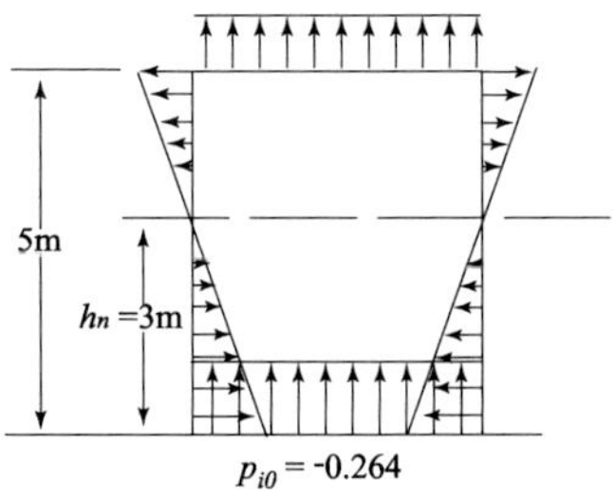

그림 A

풀이

식 (2.5)에서

$r_o = 1.293$, $r_i = 1.205$

식 (9.2)에서

$\Delta pg = (1.293 - 1.205) \times 3 = 0.264$[mmH$_2$O]

9.3.2 풍력환기

틈새 환기의 구동력이 되는 풍압에 대하여 검토해 본다. 그림 9.11에 나타난 바와 같이 풍상측 외벽에 정압이 생기고, 풍하측에서는 부압이 생긴다. 풍상측의 압력을 p_1으로 하고, 풍하측의 압력을 p_2로 하면 항상 $p_1 > 0$, $p_2 < 0$이고, 실내 공간의 압력 p_r는 양자의 중간값이 된다. 즉 $p_1 > p_r > p_2$이다. 또한 여기서 p_1, p_2, p_r는 대기압과의 차이에서 나타나는 게이지압력을 의미한다.

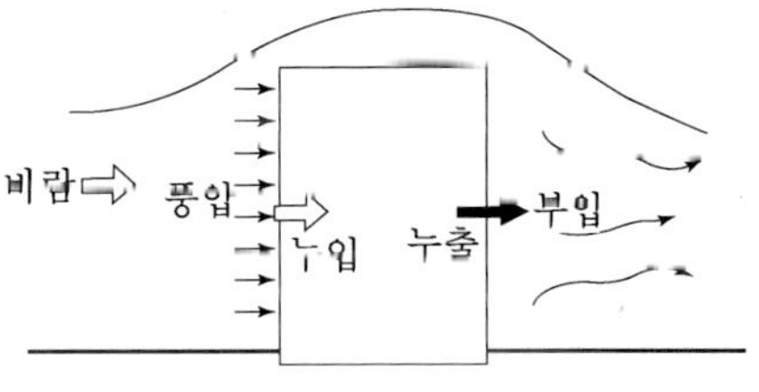

그림 9.11 풍압의 정압과 부압

먼저 풍압은 풍속에 따라 달라진다. 벽면으로 불어오는 바람의 속도를 v m/s로 하고, 공기의 비중량을 r kg/m^{3}으로 하면 이 바람 자체의 속도에서 생기는 대기 중의 게이지압력 p_v kg/m^{2}는 다음 식으로 나타난다.

$$p_v = \frac{r}{2g} v^2 \tag{9.5}$$

p_v는 상기 의미의 풍압이고, 풍상측 벽면에 부딪치는 풍압은 아니다.

실제의 건물 벽면이나 지붕면에 바람이 부딪치는 경우 그 풍압 P_w는 식 (9.5)에서 나타나는 풍속에 의하여 발생하는 풍압 p_v에 정수 C를 곱하여,

$$P_w = C p_v = C \frac{r}{2g} v^2 \ [\text{mmH}_2\text{O}] \ \text{또는} \ [\text{kg/m}^2] \tag{9.6}$$

에서 구하면 계산상 편리하다. 이 때의 C를 풍압계수라 하고, C는 풍상측에서는 정, 풍하측에서는 부가 된다.

따라서 건물의 전후에서는 풍압차가 다음 식과 같이 생긴다.

$$\Delta p_w = (C_f - C_b) \frac{r}{2g} v^2 \ [\text{mmH}_2\text{O}] \tag{9.7}$$

여기서, C_f : 정압측의 풍압계수

C_b : 부압측의 풍압계수

식 (9.7)에 따른 Δp_w를 식 (9.1)에 대입하면 풍력환기량이 유도된다.

$$Q = aAv \sqrt{C_f - C_b} \ [\text{m}^3/\text{s}] \tag{9.8}$$

여기서, a : 유량계수

A : 개구면적 [m^2]

식 (9.8)에서 알 수 있는 바 풍력환기량은 풍속에 비례하는데 $(C_f - C_b)$도 환기량에 영향을 주는 중요한 요소이다. 2개의 개구 하나를 정압측에서 C_f의 절대치가 최대가 되는 위치에 취하고, 다른 부압측에서 C_b의 절대치가 최대되는 위치에 취하면 $C_f - C_b = |C_f| + |C_b|$가 되고 Q는 최대가 된다. 또 정압측에만 2개의 개구를 설치하면 $(C_f - C_b)$가 되고, 부압측에만 설치하면 $-C_f - (-C_b) = C_b - C_f$가 되고, $|C_f| = |C_b|$이면 어느 경우도 $Q = 0$이 되므로 환기가 발생하지 않게 된다.

중력환기의 경우는 예를 들어 창이 1개소만으로도 대체로 창의 하부(중성대에서 아랫 부분)에서 공기가 유입하고, 창의 상부(중성대에서 윗 부분)에서 공기가 유출되어

환기가 행해지지만(그림 9.12), 풍력환기의 경우는 반드시 바람의 입구와 출구를 설치하여야 하고, 입구와 출구는 풍압계수의 차이가 크게 되는 위치(가능한 한 풍상측과 풍하측)에 설치하는 편이 효과적이다(그림 9.13). 이 때문에 그 지방의 최다 풍향(표 2.12)을 알아둘 필요가 있다. 풍향은 국지적으로는 인접 건물 등의 영향에 의하여 변화하므로 주풍향에 대하여 ±45°정도의 치우침을 고려하여 둘 필요가 있다.

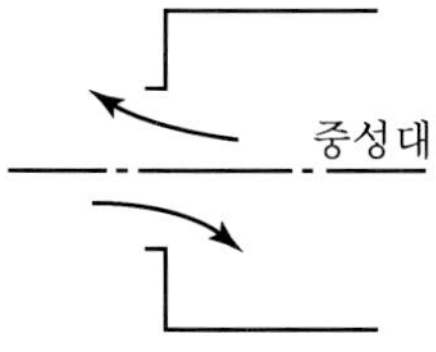

중력환기의 경우는 창이 하나 이더라도 환기가 발생한다.

그림 9.12 1개 창의 중력환기

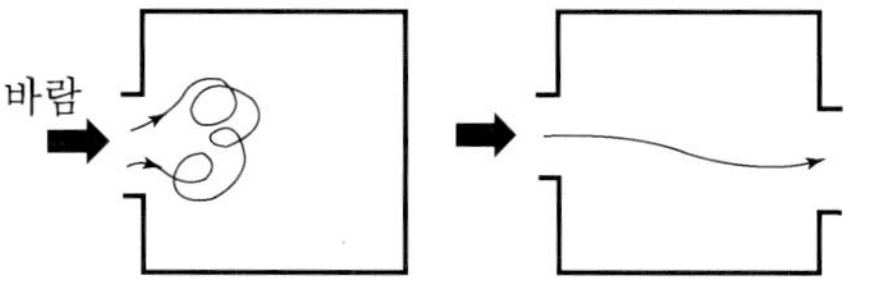

바람의 출구가 없으면 풍력환기는 발생하지 않는다.

그림 9.13 풍력환기

또 중력환기는 항상 일어나는데 풍력환기는 바람이 있을 때에만 생기고, 이 때에는 중력환기와 풍력환기는 경합하므로 양자가 서로 다른 것을 상쇄하지 않도록 개구부의 위치에 주의하여야 한다.

예제 9.2

1기압 하에서 풍속 7 m일 때 공기의 비중량 $r = 1.2\ \text{kg/m}^3$으로서 이 풍압을 수주단위의 절대압력으로 구하여라.

풀이

게이지압력에 의한 풍압은,

$$\frac{1.2}{2 \times 9.8} \times 7^2 = 3\ [\text{kg/m}^3]$$

이고, 1기압은 10,332.3 kg/m^2이므로 절대압력에서는,

$$10,332.3 + 3 = 10,335.3\ [\text{kg/m}^2]$$

이 된다. 1 kg/m^3=1 mmAq으로 구하는 압력은 10,335.3 mmAq이다.

예제 9.3

그림 B에서 나타난 건물의 양측에 생기는 압력차 Δp_w를 구하여라. 다만, 풍속은 4 m/s로 한다.

그림 B

풀이

$$\Delta \fallingdotseq \{0.8-(-0.4)\}\times\frac{1.2}{2\times 9.8}\times 4^2 = 1.2\ [\mathrm{mmH_2O}]$$

9.3.3 기계환기

(1) 기계환기의 종류

기계환기는 송풍기나 배풍기의 사용 방법에 따라 다음 3종류로 분류된다.

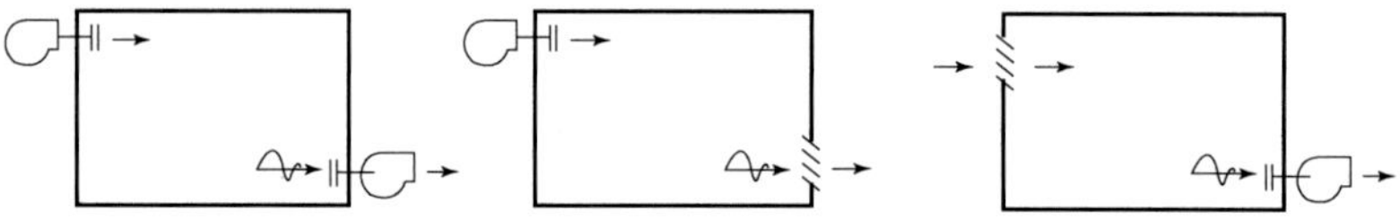

그림 9.14 기계환기법

① 병용식 환기법 : 급·배기 모두 기계력을 이용하는 방법[그림 9.14(a)]

② 압입식 환기법 : 기계력에 의하여 급기하고, 배기는 자연으로 행해지는 방법[그림 9.14(b)]

③ 흡출식 환기법 : 급기는 자연으로 행하고 기계력에 의하여 배기하는 방법[그림 9.14(c)]

환기는 그 종류나 방법에 관계없이 급기량(자연환기에서는 유입공기량)과 배기량(자연환기에서는 유출공기량)이 같아지도록 행해진다. 결국 실내에 들어온 공기량만큼 실내에서 공기가 나가는 것이고, 반대로 실외로 나간 공기량만큼 실내에 공기가 들어오는 것이다. 이것은 공기가 들어오기 어려우면 나가는 공기량은 적게 되고, 또 나가기 어려우면 들어오는 공기량은 적게 되기도 한다.

따라서 환기량에는 환기구의 형태나 크기가 영향하고, 특히 압입식·흡출식의 기계환기법이나 자연환기에서는 환기구의 풍량저항 $1/(aA)$(a : 유량계수, A : 환기구 면적)을 충분히 검토할 필요가 있다.

회의실 등에서 환기팬이 돌고 있으나 담배연기가 쉽사리 배출되지 않고 있는 모양을 볼 수 있는데 이것은 급기구가 적절하게 설치되어 있지 않은 것에 원인이 되는 경우가 많다.

따라서 급·배기 함께 기계력에 의한 병용식 기계환기는 환기량이 안정하고 가장 확실한 환기법이라고 할 수 있다. 그러나 이 경우도 급기기와 배기기의 능력에 밸런스가 되어 있는 점이 중요하다. 능력에 큰 차이가 있으면 고능력 쪽이 저능력 쪽으로 질질 끌려가 환기효과는 그만큼 좋지 않게 된다.

(2) 기계환기의 용도

병용식 환기법은 설비비는 높아지지만 급배기의 밸런스가 되어 있으면 실내외의 압력차가 없고, 창이나 문의 개폐에 의한 다른 실에의 영향이 없다. 환기량도 어느 환기법에 의 한 것보다 안정되어 있다. 그래서 영화관이나 극장 등에서 객석이 큰 경우(바닥면적 400 m^2 이상)나 지하건축물(바닥면적 1,000 m^2 이상)에서는 병용식 환기법에 의한 것이 적당하다.

압입식 환기법은 기계력에 의하여 급기를 하므로 실내의 압력이 외부보다 높아지고(정압), 공기가 실외에서 유입하는 경우가 적다. 그래서 병원의 수술실과 같이 외부의 오염공기 침입을 피하는 실에 이용한다.

흡출식 환기법은 기계력에 의하여 배기를 하므로 실내의 압력이 외부보다 낮아지고(부압), 방의 공기가 외부로 새어나가는 경우가 적다. 그래서 변소나 욕실·부엌 등에 이용하면 취기나 증기가 다른 실에의 새어나감이 방지될 수 있다.

(3) 급기구와 배기구의 위치

급기구에서 배기구에 이르는 경로(환기경로)가 실내의 오염공기에 접촉되는 거리가 길수록 환기는 일반적으로 효과적으로 행해진다. 그림 9.15와 같이 신선외기가 단락하여 배출되지 않는 위치에 급·배기구를 설치할 필요가 있다.

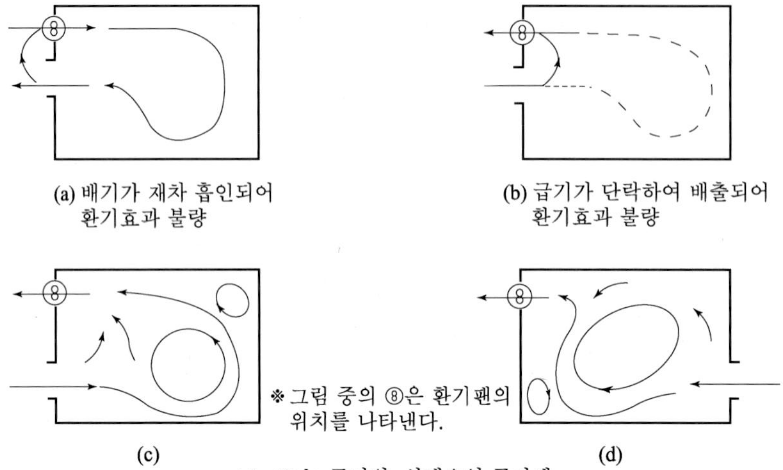

(a) 배기가 재차 흡인되어 환기효과 불량

(b) 급기가 단락하여 배출되어 환기효과 불량

(c)

(d)

(c), (d)는 급기의 실내오염 공기에 접촉되는 거리가 길어 환기효과 양호

그림 9.15 환기구의 위치와 환기효과

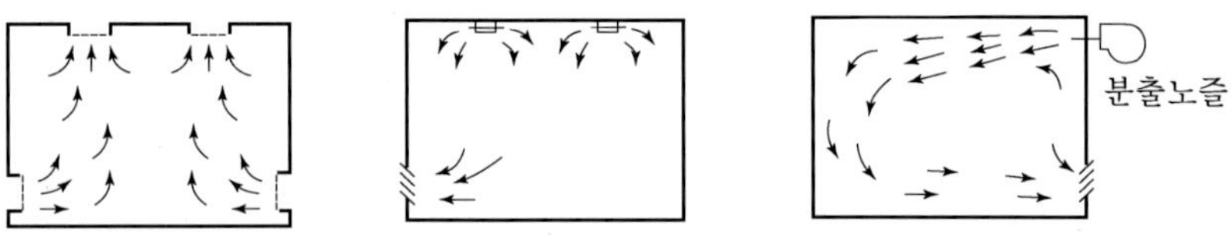

(a) 상향환기 (b) 하향환기 (c) 하향환기(분사식)

그림 9.16 기류의 방향에 따른 환기의 종류

또 환기법은 급기의 방향에 의해서 상향환기와 하향환기로 분류된다(그림 9.16).

상향환기의 경우는 급기구의 위치가 바닥면 또는 바닥면에 가까운 위치에 있으므로 급기가 바닥의 먼지나 세균을 올라가게 하고, 냉방시에는 발밑을 차게 할 수가 있다. 그래서 상향환기는 난방시 급기속도가 작은 경우에 이용하고, 일반적으로는 실의 상부나 천장면에 급기구를 설치하고, 배기구는 실의 하부에서 바닥에 가까운 벽면에 설치하여 하향환기가 행해진다.

9.3.4 혼합형 환기

혼합형(mixed-mode 또는 hybrid) 환기는 자연환기와 기계환기 방식을 조화시켜 쾌적한 실내환경을 제공하는 환기시스템을 말한다. 혼합형 환기시스템은 자연환기모드와 기계환기모드를 자동적으로 전환할 수 있는 자동제어시스템을 설치하여 에너지 소모를 최소화하도록 계획되어진 시스템이다. 자연환기를 우선으로 하고 적정 환기가 불가능할 경우 기계환기로 전환하되 기계환기에 장애가 될 우려가 있는 자연환기는 정지되도록 계획된 것이다.

(1) 환기시스템의 유형

① 자연 및 기계환기 병용시스템 : 자연 및 기계환기설비가 외부환경조건에 따라 자동적으로 전환되는 가장 일반적인 하이브리드 환기시스템

② 보조팬형 환기시스템 : 급기 또는 배기용 보조팬과 자연환기설비가 연동되는 시스템으로 자연구동력만으로 환기량이 부족할 경우 급기 또는 배기 보조팬을 활용하는 환기시스템

③ 연돌효과와 풍압을 활용하는 환기시스템 : 자연적인 구동력(연돌, 풍압)을 효과적으로 최대한 이용하는 환기 시스템

(2) 혼합형 환기 시스템의 구성요소

혼합형 환기와 관련하여 별도의 전용설비가 존재하는 것이 아니고 자연환기와 기계환기가 통합된 시스템이기 때문에 기존의 자연환기와 기계환기에 적용되는 시스템이 동일하게 사용된다.

다만, 환기와 관련하여 실내공기질, 열쾌적성, 기류분포를 조정하기 위해서 요구되는 장치로 외벽 및 내벽에 설치되는 수동 또는 자동 개폐창, 통기구와 실온센서, CO_2 센서, 풍속센서 등의 기상계측 및 조절기능을 갖춘 시스템이 필요하다.

9.3.5 전반환기와 국소환기

환기를 행하는 대상영역에 따라 전반환기(general exhaust)와 국소환기(local exhaust)로 분류된다. 열, 수증기, 오염물질의 발생이 실내에 널리 분포하고 있는 경우에는 실 전체의 환기, 즉 전반환기를 계획하여야 하지만, 발생원이 집중되고 고정되어 있는 경우에는 오염물질이 발생한 후 오염이 실내 전체에 확산되기 전에 오염물질을 포착하여 실외에 배제하는 것이 유효하다. 이것을 국소환기라고 한다.

발생원의 형태나 성질에 적합한 포착용의 커버(hood, box, booth 등)를 사용하여 포집하여 배제하는 것이 보통이지만, 발생한 오염물질을 완전히 포착할 수 없으므로

발생원이 집중하여 있는 경우에도 국소환기만으로는 불충분하고, 전반환기를 동시에 행하는 것이 보통이다.

주택에 있어서 조리용 레인지 연소배기를 레인지 후드에 포착하여 부엌에 확산되지 않도록 배제하는 것도 국소환기의 일례이다. 대규모인 것으로서는 공장에 있어서 환기방식에 적용되고 있는 경우가 많고, 공장에 있어서 국소환기를 계획하지 않는 것은 오히려 드물 정도이다.

9.4 필요환기량

9.4.1 탄산가스 농도에 따른 필요환기량

환기는 말할 것도 없이 실내의 공기를 신선한 외기와 교체하는 데에 의해서 그 더러움을 연하게 하는 것이다. 따라서 필요환기량(ventilation requirement)이란 실내공기의 오염 정도를 실내환경의 쾌적성의 점에 있어서 바람직한 한도까지 연하게 하는 데에 필요한 외기량이다.

실내공기에 허용되는 탄산가스 농도는 일반적으로 0.1 %(다수인 계속 재실의 경우는 0.07 %)이므로 이 농도로 억제하기 위해서는 외기(탄산가스 농도는 일반적으로 0.03 %)를 얼마만큼 실내공기와 환기하면 되는가를 고려한다.

실내공기 1 m^3당 탄산가스량을 P_i m^3/m^3air로 하고, 외기 중의 탄산가스량을 P_o m^3/m^3air로 하면 1 m^3의 환기에 의하여 실내에서 $(P_i - P_o)$ m^3의 탄산가스가 감소하는 것이 된다. 따라서 Q m^3/h의 환기가 행해지면 실내에서 감소하는 탄산가스량은 $Q(P_i - P_o)$ m^3/h가 된다. 이 양이 실내에서 계속해서 발생하고 있는 탄산가스량 M m^3/h과 같으면 실내공기의 탄산가스량은 P_i 보다 증가하지 않는 것이므로 P_i를 탄산가스의 허용량으로 고려하면 다음 식의 Q에 의하여 필요환기량이 나타난다.

$$Q(P_i - P_o) = M \tag{9.9}$$

$$\therefore \quad Q = \frac{M}{P_i - P_o}$$

호흡에 따라 발생하는 탄산가스량으로서는 표 9.14의 값이 일반적으로 사용되고 있다.

표 9.14 CO_2 호출량 [m^3/h · 人]

작업정도	CO_2 호출량	계산상 호출량
취침시	0.011	0.011
매우 가벼운 작업	0.0129~0.0230	0.022
경작업	0.0230~0.0330	0.028
보통 작업	0.0330~0.0538	0.046
중작업	0.0538~0.0840	0.069

예제 9.4

20인의 재실자가 장시간 경작업을 하고 있을 때의 필요환기량을 구하여라.

풀이

$P_i = 0.07[\%] = 0.0007\,[\mathrm{m^3/m^3air}]$

$P_o = 0.03[\%] = 0.0003\,[\mathrm{m^3/m^3air}]$

$$\therefore Q = \frac{0.028 \times 20}{0.0007 - 0.0003} = 1,400\,[\mathrm{m^3/h}]$$

9.4.2 취기에 따른 필요환기량

취기의 불쾌도는 다분히 주관적 요소에 의해 좌우되고, 취기의 질적 양적 기준의 문제는 미해결이다. 현재 취기의 측정은 가장 예민하며 간편하게 사람의 후각에 의한 방법이 채용되고 있다. 취기의 강도 평가기준은 표 9.15와 같이 5단계나 7단계로 분류하고 있다.

표 9.15 취기의 단계 구분

5단계		7단계	
취기의 강도	감각 정도	취기의 강도	감각 정도
0	감지 불능	0	무취
1	겨우 감지	1/2	최소한도
2	확실히 감지	1	명확
3	도망칠 채비를 할 정도의 강도	2	보통
4	더 이상 배겨 있을 수 없을 정도의 강도	3	강함
		4	맹렬
		5	견딜 수 없음

9.4.3 Decipol

F.O.Fanger는 화학적으로는 불가능한 실내공기의 질을 평가하기 위하여 인간을 대상으로 취기수준을 새로운 단위 decipol, 취기발생원의 강도를 새로운 단위 olf로 평가하였다.

1 olf(라틴어에서 후각을 의미하는 'olftus'에서 유래되었다)는 한 사람의 표준성인(하루에 평균 0.7회 목욕하는 정도의 위생습관을 갖고, 쾌적한 온열환경이 조성된 사무실에서 정좌상태로 근무하는 표준체격의 성인)으로부터 발생하는 공기오염물질(생체발산물질)의 발생률이다. 이를 이용한 다른 오염물질의 강도는 실제 발생원과 동일한 양의 오염물질을 발생할 수 있는 표준성인의 수로 표시한다.

실내공기의 오염농도는 오염물질의 발생량과 환기량에 의한 희석으로 결정된다. 실내의 오염원에 의한 총 오염물질 발생량은 등가의 표준성인수로써 표시할 수 있다. 이상의 환기량과 등가수의 관계에 의해 오염정도를 나타내는 개념이 decipol이다.

1 decipol(decipol의 pol은 라틴어에서 오염을 의미하는 'pollutio'에서 유래되었다)은 10 L/s의 청정공기에 의해서 환기되고 있는 실내에서 표준성인 한사람이 발생하는 양과 동일한 오염물질이 발생하고 있을 때에 해당하는 실내의 오염도이다.

1 olf는 1인의 표준인간으로부터의 체취발생률, 1 decipol은 1인의 표준인간(1 olf)에서 발생하는 체취가 10 L/s의 청정한 공기에 의해 환기되고 있을 때의 취기수준이다. 즉 냄새의 발생량이 1 olf 때에 1 L/s의 환기량을 준 경우 실내의 냄새강도가 1 pol이고, 그 10분의 1이 decipol이다.

$$1\ \text{deciopol} = 0.1\ \text{olf/(L/s)} \tag{9.10}$$

9.4.4 실온상승에 따른 필요환기량

실내에서 매시 H J의 발열이 있을 때 실온을 t_i℃로 유지하기 위하여 필요한 환기량 Q m^3/h는 외기온도를 t_o℃로 하면 다음 식에서 근사된다.

$$0.34Q(t_i - t_o) = H \tag{9.11}$$

여기서, 0.34 : 공기 1 m^{3}의 열용량[J/m^3℃]

실내에서 발생하는 수증기에 대해서는 실내의 습도를 일정하게 유지하기 위한 필요환기량[m³/h]은 수증기 발생량을 W[kg/l], 건조공기 1 m³의 질량 $r=1.2$ [kg/m³], 실내외 절대습도차(허용차)를 Δx [kg/kg′]로 하면 다음 식에서 구해진다.

$$Q=\frac{W}{r\Delta x}\ [\mathrm{m^3/h}] \tag{9.12}$$

예제 9.5

외기온도 15℃, 1인의 매시 발생열량 60 w에서 실온을 22℃로 유지하기 위하여 필요한 환기량을 구하여라.

풀이

$$Q=\frac{H}{0.34(t_i-t_o)}=\frac{60}{0.34(22-15)}=29.5\ [\mathrm{m^3/h}]$$

예제 9.6

수증기 발생량이 1.2 [kg/h]일 때 실내 절대습도를 0.010 [kg/kg′]으로 유지하기 위한 필요환기량을 구하여라. 다만, 외기의 절대습도를 0.005 [kg/kg′]로 한다.

풀이

$$Q=\frac{W}{r\Delta x}=\frac{1.2}{1.2(0.010-0.005)}=200\ [\mathrm{m^3/h}]$$

9.4.5 필요환기량 기준

기계환기설비를 실시하여야 하는 다중이용시설 및 각 시설의 필요 환기량은 표 9.16과 같다.

표 9.16 필요환기량

다중이용시설 구분		필요환기량[m³/인 · h]	비 고
지하시설	1) 지하역사	25 이상	
	2) 지하도상가	36 이상	매장(상점) 기준
문화 및 집회시설		29 이상	
판매시설		29 이상	
운수시설		29 이상	

표 9.16 필요환기량(계속)

다중이용시설 구분	필요환기량[m³/인 · h]	비 고
의료시설	36 이상	
교육연구시설	36 이상	
노유자시설	36 이상	
업무시설	29 이상	
자동차 관련 시설	27 이상	
장례식장	36 이상	
그 밖의 시설	25 이상	

[주] 1. 연면적 또는 바닥면적을 산정할 때에는 실내공간에 설치된 시설이 차지하는 연면적 또는 바닥면적을 기준으로 한다.
2. 필요환기량은 예상 이용인원이 가장 높은 시간대를 기준으로 산정한다.
3. 의료시설 중 수술실 등 특수 용도로 사용되는 실(室)의 경우에는 소관 중앙행정기관의 장이 달리 정할 수 있다.
4. 자동차 관련 시설의 필요환기량은 단위면적당 환기량[$m^3/m^2 \cdot h$]으로 산정한다.

9.4.6 환기횟수

어느 실의 환기량을 실의 용적(氣積)으로 나눈 값을 환기횟수(air change per hour)라고 한다. 환기횟수에 의하면 1시간당 실내의 공기가 몇 회분 완전히 교체된 것으로 되는가가 나타난다.

자연환기에 의한 경우 환기량은 대체로 실의 크기에 비례하므로 환기횟수로 나타내는 수가 많다. 그러나 자연환기 방법은 공기의 물리적 변화를 응용하는 것이므로 만일 그 원동력이 없는 경우에는 환기를 기대할 수 없다. 또한 외기온도나 외부 풍속은 시시각각으로 변하므로 정확히 계획된 환기량을 유지하기가 곤란하다.

표 9.17은 외벽 면적에 대한 개구부의 면적비가 평균 25 %이며, 외부 노출이 일반

표 9.17 환기량

실의 종류	시간당 환기횟수
창 또는 외부에 면한 문이 없는 실	0.5
한 쪽 면에만 창 또는 외부에 면한 문이 있는 실	1
2면에 창 또는 외부에 면한 문이 있는 실	1.5
3면에 창 또는 외부에 면한 문이 있는 실	2
입구 홀	2

[주] 창틀을 기밀하게 한 실에 대해서는 이 값의 2/3를 사용한다.
*출처 : ASHRAE Handbook of Fundamentals(1981)

상태일 때의 주거용 건물에 대한 환기량 자료이다. 한 쪽 벽면에만 창이 있는 실에서 24시간 창을 열어 놓았을 때 환기량은 시간당 약 10회가 된다.

다중이용시설에는 공기정화설비 및 일정 구조·기준의 환기설비를 설치하도록 의무화하고 있다(표 9.18).

100세대 이상 신축 또는 리모델링하는 공동주택과 공동주택을 다른 용도와 복합하여 건축하는 건축물로서 주거부분이 100세대 이상인 건축물의 필요 환기량을 시간당 0.7회 이상으로 한다.

공기정화시설을 갖춘 사무실에서 근로자 1인당 필요한 최소외기량은 0.57 m^3/min이며, 환기횟수는 시간당 4회 이상으로 한다.

공장이나 산업용 건물에 있어서의 시간당 환기횟수에 의한 계산방법의 사용은 창의 형태나 전체 외벽 면적에 대한 상대적 창의 면적비가 크게 달라지므로 적합하지 않다.

표 9.18 환기설비 설치기준

산정기준 \ 다중이용시설	여객자동차터미널의 대합실, 철도역사의 대합실, 공항시설 중 여객터미널, 항만시설 중 대합실	지하역사, 지하도상가, 도서관, 박물관, 미술관, 장례식장, 찜질방, 대규모점포	의료기관, 보육시설, 노인의료시설, 산후조리원	실내 주차장
환기횟수 [회/h]	0.3 이상	0.5 이상	0.7 이상	3 이상
이용인원당 환기량 [m^3/인·h]	25 이상	25 이상	25 이상	25 이상

[주] 실내주차장은 사람이 아닌 차량이 주 오염원이므로 이용인원당 환기량 기준을 단위면적당 환기량[m^3/m^2h]으로 변경하여 적용

예제 9.7

바닥면적 6 × 9 m, 천장높이 3 m인 실의 재실자가 30명, 개방형 가스 스토브에 의한 CO_2 발생량이 0.5 m^3/h이었다. 이 때의 실내 평균 CO_2 농도는 5,000 ppm이었다. 이 방의 환기횟수를 구하여라. 다만, 재실자 1인당의 CO_2 발생량은 18 ℓ/h·인, 외기 CO_2 농도는 400 ppm으로 한다.

풀이

환기량 $Q = \dfrac{18 \times 30 \times 10^{-3} + 0.5}{(5,000 - 400) \times 10^{-6}} \fallingdotseq 226\ [m^3/h]$,

따라서 환기횟수 $n = \dfrac{226}{6 \times 9 \times 3} \fallingdotseq 1.4$ [회/h]

9.4.7 환기 효율

환기 효율(air change efficency)은 환기의 질을 나타내기 위한 척도이다. 환기 효율에는 환기의 질을 어떻게 판단하느냐에 따라 크게 2가지 지표가 이용된다. 하나는 공간 내의 오염물질 제거가 효율적으로 이뤄지는지를 나타내는 오염물질 제거 효율, 또 하나는 공간 내의 공기가 얼마나 신속하게 교환되는지를 나타내는 공기 교환 효율이다(그림 9.17).

오염물질의 발생 위치, 양 등의 상세 정보를 이미 알고 있으면 오염물질 제거 효율이 적용되고, 오염물질 발생원의 정보가 적거나 없는 경우에는 공기 교환 효율이 이용된다.

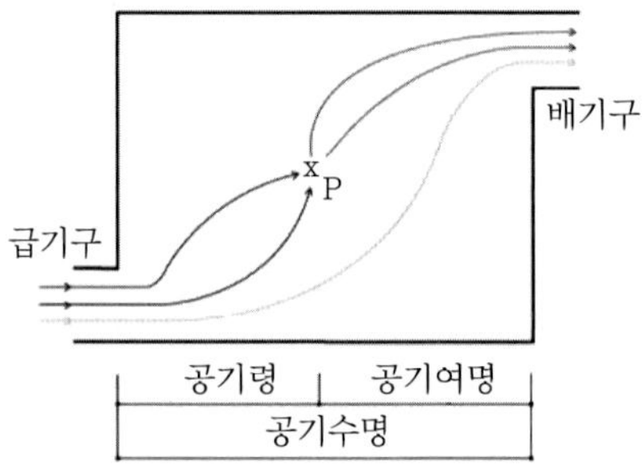

그림 9.17 환기효율

1) 공기 교환 효율

공기 교환 효율은 실제 공기 교환 시간과 이론상의 최소 공기 교환 시간과의 대비이고, "공기 교환 효율 = 최소 공기 교환 시간/실제 공기 교환 시간"으로 나타난다.

2) 오염물질 제거 효율

오염물질 제거 효율은 공간의 평균 오염물질 농도와 배기 오염물질 농도와의 대비이고, "오염물질 제거 효율 = 공간의 평균 오염물질 농도/배기 오염물질 농도"로 나타난다.

3) 공기령

공기령(age of air)은 유입된 공기가 해당 공간 중에 머문 시간의 길이로 정의된다.

일반적으로는 가장 새로운 공기(공기령이 낮음)는 외부 공기가 실내로 들어온 곳에 존재하고, 오래된 공기(공기령이 높음)는 실내의 공기가 탁한 곳에서 보인다. 공기령의 값이 작을수록 그 지점의 공기 신선도는 높고, 공기령이 길수록 환기효율은 낮다.

공기령은 2가지 뜻으로 쓰인다. 하나는 공간의 급기구(창 또는 환기구)에서 실내의 임의의 국소까지 이동하는데 걸리는 평균 시간이고, 이것을 '국소 공기령'이라고 정의한다. 또한 공간에서의 국소 공기령의 평균치를 '공간 평균 공기령'이라고 하여 구별한다. 국소 공기령의 공간 분포 측정에서는 환기 경로 및 국부적인 공기의 정체 영역 등을 평가할 수 있다. 또한 공간 평균 공기령에서는 공간의 환기 효율을 추정할 수 있다.

4) 공기 여명

공기여명(residual life time of air)은 실내 각 지점을 통과한 공기가 배출되기까지의 시간이다. 공기가 어느 지점에서 배기구에 이르기까지(오염이 발생한 공기가 혼합되어 있는 상태)의 시간을 말한다. 공기 여명이 짧을수록 오염된 공기가 빨리 배출되는 것을 나타낸다. 즉 공기여명의 값이 작을수록 발생한 오염물질을 빠르게 배출할 수 있다.

5) 공기 수명

공기 수명(life time of air)은 급기구에서 특정 지점을 경유하여 배기구에 이르는 시간을 말한다. 즉 공기령+공기 여명을 공기 수명이라고 한다.

9.5 환기설계

9.5.1 환기계획과 건물의 환경

(1) 외기 오염도

실내 오염물질의 희석·배제를 위하여 실내에 도입하는 공기는 신선공기가 아니면 의미없는 것은 당연하지만, 최근에는 자동차 배기가스나 공장배기 때문에 시가지나 공업지역에 있어서는 신선한 외기가 이미 오염되어 있는 경우가 적지 않다.

이와 같은 경우에 도입공기의 정화장치를 설치할 필요가 생긴다. 또 반대로 공장 등에서 오염공기를 배출하는 경우에는 대기를 오염하지 않기 위하여 배출공기를 정화하면서 배출할 의무가 있다.

(2) 건물의 배치와 환기 개구의 배치

환기를 위하여 급기구나 배기구의 위치에 따라서는 인접 건물이나 건물 자체의 영향에 의하여 생각지 못한 강풍이 급기구나 배기구에 부딪치는 것이 고려되고, 기계력에 의해서도 역류가 생기는 일이 있을 수 있으므로 주의를 요한다.

건물 주변의 기류는 그것이 단독의 경우와 가까이에 건물이 있는 경우에 매우 다르고, 예측이 어려운 현실에는 풍동 모형실험에 의뢰하고 있다. 또 인접 건물에서 배출된 오염공기를 급기구에서 도입되지 않도록 주의할 필요가 있다.

(3) 통 풍

통풍(draft)이라고 하면 일반적으로 2가지의 의미가 있다. 첫째는 주로 습기를 제거하기 위하여 개방된 개구부에 의해 대량의 환기를 행하는 것으로 지붕속, 바닥 밑 등의 환기를 통풍이라고 하는 것이다. 둘째는 체감기류를 얻을 목적에서 풍상측과 풍하측의 개구부를 개방하여 바람이 실내를 지나가도록 하는 것으로 하계, 기온이 높을 때 체열의 발산을 촉진하고 실내를 쾌적기후범위에 가깝게 하기 위한 유효한 수단으로 되어 있다. 따라서 통풍에서는 풍량보다 오히려 유속과 유로가 중요하다.

유속은 1 m/s~0.5 m/s가 적당하고, 취침시에도 0.3 m/s 정도의 움직임이 있는 편이 적당하다. 또 유로는 바람의 유출구 위치에 지배되는 수가 많다. 실용적에 대하여 창의 면적이 작으면 창의 부분에서 유속이 크더라도 실내에서는 곧 소멸된다. 이 때문에 유입구는 가능한 한 크게 하고, 유출구는 분산 배치하여 유로를 한정시키지 않고, 실내에서의 유속과 함께 유로의 조절을 가능하게 하는 편이 적당하다.

통풍계획에 있어서는 하계의 향풍방향을 첫째로 고려하는 것은 물론이지만 특히 건물 부근의 지형, 지물이나 인접 건물의 영향이 몹시 크므로 국소풍에 대하여 충분한 조사를 하여야 한다. 또 담이나 정원수 등을 이용하여 통풍을 조장할 수 있지만 방법이 잘못되면 효과가 없을 뿐 아니라 통풍을 방해하게 되므로 주의를 요한다(그림 9.18).

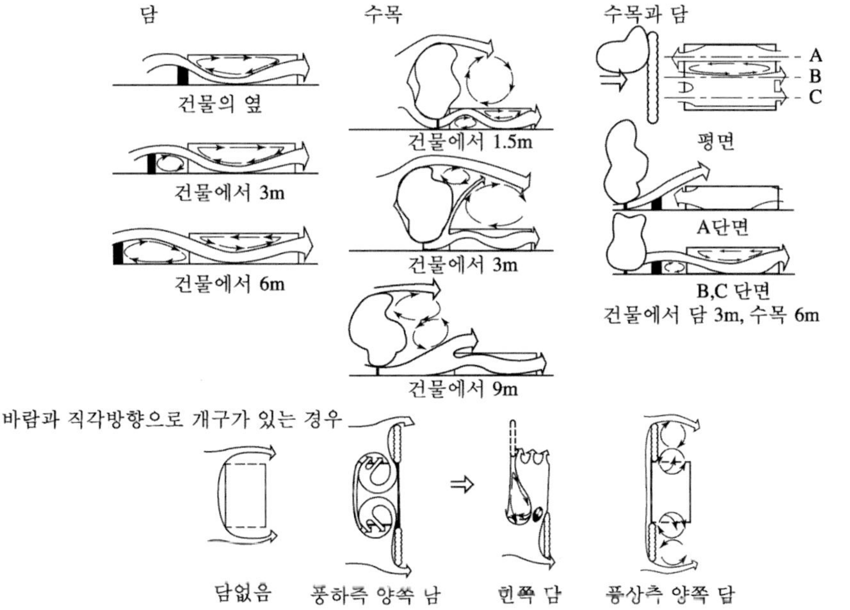

그림 9.18 지물에 의한 통풍의 변화(Olgyay)

9.5.2 환기보조장치

(1) 환기통

자연환기는 다소의 설비를 시공하면 환기 효과를 높일 수 있다.

환기통(roof ventilator)은 가장 일반적인 방법이며, 주로 외부의 바람에 의한 흡출력을 이용하는 것이다. 환기통에 히터를 부착한 것이 있는데 이 경우는 통 내부의 공기에 큰 부력이 생기고, 이에 의해서 환기가 정상적으로 촉진되는 효과가 있다.

환기통을 부엌이나 변소 등에 사용하면 이 이유에서 다른 실에의 취기 누설방지에 효과가 있다.

지붕의 마룻대(棟)의 부분 등에 직접 부착하는 roof ventilator는 그림 9.19(a), (b)와 같은 것이며, 풍력에 의해서 부압 부분을 만들고, 실내의 공기를 흡출하는 방법이다. 특히 (b)는 머리부의 날개에 의해서 배기구가 항상 풍하측으로 향하도록 되어 바람의 흡출작용이 효과적으로 이루어지도록 고안되어 있다.

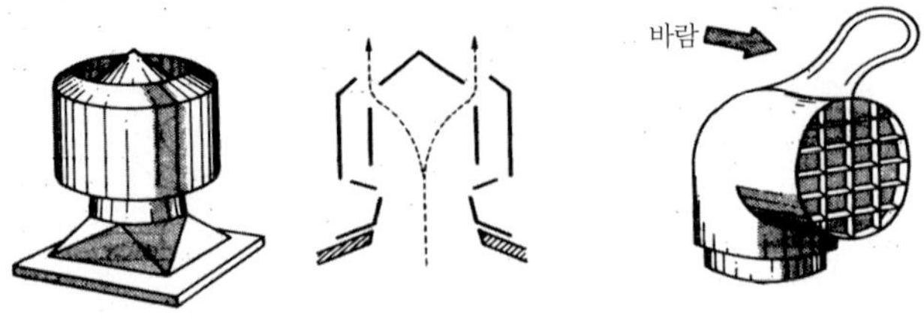

(a) 고정식 (b) 회전식

그림 9.19 벤틸레이터(팬을 부착한 강제환기방식의 것도 있다)

(2) 솟을지붕

노(爐) 등이 있는 고열작업장에서 실내가 고온인 것에 의해 공기의 큰 부력을 이용하고, 바람의 힘을 빌어 실내에서 발생한 가스나 취기, 연기, 분진 등을 제거하기 위한 구조물을 모니터 루프라고 하며, 그림 9.20과 같이 지붕의 동부(棟部)에 환기구를 설치하고 여기에 작은 지붕을 걸친다.

바람이 없을 때에는 솟을지붕(monitor roof)이 공기의 유출구가 되고, 창 기타의 개구부가 유입구가 된다[그림 9.20(a)]. 바람이 강한 경우는 바람은 솟을지붕 부분을 관통하여 흐르고 대류에 의해서 상승된 실내공기를 가지고 가는 것도 있는데[그림 9.20(c)], 오히려 역류하여 공기가 실내에 압입되는 수가 많다[그림 9.20(d)]. 또 바람이 약하여 풍상측의 풍압이 온도차에 의한 압력과 균형이 잡히도록 한 경우는 상쇄되어 환기효과는 저하한다[그림 9.20(b)]. 이러한 결점을 보완하기 위하여 솟을지붕의 개구부

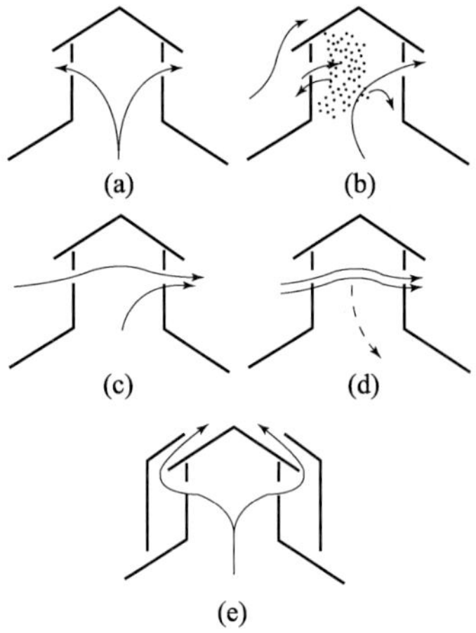

그림 9.20 솟을지붕의 환기효과

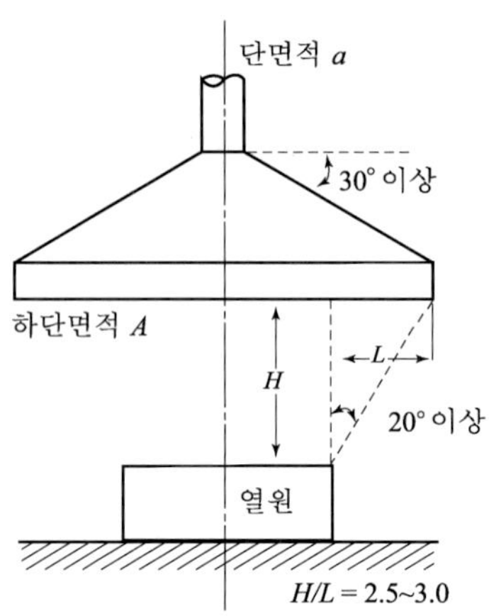

그림 9.21 후 드

앞에 가리개를 세우고 바람에 의한 부압을 이용하여 실내공기를 흡출하는 방법이 취해진다[그림 9.20(e)]. 이 경우는 어떤 풍향에 대해서도 환기효과를 얻을 수 있다.

(3) 후 드

작업장의 발생가스에 오염물질이 많을 때나 유해도가 높을 때에는 그것들이 실내에 확산되기 전에 발생원 가까이 배기구를 설치하여 실외로 배출하는 것이 바람직하다. 이와 같은 때에 후드(hood)가 사용된다(그림 9.21).

후드는 공기오염물질의 발생원을 둘러싸면 효과적이다. 그래서 후드의 위치는 발생원에 가까울수록 적합하다.

후드를 크게 하면 여기에 접속되는 배기통도 크게 하여야 한다. 자연환기에 의한 경우는 배기통 단면적 a의 후드 하단면적 A에 대한 비는 1/5 이상이 된다. 대형의 경우는 배풍기를 후드에 부착하여 배기하는 것이 보통이다.

후드의 배기량 Q는 다음 식으로 나타난다.

$$Q = 1.4pHv \text{ [m}^3\text{/분]} \tag{9.13}$$

여기서, p : 후드 하변의 둘레길이[m]

H : 후드 개구에서 작업대까지의 수직거리[m]

v : 작업대와 후드의 사이를 통과하는 공기의 유속[m/분]

실내 기류가 작을 때에는 0.15~0.30 [m/s]

클 때에는 0.20~0.40 [m/s]

9.5.3 공기정화계획

공기조화나 환기설비에 있어서 실내에 공급되는 공기는 실내에서 발생하는 가스나 분진을 희석하는 의미도 지니고 있다. 따라서 공급할 수 있는 공기는 보다 저농도인 것이 필요하며 노입외기, 재순환공기 모두 공기정화장치에서 청정하게 공급한다. 종별에 따른 공기정화의 계획을 표 9.19에 나타낸다.

표 9.19 공기정화의 계획

종 별	목 적	문제되는 오염물질	대 상	영 향	대 책
발생원 대책	광역대기오염방지, 근린공기 오염방지, 유가물회수	일산화탄소・질소산화물・유황산화물・분진・오존・옥시단트・탄화수소, 기타의 유해물질	일반주민의 연속피폭	장기・단기 피폭에 의한 만성・급성의 생리학적・역학적 영향	배출제한・정화설비에 의한 배출 농도저하・확산희석
노동 위생 대책	직업병・상해방지, 노동재해 방지	생산과정에 발생・조우하는 각종 유해물질	노동자의 노동시간 중 피폭	만성・급성의 직업병	후드・마스크 기타의 피폭 방지장치, 환기・제진장치
일반 환경 위생 대책	쾌적성의 유지・환경위생 수준 유지・질병방지・오염방지	일산화탄소・이산화탄소・분진・취기・공중미생물・유황산화물・질소산화물・담배연기・모래먼지・산소결핍	일반주민의 연속피폭, 물체・건물의 마감	생활장애・만성・급성의 생리학적 심리학적・역학적 영향물, 마감의 오염	공기정화검토, 오염발생・침입의 방지, 환기장치의 이용
병원 등 의료 시설 대책	감염방지(bio clean 시설・일반시설) 오염방지 약품먼지 장애방지	각종 병원성 미생물 각종 오염물질 약품먼지	환자・직원 피검사물 등, 직원	감염 알레르기 등	오염관리시스템, 후드・마스크 등의 이용
공업 시설 정화 대책	공업제품의 오염방지(무생물 입자) 공업제품의 오염방지(생물입자)	각종 시설물질・각종 오염물질 각종 오염물질・생물입자	공업제품 공업제품(식품・의약품)	성능・신뢰성 저하 성능・신뢰성・보존성 저하	클린룸 시스템・오염관리시스템 바이오 클린 시스템
연소 배기 대책	중독사고 방지・질병방지	일산화탄소・산소저하・이산화탄소・탄화수소・질소산화물・분진	일반주민・작업물・각종 시설	사망에 이르는 중독사고에서 장기피폭에 의한 만성적 영향까지	개방형기구의 폐지, 배기통・배기・환기 등

분진에 의한 인체에의 유독성에 대해서는 그 화학적 성질이나 세균의 종류 등에 따라 매우 다르다. 이들 입자상의 오염물질에 대해서는 여과 또는 정전기에 의한 제진이 행해지지만 대상이 되는 실내의 조건에 대하여 정화장치의 성능이 결정된다.

유해가스에 대해서도 재실자의 건강면에서 제거해야 할 양이 결정되는데 일반적으로 분진에 비하여 제거하기 어려운 것이고, 실내에서 발생하는 장소가 제한되어 있으면 국소배기하는 것이 바람직하다. 또한 외기 도입구도 인접건물이나 풍향을 고려하여 오염이 작은 장소에 설치해야 한다.

가스상의 오염물질에 대해서는 활성탄 등에 의한 흡착과 물이나 흡수용액에 의한 수세의 방법이 있다.

9.6 각종 건물의 환기계획

9.6.1 주택 · 아파트

실내에서 화기를 사용한 경우 환기가 불충분하여, 불완전연소로 CO 중독 등의 사고가 발생하고 있다. 특히 순간탕비기의 경우에 사고 발생률이 높다. 통상 주방에서는 가스 레인지 윗쪽에 후드나 환기팬을 설치하고 있으나, 순간탕비기는 약간 떨어진 위치에 설치하는 경우가 많다. 이와 같은 때에는 탕비기 전용의 환기팬이나 배기용 연돌을 설치해야 한다.

고층 아파트의 경우 주방이나 욕실이 직접 외기에 면하여 있지 않는 평면 형식이 많다. 이 경우 여러 가지 배기방식이 채용되고 있다(그림 9.22).

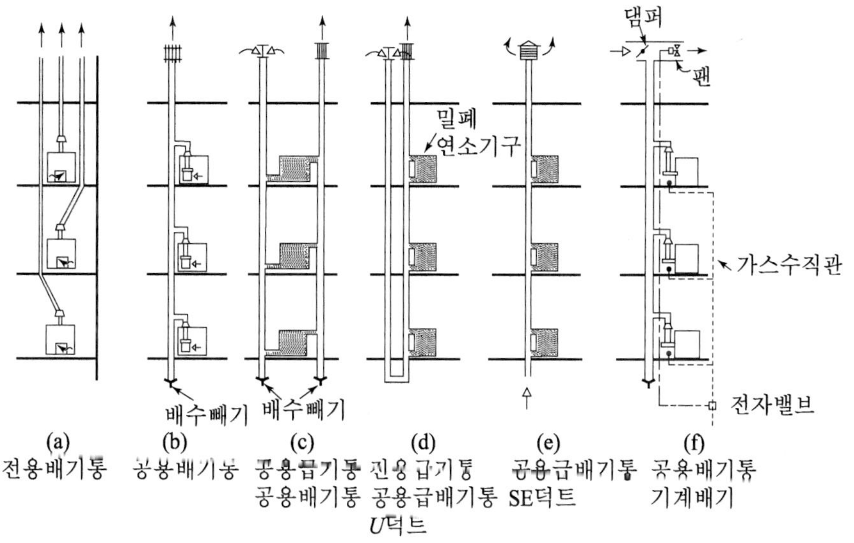

그림 9.22 가존 배기방식

이와 같은 배기방식을 채용하여도 운전을 잘못하면 사고로 이어진다. 형식 (f)에서 팬을 시종 운전하면 비경제적이고 소음도 발생하기 때문에 심야운전을 정지했을 때 오염 가스가 역류하여 사고를 유발한 예가 있다.

또 오염 가스에 의한 중독 사고에 이르지 않더라도 실내에서 연소하면 다량의 수증기가 발생하여 결로 현상이 일어나므로 연소 가스를 실내에 방출하는 난방방식은 가능한 한 피하고, 배기 가스가 연돌을 통하여 외부로 배출되는 방식이든가, 전기 또는 온수난방 방식으로 전환해야 할 것이다.

또한 화장실은 취기가 인접실에 누설하지 않도록 주위의 인접실보다 저압으로 한다. 그리고 필요에 따라 배기통을 처마 위 또는 옥상까지 올리거나, 정상부에 통풍기(ventilator)를 설치한다. 배기구는 통상 천장 바로 아래에 설치하고 있다. 고층 주택 등에서는 주방과 마찬가지로 공용 배기통에 의한 방식이 채용되고 있다.

다음에 지붕속 환기도 중요한 사항이다. 여름에는 지붕면에서 다량의 일사열이 지붕속에 침입한다. 지붕속 공간은 작고 그 환기도 불충분하므로 일사열이 천장을 통하여 실내에 침입한다.

일사열 방지를 위하여 천장의 단열성을 높이는 것은 물론이지만 지붕속 환기를 크게 하고, 실내에 침입하기 전에 옥외에 방출하는 것도 효과적이다. 따라서 적당한 크기의 환기구가 필요하다. 그런데 천장에 환기구를 설치하면 지붕속에 결로가 발생하는 원인이 되므로 피해야 한다. 방서상 천장의 단열성을 높이고 천장속의 환기를 증진하는 방법이 바람직하다.

9.6.2 교 실

학교 교실에 있어서 위생상 필요한 환기량은 1인당 21.6 m^3/h 이상이 되도록 한다. 따라서 동계 난방시에는 폐쇄되지 않는 전용 환기구를 외벽, 복도 측면 및 복도 외벽에 설치하고, 찬바람(colddraft)을 방지하기 위한 개구는 높은 위치에 잡고, 확산판, 편향판을 설치한다.

이와 같이 창 상부는 환기 전용으로 창대 하부는 통풍 전용으로 하고, 창은 채광과 시선을 위하여 설치하고, 일사차폐용의 차양, 루버와 함께 외벽면을 구성한다.

창개구를 환기와 병용하는 경우에는 오르내리창, 미서기창, 호퍼창(그림 9.23 참조)이 적당하며, 여닫이창은 부적당하다. 슬래브 건물 교실에서는 복도 옥상으로 개방하는 고창 혹은 자연환기장치에 의하여 소요환기량을 공급하는 것은 용이하다.

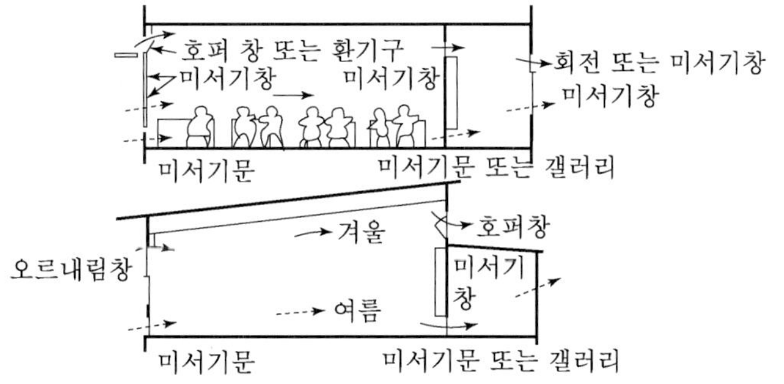

그림 9.23 교실의 환기

9.6.3 집회실

시청각실(auditorium), 극장, 영화관 등의 특수건축물에 있어서 환기량은 최저 1인당 20 m^3/h, 공조설비의 경우도 이 양이 필요외기량으로서 확보되어야 한다. 기계환기만의 경우는 하계, 분출기류의 방향을 객석으로 향하여 온감의 저하를 도모할 수 있고, 또 끽연실, 변소 등으로부터의 공기유입이 피해지므로 압입식 환기가 추장된다. 이 경우 급배기구의 위치, 개수, 형식, 급기구의 분출 속도는 실내 기류분포의 양부를 결정한다.

높은 천장면에 확산형 분출구를 부착하는 것은 부적당하고, 넓은 상부공간을 이용하여 혼합, 확산할 수 있는 노즐형 혹은 슬롯형 분출구가 적당하고 경제적이다. 배기구는 반드시 객석 내에 설치하고, 규모가 큰 경우는 분산 배치한다. 발코니 상부 및 하부는 국소적으로 온도가 상승하고, 오염도도 높아지므로 환기량을 늘리든가, 배기구를 설치하면 좋다. 투광기실, 조광기실, 영사실은 열발생이 커지므로 마찬가지의 주의가 필요하다.

동계 무대공간이 저온이고, 객석이 고온이면 이른바 무대풍이 객석으로 흐른다. 이의 방지를 위하여 무대 후벽에 상향가열공기의 분출구를 설치하는 것은 비교적 용이한 대책일 것이다.

9.6.4 사무실

사무실은 시가지에 건립한 다실 건물 또는 고층 건물인 경우가 많다. 따라서 도시 소음이나 대기오염에 대한 대책이 필요하다. 소음 대책으로서 창을 열지 못하게 한다든지, 기밀성 새시를 설치하고 있다. 그 결과 열환경 조절뿐만 아니라 신선 외기의 도입이나 공기정화장치 등에 의해 공기정화를 행하고 있다. 하지만 도시의 외기는 반드시 신선하지 않다. 특히 도로 가까이에서는 자동차의 배기 가스에 의한 오염이 심하다. 외기 도입구는 될 수 있는 한 도로에서 떨어진 위치에 설치해야 할 것이다.

도입 외기는 공조기를 통하여 정화되어 실내에 분출된다. 그러나 일반적으로 설치하고 있는 정화장치는 집진기(dust collector)와 공기세정기(air washer)이다. 그러므로 집진은 비교적 유효하게 제거할 수 있지만 CO 등 오염 가스는 그냥 지나친다. 또 끽연과 같이 실내에 큰 발생원이 있는 경우 소규모의 환기나 정화장치를 설치하여도 부유분진은 기준치를 넘는 수가 있다. 끽연에 의한 실내 공기오염 대책으로서 끽연실을 별도로 설치하거나 담배 연기가 실내에 확산되지 않는 환기방식을 채용하는 등 근본적인 대책이 필요할 것이다.

또한 사무소 빌딩에서는 기계환기에 의해 소요의 환기를 해야 할 것이다. 그러나 건물 주변에 복잡한 풍압분포가 생기고 외기 도입량도 외부풍의 영향을 받을 수 있다. 또 계단실 등이 연돌효과를 발휘하여 예상 외의 자연환기를 발생하고 있는 경우도 있기 때문에 주의할 필요가 있다.

9.6.5 공 장

공장 건설은 지역의 환경 보전과 함께 작업 환경의 유지라는 양면에서 계획하여야 한다.

먼저 공장의 종별로서 열발생이 적은 공장과 고열 공장으로 분류할 수 있다. 전자는 용접열 정도의 열발생밖에 없는 공장이며, 후자는 주조나 단조 공장 등을 들 수 있다.

저열원 공장에서 독립 건물의 경우 자연환기를 원칙으로 하고, 여름은 창을 개방, 겨울은 창, 출입구를 폐쇄한다. 따라서 겨울에 용접 가스 등의 정체가 있기 때문에 급기구를 고려할 필요가 있다.

또 연속 건물의 경우 중앙부 부근이 문제이며, 용접 가스가 정체한다. 모니터나 벤틸레이터를 사용한 연속 건물에서 각 건물의 환기 능력이 같으면 양단부의 배기 효과가 커지고, 중앙부는 거의 환기되지 않는다. 그러므로 중앙일수록 능력이 큰 것을 설치하고 각 건물의 환기량의 평균화를 도모하여야 한다.

또한 환기의 기본적 사항이지만 모니터나 배기팬을 설치하는 데 급기구를 설치하지 않는 예가 있다. 이것은 틈이 충분하지 않으면 환기 효과가 현저히 감소된다. 또 반대로 배기팬과 창이 인접하여 있으면 공기가 단락되고, 실의 전반환기를 저해할 수도 있기 때문에 주의해야 할 것이다.

이 경우에는 여름에도 문제가 있다. 그것은 지붕면에서의 복사열이다. 이 대책으로서 지붕에 살수하든가, 급기에 의한 냉풍 효과로 체감온도의 저하를 도모하고 있다. 이와 같이 여름과 겨울에 상반하는 요구가 생기어 여름은 압입식 기계환기, 겨울은 흡출식 기계환기이고, 팬의 스위치 전환을 행하는 방법도 있다.

다음에 고열원 공장에서 독립 건물의 경우 모니터 등에 의한 자연배기가 일반적으로 경제적이다. 또 열원이 작을 때 후드의 병용이 효과적이다.

연속 건물의 경우 저열원에 비하여 자연배기는 유리하다. 열원이 건물 주변에 있으면 급기의 확보는 간단하지만 중앙부의 경우 급기가 불충분하게 된다. 이 경우 압입식 환기로 중앙부에 강제급기할 필요가 있다. 이 외에 여름에는 열원 부근의 작업자는 상당한 고열 환경에 있기 때문에 부분냉각(spot cooling) 등의 조치가 필요하게 된다.

확인학습

1 이산화탄소(CO_2)는 공기 청정도의 지표가 되고 공기보다 (　　　), 자연환경에서는 대기 조성의 (　　　)(용적률) 전후이다.

2 탄산가스는 공기보다 (　　　)이 크고, 무취이다. 거실 환경으로서의 허용농도는 (　　　)% 이하가 좋다고 한다.

3 환기량은 거주인수 뿐만 아니라 1인당의 (　　　), 끽연량에 의해서도 변할 필요가 있다.

4 중앙관리 방식의 공기조화 목적은 (　　　)를 정화하고, 그 (　　　), 습도 혹은 (　　　)을 (　　　)하여 (　　　)하는 것이다.

5 환기에는 인체의 (　　　)면과 결로방지, 또는 (　　　)의 오손방지의 2가지 목적이 있다.

6 환기량은 실내외의 (　　　)에 비례한다. 온도차에 의하여 일어나는 환기는 내외의 공기 (　　　)의 차에 의한 부력에 따르고 있다. 따라서 환기량은 내외의 (　　　)와 (　　　)의 높이에 비례하여 변화한다.

7 일반적으로 방출된 물질은 바람에 의하여 운반되므로 (　　　)에서 풍하측이 오염되는 정도는 (　　　)에 반비례한다.

8 통상의 공기에 포함되어 있는 산소의 용적은 약 (　　　)%인데, 이것이 약 (　　　)% 정도까지 저하되면 연소기구는 불완전 연소를 시작하고, 또 약 (　　　)% 정도까지 저하되면 사람은 사망하게 된다.

9 환기란 무엇인가?

10 통풍이란 무엇인가?

11 일반적으로 필요환기량 CO_2 가스농도를 지표로 결정하고 있는데 그 문제점에 대하여 설명하여라.

12 새집증후군, 새빌딩증후군이란 무엇인가?

13 자연 환기의 구동력을 설명하라.

14 풍압계수를 설명하라.

15 환기의 목적을 4종류 이상 들어라.

16 병용식 환기법(제1종 기계환기 시스템)이란 어떤 시스템인가?

17 늘 실내가 부압이 되는 환기 시스템은?

18 전반환기와 국소환기를 설명하라.

Noise

제10장 | 소 음

10.1 음의 특성

10.1.1 음의 전파

(1) 음의 정의

우리들이 일상생활을 영위하고 있는 지구상에는 공기압이 존재한다. 음(sound) 또는 음파(sound wave)란 음원에서 발생한 진동이 공기압의 주기적인 변화를 일으켜 조밀파(粗密波)의 형태로 전파(propagation)되는 현상을 말한다.

음은 우리의 귀를 통하여 크기(loudness), 고저(pitch), 세기(intensity) 등의 특수한 감각, 이른바 청각에 의한 외계의 물리적 자극이다. 즉 음파 또는 음파에 의하여 나타난 청각적 감각이라고 정의할 수 있다. 이 물리적 자극은 매질(기체, 액체, 고체의 어느 것, 일반적으로는 탄성체를 말한다)이 빠른 밀도변화인데, 파동현상을 나타내므로 음파라고 불리고 있다.

이와 같이 음이란 탄성체 중에 전해지는 파의 일종이고, 음파는 관성(질량)과 탄성(탄력)을 가진 매질 중에서 전해진다. 음파가 존재하는 매실공간을 음장(sound field)이라고 한다. 보통 매질은 공기인데, 공기 중 어느 장소에서 발생한 공기입자의 진동이 파급 전파한다. 이와 같이 전파하는 방향과 매질입자의 운동 방향이 일치하고 있는 파동을 종파(longitudinal wave)라고 한다. 이것은 덩굴 스프링에 힘을 가했을 때의 운동을 예로 들 수 있다. 한쪽 끝을 심하게 압축하면 압축·팽창이 교대로 존재하여 전파한다. 이 압축·팽창은 각 공기입자에서 말하면 속도변화에 의하여 발생하는 압력변화이고, 이것을 음압(sound pressure)이라고 한다.

한 점의 음원에서 구면상을 이루면서 넓어지는 음파를 구면파(spherical wave)라 하고, 음원을 점음원(point source)이라고 한다. 일반적으로 현실의 음원은 치수를 가지

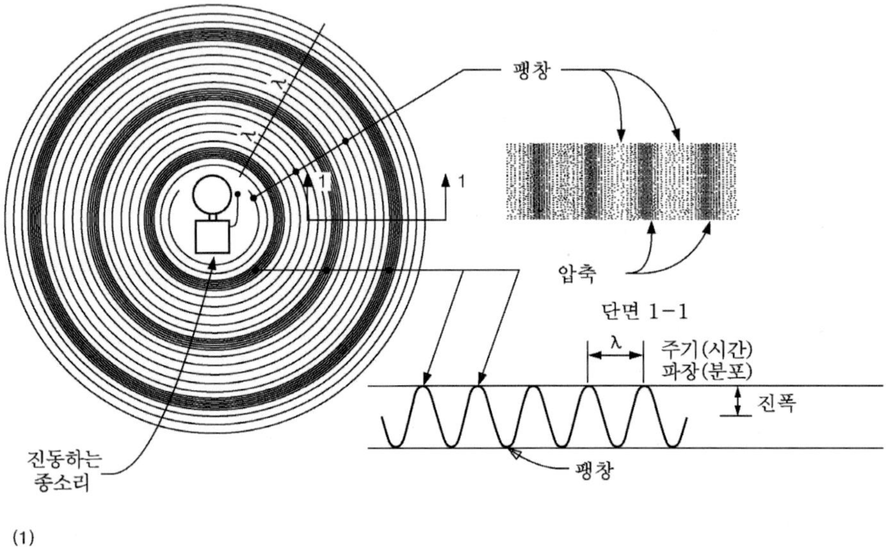

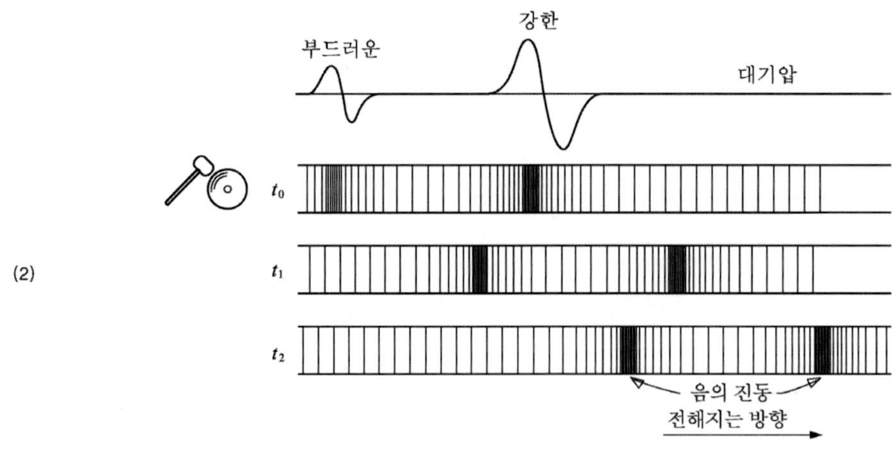

그림 10.1 음압 파동(sound pressure waves)

(1) 종에서 나오는 계속되는 진동은 음원으로부터 수직으로 전해지는 일련의 압축과 팽창에서 기인한다. 진폭은 압력에 의해 전해진다. 즉 큰 진폭은 큰 압축과 큰 팽창을 의미한다(압축과 팽창은 위쪽의 그림에서 보여주는 것처럼 실제 분자현상이지만 선 밀도로서 도식으로 나타난다).
(2) 음원에서 생겨나는 다른 크기(진폭)의 2개의 단일 임펄스. 진폭이 압력의 차이에 의해 전해지는 점에 주의하라.

지만, 그 크기가 파장에 비하여 충분히 작을 때 또는 음원에서 충분히 떨어진 점에서는 점음원으로 보인다. 또한 거리가 매우 먼 점에서 파면(wave front)은 평면에 가까워 평면파(plane wave)로 보인다. 엄밀히는 전파방향이 한 방향뿐이며, 그 방향으로 수직한 평면 위에서 음압이나 입자속도가 일정하여 동위상의 때를 평면파라고 한다.

음은 탄성 매질에서 물리적 파동, 또는 기계적 진동, 또는 다만 일련의 압력변동이다. 부유음에 대한 매질은 공기이고, 구조적 부유음에 대한 매질은 콘크리트, 강재, 목재, 유리 및 이들 모든 재료의 조합이다. 공기 중에서 이들 압력변동은 주기적인 압축과 팽창의 형태로 나타난다(그림 10.1). 종소리는 모든 방향에서 동등하게 순음을 내고, 나선상의 파동을 만들어낸다. 그 종소리가 진동할 때 단면적인 관점의 형태에서 가장 잘 보여주는데, 공기 중에서 같은 주파수의 진동을 내는 것이다.

(2) 주파수

주파수(frequency)는 1초당 대기압 변화의 완전한 주기(cycle) 수를 말하며 단위는 cycles per second(cps)이나 최근에는 cps 대신에 Hz가 주로 사용된다. 한 주기를 이루는데 소요되는 시간은 주파수의 역수(1/f)와 같다. 가청 주파수는 대략 20~20,000 Hz(파장은 1.7 cm~17 m)인데 그 파장이 1초당 20번 반복되는 음에서부터 2만번 반복되는 음을 들을 수 있다는 말이다. 단일 주파수의 소음 또는 순음이 복합 주파수 소음보다 청력에 더 유해하다. 이와 같이 그림 10.1에서 더 높은 주파수는 압축과 팽창이 더 멀리 떨어짐에 의해 함께 더 가까워지고 더 낮은 주파수임을 보여준다.

인간의 목소리는 대략 기본음에서 100~600 Hz의 범위에 위치한다. 그러나 고조파(상음)는 대략 7,500 Hz에 도달한다. 대부분의 연설은 더 낮은 주파수에서 대부분의 에너지가 존재하는 동안 위 주파수에 전송된다. 연설 커뮤니케이션의 임계범위는 300 4,000 Hz이다. 이들 외부 주파수의 상음은 특징적인 음과 명료한 아이덴티티 음성을 나게 한다.

다만 하나의 주파수로 구성된 음은 순음이다. 소리굽쇠(tuning fork)에 의해 발생된 음을 제외하고 일부 음은 순수하다. 음악적인 음은 기본 주파수와 기본 주파수(고조파)의 전체 복합으로 구성된다. 대부분의 일반 음은 주파수의 복합 배합이다. 그림 10.2는 순음, 음악적인 음, 일반 음의 예를 나타낸다. 그림 10.3은 약간의 일반 장치와 현상의 주파수 범위를 나타낸 것이다. 상호 2 : 1의 비율에서 모두 위치한 그림 10.3의 스케일에 있어 주파수는 16 : 32 : 63 : 125 : 250 등이다. 그것들은 한 옥타브 떨어져

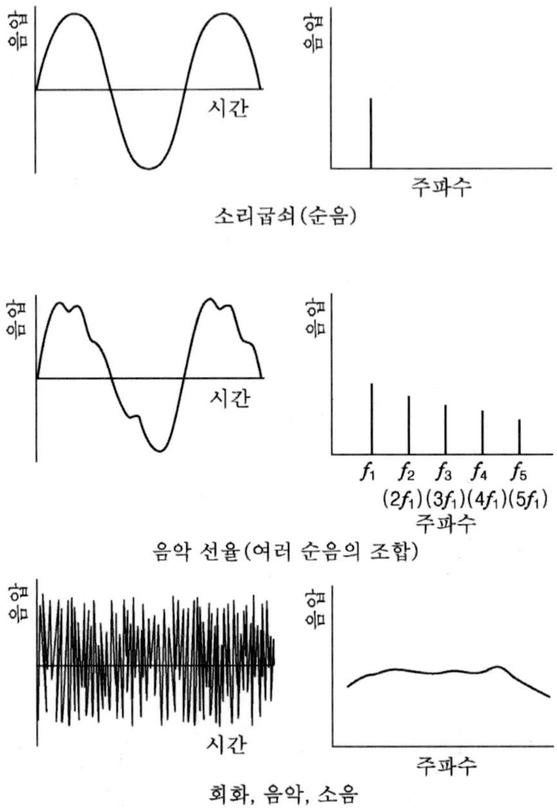

그림 10.2 시간과 주파수로 음압의 변화를 보여주는 순 음질, 음악 선율 및 복합적인 음(연설, 음악, 소음)의 도식적인 표현

있는 것이다. 이들 특별한 주파수는 음 특정화의 목적으로 사용된 옥타브 밴드의 중심 주파수로서 국제적으로 인정되어 있다. 기술적인 근거에서 기하평균이 사용된다. 이와 같이 250은 $250/\sqrt{2} \sim 250\sqrt{2}$ 범위의 옥타브 밴드의 중심 주파수이고, 특별한 옥타브는 250 Hz 옥타브로 알려져 있다. 만일 세밀한 분할이 요구되는 경우 1/2 옥타브와 1/3 옥타브 밴드가 사용된다.

입자가 운동을 전하는 속도를 전파속도 또는 음속(sound speed), 왕복운동의 속도를 입자속도(particle velocity)라고 한다. 1초간의 왕복운동의 수를 진동 또는 주파수라 하고, f [Hz]로 나타낸다. 또한 1초간에 음파가 진행한 거리, 음속을 C [m/s], 음의 파장(wave length)을 λ로 한다.

$$f = \frac{C}{\lambda}[\mathrm{m}] \tag{10.1}$$

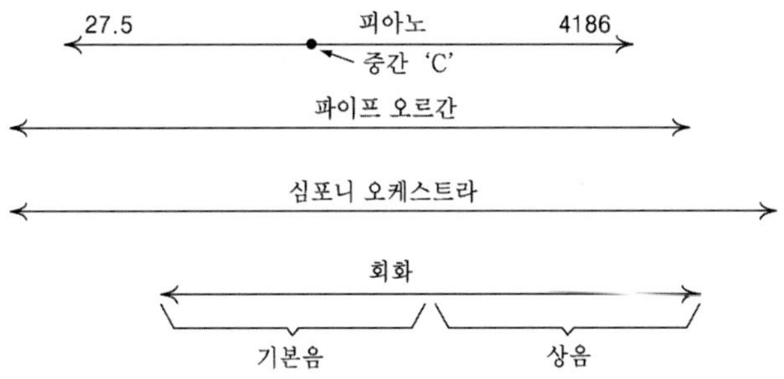

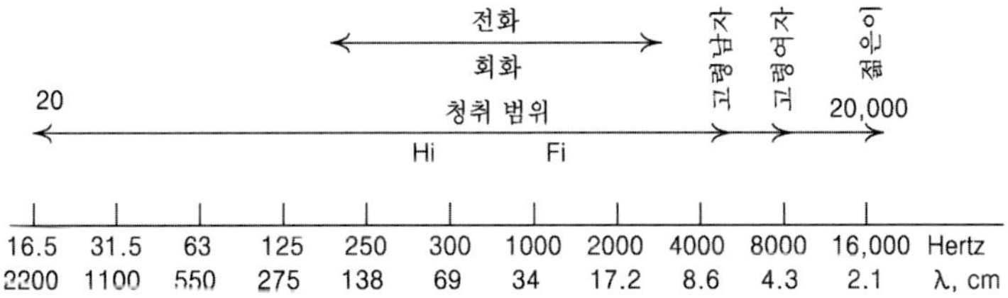

그림 10.3 일반 매개의 주파수 범위. 파장은 340 m/s의 가정된 전파속도로 산정되었다.

(3) 음의 전파속도

음은 매질에 따라 다른 속도로 전해진다. 공기, 해수면에서 음속은 340 m이다. 이것은 빛의 초속 299,800 km에 비하여 확실히 느린 시간당 1,239 km에 대응한다. 음은 공기에서 뿐 아니라 구조물을 통해서도 전해지기 때문에 다른 매체에서 속도를 아는데 도움이 된다. 표 10.1에서 보는 바와 같이 음속은 온도와 대기(대기압)에 의해 변하기 때문에 3 %의 오차는 무시할 수 있다.

공기 중의 음의 전파속도 c는,

$$c = 331.5 + 0.6\,t \tag{10.2}$$

가 된다. 상온($t = 15$℃)에서는 340 [m/s]를 이용하여 계산하는 경우가 많다.

표 10.1 여러 가지 매질 중의 음속

매 체	속 도(m/s)
공 기	340
수증기(100℃)	405
물(20℃)	1,482

표 10.1 여러 가지 매질 중의 음속(계속)

매 체	속 도(m/s)
목 재	3,300
벽 돌	3,600
콘크리트	3,700
강 재	4,900
유 리	5,000
알루미늄	5,800

예제 10.1

인간의 귀에 들릴 수 있는 음의 최저주파수를 16 Hz, 최고를 20,000 Hz로 하면 각각의 파장은 얼마인가? 다만, 온도는 15℃로 한다.

풀이

15℃일 때의 음속은 공중에서

$c = 331.5 + 0.6t = 331.5 + 9 = 340.5\,[\mathrm{m/s}]$

진동수를 f로 하면

파장 $\lambda = \dfrac{c}{f}$

에 있어서 $f = 16$일 때, $\lambda = \dfrac{340}{16} = 21.2\,[\mathrm{m}]$

$f = 20{,}000$일 때, $\lambda = \dfrac{340}{20{,}000} = 0.017\,[\mathrm{m}]$

(4) 음의 3요소

1) 음의 크기

음의 크기(loudness)는 감각량이고, 파의 진행방향에 수직인 단위면적을 통하여 단위시간에 운반되는 진동의 에너지를 파의 세기라고 한다. 그 파의 강약이 음의 강약이 된다. 결국 사람이 듣는 음의 크기는 진동수가 같다면 면적이 크고 진폭이 클수록 큰 음이 된다. 즉, 진폭이 큰 음은 크게, 진폭이 작은 음은 작게 들린다(그림 10.4).

2) 음의 고저

음의 고저(pitch)는 음파의 기본음이 가지는 기본 주파수에 의해서 결정된다. 즉, 1초에 440번 진동하는 피아노의 A음(피아노의 정중앙에 있는 A건반의 진동수를 440

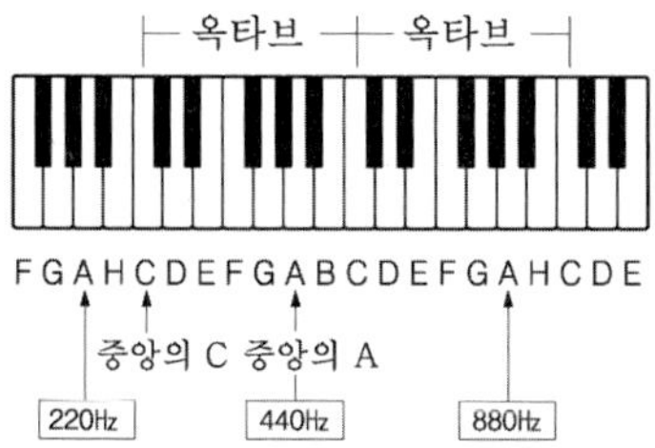

그림 10.4 진폭의 크기에 따라 음의 크기가 달라진다

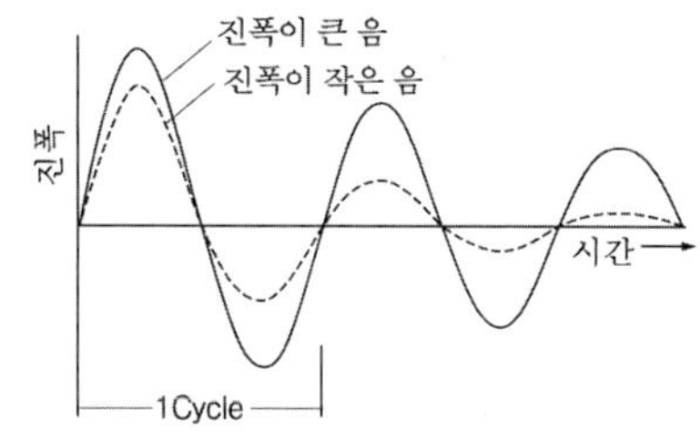

그림 10.5 음의 높이와 옥타브와의 관계

Hz로 정하여, 이것을 국제피치라고 부르고 있다)은 440 Hz의 음높이를, 1초에 880번 진동하는 음은 880 Hz의 음높이를 가진 A음을 낸다(그림 10.4). 따라서 주파수가 높은 음은 높게, 주파수가 낮은 음은 낮게 들린다.

'낮은 도' 음에서 다음의 '높은 도'까지의 음계를 1옥타브(octave)라고 부르는데, 1옥타브의 주파수는 그림 10.5와 같이 낮은 '도' 음의 2배가 된다. 즉 1옥타브 위의 음은 기본 주파수에 대해 2배의 주파수, 2옥타브 위의 음은 4배의 주파수만큼 높은 수파수의 음을 의미한다.

3) 음색

음색(timbre)은 음파를 구성하는 고조파의 존재 상태(배음구조)에 따라 다르게 느껴진다. 즉, 외형상으로 매우 비슷한 악기라고 해도 고조파 배열과 크기가 달라서 두 악기는 서로 다른 음색을 가진다. 예를 들면 트럼펫은 경적을 울리는 것과 같은 음색의 음을 내고, 피아노는 퉁기는 듯한 음색의 음이 나온다. 음은 시간 및 공간상의 파동이다. 그 파동의 파형 차이에 의한 여러 가지 음의 들리는 방식의 차이가 음색이다.

음색은 같이 제시된 크기, 높이가 같은 2가지의 음이 다르게 들릴 때 그 차이를 초래하는 성질이다. 음색은 음의 스펙터클(음을 구성하는 주파수와 그 강도의 분포), 파형, 음압 및 그 시간변화 등에 관계가 있다.

음색과 유사한 것으로 음질이 있다. 음질(sound quality)이란 음이나 소리의 품질을

표 10.2 음의 3요소

구 분	물리량	표시방법(단위)	감각한계
크기(강약)	음압 변동 진폭	음압(Pa)	2×10^{-5}~60 Pa
고저(높이)	음압 변동 주파수	주파수(Hz)	20~20,000 Hz
음색	음의 주파수 구성	주파수 분포(Spectrum)	-

나타내고, 대부분의 경우 전자기기 등의 오디오 출력이나 음성출력의 좋고 나쁨의 의미에서 이용된다. 품질의 내용은 적용(application)에 따라 다르고, 고음질의 오디오 기기에서는 청감상 원음에 가깝지만, 전화는 명료도나 요해도가 중요하다.

(5) 음의 종류

1) 순음

실제 자연계에는 순음(pure tone)이 거의 존재하지 않지만 대부분의 소리는 여러 가지 주파수의 순음으로 분해하여 고찰할 수 있으므로 이론적으로 다루기가 간단하며 이론 연구나 음향측정에 사용된다.

2) 복합음

복합음(complex sound)은 주파수가 서로 다른 많은 순음이 합하여진 것으로서 많은 선 스펙트럼을 나타낸다. 즉 일정한 주기를 갖는 순음의 집합이다.

3) 비주기적 파형을 가진 잡음

소리의 파형이 주기적으로 반복되지 않고 그 변화가 불규칙적인 소리를 비주기적 파형을 가진 잡음이라고 한다. 잡음은 일정한 파형이 없으며 일정한 소리의 높이에 대한 감각을 주지 않는다. 아주 짧은 시간 내의 순음 또는 복합음과 같은 경우의 소리

표 10.3 음의 분류

분 류	종 류	내 용
내용에 의한 분류	자연음	자연계에서 발생된 음
	음악음	악기에서 발생된 음
	음성	사람의 목소리나 말소리
	소음	불규칙하게 뒤섞여 불쾌하고 시끄러운 소리
주파수 스펙트럼에 의한 분류	순음	기본음에 대하여 진동수가 많고 높은 음이 섞이지 않은 단일 진동수의 음
	복합음	진동수가 다른 둘 이상의 순음으로 이루어진 음
	단음	하나의 기본음과 그 정수배의 음으로 구성된 음
주파수 영역에 의한 분류	초저주파	귀에 들리지 않는 20 Hz 이하의 낮은 음파
	가청음	귀에 들리는 20 Hz~20 kHz의 음
	초음파	귀에 들리지 않는 20 kHz 이상의 음파
시간 영역에 의한 분류	주기성의 음	음악이나 음성 같은 음
	비주기성의 음	소음과 같이 주기가 없는 음
	펄스성의 음	지속 시간이 매우 짧은 음

도 시간적으로 불규칙적으로 변하면 잡음이 되는 것이다. 잡음 중에서도 스펙트럼이 연속되고 평균진폭이 넓은 주파수 범위에서 동일한 것은 백색소음(white noise)이다.

대표적인 백색소음에는 빗소리, 폭포소리, 파도소리, 시냇물소리, 나뭇가지가 바람에 스치는 소리 같은 자연음이다. 선풍기 돌아가는 소리, 냉장고 작동 소리 같은 환경음도 백색소음에 해당한다. 이는 주변에서 항상 듣는 익숙한 소리이다. 간혹 소음처럼 느껴지더라도 심리적으로 크게 의식되지 않는다.

(6) 반사와 흡음

음파는 어떤 매질을 진행할 때 다른 매질의 경계면에 도달하면 진행방향이 변하는 성질이 있다. 이러한 현상을 반사(reflection)라고 한다(그림 10.6).

이와는 반대로 반사되지 않고 열에너지로 변화되면서 부딪친 매질에 흡수되는 성질을 흡음(absorption)이라고 한다. 밀도가 높은 목재 또는 표면이 단단한 나무, 금속판 등은 음파를 잘 반사시키는 성질이 있다. 그러나 부드러운 나무의 표면이나 스펀지, 발포성 우레탄 등의 물질은 음을 잘 흡수해서 음파의 반사를 억제하는 성질을 가지고 있다.

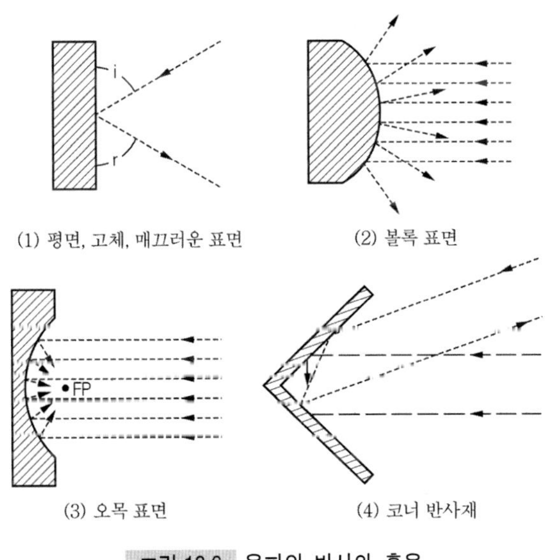

그림 10.6 음파의 반사와 흡음

(7) 회 절

음파는 파동의 하나이기 때문에 물체가 진행방향을 가로막고 있다고 해도 그 물체의 후면에도 전달된다. 이러한 현상을 회절(diffraction)이라고 한다(그림 10.7). 회절은 낮은 주파수의 음일수록 현저하게 나타나지만 주파수가 높아질수록 회절을 일으키기 어렵다. 따라서 저음은 지향성이 거의 없고 고음은 강한 직진성을 가진다. 결국 저음반사식(bass reflect) 스피커 시스템도 이러한 원리를 적절하게 이용한 것이라고 할 수 있다.

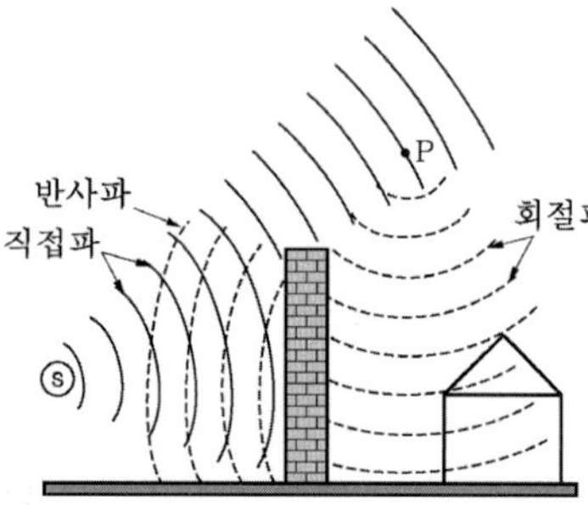

그림 10.7 음파의 회절

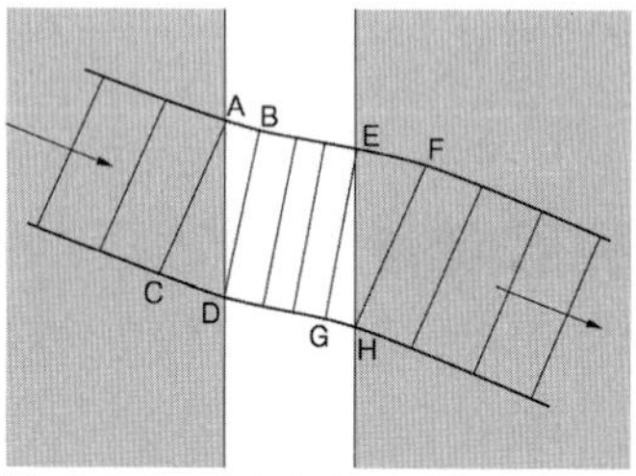

매질1의 밀도는 d 매질2의 밀도는 매질3의 밀도는 d d보다 작다

그림 10.8 음파의 굴절

(8) 굴 절

음파는 매질이 다른 곳을 통과할 때 전파속도가 달라져서 그 진행 방향이 변화된다(그림 10.8). 이러한 현상을 음의 굴절(refraction)이라고 한다. 주간에는 들리지 않던 소리가 야간에 잘 들리는 이유는 주변이 조용한 탓도 있지만 지표면의 온도변화에 의해서 음이 굴절되는 현상에 기인한다.

따뜻한 공기 중에서는 공기입자의 활동이 활발하므로 음은 진동하기 쉽고, 음이 전해지는 속도는 빨라진다. 주간에는 태양열에 의하여 지표가 따뜻해지기 때문에 지표에 가까울수록 온도는 높아진다. 음은 온도가 높은 쪽에서 낮은 쪽으로 굴절하기 때문에 음은 하늘로 빠져나가기 쉬워진다. 그리고 야간에는 지표의 온도가 낮아지기 때문에 음은 지상에 전해지기 쉬워진다. 야간에 음이 잘 들릴 수 있는 것은 그 때문이다(그림 10.9).

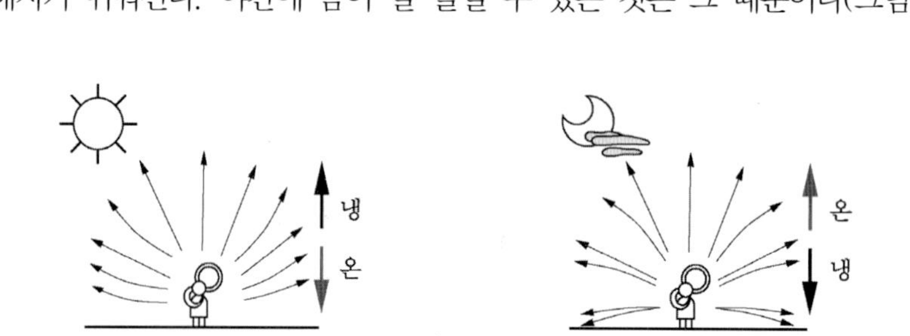

그림 10.9 주간과 야간의 음의 전해지는 차이

(9) 간 섭

서로 다른 음원에서의 음이 중첩되면 합성되어 음은 쌍방의 상황에 따라 강해진다든지, 약해진다든지 한다. 이 현상을 음의 간섭(interference)이라고 한다. 2개의 스피커에서 같은 음을 발생하면 음이 크게 들리는 곳과 작게 들리는 곳이 생긴다. 이것은 음이 공기를 전하는 조밀파이기 때문에 밀도가 높은 곳과 낮은 곳이 중첩되면 부정되는 음이 작아지기 때문이다. 어느 방향만큼 균일한 음량이 되는 것이 좋은데, 이 지향성을 잘 이용하면 음의 간섭을 방지할 수 있다(그림 10.10).

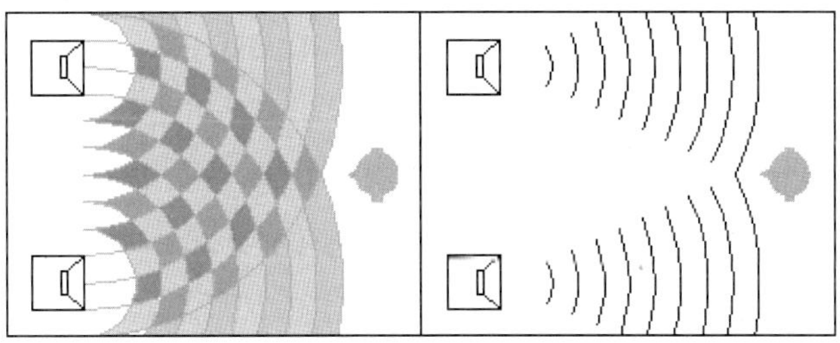

(1) 지향성이 완만한 간섭 (2) 지향성이 예리한 간섭

그림 10.10 음의 간섭

10.1.2 음의 표시방법과 단위

(1) 음의 세기 및 고저

음향학에서는 순수하게 물리적인 양을 나타내는 척도(예 : 음의 세기)와 거기에서 유도되는 감각량을 나타내는 척도(예 : 음의 고저)가 있는데, 소음의 측정·평가에 관해서는 항상 후자가 중시된다

음의 발생

물체의 진동 ⇒ 공기 밀도의 주기적 변동 ⇒ 귀의 고막 진동 ⇒ 음으로서의 감각

(소밀파) → 음압 (대뇌)

물리적인 양(음의 세기) 감각량(음의 크기)

인간의 음에 대한 감각은 음압의 대소나 주파수에 의하여 복잡하게 변한다. 그리하여 음의 대소의 물리적 양의 표시와 감각적 양의 표시를 구별하여 물리적 양을 음의

세기, 감각적 양을 음의 크기라고 한다.

우리들 인간에게 음의 감각이 생기는 음파의 세기는 최저 10^{-16} W/cm^{2}에서 최고 10^{-4} W/cm^{2}이며, 12자리의 넓은 범위에 미친다. 최고의 세기를 넘으면 귀에 아픔을 느끼고 마침내 고막이 파열되는 등 청각기관에 손상이 생긴다(그림 10.11).

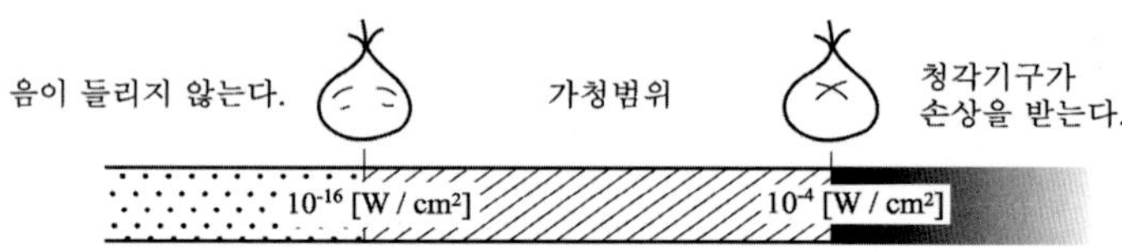

그림 10.11 음파세기의 가청범위

파형은 주파수마다의 에너지에 포함되는 방법에 의해서 결정되는 것이며, 음원에 따라 각각 특유의 파형을 지니고 있다. 어느 점에서 음파의 전파방향에 직각으로 잡은 단위단면적을 단위시간(1초간)에 통과하는 음의 에너지 양을 음의 세기(sound intensity)라고 한다. 기호는 I [W/m^2]가 흔히 사용되고 있다.

(2) 데시벨 스케일

대표적인 음과 주관적인 느낌을 비교한 일반 소음 레벨은 표 10.4와 같다. 일반 음원은 주된 주파수와 전형적으로 관찰자에 의해 듣게 되는 레벨로 구성된다. 동일 크기 곡선은 음압 레벨이 반대를 가리킴에도 불구하고 어떤 음은 다른 것보다 왜 더 커지는가를 그림 10.12에서 보여준다.

표 10.4 일반 소음 레벨

SPL (dB)	대표적인 음	주관적인 느낌	비 고
150		(단시간 노출로 청력손실의 원인이 될 수 있다.)	
140	제트기 이륙		
130	포화, 리벳 박는 기계, 기관총	(고통의 한계)	
120	30 m에서 사일렌, 제트기, 천둥, 소리의 울림	귀청이 터질 듯하다.	
110	목공소, 하드록 밴드, 가속 오토바이	음을 느낄 수 있다(불쾌의 한계).	
100	지하철(강철 바퀴), 시끄러운 도로 소음, 잔디 깎는 기계, 선외 발동기	작업량 저하 단시간 노출시 일시적 난청	
90	시끄러운 공장, 덮개가 벗겨진 트럭, 기적, 기공소, 주방 믹서, 휴대용 소형 착암기	난청증상 시작 소변량 증가	

표 10.4 일반 소음 레벨(계속)

SPL (dB)	대표적인 음	주관적인 느낌	비 고
80	인쇄기, 지하철(고무 바퀴), 시끄러운 사무실, 슈퍼마켓, 일반 공장	(전화 사용에 참을 수 없다) 청력장애 시작	
70	평균 도로 소음, 조용한 타자기, 30 m에서 화물기차, 일반 라디오, 전화벨소리, 백화점	시끄럽고, 떠들썩하다. 정신집중력 저하, TV, 라디오 청취 방해, 말초혈관 수축	작업장 기준
60	떠들썩한 주택, 호텔 로비, 평균 사무실, 식당, 일반 대화	일반 대화 수면장애 시작	공사장 규제기준
50	일반 사무실, 병원, 조용한 라디오, 평균 주택, 은행, 조용한 도로	호흡·맥박수 증가 계산력 저하	환경기준 설정선
40	개인 사무실, 조용한 주택	수면깊이 낮아짐.	
30	조용한 대화, 방송 스튜디오	현저히 조용하다. 수면에 거의 영향 없음.	
20	빈 강당, 속삭임	매우 조용하다.	
10	바삭바삭 소리나는 낙엽, 방음실, 인간 숨결		
0		과도하게 조용하다. 가청의 한계	

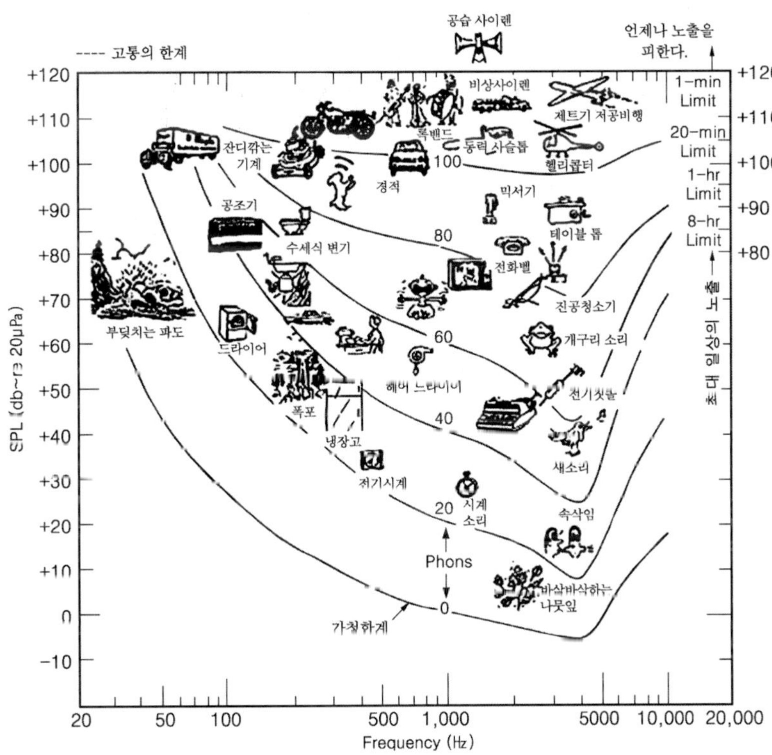

그림 10.12 주파수와 레벨에 따른 일반음원

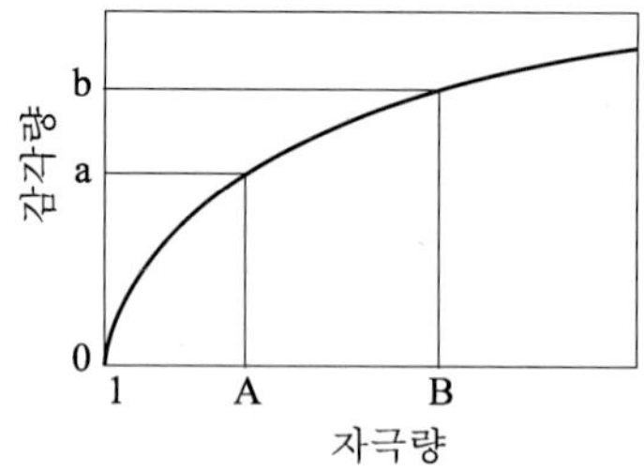

인간의 감각 변화는 자극변화의 대수에 비례하므로 (윗 그림에서 자극량의 A → B의 변화에 대하여 감각량은 a → b밖에 변화하지 않는다) 자극이 급격히 크게 변화하여도 감각기구가 손상을 받지 않고 지각할 수 있다.

그림 10.13 Weber · Fechner의 법칙

음파의 세 기 [W / cm²]	음압 [μbar]	음압레벨 [dB]	실 례
10^6	10^7	220	
10^4	10^6	200	대기압 (표준상태)
10^2	10^5	180	
1	10^4	160	
10^{-2}	10^3	140	
10^{-4}	10^2	120	가청상한
10^{-6}	10	100	
10^{-8}	1	80	공장평균
10^{-10}	10^{-1}	60	
10^{-12}	10^{-2}	40	주택평균
10^{-14}	10^{-3}	20	
10^{-16}	2×10^{-4}	0	가청하한

그림 10.14 dB 스케일

압력은 실용단위로 Pa를 이용하는 것이 일반적이다. 음압은 대기압에 비하여 매우 미소하므로 대기압은 약 1,000 hPa이지만 음파에 의하여 발생하는 압력은 0.00002~2 Pa 정도의 사이에서 변화한다. 따라서 약 6행의 숫자로 나타내는 매우 넓은 범위를 취급하는 것과, 음파를 귀로 들어 음으로 지각하는 경우가 Weber-Fechner의 법칙에 의하여 대수적인 것 등의 관점에서 일반적으로 대수적 표현이 이용된다(그림 10.13~10.14).

지금 A, B 2가지 양이 있을 때 비의 상용대수를 Bel(레벨) 단위로 나타낸다.

$$\log_{10}\frac{A}{B}\,[\text{Bel}]$$

그러나 실제상 여기서는 수치가 작으므로 이것을 10배하여 데시벨[dB] 단위로 나타내고, A는 B보다 몇 dB 크기로 표현하고, 이와 같은 척도를 level이라고 한다.

$$10\log_{10}\frac{A}{B} = [\text{dB}] \tag{10.3}$$

1) 음의 세기 레벨

어느 음의 세기가 기준치의 몇 배인가를 나타내는 것에 의하여 데시벨로 표현된 값도 음의 세기의 절대치를 나타내는 것이 되어 편리하다. 기준치는 10^{-12} [W/m²](건강한 귀로 들으면 들을 수 있는 1,000 Hz의 순음의 세기)이다.

$$IL = 10\log_{10}\frac{I}{10^{-12}}[\text{dB}] \tag{10.4}$$

세기의 레벨(Intensity Level)에 의하면 가청범위는 다음과 같다.

최저가청한도 $I = 10^{-16}[\text{W/cm}^2]$는,

$$IL = 10\log_{10}(10^{-16}/10^{-16}) = 10\log_{10}1 = 0[\text{dB}]$$

최고가청한도 $I = 10^{-4}[\text{W/cm}^2]$는,

$$IL = 10\log_{10}(10^{-4}/10^{-16}) = 10\log_{10}10^{12} = 120[\text{dB}]$$

2) 음압 레벨

음압은 압력변동의 파이므로 음파가 전파할 때에는 정압에 대하여 압력의 상승과 하강의 빠른 변동이 관측된다. 그 관측은 압력형 마이크로폰을 센서로 이용하여 그 전기신호를 브라운관에 빛으로 형상을 비출 수 있다. 압력의 계측단위는 SI 단위계에서 Pa(파스칼)를 이용하고 있다. Pa는 N(뉴톤)/m^{2}와 같다. Pa를 이용하면 대기압은 약 10^5 Pa이다.

음압의 가청범위(audible limit)는 실효치에 의하면 $2\times10^{-4}\mu$bar(microbar)에서 $2\times10^2\mu$bar이다(그림 10.15). 또 μbar는 mbar(millibar)의 1/1,000의 크기이다. 참고로 1 기압은 약 1,013 mbar이다.

일반적으로 같은 음장(음파가 존재하는 공간)에서 음파의 세기는 음압의 2승에 비례하므로 음압 레벨(Sound Pressure Level)은 다음과 같이 세기의 레벨에서 유도할 수 있다.

$$IL = 10\log_{10}\frac{I}{I_0} = 10\log_{10}\frac{(p)^2}{(P_0)^2} = 20\log_{10}\frac{P}{P_0} = SPL[\text{dB}] \tag{10.5}$$

음압 레벨에 의하면 가청범위는 세기의 레벨과 마찬가지로 0 dB에서 120 dB이 된다. 또 음파의 세기를 나타내는 데에는 일반적으로 음압 레벨을 사용한다.

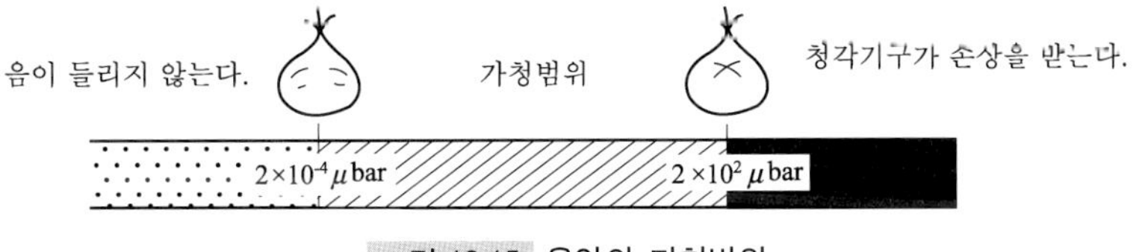

그림 10.15 음압의 가청범위

3) 음의 에너지 밀도 레벨

음의 세기가 에너지 밀도에 비례하므로($E = I/C$) 에너지 밀도 레벨은 다음과 같다.

$$EL = 10\log_{10}\frac{E}{E_0}[\mathrm{dB}] \tag{10.6}$$

(확산음장에서 이용한다)

다만, $E_0 = 2.94 \times 10^{-10}[\mathrm{W \cdot s/m^3}]$

4) 음원의 파워 레벨

음의 전 음향출력 W의 음원의 power level은 다음과 같다.

$$PWL = 10\log_{10}\frac{W}{W_0}[\mathrm{dB}] \tag{10.7}$$

다만, $W_0 = 10^{-12}[\mathrm{W}]$

예제 10.2

70 dB의 음의 세기를 구하라. 또한 60 dB의 음압실효값을 구하라.

풀이

70 dB의 음의 세기를 구한다.

$L_1 = 10\log_{10}\frac{I}{10^{-12}}$ 이므로 $I = 10^{\frac{L_1}{10}} \times 10^{-12}[\mathrm{W/m^2}]$

L_1에 70 dB을 대입하여,

$I = 10^7 \times 10^{-12} = 10^{-5}[\mathrm{W/m^2}]$

다음에 60 dB의 음압실효값을 구한다.

$L_p = 20\log_{10}\frac{p}{2\times10^{-5}}$ 이므로 $p = 10^{\frac{L_p}{20}} \times 2\times10^{-5}\mathrm{Pa}(=\mathrm{N/m^2})$

L_p에 60을 대입하여,

$p = 10^3 \times 2\times10^{-5} = 2\times10^{-2}\mathrm{Pa}(=\mathrm{N/m^2})$

예제 10.3

어느 측정점에 단독으로 각각 63 dB과 65 dB의 2개의 음원이 동시에 가동된다면 음압 레벨은 얼마가 되는가?

풀이

$L_1 = 10\log_{10}\dfrac{I}{10^{-12}}$ 이므로 $\dfrac{I}{10^{-12}} = 10^{\frac{L_1}{10}}$

또한,

$L_{1+2} = 10\log_{10}\left(\dfrac{I_1+I_2}{10^{-12}}\right) = 10\log_{10}\left(10^{\frac{L_1}{10}} + 10^{\frac{L_2}{10}}\right)$

L_1에 63, L_2에 65를 대입하여,

$L_{1+2} = 10\log_{10}(10^{6.3} + 10^{6.5}) = 10\log_{10}10^{6.3}(1+10^{0.2})$

$= 63 + 10\log_{10}(1+1.585) = 63+4.1 = 67\,[\text{dB}]$

예제 10.4

음의 세기 레벨의 기준을 10^{-16} W/cm^{2}로 했을 때 음의 세기가 0.1μW/cm^{2}의 음은 몇 dB인가?

풀이

$10^{-16}[\text{W/cm}^2] = 1[\mu\text{W/cm}^2]$이므로 $0.1\mu\text{W/cm}^2 = 10^{-7}\text{W/cm}^2$

$\therefore\ \text{dB} = 10\log_{10}\dfrac{10^{-7}}{10^{-16}} = 10\times(16-7) = 90\,[\text{dB}]$

예제 10.5

power level 130 dB은 몇 W의 음인가?

풀이

0 level이 $W_o = 10^{-12}\text{W/m}^2$이므로, $\text{PWL} = 10\log_{10}\dfrac{W}{10^{-12}} = 130$

$\therefore\ \dfrac{W}{10^{-12}} = 10^{13}\ \ \therefore\ W = 10\,[\text{W/m}^2]$

---

(3) 밴드 스펙트럼

음의 각 주파수에 대한 강약의 모양은 spectre level로 나타낸다. 주파수 f [Hz]의 스펙트럼 레벨은 f를 중심으로 하는 1 Hz의 주파수 폭에 포함되는 음의 세기 레벨이다. 낙음의 스펙트럼은 불연속이다. 한편 소음은 연속하여 성분이 포함되어 있고, 스펙트럼 레벨 분석은 실제적이 아니다. 그래서 소음의 분석은 어느 일정 주파수 폭마다 포함되는 성분을 분석한다. 지금 주파수 축 위에 f_1에 대하여 $f_2 = 2f_1$으로 하여

$f_1 \sim f_2$의 간격을 octave band라고 한다. 이 때 $f_0 = \sqrt{f_1 f_2}$로 정의되는 f_0를 이 옥타브 밴드의 중심주파수라고 한다. 국제적으로 이용되고 있는 1 kHz를 하나의 중심주파수로 하는 옥타브 밴드의 절단주파수와 중심주파수를 그림 10.16에 나타낸다.

일반적으로 소음을 분석하는 데에는 어느 일정 주파수마다 포함되는 성분을 구하는 것이 필요하다. 보통은 63.5~8 kHz의 중심주파수를 이용한다. 이 분석 결과를 밴드 스펙트럼이라 하고, 1/1 옥타브 또는 1/3 옥타브 밴드 레벨로 나타낸다.

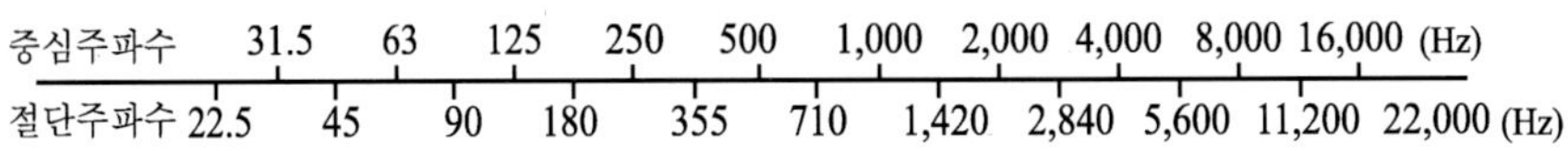

그림 10.16 1 octave band 중심주파수와 절단주파수

(4) dB의 합성

일반적으로 소음과 같은 경우 소음대책이나 차음대책을 행할 때 측정한 밴드 스펙트럼 레벨에서 전주파수역에서의 over all level을 구한다. 그리하여 dB 합의 계산을 행하는 경우가 많다. 지금 L_1[dB], L_2[dB]의 dB합을 구하면 에너지 합 $E_3 = E_1 + E_2$의 dB치를 구할 수 있다.

$$
\begin{aligned}
L_3 &= 10\log_{10}\frac{(E_1 + E_2)}{E_0} \\
&= 10\log_{10}(10^{L_1/10} + 10^{L_2/10}) \\
&= L_1 + 10\log_{10}(1 + 10^{-(L_1 - L_2)/10})\ \ (L_1 > L_2)
\end{aligned}
\tag{10.8}
$$

60 dB에 60 dB을 가산하면 63 dB이 되고, 60 dB에 70 dB을 가산하면 약 70 dB이 된다. dB량의 합은 이와 같이 산술합으로 되지 않는 것에 주의할 필요가 있다.

이것은 2가지의 음파가 겹쳐지면 합성음의 세기는 각각 음파의 세기의 합으로 되지만, 합성음 세기의 레벨(음압 레벨)은 합성음 세기와 기준음 세기의 비의 대수치로써 나타내야 하기 때문이다.

표 10.5 합의 계산표 [dB]

2가지 음압 레벨의 차	0	1	2	3	4	5	6	7	8	9	10
큰 쪽에 가산되는 값	3.0	2.5	2.1	1.8	1.5	1.2	1.0	0.8	0.6	0.5	0.4

일반적으로는 표 10.5를 이용하여 계산한다. 또 가산할 dB치에 10 dB 이상의 차이가 있을 때에는 큰 쪽의 dB치를 합의 dB치로 해도 된다.

예제 10.6

68 dB, 62 dB, 70 dB, 73 dB의 합을 구하여라.

풀이

73과 70의 합성에서 74.8 dB이 되고, 여기에 68을 합성하면 75.6 dB이 되며, 75.6과 62를 합성하면 75.8 dB이 된다.

예제 10.7

음의 세기 에너지가 2배가 되면 몇 dB로 증가하는가?

풀이

에너지가 2배이므로, $\text{dB} = 10\log_{10}2 = 10 \times 0.3 = 3\,[\text{dB}]$

예제 10.8

음압 레벨이 34 dB에서 54 dB로 상승한 경우 음압은 몇 배가 되는가?

풀이

음압 레벨 SPL은 음압(실효치)을 $P\,[\text{N/m}^2]$, 음압의 기준치를 $P_o(=2\times10^{-5})\,[\text{N/m}^2]$로서 $\text{SPL} = 20\log_{10}(P/P_o)$로 나타낸다.

$34\,\text{dB} = 20\log(P_1/P_o)$, $54\,\text{dB} = 20\log(P_2/P_o)$

$54 - 34 = 20[\log(P_2/P_o) - \log(P_1/P_o)] = 20\log(P_2/P_1)$

$\log(P_2/P_1) = 1$에서 $P_2/P_1 = 10 \quad \therefore P_2 = 10P_1$

예제 10.9

1대 80 dB의 소음을 내는 기계 4대의 소음은 몇 dB이 되는가?

풀이

음압 레벨, 음의 세기 레벨, 소음 레벨 등 dB 표시의 동일 레벨 L_o dB의 음이 n개 있는 경우의 합

성 레벨 L dB은,

$L = L_o + 10\log_{10}n$ dB

로 나타난다. $n = 2$일 때 $10\log_{10}2 = 10 \times 0.3 = 3$이므로

$L = L_o + 3$ [dB]

이 된다. 따라서 80 dB의 소음을 내는 기계 2대의 소음은 80+3=83 dB이다. 2대에서 83 dB의 소음을 발생하는 기계 4대에서는 83+3=86 dB이 된다.

(5) 음의 분해

측정하고자 하는 대상음이 있을 때, 그 이외의 주위 소음을 암소음(background)이라고 한다.

대상음을 A, 암소음을 B라 할 때 합성음$(A+B)$과 암소음의 차에서 보정치(표 10.6)를 구하여 이를 다시 합성음에서 빼면 대상음의 음압 레벨을 계산할 수 있다. 단, 합성음과 암소음의 차가 10 dB 이상인 경우는 대상음이 암소음의 영향을 거의 받지 않는 것으로 보며, 차이가 3 dB 미만일 때에는 암소음이 더 큰 경우이므로 대상음을 구하는 것은 무의미하게 된다.

표 10.6 암소음의 영향에 대한 보정(dB)

합성음과 암소음의 차 (A+B)−(B)(dB)	1	2	3	4	5	6	7	8	9	10
보정치(dB)	-6.9	-4.4	-3.0	-2.3	-1.7	-1.25	-0.95	-0.75	-0.6	-0.45

예제 10.10

어떤 공장에서 어느 기계의 소음을 측정한 결과 소음 레벨이 92 dB이었다. 이 기계가 가동을 멈추었을 때는 87 dB이 되었다. 이 기계의 소음 레벨은?

풀이

$92 - 87 = 5$, 표 10.6에서 보정치는 −1.7 dB이므로 $92 - 1.7 = 90.3$ [dB]

예제 10.11

어느 측정점에서 소음을 측정한 결과 87 dB이었다. 그래서 하나의 소음원을 정지한 결과 85 dB로 저하하였다. 다른 소음원의 기여(암소음 레벨)는 어느 정도인가?

풀이

87 dB을 분해하여 85 dB을 제외한 나머지를 구한다.

$$L_{분해} = 10\log_{10}\left(\frac{I_{1+2}-I_1}{10^{-12}}\right) = 10\log_{10}\left(10^{\frac{L_{1+2}}{10}} - 10^{\frac{L_1}{10}}\right)$$

L_{1+2}에 87, L_1에 85를 대입하여,

$$L_2 = 10\log_{10}(10^{8.7} - 10^{8.5}) = 10\log_{10}10^8(10^{0.7} - 10^{0.5})$$
$$= 80 + \log_{10}(5.012 - 3.162) = 80 + 10\log_{10}1.85 = 82.7 \fallingdotseq 83\ [\mathrm{dB}]$$

10.1.3 음의 크기와 청감

(1) 음의 고저 및 음색

음의 고저 감각은 주로 그 음의 주파수에 관계한다. 피아노와 같이 주파수가 크면 높은 음으로, 주파수가 작으면 낮은 음으로 느끼는데, 이것을 음의 상태라고 한다. 또한 연속음에 내하여 음이 짧으면 높음을 느끼기 어렵다. 익기와 같이 여러 가지 주피수의 음이 여러 가지 세기로 혼합된 복합음에서도 그림 10.17에 나타내는 파형에 의하여 그 악기 특유의 느낌이 있다. 이것을 음색(timbre)이라고 한다. 이와 같이 기본 주파수에 겹치어 생긴 정수배(整數培)의 주파수를 가진 성분파(培音)의 성분의 크기와 지속시간의 다름을 음색의 다름이라고 한다.

인간의 귀로 들을 수 있는 주파수는 20~20,000 Hz로 알려지고 있다. 음악의 주파수에 대해서도 Weber-Fechner의 법칙에 거의 따르는 단위가 이용되고 있다. $\log_2(f_2/f_1)$를 octave 수라고 한다. 즉, 주파수 f_2가 f_1의 2배일 때 1 octave이다. 이것을 음악에 이용하는 음계의 기본에서 주파수가 2배가 되는 것과 유사한 감각을 생기게 하는 것에서 듣고 있다.

(2) 음의 크기와 loudness level

음의 대소를 나타내는 감각량을 음의 크기라고 하는데, 단위는 sone이다. 1 kHz, 40 dB의 음압레벨을 가진 순음의 크기를 1 sone으로 정하고, n배의 크기로 들을 수 있는 경우를 nsone으로 하는 비율척도로 나타낸다. 또한 1,000 Hz의 순음을 기준으로 다른 주파수의 순음의 음을 양 귀로 듣는데 비하여 같은 크기로 들을 수 있는 1,000 Hz의 음압 레벨을 수치로 나타낸 것을 loudness level, 또는 크기의 레벨이라 하고, 단위는 phon을 이용한다.

임의의 음에서는 그것과 같은 크기로 들을 수 있는 기준음의 loudness 점을 연결하면 등 loudness곡선(등감도곡선)이 얻어진다(그림 10.18). 이에 의하면 loudness level은 음압 레벨의 대소에 의해서도 변화하는데, 주파수에 대해서도 크게 변화하고 있다. 저주파수역에서는 귀의 감각이 둔한 것을 알 수 있다. 또한 4,000 Hz 근처에서는 귀의 감도가 가장 크다.

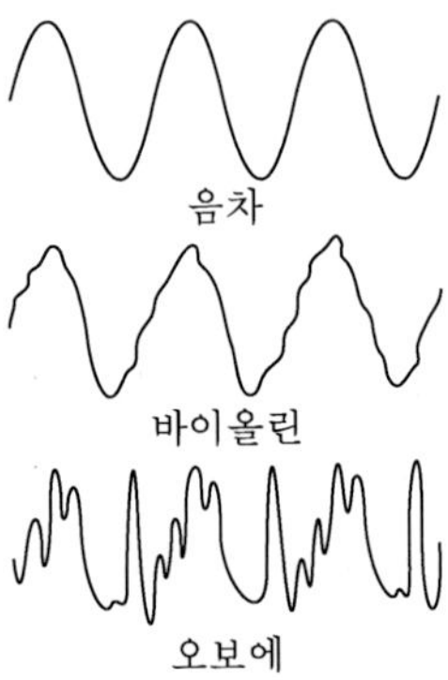

그림 10.17 악기의 파형

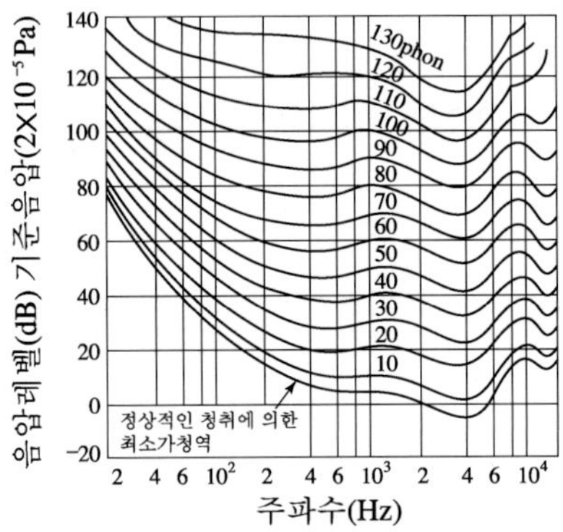

그림 10.18 등 loudness곡선(ISO R 226-196에 의함)

(3) 소음 레벨

소음계는 귀의 감각에 가능한 한 근사하지만, 레벨마다 다른 등 loudness곡선은 계측에 이용되는 데에는 복잡하며 불편하다. 그래서 계측기에서는 40 phon의 곡선을 참고하면서 단순한 곡선으로 인간의 감각에 가까운 것을 재현하는 방법이 채용되고, 이것을 소음 레벨이라고 한다. 단위는 dB을 이용하고, 청감보정회로는 A특성이 이용되고 있다. 다른 레벨과 구별하기 위하여 측정치는 dB(A)로 한다.

10.2 실내음향

10.2.1 실내음향의 특성

(1) 실내 음의 특징

실내에서 음을 발생하면 수음점에는 먼저 음원에서 직접 전파하는 직접음(direct

sound)이 도래하고, 이어서 벽이나 천장 등에서 반사된 반사음(reflected sound)이 도래한다(그림 10.19). 직접음은 전파경로가 가장 짧으므로 최초에 도래하지만, 반사음은 전파경로가 길수록 늦게 도래한다. 따라서 음원을 정지한 후에도 직접음에 이어서 여러 경로의 반사음이 순차적으로 도래하고, 이것이 여러 가지 청각적 음향효과를 초래한다. 즉 실내의 음은 선호와 비선호에 상관없이 그 실 고유의 음색을 수반하지 않은 음이 된다. 실내의 음향계획에서는 직접음이나 반사음의 음향효과를 충분히 이해하고 이것이 바람직한 효과가 되도록 계획적으로 제어하는 것이 필요하다.

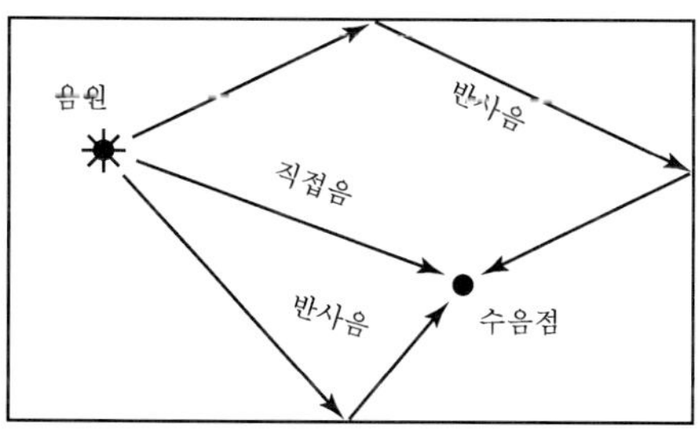

그림 10.19 실내의 음

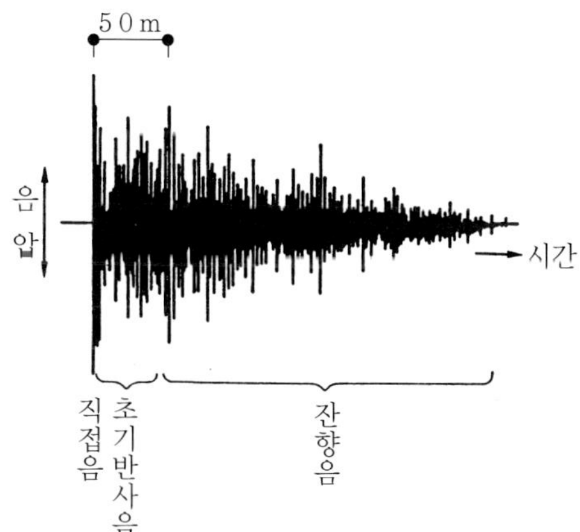

그림 10.20 echo time pattern

이야기 소리나 음악과 같이 연속적으로 발생되는 음을 실내에서 관측한 경우에는 직접음과 반사음을 명확히 분리할 수 없으나 계속시간이 수 ms~수 십 ms 정도의 음을 유원으로 하여 수음점에서의 음압을 관찰하면 그림 10.20과 같이 직접음과 반사음의 도래의 시간적 변화를 나타낼 수 있다. 이것을 echo time pattern이라고 한다.

(2) 직접음과 반사음의 음향효과

1) 직접음

직접음은 주로 음원의 내용(무슨 음인가)과 방향(음이 어디에서 들리는가)의 정보를 준다. 즉 직접음은 음의 명료도를 높이기 위하여 중요하다.

2) 초기반사음

직접음에 의하여 약 50 ms(음악에서는 80 ms) 이내에 도래하는 반사음은 직접음과 일체가 되어 들리기 때문에 직접음을 보강하는 효과가 있다. 이것을 초기반사음(early reflection)이라고 한다. 직접음이 충분하지 않은 경우에는 초기반사음을 이용하여 직접음 에너지의 부족을 보완할 필요가 있다.

최근 측면에서 도래하는 초기반사음이 음장의 공간적 인상(spatial impression, 음에 둘러싸인 느낌)을 좌우하는 것이 밝혀지고, 콘서트 홀의 음향에서는 적절한 측면반사음(lateral reflection)이 있는 것이 중요하다고 지적되고 있다. 이것은 측면반사음은 좌우의 귀에 입사하는 음향신호에 약간의 시간차와 위상차를 초래하기 때문으로 설명되고 있다.

3) 잔향음

초기반사음보다 늦게 도래하는 반사음은 잔향음(reverberation)이라 하고, 청각적으로는 음의 울림으로 느껴진다. 계속시간이 긴 잔향음은 음에 풍부한 울림을 주고, 잔향음이 적으면 울림이 적은 음이 된다. 음악을 아름답게 듣기 위해서는 적절한 울림이 필요하지만, 잔향음이 지나치게 많으면 음의 명료도가 낮아지기 때문에 이야기 소리에 대해서 잔향음은 적은 편이 바람직하다.

잔향음은 랜덤 위상의 음이 모든 방향에서 도래하는(음이 충분히 확산되고 있다) 것이 음향효과상 중요하다.

4) 반향

그림 10.21(a)와 같이 50 ms(~80 ms) 이후에 도래하는 반사음 중에 독립한 큰 반사음이 존재하는 경우 그 반사음은 직접음과는 분리되어 들린다. 이것을 반향(echo)이라고 한다.

또한 실내에 반사성의 평행벽면이 있어 양벽면의 사이를 음이 반복하여 반사하는 경우 그림 10.21(b)와 같은 반복 반사음이 관측된다. 이 때 음은 "피치피치……", "부르부르……" 등과 같이 매우 부자연스러운 울림을 수반한 음이 된다. 이것을 다중 반향(flutter echo)이라고 한다.

echo나 flutter echo는 음의 명료도를 현저히 저하시키고, 음성의 청취에도 음악에도 큰 장애가 되므로 실내에서는 이와 같은 현상이 일어나지 않도록 유의하여야 한다.

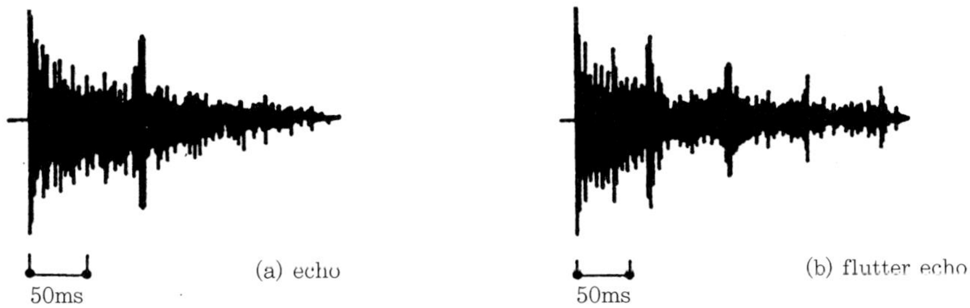

그림 10.21 echo와 flutter echo

10.2.2 잔향시간

이상과 같은 직접음과 반사음의 음향효과를 고려하여 바람직한 음향상태를 실현하기 위한 조건을 정리하면, ① 직접음이 충분한 양으로 들릴 수 있을 것, ② 조기반사음이 직접음을 보강하고 있을 것, ③ 적절한 에너지의 측면반사음이 있을 것, ④ 적절한 잔향이 있을 것, ⑤ echo나 flutter echo 등의 음향장애가 되는 현상이 발생하지 않을 것이다.

실내음향설계에서는 이들 5조건을 각각 검토할 필요가 있는데, 각 조건은 일반적으로 다음과 같은 방법으로 평가할 수 있다.

실내의 잔향음의 대소를 평가하는 지표로서는 잔향시간(reverberation time)이 있다. 이것은 1900년에 W.C.Sabine에 의하여 제안된 것인데, 오늘날에도 실내음향의 기본적 지표로 실내음향설계에서 소음제어에 이르기까지 모든 건축음향기술에 이용되고 있는 중요한 지표이다.

실내에 있는 음원에서 정상음을 발생하여 실내의 음향 에너지 밀도가 정상상태가 된 후 음원을 정지하면 수음점에서의 음향 에너지 밀도는 지수적으로 감쇠한다(그림

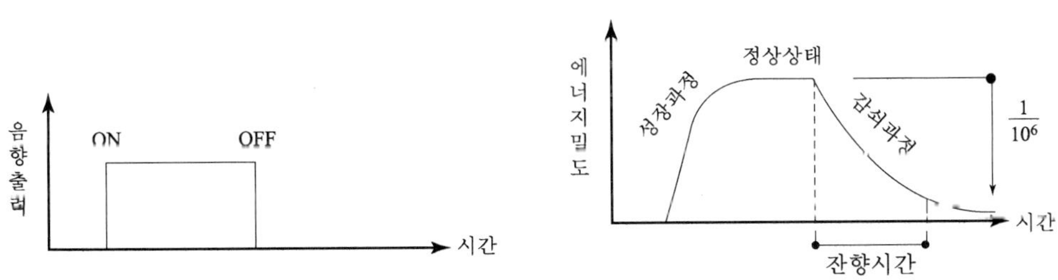

그림 10.22 실내의 음의 성장 · 정상 · 감쇠과정

10.22). 이 때 음향 에너지 밀도가 정상상태일 때의 $1/10^6$이 되는(음압 레벨은 60 dB 감쇠한다)데 요하는 시간이 잔향시간이다.

잔향시간은 실내가 확산음장이라고 가정하여 구해진 개념이다. 원리적으로 잔향시간의 값은 음원이나 수음점의 위치, 실의 형상, 흡음재의 배치 등에 의하지 않고 일정하게 되는데 실제의 실은 완전한 확산상태는 아니기 때문에 수음점마다 다소 다른 값이 된다.

(1) 잔향시간의 계산식

잔향시간의 계산에는 표 10.7에 나타나는 3가지의 것이 있고, 각각 조건에 따라 구별해서 사용한다. 이 가운데 Eyring의 $\bar{\alpha}$ 와 $\log_e(1-\bar{\alpha})$와의 관계를 그림 10.23에, 또한 Knu-dsen의 식의 공기흡수에 의한 음의 감쇠계수를 그림 10.24에 나타낸다.

표 10.7 잔향시간의 계산

조 건	계 산 식	제안자
비교적 반사성이 작은 실의 경우	$T=\dfrac{0.161V}{\bar{\alpha}S}$	Sabine
공기의 흡수를 무시하는 경우	$T=\dfrac{0.161V}{-S\log_e(1-\bar{\alpha})}$	Eyring
공기의 흡수를 무시할 수 없는 실의 경우	$T=\dfrac{0.161V}{-S\log_e(1\bar{\alpha})+4mV}$	Knudsen

[주] V : 실용적[m^3], S : 실내총표면적[m^2], $\bar{\alpha}$: 실내평균흡음률, m : 단위길이(1m)당의 공기흡수에 의한 음의 감쇠계수[m^{-1}]

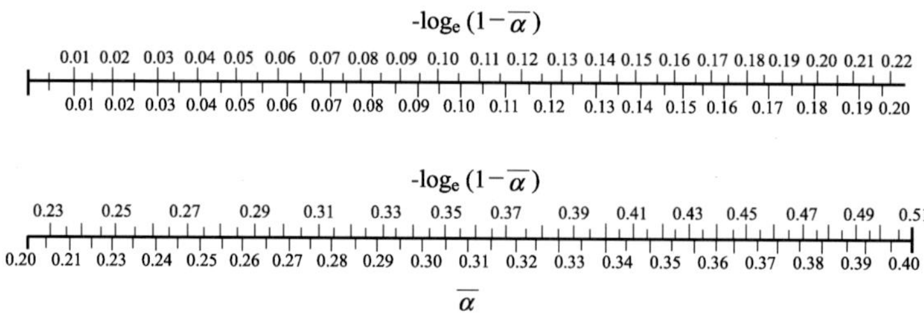

그림 10.23 $\bar{\alpha}$와 $-\log_e(1-\bar{\alpha})$와의 관계

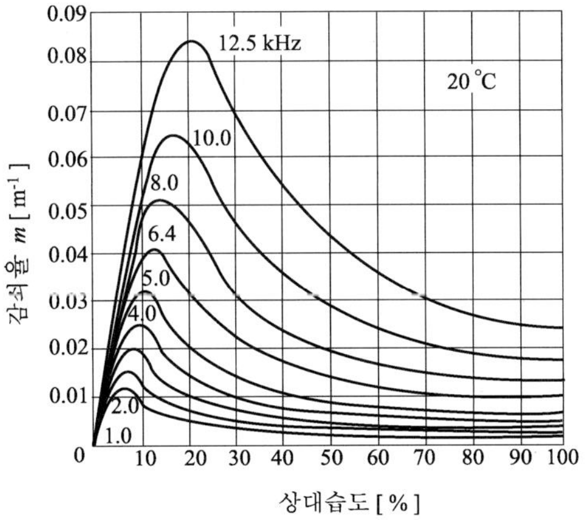

그림 10.24 공기의 흡수에 의한 음의 감쇠계수(C.M.Harris)

(2) 최적잔향시간과 주파수 특성

500 Hz의 음에 대한 최적잔향시간은 그림 10.25에 나타난 값이 추장되고 있다

이것은 실의 사용목적에 따라 실용적의 함수로 주어져 있는데, 연구자에 따라 값이 약간 다르다. 음악감상을 주로 하는 실에서는 음이 풍부하게 울리는 것이 바람직하므로 비교적 긴 잔향시간이 필요하지만, 회화청취를 주로 하는 실에서는 음의 명료도를 양호하게 하기 위하여 짧은 잔향시간이 요구된다.

잔향시간의 주파수 특성은 그림 10.26에 나타난 것과 같은 특성이 추장되고 있다.

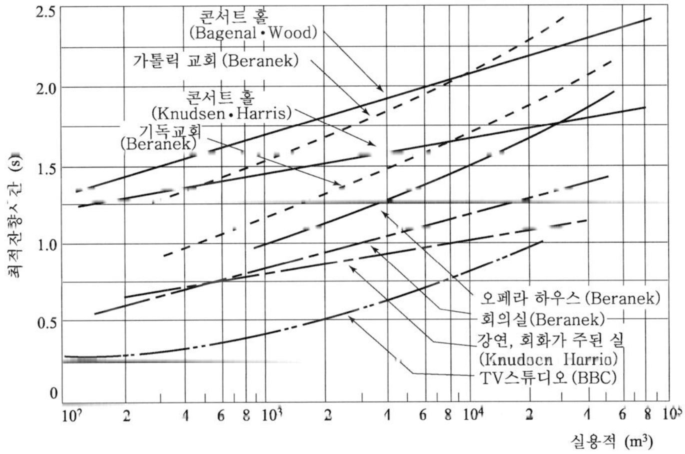

그림 10.25 최적잔향시간(500 Hz)

(출처 : 일본건축학회, 建築設計資料集成(環境), 丸善, p.36, 1978.)

500 Hz 이상의 잔향시간은 500 Hz와 같은 정도의 값이 바람직하지만, 500 Hz 이하에서는 500 Hz의 잔향시간보다 약간 큰 값이 바람직하다.

콘서트 홀에서는 일반적으로 중음역(500 Hz)에서 1.7~2.0 s 정도의 긴 잔향시간이 바람직하고, 그 주파수 특성은 중음역에 대하여 저음역의 잔향시간이 약간 길며, 125 Hz 근처에서 1.2~1.5배 정도의 특성이 바람직하다. 확성장치의 사용을 전제로 한 다목적 홀에서는 콘서트 홀보다 10~20 % 정도 짧으므로 전체적으로 약간 평탄한 주파수 특성의 잔향시간이 사용되기 쉽다. 회의실 등 이야기 소리의 청취를 목적으로 한 실에서는 짧은 잔향시간이 바람직하다.

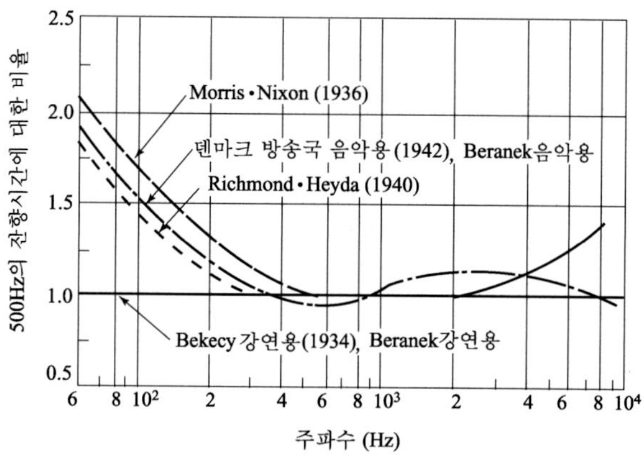

그림 10.26 홀의 최적잔향시간 주파수 특성
(출처 : 일본건축학회, 建築設計資料集成(環境), 丸善, p.36, 1978.)

예제 10.12

폭 15 m, 안길이 25 m, 천장 높이 8 m의 실에 있어서 천장, 바닥, 양측벽, 후벽, 전벽의 50 c/s의 흡음률이 각각 0.1, 0.1, 0.15, 0.8, 0.1이고, 이 실내에 600명(1인당 흡음력 0.4 m^2) 들어가 있다. 잔향시간을 계산하고, 이 실이 강연회장으로서 이용되는 것을 검토하여라.

풀이

$V = 15 \times 25 \times 8 = 3{,}000\,[m^3]$ ······실용적

면적 S(천장) $= 15 \times 25 = 375\,[m^2] = S$(바닥),

S(측벽) $= 2 \times 25 \times 8 = 400\,[m^2]$

S(앞벽) $= S$(후벽) $= 15 \times 8 = 120\,[m^2]$

$\therefore\ S_{total} = 1{,}390\,[m^2]$ ······실내 총표면적

흡음력 A(천장) $= 375 \times 0.1 = 37.5\,[m^2] = A$(바닥)

$A(\text{전장}) = 400 \times 0.15 = 60[\text{m}^2]$
$A(\text{측벽}) = 120 \times 0.8 = 96[\text{m}^2]$
$A(\text{앞벽}) = 120 \times 0.1 = 12[\text{m}^2]$
$A(\text{인}) = 0.4 \times 600 = 240[\text{m}^2]$
$\therefore\ A_{total} = 483[\text{m}^2]$ ······실내 총흡음력

따라서 Sabine의 식에 의하면

$$T = \frac{0.16V}{A} = \frac{0.161 \times 3{,}000}{483} \fallingdotseq 1.0[\text{sec}]$$

Eyring의 식에 의하면 $\bar{\alpha} = A_{total}/S = 483/1{,}390 = 0.348$

$$T = \frac{0.161V}{-S\log_e(1-\bar{\alpha})} = \frac{0.161 \times 3{,}000}{-1{,}390\log_e(1-0.348)} = \frac{0.161 \times 3{,}000}{1{,}390 \times 0.426}$$

$$= \frac{483}{592} \fallingdotseq 0.82[\text{sec}]$$

그림 10.25에서 실용적 3,000 m^{3}의 실을 강연에 이용할 때의 최적잔향시간을 구하면 약 0.85초이고, 계산치는 Sabine의 식에서 약 1초, Eyring의 식에서 약 0.82초이다. 그러므로 이 경우는 Eyring의 식에 의한 값을 취하면 최적치보다 약간 짧지만 거의 만족하고 있다고 할 수 있다.

예제 10.13

예제 10.12에서 4,000 c/s의 주파수 음에 대하여 공기의 흡수를 고려하여 습도 80%로서 계산하여라.

풀이

공기의 흡수에 따른 1 m당의 감쇠율은 그림 10.24에서 구하면 4,000 c/s에서는 $m \fallingdotseq 0.006$이 된다. 따라서 잔향시간은,

$$T_{60} = \frac{0.161V}{-S\log_e(1-\bar{\alpha}) + 4mV} = \frac{0.161 \times 3{,}000}{-1{,}390\log_2(1-0.348) + 4 \times 0.006 \times 3{,}000}$$

$$= \frac{483}{593+72} = \frac{483}{665} \fallingdotseq 0.73[\text{sec}]$$

10.2.3 실내음향설계

(1) 실내음향설계의 진행방법

실내에서 바람직한 음향상태를 확보하기 위해서는 방해가 되는 음(소음)이나 진동이 없고, 음이 충분한 음량으로 명료하게 들을 수 있으며, 음악이 아름답고 풍부하게 들릴 수 있어야 한다.

실내음향설계는 실의 기본설계 단계에서 내장설계에 이르기까지 건축설계와 아울러 행할 필요가 있다. 먼저 실의 기본형상의 결정시에 음향적 배려가 필요하다. 이어

서 바닥·벽·천장 등 실내의 각 부재의 설계에서는 수음점에서 적절한 직접음이나 반사음이 얻어지도록 각 부재의 형상이나 마감을 검토한다. 다음에 적절한 음의 울림을 확보하기 위한 내장설계를 행하고, 잔향을 조절한다. 또한 필요에 따라 전기음향설비의 계획을 행한다.

그런데 실내음향설계에서는 실의 종류에 따라 위와 같은 설계상의 착목점이 다른 점을 이해하고, 효과적으로 설계를 추진하는 것이 중요하다.

실의 종류별로 음향설계의 착목점을 정리하여 표 10.8에 나타낸다.

콘서트 홀과 같은 실내음향효과가 중요시되는 큰 공간에서는 기본설계 단계에서 실의 크기나 치수비 등의 결정시에 음향적으로도 충분한 검토가 필요하다. 실내 각 부재의 설계에서는 모든 관객석에서 충분한 직접음·초기반사음을 확보하면서 반향 등의 음향장애가 발생하지 않도록 각 부재의 크기·형상·마감을 검토한다. 또한 실의 사용목적에 적합한 최적잔향시간이 되는 내장설계를 행함과 아울러 음의 확산에 배려한다.

표 10.8 실내음향설계의 착안점

착안점 / 실의 종류	실의 크기 (바닥면적, 천장높이, 실용적)	실의 치수비 (고유진동)	실의 형상	최적잔향시간의 확보	잔향시간주파수 특성	잔향과다의 억제	웡웡거림의 억제	음장의 확장	일정한 음압분포	직접음의 세기	초기반사음의 세기	초기음감쇠지표의 검토	반향의 방지	다중반향현상의 방지	전기음향설비
콘서트홀	◎		◎	◎	◎			◎	◎	○	○	◎	○		
오페라하우스	◎		◎	◎	◎			◎	◎	○	○	○	○		△
극장	○		○	◎	◎			○	◎	○	○		◎		○
강당	○		○	○	○				◎	○	○		◎		○
다목적홀	◎		◎	◎	◎			◎	◎	○	○	○	◎		◎
소스튜디오	△	◎	○	○	◎		○	○				△		○	
리스닝룸	△	○	△	○	○		○	○						○	
학교교실		○		△					○	○	○				○
회의실		○				△									△
사무실						△									△
연회장·집회장						○								○	○
체육관			△			◎		△		○			◎	○	◎

[주] 착안할 필요의 정도 ; ◎ : 대단히, ○ : 보통, △ : 약간

스튜디오나 리스닝 룸 등 용적이 비교적 작은 실에서는 실의 형상이나 치수비 등의 검토가 음향설계상 특히 중요한 점이 된다. 장거리 반사에 수반하는 반향은 발생하기 어렵지만, 실의 형상이나 반사면의 상태에 따라서는 음이 같은 경로를 왕복 반사하여 flutter echo가 발생하는 경우도 있으므로 실 형상이나 확산체의 설치 등을 검토하여 음의 확산에 충분히 주의할 필요가 있다. 또한 내장설계에서는 특히 저음역의 흡음이 중요하다.

체육관이나 큰 사무실 등에서는 이야기 소리의 청취가 주가 되므로 음의 명료도를 올리는 것이 음향설계의 주안이 된다. 이들 실에서는 일반적으로 잔향 과다가 문제되기 쉬우므로 충분한 흡음 처리를 행하는 것이 필요하다.

(2) 무대음향설계

공연장의 음향설계는 일반적으로 무대음향설계를 말하며 공연장에서 음향장비를 사용하는 가장 중요한 이유는 청중에게 소리를 목적하는 바에 따라 정확하게 들려주기 위함이다.

무대음향설계는 기본계획 단계에서부터 공연장의 성격에 따라 전기 음향설비의 사용목적을 정리하고 설비의 구성을 계획함과 아울러 음향조정실 및 스피커의 설치장소 등 건축과 관련된 사항 등에 대하여도 함께 검토할 필요가 있다(표 10.9).

표 10.9 공연의 종류에 따른 음향 특성

장 르	음향 특성
강연회, 세미나, 심포지엄 등	강연자의 음성을 객석 전체로 명료하게 전달하기 위해서는 연사의 음성 크기나 명료도를 세밀하게 조절할 수 있어야 한다.
클래식 음악 콘서트	전기 음향을 사용하는 작업은 최소화시키며, 녹음이 중요한 작업이 된다. 또한 연주위치, 잔향가변장치 등 전문적인 음향 컨설팅을 받을 필요가 있다. 해설이 있는 콘서트 등에서는 마이크 조절 작업 등이 파생적으로 이루어진다.
대중음악	대중음악에서는 주로 대관 사업으로 이루어지는데 전기 음향기술을 구사하기 위해 주최자 측이 많은 수의 음향 제작진을 동반하는 경우가 많다. 공연장의 음향 제작진은 외부에서 들어오는 제작진에 대한 교육 및 음향 설비 관리가 중요하게 작용한다.
연 극	대학를 중심으로 하는 연극의 경우에는 기본적으로 배우의 음성은 마이크를 통하지 않기 때문에 연극의 진행에 맞춘 음악이나 효과음을 내보내는 것이 주업무가 된다. 한편 뮤지컬이나 음악연극에서는 무선 마이크를 사용하는 경우가 많다. 음악은 연주하는 경우도 있지만 녹음을 틀어주는 경우가 더 많다.
무 용	무용 작품에서 음향이 빠지는 경우는 없다. 특히 현대무용이나 창작품에서 음향은 대단히 중요한 무대 구성 요소가 된다. 클래식 발레의 경우에는 실제 연주하는 경우도 있고, 녹음을 틀어주는 경우도 있다.

무대음향설계는 다음과 같은 특성을 가지고 있다.

① 무대에서 공연되는 연주회 등은 리얼타임으로 행해지므로 시스템의 신뢰성이 요구된다.

② 수음과 확성이 동일 공간에서 이루어지지기 때문에 항상 하울링이 발생할 우려가 있다.

③ 넓은 다이내믹 레인지가 요구되므로 신호대 잡음비가 높은 기기를 사용한다.

④ 음향설비가 발생하는 잡음이 장애가 되므로 기기 자체의 잡음출력 레벨을 충분히 고려한다.

(3) 기본설계

1) 실의 크기

Sabine의 잔향식에서 알 수 있듯이 잔향시간은 실용적에 비례하여 실의 흡음력에 반비례한다. 따라서 실의 사용목적에 적합한 음의 울림을 확보하는 데에는 기본설계 단계에서 적절한 실용적을 확보할 필요가 있다.

일반적으로는 콘서트 홀 등 풍부한 잔향을 필요로 하는 실에서는 1석당 10 m^3 정도, 다목적 홀에서는 6~8 m^3 정도의 실용적이 필요하다. 홀이나 극장에서 관객석은 주요한 흡음면이기 때문에 그 크기는 잔향계획에 큰 영향을 미친다. 표준적으로는 통로를 포함하여 1석당 0.65~0.7 m^2 정도의 건축면적이 필요하다.

2) 실의 치수비

리스닝 룸이나 스튜디오와 같이 비교적 작은 실에서 실 형상이 단순한 직방체에 가까운 경우 실의 고유진동수의 주파수 축상의 분포가 실의 음장을 강하게 특징짓는다. 즉 실의 치수비가 정수비이면 동일 주파수와 다른 모드의 고유진동이 겹쳐지고, 그 때문에 낮은 주파수 성분의 음에 특별한 음색(booming)이 나타나 부자연스럽게 들린다든지 한다.

이와 같은 현상을 피하기 위해서는 실의 고유진동의 밀도를 가능한 한 균일하게 할 필요가 있다. 거기에는 실의 치수비가 단순한 정수비가 되지 않도록 한다. 황금분할비($\sqrt{5}-1:2:\sqrt{5}+1$)나 소수의 조합(예를 들면 2 : 3 : 5) 등의 치수비로 하는 것이 바람직하다.

(4) 각 부재의 설계

실의 개요가 결정되면 다음에 바닥·벽·천장 등 실내 각 부재의 상세를 설계한다. 이 설계에서는 실내의 직접음과 반사음이 바람직한 상태가 되도록 실내의 모든 청취점에서 직접음이나 초기반사음이 충분히 확보되고, 측면반사음 에너지의 균형도 적절하고, 반향 등의 음향장애가 발생하지 않고, 적절한 잔향음이 충분히 확산되도록 실내 각 부재의 크기·형상·마감을 결정한다.

1) 충분한 직접음의 확보

실내에서 음이 명료하게 들리기 위해서는 충분한 직접음이 필요하다. 특히 홀 등에서는 모든 좌석에서 직접음이 충분히 확보되어야 한다. 그리하여 음원에서 수음점에 이르는 경로에 장애물이 없는, 결국 음원이 전망되는 것이 중요하다. 홀 등에서는 좌석에서 무대가 전망되는 것은 시각적으로 최저한 필요 조건이지만, 이것은 동시에 음향적으로도 중요한 조건이다.

일반적으로 이용되는 홀 등의 단 바닥곡선의 결정순서를 그림 10.27에 나타낸다. 시각적으로는 앞열의 머리를 넘어 무대 위의 시초점이 보이기 위한 시야각은 약 7°, 1석 뛰어 앞 앞 열의 사람 머리를 넘어서는 약 3.5° 이상이면 양호하다고 하는데, 음향적으로는 시야각의 최저선으로서는 앞열 넘어서 9° 정도를 목표로 한다.

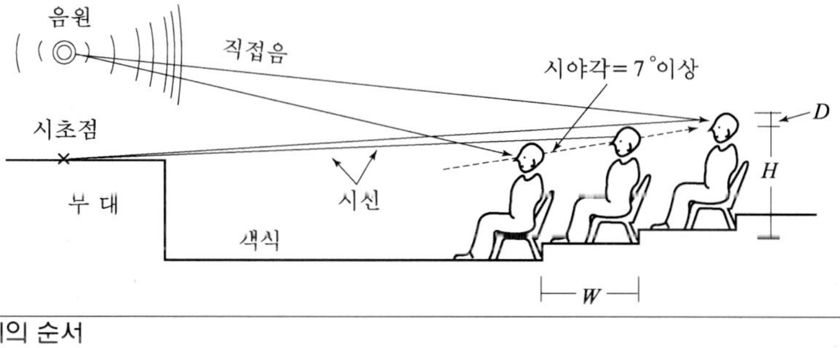

▪ 설계의 순서

1. 무대 위 프로세니움 밑 등에 시초점의 위치 설정
2. 계단 바닥이 시작되는 위치에서 눈 높이 H, 머리 높이 H+D의 설정
3. 시초점에서 H+D를 지나는 직선을 그어 객석 간격 W의 거리의 다음 사람의 눈의 위치 결정
4. 눈에서 하부 H의 바닥면을 다음의 객석 바닥으로서 작도
5. 순차적으로 이 작업을 실시하여 객석 바닥의 결정
   한국인의 경우 H = 110 cm, D = 11 cm

그림 10.27 객석 바닥곡선의 결정방법
(출처 : 일본건축학회, 建築設計資料集成(環境), 丸善, p.39, 1978.)

또한 음원이 전망되는 경우에도 음원에서 떨어진 좌석에서는 객석이 큰 흡음면이 되기 때문에 직접음이 예상 이상으로 감쇠하여 충분한 직접음이 확보되지 않은 경우가 있으므로 주의를 요한다.

2) 초기반사음의 이용

초기반사음은 직접음을 보강하는 효과가 있으므로 초기반사음을 직접적으로 이용하여 음의 명료도를 높이는 설계로 한다.

음원에서 7~8 m 이내에 있는 반사면에서 반사된 음은 직접음에서의 늦은 시간이 50 ms 이내가 되므로 이 범위에 있는 반사면은 초기반사음의 확보에 유효한 경우가 많다. 주로 음원 가까운 천장면이나 벽면이 이를 위하여 이용된다. 이와 같은 벽면은 측면반사음의 확보에도 유효하다.

다목적 홀 등에서는 그림 10.28과 같이 무대측의 천장을 약간 낮게 하여 천장에서의 1차반사음이 객석 내에 효과적으로 도달하도록 천장반사면의 형태나 위치 등을 검토한다. 무대측의 측벽도 벽면 전체를 객석측에 약간 경사시킨다든지, 확산면을 채용하는 등으로 하여 벽면에서의 반사음이 유효하게 객석에 도달하도록 한다. 무대 위의 연주자에게도 다른 연주자의 음이 명료하게 들려야 하는데, 그리하여 무대의 천장면이나 무대 후부에 반사판을 설치하여 거기에서의 반사음이 무대 위에 유효하게 도달

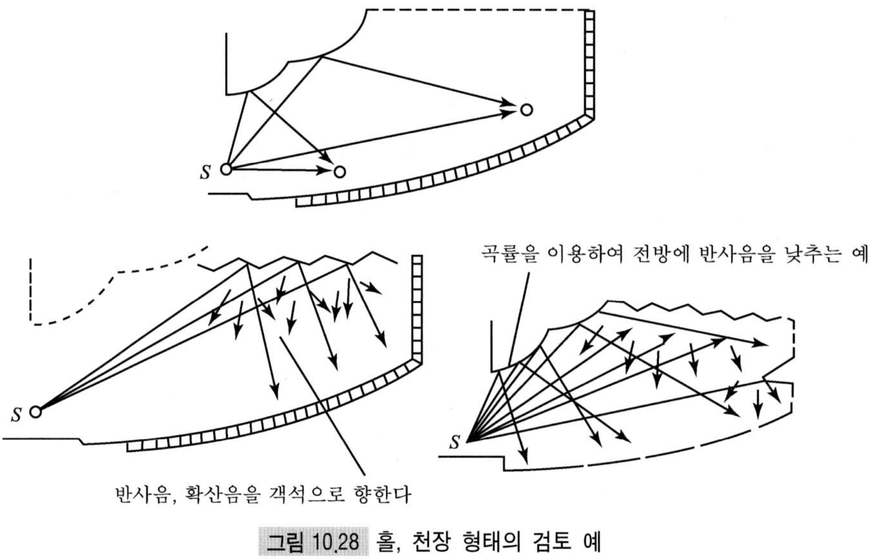

그림 10.28 홀, 천장 형태의 검토 예

(출처 : 일본건축학회, 建築の音環境設計, 彰國社, p.7, 1983.)

하도록 검토한다. 또한 무대 반사판은 홀의 사용 목적에 따라 분리 가능한 구조로 하는 것이 바람직하다.

3) 반향의 방지

반향의 발생을 없게 하기 위해서는 17 m 이하의 거리차이로 하면 양호한데, 그렇게 하면 매우 작은 콘서트홀이 만들어진다. 그래서 벽이나 천장을 흡음처리한다든지, 확산처리를 하는 것으로 회피한다.

그림 10.29는 반향이 나타나기 쉬운 단면도 패턴이다. 음이 입사하는 벽면에 흡음처리를 하면 반사음이 벽에 흡수되기 때문에 반향이 발생하지 않지만, 흡음을 강하게 하면 잔향시간도 짧아지므로 흡음과 확산처리를 병용하여 반향을 억제하도록 한다.

음원에서 7~8 m 이상 떨어진 반사면에서 반사된 음은 직접음에서의 늦은 시간이 50 ms 이상이 되고, long pass echo가 될 가능성이 높다(그림 10.30). 따라서 그와 같은 반사면은 형상·방향·마감 등을 검토하여 반향 발생의 원인이 되지 않도록 한다.

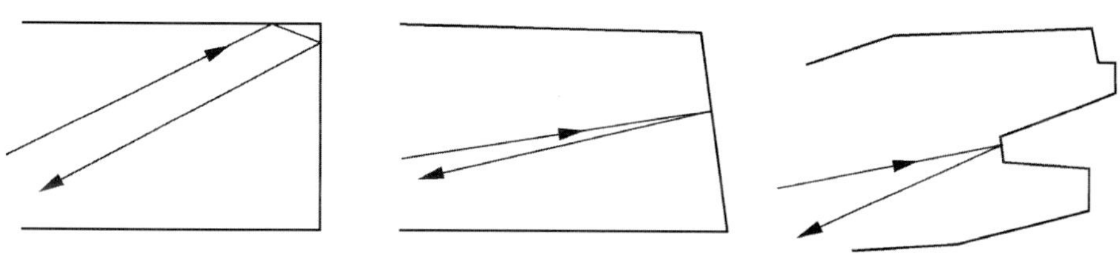

음원과 대향하는 벽면이 반사성으로 직교하는 경우

음원과 대향하는 벽면이 반사성으로 내측에 경사하는 경우

발코니 프론트가 음원에 대향하여 반사면이 되는 경우

그림 10.29 반향이 발생하는 경우

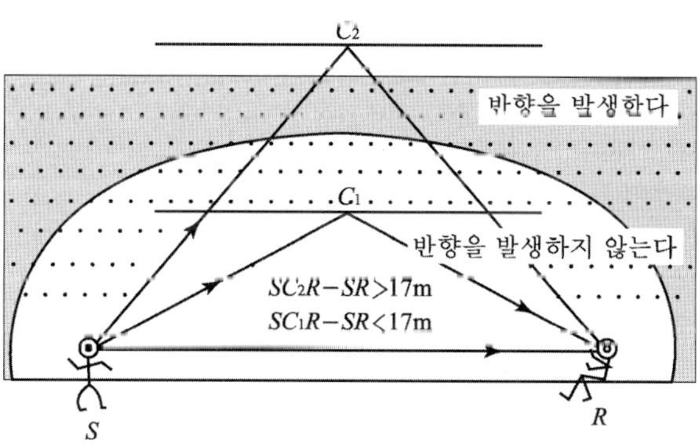

그림 10.30 반향의 원인이 되는 반사면의 위치

(출처 : 永田穂, 建築の音環境設計, オーム社, p.98, 1974.)

홀에서는 후부 벽면이나 발코니의 선단 등이 long pass echo의 원인이 되기 쉬우므로 주의를 요한다. 반향의 원인이 되는 반사면은 흡음 처리나 확산 처리를 실시한다.

다만 흡음 처리는 실 전체의 잔향계획에도 관련하는 것을 이해하여야 한다. 그림 10.31과 같은 형태의 실에서는 반복하여 반사음에 의하여 flutter echo가 발생하기 쉬우므로 주의를 요한다.

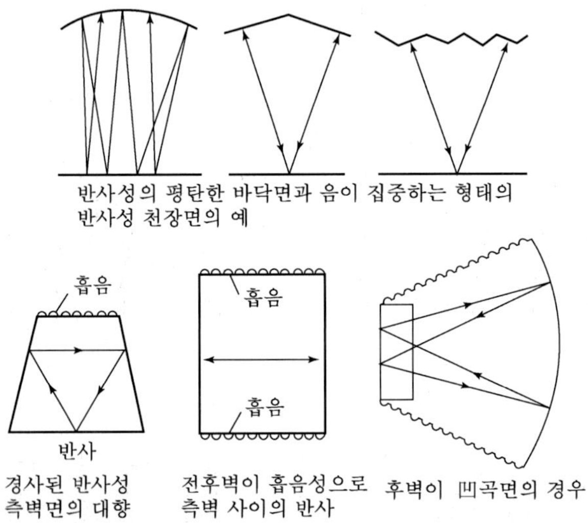

그림 10.31 flutter echo가 발생하기 쉬운 실 형태의 예

(출처 : 일본건축학회, 建築の音環境設計, 彰國社, p.9, 1983.)

4) 음의 초점과 사점의 방지

凹면상의 반사면은 음의 초점을 만든다. 이 때 음의 초점에서는 음의 에너지가 집중하지만, 반대로 그 이외의 장소에서는 음의 에너지가 부족하여 사점(dead spot)이 발생할 우려도 있다. 음을 실 전체에 균일하게 분포시키기 위해서는 凹면상의 반사면

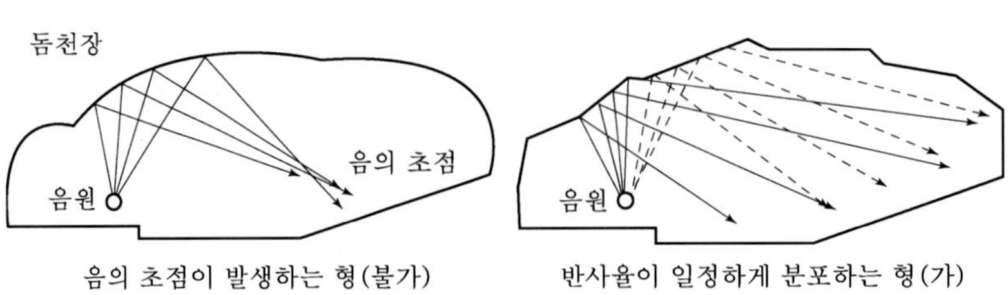

그림 10.32 음의 초점과 분포

(출처 : 일본건축학회, 建築設計資料集成(環境), 丸善, p.38, 1978.)

은 피하고 凸면이나 확산면으로 하는 것이 바람직하다(그림 10.32).

5) 음의 확산

바람직한 음의 울림을 얻는 데에는 적절한 잔향시간과 그 주파수 특성을 실현함과 아울러 음을 충분히 확산(diffusion)시킬 필요가 있다. 그리하여 천장이나 벽면의 일부에 음의 확산면을 설치한다. 확산면은 면을 산 형태나 원통형 등의 불규칙한 凹凸의 형태로 한다든지(그림 10.32), 면 위에 여러 가지 형태의 확산체를 설치하는 등으로 하여 만든다. 홀에서는 중앙에서 후방의 천장면을 이와 같은 확산면으로 하여 음의 확산을 도모하는 경우가 많다(그림 10.33). 확산체가 음을 확산하는 데에는 음의 파장과 같은 정도의 크기가 필요하므로 가청범위의 주파수 음의 확산에 여러 가지 크기의 확산체가 필요하다.

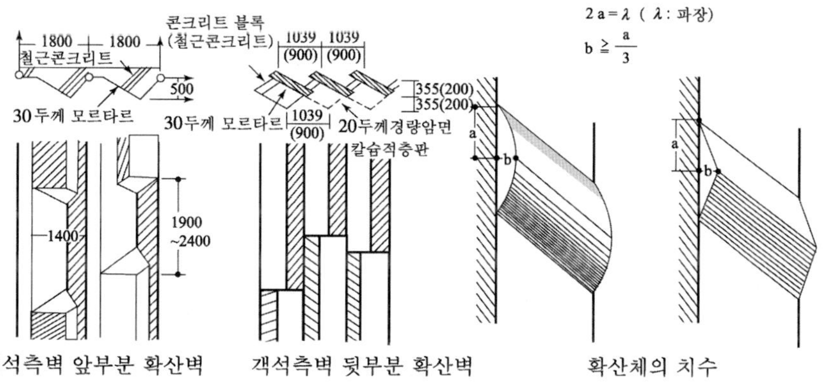

그림 10.33 확산체의 예

(출처 : 일본건축학회, 建築設計資料集成(環境), 丸善, p.39, 1978.)

6) 명료도

음의 명료도(Speech Transmission Index)는 홀 등의 실내음상에서 음성의 듣기 편리함(음성명료도)의 평가방법으로 Houtgast 등에 의해 연구 제안된 것인데, 음성의 명료도를 수치로 표현, 평가할 수 있다.

STI는 음원위치에서 발생된 음성파형의 포락선이 수음위치에서 어느 정도 유지되고 있는가에 착목한 명료도 평가지표에서 표현된다. 측정에는 노이즈와 정현파를 교대로 발생한 신호를 이용한다. 음성신호는 100% 변조의 파형이며, 그 파형이 수음위치에서 홀의 잔향이나 소음 등에 의해 변조도가 변화하는 정도에 의해 구한다.

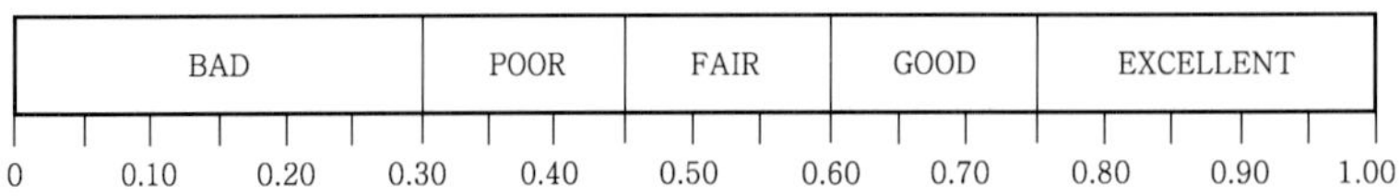

그림 10.34 명료도의 평가

또한 전송계의 임펄스 응답에서도 앞으로의 값이 구해지는 것이 Schroeder에 의해 제시되어 있다.

STI의 값은 STI의 간이측정에 의한 RASTI(Rapid STI)에서 이용되고 있는 기준에 의해 그림 10.34와 같이 BAD~EXCELLENT로 평가된다.

사람이 마이크를 이용하여 연설한 경우를 상정한 음성명료도의 측정은 다음과 같이 행한다. 마이크의 통상 사용위치에 확성용 마이크와 유사음원용 소형스피커를 장착한다. 음향분석기의 측정신호를 소형스피커에서 발생시켜 장내에서 확성된 음을 객석에서 측정한다. 측정은 M계열신호를 음원에 이용한 임펄스 응답측정방법에 의해 행하고, 측정된 임펄스 응답에서 STI 또는 RASTI를 산출한다(그림 10.35).

강연을 대상으로 할 때 음의 발생을 중지한 후 50 ms 이내의 초기반사음은 직접음의 크기를 보강하고, 명료도를 높여주는 음향작용을 한다.

콘서트 홀에서 음악에 대한 명료도를 표시하는 지수(clarity index)는 80 ms를 지연시간의 한계로 한다. 음악에서의 반사음은 음성음보다 인지가 약하며, 너무 클 경우에는 연주음이 건조하고 딱딱하여 감상하기 부적합한 음량과 음색이 된다.

명료도 평가는 피험자에 의한 직접청취평가와 음장의 물리측정 결과에서 요구되는 물리평가법으로 분류된다. 명료도의 적정치를 설정하기 위해서는 각 물리지표치가 어떤 음장에 대하여 어느 정도 대응하는가를 명확히 하는 것이 중요하다.

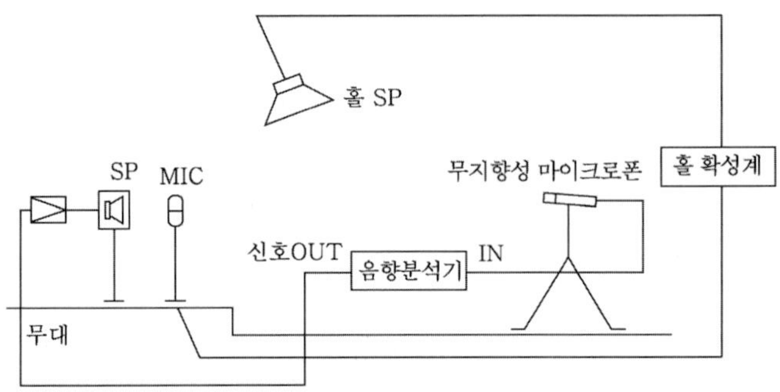

그림 10.35 명료도의 측정

표 10.10 공간의 용도 · 규모와 요구되는 명료성의 평가대상

공간의 크기	공간의 예	명료성의 평가대상 (측정대상)
비교적 소규모에서 육성으로 음성정보전달이 이루어지는 공간	■ 교 실 ■ 회의실	건축음향적인 설계평가가 중요하다.
비교적 중규모에서 마이크를 주로 이용한 확성에 의하여 언어정보를 전달하지만, 경우에 따라서는 육성으로도 음성정보전달이 이루어지는 공간	■ 계단교실 ■ 시청각실 ■ 큰 회의실 ■ 호텔 등의 연회장(회의장으로서도 사용) ■ 강 당 ■ 다목적 홀	건축음향적 및 전기음향적인 설계평가가 중요하다.
대규모 공간에서 육성으로의 전달이 전혀 불가능하며 전기음향확성설비를 이용한 음성정보전달이 이루어지는 공간	■ 돔 등의 대공간 ■ 체육관, 실내경기장 ■ 스타디움	전기음향적인 설계평가가 중요하다.

표 10.10은 교실, 회의실에서부터 체육관, 스타디움에 이르기까지 각 공간의 규모나 용도의 다름에 따라 요구되는 명료성의 내용 차이를 정리한 것이다. 예를 들면 회의실이나 교실에서는 육성에 의한 음성정보전달이 가능한 건축공간의 명료성이 요구되고, 다목적홀이나 극장 등에서는 마이크로폰을 통한 전기음향확성(발성자와 청취자가 같은 공간에 있다)에 의한 정보전달이 명료하게 이루어지는 것이 요구되고, 여기에는 건축공간과 전기음향 각각의 전송계의 성능이 명료성 평가에 영향을 준다. 또한 돔과 같은 대공간이나 스타디움, 지하가나 역, 공항, 백화점 등 많은 사람들이 모이는 장소에서는 재해시의 비상방송(발성자와 청취자가 같은 공간에 없다)이 명료하게 들리는 것이 요구된다. 이와 같이 요구되는 명료성의 내용이 다른 공간에서는 명료성 평가에 이용되는 기준이나 측정 · 확성조건도 다른 것은 당연하다.

(5) 내장설계

실 형태의 검토가 끝나면 실의 목적에 적합한 최적잔향시간이 얻어지도록 내장설계를 행한다

1) 최적잔향시간과 주파수 특성의 설정

실 형태가 결정된 후 실용적 V와 실표면적 S를 산출한다. 이 값에서 그림 10.25와 그림 10.26을 이용하여 실의 사용 목적에 적합한 잔향시간의 설계 목표치 T를 설정한

다. 그리고 잔향식을 이용하여 소요 흡음력 A를 산출한다.

2) 필요흡음력의 산출

여기서 객석이나 청중 등의 흡음력과 재료의 선택 여지가 없는 부분의 흡음력과의 총합 Af를 뺀 흡음력(A-Af)이 내장설계에 의하여 실에 부가할 수 있는 흡음력의 필요량이다.

흡음률은 실의 용도에 따라 달라진다. 표 10.11에 실의 사용목적과 평균흡음률을 나타낸다. 콘서트홀 등은 음향을 양호하게 하기 위하여 흡음률을 낮춘다. 이에 비하여 강당・회의실 등에서는 발성자의 소리가 명료하게 들릴 수 있도록 흡음률을 높이고, 반사음이 지금 발생하는 직접음에 겹쳐지지 않도록 한다.

표 10.11 실의 사용목적과 평균흡음률

실의 사용목적	평균흡음률	실의 사용목적	평균흡음률
콘서트홀	0.20~0.23	TV스튜디오	0.40
오페라하우스	0.25	녹음스튜디오	0.35
극 장	0.30	리스닝룸	0.30
강당・집회실	0.30	학교교실	0.25~0.30
다목적홀	0.25~0.28	회의실	0.25~0.35
라디오용일반스튜디오	0.25~0.35	사무실	0.30

3) 재료의 선정

내장재료는 건축의장이나 시공방법을 고려하고, 재료의 흡음성을 충분히 이해하여 선정하여야 한다.

재료의 흡음률은 흡음구조에 의하여 나타나는데, 같은 재료에서도 배후 공기층의 크기, 밑바탕 재료나 표면마감재의 종류, 시공방법 등에 의하여 흡음 특성이 변화하므로 재료의 선택시에는 이들의 점을 충분히 고려하여야 한다. 단일의 재료만으로 각 주파수에 걸쳐 소요의 흡음력을 얻는 것은 어려우므로 일반적으로 여러 종류의 재료를 조합하여 사용한다.

4) 재료의 배치

내장재료의 배치 방법은 2가지로 대별할 수 있다(그림 10.36). 홀이나 극장 등에서

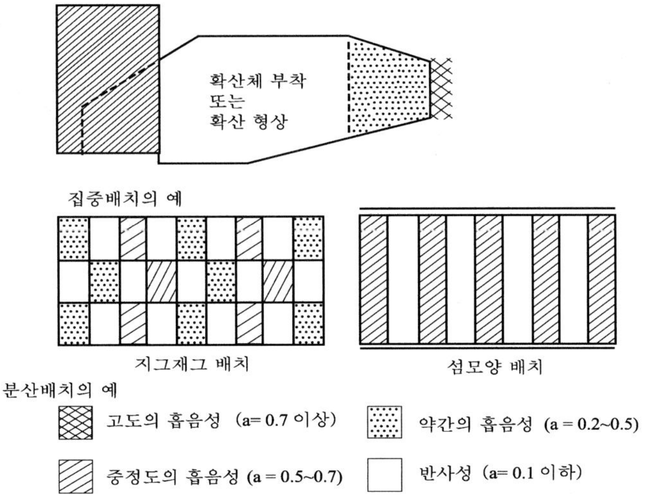

그림 10.36 내장재의 배치 예

(출처 : 일본건축학회, 建築設計資料集成(環境), 丸善, p.40, 1978.)

는 무대측의 천장이나 벽을 반사성으로 하고, 객석 후부를 흡음성으로 하는 이른바 live end dead end 방식을 채용하는 경우가 많다. 이 방식은 무대 가까운 천장이나 벽의 반사음을 후부 객석에서 음 에너지의 확보에 유효한 이용을 첫째로 고려한 것이다. 한편 스튜디오 등 소용적의 실에서는 반사성의 재료와 흡음성의 재료를 실 전체에 일정하게 분포시키는, 이른바 분산배치방식을 채택하는 경우가 많다. 이 방식은 실 전체를 균일한 음장을 목표로 한 것이다. 분산배치하는 재료는 일반적으로 0.6~1.8 m 정도의 치수이며, 반사성의 재료와 흡음성의 재료를 교대로 줄무늬 형상 또는 다른 두 선이 교차되는 사각형 무늬로 배치한다.

10.2.4 실내음향측정

(1) 음압레벨분포

음압레벨분포는 음원에서 일정레벨의 음을 발생했을 때 실내에 음이 어떻게 분포하는가를 알기 위한 것이다. 실내 음의 확산상태나 스피커의 지향성에 의해 특히 음압레벨이 작은 곳이나, 극단적으로 음이 집중하여 음압레벨이 이상하게 큰 곳을 알 수 있다(그림 10.37).

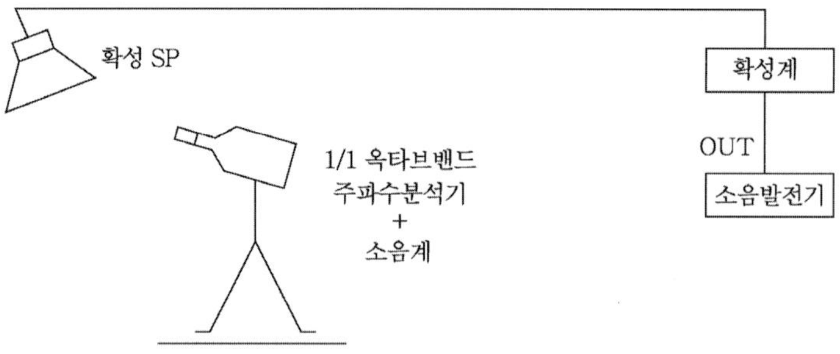

그림 10.37 음압레벨분포의 측정방법

확성계를 사용한 경우에는 장내에 구석구석까지 음이 널리 퍼지고, 장소에 따른 음의 레벨차이가 가능한 한 작은 것이 양호하다. 건축의 영향에 의한 음압레벨분포를 아는 경우에는 무대에 무지향성음원(통상은 12면체 스피커)을 발생하여 음원에서 떨어짐에 따라 음이 자연스럽게 감쇠하는가 어떤가를 알아보는 것이다.

측정방법은 Pink noise(주파수가 올라감에 따라 일정의 형태에서 감소하는 소음)를 음원이 되는 스피커에서 재생하여 각 측정점에서 측정주파수대역(1/1 옥타브)의 음압레벨을 읽는다. 측정결과는 음압레벨이 높은 개소와 낮은 개소에 대하여 고찰하고, 전 측정지점에서 데이터의 최대치와 최소치의 차이에서 「편차 ○dB」로 표시한다.

핑크소음은 비가 내릴 때 지붕, 우산, 땅바닥에 부딪치며 나는 규칙적인 빗소리이다. 이 핑크소음은 백색소음처럼 불필요한 뇌의 활동을 줄여주며 수면을 유도할 수 있다.

(2) 잔향시간

잔향시간 측정 장치에 의해 실내의 통상 사용 위치에 놓인 음원에서 백색소음(white noise) 또는 대역잡음(band noise) 또는 진음(warble tone)을 내어 정상상태에 도달한 후 이것을 정지하여 그 레벨의 감쇠를 마이크로폰 옥타브 또는 1/3 옥타브·필터를 통하여 고속도 레벨 기록기에 기록시켜 그 레벨의 감쇠곡선(거의 직선으로 된다)의 경사에서 잔향시간을 독해한다. 현장에서 수음시에 일단 테이프에 녹음하고, 실험실에서 재생하여 구하는 방법도 있다.

간편법으로서 음원에 경기용 권총(pistol)음을 이용할 수도 있다. 이것은 음도 크고 광범위한 주파수를 함유하므로 이용되는데, 정상상태에 도달한 음이 아니므로 잔향시간의 정의에 어긋난다. 그러나 그 결과는 정상음과 충분히 일치한다.

잔향시간주파수특성의 측정은 측정기에서 실의 임펄스 응답을 구하고, 2차 계산에 의해 잔향시간을 구하는 방법으로 한다(그림 10.38).

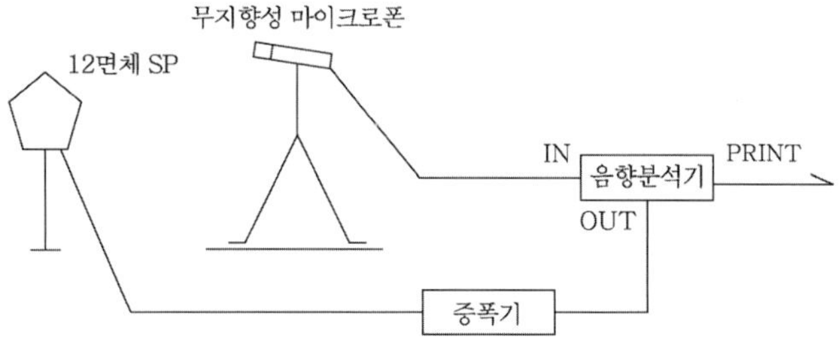

그림 10.38 잔향시간주파수특성의 측정

(3) 반향시간 패턴

반향시간 패턴(Echo time pattern)이란 음원에서 객석에 도달하는 직접음과 반사음의 도래상황을 나타내는 것으로 주관적인 평가와 연결되어 많은 정보를 가지고 있다. 이 측정에 의해 flutter echo 등의 음향장애가 일어나는가 어떤가의 점검을 할 수 있다. 통상은 직접음의 에너지가 크고, 반사음이 서서히 감쇠하는 형태가 양호한 특성이다.

측정방법은 잔향시간의 계측과 마찬가지로 측정기에서 방의 임펄스 응답을 구하고, 컴퓨터와 DSP(digital signal processor)에 의한 디지털필터 처리를 행하여 목적하는 주파수의 반향시간 패턴을 구한다(그림 10.38).

(4) 중량바닥충격음레벨

중량바닥충격음의 측정방법은 음원실에 중량바닥충격음발생기(Bounding machine)를 설치하고, 수음실에는 수음용의 마이크로폰을 설치한다. 그리고 충격음을 발생시켜 수음실의 음압레벨을 측정한다. 결국 2층의 방에서 음을 내고, 1층의 방에 어느 정도 음이 누설하는가를 측정한다(그림 10.39~10.40).

그림 10.39 Bounding machine

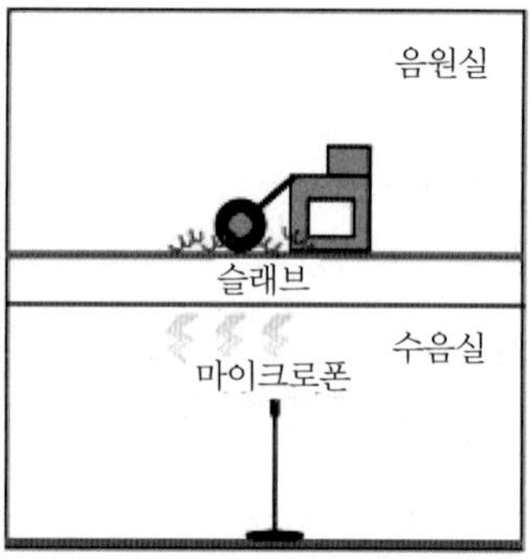

그림 10.40 바닥충격음 측정

(5) 경량바닥충격음레벨

경량바닥충격음의 측정방법은 음원실에 경량바닥충격음발생기(Tapping machine)를 설치하고, 수음실에는 수음용의 마이크로폰을 설치한다. 그리고 충격음을 발생시켜 수음실의 음압레벨을 측정한다. 결국 2층의 방에서 음을 내고, 1층의 방에 어느 정도 음이 누설하는가를 측정한다(그림 10.41~42).

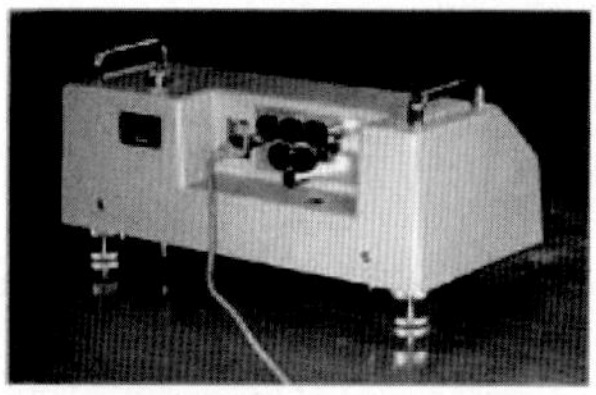

그림 10.41 Tapping machine

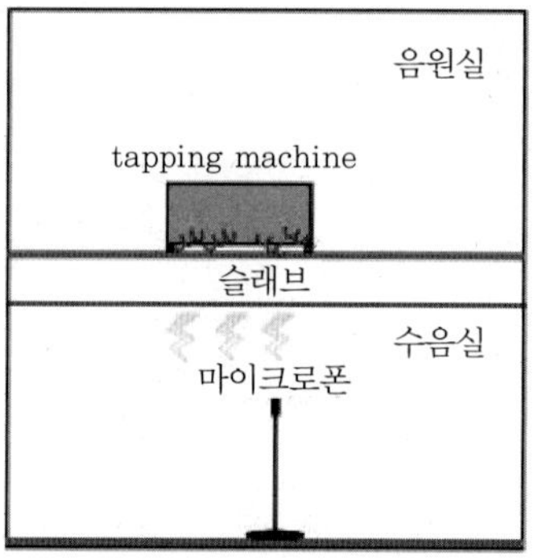

그림 10.42 경량충격음 측정

(6) 실험실에서의 음향투과손실측정

음향투과손실측정은 제1, 제2의 양 잔향실을 사용하여 양 실 사이의 경계벽에 시험체(최대면적 10 m^2)를 부착하여 제1에서 대역잡음을 발생시켜 시험체를 투과하여 오는 음을 제2에서 수음하고, 그 음압레벨의 차이에서 투과손실(dB)을 산출한다. 결국 한쪽의 실에서 음을 발생하고, 다른 쪽의 실에 어느 정도 음이 누설하는가를 측정한다. 결과는 수치가 클수록 차음성능이 있다(그림 10.43).

제1 · 제2 잔향실

측정기기

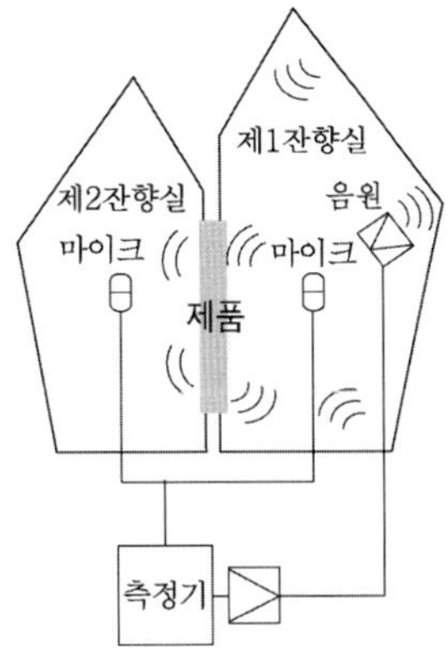

그림 10.43 실험실에서의 음향투과손실 측정방법

(7) 잔향실법 흡음률의 측정

잔향실의 바닥에 10 m^{2}의 시험체를 놓고 잔향시간을 측정하여, 미리 측정한 공실일 때의 잔향시간과의 차이에서 흡음률을 산출한다. 결국 제품을 놓고 잔향시간이 어느 정도 짧아졌는가를 측정한다. 수치가 클수록 차음성능이 있다. 잔향실을 이용하는 이유는 음을 확산시켜 재료에 입사하는 음파의 방향을 랜덤으로 하기 위함과 수음측 실의 확산상태에 의해 수음실 음압레벨이 변화하기 때문이다(그림 10.44).

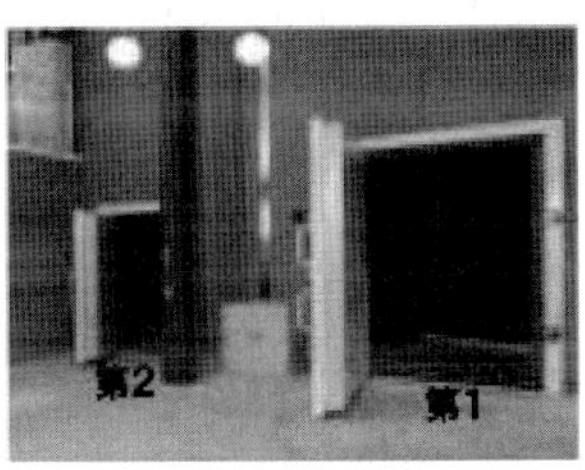

제1 · 제2 잔향실

측정기기

그림 10.44 잔향실법 흡음률의 측정방법

10.3 소음의 규제 기준 및 한도

10.3.1 소 음

소음(noise)은 사람이 듣고서 「선호하지 않은 음」, 「없는 편이 좋은 음」을 말하고,

일반적으로는 「생리적 장애를 일으키는 음」, 「대체로 큰 음」, 「음색이 불쾌한 음」, 「회화를 방해하는 음」, 「능률을 저하시키는 음」, 「휴양·안면을 방해하는 음」 등을 가리킨다.

발생원의 다름에서 환경소음(그 장소의 종합된 음), 특정소음(공장소음, 자동차소음, 철도소음, 항공기소음 등), 암소음(환경소음 중 어느 특정소음에 착목한 경우의 그 이외의 음) 등으로 구분된다.

또한 발생 방식의 다름에서 정상소음(레벨의 변동이 작고, 거의 일정레벨인 것), 변동소음(레벨의 변동이 불규칙 불연속인 것), 간헐소음(간헐적으로 발생하여 계속시간이 수초 이상의 것), 충격소음(계속시간이 매우 짧은 것) 등으로 구분된다.

또한 소음에는 공기 중을 전파하는 공기전파음(air-borne sound) 외에 구조체를 전파한 진동이 공기 중에 음으로 재방사되는 고체전파음(solid-borne sound)이 있다. 고체전파음의 경우 그 원인이 되고 있는 측이 고체전파음을 발생하고 있는 데에 주의하지 않은 경우도 많다.

소음은 귀로 느끼는 감각공해로서 다른 공해요소와는 달리 사람들의 건강에 미치는 장기적인 영향 이외에 정서나 수면, 수업, 작업방해 등에 커다란 영향을 미친다. 특히 주거지 주변의 교통, 건설 및 생활소음의 문제는 심각한 사회문제가 되고 있다. 소음의 영향 및 피해정도는 소음도가 크고 고주파수, 지속시간이 길거나 충격성이 많을수록 크고, 심신의 상태, 체질과 기질, 기타 사회적 이해관계 등에 따라서도 상이하다.

10.3.2 소음의 환경기준

소음은 일상생활에 밀착하여 발생하는 것이 많고, 그 발생원은 다종다양하며, 복합화하여 발생원을 특정할 수 없는 경우도 있다. 소음을 대별하면 지역소음과 교통소음으로 분류된다. 지역소음이란 공장이나 사업장 등을 발생원으로 하는 것으로 건설작업 외 심야영업, 냉동기음, 확성기의 선전방송 등 이른바 근린소음도 포함된다.

생활환경을 유지 보전하기 위한 우리나라의 환경정책기본법시행령에 설정되어 있는 소음의 환경기준은 표 10.12와 같다. 동 기준에는 일반지역과 도로변지역으로 구분하여 지역의 유형별·시간대별(낮과 밤)로 기준치가 정해져 있다. 시간대별로 기준치가 설정되어 있는 것은 소음영향이 시간대에 따라 다른 점을 고려한 것이다.

생활소음 규제기준은 주민들에게 정온한 생활환경을 유지시켜 줄 목적으로 지정하는 생활소음 규제지역 내에서, 주민의 민원이 있을 때에 민원인의 부지경계선에서 측정하여 행정조치 하는 사후관리 성격의 기준이다.

"소음·진동관리법"에 의한 생활소음의 규제기준 및 교통소음의 한도는 각각 표 10.13, 표 10.14와 같다.

표 10.12 소음의 환경기준(단위 : Leq dB(A))

지역구분	적용대상지역	기 준	
		낮 (06:00~22:00)	밤 (22:00~06:00)
일반지역	'가' 지역	50	40
	'나' 지역	55	45
	'다' 지역	65	55
	'라' 지역	70	65
도로변지역	'가' 및 '나' 지역	65	55
	'다' 지역	70	60
	'라' 지역	75	70

[주] 1. 지역구분별 적용대상지역의 구분은 다음과 같다.

가. "가" 지역

(1) 「국토의 계획 및 이용에 관한 법률」 제36조 제1항의 규정에 의한 관리지역 중 보전관리지역과 자연환경보전지역 및 농림지역

(2) 「국토의 계획 및 이용에 관한 법률」 제36조 제1항의 규정에 의한 도시지역 중 녹지지역

(3) 「국토의 계획 및 이용에 관한 법률 시행령」 제30조의 규정에 의한 주거지역 중 전용주거지역

(4) 「의료법」 제3조의 규정에 의한 종합병원의 부지경계로부터 50미터 이내의 지역

(5) 「초·중등교육법」 제2조 및 「고등교육법」 제2조의 규정에 의한 학교의 부지경계로부터 50미터 이내의 지역

(6) 「도서관 및 독서진흥법」 제2조의 규정에 의한 공공도서관의 부지경계로부터 50미터 이내의 지역

나. "나" 지역

(1) 「국토의 계획 및 이용에 관한 법률」 제36조 제1항의 규정에 의한 관리지역 중 생산관리지역

(2) 「국토의 계획 및 이용에 관한 법률 시행령」 제30조의 규정에 의한 주거지역 중 일반주거지역 및 준주거지역

다. "다" 지역

(1) 「국토의 계획 및 이용에 관한 법률」 제36조 제1항의 규정에 의한 도시지역 중 상업지역과 동조 동항의 규정에 의한 관리지역 중 계획관리지역

(2) 「국토의 계획 및 이용에 관한 법률 시행령」 제30조의 규정에 의한 공업지역 중 준공업지역

라. "라" 지역

「국토의 계획 및 이용에 관한 법률 시행령」 제30조의 규정에 의한 공업지역 중 일반공업지역 및 전용공업지역

2. "도로"란 자동차(2륜자동차는 제외한다)가 한 줄로 안전하고 원활하게 주행하는 데에 필요한 일정 폭의 차선이 2개 이상 있는 도로를 말한다.
3. 이 소음환경기준은 항공기소음·철도소음 및 건설작업 소음에는 적용하지 아니한다.

표 10.13 생활소음 규제기준

단위 : dB(A)

대상 지역	시간대별 / 소음원		아침, 저녁 (05 : 00~07 : 00, 18 : 00~22 : 00)	주간 (07 : 00~18 : 00)	야간 (22 : 00~05 : 00)
주거지역, 녹지지역, 관리지역 중 취락지구·주거개발진흥지구 및 관광·휴양개발진흥지구, 자연환경보전지역, 그 밖의 지역에 소재한 학교·종합병원·공공도서관	확성기	옥외설치	60 이하	65 이하	60 이하
		옥내에서 옥외로 소음이 나오는 경우	50 이하	55 이하	45 이하
	공장		50 이하	55 이하	45 이하
	사업장	동일 건물	45 이하	50 이하	40 이하
		기타	50 이하	55 이하	45 이하
	공사장		60 이하	65 이하	50 이하
그 밖의 지역	확성기	옥외설치	65 이하	70 이하	60 이하
		옥내에서 옥외로 소음이 나오는 경우	60 이하	65 이하	55 이하
	공장		60 이하	65 이하	55 이하
	사업장	동일 건물	50 이하	55 이하	45 이하
		기타	60 이하	65 이하	55 이하
	공사장		65 이하	70 이하	50 이하

[주] 1) 소음의 측정방법과 평가단위는 「환경분야 시험·검사 등에 관한 법률」 제6조제1항제2호에 따른 환경오염공정시험기준에서 정하는 바에 따른다.
2) 대상 지역의 구분은 「국토의 계획 및 이용에 관한 법률」에 따른다.
3) 규제 기준치는 생활소음의 영향이 미치는 대상 지역을 기준으로 하여 적용한다.
4) 공사장의 소음 규제기준은 주간의 경우 특정공사의 사전신고 대상 기계·장비를 사용하는 작업시간이 1일 3시간 이하일 때는 +10 dB을, 3시간 초과 6시간 이하일 때는 +5 dB을 규제기준치에 보정한다.
5) 발파소음의 경우 주간에만 규제기준치(광산의 경우 사업장 규제기준)에 +10 dB을 보정한다.
6) 공사장의 규제기준 중 다음 지역은 공휴일에만 −5 dB를 규제기준치에 보정한다.
가) 주거지역
나) 「의료법」에 따른 종합병원, 「초·중등교육법」 및 「고등교육법」에 따른 학교 및 「도서관법」에 따른 공공도서관의 부지경계로부터 직선거리 50 m 이내의 지역
7) "동일 건물"이란 「건축법」 제2조에 따른 건축물로서 지붕과 기둥 또는 벽이 일체로 되어 있는 건물을 말하며, 동일 건물에 대한 생활소음 규제기준은 다음 각 목에 해당하는 영업을 행하는 사업장에만 적용한다.
가) 「체육시설의 설치·이용에 관한 법률」 제10조에 따른 체력단련장업·체육도장업·무도학원업·무도장업
나) 「학원의 설립·운영 및 과외교습에 관한 법률」 제2조에 따른 음악교습을 위한 학원·교습소
다) 「식품위생법 시행령」 제21조에 따른 단란주점영업·유흥주점영업
라) 「음악산업진흥에 관한 법률」 제2조에 따른 노래연습장업
마) 「다중이용업소 안전관리에 관한 특별법 시행규칙」 제2조제4호에 따른 콜라텍업

표 10.14 교통소음의 관리기준

(1) 도로

(LeqdB(A))

대상지역	한 도	
	주간 (06 : 00~22 : 00)	야간 (22 : 00~06 : 00)
주거지역, 녹지지역, 관리지역 중 취락지구 · 주거개발진흥지구 및 관광 · 휴양개발진흥지구, 자연환경보전지역, 학교 · 병원 · 공공도서관 및 입소규모 100명 이상의 노인의료복지시설 · 영유아보육시설의 부지 경계선으로부터 50미터 이내 지역	68	58
상업지역, 공업지역, 농림지역, 생산관리지역 및 관리지역 중 산업 · 유통개발진흥지구, 미고시지역	73	63

[주] 1. 대상 지역의 구분은 「국토의 계획 및 이용에 관한 법률」에 따른다.
2. 대상 지역은 교통소음 · 진동의 영향을 받는 지역을 말한다.

(2) 철도

(LeqdB(A))

대상지역	한 도	
	주간 (06 : 00~22 : 00)	야간 (22 : 00~06 : 00)
주거지역, 녹지지역, 관리지역 중 취락지구 · 주거개발진흥지구 및 관광 · 휴양개발진흥지구, 자연환경보전지역, 학교 · 병원 · 공공도서관 및 입소규모 100명 이상의 노인의료복지시설 · 영유아보육시설의 부지 경계선으로부터 50미터 이내 지역	70	60
상업지역, 공업지역, 농림지역, 생산관리지역 및 관리지역 중 산업 · 유통개발진흥지구, 미고시지역	75	65

[주] 1. 대상 지역의 구분은 「국토의 계획 및 이용에 관한 법률」에 따른다.
2. 정거장은 적용하지 아니한다.
3. 대상 지역은 교통소음 · 진동의 영향을 받는 지역을 말한다.

아파트 공사장에서 사용하는 차압기 등 건설기계의 소음치를 기준으로 주민들의 거수지에 도달하는 소음치를 추정하고, 피해보상의 기준이 되는 '수인(受忍)한도(피해 정도를 참을 수 있는 한도)'를 소음진동규제법에 따라 65 dB로 정하고 있다.

"소음방지를 위한 층간 바닥충격음 차단 구조기준"에 따르면 공동주택(기숙사 제외), 오피스텔, 기숙사, 다가구주택, 다중생활시설의 세대 내 층간바닥은 바닥충격음 차단구조로 하여야 한다.

차단구조의 성능은 중량충격음(무겁고 부드러운 충격에 의한 바닥충격음) 50dB 이하, 경량충격음(비교적 가볍고 딱딱한 충격에 의한 바닥충격음) 58dB 이하로 한 바닥 구조이다.

중량충격음 및 경량충격음을 차단하기 위하여 콘크리트 슬래브, 완충재, 마감 모르타르, 바닥마감재 등으로 구성된 일체형 바닥구조인 '표준바닥구조'로 할 수 있다.

완충재는 충격음을 흡수하기 위하여 바닥구조체 위에 설치하는 재료이고, 온돌층이 벽체와 접하는 부위에는 측면완충재를 적용한다. 바닥마감재는 온돌층 상부표면에 최종 마감되는 재료(발포비닐계 장판지·목재 마루 등)이다.

10.3.3 교통소음의 대상

교통소음에는 자동차교통, 철도, 항공기소음이 있다.

(1) 자동차교통소음

엔진, 흡배기계, 구동계, 타이어계 등에서 발생하는 자동차소음과 교통량, 통행차종, 주행속도, 도로구조 등에서 발생하는 도로소음이 복잡하게 뒤얽히어 주위에 전파하는 것이다.

(2) 철도소음

팬터그래프의 접동, 스파크, 차체의 풍향계, 모터의 회전, 차륜의 전동, 구조물의 진동 등에서 발생음이 뒤얽히고, 궤도에서의 거리에 의해 약해지는 것이다.

(3) 항공기소음

엔진 등의 기재, 편수, 운항방식 등이 활주로 방향을 축으로 하여 일어나는 것이다. 항공기소음의 기준치의 단위로 WECPNL(weighted equivalent continuous perceived noise level)이 이용되는데, 이것은 "가중등가평균감각소음레벨"인데 "(항공기소음의) 시끄러움지수"로 나타내는 단위이다.

특히 야간의 소음을 중요시하여 소음의 강도 외에 그 빈도, 계속시간대의 제요소를 가미하여 항공기소음의 특징을 충분히 수용한 1일당 총소음량의 단위이고, 환경기준의 평가단위로 채용되고 있다.

$$\mathrm{WECPNL} = \mathrm{dB(A)} + 10\log_{10}(N_1 + 3N_2 + 10N_3) - 27 \tag{10.9}$$

여기서, dB(A) : 1기마다의 피트레벨의 1일 파워평균

N : 1일간의 항공기의 이·착륙횟수

N_1 : 7~19시

N_2 : 19~22시

N_3 : 22~7시

항공기 소음의 한도를 공항주변 인근지역은 항공기소음영향도(WECPNL) 90, 기타 지역은 80으로 설정하고 있다(표 10.15). 또한 소음영향도에 따른 시설물의 설치제한 등에 의한 공항소음피해지역 또는 공항소음피해예상지역 안의 시설물 설치제한은 표 10.16에 의하고, 용도제한은 표 10.17에 의한다.

표 10.15 항공기소음 한도 및 구역구분에 따른 소음영향도

(단위 : WECPNL)

소음·진동규제법	항공법(건설교통부)			소음한도	소음 대책
공항주변 인근지역	소음 피해지역	제1종구역		95 이상	이주 대책
		제2종구역		90 이상 95 미만	방음시설설치
기타지역	소음피해 예상지역	제3종 구역	'가' 지역	85 이상 90 미만	방음시설설치
			'나' 지역	80 이상 85 미만	
			'다' 지역	75 이상 80 미만	

표 10.16 소음영향도에 따른 시설물 설치제한

구 분	소음피해지역		소음피해예상지역
	제1종	제2종	제3종
	95 이상	90~95	80~90
주거용시설	신축 및 증·개축 금지	1. 신축금지 2. 방음시설 시공조건으로 증·개축 허가	방음시설 시공조건으로 신축 및 증·개축 허가
교육 및 의료시설	신축 및 증·개축 금지	1. 신축금지 2. 방음시설 시공조건으로 증·개축 허가	방음시설 시공조건으로 신축 및 증·개축 허가
공공시설	신축 및 증·개축 금지	1. 신축금지 2. 방음시설 시공조건으로 증·개축 허가	방음시설 시공조건으로 신축 및 증·개축 허가
기타 공장, 창고 및 운송시설	공항운영에 관련된 시설물 설치 허가	항공기 소음과 무관한 시설물의 신축 및 증·개축 허가	

표 10.17 소음영향도에 따른 시설물 용도제한

구 분	구 역	소음도(WECPNL)	용도제한지역
소음피해지역	제1종	95 이상	1. 완충 녹지지역(이・착륙 안전지대) 2. 공항운영에 관련된 시설만이 설치 가능
	제2종	90~95	1. 전용 공업지역 2. 일반 공업지역 3. 자연 녹지지역 4. 항공기 소음과 무관한 시설만이 설치가능
소음피해예상지역	제3종	80~90	1. 준공업지역 2. 상업지역 3. 시설물 방음시설 의무화 지역

10.4 소음의 측정과 평가

10.4.1 소음의 분류

소음의 변화에는 대별하여 「레벨의 시간축상에서 변동」과, 「주파수축상에서 스펙트럼 성분의 다름」이 있고, 이것을 바탕으로 소음을 분류할 수 있다.

(1) 레벨의 시간변동에 의한 분류

소음은 레벨의 시간변동이라는 관점에서 다음과 같이 분류된다(그림 10.45).

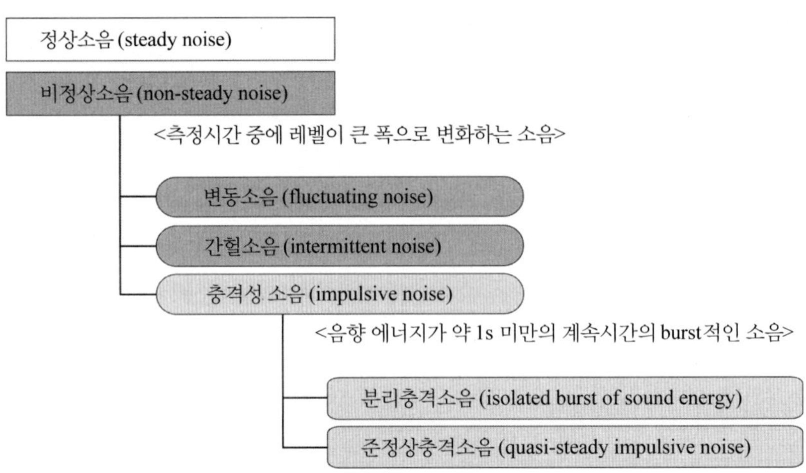

그림 10.45 소음 레벨의 시간변동에 의한 분류

각 형식의 특징과 전형적인 시간축 파형은 다음과 같다.

1) 정상소음(steady noise)

측정점에서 거의 일정 레벨의 소음이 연속하고, 소음계의 지시치에 변동이 없거나 다소 변동하여도 변동이 약간인 소음을 정상소음이라고 한다(그림 10.46).

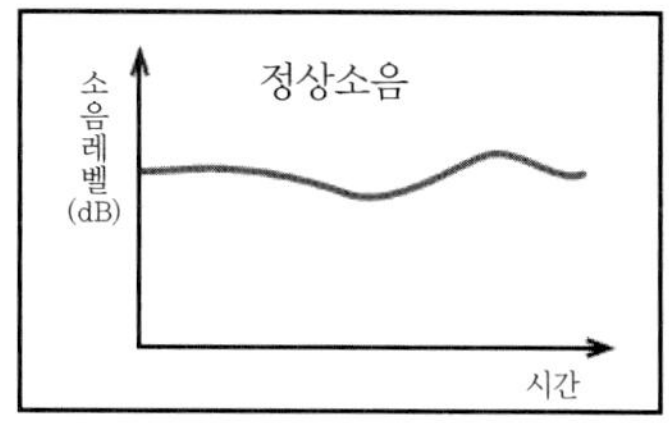

그림 10.46 정상소음

2) 변동소음(fluctuating noise)

측정점에서 소음레벨이 불규칙적이고 연속적으로 상당한 범위에 걸쳐 변동하는 소음을 변동소음이라고 한다. 예를 들면 어느 정도의 자동차 교통량이 있는 도로의 가까이에서 관측되는 소음은 대부분의 경우 변동소음이다(그림 10.47).

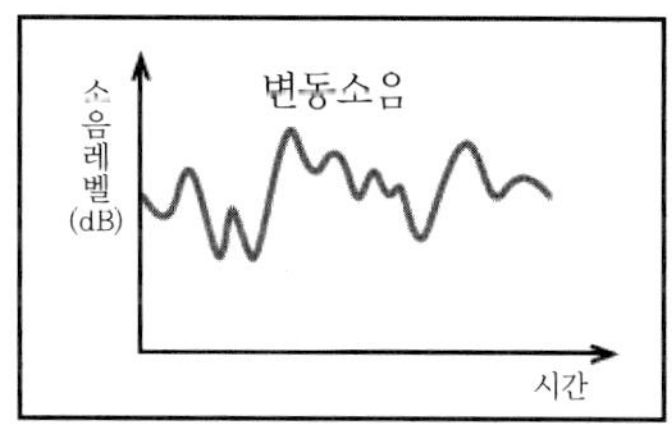

그림 10.47 변동소음

3) 간헐소음(intermittent noise)

어느 시간간격을 두고 간헐적으로 발생하는 소음 중에서 발생시 마다의 계속시간이 수초 이상의 소음을 간헐소음이라고 한다. 하나의 발생에서 다음의 발생까지의 시간간격은 거의 일정한 경우도 있는가 하면, 열차나 항공기의 통과와 같이 불규칙한 경우도 있다(그림 10.48).

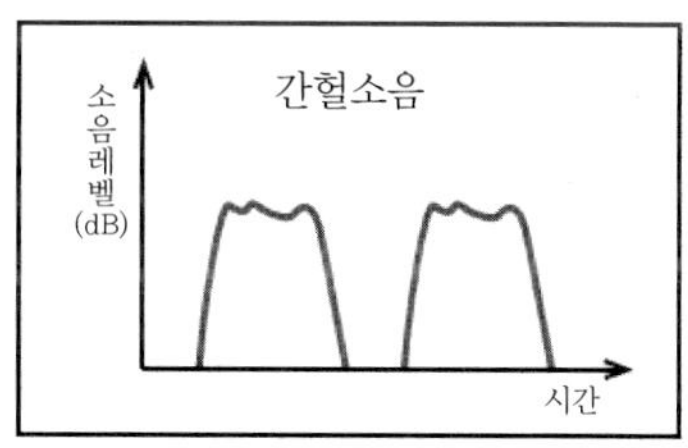

그림 10.48 간헐소음

4) 분리충격소음(an isolated burst of sound energy)

예를 들면 파일해머가 항타할 때의 음과 같이 개개의 소음을 분리할 수 있는 충격소음을 분리충격소음이라고 한다. 분리충격소음은 단발의 경우도 있고, 간헐적으로 발생하는 경우도 있다. 또한 발생마다의 레벨이 거의 일정한 경우나 상당한 범위에 걸쳐 변화하는 경우가 있다. 통상은 burst의 간

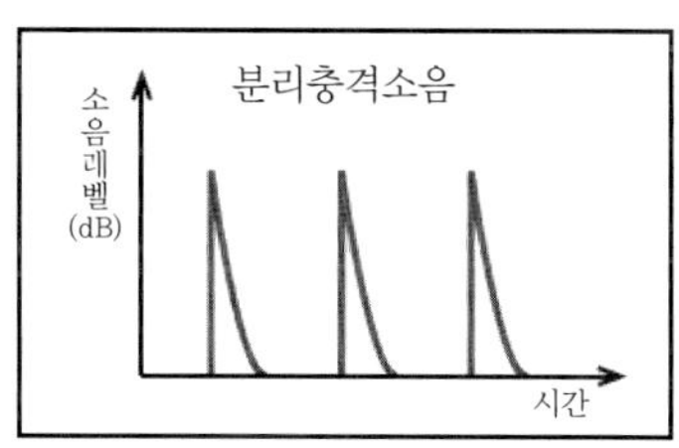

그림 10.49 분리충격소음

격이 0.2 s 이상의 것을 말한다(그림 10.49).

5) 준정상충격소음(quasi-steady impulsive noise)

예를 들면 벨이나 착암기와 같이 거의 일정 레벨의 충격음이 매우 짧은 시간간격(약 0.2 s 미만)에서 반복적으로 발생하는 소음을 준정상충격소음이라고 한다. 이와 같은 소음은 감각적으로는 정상소음으로 받아들이는 경우가 적지 않다(그림 10.50).

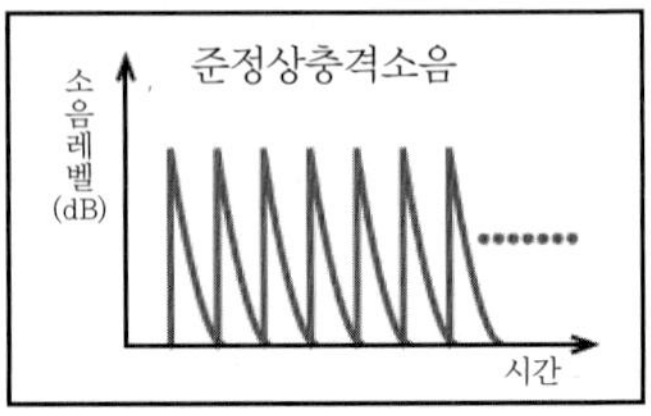

그림 10.50 준정상충격소음

(2) 주파수 스펙트럼 형상에 의한 분류

소음은 주파수축상에서 스펙트럼(Spectrum) 형상이라는 관점에서, 광대역소음(broad-band noise), 협대역소음(narrow-band noise), 분리순음(discrete tone) 등 3가지 형식으로 분류된다. 각 형식의 특징과 전형적인 스펙트럼 파형은 다음과 같다.

1) 광대역소음(broad-band noise)

음향 에너지가 비교적 넓은 주파수 범위에 분포하는 스펙트럼을 가진 소음이다(그림 10.51).

예 : 폭포의 음, 에어컨, 송풍로에서의 배기음, 고속도로소음 등.

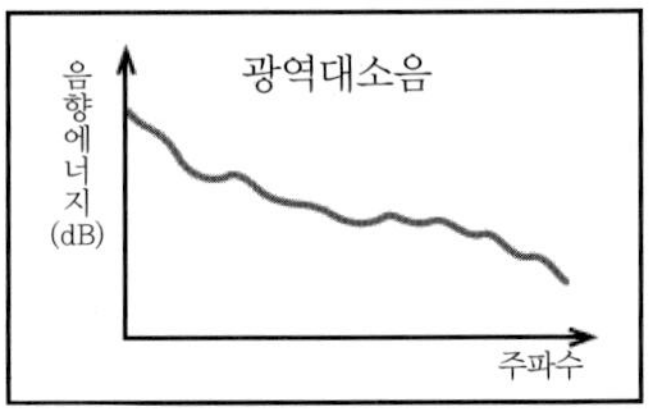

그림 10.51 광대역소음

2) 협대역소음(narrow-band noise)

음향 에너지가 비교적 좁은 주파수범위(1/3 옥타브 밴드 이내)에 집중하는 스펙트럼을 가지고 분리적인 음을 포함하지 않은 소음이다(그림 10.52).

예 : 멀리서 울리는 천둥소리(저주파), 초원이나 계곡에서 부는 바람의 소리(중 정도의 주파수), 자동차 타이어의 공기가 빠지는 소리(고주파) 등.

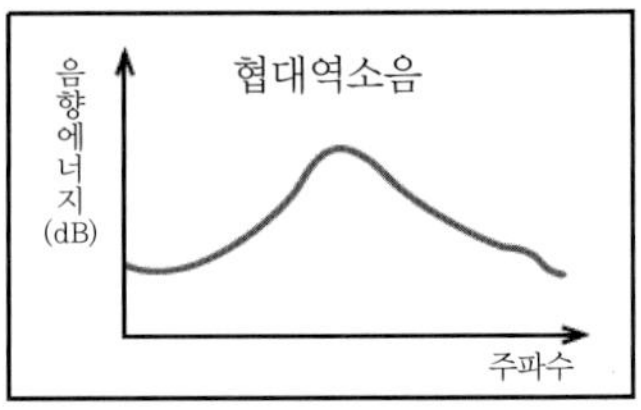

그림 10.52 협대역소음

3) 분리순음(discrete tone)

pitch의 감각을 가져오는 주기적인 음압변동을 가지고, 주파수적으로는 라인 스펙트럼을 가진 소음이다(그림 10.53).

예 : 팬의 작동음, 디지털 기기에서의 beep음, 악기음 등.

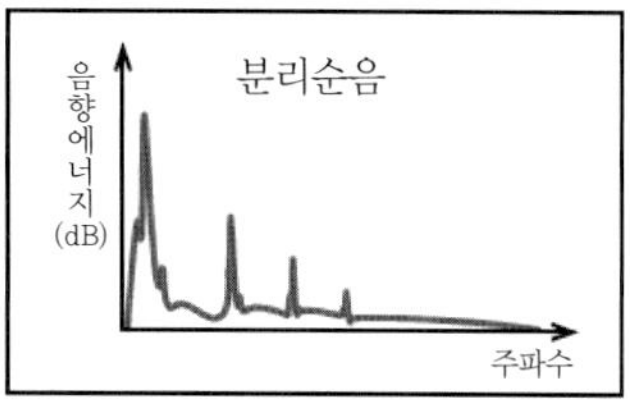

그림 10.53 분리소음

10.4.2 소음 레벨의 측정

소음을 정량화하는 방법에는 2종류가 있다. 그 하나는 소음 레벨의 측정이고, 다른 하나는 소음의 주파수 분석이다.

소음 레벨은 지시소음계에 의한 측정치인데 일반적으로 소음 레벨이라고 하면 지시소음계의 청감보정회로 가운데 A특성을 이용하여 측정한 값을 가리키고, phon(A) 또는 dB(A)의 단위를 붙인다.

소음의 크기를 나타내기 위해서는 음압 레벨 그대로는 적절하지 않고, 인간의 감각에 어울리게 주파수에 의해 보정할 필요가 있다. 이와 같이 보정된 음압 레벨을 소음 레벨이라고 하는데, 보정방식의 다름에 따라 A특성, B특성, C특성, D특성의 4종류가 제안되어 있다(표 10.18, 그림 10.54).

현재 A특성이 인간의 감각에 가장 일치하는 것이 국제적으로도 인정되어 있고, 일반적으로 소음 레벨의 경우 A특성의 소음 레벨을 가리키고 있다. 1,000 Hz 음의 경우 소음 레벨은 음압 레벨과 일치한다. 또한 소음 레벨이 10 dB 커지면 인간의 귀에는 약 2배의 크기로 들린다.

B특성은 거의 사용하지 않고 있다. C특성은 주파수에 관계없이 똑같은 주파수 반응을 가지므로 음압 레벨을 측정할 때 등에 이용한다.

이외 항공기소음의 측정에 이용하는 D특성은 1,000 Hz 이상의 높은 주파수에서 일정 범위 내에서 상소되어 평가되고 있다.

표 10.18 청감보정 특성 및 용도

		신호보정	용 도	비 고
보정	A 특성	낮은 음압대	일반적으로 많이 사용	인간 귀의 특성과 밀접
	B 특성	중간음압대	거의 사용하지 않음	
	C 특성	높은 음압대	소음등급 평가, 물리적 특성 파악시 사용	전주파수에서 평탄
	D 특성	높은 음압대	항공기 소음 평가용	
무보정	Liner	없음	물리적 특성 파악	

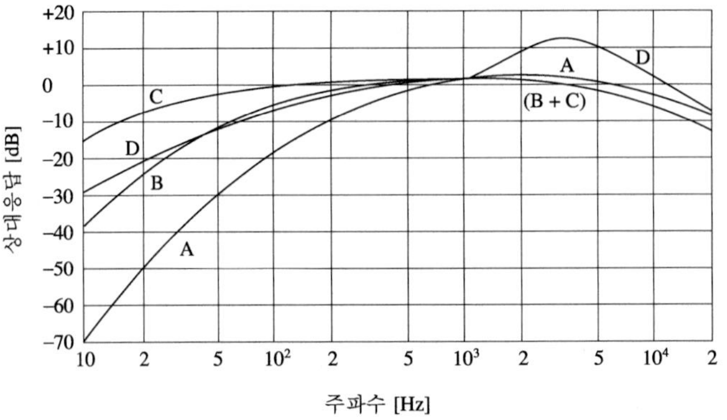

그림 10.54 소음계의 주파수보정회로 특성

그런데 일반적으로 측정점에는 어느 정도 얼마간의 소음(암소음)이 있는 것이며, 측정의 대상음보다 큰 경우도 있다. 어느 특정점에 있는 음을 측정하려고 하면 반드시 이 암소음을 포함한 소음 레벨을 측정하는 것이 된다. 따라서 대상음만을 정량화한다고 하면 측정치에 암소음의 보정을 가산하여야 한다.

소음 레벨은 암소음의 외에 반사음이나 바람 및 전자장, 진동 등에 의해서도 변화한다.

10.4.3 소음의 대표값 결정

1) 동특성(動特性 · 시간가중특성)

동특성(dynamic characteristic)이란 입력에 일반 음악신호나 백색잡음(White noise · 불규칙으로 상하 진동하는 파)를 포함한 불규칙 신호를 입력했을 때의 특성을 말한다. 거기에 대하여 직류나 정현파와 같은 규칙적 신호를 입력한 측정을 정특성이라고 한다.

음압레벨의 동특성에는 다음과 같은 규격이 있다.

Fast 특성 : 시간가중특성 F라고도 한다. 시정수 0.125초

Slow 특성 : 시간가중특성 S라고도 한다. 시정수 1초

소음계에서는 FAST(時定数 0.125초)와 SLOW(時定数 1초)가 있고, 소음대상 및 발생상황에 의해 변한다.

FAST를 사용하는 경우 : 환경소음, 공장소음, 건설작업소음, 확성기소음, 야간영업소음 등

SLOW를 사용하는 경우 : 항공기소음, 철도소음, 저주파음, 변화가 작은 소음 등

2) 시정수

시정수(time constant)는 어떤 회로, 어떤 물체, 또는 어떤 제어대상이 외부로부터의 입력에 얼마나 빠르게 또는 느리게 반응할 수 있는지를 나타내는 지표라 할 수 있다. 예를 들어 저항(R)과 콘덴서(C)가 직렬로 연결된 회로가 있을 때, 시각 0에서 일정전압의 DC를 갑자기 인가한다면 콘텐서 양단의 전압은 갑작스레 상승하지 못하고 지수함수적(exponential)으로 상승하는 양상을 띠고, 어느 정도의 시간이 흐르게 되면 인가된 DC 전압에 도달하게 된다. 이때 인가된 DC 전압의 약 63%에 도달하는 시각을 시정수라고 한다.

3) 시간율소음레벨

소음레벨이 어느 레벨 이상의 시간이 실측시간의 X(%)를 차지하는 경우, 그 레벨을 X% 시간율소음레벨(Percentile noise level)이라고 한다. 양 기호는 Lx, 단위기호는 dB이다. 도로교통소음과 같이 시간과 함께 불규칙이고 대폭 변동하는 소음을 나타낼 때에 널리 이용되고, 50% 시간율소음레벨 L_{50}을 중앙치, 5% 시간율소음레벨 L_5를 90% 범위의 상단치, 95% 시간율소음레벨 L_{95}를 90% 범위의 하단치 등이라 하고, 일반 환경소음의 경우에 그 변동폭을 90% 범위에서 나타내고, L_{50}(L_{95}, L_5)라고 표기한다. 또한 환경기준 등과 비교하는 경우에는 이 L_{50}을 이용한다(그림 10.55).

등가소음레벨과 비교하면 L_{50}<Leq이지만, 교통량이 많은 도로소음의 경우 그 차이는 거의 일정하여 어느 평가량을 사용하여도 문제는 없으나, 교통량이 적을 때(예를 들면 500대/매시 정도 이하)의 경우, L_{50}을 이용하는 것은 반드시 적당하지 않다. 한편 시간율 L_1, L_5, L_{10}, L_{90}, L_{95} 등의 명칭으로 변동소음을 평가하는 것도 시도되고 있다. 여기서 L_1은 관측시간 중의 거의 최대치, L_{10}은 마찬가지로 그 시간 중의 피크 레벨의 평균, L_{90}은 특성 소음, 예를 들면 관측점 직전통과의 자동차소음을 제외한 암소음의 레벨로 고려된다. L_5, L_{95}는 불규칙변동소음의 변동폭을 나타낼 때에 이용되는 변동의 상난, 하난지이다. L_{10}은 도로교통소음의 평가치로 Leq와 아울러 구미에서 비교적 자주 사용되고 있다.

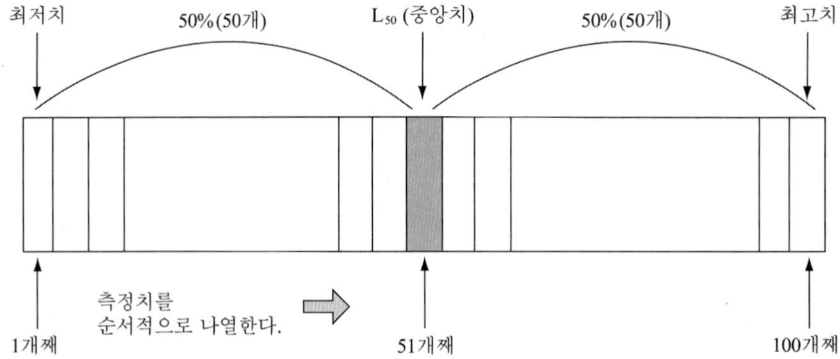

그림 10.55 중앙치(L_{50})의 계산방법

4) 소음 레벨

소음계에서 측정된 측정치이다. 소음 단위의 하나로 이용되고 있다. 소음 레벨은 통상 시시각각 변동하는데, 그 평균적인 상황을 나타내는 지표의 하나이다. 5초마다 소음계의 값을 50개 정도 읽어 작은 값에서 큰 값으로 순번으로 나열하여 누적빈도곡선도를 그려 나타낸다. 각 소음에 대한 대표치를 표 10.19에 나타낸다.

표 10.19 소음의 종류와 주된 대표치

소음의 종류	설 명	주된 대표치
정상음	레벨 변화가 적고, 거의 일정하게 보이는 소음	평균치, (L_{50})
변동음	레벨이 불규칙하고 연속적으로 상당한 범위에 걸쳐 변화하는 소음	L_5 (및 L_{95}), L_{50}
간헐음	간헐적으로 발생하고, 계속시간이 수초 이상의 소음	발생마다의 최대치 평균
(단발)충격음	하나의 사상의 계속시간이 극히 짧은 소음	피크치
분리충격음	개개의 사상이 독립하여 분리할 수 있는 충격소음	발생마다의 피크치 평균
준정상충격음	거의 일정레벨의 개개의 사상이 극히 짧은 시간 간격으로 반복하여 발생하는 충격소음	발생마다의 피크치 평균, (평균치)

* 출처 : JIS Z 8731-983

① 등가소음레벨 LAeq

소음의 에너지평균치를 나타낸 것으로 환경기준의 평가 등에 사용되고 있다.

② 시간율소음레벨 L_5

시간 변동하는 소음의 상위 5%의 값으로 관측시간 내의 시끄러운 값으로 본다.

③ 시간율소음레벨 L_{50}

시간 변동하는 소음의 상위 50%의 값으로 변동하는 값의 중앙치가 된다.

④ 시간율소음레벨 L_{95}

시간 변동하는 소음의 상위 95%의 값으로 밑에서(조용한 쪽에서) 5%의 값이다. 자동차가 다니지 않아 갑자기 조용해진 것으로 본다.

예를 들어 측정치가 100개의 경우 100개의 측정치를 낮은 쪽에서 높은 쪽의 순서로 나열한다. 값이 높은 쪽에서 세어 50%째(제50개쪽)의 측정치가 50% 시간율소음레벨(중앙치)$=L_{50}$이다.

5) 중앙치·상단치·하단치

전 측정치를 대소순으로 나열했을 때 진 개수의 50%째의 값을 중앙치(L_{50})라 하고, 변동이 대폭적이고 심한 소음 평가에 사용한다. 측정치의 전 개수의 5%에서 95%까지의 값을 90% 범위라 하고, 5%째의 값을 상단치(L_5), 95%째를 하단치(L_{95})라고 한다. 변동하는 소음 규제에는 상단치(L_5)를 사용한다.

10.4.4 주파수 분석

음의 물리적 성질을 파악하고자 할 때 그 음의 전체적인 음압 레벨이나 음의 세기 레벨만으로는 충분하지 않고, 주파수 마다 음압 레벨이나 음의 세기 레벨을 구하는 것(주파수분석)이 필요하다. 소음의 대부분은 주파수의 모임이고, 어느 주파수의 음파가 어느 정도 포함되어 있는가의 분석이다.

주파수분석의 형식은 대별하면 정비분석(定比分析)과 정폭분석(定幅分析)이 있다.

정비분석이란 8 kHz →4 kHz →2 kHz와 같이 일정 비율에서의 주파수분석이고, 1/1, 1/3, 1/n 옥타브밴드분석이 있다. 정폭분석이란 분석폭이 1 Hz라든가 2 Hz라든가의 일정 주파수폭으로 행하는 분석이고, 대표적인 분석으로 FFT분석(Fast Fourier Transform : 고속푸리에 변환)이 있다.

분석의 목적은 소음대책, 소음원의 명확화, 소음평가, 저주파음의 심신 불만 및 물리적 민원의 참고치와의 비교, 또한 쾌적환경을 만들기 위함 등이다.

분석의 대략적인 분류로는 감각적 대응(파악)을 하는 경우에 정비분석, 물리적(기계계) 대응(추적)을 하는 경우에 정폭분석이 사용되는 경향이 있다.

음을 주파수 분석하는 경우에는 옥타브밴드(octave band)나 1/3 옥타브밴드 등의 정주파수비(定周波數比) 필터를 이용한 분석이 널리 이루어지고 있다.

음향진동의 주파수분석기법은 협대역분석(FFT 법)과 옥타브분석의 2종류가 있다. 옥타브분석은 CPB(Constant Percentage Bandwidth : 定比幅) 분석이라고도 한다(표 10.20).

표 10.20 주파수 분석의 분류

	분 석 폭	주된 용도
FFT 법	정폭(定幅)분석	물리적 원인의 구명과 대책
옥타브 분석	정비폭(定比幅)분석	소음이나 진동의 평가

소음대책을 행하는 데에는 소음분석=주파수분석이 필요하다. 귀로 느끼는 주파수 특성이 등비적(等比的)이기 때문에 옥타브분석이 흔히 사용되고 있다. 계측대상으로 하는 소음에 대하여 가청주파수의 주파수 범위에서 1/1 옥타브 또는 1/3 옥타브의 규격으로 정해진 Band-pass filter를 통하여 각각의 대역마다 음압 레벨을 구한다.

옥타브란 예를 들면 도의 음에서 다음 위의 도의 음과의 관계와 같이 주파수비가 2배가 되는 음정을 의미한다. 또한 옥타브밴드란 어느 주파수를 중심으로 하여 상한과 하한의 주파수비가 1 옥타브가 되는 주파수의 대역(band)이고, 그 중심주파수를 옥타브밴드중심주파수라고 한다. 예를 들면 40 Hz에서 80 Hz, 80 Hz에서 160 Hz의 폭이다. 1 옥타브밴드란 31.5 Hz, 63 Hz, 125 Hz, 250 Hz, 500 Hz, 1 KHz, 2 KHz, 4 KHz, 8

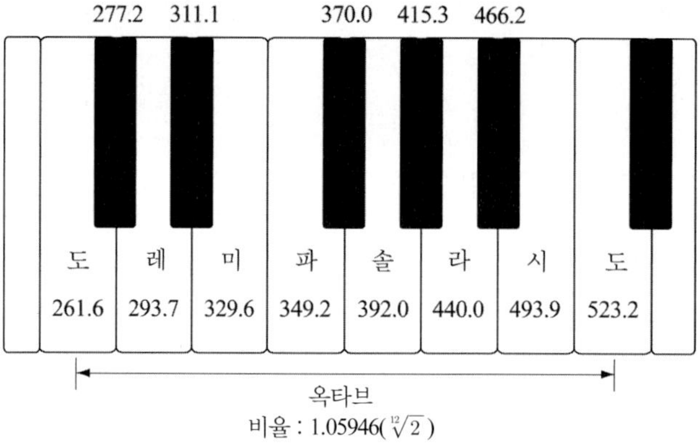

그림 10.56 음계 (12평균율)

KHz, 16 KHz을 중심으로 하는 주파수를 나타낸 것이다. 또한 1 옥타브밴드의 각각 사이를 3분할한 주파수로 나타낸 것을 1/3 옥타브밴드라고 한다. 그림 10.56과 같이 음악의 평균율음정이란 1 옥타브를 정비적(定比的)으로 12 등분한 음정에서 1/12 옥타브밴드가 된다. 피아노 키보드는 1/12 옥타브이다.

10.4.5 음의 측정기기 및 사용기준

(1) 소음계

소음을 측정평가하는 측정기로 일반적으로 소음계(sound level meter)가 사용된다. 음을 수치화하여 나타내는 방법으로서 물리적 척도와 감각적 척도가 있다. 물리적 척도로는, ① 음압 레벨(sound pressure level), ② 음의 세기 레벨(sound intensity level), ③ 음향 파워 레벨(sound power level) 및 이들을 주파수 분석한 옥타브밴드, 1/3 옥타브밴드 레벨 등이 있고, 감각적 척도로는, ④ 음의 크기(loudness), ⑤ 음의 고저(pitch), ⑥ 음색(timbre), ⑦ 음의 크기 레벨(loudness level), ⑧ 소음 레벨(A weighted sound pressure level) 등이 있고, 그 대부분은 KS나 IEC(국제전기표준회의) 등에서 정의되어 있다. 소음계는 그 구조 및 성능에 따라 다음과 같이 분류되며, 측정할 수 있는 주파수 범위는 그림 10.57과 같다.

① 정밀소음계(precision sound level meter) : 측정주파수 범위, 청감보정회로의 허용오차 등이 적으며, 구조 및 성능이 정밀하다. 정도를 필요로 하는 측정에 적합하다.

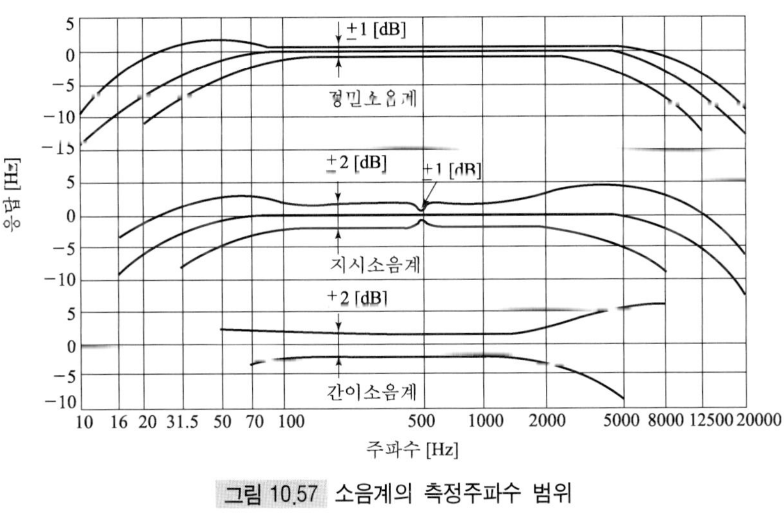

그림 10.57 소음계의 측정주파수 범위

② 지시소음계(sound level meter) : 일반적인 소음을 측정하는 기기로서 청감보정회로는 A, B, C, D의 4가지 종류의 특성을 가진다. 정밀소음계보다는 오차가 크나 간이소음계보다는 오차가 적다.

③ 간이소음계 : 측정주파수 범위, 청감보정회로 특성 등이 간단하게 되어 있는 것으로서 소음 레벨의 대략적인 값을 표시하는 예비조사 단계 정도에 사용된다.

④ 특수소음계 : 특정한 목적의 소음조사를 위해 이용된다.

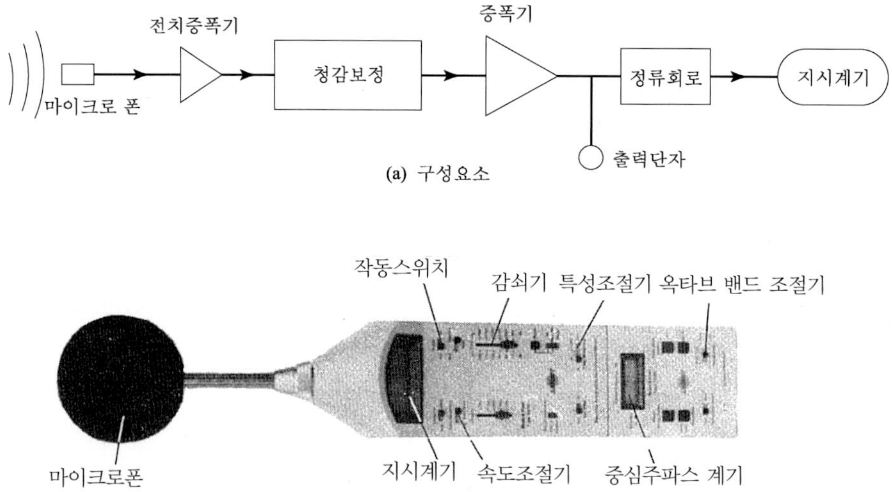

(a) 구성요소

(b) 조정판

그림 10.58 소음계의 구성요소 및 조정판

(2) 소음계의 구성

소음계는 최소한 다음과 같은 구성이 필요하다.

① 마이크로폰(Microphone) : 마이크로폰은 지향성이 작은 압력형으로 하며, 기기의 본체와 분리가 가능하여야 한다.

② 증폭기(Amplifier) : 마이크로폰에 의하여 음향에너지를 전기에너지로 변환시킨 양을 증폭시키는 것을 말한다.

③ 레벨레인지 변환기 : 측정하고자 하는 소음도가 지시계기의 범위 내에 있도록 하기 위한 감쇄기로서 유효눈금범위가 3 dB 이하 되는 구조의 것은 변환기에 의한 레벨의 간격이 10 dB 간격으로 표시되어야 한다. 다만, 레벨변환 없이 측정이 가

능한 경우 레벨레인지 변환기가 없어도 무방하다.

④ 교정장치(Calibration Network Calibrator) : 소음측정기의 감도를 점검 및 교정하는 장치로서 자체에 내장되어 있거나 분리되어 있어야 하며, 80 dB(A) 이상이 되는 환경에서도 교정이 가능하여야 한다.

⑤ 청감보정회로(Weighting Networks) : 인체의 청감각을 주파수 보정특성에 따라 나타내는 것으로 A특성을 갖춘 것이어야 한다. 다만, 자동차 소음측정에 사용되는 C특성도 함께 갖추어야 한다.

⑥ 동특성 조절기(Fast-Slow Switch) : 지시계기의 반응속도를 빠름 및 느림의 특성으로 조절할 수 있는 조절기를 가져야 한다.

⑦ 출력단자(Monitor Out) : 소음신호를 기록기 등에 전송할 수 있는 교류단자를 갖춘 것이어야 한다.

⑧ 지시계기(Meter) : 지시계기는 지침형 또는 숫자표시형이어야 한다. 지침형에서는 유효지시범위가 15 dB 이상이어야 하고, 각각의 눈금은 1 dB 이하를 판독할 수 있어야 하며, 1 dB 눈금간격이 1 mm 이상으로 표시되어야 한다. 다만, 숫자표시형에서는 숫자가 소수점 한자리까지 표시되어야 한다.

건전지에 의해 공급되는 극성전압을 전원으로 하는 고성능의 콘덴서 마이크로폰이 사용된다. 이 극성전압은 전지증폭기와 증폭기의 동력도 된다. 보통 10 dB 단위의 레인지 시렉터(range selector)를 가지는 판독눈금장치는 RMS 수정기, 미터회로 및 전압계로 구성되며, 스케일은 0~10 dB(－눈금도 있음)의 눈금이 있다. 실제로 판독은 레인지를 세팅하고 스케일 눈금을 읽으면 된다.

단속소음에 대한 지시계의 지침의 응답성을 동특성에서 규정하는데, 빠른 동특성(FAST)과 느린 동특성(SLOW)의 2종류가 있다. 보통의 측정은 빠른 동특성을 이용한다. 빠른 동특성은 계속시간이 0.2초의 톤 버스트(tone burst) 신호를 걸기할 때의 최대지시가 동등한 진폭을 가진 정상신호의 지시와 대체로 일치하게 되어 있다. 그러나 계속시간이 0.2초 이하일 때에는 지시치가 낮아지므로 충격음과 같이 계속시간이 짧은 음에 대해서는 불만족한 지시를 나타낸다. Fast는 소음 레벨의 변동에 재빠르게 반응하여 인간의 귀 감각에 비교적 가깝다. Slow는 Fast보다 반응이 느리고 변동하는 소음의 평균적인 값을 편리하게 읽을 수 있다.

음의 크기 레벨은 순음에 대한 감각량의 표현인데 우리들의 주위에서 보통 발생하는 소음은 순음이 아니고 얼마인가의 주파수 성분을 포함한 복합음이나 넓은 범위의 주파수 성분을 연속적으로 포함한 광대역음(廣帶域音)인 경우가 많다. 순음에 대한 감각과 이와 같은 소음에 대한 감각에는 상당한 차이가 있는 경우가 많다. 그리고 소음을 들을 때 1,000 Hz의 순음으로 듣는데 비하여 그 크기를 결정하는 것은 실제적으로 불가능하고, 소음에 대한 느낌은 크기 외에 시끄러움도 영향을 미치므로 듣는 사람에 따라 차이가 생긴다.

(3) 주파수 분석기

주파수 분석기란 소음의 주파수 특성(주파수마다 세기의 함유방식)을 측정하기 위한 계기이다. 일반적으로는 옥타브 분석기 또는 1/3 옥타브 분석기가 이용된다. 분석기는 코일(inductance L)과 콘덴서(capacitance C)를 조합시킨 정 K형 필터라고 하는 방식의 것이 많다(그림 10.59).

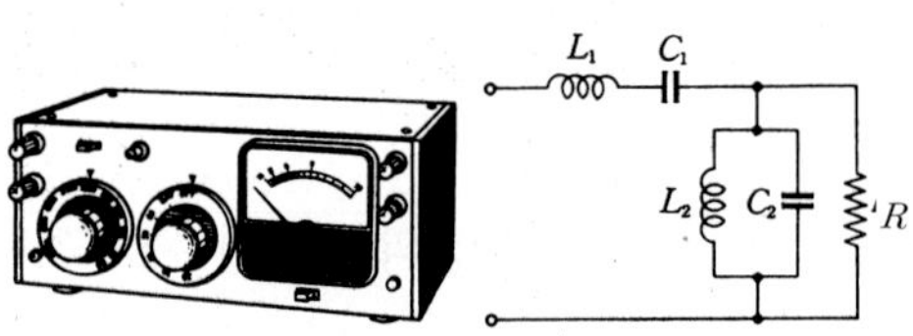

(a) octave 분석기　(b) 정 K형 필터의 원리도

그림 10.59 주파수 분석기

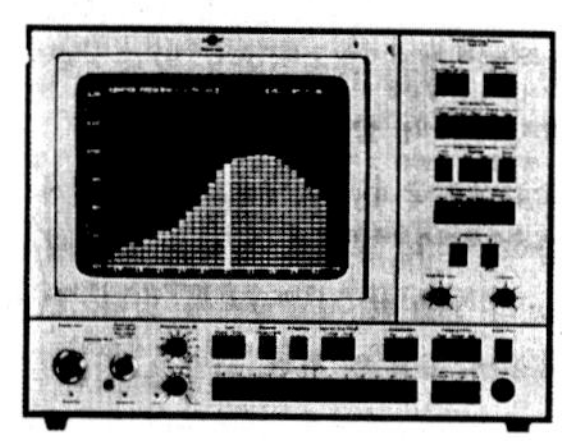

그림 10.60 실시간 주파수 분석기

최근에 개발된 실시간 주파수 분석기(real-time frequency analyzer)는 그 안에 전선회로가 들어 있어 즉시 CRT 디스플레이에 스펙트로그램(histogram 형태)을 그려내므로 분석 결과의 정리와 변환을 쉽게 파악할 수 있다(그림 10.60).

10.4.6 소음의 측정방법

(1) 측정점의 선정

작업환경의 소음을 측정하는 경우에는 작업자의 귀 높이(1.2~1.5 m)에서 측정한다. 특정의 음원(사무기, OA기기, 공조기계 등)이 있는 경우에는 벽 등의 반사면에서 1.0 m 이상 떨어진 위치에서 바닥위 1.2~1.5 m의 높이에서 측정한다.

(2) 측정치의 정리방법

소음계가 디지털화되어 1초 간격으로 표시되기 때문에 읽기가 용이하고, 레벨리코더를 접속시키면 정리하기가 편리하다. 또한 적분평균형 소음계를 이용하면 등가소음레벨이나 단발소음폭로레벨을 측정할 수 있을 뿐 아니라 시간율 소음 레벨의 중앙치(L_{50})나 90 %의 상하단치(L_5, L_{95}) 등이 자동적으로 연산되는 것도 있다.

(3) 환경기준의 소음측정방법

1) 측정점

① 옥외측정을 원칙으로 하며, "일반지역"은 당해지역의 소음을 대표할 수 있는 장소로 하고, "도로변지역"에서는 소음에 의하여 문제가 발생할 우려가 있는 장소를 택하여야 한다. 측정점 선정 시에는 당해지역 소음평가에 현저한 영향을 미칠 것으로 예상되는 공장 및 사업장, 건설사업장, 비행장, 철도 등의 부지 내는 피한다. 도로변지역의 범위는 도로단으로부터 차선수×10 m로 하고, 고속도로 또는 자동차 전용도로의 경우에는 도로단으로부터 150 m 이내의 지역을 말한다.

② 일반지역의 경우에는 가능한 한 측정점 반경 3.5 m 이내에, 장애물(담, 건물, 기타 반사성 구조물 등)이 없는 지점의 지면위 1.2~1.5 m로 한다.

③ 도로변 지역의 경우에는 장애물이나 주거, 학교, 병원, 상업 등에 활용되는 건물이 있을 때에는 이들 건축물로부터 도로방향으로 1.0 m 떨어진 지점의 지면위 1.2~1.5 m 위치로 하며, 건축물이 보도가 없는 도로에 접해 있는 경우에는 도로단에서 측정한다. 다만, 상시측정용의 경우 측정높이는 주변환경, 통행, 촉수 등을 고려하여 지면위 1.2~1.5 m 높이로 할 수 있다.

2) 측정조건

① 일반사항

㉠ 소음계의 마이크로폰은 측정위치에 지지장치를 설치하여 측정하는 것을 원칙으로 한다.

㉡ 손으로 소음계를 잡고 측정할 경우에는 소음계는 측정자의 몸으로부터 50 cm 이상 떨어져야 한다.

㉢ 소음계의 마이크로폰은 주소음원 방향으로 하여야 한다.

㉣ 풍속이 2 m/sec 이상일 때에는 반드시 마이크로폰에 방풍망(Anti-wind screen)

을 장착하여야 하며, 풍속이 5 m/sec를 초과할 때에는 측정을 피한다.

㉤ 진동이 많은 장소 또는 전자장(대형 전기기계, 고압선 근처 등)의 영향을 받는 곳에서는 적절한 방지책(방진, 차폐 등)을 강구하여야 한다.

② 측정사항

요일별로 소음변동이 적은 평일(월요일부터 금요일사이)에 당해지역의 환경소음을 측정하여야 한다.

③ 측정시간 및 측정지점수

㉠ 낮시간대(06 : 00~22 : 00)에는 당해지역 소음을 대표할 수 있도록 측정지점수를 충분히 결정하고, 각 측정지점에서 2시간 이상 간격으로 4회 이상 측정하여 산술평균한 값을 측정소음도로 한다.

㉡ 밤시간대(22 : 00~06 : 00)에는 낮시간대에 측정한 측정지점에서 2시간 간격으로 2회 이상 측정하여 산술평균한 값을 측정소음도로 한다.

(4) 생활소음의 측정방법

1) 측정점

① 측정점은 피해가 예상되는 건축물의 부지경계선 중 소음도가 높을 것으로 예상되는 지점의 지면위 1.2~1.5 m 높이로 한다.

② 측정점에 담, 건축물 등 높이가 1.5 m를 초과하는 장애물이 있는 경우에는 장애물로부터 소음원 방향으로 1.0~3.5 m 떨어진 지점으로 한다. 다만, 그 장애물이 방음벽이거나 충분한 차음이 예상되는 경우에는 장애물 밖의 1.0~3.5 m 떨어진 지점 중 암영대(暗影帶)의 영향이 적은 지점으로 한다.

③ 위 ① 및 ②의 규정에도 불구하고 피해가 우려되는 곳이 2층 이상의 건축물인 경우 등으로서 피해가 우려되는 곳의 부지경계선에 비하여 소음도가 더 큰 장소가 있는 경우에는 소음도가 높은 곳에서 소음원 방향으로 창문·출입문 또는 건물벽 밖의 0.5~1.0 m 떨어진 지점으로 한다.

2) 측정조건

① 일반사항

환경기준 측정방법의 측정조건 일반사항과 동일.

② 측정사항

㉠ 측정소음도의 측정은 대상소음원을 정상적으로 가동시킨 상태에서 측정하여야 한다.

㉡ 암소음도는 대상 소음원의 가동을 중지한 상태에서 측정하여야 한다.

3) 측정시각 및 측정지점수

적절한 측정시각에 2지점 이상의 측정지점수를 선정·측정하여 그 중 가장 높은 소음도를 측정소음도로 한다.

(5) 교통소음의 측정방법

1) 자동차 교통소음

① 측정점

생활소음 측정방법의 측정점과 동일.

② 측정조건

㉠ 일반사항

환경기준 측정방법의 측정조건 일반사항과 동일.

㉡ 측정사항

요일별로 소음변동이 적은 평일(월요일부터 금요일사이)에 당해지역의 도로교통 소음을 측정하여야 한다.

㉢ 측정시각 및 측정지점수

당해지역 도로교통소음을 대표할 수 있는 시각에 2개 이상의 측정지점수를 선정하여 각 측정지점에서 1시간 이상 간격으로 2회 이상 측정하여 산술평균한 값을 측정소음도로 한다.

2) 철도소음

① 측정방법

본 철도의 상행 및 하행 열차를 포함하여 원칙적으로 연속하여 통과하는 20본의 열차에 대하여 당해 열차마다 소음의 피크 레벨을 읽는다.

② 측정장소

옥외에서 원칙적으로 지상 1.2 m의 높이에서 행한다. 그 때 당해지역의 철도소음을 대표하는 지점 외 철도소음이 문제가 되는 지점을 선정한다.

③ 측정시기

특수한 기상조건의 시기 및 열차속도가 통상보다 낮다고 인정되는 시기를 피한다.

④ 측정평가

피크 레벨 가운데 레벨의 크기가 상위 반수의 것을 파워평균한다.

3) 항공기소음

① 측정방법

원칙적으로 연속 7일간 행하고, 암소음보다 10 dB 이상 큰 항공기소음의 피크 레벨(계량단위 dB)이나 항공기의 기수를 기록한다.

② 측정장소

옥외에서 행하고, 그 측정점으로는 당해지역의 항공기소음을 대표하는 지점을 선정한다.

③ 측정시기

항공기의 비행상황 및 풍향 등의 기상조건을 고려하여 측정점에서 항공기소음을 대표한다고 인정되는 시기를 선정한다.

④ 측정평가

측정에 의한 피크 레벨 및 기수에서 "시끄러움지수" 산출식에 의하여 1일마다의 값(단위 WECPNL)을 산출하여 그 모든 값을 파워평균한다.

(6) 공동주택의 소음측정방법

1) 측정지점 등

① 공동주택 전면·대향부에서 측정하는 것을 원칙으로 하되, 공동주택 1동의 길이가 80 m 미만인 경우에는 중앙점 1개소로 하고, 80 m 이상인 경우에는 등분할한 중앙점 2개소로 한다.

② 4층 이하의 공동주택인 경우에는 1층 외벽에서 1.2~1.5 m 높이에서 측정하고, 5층 이상의 공동주택인 경우에는 1층의 실측 소음도와 5층의 예측 소음도를 합하여 평균한 소음도를 측정 소음도로 하여야 한다. 다만, 인근에 장애물이 있는 경우에는 동 장애물로부터 소음원 방향으로 3.0~5.0 m 떨어진 위치에서 측정한다.

③ 일단의 공동주택단지가 2 이상의 소음원에 면하여 있을 때에는 각각의 소음원에 따른 소음도를 측정하여 측정소음도로 한다.

④ 공동주택단지의 소음원에 대한 소음도가 각각 다른 경우에는 지역소음을 대표할 수 있도록 각각의 소음원에 대하여 지역별로 측정지점을 2개동 이상으로 한다.

2) 측정시각

① 낮시간대(06 : 00~22 : 00)에는 각 측정지점에서 2시간 이상 간격으로 1회 5분간 4회 이상 측정하여 산술평균한 값을 측정소음도로 한다.

② 밤시간대(22 : 00~06 : 00)에는 각 측정지점에서 2시간 이상 간격으로 1회 5분간 2회 이상 측정하여 산술평균한 값을 측정소음도로 한다.

3) 측정자료 기록

소음평가를 위한 측정자료를 기록하고, 소음지시치의 소수점 이하는 반올림하여야 한다.

4) 측정자료 분석

① 디지털 소음자동분석계를 사용할 경우에는 샘플주기를 5초 이내에서 결정하고 4분 이상 측정하여 산정한 등가소음도를 자동기록기로 기록한다.

② 소음도기록기를 사용하여 측정할 경우에는 5분 이상 측정기록하여 다음의 방법으로 그 지점의 측정소음도를 결정한다.

㉠ 기록지상의 지시치에 변동이 없는 경우에는 그 지시치를 측정소음도로 한다.

㉡ 기록지상의 지시치의 변동폭이 5 dB 이내인 경우 구간 내 최대치 10개의 산술평균한 소음도를 측정소음도로 한다.

㉢ 기록지상의 지시치가 불규칙하고, 대폭적으로 변하는 경우에는 등가소음도를 측정하여 측정소음도로 한다. 다만, 소음계로서 등가소음도를 측정할 수 없을 경우에는 등가소음도 계산법에 따라 계산하여 측정소음도로 한다. 이때 충격음이 있는 경우에는 측정소음도에 5 dB를 더해준다.

③ 소음도기록기를 사용하지 않고 소음계만으로 측정할 경우에는 계기조정을 위하여 먼저 선정된 측정 위치에서 대략적인 소음의 변화양상을 파악한 후 소음계지시의 변화를 목측으로 5분간 측정기록하여 다음의 방법으로 그 지점의 측정소음

도로 한다.

㉠ 소음계의 지시치에 변동이 없는 경우에는 그 지시치를 측정소음도로 결정한다.

㉡ 소음계의 지시치의 변화폭이 5 dB 이내인 경우 구간 내 최대치 10개의 산술 평균한 소음도로 한다.

㉢ 소음계 지시치의 변화폭이 5 dB 이상일 때에는 등가소음도를 측정하여 측정소음도로 한다. 다만, 소음계로서 등가소음도를 측정할 수 없을 경우에는 등가소음도 계산법에 의하여 등가소음도를 계산하여 측정소음도로 한다. 이때 충격음이 있는 경우에는 측정소음도에 5 dB를 더해준다.

10.4.7 차음의 측정

(1) 차음성능

음원에서의 음이 공기 중에 전해지는 경우에 음원과 음이 들리고 있는 장소와의 사이에 벽 등의 차폐물을 설치하면 음이 작아진다. 이와 같이 음의 전해짐을 차단하는 것을 차음(遮音)이라고 한다. 건물에서 차음성능이 요구되는 부위는 「외벽」, 「개구부·창」, 「내벽」, 「바닥」이다. 건물의 각 부위가 소음을 차단하는 능력을 차음성능이라 하

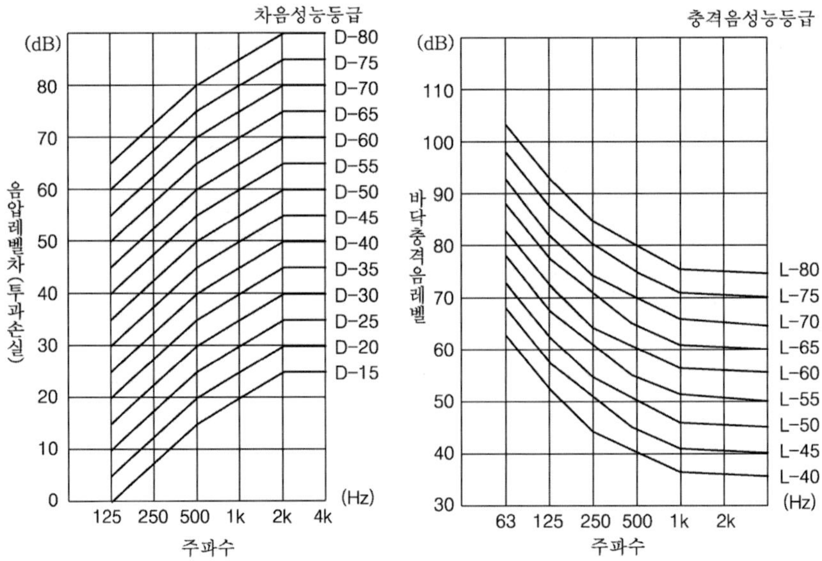

그림 10.61 차음등급의 기준곡선

고, D값(공기음의 차음을 나타내는 수치)으로 나타낸다. 또한 고체음을 차단하는 능력을 충격음성능이라 하고, L값(위층의 충격음이 아래층에서 들리는 크기를 나타내는 수치)으로 나타낸다(그림 10.61).

D값은 음원측과 수음측의 음압 레벨차이를 측정하여 그 차이가 커지면, 즉 등급의 수치가 클수록 차음성능이 우수하다. 차음성능의 표시는 차음등급의 기준특성을 이용하여 D−30, D−40 등과 같은 차음등급으로 이루어진다. 차음등급을 구하는 방법은 125~4,000 Hz의 각 1옥타브대역에서 음원측과 수음측의 음압 레벨차이를 그림 중에 플롯하여, 예를 들면 그 값이 모두 D−30의 기준곡선을 상회할 때 그 차음등급은 D−30이 된다(현장측정에서는 각 대역 2 dB의 하회까지 허용).

공기유의 차음성능은 음원측 음의 크기와 그 장소에서 들리는 음의 차이가 차폐물(외벽·내벽·새시·바닥 등)의 차음성능값이 된다. 차폐물의 밀도가 높을수록, 또한 두께가 두꺼울수록 차음성능이 우수하다. 소음의 주파수가 예를 들어 125 Hz에서 그림 10.61에 의한 등급곡선에서 산정하면 차음성능 52 dB 차폐물의 차음성능등급(D값)은 D−65가 된다.

고체음의 차음성능등급인 L값은 등급의 수치가 작을수록 차음성능이 우수하다. 바닥의 차음성능에는 중량충격음(LH)과 경량충격음(LL)의 2가지 성능이 있다. 어린이가 뛴다든지, 달린다든지 했을 때 발생하는 충격음을 중량충격음, 또한 물건이 낙하했을 때나 의자를 끌을 때에 발생하는 충격음을 경량충격음이라고 한다.

개구부의 차음성능을 올리는 데에는 알루미늄과 수지를 복합한 새시를 사용하거나, 이중새시의 대책이 필요하다. 그 이상의 성능을 구하는 경우에는 빌딩용 새시로 대응한다.

(2) 차음의 측정방법

차음의 측정은 Pink noise 발생기를 확성계에 접속하고, 음원측에서 스피커를 구동하여 음원측과 수음측의 각 측정점 음압 레벨을 1/1 옥타브밴드마다 측정한다. 측정개소 1개소에 표준 5점의 측정을 행하여 평균하는데, 특정 장소간 음압 레벨의 경우에는 측정장소의 면적 등에 의해 3점 정도로 하는 경우도 있다(그림 10.62).

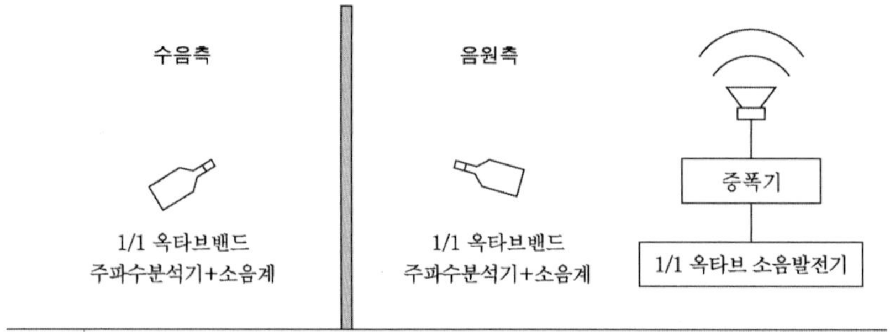

그림 10.62 차음의 측정방법

10.4.8 바닥충격음의 측정

(1) 바닥충격음 차단성능 기준

충격음은 전달속도가 빠르고 감쇄도 적어 소리가 멀리까지 크게 전달된다. 일례로 아파트 고층에서 해머드릴 작업이나 벽에 못을 박을 때 소리가 아래층까지 전달되는 것은 고체음이기 때문이다.

바닥충격음은 공동주택을 비롯하여 최근의 사무소 빌딩이나 호텔 등 복합기능을 지닌 빌딩이 증가하고 있는데 상하층 실의 용도가 다른 경우, 특히 스포츠클럽(에어로빅센터 등) 등이 상층에 위치한 경우에는 주의가 요구된다(표 10.21).

표 10.21 바닥충격음이 문제가 되는 경우(하층이 거실의 경우)

건물의 종류	중량바닥충격음	경량바닥충격음
주택	◎ (어린이의 뛰기 등)	◎ (발자국소리, 의자의 끄는 소리)
호텔 객실	△	○ (바닥마감이 카펫 이외일 때)
사무소	△	△
교실, 병실	△	○
체육관 등 체육시설	◎ (달리기, 뛰기 등)	◎ (발자국소리)
에어로빅	◎ (뛰기, 달리기 등)	◎ (발자국소리)
연회장	◎ (행사물의 준비, 달리기 등)	△ (바닥마감재가 대부분 카펫이기 때문에 문제없음)
주방	◎ (냄비 등의 낙하음)	◎ (발자국소리, 대차(bogie) 등 통과음)

◎ : 반드시 문제되기 때문에 미리 검토가 필요하다.
○ : 바닥마감재에 따라서는 문제되는 경우도 있다.
△ : 거의 문제되지 않는다.

바닥충격음에 대한 차단성능 기준은 "주택건설기준 등에 관한 규정" 제14조에서 다루고 있는데, 이를 근거로 국토해양부에서는 "공동주택의 바닥충격음 차단성능 인정 및 관리기준"을 고시(제2009-1217호)하였다.

공동주택의 각 층간 바닥충격음이 경량충격음(비교적 가볍고 딱딱한 충격에 의한 공동주택의 각 층간 바닥충격음이 경량충격음(비교적 가볍고 딱딱한 충격에 의한 바닥충격음)은 58 dB 이하, 중량충격음(무겁고 부드러운 충격에 의한 바닥충격음)은 50 dB 이하의 구조가 되도록 한다(표 10.22~10.23).

바닥충격음 차단성능의 확인이 필요한 단위세대 내에서의 측정대상공간은 거실(living room)로 한다. 단, 거실과 침실의 구분이 명확하지 않은 소형평형의 공동주택의 경우에는 가장 넓은 공간을 측정대상으로 한다.

표 10.22 경량충격음 차단성능의 등급기준

(단위 : dB)

등 급	역A특성 가중 규준화 바닥충격음레벨
1급	$L'_{n,AW} \leq 43$
2급	$43 < L'_{n,AW} \leq 48$
3급	$48 < L'_{n,AW} \leq 53$
4급	$53 < L'_{n,AW} \leq 58$

표 10.23 중량충격음 차단성능의 등급기준

(단위 : dB)

등 급	역A특성 가중 바닥충격음레벨
1급	$L'_{i,Fmax,AW} \leq 40$
2급	$40 < L'_{i,Fmax,AW} \leq 43$
3급	$43 < L'_{i,Fmax,AW} \leq 47$
4급	$47 < L'_{i,Fmax,AW} \leq 50$

(2) 충격음 차단성능 기준에의 적용을 위한 측정 및 평가방법

바닥충격음 차단성능 기준을 적용함에 있어 요구되는 측정 및 평가방법은 기본적으로 한국산업규격을 준용하는 것으로 한다. 따라서 충격원은 경량충격원과 중량충격원으로 각각 구분하여 적용하며, 경량 및 중량충격원에 대해 각각 한국산업규격 KS F 2810-1과 KS F 2810-2에서 규정하는 방법에 따라 측정한다(표 10.24).

기준에의 적용을 위한 평가방법은 KS F 2863-1과 KS F 2863-2에서 규정하는 방법에 따라 단일수치 평가량으로 평가한다.

경량충격음은 수음실의 규준화 바닥충격음레벨(L'_n) 측정치를 기준곡선에 적용하여 산정한 역A특성 가중 규준화 바닥충격음레벨($L'_{n, AW}$)를 적용하며, 중량충격음의 경우는 바닥충격음레벨($L_{i, Fmax}$) 측정치를 역A특성 기준곡선에 적용하여 산정한 역A특성 가중 바닥충격음레벨($L_{i, Fmax, AW}$)을 적용한다.

측정방법은 표준 경량충격원의 설치위치를 실의 주변 벽으로부터 50 cm 이상 떨어진 바닥 평면 내로 중앙점 부근의 1점을 포함하여 균등하게 분포하는 4점 이상으로 하여 바닥충격음을 발생시킨다.

보통 고정 마이크로폰을 이용하며, 수음실 내에서 천장, 주위 벽, 바닥면 등으로부터 0.5 m 이상 떨어진 공간 내에 서로 0.7 m 이상 떨어진 4점 이상의 측정점을 공간적으로 균등하게 분포시켜 실내 평균 음압 레벨을 측정한다.

현장 측정의 경우 옥타브 밴드로 측정하며, 125, 250, 500, 1,000, 2,000 Hz 이상 5개 대역을 대상으로 한다.

표 10.24 기준에의 적용을 위한 측정방법 및 평가방법

구 분	경량충격음	중량충격음
측정 방법	한국산업규격 KS F 2810-1 : "바닥충격음 차단성능 현장측정방법(제1부 : 표준경량 충격원에 의한 방법)"	한국산업규격 KS F 2810-2 : "바닥충격음 차단성능 현장측정방법(제2부 : 표준중량 충격원에 의한 방법)"
평가 방법	한국산업규격 KS F 2863-1 : 기준곡선을 이용한 바닥충격음 차단성능 단일수치 평가량, (역A특성 가중 규준화 바닥충격음레벨, $L'_{n, AW}$) 적용	한국산업규격 KS F 2863-2 : 역A특성 기준곡선을 이용한 바닥충격음 차단성능 단일수치 평가량(역A특성 가중 바닥충격음레벨, $L_{i, Fmax, AW}$) 적용

10.4.9 소음평가

소음의 평가에서는 가청음인 20 Hz~20 kHz의 범위 가운데 주요한 대역인 50 Hz~5 kHz 정도를 대상으로 한다. 또한 보통의 대화에서는 300 Hz~3 kHz의 범위가 청취에 중요하게 되고 있다.

소음의 평가방법에는 그 목적에 따라 여러 가지가 있다. 이것은 소음의 영향에는 회화의 방해나 수면 방해 또는 난청 등의 생리적 장애 등과 질이 다른 종류의 영향이 있기 때문이다.

소음의 평가척도로서 이상적으로는 이러한 모든 사상에 대응할 수 있는 것이 바람

직하지만 현실적으로는 특정의 반응이나 장애에 대한 평가척도를 구성하는 것이 많다. 이 주된 이유는 난청이 되는 소음 레벨[85 dB(A) 이상]과 비교하여 심리적인 영향이 발생하는 소음 레벨이 훨씬 낮다는 것, 또 회화 방해와 같이 비교적 예측하기 쉬운 영향과 사회반응과 같이 소음 레벨만으로는 예측할 수 없는 사상을 통일적으로 취급하기가 어렵다는 것 등이다.

또한 소음의 평가는 소음저감대책을 행하는 경우에 어느 정도 저감할 수 있는지를 정량적으로 제시하는 것이며, 물리적으로 계측 또는 예측된 소음평가량과 요청되는 소음평가량과의 차이가 저감할 수 있는 소음의 양이 된다.

소음의 평가척도에는 현재 표 10.25와 같이 여러 가지가 있는데, ① 소음의 순시치에 착목한 것(소음 레벨, L_α 등), ② 소음의 주파수 구성에 착목한 것(NRN, sone수, noy 곡선 등), ③ 소음의 폭로에너지량에 착목한 것(L_{eq}, L_r, L_{AE} 등)으로 분류할 수 있다.

또 소음평가척도에는 소음 일반을 대상으로 하는 것과 항공기 소음이나 도로교통 소음과 같이 특정의 음원을 대상으로 하는 것이 있다. 건설 소음을 대상으로 한 평가척도는 지금 단계에서는 확립되어 있지 않고, 일반 환경소음을 대상으로 한 척도를 준용하는 수가 많다.

환경소음에서는 소음 레벨을, 상품개발에서는 음향 파워 레벨이나 1/3 옥타브분석, 최근에는 음질평가 파라미터(parameter)를 측정하는 등 각각 측정목적에 적합한 측정 항목에서 평가되고 있다.

표 10.25 소음평가척도

기본량의 특성	척도의 명칭	척도의 산출방법 등	적용 대상 등
소음의 순시치	소음레벨[dB(A)] TNI (traffic noise index)	피크치, 평균치 L_5, L_{50}, L_{95} 등의 percentile치. $\text{TNI} = 4(L_{10} - L_{90}) + 30$	소음전반에 이용되는 소음평가의 기초량 도로교통소음의 평가
주파수 구성	sone수	1KHz 1/1(1/3) octave band noise 40 phon을 기준으로서 음의 크기를 나타낸다.	음의 크기 단위로서 제안된 것
	noy수 PNL (perceived noise level) EPNL (effective perceived noise level)	음의 시끄러움의 지표. 계산방법은 sone수와 유사	항공기(제트기)소음의 시끄러움의 평가
	NRN (noise rating number)	주파수 구성에서 chart에 의하여 N수를 구하고, 이것을 음의 특징, 지역, 시간대, 계절 등의 조건으로 보정	회화방해나 사회반응의 예측에 이용된다(현재는 그다지 이용되지 않는다).

표 10.25 소음평가척도(계속)

기본량의 특성	척도의 명칭	척도의 산출방법 등	적용 대상 등
소음의 폭로에너지량	L_r (평가소음레벨)	L_{eq}에 대한 지역, 시간대, 발생시간 등을 보정	사회반응의 예측
	L_{AE} (단발폭로소음레벨)	간헐음이나 충격음의 L_{eq}	소음의 영향 평가
	$L_{eq}(L_{Aeq})$ (등가소음레벨)	$L_{eq}=10\log\left[\frac{1}{T}\int_0^T \frac{P_a{}^2(t)}{P_o{}^2}dt\right]$	〃
	L_{NP} (noise pollution level)	L_{eq}에 대하여 음의 변동에 의한 annoyance의 증가를 고려한 것 $L_{eq}+2.56\sigma$	도로교통소음에 대한 주민의 사회반응 예측
	L_{dn} (주야간 등가소음 레벨)	L_{eq}(24h)에 대하여 야간 10 dB의 벌칙을 부과한 것.	일반환경소음의 평가
	WECPNL (weighted equivalent continuous perceived noise level)	PNL에 대하여 항공의 발착횟수 등의 보정을 행한 것. EPNL에 대하여 L_{eq}의 고려방법을 도입하여 구성	항공기 소음의 평가

(1) percentile치 L_α

소음은 그 크기가 일정하다기 보다 시간과 함께 변화하는 것이 많다. 이 변화는 철도소음과 같이 거의 규칙적이라든가, 도로소음과 같이 불규칙적이라든가 등 여러 가지이다. 따라서 이와 같이 변동하는 소음을 표시하는 방법이 필요하게 된다. 일반적으로 불규칙하게 변동하는 소음의 표시법으로서는 관측시간에 계속 변동하는 소음 레벨을 통계적으로 처리한 값이 이용되는 경우가 많다.

중앙치(L_{50})는 관측시간에 있어서 시간율 50 %의 소음 레벨이며, 이 레벨을 초과하고 있는 시간이 관측시간의 반인 것을 의미하고 있다. 또 90 % 범위의 상단치(L_5), 90 % 범위의 하단치(L_{95})는 각각 변동하는 소음에서 그 소음 레벨을 넘게 되는 시간이 전체의 5 % 또는 95 %라는 의미이므로 L_5는 불규칙하게 발생하는 어느 특정 소음의 최대치의 평균으로 고려할 수 있고, L_{95}는 어느 환경에 있어서 특수한 음을 제외한 암소음의 크기로 할 수 있다.

percentile치는 TNI 등 다른 소음평가척도의 기초량으로 이용되는 외 소음규제법에 있어서 L_{50}은 일반 소음에 관계되는 환경기준, L_5는 특정 건설작업 등의 변동소음에 대한 규제기준에 이용되고 있다.

(2) NC치

NC치(noise criterion number)는 Beranek에 의하여 제안된 옥타브 분석법을 위한 소음허용치이다. 인간의 청각은 저음부에 대하여 둔화되므로 저음부일수록 강한 음까지 허용되기 때문에 NC곡선(noise criteria curve)은 그림 10.63과 같이 왼편으로 올라가는 곡선이다.

표 10.26 실내 소음의 허용치(Beranek)

실의 종류	NC치	dB(A)
방송 스튜디오, 콘서트 홀	NC-15~20	25~30
극장(500석, 확성 없음)	NC-20~25	30~35
음악실, 교실(확성 없음)	NC-25	35
주택, 호텔, 회의장(확성 없음)	NC-25~30	35~40
영화관, 병원, 교회, 도서관	NC-30	40
상점	NC-35~40	45~50
레스토랑	NC-45	55

NC치를 구하는 방법은 그림 10.63의 각 octave band의 축상에 분석 측정한 octave band level을 가지고 각각에 대응하는 NC치를 구하고, 그 최고치를 그 소음의 NC치로 한다. 그림 중의 점선으로 나타난 주파수 성분의 소음은 NC-46이다. 각종 거실에 허용되는 소음의 NC치는 표 10.26과 같이 제안되어 있다.

그림 10.63의 점선으로 나타나는 소음이 주택 침실 안의 것이라고 하면, 침실의 소음 허용치인 NC-35의 곡선을 37.5~75 Hz와 4,800~9,600 Hz 이외의 6가지의 octave band level이 초과하여 있는 것으로 되므로 이들 band level이 어느 것이나 기준곡선 이하로 저하되도록 대책을 수립하여야 한다. 또 이 소음이 레스토랑에서의 소음이면 레스토랑에서의 허용치 NC-45의 곡선을 넘어서고 있는 것은 150~300 Hz의 band 뿐이므로 이 band level이 기준곡선 밑으로 저하되도록 처리하면 된다. 이것이 소음대책의 기본적인 고려방법이다(그림 10.64).

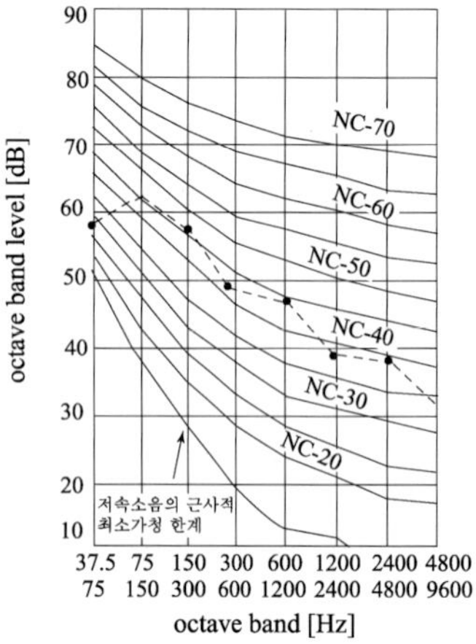

그림 10.63 NC곡선

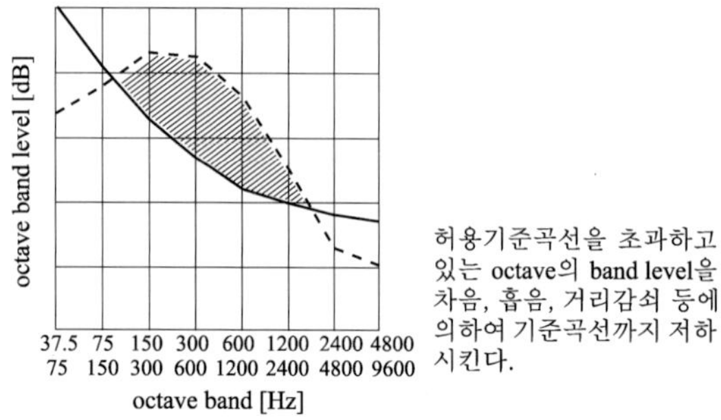

그림 10.64 소음대책의 고려방법

NC치를 구하는 데에는 소음의 octave 분석을 행해야 하지만 근사적으로는 지시소음계의 A 특성에 의한 측정치(소음 레벨)에서 10을 빼어 NC치를 구할 수 있다. 분석에 시간이 걸리는 대신에 이 간편법에 의하여 보다 많은 소음에 대한 NC치를 구하는 것이 보다 실제적인 경우도 있다.

(3) NRN(소음평가지수)

ISO에서 소음평가의 방법이 연구되어 NC를 더욱더 발전시킨 것으로서 NR수(noise rating number)가 제안되었다. 이것은 청력보호, 회화·통화에 대한 방해, 시끄러움의 관점에서 소음을 평가하도록 하는 것이며, 소음의 성질, 환경 등에 대한 보정의 방법을 제시하고 있고, NC보다 더욱더 발전된 소음기준이다.

NRN을 구하는 데는 ISO 규격에 의한 octave 분석기를 이용하여야 한다. NC는 ASA 규격의 분석기를 이용하는 것이다.

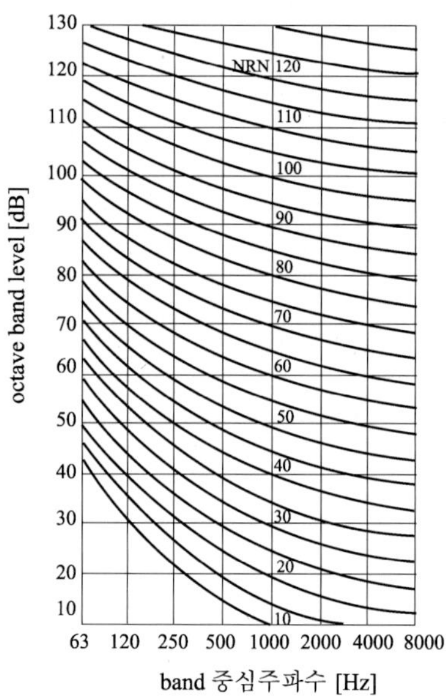

그림 10.65 NRN 곡선

장시간 폭로의 경우는 청취자 귀에 대하여 중심주파수가 500 Hz, 1,000 Hz, 2,000 Hz의 3가지의 band level을 측정하고, 이것을 그림 10.67의 각각의 band를 나타내는 축상에 따라 NRN을 구하고, 그 중의 최대치를 가지고 이 경우의 NRN으로 한다. 이 NRN이 85 이하이면 청력 손실이 생기지 않는다고 한다.

휴식을 방해한다든지, 일의 능률을 떨어뜨린다든지, 사회활동에 악영향을 미치는 소음의 시끄러움의 질에 대한 관점에서 일을 하는 지역 내 주거지역 주변에서 발생하는 소음의 평가이다.

이 경우의 NRN은 전부 octave band level에 의하여 그림 10.65에서 구한다. 표 10.27은 실의 종류에 따른 추장 NRN을 나타낸 것이다.

표 10.27 실의 종류와 추장 NRN

NRN	적합한 실
20~30	침실, 거실, 병실, 교실, 극장
30~40	큰 사무실, 상점, 백화점
40~50	큰 레스토랑, 체육관
50~60	큰 타자기실
60~70	공 장

10.5 소음대책

10.5.1 소음의 거리 감쇠

소음 레벨의 저감에는 음원을 차음성의 재료로 피복하여 음파의 방사를 억제하는 것도 고려되는데 일반적으로는 음파의 전파 도중에서 그 에너지의 저감을 도모하는 방법이 채용된다.

음원에서의 거리를 확보하는 것이나 도중에 담을 설치하는 것, 혹은 차음이나 흡음 등의 처리는 이 방법이다. 음원에서 주위에 방사되는 음파는 음원의 형태나 크기, 음파의 방사 상태 등에 의한 퍼짐으로써 전파하고 그 세기가 저감한다.

음원이 작고(점음원), 주위에 똑같이 음파를 방사하고 있는 경우는(무지향성), 음파는 음원의 주위에 구면상으로 퍼지므로 음파의 에너지 밀도(세기)는 거리의 2승에 반비례하여 작아지고, 음원 레벨(세기의 레벨)은 배거리에서 6 dB 감쇠한다.

음원에서 r m점의 음원 레벨을 SPL dB로 하면 다음 식의 관계가 있다.

$$SPL = PWL - 20\log_{10}r - 11 \tag{10.10}$$

또 음원이 바닥 위나 바닥면의 가까이에 있을 때에는 반사의 영향을 고려하여 다음 식으로 나타낸다(그림 10.66).

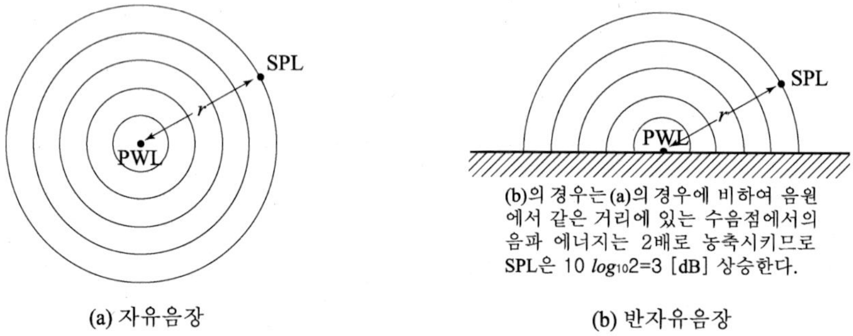

그림 10.66 점음원 경우의 음파의 전파

$$SPS = PWL - 20\log_{10}r - 8 \tag{10.11}$$

그러므로 음원에서의 거리가 r_1의 점과 r_2의 점($r_1 < r_2$)의 음원 레벨의 저하 ΔSPL dB은,

$$\Delta SPL = 20\log_{10}(r_2/r_1) \tag{10.12}$$

가 되고, 배거리에서 6 dB 저하하는 것을 알 수 있다(그림 10.67).

음원이 선상의 경우 음파의 퍼짐은 음원선을 축으로 원주상이 되므로 음파의 세기는 거리의 1승에 반비례하여 작아진다. 따라서 음압 레벨은 배거리에서 3 dB 저하한다. 이 경우의 거리감쇠는 다음 식으로 나타난다.

$$\Delta SPL = 10\log_{10}(r_2/r_1) \tag{10.13}$$

음원이 충분히 넓은 면의 경우 음파의 파면은 음원의 평면형을 유지한 채 전파하므로 음파의 퍼짐은 없고, 따라서 거리감쇠는 없다. 그러나 실제의 음원면은 그 면적은 유한하므로 음원면 가까이에서는 면음원적 감쇠가 되어 거리에 의하여 그다지 감쇠하지 않지만 약간 떨어지면 선음원적으로 감쇠하고, 그리고 충분히 떨어지면 점음원적인 감쇠를 한다. 이것은 선음원에 대해서도 마찬가지이다(그림 10.68).

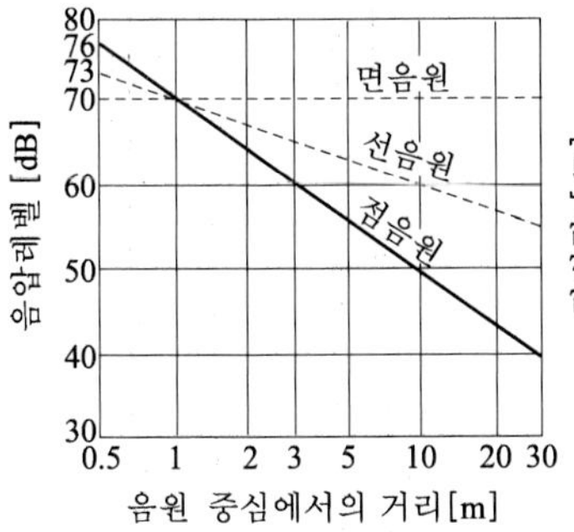

그림 10.67 이론상의 거리감쇠

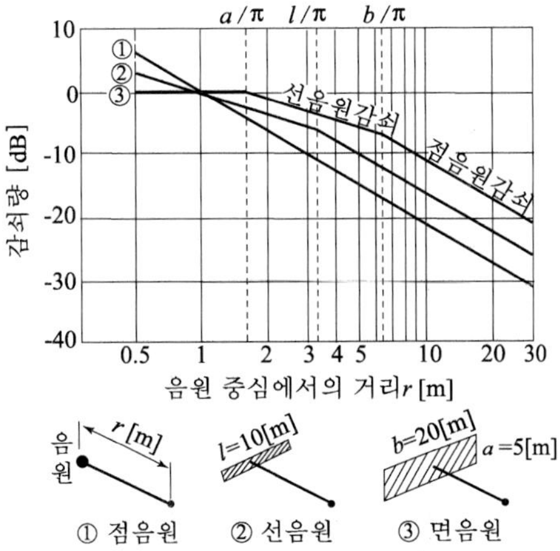

그림 10.68 실제의 거리감쇠

10.5.2 담에 의한 감음효과

음파에 회절현상이 없으면 담의 효과는 그 차음 능력에 의해서만 고려될 수 있는데, 음파의 파장이 담의 높이에 근사하든가, 상당히 긴 경우에는 회절현상을 피할 수 없으므로 담의 감음효과는 복잡하다. 그러나 일반적으로는 그림 10.69 등에 의하여 근사적으로 구할 수 있다.

이 그림에 의하면 담의 효과는 담의 유효 높이 H m가 음파의 파장 λ m에 비하여 클수록 커지고, 또 음파가 담을 돌아가는 각도 θ가 클수록 커진다. 그러나 일반적으로 담에 의한 감음효과는 5~20 dB 정도이다.

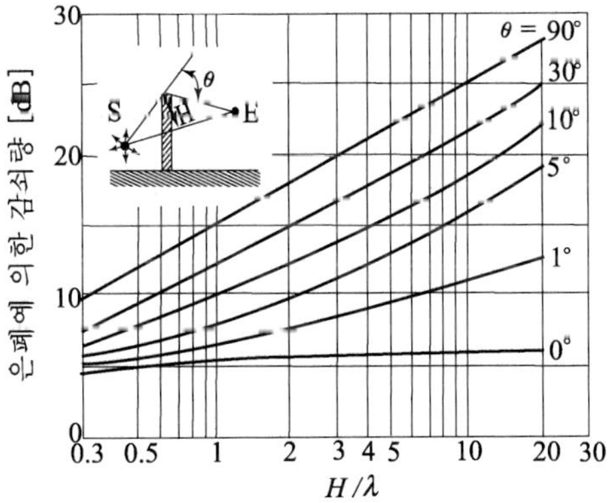

그림 10.69 은폐의 효과

예제 10.14

그림과 같은 E점에서의 100 Hz의 SPL을 구하여라.

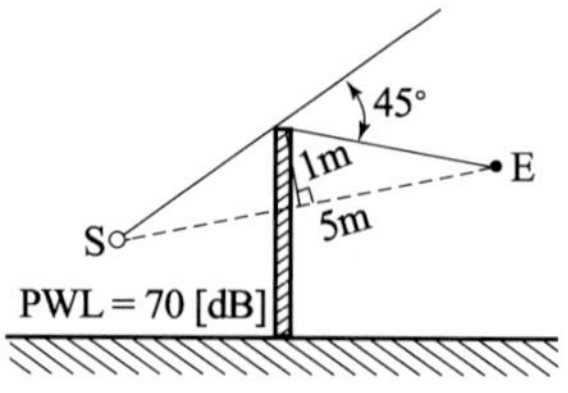

풀이

$c = \lambda f$ 에서 100 Hz의 $\lambda = 3.4$m, 따라서 그림 10.71에서 $H/\lambda \fallingdotseq 0.3$이므로 담에 의한 감음량은 약 8 dB이 된다. 한편 담이 없을 때 E점의 SPL은,

$\mathrm{SPL} = 70 - 20\log_{10}5 - 11 = 45$ [dB]

이므로, 담이 있으면 $45 - 8 = 37$ dB이 된다.

10.5.3 방음벽

(1) 재료선정의 배려사항

방음벽은 일반적으로 옥외에서 사용하는 경우가 많으므로 구성부재의 선정에는 소음의 차단성능 외에 내후성, 강도, 의장에도 배려할 필요가 있다.

1) 내후성

내구년수의 선정방식이나 유지관리의 방식에서 구성재료의 선정 및 구조도 다르지만, 풍우, 햇볕, 기온의 변화 등 자연환경 중에서 장기간에 걸쳐 안정된 재질을 유지하는 부재가 필요하다.

2) 강도

방음벽의 경우 대상이 되는 하중은 풍하중과 지진하중이다.

풍하중은 풍속과 방음벽의 크기에 의하여 정해진다. 지역, 지형에 따라 풍속도 다르고, 방음벽의 높이에 따라 받는 압력도 변화하므로 어느 정도의 하중을 고려할 것인가는 케이스 바이 케이스가 되는데, 높이가 10 m 정도까지의 방음벽이면 200 kg/m^2 전후를 예상한다.

이 하중에 대하여 차음판은 지지간격(지주, 형상간격)에 부응한 강도를 갖고 아울러 기초, 지주 등의 단면설계가 이루어져야 한다.

지진하중으로서는 수평진도를 0.2 g으로 설계하는 것이 보통이다.

이상의 강도 외에 도로용, 철도용 방음벽에서는 사고에 따른 파손에 의한 탈락을 방지하는 배려도 필요하다. 특히 고가구간에서는 2차 재해를 피하기 위하여 파손하더라도 낙하하지 않도록 구조를 도모할 필요가 있다.

3) 의장

의장성에는 대별하여 경관에 관련된 문제와 설치에 따른 외에 구조에 대한 영향이 있다. 특히 방음벽이 길게 사용되는 철도, 도로연변에서는 자연과의 조화에 노력할 필요가 있다.

(2) 재료의 종류

시멘트를 주재료로 한 무기질재료(콘크리트패널, 콘크리트블록, 석면시멘트판 등), 내식성이 있는 금속판(알루미늄합금) 또는 내식가공을 한 강판이 주가 되고, 그 밖에는 내후성이 있는 합성수지판도 있다.

흡음재료로서는 주로 로크울, 글라스울이 사용되고 있는데, 다공성의 도기질재료도 있다. 로크울이나 글라스울은 그대로는 우수를 흡수하므로 폴리에틸렌시트로 표면을 피복하여 사용되는 형식과 그 자체에 물을 튀기는 처리를 행한 형식도 있다.

(3) 방음벽용 유닛패널

방음벽의 시공법까지 포함하여 표준화 의도에서 개발된 것이 유닛화된 차음판이다. 외형치수를 표준화하여 일정간격의 H형단면 지주 사이에 끼워 넣어 소요 높이로 방음벽을 만드는 방법이 많다.

유닛의 차음판은 메이커에 따라 각각 다른 단면구조인데 공통된 구조를 모형적으로 나타내면 그림 10.70과 같이 음원측에 면하는 표면판과 배면판의 2중구조를 가진 형식이 많다.

표면판에는 가운데에 충전된 흡음재의 효과를 최대한으로 발휘시키기 위하여 둥근 구멍이나 슬릿(slit)이 설치되어 있다. 이대로는 차음성을 확보할 수 없기 때문에 배면판에 투과음의 차단기능을 부여하고 있다.

표면판 및 배면판의 재료에는 각각 알루미늄합금판, 강판, 아연철판 등 금속판이 사용되고 있는 제품이 많다. 지주에는 H형강이 이용되는 것이 많고, 패널은 그 홈에 끼워 넣는데, 그 접합부는 철물이나 고무 등으로 패킹되어 틈새의 발생을 방지하고 있다.

배면판의 모서리부에 가는구멍을 수개소 설치하여 표면판에서 침입한 우수의 배수구멍으로 되어 있다. 도로 등의 방음벽에서는 패널이 지주에서 어긋나더라도 각 패널이 제각기 낙하하지 않도록 단면 내를 관통하는 스틸와이어에 의하여 연결되어 있다.

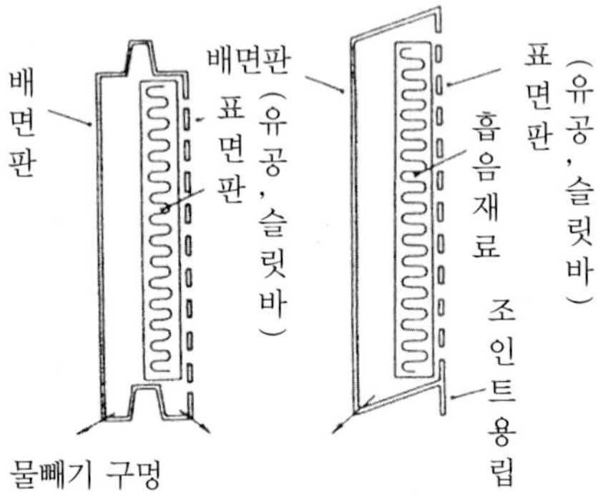

그림 10.70 방음벽 유닛패널의 일반적 구조

10.5.4 바닥충격음 저감공법

바닥의 충격음 차단성능은 거주공간의 환경성능 중에서 중요한 위치를 차지하고 있다. 특히 공동주택의 경우에는 경계바닥이 거주자에게 생활의 장으로서 공급되는 것이기 때문에 일반적인 생활 행위에 의해 발생하는 바닥충격음에 대해 충분한 차단성능을 갖도록 바닥을 설계하는 것이 필요하다.

공동주택 내에서 문제시 되는 어린이의 뜀 등으로 대표되는 중량충격음은 충격력이 상당히 크고, 주파수 특성도 저주파수 대역에 집중하기 때문에 그 차단성능은 바닥구조의 설계에 크게 의존한다.

이와 같이 공동주택에서의 바닥충격음 문제는 설계단계부터 저감방안을 검토하여 적용하는 것이 좋다.

바닥충격음의 저감공법은 기본적으로 4가지 방법으로 분류할 수 있다.

(1) 표면완충공법

표면완충공법은 충격원의 특성을 변화시키는 방법으로 카펫, 발포비닐계 바닥재 등 유연한 바닥 마감재를 사용함으로써 충격시간을 길게 하여 피크충격력을 작게 하는 방법이다.

(2) 중량 · 고강성 바닥공법

바닥 슬래브의 중량을 증가시키면 충격에 대해 바닥은 진동하기 어렵게 되어 충격에 의한 발생음도 저하한다. 바닥 슬래브의 두께를 늘리는 것은 바닥 슬래브의 면밀도와 강성 모두를 높이는 것이 되어 중량충격음에서는 그 효과가 크다고 할 수 있으나 중량충격시 바닥 슬래브의 진동 특성은 바닥 슬래브 자체의 중량과 강성 외에 보나 슬래브의 바닥 면적에 따라 결정됨으로 실제 바닥의 중량이나 강성에 의한 바닥충격음 저감 효과는 바닥의 구조조건에 따라 고려해야 한다.

또한 중량충격음에 다소 효과는 있으나 경량충격음에 대해서는 표면완충공법과 뜬바닥공법에 비해 효과가 크지 않아 충분히 고려해야 한다.

(3) 뜬바닥 공법

뜬바닥공법(floating floor system)은 질량이 있는 구조체를 탄성재로 지지하여 구성된 공진계의 특성을 이용하여 진동전달을 줄이는 방진의 기본적인 방법으로 차음성능은 바닥슬래브, 완충층, 뜬바닥층에 의해서 결정된다.

우리나라 공동주택의 바닥구조는 외국과 달리 철근콘크리트 슬래브를 모재로 하고 슬래브와 마감모르터층 사이에 다층의 단열층이 있으며 필요 시에는 자갈과 같은 축열층을 부가 시공하고 있는 바닥복사난방 시스템의 일종인 온돌이라는 특수한 난방방식을 채택하고 있기 때문에 단열층 혹은 단열층+축열층이 슬래브와 마감모르터층을 절연시키고 있으며, 마감모르터층에 가하여 지는 충격력에 대하여 완충층(resilient layer)의 역할을 하고 있다. 따라서 온돌바닥에 가해진 충격에 의해 온돌 구성층이 진동할 때 이 음에너지를 흡수하거나 완화시키기 위하여 철근콘크리트 슬래브와 마감모르터층 사이에 있는 층을 완충층이라 알 수 있으며 이러한 관점에서 본다면 국내 공동주택 바닥구조는 뜬바닥구조라고 할 수 있다.

(4) 2중 천장공법

2중 천장 차음 공법은 슬래브와 하부층 천장의 공기층을 충분히 확보함과 동시에 천장재 재료의 면밀도를 높여 상부층에서 충격 진동으로 인한 방사소음을 차단하는 저감방법 중의 하나이다. 그러나 이 공법은 천장측의 높이가 제한적인 우리나라 공동주택의 실정에는 적용키 어렵고 천장재와 공기층에 의한 공진의 영향으로 오히려 충격음이 증폭될 수 있어 심각히 고려해야 할 방법이다.

10.5.5 차 음

(1) 투과손실의 정의

벽의 차음력은 투과율이 작을수록 커지는데, 투과손실(TL : Transmission Loss)은 음원이 여러 각도에서 재료나 구조물에 부딪치거나, 흡수되거나, 우회하여 빠져나가고, 음이 어느 정도 감소되었는가의 단위이다. 일반적으로 벽이나 구조물의 두께가 두터우면 음의 압력에 양보하지 않고 음의 에너지를 방어하는 데에 효과적이다. 방의 넓이에 대하여 어느 정도의 차음성능을 가진 무거운 재료(면적당의 소재중량=면밀도(area density))를 사용하는가에서 결정된다. 같은 면밀도일 때 주파수가 높을수록 TL은 커지고, TL이 클수록 차음력은 커진다. 극단적으로 말하자면 방음(차음)=무게라고도 할 수 있다(그림 10.71). 각종 건축재료의 TL은 표 10.28과 같다.

벽에 입사된 음파의 에너지(I_i)의 일부(I_r)는 원점으로 반사하고, 일부(I_a)는 벽체 내부의 점성마찰에서 열에너지로 변화하고(흡수), 나머지(I_t)는 벽의 반대측으로 투과하는 것으로 고려하여(그림 10.71), $I_r + I_a + I_t = I_i$가 되므로 다음의 관계가 있다.

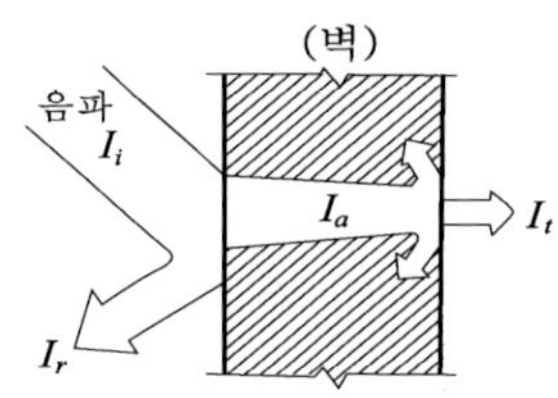

그림 10.71 음파의 반사율 · 흡수율 · 투과율

표 10.28 각종 건축재료의 투과손실

(단위 : dB)

No	재 료	두께 [mm]	면밀도 [Kg/m²]	주파수 (Hz)						125~2K
				125	250	500	1K	2K	4K	평균
1	나왕합판	6	3.0	11	13	16	21	25	23	17
2	나왕합판	12	8.0	18	20	24	24	25	30	22
3	나왕합판	40	24	24	25	27	30	38	43	29
4	Insulation 보드	12	3.8	13	12	17	23	29	32	19
5	석고보드	7	6.8	12	20	23	29	32	32	23

표 10.28 각종 건축재료의 투과손실(계속)

(단위 : dB)

No	재 료	두께 [mm]	면밀도 [Kg/m^2]	주파수 (Hz)						125~2K
				125	250	500	1K	2K	4K	평균
6	석고보드	9	8.7	19	22	25	28	34	23	26
7	homogenholz	6	4.5	18	22	25	28	34	23	23
8	homogenholz	20	13	24	27	26	27	24	33	26
9	nove판	35	17	21	23	27	28	24	29	25
10	퍼라이트 보드	12		17	18	24	30	33	30	24
11	플렉시블 보드(석면시멘트)	4	7.1	18	22	23	28	33	36	25
12	플렉시블 보드(석면시멘트)	6	11	19	25	25	31	34	28	27
13	금속판 알루미늄	1.2		8	11	14	21	27	30	18
14	철판	0.7	5.6	9	14	20	26	30	37	20
15	아연판	1.0	11.3	28	25	29	33	38	43	32
16	판유리	3	7.5	14~20	18~25	22~27	28~30	32~34	23~26	
17	판유리	6	15	16~24	23~27	28~31	29~31	24~27	36~37	
18	판유리	10	25	21	27	31	29	33	42	
19	Pair glass 양면 5 mm 중공 6~18 mm)	16~28		16~18	17~21	27~31	32~34	28~30	30~32	
20	유리블록 145×145	95	97	30	32	38	46	53	39	40
21	콘크리트 블록면	100	160	19	24	48	32	36	40	28
22	콘크리트 양면 오일페인트 마감	100	160	32	36	40	48	54	51	41
23	콘크리트 양면 플라스터 15 mm	100	160	33	37	42	49	56	57	43
24	콘크리트 양면 몰탈 마감	150	180	31	35	45	52	56	56	44
	(평벽)표면재	두께-공기층-두께								
25	합판	5 - 75 - 5		13	17	25	31	40	40	
26	석고보드	9 - 100 - 9		12	33	38	47	56	54	37
27	novolak	8 - 45 - 8		5	11	22	31	37	33	20
28	novolak	8 - 100 - 8		14	21	31	40	50	36	31
29	합판 석고보드 밑에 비름	5 - 75 - 5 7 - 75 - 7		19	25	38	41	50	52	
30	플라스터 칠 석고보드 밑바탕	20 - 100 - 20 6 - 100 -6		28	41	43	50	62		
31	퍼라이트 몰탈 라스몰탈 밑바탕	20 - 90 - 20 15 - 90 - 15		28	32	32	33	51	63	

$$r + a + \tau = 1 \qquad (10.14)$$

여기서, r : 반사율(I_r/I_i)

a : 흡수율(I_a/I_i)

τ : 투과율(I_t / I_i)

식 (10.14)를 변형하면 $\tau = 1-(a+r)$가 되므로 τ는 a와 r에 의해서 결정된다. 닫혀진 창면의 τ는 r가 크기 때문에 작아진다.

벽의 차음력은 τ가 작을수록 커진다(그림 10.72).

TL은 입사파와 거기에 의해 생기는 투과파의 「음압레벨차」인데, 다음 식으로 나타난다.

$$\mathrm{TL} = 10\log\tau - 1 = 10\log_{10} \tag{10.15}$$

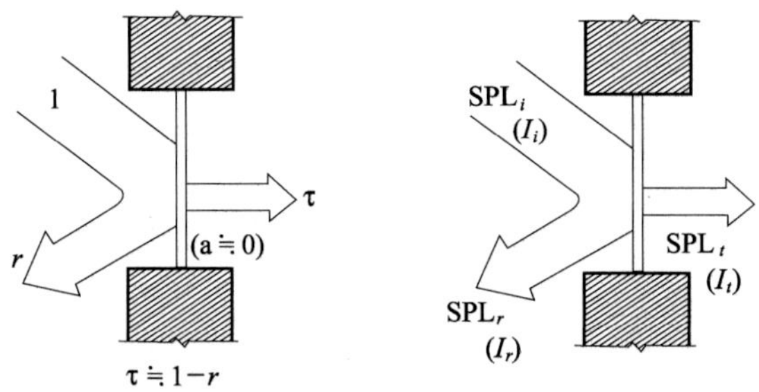

(a) 폐쇄창의 투과율 (b) 투과손실과 투과율

그림 10.72 투과손실

따라서 입사에너지에 대하여 투과에너지가

1/10이 되었을 때 TL은 10 dB

1/100이 되었을 때 TL은 20 dB

1/1,000이 되었을 때 TL은 30 dB

이 된다.

$$\mathrm{TL} = \mathrm{SPL_i} - \mathrm{SPL_t} \tag{10.16}$$

$$= 10\log_{10}\frac{I_i}{I_o} - 10\log_{10}\frac{I_t}{I_o} = 10\log_{10}\frac{I_i}{I_t}$$

$$\therefore\ \mathrm{TL} = 10\log_{10}\frac{1}{\tau}$$

(2) 단층벽의 투과손실

단위면적당의 질량(면밀도) $m\,\mathrm{kg/m^2}$의 기밀하고 무한으로 넓은 평면벽에 주파수

f Hz의 평면파가 수직으로 입사할 때 그 투과손실 TL_o dB은 다음 식으로 주어진다.

$$TL_o = 20\log_{10} fm - 43\,[dB] \tag{10.17}$$

이것을 단층벽의 차음에 관한 질량칙이라고 한다. 벽의 중량 또는 주파수가 2배가 되면 TL_o는 6 dB 증가하는 것을 나타내고 있다.

여러 가지 입사각을 가진 난입사의 조건에서는 이 때의 투과손실을 TL_r로서 다음 식이 실제에 충분히 어울린다고 한다.

$$TL_r \fallingdotseq TL_o - 5\,[dB] \tag{10.18}$$

일반적으로 벽면은 유한한 면적을 가지는 4변이 고정되어 있는 경우가 많다. 그러므로 대부분의 경우 저주파수역에 판진동을 일으키고, 그 공진주파수에서의 투과손실은 질량칙에서 벗어나 줄어든다.

또한 그림 10.73과 같이 λ의 평면파가 θ의 각도에서 입사하는 것에 의해 벽면 위 장이 $\lambda/\sin\theta$의 음압분포를 만들고, 이것이 벽의 굽힘 강성에 의하여 주어지는 굴곡파의 파장 λ_B와 일치하면 심한 굴곡진동을 일으켜 음을 투과한다. 이것을 동시발생(coincidence)효과라고 한다.

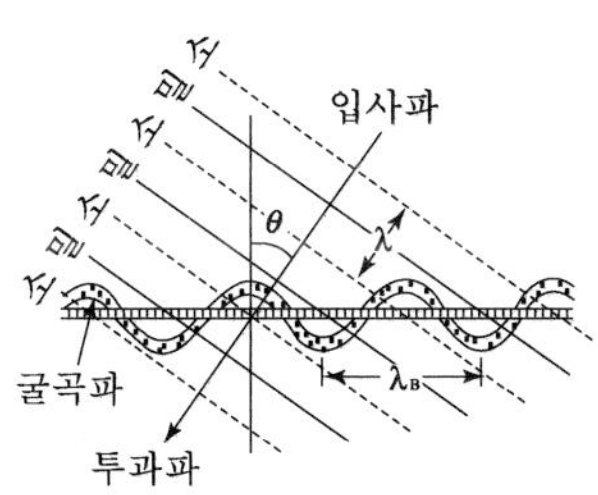

그림 10.73 동시발생에 의한 굴곡파

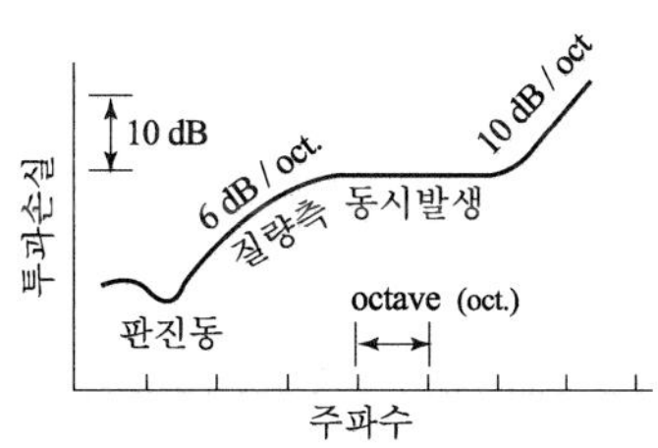

그림 10.74 단층벽의 투과손실

이와 같은 단층벽의 투과손실 주파수 특성의 대강은 그림 10.74와 같이 나타날 수 있다.

(3) 이중벽의 투과손실

서로 독립한 단층벽을 이중으로 하면 그 투과손실은 각각 벽의 투과손실의 합이 되어 2매를 겹쳐 이용하는 것보다 일반적으로 유리하게 될 것이다. 그러나 실제에는 구조적으로 결합하는 것에 의해 질량칙적 효과에 접근한다든지, 공기층을 개입하는 것에 의해 그 탄성과 벽의 질량에서 공진을 일으켜 음을 충분히 투과한다든지, 벽 사이에 정재파(定在波, standing wave)를 만드는 주파수에서도 음의 투과가 커질 수 있다.

이것을 방지하고 이중벽의 장점을 충분히 이용하기 위해서는 예를 들면 그림 10.75와 같이 벽을 독립된 샛기둥으로 만들고, 공기층을 충분히 확보하여 정재파가 발생하지 않도록 흡음처리한다든지, 한편의 벽을 경사지게 한다든지 한다. 또 한편의 벽 두께를 바꾸면 각 단층벽에서 발생하는 동시발생의 한계 주파수를 서로 비키어 놓을 수 있다.

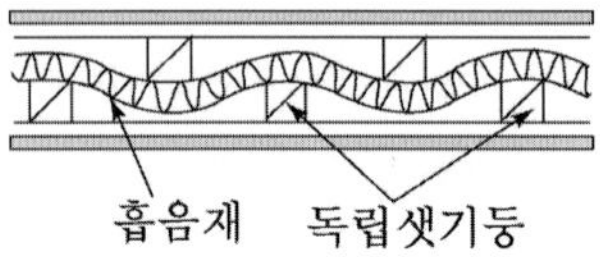

그림 10.75 이중벽에 의한 차음

(4) 차음대책

외벽이나 새시의 차음성능등급을 올리더라도 음이 돌아들어가거나 틈새로 들어간다. 계획단계에서 음원의 위치를 고려한 건물의 배치계획이나 실배치를 계획하는 것이 중요하다.

1) 공기음의 대책

① 건물의 기밀성을 올린다.

② 새시의 형상에 주의한다.
미늘살창문(jalousie) 등의 욕실이나 세면탈의실 등에 흔히 사용되는 글라스루버창은 차음성능이 전혀 없다.

③ 환기팬에 주의한다.
외벽이나 새시의 차음성능을 올리더라도 환기팬이나 설비용의 개구에서 음이 침입해서는 의미가 없다. 방음환기팬이나 후드를 설치하는 개구부에서 음의 침입에도 주의한다.

④ 무겁고 두꺼운 재료를 선정한다.
천장이나 바닥, 벽의 차음성능은 사용재료의 단위면적당 중량(면밀도)에 의해 결정된다. 무거울수록 차음성능은 올라간다. 일반적으로 벽이나 천장에 다용되는 플라스터보드를 이중으로 붙이는 것도 효과적이다.

⑤ 단열재의 두께를 두껍게 한다.

⑥ 배수관에 차음시트를 설치한다.

상층 화장실에서 들리는 배수음은 특히 심야 등에는 의외일 정도로 귀에 거슬린다. 방음시트를 부착하여 상층의 배수차음대책도 배려한다.

2) 고체음의 대책

① 구조체의 강성을 강화한다.

건물 자체의 강도도 또한 고체음의 방음에 관계가 있다. 구조가 강할수록 차음성능도 올라가므로 목조보다 콘크리트조의 쪽이 강성이 높아 차음성이 높다고 할 수 있다.

② 상층 바닥의 차음성을 올린다.

㉠ 쿠션성이 있는 바닥마감재를 사용한다.

㉡ 바닥밑에 차음시트·경질석고보드 등을 부착한다.

㉢ 밑비탕 합판의 두께를 두터이 한다.

㉣ 아래층의 천장에 흡음재를 부착한다.

㉤ 방진재료를 부착한다.

㉥ 아래층의 천장을 2중으로 설치한다 등.

예제 10.15

투과손실이 30 dB일 때 투과율은 얼마인가?

풀이

$\mathrm{TL} = 30 = 10\log_{10}10^3$

식 (10.16)에서 $\tau = 1/10^3 = 0.001$

투과율은 0.001이 된다. 이것은 투과음의 에너지가 입사음 에너지의 1/1,000이 되는 것을 의미한다. 즉 30 dB의 TL을 얻는 데에는 입사음 에너지의 99.9%를 차단하여야 한다.

예제 10.16

투과손실 50 dB의 콘크리트벽 20 m^{2}과 투과손실 30 dB의 유리 10 m^{2}로 구성된 외벽의 평균 투과손실은 얼마인가?

풀이

콘크리트벽, 유리의 음향에너지 투과율을 τ_C, τ_G, 면적을 S_C, S_G로 하면,

$50 = 10\log\frac{1}{\tau_C}$ 에서 $\tau_C = 10^{-5}$

$30 = 10\log\frac{1}{\tau_G}$ 에서 $\tau_G = 10^{-3}$

이 되므로 평균 투과율은,

$$\frac{\tau_C S_C + \tau_G S_G}{S_C + S_G} = \frac{10^{-5} \times 20 + 10^{-3} \times 10}{20 + 10} = \frac{102 \times 10^{-4}}{30} = 3.4 \times 10^{-4}$$

따라서 평균 투과손실은,

$$\mathrm{TL} = 10\log\frac{1}{3.4 \times 10^{-4}} = 10(4 - \log 3.4) = 35\,[\mathrm{dB}]$$

이 된다.

---

(5) 차음재료

재료에 음파가 입사하면 그 일부는 반사되고 일부는 재료 중에 흡수되며, 남은 음파가 재료의 배후로 투과한다. 재료의 차음성은 이 투과음파의 에너지의 대소로 평가되고, 그것이 작을수록 차음성이 우수하게 된다. 따라서 공기중을 전파하여 입사한 음파가 투과(입사면에 대한 반대측 면에서의 방사)되지 않는 재료로서 주로 외벽구조, 공간을 구획하는 벽 등에 이용된다.

특히 차음재료(Sound Insulation Materials)로 시판되는 재료는 없으나, 차음재료로 불리우기 위한 요건은, ① 공기 중을 전파하는 음파의 차단에 관하여 특질을 갖추고 있다(건물의 구조체를 진동의 형태로 전해지는 고체음의 차단은 일반적으로는 대상으로 하지 않는다), ② 실용적으로 사용하기 편리한 재료이고, 차음의 목적에 따라 천장・벽・바닥・창・문 등 부위의 구성재료가 될 수 있으며, 재질적으로는 ③ 공기의 유통이 없이 비교적 밀실한 재질을 지니고 있다. ④의 요건은 흡음재료로 대표되는 글라스울, 로크울 등의 다공질과 다른 것이고, 이 점에서도 차음과 흡음이 구별된다.

차음에 의한 소음저감 수단은 10~30 phon 정도의 저감효과가 되면 용이하게 실현할 수 있으므로 소음방지방법 중에서 가장 유력한 방법이다. 따라서 소음방지계획에서는 차음방법이 여하히 이루어져 있는가, 그 차음구조의 설계에 의하여 대책의 성과가 좌우된다고 할 수 있다.

1) 균질평판재료

합판, 경질섬유판, 수지판 등 유기계의 소재로 만들어진 재료, 시멘트, 콘크리트, 석고보드, 유리 등 무기계의 소재를 이용한 재료, 철, 알루미늄, 연 등 금속을 소재로 한

재료이며, 재질이 비교적 균일한 제품이 이에 속한다.

2) 균질절곡가공재료

재질적으로는 균질평판재료와 같더라도 파형, 삼각파형 또는 각파형에 성형가공을 행한 재료가 있다. 내표적인 제품으로는 파형슬레이트, 각파철판이 있다. 이와 같은 가공을 행하면 일방향의 구부림 강성이 평판과는 다르기 때문에 코인시던스(coincidence) 주파수도 변화한다.

3) 적층재료

이질재료를 2층 또는 샌드위치 모양으로 적층한 재료는 강도나 단열성 등 새로운 특질을 지니는데, 차음성능의 측면에서 보면 주의를 요하는 재료가 많다.

소음제어를 목적으로 사용하고 있는 자음재료는 사용원료나 제품에 따라 표 10.29와 같이 그 종류가 매우 다양하며, 그 적용대상 및 부위는 표 10.30과 같이 매우 광범위하다.

표 10.29 차음재료의 종류별 특성 및 시공시 고려사항

<table>
<tr><th colspan="2">재료 구조</th><th>제품의 종류</th><th>특 성</th><th>시공시 고려사항</th></tr>
<tr><td rowspan="2">단층 구조</td><td>단일판</td><td>철판, 알루미늄판, 합판, 석고보드, 석면시멘트판, 플렉시블보드, 판유리 등</td><td rowspan="2">■ 확실히 큰 차음량이 얻어짐
■ 고음역일수록 효과가 큼
■ 면적당 중량이 클수록 효과가 큼
■ 두께가 두꺼울수록 효과가 큼
■ 코인시던스에 의한 성능저하에 주의</td><td rowspan="2">■ 재료의 주위나 연결부에 틈이 있으면 효과가 없음
■ 차음효과를 높이기 위해서는 중량을 높일 수 있는 내화공법을 적절히 사용해야 함</td></tr>
<tr><td>단일벽</td><td>철근콘크리트, 시멘트블럭, ALC블럭 등</td></tr>
<tr><td rowspan="2">복층 구조</td><td>적층판</td><td></td><td>■ 사용재료나 조합방법에 의해 특징이 바뀜</td><td>■ 기성재료는 재료크기에 맞은 부착방법을 이용하고, 틈이 없도록 함</td></tr>
<tr><td>샌드위치판</td><td>중공층 샌드위치판
다공질계 샌드위치판
발포제계 샌드위치판</td><td>■ 재료 단독성분이 효과에 큰 영향 미침
■ 물감층의 재료나 간격에 의해 특성이 바뀜
■ 공명투과에 의한 투과저하에 주의</td><td>■ 현장에서 복합시공하는 경우에는 뼈대의 구조나 충전재료, 부착방법에 오류가 발생하지 않도록 한다.</td></tr>
<tr><td>틈새 처리</td><td>코킹</td><td>연질재료</td><td>■ 틈에 의한 차음효과</td><td>■ 개구부(창, 문) 등의 주위에 틈이 없도록 충전한다.</td></tr>
<tr><td>다중 구조</td><td>현장 시공</td><td>철근콘크리트
시멘트블럭
도장벽
이중벽</td><td>■ 사용재료, 구조에 의해 특성이 바뀜
■ 겹쳐지는 재료의 특성이 효과에 영향을 미침
■ 실제 시공사례에 측정된 특성을 채용한다.</td><td>■ 설치대로 시공하도록 현장관리가 중요함</td></tr>
</table>

표 10.29 차음재료의 종류별 특성 및 시공시 고려사항(계속)

재료 구조		제품의 종류	특 성	시공시 고려사항
개구부	창, 문	방음창 방음문	▪ 일반적으로 고음역일수록 효과가 큼 ▪ 유리의 두께에 의한 특성차이가 큼 ▪ 건구의 크기나 부착방법에 의해 차이가 큼 ▪ 실제 사용하는 제품의 특성을 채용	▪ 건구틀 주변의 충전은 틀이나 장치를 손상시키거나 비뚤어지지 않도록 양성에 주의 ▪ 유리를 끼워 넣을 때에는 틈이 없도록 함

표 10.30 차음재료의 적용대상 및 부위

적용대상	적용부위
건 축 물	외벽(창 포함), 세대간 경계벽, 칸막이벽, 기계실벽 등
기계장치 등	설비배관, 방음커버 등
기타	차체, 격벽, 방음벽 등

10.5.6 흡 음

(1) 흡음률

흡음은 벽에 입사한 음파의 반사하는 비율을 가능한 한 낮게 하여 실내의 음파 에너지를 빨리 소멸시키는 작용이다. 따라서 흡음에 의해서 실내의 소음 레벨을 저하시켜 소음의 영향을 작게 할 수 있다.

흡음의 정도는 흡음률(a)로 나타나는데 a는 반사율(r)에 의해 $a=1-r$로 나타난다. 또 $r=1-(a+\tau)$이므로 $a=a+\tau$이 되어 a는 흡수율 a와 투과율 τ에 의해

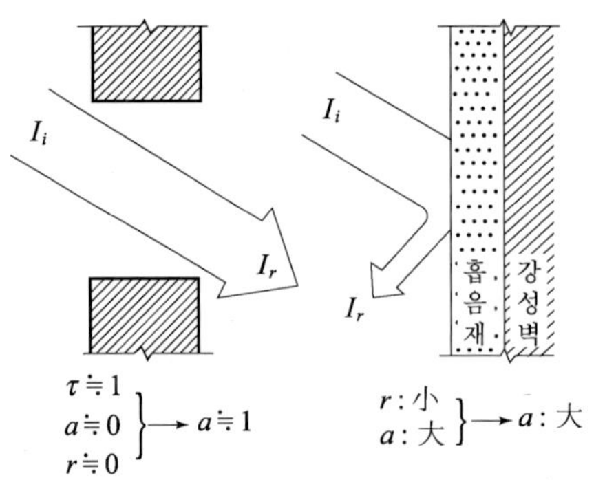

(a) 개방창의 흡음률 (b) 흡음벽면의 흡음률

그림 10.76 흡음률

서 결정된다고 할 수 있다. 개방창면의 a는 $a=0$, $\tau=1$이므로 $a=1$이 된다. 이것은 차음과 흡음의 기구상 본질적인 다름을 나타내는 것이며 일반 흡음재는 차음상 문제가 되는 정도의 음파가 투과하는 경우가 많다.

그러나 일반적으로는 a가 a에 의해서 좌우되는 경우에 대하여 고려하면 된다. 따라서 흡음은 음파의 에너지가 최종적으로 열에너지로 변환하는 결과로써 고려할 수 있다(그림 10.76).

흡음률은 입사음파의 재료면에 대한 입사각도에 의하여 달라진다. 그래서 재료의 흡음률은 수직입사 흡음률과 잔향실법 흡음률에 의해서 나타난다. 전자는 재료면에 음파가 수직으로 입사하는 경우의 흡음률이며, 후자는 재료면에의 음파의 입사가 랜덤인 경우의 흡음률이다.

일반 실 주벽에의 음파의 입사는 랜덤이므로 흡음률로는 후자의 값이 보통 사용된다(표 10.31, 표 10.32). 이것은 각각 그림 10.77, 그림 10.78과 같은 실이나 장치에 의하여 측정된다.

표 10.31 각종 재료의 흡음률

재 료	125 Hz	500 Hz	2,000 Hz
건축재료			
경사지붕 속에 사용하는 널판	0.15	0.1	0.1
딱딱한 벽위 20 mm 누름대 위 널판	0.3	0.1	0.1
벽돌면 마감 또는 페인트 칠	0.05	0.02	0.05
인조석	0.02	0.02	0.09
콘크리트, 석벽	0.02	0.02	0.05
바닥 : 코르크, 리놀륨, 비닐 타일, 플라스틱 타일	0.02	0.05	0.1
딱딱한 면위 25 mm 코르크 타일	0.05	0.2	0.6
딱딱한 면위 13 mm 소프트 보드	0.05	0.15	0.3
위와 같으나, 페인트 칠	0.05	0.1	0.1
딱딱한 벽위 25 mm 누름대 위 13 mm 소프트 보드	0.3	0.3	0.3
위와 같으나, 페인트 칠	0.3	0.15	0.1
바닥 : 단단한 타일(예, 자기 타일)	0.03	0.03	0.05
창 유리 : 4 mm	0.3	0.1	0.05
: 6 mm	0.1	0.04	0.02
채색 또는 무광택 타일, 대리석	0.01	0.01	0.02
딱딱한 면위 플라스터(석고 또는 석회)	0.03	0.02	0.04
딱딱한 면위 공기층을 갖는 라스 플라스터	0.3	0.1	0.01
큰 공기층을 갖는 플라스터 또는 플라스터 보드 천장	0.2	0.1	0.04
합판 또는 하드 보드, 고체바탕 위에 25 mm 공기층	0.3	0.15	0.1
위와 같으나, 공기층에 다공성재	0.4	0.15	0.1

표 10.31 각종 재료의 흡음률(계속)

재 료	125 Hz	500 Hz	2,000 Hz
물(수영장 등)	0.01	0.01	0.02
장선 또는 누름대 위 목판	0.15	0.1	0.1
일반 흡음재			
딱딱한 면위 25 mm 석면 뿌림	0.15	0.5	0.7
카펫, Axminster, 얇은 파일(pile)	0.05	0.1	0.45
위와 같으나, 중간 파일	0.05	0.15	0.45
카펫, 두꺼운 파일	0.1	0.25	0.65
두꺼운 깔개 위 무거운 카펫	0.1	0.65	0.65
딱딱한 벽위 보통 커튼(직선형)	0.05	0.15	0.25
위와 같으나, 주름 접은 커튼	0.05	0.35	0.5
딱딱한 면위 25 mm 글라스 울, 망사덮개	0.15	0.7	0.9
딱딱한 면위 50 mm 글라스 울, 망사덮개	0.35	0.9	0.95
딱딱한 면위 50 mm 폴리우레탄폼	0.25	0.85	0.9
딱딱한 면위 25 mm 목모판	0.1	0.4	0.6

표 10.32 인체, 가구 등 흡음률 [m^2]

실의 내용물	125 Hz	500 Hz	2,000 Hz
공기[m^3]	0	0	0.007
양탄자 의자에 앉은 청중(1명)	0.186	0.465	0.51
나무 의자에 앉은 청중(1명)	0.158	0.4	0.436
양탄자 의자	0.121	0.279	0.316
나무 의자	0.075	0.149	0.177
악기를 지닌 연주자(평균)	0.37	1.07	1.21

[주] 의자에 의해 바닥에 음영이 지게 되면 그 흡음력은 다음과 같이 감소한다.
125 Hz : −20%, 500 Hz : −40%, 2,000 Hz : −60%

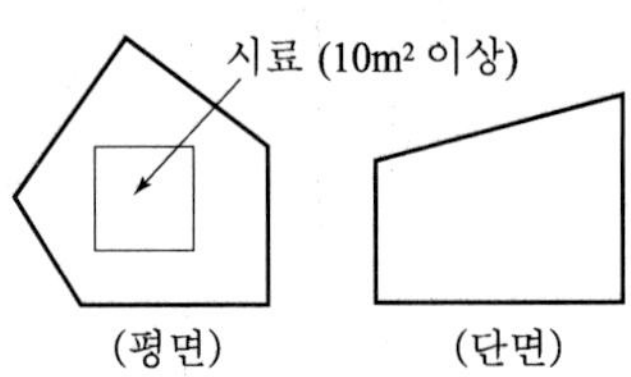

주벽은 반사성에서 평행면이 없다. 시료의 부착에 의한 잔향시간의 변화에 따라 흡음률을 산출한다.

그림 10.77 잔향실($180m^3$ 이상)

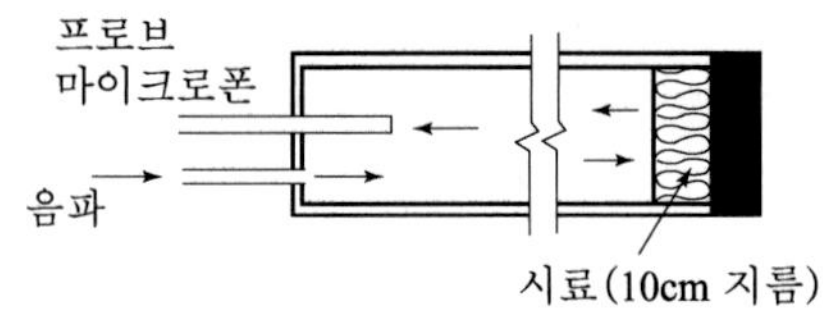

시료면에의 입사파와 반사파의 간섭파(정재파)의 음압 레벨에서 흡음률을 산출한다.

그림 10.78 수직입사 흡음률 측정장치(단면)

(2) 흡음재료

1) 흡음재료의 종류

흡음은 음파의 에너지(진동의 에너지)를 열에너지로 바꾸는 현상이다. 따라서 흡음재료는 이 변환기구에 의하여, 연속기포 다공질재료, 판상재료, 구멍 뚫린 판의 3종류로 대별된다.

① 연속기포 다공질재료로서는 유리면, 암면, 펠트, 연질섬유판, 목모시멘트판 등이 주이며, 석면 등을 이용한 통기성이 있는 뿜기재도 여기에 포함된다.

② 판상재료에는 합판이나 석고보드, 경질 섬유판 등이 있다.

③ 구멍 뚫린 판은 이러한 판상재료나 금속판에 적당한 간격으로 관통 구멍을 낸 것이다.

흡음재의 종류는 표 10.33에 나타낸 바와 같이 다양하기 때문에 사용목적에 따른 선정기준은 먼저 흡음특성이며, 다음으로 그 재료의 외관표면, 흡음메커니즘이나 시공의 난이도를 검토하고, 최종적으로는 경제성에 의해 최종 결정하는 것이 바람직하다. 그 이외에는 적용 장소에 따라 기계적인 강도, 내화 내열성(내수 내유성), 빛 반사성 등을 고려하여야 한다.

표 10.33 흡음재료별 특성 및 시공시 주의사항

재료 구조		제 품	특 성	시공시 주의사항
다공질재	가는 섬유로 구성된 것으로서 다수의 작은 공극을 지니고 있음	유리면 암면 뿜칠석유 목모시멘트판 직물류	▪ 주파수가 높을수록(중고음역) 흡음률은 높아져 일정주파수 이상에서는 거의 일정함 ▪ 일반적으로 두께를 늘리면 흡음률은 커지나 같은 두께일 경우에는 밀도가 높을수록 효과가 큼 ▪ 배후 공기층은 중저음역의 흡음성능에 유효함 ▪ 표면마감처리방법에 의해 흡음특성이 변함	▪ 재료 표면의 공극을 막는 표면 마감을 하지 말 것 ▪ 뿜칠재료는 두께나 흙손질에 주의 ▪ 부착방법, 배후공기층 등에 대한 현장감리는 꼼꼼하게 수행
연질성형판재	섬유를 원료로 하여 판상으로 성형한 것으로 다수의 공극을 지니고 있음	연질성형판제 연질섬유판 암면흡음판	▪ 주파수가 높을수록(중고음역) 흡음률이 큼 ▪ 배후 공기층은 흡음성능에 유효함 ▪ 석고보드 등이 바탕새로 사용될 때에는 배후공기층의 효과는 없음 ▪ 재질이 단단할수록 흡음률은 낮고 특성은 평탄해짐	▪ 표면은 가공제품 그대로 사용하고 지정한 것, 이외의 도장은 하지 말 것 ▪ 부착방법, 배후공기층 등에 대한 현장감리는 꼼꼼하게 수행

표 10.33 흡음재료별 특성 및 시공시 주의사항(계속)

재료 구조		제 품	특 성	시공시 주의사항
구멍판재	경질판에 다수 구멍을 관통시킨 것으로 구멍과 배후공기층으로 구성	구멍판재 구멍합판 구멍석고보드 구멍석면시멘트판 구멍알루미늄판	▪ 일반적으로 낮은 주파수(중저음역)의 흡음에 유효 ▪ 판의 두께, 구멍크기와 간격, 배후조건에 따라 특성이 달라지고 유효주파수역이 변화함 ▪ 배후공기층을 크게 하면 흡음주파수역이 넓어짐 ▪ 배후공기층에 흡음재를 넣으면 흡음률이 높아짐	▪ 표면도장은 자유로우나 구멍이 막히지 않도록 해야 하며, 지정한 뼈대구조나 배후구조를 준수할 것
유연한재료	발포한 탄성재로서 다수의 기포로 구성	유연한 재료 연질우레탄폼	▪ 주파수가 높을수록(중고음역) 흡음률이 큼 ▪ 두께를 늘리면 흡음률은 커지며, 배후에 공기층을 설치하면 흡음성능이 좋아짐	▪ 표면에서 섬유가 날리지 않기 때문에 그대로 사용할 수 있음 ▪ 표면도장은 피할 것 ▪ 표면마감방법은 다공질재와 같음
판(막)상재	경질판 또는 막으로 공극이 없기 때문에 배후 공기층과 함께 구성함	판(막)상재 합판 석고보드 석면시멘트판 비닐시트	▪ 재료 부착방법과 배후조건에 의해 특성이 달라짐 ▪ 일반적으로 큰 흡음률은 기대할 수 없음 ▪ 낮은 주파수대역에 유효함 ▪ 재료의 판진동에 의한 흡음이기 때문에 견고하게 붙이는 것보다는 못을 이용하여 붙이는 것이 효과적임	▪ 판의 재질, 두께, 뼈대 구조, 부착방법, 배후조건 등은 설계대로 시공 할 것 ▪ 표면도장은 일반적으로 자유로움

일반적으로 흡음재료는 표 10.34에 나타낸 바와 같이 적용대상이나 부위가 주로 건축물이나 설비 등에 해당되기 때문에 실내용이 대부분을 차지하고 있으나 소음방지의 목적으로 방음벽 등의 옥외구조물에 흡음재를 이용하는 경우도 있다. 이 경우 일조, 우수의 침투, 온도의 변화, 분진이나 가스의 부착 등에 의해 재료의 내구성이나 흡음성능이 떨어지는 경우가 많기 때문에 이 점에 주의하여 흡음재료를 선정하거나 보호장치를 마련한 후 사용하는 것이 바람직하다.

표 10.34 흡음재료 적용대상 및 부위

적 용 대 상	적 용 부 위
건 축 물	실내내장(천장, 벽, 바닥), 차음 벽 구성부재, 소음장치, 덕트피복 등
기계 장치 등	설비방음커버, 배관 등의 피복, 소음기, 깔개, 차음구조 구성부재 등
기 타	피복재, 차음구조 구성부재, 방음벽 등

2) 흡음재료의 흡음의 기구와 특성

연속기포 다공질재료는 통기성이 있기 때문에 재료면에 음파가 입사하면 재료 안에 포함되어 있는 공기가 진동하고(이 때문에 음파가 재료 안을 전한다), 재료섬유와의 마찰에 의하여 공기의 진동이 열에너지로 바뀌고, 이 결과로써 흡음현상이 생긴다.

콘크리트벽 등 반사성이 강한 벽(剛性壁이라고 한다)의 앞면에서는 입사음파와 반사음파의 간섭에 의하여 파장의 1/2마다 공기의 진동 진폭이 커지는 부분(腹이라고 한다)이 생기므로, 이 종류의 재료를 이 위치에 장착하면 공기의 진동에 대한 마찰 저항이 커지고, 열에너지로의 변환도 늘어나 흡음률을 높일 수 있다. 재료가 두꺼운 경우는 강성벽에 밀착시켜도 복이 재료 안에 생기는데, 재료가 얇은 경우는 강성벽의 앞에 공기층을 확보하는 것에 의하여 복을 재료 중에 생길 수 있도록 된다.

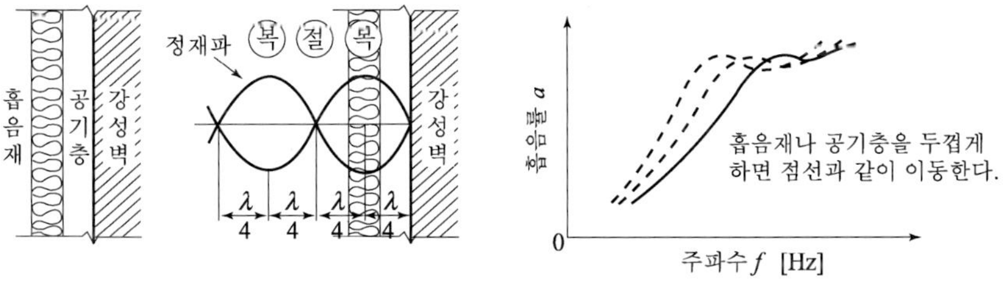

(a) 다공질 흡음재의 부착법 (b) 흡음특성(중·고음역에 大)

그림 10.79 연속기포 다공질재의 흡음

이 종류 재료의 흡음 특성은 그 흡음의 기구에 의하여 그림 10.79와 같이 중·고음역에 높은 흡음률을 나타낸다. 강성벽 앞면의 공기층을 두껍게 하든가, 재료를 두껍게 하면 그림 중의 점선과 같이 이 특성을 저음역으로 옮길 수 있다.

판상재료와 구멍 뚫린 판은 강성벽의 앞에 반드시 공기층을 확보하여 부착시킨다. 판의 질량(구멍 뚫린 판에서는 관통구멍의 공기 덩어리의 질량)과 배후의 공기층[구멍 뚫린 판에서는 공기실, 그림 10.80(c)]의 탄성에 의하여 고유진동이 형성되므로 고유진동수와 같은 주파수(공명주파수)의 음파에 의하여 판(구멍 뚫린 판에서는 공기 덩어리)이 진동한다. 음파의 에너지는 이 진동에 소비되고, 거의 반사하지 않는다. 한편 이 진동은 판 내부의 점성마찰(구멍 뚫린 판에서는 관통구멍의 벽과의 마찰)에 의하여 열로 바뀌어 급격히 약해지므로 진동에 의한 음파의 역방사도 없다. 이 결과 흡음 현상이 생기는 것으로 보인다.

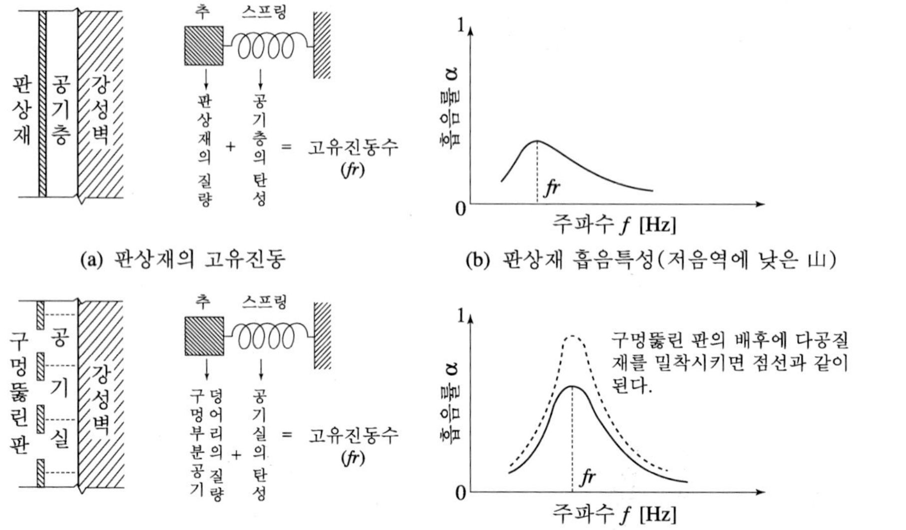

(a) 판상재의 고유진동 (b) 판상재 흡음특성(저음역에 낮은 山)

(c) 구멍뚫린 판의 고유진동 (d) 구멍 뚫린 판의 흡음특성(중・저음역에 山)

그림 10.80 판상재・구멍 뚫린 판의 흡음

이와 같이 이러한 재료도 결국은 음파의 에너지가 열에너지로 바뀌어 흡음 현상을 나타내는 것이다. 또 주파수가 공명주파수에서 벗어날수록 음파는 판(구멍 뚫린 판에서는 공기 덩어리)을 진동시키지 않고, 음파의 에너지는 반사하고, 그리하여 흡음률은 저하한다.

이러한 재료의 고유진동수는 일반적으로 중・저음역에 있으므로 그림 10.80에 나타난 것처럼 흡음의 특성을 지닌다. 또한 구멍 뚫린 판의 배후에 유리면 등을 밀착시키면 공기 덩어리의 진동에 마찰저항이 증가하고 그림 중의 점선과 같이 흡음률이 증가한다.

10.6 각종 건물의 소음방지계획

10.6.1 주택, 아파트

주택, 아파트는 가장 소음을 피해야 할 건물이다. 특히, 침실, 거실, 서재, 응접실, 음악연습실 등은 옥외나 타실에서의 소음에 민감하므로 충분한 차음력을 보존할 필요가 있는 실이다. 이에 대하여 주방, 작업실, 욕실 등은 어느 정도 소음이 많더라도 지장이 없으나 그 대신 침실, 거실 등에 비하여 소음원이 되기 쉬운 실이다. 또 음악연습실과 같이 소음을 피하는 동시에 자체가 소음원이 되기 쉬운 경우도 있다.

주택, 아파트는 이러한 여러 가지 실을 포함하므로 소음방지는 먼저 각종 소음원과 소음에 민감한 실에 주의하여 소음 영향이 적은 부지배치, 평면계획 등을 채용하고, 구조 각부의 소음부하를 경감하여 놓지 않으면 충분한 대책이 곤란하게 된다.

또한 소음 레벨과 함께 발생시각과 빈도에 주의함이 필요하다. 특히 야간에 발생하기 쉬운 것은 침실에 영향이 커진다.

① 소음원은 다음 각종의 것으로 대별된다.
   ㉠ 옥외에서의 소음
   ㉡ 근접 주호의 소음
   ㉢ 동일 주호의 소음
   ㉣ 공동시설 등의 소음
② 일반적으로 주호가 밀접하게 건립될수록 문제점이 많아지므로 아파트는 단독주택보다 곤란하다.
   점포 딸린 주택, 작업장 딸린 주택은 음원이 증가하므로 역시 문제가 많다.
③ 일반적으로 구조체가 중량이 큰 것일수록 유효한 방음구조가 될 수 있다. 콘크리트는 가장 용이하며, 목조 기타의 경구조는 다소 불리하다.
④ 주택, 아파트에 필요한 설비기기나 각 주택에서의 생활행위가 다른 주위 건물에 소음 피해를 주지 않도록 해야 한다.

10.6.2 병 원

병원 내의 소음에 대한 적절한 처리는 의료상의 중요한 문제가 되고 있다.

① 소음 증가의 원인으로서는,
   ㉠ 종래의 분관식(pavilion type)에 대신하여 동선의 단축과 토지의 이용률을 높이기 위하여 밀집한 고층 건축이 많아졌으므로 원 내의 소음원이 병동 기타의 조용함이 필요한 부분에 근접하는 결과 차음이 어려워졌다.
   ㉡ 치료가 대단히 적극적으로 되어 간호사・의사・환자의 보행이나 운반차・치료대・배선차・차의자 등의 이동이 잦아졌다.

㉢ 너스 콜(nurse call), 확성기(loud speaker), 라디오·텔레비전 등의 통신·음향설비의 완비나 공조설비, 특히 수술부의 유닛 쿨러(unit cooler) 등 기계설비의 발달이 소음을 한층 증가시키는 경향이 있다.

㉣ 건축구법의 발전에 따라 구조체 및 격벽이 점차 경량화하고 차음이 곤란하게 되었다.

㉤ 그밖에 최근 교통소음의 증가에 따른 외부소음의 증가.

등을 들 수 있다.

한편 병원에서는 진료 활동에 조용함이 요구되는 실이 대부분이며, 특히 병동에서는 환자가 일상생활을 영위하므로 주택보다 소음이 적은 것이 필요하다.

② 이러한 소음을 적절히 처리하여 의료활동을 완전히 행하기 위해서는,

㉠ 소음원이 되는 서비스부 등을 진료관계 제실에서 분리 또는 격리한 배치로 하고, 특히 병동은 외부소음이 적은 위치에 배치한다.

㉡ 각실의 소음원으로 되는 부분은 가능한 한 차음 처리하여 소음이 다른 부분에 전해지지 않도록 한다.

㉢ 조용함이 요구되는 병실·진료실 등은 격벽으로 충분한 차음력을 보존하여 소음의 침입을 방지한다.

㉣ 병원 전체에 흡음 처리를 행하여 소음의 성장을 적게 한다.

㉤ 원 내에서 사용하는 신발·운반차 등은 가능한 한 소음이 없는 것을 사용하는 동시에 바닥도 소음이 일어나기 어려운 마감으로 한다.

㉥ 통신·음향설비는 음량을 적게 하고, 사용시간을 한정하고, 라디오·텔레비전 청취는 이어폰(ear phone)을 사용하고, 또 통신설비에 음 대신에 표시등(pilot lamp)으로 처리하는 것은 통신방법을 그와 같이 바꾸는 등 소음의 발생을 방지하기 위한 관리상의 주의가 필요하다.

10.6.3 학 교

학교 건축의 소음방지계획은 다음과 같은 순서로 행한다.

① 교통량이 많은 주요 도로나 공장, 철도선로에 면하지 않는 조용한 부지를 선정한다.

② 학교의 규모에 비하여 충분히 넓은 부지면적을 확보한다.

③ 내외의 소음원과의 관계를 고려하여 부지 내에 있어서 건물, 교정, 식수 등의 배치, 각 건물 내 실의 배치계획을 적절히 행한다.

④ 교실, 강당, 음악실, 도서실, 회의실, 대학의 연구실 등 특히 조용한 환경을 필요로 하는 제실의 경계벽, 경계바닥, 외벽, 창, 문에 대하여 충분한 차음계획을 행한다.

⑤ 상기 제실에 적절한 실내 흡음 처리를 행한다.

⑥ 복도, 계단 기타의 통로나 공작실, 실험실, 급식실, 기계실 등 소음원이 되는 장소 또는 실내에 충분한 흡음 처리를 행하지 못한 곳의 소음 레벨 감소를 도모한다.

10.6.4 사무소

음환경적으로 우수한 사무소를 실계하기 위해서는 지역계획의 단계에서 검토하는 것이 필요하다. 사전에 지역의 소음·진동을 조사하고, 그 영향을 시뮬레이션하는 것에 따라 예를 들면 외벽·창의 차음 정도를 결정할 수 있다.

건물 내의 음·진동의 전파예측은 가능하다. 건물 내의 소음·진동원은 건축설비기기 관련·OA기기 등이므로 그것을 피해야 할 방은 평면·단면계획에 있어 신중하게 격리를 고려하는 것이 경제적인 건축계획이라고 할 수 있다.

표 10.35는 사무소 실 공간의 종별과 주가 되는 음원, 그리고 음환경계획상의 요점을 제시한다.

① 사무소는 사무실 내의 집무가 내부소음 및 외부에서의 소음으로 장애를 받지 않노록 내부소음의 격리, 차페, 흡음에 주의하고, 외부소음을 적정하게 차단하도록 설계하여야 한나.

② 사무소는 시가지의 중심부에 교통량이 큰 가로에 면하여 건립되는 경우가 많다. 따라서 원칙적으로 교통소음의 충분한 차단을 고려하여 창 구조의 선정이나 커튼 월 시스템의 채용 등의 경우 특히 주의할 필요가 있다.

③ 도시계획지 견지에서는 교통량이 큰 가로에 면하여 사무소나 상점, 창고 등을 배치해서 주거 지역에 대한 교통소음의 차폐체로 하는 역할이 고려된다.

④ 최근 사무소에서는 냉방설비가 보급되어 하계에도 창을 닫고 집무할 수 있도록 되고, 창 새시도 기밀화되고 있지만 시가지의 중심부에서는 하계의 소음방지상

표 10.35 사무소 기본계획에서의 음향대책의 요점

실 명	주된 음원	음환경계획 · 대책의 방법			
		음원대책	건축계획적 방법	차음 · 흡음	능동적 방법
대사무실	사람의 소리 전화호출음 공조 사람의 동작 집기의 움직임	■ 빛에 의한 전화 호출 ■ 공조덕트계의 감음 ■ 공조기계실에서의 방음 · 방진 ■ 작업자의 계몽	■ 실형태의 검토(가능한 한 단단한 평행벽면을 설치하지 않는다) ■ 음이 큰 OA기기의 격리 ■ 가구 · 집기의 배치 · 계획	■ 천장 · 바닥의 흡음 ■ 차음적 · 흡음적 낮은 파티션의 채용	■ 사운드 마스킹 시스템
임원실 응접실	공조음 외부소음 인접실에서의 음	■ 공조덕트계의 감음	■ 공조나 엘리베이터 기계실의 인접이나 직하, 직상층에 배치하지 않는다. ■ 단단한 평행평면벽의 회피	■ 바닥에 카펫 ■ 천장의 흡음 ■ 칸막이의 차음 ■ 복도와의 경계의 문의 차음 ■ 창의 차음	■ 사운드 마스킹 시스템
회의실					■ 사운드 마스킹 시스템 ■ 대회의실의 경우 확성장치
OA실	OA기기	■ 프린터 등의 음이 큰 기기에 방음커버를 한다. ■ 기기의 개선	■ 사용편리성이 허용되면 OA실로 통합한다.	■ 벽 · 천장의 흡음 ■ 흡음체의 설치 ■ 칸막이벽차음	■ BGM
아트리움 로비	사람의 소리 · 움직임 집기의 움직임	■ 신발음이 문제가 되는 경우 통로부에 카펫을 깐다.	■ 가능한 한 음이 확산하는 형태	■ 벽면의 흡음 ■ 식물의 도입(약간의 흡음과 심리효과)	■ 환경음악시스템 · 분수에 의한 마스킹

냉방설비를 원칙적으로 갖추도록 한다.

⑤ 사무소 건축의 고층화 경향에서 벽체의 건식 경량화에 치우치기 쉽지만 질량의 저하, 틈새의 증가 등에 따른 차음치의 저하를 경계할 필요가 있다.

⑥ 사무소의 일반적 경향으로서 사무기기의 보급, 공기조화설비의 증가, 건물의 대형화에 수반되는 후생설비(식당, 오락실 등)의 다양화 등이 보인다. 이들은 사무소 내의 소음을 높이는 원인도 되므로 소음방지에 관하여 신중한 설계가 필요하다.

10.6.5 공장 · 작업장

(1) 소음방지의 목표

공장·작업장은 일반적으로 소음원이 되기 때문에 소음의 피해를 받는 다른 건물과는 구별되는 고려가 필요하다. 공장에 있어서 소음원은 항공기 이외의 어느 소음원보다 레벨이 높고 악질인 것이 많다.

소음방지의 목표로서는,

① 근린에의 소음공해를 발생하지 않도록 한다.

② 작업원의 소음환경을 개선하고 청각을 보호한다.

위의 2가지가 중요하고, 소음환경의 개선에 의해 작업능률을 증진하여 실수를 감소하는 효과도 빠뜨릴 수 없다.

(2) 소음공해의 방지

주거지역에 있는 공장·작업장은 물론 공업지역에 있어서도 거주자가 상당히 있는 경우가 많으므로 소음공해는 매우 중대한 문제이다. 공해방지의 근본은 공업지역을 주변의 주거지역에서 격리하는 것이고, 도시계획에 의한 지역지정과 그 실시에 기대하는 점이 많다. 공장 건축에 있어서는 부지의 선정과 배치계획의 단계에서 충분히 검토될 수 있고, 건축의 각 단계에서 유효한 조치가 강구되고 있지 않으면 기술적으로도 경제적으로도 대단히 곤란한 문제를 일으킨다.

(3) 감각의 방호

일반적으로 소음 레벨이 100폰을 넘는 경우는 위험이 되고 있으나 이보다 80~85폰 이상이 되면 장기간에 다소간 청력장애를 일으키는 것으로 보아야 한다.

(4) 공장·작업장 중에서도 특히 소음을 발생하지 않는 부문에서 반대로 외부에서의 소음 침입을 방지하여야 하는 것도 있다(예, 시계수리조립, 설계제도, 사무관리 등).

10.6.6 음악당 · 공회당 · 극장 · 영화관

음악당, 공회당, 극장, 영화관에서는 무대에서 행해지고 있는 공연이나 모임의 음이 객석에 도달함이 필요하다.

이들의 건물에는 무대와 객석 외에 방송실, 투광실, 연습실, 영사실, 사무실, 식당, 기계실 등이 있고, 이들이 유기적으로 연결되어야 비로소 그 건물로서의 기능을 발휘하는 것인데 무대와 객석 이외는 모두 거기에서 소음으로 고려되는 음을 발생할 위험성이 크므로 이들 공간의 기능적 연결을 유지하면서 음향적으로는 충분한 차단이 이루어질 수 있도록 계획함이 중요하다.

건물 밖에서의 소음에 대해서는 그 입지조건을 고려하여 건물의 배치, 차단벽의 설계, 흡음재료의 사용 등에 충분히 주의하는 것이 중요하며, 상공을 통과하는 항공기, 근처를 지나는 교통기관의 소음이나 진동이 소음으로서 문제되는 수가 많다.

그러나 과거의 실례에 의하면 이들 건물이 소음에 시달리는 경우의 대부분은 소음원이 건물 밖에서의 것이 아니라 같은 건물 내의 기계류, 문의 개폐음, 이야기 소리 등인데, 이 점에 특히 주의하는 것이 중요하다.

10.6.7 도서관 · 박물관 · 미술관

도서관·박물관·미술관은 보통의 경우 주로 개인적 사고와 관람의 장이고, 타인과의 접촉을 필요로 하지 않는 것을 원칙으로 하고 있으므로 모든 점에 있어서 소음방지가 완전히 행하여지는 것이 필요하다. 따라서 계획의 최초부터 먼저 이 점에 대하여 충분한 고려가 이루어져야 하고, 나중의 부가수단은 도저히 만족한 소음방지조치가 시행될 수 없다. 계획의 일반적 주의사항으로서는 다음과 같은 점이 고려된다.

① 부지의 선정에 있어서는 교통량이 적은 곳을 택하는 것이 바람직하지만 특히 경사로의 부근을 피해야 한다. 또 부근에 소음이 큰 공장이나 철도, 초등학교 등이 없는 곳이 좋다.

② 부지의 안에서는 외부소음원을 고려하여 건축의 배치·평면계획 등이 이루어져야 한다.

③ 이들 건물의 주된 실, 예를 들면 관람실, 진열실 등은 특히 조용함이 필요하므로 너무 광대한 하나의 실로서 하지 않도록 한다. 이것은 경제적으로 흡음성을 증가시키기 위해서도 반드시 필요하다.

④ 또한 이들 주실은 냉난방공기조화를 행하는 것을 원칙으로 하므로 붙박이창으로 하는 것이 바람직하지만 어쩔 수 없이 공기조화를 행하지 않을 때에도 기밀새시

를 사용하도록 한다.

⑤ 바닥충격음의 방지는 특히 중요하다. 기타 이와 유사의 불연속충격음, 예를 들면 문의 개폐음, 수세변소의 수류음 등은 모두 완전히 방지하여야 한다.

⑥ 평면계획에 있어서는 상호 실의 배치에 특히 소음방지적 고려가 이루어짐이 필요하다.

10.6.8 체육관 · 경기장

스포츠 시설에 있어서 음향적으로는 경기의 진행상 필요한 음성이나 신호음이 명료하게 전달되고, 관객의 환성 등에 의하여 적당한 정도로 분위기가 부풀어 오르는 것이 필요하다. 따라서 장내에서 발생하는 환성 등의 음은 어느 경우에는 필요한 것이지만 다른 조건에서는 소음화한다는 이면성을 지니고 있다. 또 경기가 인간 능력의 한계를 추구하는 것이라고 하는 점에서 어느 순간에는 절대적인 조용함이 요구된다.

이러한 관점에서 체육관의 경우 환성 등이 필요 이상 커지지 않도록 하는 배려가 중요하다. 또 다수의 경기가 동시에 행해지는 시설에서는 상호 음향적인 차단도 고려되어야 한다. 외부에 대해서는 그 입지 조건이 가장 중요시된다. 즉 이 종류의 건축물은 일반적으로 규모가 크고 개방적인 것이 많으므로 외부 소음이 큰 곳에서는 그 침입에 대하여 유효한 처리를 강구하기 어렵고, 또 반대로 주위가 조용한 지역에서는 내부의 음을 외부로 발산하지 않도록 하는 것이 곤란하기 때문이다. 따라서 부지의 선정을 잘못하면 그 시설은 큰 결함을 발생하고, 부가적인 수단으로는 도저히 그 해결을 바랄 수 없다.

체육관은 강당 또는 공회당과 자주 겸용되는데 이 경우에는 동시에 공회당적인 고려가 필요하다. 그렇지만 체육관과 공회당과는 입지 조건, 규모, 형태 등에 있어서 양립하지 않는 면이 많으므로 가능한 한 병용을 피하는 것이 바람직하다.

10.6.9 공 항

항공기 소음은 특정지역에서 지속적으로 발생하기 때문에 피해의 질이나 정도면에서 해당지역 주민들에게 심각한 정신적 손상과 생활방해를 야기하고 있는 상황이다. 항공기의 소음은 난청, 대화·전화·TV 및 라디오 청취시의 청취방해, 학습 및 수면의 방해·작업능률 저하, 불쾌감·분노·놀람 등의 정서장애를 유발하고 호흡기·순환기 · 소화기 등의 기능저하와 임신율 저하, 유아의 출산체중 감소, 지가하락 등 악영향을 미치고 있는 것으로 알려져 있다.

공항 주변지역의 소음평가는 그 공항에 운항 중인 항공기들의 종류에 따른 개별 소음 데이터와 운항횟수, 운항시간, 운항코스 등 운항데이터와 기상 및 지형데이터 등을 이용해서 계산을 통하여 구한다.

우리나라와 같은 중위도 지역의 국가들은 대체로 저녁 6시부터 10시까지를 저녁 시간대로, 10시부터 다음날 6시까지를 야간 시간대로 분류한다. 우리나라에서 밤 11시 이후의 민간항공기 운항을 금지하고 있는 것도 같은 취지에서 비롯된 것이다.

항공기 운항코스 결정은 풍향 등을 고려한 항공기 안전이 우선이며, 항공기소음 감소 대책은 이 범위 내에서 고려된다. 또한 한 곳의 소음노출을 피하기 위하여 다른 방향으로 코스를 결정할 때 새로운 소음피해 지역이 발생할 수 있으므로 운항코스의 선정에는 공항주변 지역의 인구분포 상황 등 다각적인 고려가 필요하다. 공항 특성에 따른 계절적 요인에 의하여 몇 가지 다른 운항코스를 사용하는 경우도 있다. 세계적으로 큰 공항들은 대개 두 개 이상의 활주로를 갖추고 있으며, 이들 활주로의 이착륙 방향 조절도 공항주변 항공기소음 감소에 도움이 될 수 있다.

확인학습

1 음의 크기, 높이, 음색을 음의 3요소라 하고, 음의 인간의 감각에 대하여 음의 크기는 (   )에, 높이는 (   )에, 음색은 (   )에 관련된 성질이다.

2 콘크리트 파쇄기가 발하는 소음은 음원에서 30 m 지점에서 (   )phon 정도이고, 주거지역에서 허용되는 소음의 한계는 주간 (   )phon 정도이다.

3 음의 세기 레벨을 40 dB 내리는 데에는 음의 세기를 (   )로 하여야 한다.

4 음은 15℃의 공기 중에서 340 m/s인데 온도가 높아지면 음속은 (   )진다. 또 대기압이 높아지면 약간이지만 음속이 (   )지고, 수증기압이 감소되면 음속은 (   )진다.

5 83, 80, 72, 68, 91 dB의 소음이 동시에 주어졌을 때 몇 dB이 되는가?

6 커튼과 같은 얇은 천은 주로 (   )의 흡수에 유효하고, 그 두께가 두꺼울수록 (   )도 흡수하도록 된다. 연질섬유판의 표면에 페인트를 바르면 (   )의 흡수가 감소하고, 베니어판에 페인트를 도장하여도 (   )의 흡수는 별로 변하지 않는다.

7 재료나 벽체에 입사한 음을 어느 정도 차단할 수 있는가를 표시하는 데에 (   )이 사용된다. 이것은 입사음과 투과음 세기의 비를 (   )로 표시한 것이다.

8 실내나 재료 등의 음향적 성질을 나타낼 때의 표준음으로서 일반적으로 사용되고 있는 주파수는 (   )Hz이다.

9 인간의 청각에서 순음에 대한 감도가 가장 높은 주파수는 (   )Hz이다.

10 40 phon 음의 loudness는 (   )이다.

11 음성의 명료한 전송에는 (   )Hz의 주파수대역이 필요하다. 또한 특히 중요한 주파수대역은 (   )Hz이다.

12 작업환경의 소음레벨에 있어 작업자의 청력보호를 위하여 (   )dB A, 작업을 위한 회화를 용이하게 하기 위하여 (   )dB A로 하는 것이 바람직하다.

13 실체적 200 m^3의 영화관의 경우 1000 c/s의 잔향시간은 (   )초이다.

14 A 실은 10×10×10 m, B 실은 5×5×5 m일 때 양실의 실내 마감재가 모두 같다고 하면 A실의 잔향시간은 B실 잔향시간의 (   )배이다.

15 어느 홀의 잔향시간이 1초이다. 그것과 완전히 상사형으로 치수만 2배로 된 홀을 만들고, 내장재료도 전혀 같은 것으로 하면 잔향시간은 (   )가 된다.

16 실내 평균 흡음률이 매우 클 때 Sabine의 식으로 잔향시간을 계산하면 어떤 문제가 있는가?

17 실내의 확성장치에서 스피커로 지향성을 유지함에 따라 무엇을 기대할 수 있는가?

11.4 방진설계

11.4.1 진동의 성질

(1) 진동수(주파수)

추는 중립점에서 출발하여 최상점, 중립점, 최하점을 경유하여 중립점으로 돌아오지만 그림 11.8에서와 같이 1주기에 요하는 시간을 진동주기(period)라 한다. 그러나 기계의 진동을 주기로서 표현하는 것보다 1초간에 몇 주기의 진동이 있는가를 진동수(frequency)로 표현하는 경우가 더 많다. 주기와 진동수 사이에는 다음과 같은 관계가 있다.

$$\text{진동수}(Hz) = \frac{1}{\text{주기}}\,[\sec^{-1}] \tag{11.1}$$

진동의 정도를 나타내는 진폭은 여러 방법으로 정량화될 수 있다. 그림에서와 같이 정현파의 진동 진폭을 나타내는 방법으로는 피크-피크값(peak-to-peak), 최대값(peak), 평균값(average), 실효값(root-mean-square) 등이 있다.

피크-피크값은 파형의 최대 변화를 나타내기에 편리하다. 예를 들면, 기계 부속이 받는 최대 응력, 또는 기계 공차 계산 시 진동 변위가 중요할 때 사용된다.

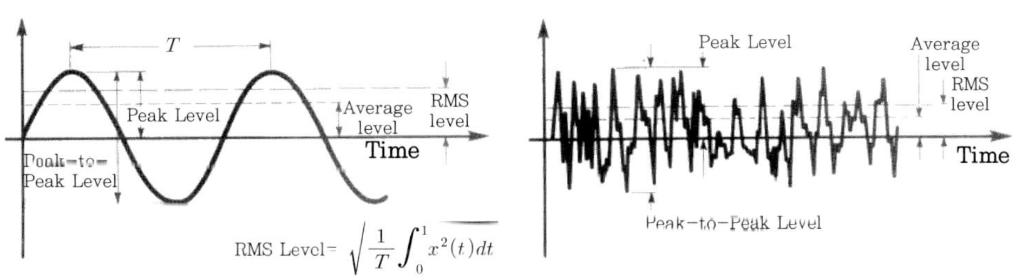

그림 11.8 진동 크기의 정량화

최대값은 짧은 시간의 충격량 크기를 나타내기에 유용하다. 그러나 시간에 대한 변화량은 표시할 수 없다.

한편, 평균값은 파형의 시간에 대한 변화량을 표시하지만 어떤 유용한 물리적 양과는 직접 관련이 없어 실제적으로 사용범위가 제한되고 있다.

RMS값은 시간에 대한 변화량을 고려하고, 진동에 의한 파괴 능력을 나타내는 에너지량과 직접 관련되고 진폭을 표시하므로 진동 크기를 표현하기에 가장 적절하다.

(2) 진폭

진동은 다음과 같이 변위, 속도, 가속도로 표시된다.

1) 변위

진동하는 물체는 최상점과 최하점의 사이를 움직이며, 최상점과 최하점의 간격을 변위(displacements)라고 한다. 즉 질량이 상한치에서 하한치까지 진동할 때 이 질량의 전 행정을 말한다. 변위는 다음과 같이 길이 단위로 표시된다(그림 11.9).

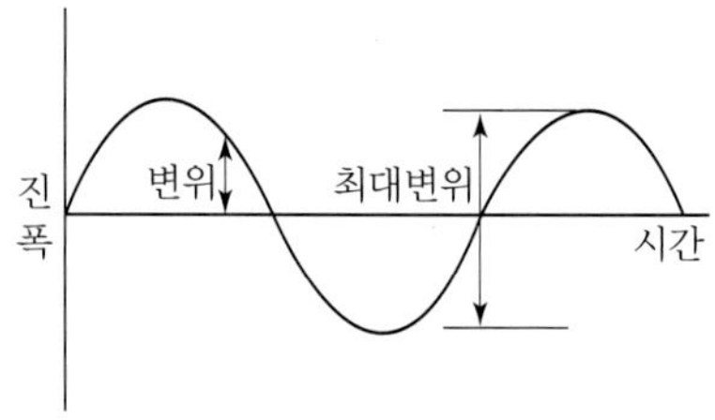

그림 11.9 변위

2) 속도

물체가 상하운동을 하게 되면 시간에 대한 상하 변위의 변화량인 속도(velocity)도 당연히 변화한다. 즉, 최상점과 최하점에서의 물체의 속도는 0이 되며 중립점에서는 최대가 된다. 중립점 중에도 물체가 위에서 아래로 내려갈 때에는 −의 속도, 아래에서 위로 올라갈 때에는 +속도를 갖는다(그림 11.10).

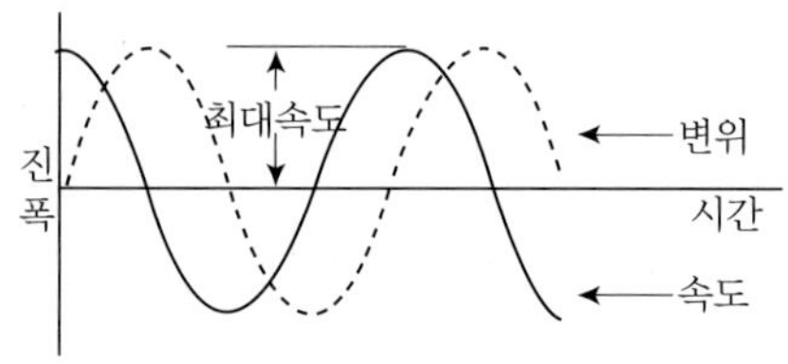

그림 11.10 속도

3) 가속도

물체의 운동을 표시하는 데는 변위와 속도 외에 가속도(acceleration)라는 물리량이 있다. 즉, 가속도는 최상점에서 부(負)의 최대가속도, 최하점에서는 정(正)의 최대가속도가 된다(그림 11.11~11.12).

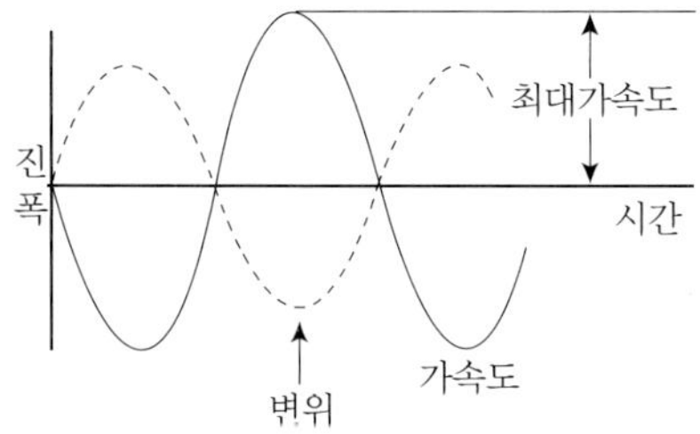

그림 11.11 가속도

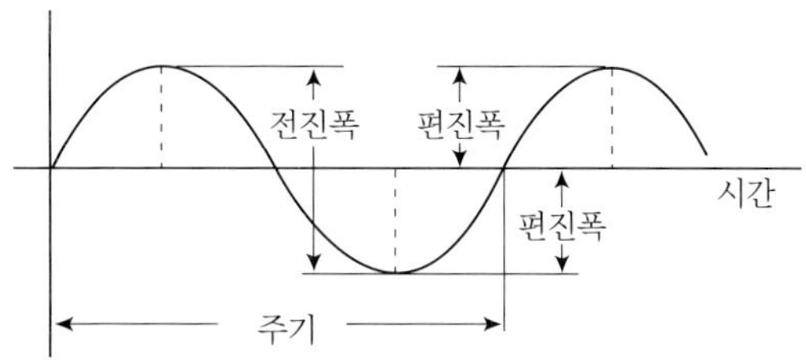

그림 11.12 진폭

11.4.2 진동전달 특성

진동방지(vibration isolation)를 위해서는 진동원을 규명하여 진동의 주원인을 제거하는 방법과 방진기초를 사용하여 진동을 절연하는 방법이 있다.

방진 효과의 양부는 일반적으로 진동전달률로 평가한다. 즉 진동전달률은 방진재를 사용하지 않는 기초에 전달되는 힘 Po와 사용한 경우의 기초에 전달되는 힘 P와의 비로 나타난다.

$$\text{진동전달률 } T = \frac{\text{전달력}}{\text{외력(가진력)}} = \frac{P}{Po} = \sqrt{\frac{1+(2\zeta r)^2}{(1-r^2)^2+(2\zeta r)^2}} \tag{11.2}$$

일반적으로 방진고무의 감쇠는 작아 불감쇠로 볼 수 있어 감쇠비(ζ)를 0으로 하면 진동전달률은 다음 식에 의해 구해진다.

$$T = \frac{1}{1-(\frac{f}{fn})^2} \tag{11.3}$$

위식의 진동전달률은 그림 11.13과 같이 나타난다.

각종 기기의 기본 진동수는 표 11.9와 같으며, fn은 방진재 진동원으로 구성되는 진동계의 고유진동수[Hz]이다. 방진재료의 진동감소계수의 값은 표 11.10과 같다.

방진을 위한 대책으로서 가진은 '진동이 일어날 수 있는'이라는 뜻이다. 따라서 가진력이라고 하면 진동을 일으킬 수 있는 힘을 나타낸다. 변위는 나중 위치의 값에서 처음 위치의 값을 뺀 물리량이다. 스프링은 건물의 중량을 떠받쳐 안정시키는 작용을 한다. 감쇠장치는 진동 발생 시 건물의 변형을 억제하면서 발생 종료 후에는 건물의 진동을 정지시키는 역할을 한다(그림 11.14).

방진재의 특성 중 진동 전달 특성은 일반적으로 가로축에 주파수[Hz], 세로축에 응답배율[dB]로 표시한다. 그래프의 피크값 주파수를 공진주파수 f_0 응답배율을 공진배율이라고 한다.

주파수가 높아지면 응답배율은 작아지고, 공진주파수 f_0의 $\sqrt{2}$ 배의 주파수에서 응답배율은 0 dB(1배)이다. 제로 크로스 점보다 높은 주파수 영역에서 방진 효과가 있어 방진 효과 영역이라고 한다. 반대로 제로 크로스 점보다 낮은 주파수 영역을 공진 영역이라 하고, 진동을 증폭시킨다. 이 특성은 하중, 온도 등의 조건에 따라 변화하므로 주의가 필요하다(그림 11.15).

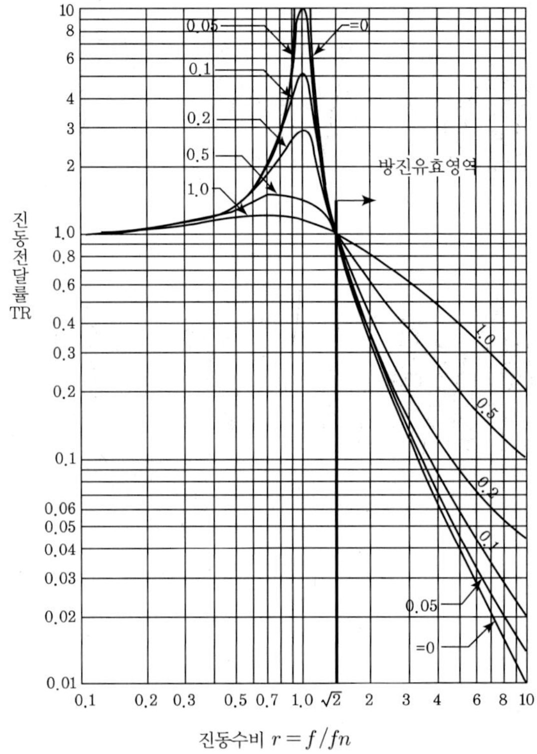

그림 11.13 진동전달률

예제 11.2

진동전달률은 어떻게 도출하는가?

풀이

진동전달률은 지지점의 반력의 크기와 진동원에서 입력되는 힘의 비로 정의된다.

표 11.9 각종 기기의 기본 진동수

기 종	기본 진동수 [Hz]	
송 풍 기	① 축회전수	② 축회전수 × 날개매수
전 동 기	① 축회전수	② 축회전수 × 극수
압 축 기	① 축회전수	
치 차 열	① 축회전수	② 치의 탄성진동(고진동수)

[주] 여러 종류의 진동수를 지니는 경우의 방진설계에는 가장 낮은 것을 사용한다.

표 11.10 방진재료의 진동감쇠계수(n)

금속스프링	방진고무	코르크
0.005	0.02～0.05	0.06

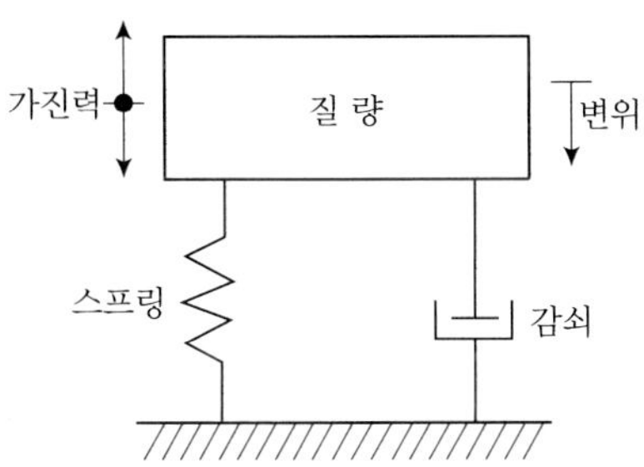

그림 11.14 방진 모델

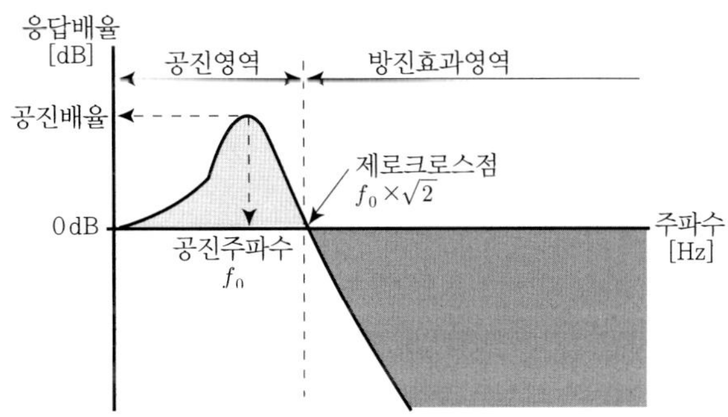

그림 11.15 진동전달 특성

11.4.3 지진의 내진 · 면진 · 제진설계

지진에 대비한 내진적 건축 방법으로는 튼튼한 벽 · 바닥을 형성하는 '내진 설계', 흔들림의 영향을 감소하는 '면진 설계', 지반 진동을 흡수하는 '제진 설계' 등이 있다.

(1) 내진설계

지진이 발생하게 되면 지면에 시공된 모든 구조물들이 지면과 함께 움직이게 된다. 구조물은 관성을 가지고 있으므로 지반의 운동에 의하여 흔들리게 되며 구조물을 구성하고 있는 기둥, 보, 벽 또는 가새가 축력, 전단력, 휨모멘트 등의 형태로 지진 영향을 받게 된다.

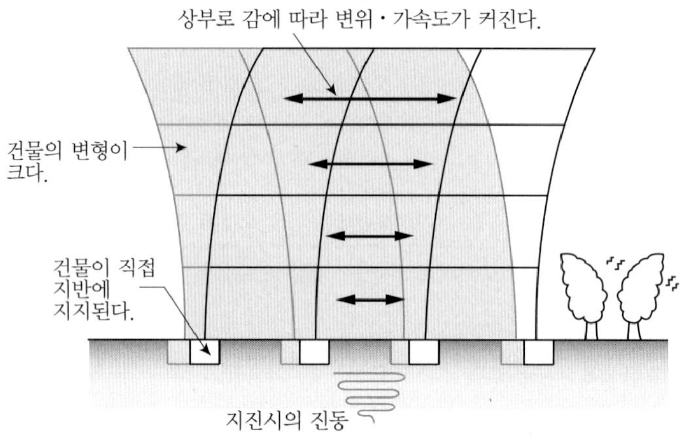

그림 11.16 내진공법

내력벽을 배치하고, 엇비스듬한 설계를 통하여 건물의 각 부분이 파괴되지 않을 정도의 강도를 확보한다. 구조 부재의 강도와 변형 성능 및 건물의 지진 저항력을 향상시키도록 한다(그림 11.16).

지진 발생 시 건축물을 통해 건축설비 및 배관에 전달되는 지진력을 흡수/감소/소멸시켜 내진안전성을 확보하도록 한다.

(2) 면진설계

면진설계는 건물과 기초 사이에 진동을 감소시킬 수 있는 분리장치를 삽입하여 지반과 건물을 분리시켜 지반진동이 상부건물에 직접 전달되는 것을 차단하는 방식이다. 구조물의 진동을 감소시키기 위한 수동제어 기법의 한 분야인 면진구조 시스템은 주로 건물, 교량, 원자력발전소와 같은 대형구조물에 대하여 지진 등의 동적하중에 따른 피해를 최소화하기 위하여 널리 적용되고 있다(그림 11.17).

(3) 제진설계

제진설계는 진동을 제어하는 구조이고 진동을 제어하기 위한 특별한 장치나 기구를 구조물에 설치하는 방식이다. 건축물의 경우에는 지진이나 강풍 등에 의한 횡하중에 의하여 발생하는 진동을 제어하는 데 주로 사용된다(그림 11.18).

제진구조는 수동(passive) 제진과 능동(active) 제진으로 대별된다. 수동 제진은 외부에서 힘을 더하는 일이 없이 구조물의 진동을 억제하는 것으로 일반적으로 구조물

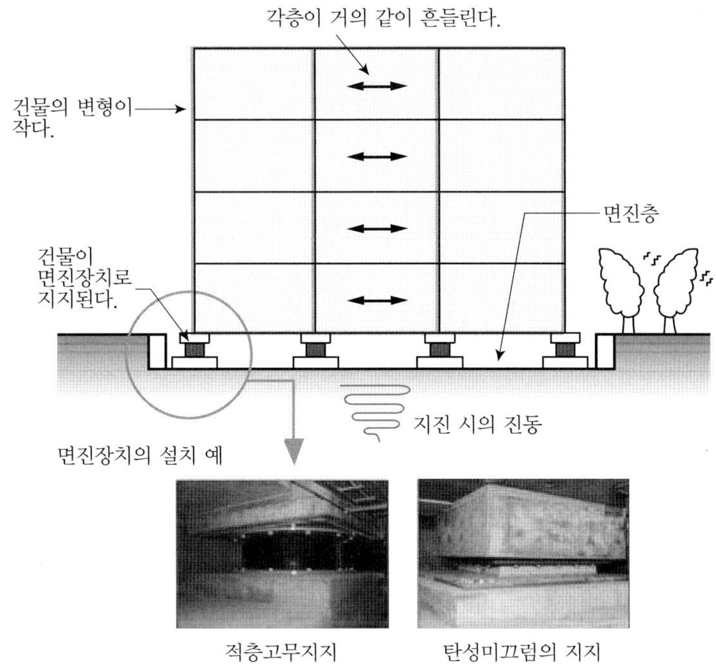

그림 11.17 면진공법

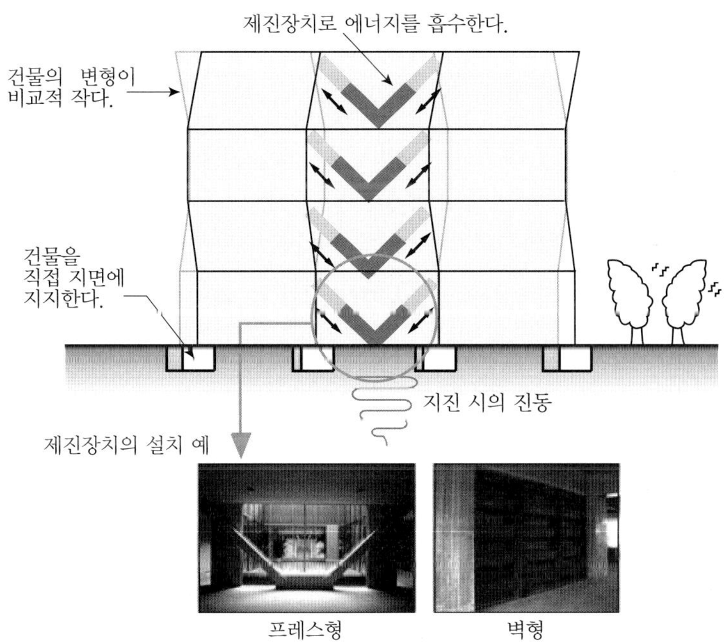

그림 11.18 제진공법

의 진동에너지를 흡수하기 위한 감쇠(damper)장치를 구조물의 어딘가에 설치하는 것이다. 이에 비해 능동적 제진은 외부에서 공급되는 에너지를 이용하여 진동을 저감하는 것으로 전기식 혹은 유압식 등의 가력장치(actuator)를 사용하여 구조물에 힘을 더하는 것이다.

11.5 방진방법

11.5.1 방진의 기본 방침

진동을 방지하기 위한 대책으로는 건물의 위치 선정 및 실 배치 시부터 고려하고, 회전 기계류는 일반적으로 각종 고체음이 문제될 때에는 방진재로 지지케 하고, 방진재의 탄성에 의한 고유진동수를 적게 하여 진동에너지(진폭·가속도·소음)를 방진재에 흡수케 하려는 것이다.

따라서 진동대책의 기본 방침으로서 다음과 같은 조작이 필요하다.

① 진동원의 가진력을 작게 한다.
② 가진력의 구조에의 전달을 적게 한다.
③ 고체음 전달 경로의 감쇠·차단을 한다.
④ 음향방사면의 진동을 방지한다.
⑤ 진동하는 장비는 가능한 저층에 설치한다.
⑥ 진동하는 장비가 상층에 위치할 경우 : 바닥이 충분한 강도가 있는 곳에 설치한다.
⑦ 상층 중 가장 강도가 큰 곳에 설치한다(기둥, 지지벽 위 또는 빔 선을 따라 설치하고, 가벼운 벽 위는 피한다).
⑧ 흡진(vibration isolators or mounts) 재질을 사용한다.

11.5.2 일반적인 진동대책

일반적인 방진계획은 방진측정 결과와 조사 결과를 바탕으로 방진감쇠 목표값을 설정하고, 진원감쇠값과 거리감쇠값을 결정한 다음에 방진설계를 한다(그림 11.19).

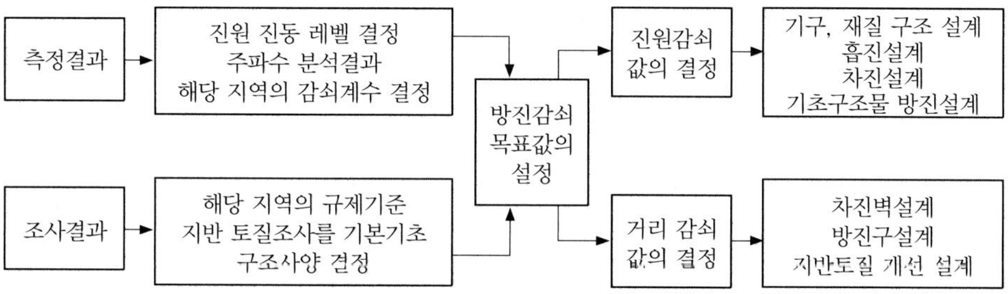

그림 11.19 방진계획

방진의 방법은 대책을 실시한 장소에 따라 ① 진동원, ② 전파경로, ③ 수진부의 3 종류가 있다. 일반적으로 환경진동(교통진동 등)은 그림 11.20과 같이 진동원에서 전달경로를 통해 수진부로 진동이 전달한다. 가장 적극적인 진동방지 대책을 위해서는 진동원 및 수진부에서 건축 시공 당시부터 수립하는 것이다.

진동이 지반을 전파하는 과정에서 다른 지층의 경계면이나 구조물과의 경계부에서 반사, 굴절, 간섭 등으로 파형이 복잡하게 되는 것은 흔히 발견할 수 있는 현상이다. 이 때문에 지반 중에 방진구나 방진벽과 같은 차단벽을 설계하여 진동을 감소할 수 있다.

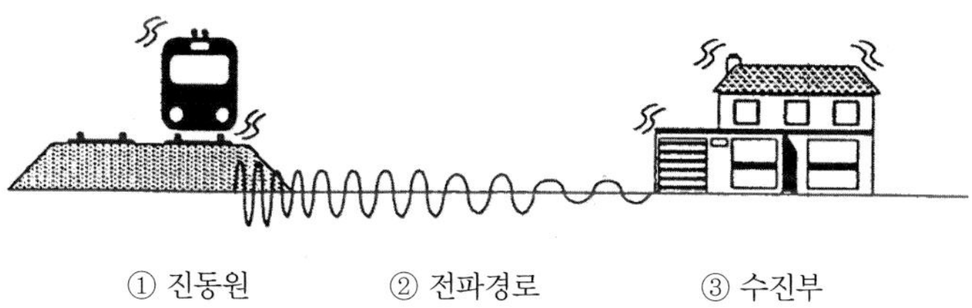

그림 11.20 환경진동의 발생경로

11.5.3 진동원 및 수진부에서의 대책

진동원 대책은 본질적으로 진동을 일으키는 기진체(起振體) 자체의 기계적 특성을 개선하거나, 기진체 자체 또는 접지 구조체와 지반의 동적 상호작용 특성을 개선하여 지반에 최종 전달되는 동적 하중의 강도를 낮추고 주파수 특성을 개선하는 데 있다. 기진체 바닥에 방진 패드를 사용하거나, 지반굴착 및 말뚝박기 작업 시에 이른바 저진동 및 무진동 공법의 사용, 그리고 지하철의 경우 터널 및 박스 구조체의 질량 및 강성도를 크게 하는 방법 등이 이러한 진동원 대책에 속한다.

한편, 수진부 구조물 대책으로는 구조물 기초 시스템을 보강하여 기초의 임피던스를 증가시킴으로써 입력 지반진동 에너지 자체를 경감시키는 방법, 기초 및 지하벽체 등과 상부구조의 접속부에 고무패드, 스프링-댐퍼 등의 면진 시스템을 구성하는 방법 등이 있다(그림 11.21 참조).

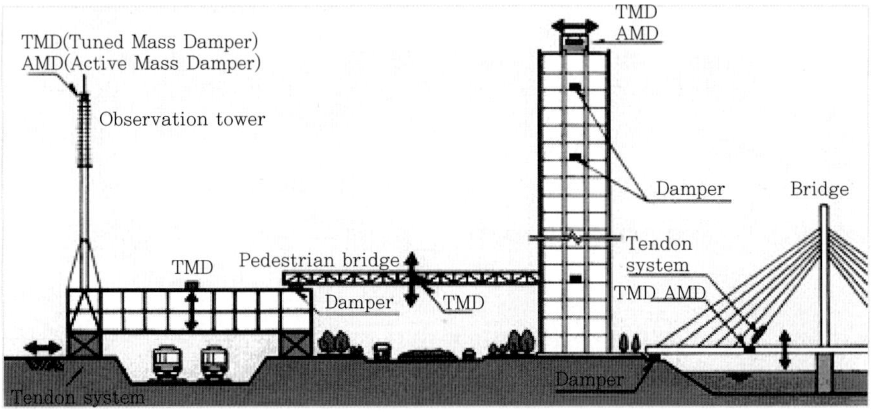

그림 11.21 방진 대책

11.5.4 전파경로상에서의 대책

지중 전파경로 대책은 진동원과 수진 구조물 사이에 놓인 지반 내부에 방진구, 방진벽, 방진슬래브, 방진 블록 등과 같이 지반진동의 전파 자체를 억제 또는 차단하는 각종 지중 방진 구조물을 설치하여 수진부 구조물에 전달되는 지반진동의 강도를 저감시키는 것이다.

이와 같은 방진 대책은 수진 구조물에 가까운 지반영역에 실시하는 방법을 수동방진(그림 11.22), 진동원에 가까운 지반영역에 방진 대책을 실시하여 진동을 주변지반으로 확산시켜 진동을 저감하는 방법을 능동방진(그림 11.23)이라고 한다.

방진구는 대표적인 지반진동 방진 구조물로서 지반 내에 공기라는 이질적인 매질층을 수직으로 설치하여 지반진동파의 수평적 전달을 차단한다. 지반진동은 주로 지표면을 따라 전달되므로 전파경로에 일정 깊이의 방진구를 만들면 상당한 양의 진동이 더 이상 전파되지 못하고 감쇠하게 된다.

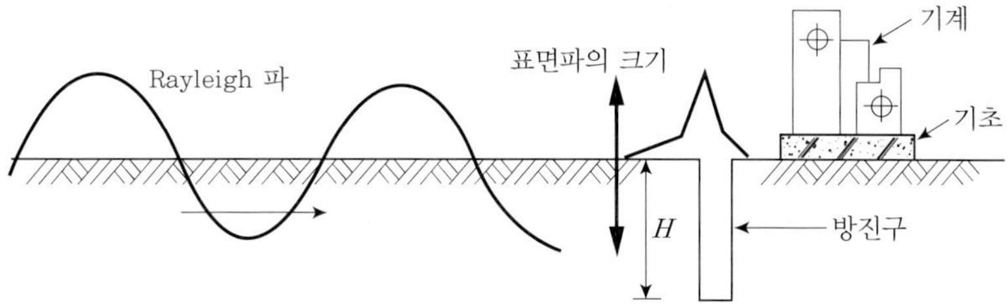

그림 11.22 수동방진의 개념

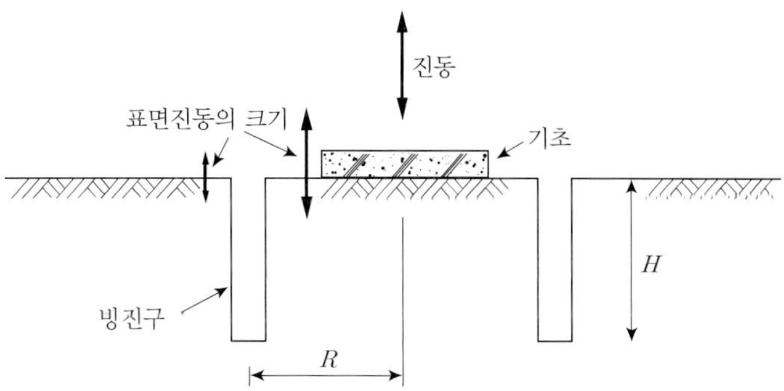

그림 11.23 능동방진의 개념

개방식 방진구는 다른 어느 지중 방진벽 시스템보다 방진효율이 높지만, 현실적으로 굴착벽의 함몰 문제로 시공 가능 깊이가 제한되는 제약이 있다. 아울러 굴착부에 사람이 빠지지 않도록 안전조치를 강구해야 하고, 강우 시 빗물이 유입되어 굴착부가 함몰하거나 주변지반의 연약화가 초래되는 문제가 발생하지 않도록 유지관리에 유의해야 한다.

차단벽은 개방식 방진구의 문제점을 해결하고자 설계 및 시공 측면에서 개방식 방진구 공법의 방지 원리를 준용한 여러 가지 유사 방진구 공법이 제안되어 있다(그림 11.24).

차단벽에는 ① 슬러리액 충전 방진벽, ② 연성·경량재 충전 방진벽, ③ 주열식 방진벽, ④ 공기튜브 매트 방진벽, ⑤ 고체 방진벽 등이 있다.

11.5.5 구조의 절연

진동이 건물의 구체에 전해지면 음파와 마찬가지로 파면의 퍼짐에 따른 외관상의

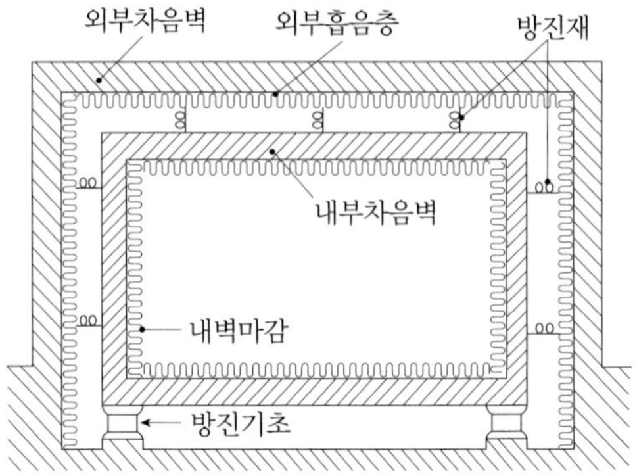

그림 11.24 차단벽의 구조

감쇠나 분기부·경계면에서의 반사에 의한 감쇠, 구조구체의 내부 점성에 의한 마찰 손실 등의 감쇠가 생긴다. 그러나 내부손실은 일반 구조구체의 재료에서는 작은 것이 보통이므로 적극적인 진동 대책으로는 구조를 불연속으로 하여 경계면에서의 반사에 의한 진동 차단을 고려하여야 한다(그림 11.25). 이 경우 진동원에 가능한 한 가까운 위치에서 감쇠하는 것이 필요하다. 이것은 진동원에서 떨어질수록 진동은 넓은 범위에 퍼지므로 차단 대책이 곤란하게 되기 때문이다.

또한 층간차음재를 이용한 방진대책이 있고(그림 11.26), 지반진동방지대책을 강구한다(그림 11.27).

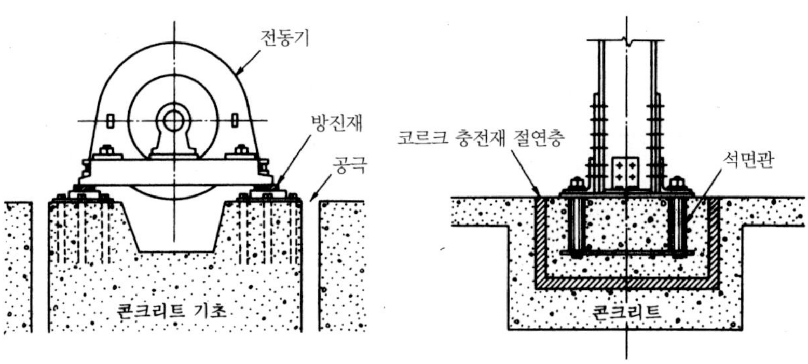

그림 11.25 구조체의 불연속

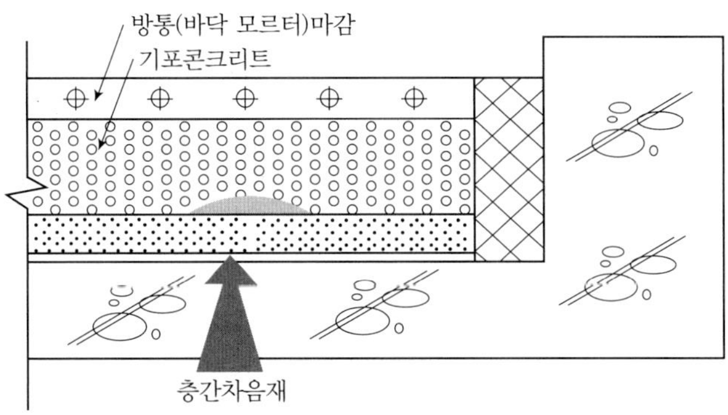

그림 11.26 층간차음재를 이용한 방진대책

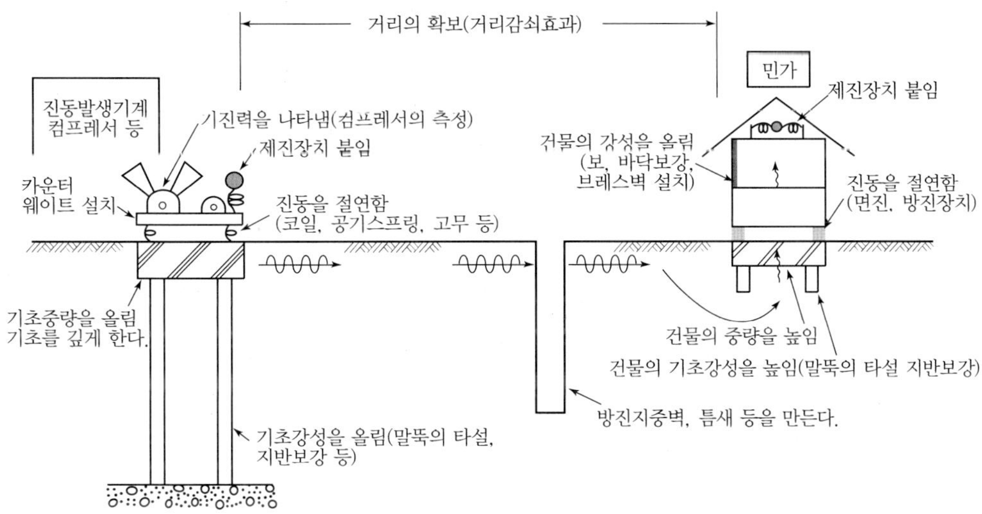

그림 11.27 지반진동방지대책

11.5.6 뜬구조

진동이 구조구체를 전파하여 실의 벽이나 바닥이 2차 음원이 되는 경우의 대책으로서 간단하게는 특히 진동하고 있는 내장면에 방음도료나 방음 플라스틱을 사용하는 방법이 있다. 이것은 내장재에 도달한 진동 에너지를 열에너지로 바꾸어 진동이나 음을 감소할 목적이지만 10 dB 이상의 효과는 기대할 수 없다.

그러므로 확실한 방진방법으로 뜬구조(floating structure)가 고려된다(그림 11.28). 뜬구조는 내장 전체를 방진재의 위에 실어 진동을 차단하는 방법이다.

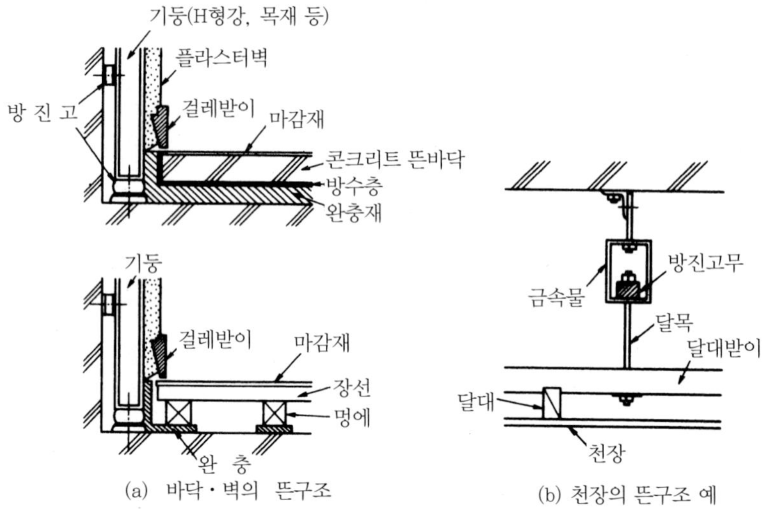

그림 11.28 뜬구조

11.5.7 에어로빅 스튜디오의 방진

에어로빅 스튜디오에서는 수십 명이 음악에 맞춰 일제히 같은 동작을 반복하여 큰 힘이 건물에 가해지고 멀리까지 진동이 전해지기 때문에 건물 내부의 뜻밖의 장소에서 진동 문제가 발생할 수 있다. 에어로빅 스튜디오 바닥 자체가 흔들리기 어렵게 하고, 주변에 전해지는 진동과 충격음을 저감할 수 있어야 한다(그림 11.29).

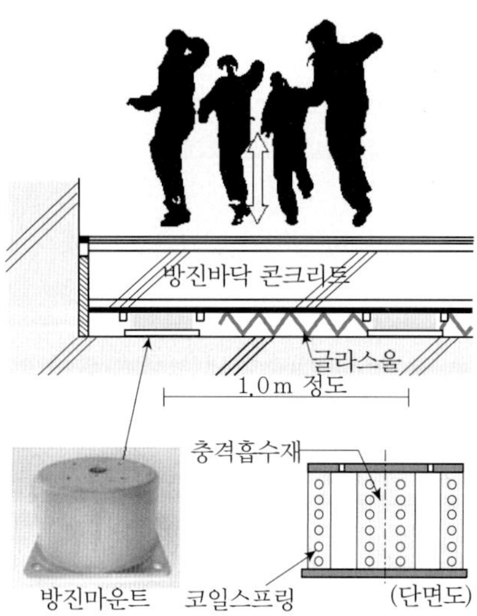

그림 11.29 에어로빅 스튜디오의 방진

확인학습

1 (　　　)Hz 부근에서 인체에 심한 공진이 나타난다.

2 착암기, 연마기 등을 많이 사용하는 사람은 주로 (　　　)진동의 피해를 받는다.

3 강제진동수가 고유진동수에 비해 아주 작을 때 (　　　)를 크게 한다.

4 지진 대책 가운데 (　　　)이 지진의 충격을 이리저리 피하는 원리라면, (　　　)은 충격을 적극적으로 상쇄시키는 방법이다.

5 "수진점 부근에 방진구를 마련한다"는 것은 어떤 방진대책인가?

6 진동발생이 크지 않은 공장기계의 대표적인 지반 차단 구조물은 개방식 방진구이다. 이러한 방진구의 설계 시 가장 중요한 인자는?

7 구조가 복잡하여도 성능이 우수하고 부하 능력이 광범위하며, 하중의 변화에 따라 고유진동수를 일정하게 유지시킬 수 있고, 고주파진동에 대한 절연성이 뛰어난 방진재료는?

8 각진동수가 W이고 변화진폭의 최대치가 A인 정현진동에 있어 가속도 진폭은?

9 발생원 방진대책은?

Colour

제12장 | 색 채

12.1 색의 특성

우리의 생활공간은 색상, 명도, 채도가 다른 여러 가지 색채로 꾸미어져 있기 때문에 환경, 장소, 시간, 보이는 방식에 의하여 색이 다르게 보이는 현상이 일어난다. 이 현상에는 인간의 시각・심리・생리작용에 직접 작용하여 지각적・감각적인 것과, 인간의 생활습관, 풍토, 문화 등 간접적으로 사회에 작용하는 정신적인 것이 있다.

12.1.1 색의 양상

(1) 면 색

파란 하늘이나 스펙트럼의 색과 같이 거리감이 불확정하며 부드러운 느낌이 나타난다. 시선에 대하여 거의 직각으로 넓어지거나, 시선에 대하여 기울어지거나, 凹凸을 가지는 것은 아니다. 밝기의 변화는 어두운 것에서 밝은 것으로 변화하고, 밝기의 하한과 상한이 명확하지 않다. 또한 개구색이라고도 하고, 광학기기의 색의 나타내는 방식이다.

(2) 표면색

색지의 색이나 물체의 색이다. 표면은 단단하고, 거리는 확정적이다. 색과 밝기의 항상성이 성립한다. 물체색이라고도 한다.

(3) 투명면색

색유리나 회전 중의 선풍기 날개를 통하여 다른 물체를 볼 때 물체의 색은 정위가 확립된 표면색으로 보이지만 색유리나 회전 중의 선풍기 날개의 색은 정위가 불확실한 면색으로 투명하게 보인다. 이것을 투명면색이라고 한다.

(4) 투명표면색

양 눈으로 인쇄물을 볼 때에 한쪽 눈 앞에 손을 놓으면 손 끝을 통하여 책에 인쇄된 문자가 보인다. 그 때 손의 색은 정위를 잡은 표면색으로 투명하게 보인다. 이것을 투명표면색이라고 한다.

(5) 공간색

유리 그릇 안의 착색액체나 추운 겨울하늘과 같이 3차원의 공간을 채우고 있다.

(6) 경영색

반질반질한 마루나 수면에 다른 대상물이 비치고 있는 경우 대상의 색이다. 거울에 비친 경우는 표면색이 된다.

(7) 광 택

대상 표면의 위 또는 그 전방에 나타난다. 통상 표면색에 둘러싸이고, 그 보다 밝은 부분에 나타난다.

(8) 광원색

광원이나 발광체의 색과 같이 스스로 빛을 발하고 있는 것처럼 보인다. 달과 같이 반사광으로도 광원색의 양상을 드러내고 있는 것도 있다.

이상 색의 양상은 자극의 배치나 관찰자의 상황 해석에 의해서도 차이가 있다.

12.1.2 색의 작용

(1) 주관색

백흑 모양 원반의 회전, 또는 빛의 단속 등 객관적으로 자극을 적당한 속도와 시간 패턴으로 관찰하면 유채색 감각이 유도된다. 이 현상은 색이 없는 곳에 색이 보이기 어려우므로 주관색이라고 한다. 주관색을 관찰하는 데에는 그림 12.1과 같은 Benham의 팽이를 이용한다. 이 팽이를 1초간에 6~10회의 속도로 회전시키면 팽이면에 무슨 색인가가 현저히 나타나는 것에서 알 수 있다.

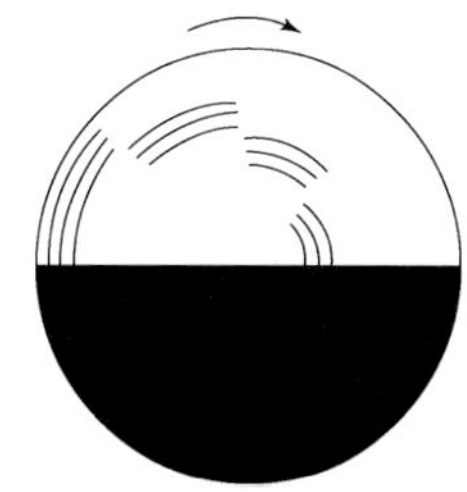

그림 12.1
Benham의 팽이

이 현상이 일어나는 원인은 자극을 주는 것에서부터 색감각이 일어나기까지의 시간과, 자극을 제거하여도 색감각이 남아있는 잔존시간이 색에 의하여 다르기 때문이라고 하는데, 한편으로는 자극의 시간적 패턴에 의한 신경흥분의 주파수 변조에 의한 것이라는 설도 있다.

주관색에 대해서는 이 외에 화가가 그린 펜화나 연필화의 작품 중에서도 백과 흑이 상호 반복되어 있는 상세한 패턴에서 유채색을 느끼는 경우가 있다.

(2) 난색과 한색

빨간색이나 주황색에서는 따뜻함을 느끼고, 파랑이나 청록에서는 차가움을 느낀다. 같은 빨강이어도 선명한 경우에는 난색의 느낌이 강하고, 엷은 백에 가까운 것은 중립적인 느낌이 된다. 황록, 녹색, 자색 등은 중립적이라고 하는데, 엷으면 한색에 가까워진다.

색상뿐만 아니라 명도나 채도의 영향도 있다. 같은 색상에서도 고명도가 되면 밝은 색이 되고, 시원함을 증가시켜 한색이 되는 경향이 나타난다. 저명도가 되면 어두운 색이 되고, 따뜻함을 증가시켜 난색이 된다. 채도에서는 고채도일수록 한란의 경향이 강해지고, 무채색은 백이 한색, 흑이 난색의 성질을 나타낸다.

색의 한란감은 재료의 느낌으로 연결되기 쉽고, 목재와 같이 접촉 느낌이 따스한 것은 난색계에 어울리고, 금속과 같이 차가운 느낌의 재료는 한색계에 가깝다.

색의 온도감각은 디자인의 색채효과에 매우 큰 영향을 주므로 각각의 용도에 따라 선택하는 것이 중요하다. 일반적으로,

① 남측의 방에는 한색계를, 북측의 방에는 난색계를 기조색으로 이용한다.
② 더운 작업실에는 한색계를, 냉동 등의 작업실에는 난색계를 이용하고, 두뇌적인 작업실에는 한색계나 중립색계가 좋다.
③ 난색계는 이것을 엷게 할수록 따뜻함이 완화되고, 한색계는 이것을 엷게 할수록

시원함이 결여된다.

그러나 성별에 따라 남자는 한색계를, 여자는 난색계를 고려하는 방식도 있고, 여러 입장에서 판단하여야 한다. 또한 외향적인 성격의 사람에게는 한색계를, 내향적인 사람에게는 난색계를 선택하는 방법도 있다.

(3) 색의 면적효과

회색의 배경에 같은 형태, 같은 크기의 적색과 청색을 나란히 놓고 비교하면 적색은 청색보다 크게 느껴진다. 이와 같이 실제 면적보다 과대평가되는 색을 팽창색, 과소평가되는 색을 수축색이라고 한다.

바둑판의 흰돌과 검은돌은 사실은 크기가 다르다. 약간이지만 흰돌이 작다. 그 이유는 흰색이 부풀리게 보이고, 흑색이 약간 줄어들게 보이기 때문이다. 흰돌을 약간 작게 만들면 바둑판에 나열했을 때 같은 크기로 보인다. 같은 이유로 키가 작고 여윈 사람이 검정 의복을 착용하면 더욱더 작게 보인다(그림 12.2).

일반적으로 빨강이나 노랑의 난색계는 넓게 보이고, 파랑이나 초록의 한색계는 오그라들게 보인다. 그러나 이것은 배경과의 상호관계에서 결정되는데 동일한 것도 배경이 어두우면 확대(전진)되어 보이고, 밝으면 수축(후퇴)되어 보인다(그림 12.3).

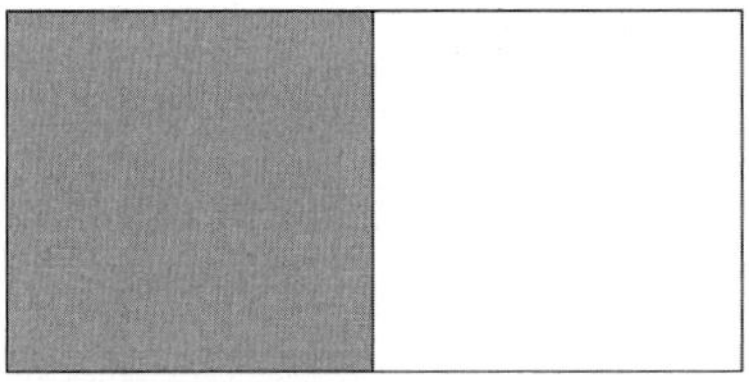

같은 명도에서도 배경이 밝을 때에는 어둡게 보이고, 어두울 때에는 밝게 보인다.

그림 12.2 색의 면적효과

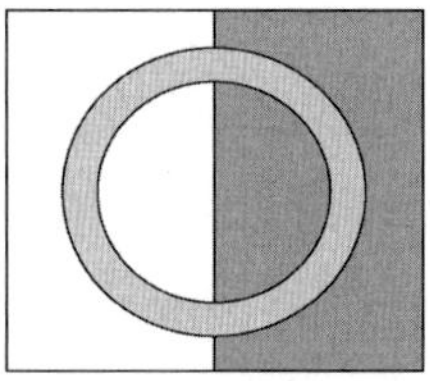

밝은 색(백)은 어두운 색(흑)에 비하여 넓고 크게 보인다.

그림 12.3 명도대비에 의한 착시

예를 들면 회색을 배경으로 황색을 배치한 경우는 황색은 밖으로 향하여 넓게 보이고, 마찬가지로 파랑을 배치한 경우는 그 반대로 보인다. 이 때 전자를 팽창색, 후자를 수축색이라고 한다. 또한 동색에서도 다른 밝기의 경우에는 밝은 쪽이 어두운 쪽보다 상대적으로 크게 보인다.

이 성질을 이용하면 폭이 넓은 방을 깊게 보이게 한다든지, 천장의 고저를 색에 의하여 조절할 수도 있다. 또한 큰 기둥을 가늘게 보이기 위하여 암색으로 한다든지, 가는 선을 강조하고자 할 때에는 밝은 색으로 하거나, 건축의 凹凸을 강조하고자 할 때에는 돌출부를 밝은 색으로 하여 특별히 눈에 띄게 하는 것도 가능하다.

다음에 색의 면적효과인데, 작은 면적에서 안정된 색을 큰 면적에 이용하면 의외로 현란한 색으로 보일 수 있다. 이 현상은 면적이 커지면 전체적으로 밝게 보이고, 특히 선명함이 증가한다. 우리가 흔히 경험하는 데 색견본으로 본 색을 실제로 큰 면적으로 확대하면 전혀 다르게 느껴진다든지, 색이 다르게 보인다든지 하는 것이다.

벽면의 장식이나 색, 무늬를 결정하는 경우에도 작은 색견본보다 만들어진 쪽이 대체로 진하게 느껴지는 것이 보통이다. 그래서 목적의 색보다 약간 엷다고 생각되는 선명함이 낮은 것을 선택하여야 한다. 건축이나 실내의 색을 선정하는 경우에는 특히 중요하다.

(4) 거리감

색은 거리감각에도 영향을 주는데, 일반적으로 장파장의 색인 빨강, 주황, 노랑 등은 진출하고, 단파장의 파랑, 짙은 보랏빛 등은 후퇴하며, 밝은 색은 어두운 색보다 진출되어 보인다. 또한 명도에 대해서는 고명도는 진출하고, 저명도는 후퇴한다. 채도에 대해서는 고채도일수록 진출·후퇴의 작용이 크게 나타난다.

(5) 무게감

같은 무게의 물체에서도 그 물체의 색에 따라 무겁게 느껴진다든지 가볍게 느껴진다든지 한다. 무게의 느낌은 손에 잡았을 때 근육의 긴장 정도에 의할 뿐 아니라 눈에 의하여서도 판단된다.

같은 무게의 상자를 검게 칠한 것과 희게 칠한 것을 혼합하여 몇 개인가 놓고, 이것을 자유로이 운반시키면 대부분의 사람은 흰상자를 먼저 운반하고, 검은상자는 뒤로 미룬다. 결국 검은색은 물체를 무겁게 느끼게 한다. 이와 같이 물체를 드는 경우에도 예상보다 무거운가 가벼운가가 판단된다.

보통 밝은 색은 가볍게 느껴지고, 어두운 색은 무겁게 느껴지는 경향이며, 같은 밝기라면 난색의 쪽이 무게를 느끼기 쉽다. 가장 무겁게 느껴지는 색은 검정이며, 다음에 빨강·파랑·보라·초록·주황·노랑의 순서가 되고, 하양이 가장 가벼운 느낌이 된다.

이것은 재료 색의 연상에서 일어난 감각으로도 고려되고, 눈이나 구름 등을 연상하는 하양은 가볍고, 바위나 철을 연상하는 검정은 무겁게 생각하는 것이다. 결국 색의 중량감은 상대적인 감각이라고 할 수 있다.

일반적으로 움직이는 것은 가벼운 느낌이 쾌적하며, 문이나 기중기 등은 밝은 색이 적합하다. 검정은 어쩐지 묵직하고 훌륭하게 보이므로 고급차는 검게 칠해진 경우가 있다. 또한 천장이나 상방의 벽 등 상부에 있는 것은 밝고 가벼운 느낌이 자연스러우며, 하부에는 어둡고 무거운 색이 전체적으로 안정감을 준다. 예를 들면 천장·벽·바닥의 순서로 색을 진하게 하면 안정된 색조가 된다. 이를 반대로 하면 불안정한 느낌을 피할 수 없다. 그러나 이것을 계획적으로 이용하면 다이나믹한 감각을 표현할 수도 있다.

(6) 침정·흥분

색은 시각을 통하여 우리의 심신을 침정하게 한다든지, 흥분시킨다든지 하는 움직임이 있다. 예를 들면 스페인의 투우사가 휘두르는 빨간 보자기는 투우를 흥분시키는 동시에 관중도 흥분시키고, 분위기를 북돋운다.

색의 침정·흥분감은 색상, 명도, 채도의 어느 것에도 관계하는데, 색상에 대해서는 적색, 주황색이 흥분을 일으키고, 청색은 침정한 작용을 한다. 일반적으로 난색계에 짙은 붉은 색상에 가까울수록 흥분감이 증가하고, 한색계에 파란 색깔의 색상이 가까울수록 침정감이 증가한다.

침정색, 흥분색에는 생리적 작용이 있으므로 공장에서는 회색의 기계를 주황색으로 도색하여, 종업원의 기분을 바꾼다든지, 정신병원에서는 환자의 기분을 안정시킬 필요가 있기 때문에 침정색으로 통일하고 있다. 또한 오락실과 같이 즐거운 기분이 넘치는 장소는 기분을 들뜨게 하기 위하여 난색계의 색으로 배려하는 등 색에 의하여 환경조절을 행하고, 많은 효과를 나타내고 있다.

(7) 시인성

시인성은 주의해야 할 방향으로 향하고 있는 경우 그 방향에서의 대상 존재의 발견의 편리함, 인식하기 수월함이고, 일반적으로 거리, 시간, 밝기(조도)의 상호작용에 의하여 결정한다.

예를 들면 배경이 흑인 경우 조도가 변화하여도 황색이나 주황색, 적색 등은 청색이나 자색보다 발견하기 편리하다. 그러나 배경이 백색이 되면 흑일 때와는 반대의 경향을 나타내게 되고, 배경과 대상물의 명도차가 시인성을 결정하는 요인이 된다.

12.1.3 색의 상호작용

(1) 대비현상

몇 가지의 색이 평면상에 나열되면 인접한 색과의 사이에 상호작용이 일어난다. 이 작용에 의하여 인접하는 색의 사이에 있는 성질의 차이가 강조되어 단일의 때와는 다른 색으로 보인다. 이 현상을 색채대비현상이라 하고, 동시에 2색 이상이 시야에 들어왔을 때에 일어나는 동시대비(나열된 색의 경계의 대비현상은 주변대비현상이라고 한다)와 전후 2색 이상을 볼 때에 일어나는 계속대비로 분류된다.

색채대비현상은 망막의 피로현상에 관계가 있고, 망막의 피로 결과 잔상이 나타난다. 잔상은 조건에 의하여 다르지만, 일반적으로는 최초에 본 색과 반대의 보색이 보이는 경우가 있다.

1) 동시대비

① 색상대비

색상이 다른 2색이 배치되어 있는 경우 보이는 색상에 차이가 생긴 것처럼 느끼는 현상이 일어난다. 예를 들면 주황색과 녹색의 배경색으로 노랑색을 각기 배치하면 배경색의 주황색의 반대색으로 청색의 잔상이 노랑색에 가법혼색된 것처럼 보이므로 노랑색은 짙은 녹색을 띠고, 색상이 황록색 쪽으로 빗나가 보인다. 배경색이 녹색이 되면 잔상은 적자색이 되기 때문에 노랑색은 짙은 주황색 쪽으로 빗나가 보인다. 이와 같이 배치된 색이 주로 색상에 차이가 있을 때에 생기는 현상을 색상대비라고 한다.

또한 보색관계에 있는 2색이 인접한 경우 색상대비는 가장 강하게 나타나기 때문에 이것을 보색대비라고 한다.

② 명도대비

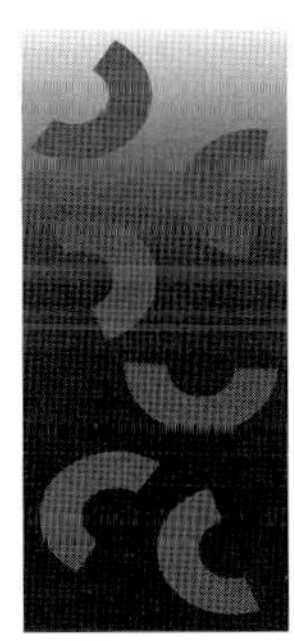

그림 12.4
명도대비

그림 12.4와 같이 같은 밝기의 회색의 부채꼴 형태가 백색에서 흑색으로 명암이 변화하는 배경색 중에서는 밝기가 다르게 보인다. 이 때 백색의 부분에 위치하는 회색은 약간 어두운 회색, 흑의 부분에 위

치하는 회색은 약간 백색의 회색으로 보인다. 이와 같이 명도가 다른 2색이 배치되어 있는 경우 명도가 보다 밝고, 또는 보다 어둡게 느껴지는 현상을 명도대비라고 한다.

③ 채도대비

같은 색상, 같은 조도에서 채도차가 있는 2색 사이에서 일어나는 현상으로 채도가 높은 배경 중에서는 흐려 선명하지 않게 보이고, 채도가 낮은 배경 중에서는 한층 선명하게 보인다.

2) 계속대비

어느 색을 보고나서 곧 다른 색을 본 경우와 같이 시간적으로 전후 보는 경우에 앞의 색의 영향으로 나중 색이 변화하여 보이는 현상을 계속대비라고 한다. 이 때 색의 보이는 방식 변화는 동시대비와 거의 마찬가지이다.

이러한 현상은 수술을 행하는 의사에게 영향을 준다. 수술중 의사나 그를 돕는 간호사는 빨간 선혈을 보고 있기 때문에 벽으로 시선을 옮겼을 때에 순간 벽의 색이 다르게 보인다. 거기에는 빨강의 반대색으로 녹색의 잔상이 보이는 것이다. 이 점을 고려하여 수술실은 녹색을 띤 방으로 되어 있다. 또한 수술서도 엷은 녹색이다.

(2) 동화현상

흑색으로 둘러싸인 백색은 대비현상에 의하여 항상 밝고 짙은 흰 색깔을 띠고 있다고 할 수 없다. 「주홍색과 어울리면 빨갛게 된다」고 하는 것처럼 섬세한 모양에 둘러싸인 색이 주변의 색과 유사하다든지, 둘러싸인 색의 면적이 작다든지 하면 주변의 영향을 받아 같은 색조로 보이는 경우가 있다. 또한 같은 회색지 위에 노란 줄무늬를 그린 경우와 파란 줄무늬를 그린 경우를 비교하면 회색 부분이 각각 줄무늬의 색에 가깝게 보인다. 즉 노란 줄무늬에 끼워진 경우는 황색을 띠고, 파랑의 줄무늬에 끼워진 경우는 청색을 띤다. 이것을 동화현상이라고 한다(그림 12.5).

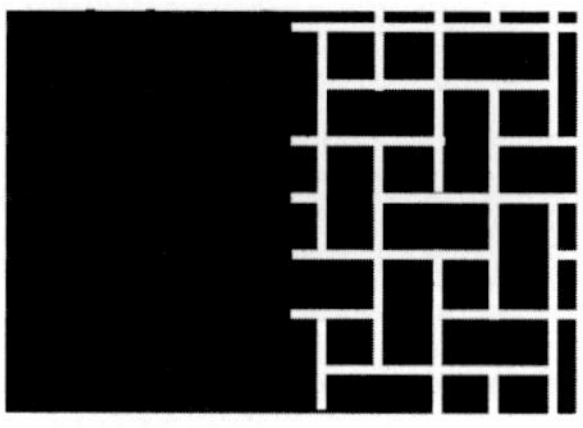

그림 12.5 색의 동화현상

(3) 줄무늬의 착시

기하학적 모양을 대표하는 줄무늬는 배열된 색에 의하여 폭이 넓게·좁게 보인다든지, 상하가 길고·짧게 보인다든지, 전체가 크고·작게 보인다든지 한다. 이들은 한번 보아 별개 같지만, 같은 길이에서도 줄무늬의 색이 바뀌면 굵게도 가늘게도 보이고, 상호 관련하여 시각상으로 작용하고 있는 것이다. 이것을 줄무늬의 착시라고 한다. 폭을 넓게 보이고자 하는 경우에는 명도가 높은 색, 좁게 보이고자 하는 경우에는 낮은 색을 배열하면 된다. 상하를 길게 보이고자 하는 경우에는 청색과 백색, 청색과 황색 등 명도차가 큰 배색이 영향을 준다. 또한 난색계는 한색계에 비하여 전체적으로 크게 보이는 작용이 있다.

(4) 색의 조명효과

물체의 색이 명료하게 보이기 위해서는 물체가 빛에 의하여 밝게 비추이는 조명이 필요하다. 이 물체가 비추어지는 밝기의 정도를 조도라고 하는데 색은 조도의 고저에 의하여 변하여 보인다.

예를 들면 태양의 직사광 아래에 보이는 빨강은 어느 정도 주황색에 가까운 주홍색으로 보이고, 노랑은 주황색을 띠게 보인다. 또한 해질녘에 낮은 조도가 되면 청색계통의 색은 모두 선명하게 보인다. 이것을 「Purkinje phenomenon현상(색채시감도변화현상)」이라고 한다.

아름다운 옷차림도 주간의 눈부신 고조도의 직사일광 아래에서 보는 것보다 야간의 약한 빛의 조명 아래에서 비추어진 편이 아름답고, 또한 아주 가까이에서 빛이 비추는 옷차림을 보는 것보다 거리를 둔 적절한 조명 아래에서 비추인 편이 아름답다. 특히 양산을 쓰고 직사광을 가리거나, 온화한 우산의 반사광 아래의 옷차림은 한층 아름답다.

이와 같이 같은 옷차림에서도 광선의 비추이는 상태를 검토함에 따라 효과는 현격히 달라질 수 있다. 특히 인공조명에 의한 조도의 차이에 따라서는 같은 색이 다르게 보인다. 주광 아래에서 적당한 색도 인공조명 아래에서는 반드시 희망의 색이 되지 않고, 때로는 매우 다르게 보인다.

백열전등 아래에서 보는 색은 주황·노랑의 부분이 많고, 파랑·보라의 부분이 적기 때문에 이 빛의 아래에서는 모든 색채가 노랑을 띤 것처럼 보인다. 또한 형광등으로 비추어진 경우의 색도 햇빛이나 백열등과는 전혀 다른 느낌이 되는 것이 많다. 따라서 주간과 야간에서 광원의 색이 다른 경우는 양쪽에 대해서 양호한 효과를 가진 색채를 충분히 검토하여 선정하여야 한다.

12.1.4 색의 사회성

(1) 색의 연상

어떤 사람은 빨간색을 보고 태양이나 사과를 떠올리고, 어떤 사람은 정열을 떠올린다. 이 마음의 움직임을 연상이라고 한다. 색의 연상은 보는 사람의 연령이나 성별, 직업, 경험, 교양, 개성이나 민족성 등에 의하여 다름이 나타나는데, 일반적으로 판단하면 거기에는 공통적인 연상이 존재하고 있다.

공통적인 연상 중에는 구체적인 사물을 연상하는 단어와 추상적 개념을 연상하는 언어가 있다. 소년·소녀기에는 동물이나 식물이나 과일 등 가까이에 있는 풍물이나 자연현상 등 구체적 사상이 많고, 청년기가 되면 남성은 일이나 이성, 여성은 장신구나 일상생활의 것 등 각자의 사회나 가정에 연결된 추상적 개념이 많아진다.

색은 연상에 의하여 감정을 자극만 하지 않는다. 색은 과거의 기억에 의존하지 않고서도 직접적으로 우리의 마음에 호소한다. 조명의 색에 따라 근육의 장력과 혈액의 순환율이 변하는 것이 실험적으로도 밝혀져 있다. 빨강이 가장 이들을 증진시키고, 주황·노랑·초록·파랑의 순으로 낮아진다. 이와 같이 색의 영향력은 직접적이다.

그러면 각각의 색은 어떤 정서와 감정을 우리에게 초래하는가. 빨간깃발은 혁명가의 정렬에 호소하고, 파란바다는 안정과 조용함을 도모하고, 순백은 청결을 나타낸다. 또한 따뜻한 색은 희열, 충만을 유도하고, 활동적, 심정적이고, 차가운 색은 비애, 쓸쓸함을 초래하고, 휴지적, 지적이다. 그리고 중성색은 평정과 평범으로 이어진다(표 12.1).

표 12.1 색과 감정의 관계

속성종별		느끼는 방식	색의 예	감정의 성질
색 상	난색	따뜻함 적극적 활동적	적	격정, 분노, 환희, 활력, 흥분
			황적	기쁨, 떠들썩함, 활발함, 원기
			황	쾌활, 명랑, 유쾌, 활동적, 원기
	중성색	중 용 평 정 평 범	녹	안정, 편안, 평정, 싱싱함
			자	엄숙, 상냥, 신비, 불안, 우아
	한색	차 다 소극적 침 착	청록	안식, 상쾌, 우울
			청	안정, 쓸쓸함, 비애, 심원, 침정
			청자	신비, 숭고, 고독

표 12.1 색과 감정의 관계(계속)

명 도	명	양 기 명 랑	백	순수, 산뜻함
	중	안 정	회	안정, 억울
	암	음 기 중 후	흑	음울, 불안, 엄숙
채 도	고	신 선 활 발	주	열렬, 과격, 정렬
	중	편 안 온 화	분홍	사랑스러움, 고움
	저	차 분 안 정	갈색	안정

예를 들면 무내의상이나 레저웨어에는 정신을 발랄하게 하고, 흥분시키는 색이 이용된다. 한편 병실이나 다방 등은 오히려 정신을 안정시키는 색이 검토되고 있다.

명도에서는 밝은 색은 밝고 쾌활한 감정을 일으키고, 어두운 색은 어둡고 음침한 감정을 일으키는 경향이 있다. 채도에서 고채도는 활발한 감정을 일으키고, 저채도의 색은 안정된 감정을 일으키는 경향이 있다.

이에 따른 색채 선호도의 조사방법은 다음과 같다.

① SD법(Semantic Differential Method・언어척도법, 의미분화법)

색채 이미지에 관한 연구방법으로 형용사의 반대어쌍, 즉 상반되는 형용사군 10~50개를 이용하여 이미지 맵과 이미지 프로필로 결과를 알 수 있다. 일정 점수를 지니는 척도를 주어 각 형용사에 해당하는 점수를 부여하는 이미지분석법으로 널리 사용(좋다-나쁘다, 크다-작다, 빠르다-느리다 등)되고 있으며, 색채의 지각현상과 감정효과를 다면적으로 분석할 수 있다.

② 감성데이터베이스 조사

조사대상을 감성지수별로 통계분석 후 데이터베이스를 작성한다.

③ 순위법

조사하고자 하는 색채선호도를 몇 가지 준비하여 자기가 좋아하는 차례로 순위를 나타내도록 한다.

(2) 색의 상징

1) 국기의 상징색

국기는 나라를 상징한다. 여기에는 나라의 역사와 이상이 담긴 독자성이 있으며, 검정, 하양, 빨강, 노랑, 주황, 파랑, 초록의 7가지 색을 이용해서 만들어진다.

가장 많이 사용되는 문양은 십자가와 태양, 달, 별 모양이다. 십자가는 대개 기독교를 뜻하며 태양은 빛과 생명을 주는 존재로 표현된다. 달은 별과 함께 주로 쓰이며 이슬람교를 상징한다. 별도 이슬람교를 상징하지만 중국, 북한, 베트남과 같은 공산주의, 사회주의를 표현하기도 하며 미국과 필리핀, 브라질에서는 주의 수를 나타내기도 한다.

국기에 담긴 색의 상징성은 큰 범주로 묶어 볼 수가 있다. 예를 들어 빨강은 심리적으로는 사람의 피를 연상하면서 결국 인류의 화합과 독립을 위해 흘렸던 투쟁의 역사를 상징한다. 하얀색은 하얀 눈에서 보이듯 순수와 순결, 평화와 평등을 나타낸다. 파란색은 바다나 하늘을 연상시키며 자유로움을 뜻하고 특히 아프리카에서는 물의 소중함을 표현하기도 한다.

초록색은 이슬람의 상징으로 주로 사용되며 숲, 평야, 희망 등을 나타낸다. 주황색은 용기, 혁명, 번영의 미래적 의미를 상징한다. 노란색은 부귀, 명예, 행복을 뜻하며 특히 남아메리카나 아프리카에서는 광물자원을, 서남아시아에서는 지도자를 뜻하기도 한다. 검은색은 힘, 대지를 뜻한다. 특히 아프리카와 중앙아메리카 국기에서 자주 보이는 데 이때 검은색은 주민(흑인)과 아픈 역사나 고난을 상징하기도 한다.

태극기는 바탕의 하얀색은 밝음과 순수, 평화를 사랑하는 민족성을 나타내며 가운데의 태극 문양의 파란색과 빨간색은 음과 양을 나타낸다. 또 이 두 가지 색이 곡선으로 뭉쳐져 있음은 음과 양이 조화롭게 발전하는 모습을 상징한다. 모서리의 건곤감리 4괘는 각각 하늘, 땅, 물, 불을 상징하며, 태극 모양을 중심으로 통일과 조화를 이루고 있다.

2) 꽃의 상징색

꽃은 아름다운 색과 자태, 그리고 그윽한 향기로 인간들의 마음을 즐겁게 할 뿐 아니라 삶의 정취를 더욱 깊게 해 준다. 꽃이 나타내는 가장 보편적인 상징은 아름다움이다. 그 아름다움은 번영과 풍요 그리고 존경과 기원의 매개물, 사랑, 재생, 영생불멸 등 많은 의미를 담고 있다.

사군자(四君子)는 매화, 난초, 국화, 대나무를 말한다. 줄여서 매란국죽(梅蘭菊竹)이라고도 하는데 각각 봄(매화), 여름(난초), 가을(국화), 겨울(대나무)을 뜻한다. 매화는 청초한 아름다움, 난초는 충성심과 절개, 국화는 굳은 지조, 대나무는 강직성과 절개를 상징한다.

3) 단과대학의 상징색

학문에서 대학이나 전공별로 색을 구분할 수 있다. 입학식, 졸업식의 학위수여식 때 흔히 볼 수 있는데 미국에서 종합대학 안의 단과대학을 상징하는 색으로의 결정에 준한 것이다. 분홍색은 음악, 주홍색은 신학, 주황색은 공학, 황금색은 이학, 녹색은 의학, 파랑은 철학, 보라색은 법학, 흰색은 광의의 문학, 검정은 미학, 갈색은 미술과 건축을 상징한다.

4) 도서의 상징색

책의 상징색으로서 빨강은 시(詩), 주황색은 진보적인 도서, 노랑은 일반교양이나 계몽 도서류, 녹색은 전문 연구서, 파랑은 과학서, 보라는 국가 관계의 서적, 검정은 문학서 등의 색으로 분류하고 있다.

5) 지역의 상징색

지역을 상징하는 색으로 올림픽 마크의 오륜은 5대주를 상징한다. 즉 파랑은 유럽, 노랑은 아시아, 검정은 아프리카, 녹색은 오스트레일리아, 빨강은 아메리카를 상징하고 있다.

6) CIP

기업마다 고유의 CIP(corporate image identity program · 기업이미지통합전략)는 기업이나 공공단체가 가지고 있는 이미지를 시각적으로 체계화 또는 단일화하는 작업을 의미한다. 즉 기업을 모든 사람들에게 좋은 이미지로 인식시켜 주고 기업의 모든 디자인 활동을 조절, 통합, 조직화함으로써 기업발전을 위한 경영전략으로 기업경영에 이바지한다

7) 승용차의 상징색

승용차의 색깔과 소유주의 성격 간에는 어떤 상관관계가 있을까. 색깔은 사람 성격의 은밀한 부분을 드러낸다. 예를 들면 검은색을 선택한 사람은 권위, 호화로움, 세련됨을 풍기고 싶어 하는 심리가 깔려 있다. 과시하고 싶어 하는 성격이다.

흰색을 선호하는 사람은 정직성·순수성·우아함 및 완벽함을 위한 노력으로 비치기를 바라는 심리가 있다. 단순한 삶을 바라면서도, 신선하고 젊고 현대적인 면모를 보이고 싶어 한다.

쥐색은 화려하거나 튀는 것은 원하지 않으면서 위엄과 원숙함을 보여주고자 한다. 부침이 심하지 않은 안정적 삶을 영위하기 바란다. 이에 비해 은색은 윤은 나 보이면서도 과장되어 보임은 원하지 않는다. 실용적·혁신적이면서 더 높은 곳을 지향하는 상위 계층이 선호한다. 과시하지는 않지만, 보이는 것을 마다하지도 않는다. 베이지 또는 갈색은 현실적이고 검소한 성향의 사람이 선호한다.

파란색은 과시적 행동을 좋아할 것 같지만, 의외로 내성적이고 조용한 성격이 많다. 강한 자아의식과 현명함으로 존중받기를 원한다. 빨간색은 삶에 대한 열정이 강하고, 외향적·공격적·충동적·야심적이며, 성공하려고 단단히 작정한 사람인 경우가 많다.

그렇다면 빨강과 파랑을 섞으면 나오는 보라색은 어떨까. 보라색은 두 부류 성격을 합친 것이 아니라 특유의 색깔만큼이나 색다르면서, 유행이나 남의 시선을 의식하지 않고 자신의 가치관을 지키는 성향이 많다고 한다(표 12.2~12.3).

표 12.2 색채와 상징

백	환희·명쾌·결백·순진·신성·소박·청초·순결·청정·신앙
흑	정숙·비애·절망·침묵·암흑·견실·부정·엄숙·적막·죄악
적	희열·정열·애정·혁명·열심·활기·성심·유치·야만·비속
등	양기·화미·적극·원기·약동·희락·온정·방자
황	희망·쾌활·유쾌·발전·광명·환희·명쾌·평화·경박·냉담
녹	안식·위안·평정·지성·친애·착실·공평·이상·순정·유화
청	침정·침착·심원·소극·유구·명상·진실·냉정·적요
자	우미·신비·불안·영원·고귀·온후·상냥·우아·경솔

표 12.3 색채 인상에 따른 색상별 특성과 이미지 효과

색명	인 상	이미지 효과	특 징
빨강	열정, 힘, 활동성, 따뜻함, 위압적, 역동적	적극적 표현 – 자극적, 각성적, 흥분의 이미지	■ 생명체 또는 삶을 의미 ■ 사랑의 색 ■ 눈에 가장 잘 띔 ■ 다른 색을 압도하는 성질
주황	흥분유발, 자극적, 활발, 다정함, 정력적, 외향적	소극적 표현 – 도발적, 거친 이미지 적극적 표현 – 자연적, 미각적 이미지, 편안함, 안정된 이미지	■ 기운을 북돋운다 ■ 갈색톤 – 모성적, 의존적
노랑	활동성, 쾌활함, 안전성	소극적 표현 – 노랑의 속성을 잃게 됨 적극적 표현 – 자기 중심적으로 보임	■ 가장 행복함을 나타내는 색 ■ 의사소통을 위한 이미지
초록	생명력, 성스러움, 봄, 희망, 부활, 영생, 노랑의 쾌활함과 파랑의 숭고함이 혼합됨	적극적 표현 – 조용, 신선, 자연적 이미지 부정적 이미지 – 무료함, 떳떳하지 못함, 단조로움	■ 시각적으로 가장 편안한 색 ■ 차분한 성격
파랑	평온함, 온전함, 고요함, 안정성, 신뢰, 믿음, 우울, 슬픔, 바다, 하늘, 그리움	적극적 표현 – 고요함, 촉촉함, 깨끗한 이미지	■ 영적 성질이 있음 ■ 지혜와 연결된 색 ■ 광고효과로 안정감과 고품질의 이미지를 나타냄
자주	숭고함, 부유, 신비, 깊은 내면성	적극적 표현 – 당당하고 독보적 이미지 부정적 이미지 – 외로움, 슬픔, 거만함	■ 엷은 색 – 감각적, 매력적, 신비적 ■ 어두운 색 – 불안, 타락, 우울
하양	빛, 순수, 희망, 성스러움	긍정적 이미지	■ 심리적 치료효과는 없다
검정	어둠, 공포, 슬픔, 죽음	빨강과의 결합 – 혐오의 극단적 이미지 황금색과의 결합 – 지식, 화려함, 품위의 극단적 이미지	■ 다른 색의 명도를 높여 주는 역할 ■ 성직자 – 자신을 부정하는 표시 ■ 패션 – 신분, 품위, 부유, 존엄
잿빛	보수적, 고요함, 황량함, 지루함, 수동적, 무생명의 분위기	인공적 이미지 – 산업현장, 현대화, 콘크리트 이미지	■ 빛과 어둠의 양면성 ■ 에너지 부족을 의미 ■ 자신의 의지가 없어 보임

(3) 색과 풍토

기후나 산물의 다름은 독자적인 생활양식이나 생활감정을 창출하고, 거주자의 색채감각이나 색채선호에 영향을 준다.

도시환경이나 집락에 있어서 전체적으로 나타나는 색채에는 민족·사회의 표현력을 볼 수 있다. 경관에 보이는 색제, 환경을 이루는 색채는 첫째 건축의 색채를 문제시할 수 있다. 건축물의 외장색은 도시에 있어서 큰 면적으로 우리의 눈 앞에 펼쳐지고 있다. 자연과의 연결이 보다 많은 지역이나 푸르름에 둘러싸인 전원에서도 현재 그 경

관의 색채를 좌우하는 것은 건축물의 색채이다.

우리나라의 왕궁이나 사찰과 같은 특수한 건물을 제외하고 주택의 색채는 회색조로 옥내나 옥외가 인위적으로나 의식적으로 색채를 강하게 사용하는 예는 거의 없고 자연 그대로이다.

우리 조상들이 살았던 집안 풍경을 살펴보면 벽이나 창은 한지, 창호지, 닥지, 회벽 등의 회백색조이며, 옷의 색은 회색, 백색이며, 벽에 걸린 문인화에 곁들인 백자들과 문갑, 장롱은 흑갈색 등의 무채색이다. 이와 같이 실내의 풍경은 한결같이 단색조 또는 무색조이다.

그리고 건물 자체가 회색조이기에 녹·청색과 동화되어 자연에 잘 어울리는 안정되고 조화된 풍경을 이룬다. 자연과 강하게 대비되는 것은 아니고 공간 속에서 시각적으로 평형을 유지하는 약한 대비의 평면적 구성이 되며, 이것이 바로 한국의 취락 풍경인 것이다.

앞으로 형성되는 아파트 단지나 재개발 지역의 색채를 통일하여 단지색-동네색-도시색을 스스로 규제하여 그 도시의 이미지로 부각될 수 있는 색채조화를 이루어나가는 것이 요구된다.

(4) 색과 문화

자신들의 신체 주변에서 색에 대한 의식이 나타나고, 경험이나 지식이 축적되어 색이 이용되고, 사회적으로 색에 대한 의식과 색 이용의 방향이 결정될 때 색의 문화는 창출된다.

문화는 보수적이어서 변하기 어려운 측면이 있다. 대부분의 민족은 선조로부터 이어받은 특유한 습관, 종교, 도덕 등의 문화를 환경이나 지역이 변화하여도 이어받는다. 특히 종교와의 관련은 강하고, 건축배색의 경우를 예로 들면 그리스도교계는 서구문화를 이어받아 크림, 코발트, 빨강, 초록, 분홍 등 밝은 색과 어둡고 강한 색을 대비시키는 경향이 있음에 비하여 불교계는 동양문화를 이어받아 보라, 감색, 흑색, 연지 등 어둡고 안정성이 있는 조화를 요구하고, 회교계의 문화를 이어받은 경우는 적색, 백색, 청색, 황색 등 강한 채도의 배색을 이용하는 경향이 있다. 그리고 이 색채는 사람들이 생활하기 위한 에너지가 되고, 민족의상에도 그 특색이 나타나고 있다.

이슬람교의 성전인 코란에서는 '낙원을 짙은 초록으로 뒤덮인 곳'이라고 한다. 그래서 이슬람의 문화는 초록색을 신성시한다. 아랍인들은 사막을 중심으로 한 삶이였다.

그들에게 초록이 있는 곳은 풍요로운 자연과 물이 있기 때문에 걱정과 근심 없이 행복한 삶을 누릴 수 있는 파라다이스라고 생각했다.

적도하의 인도에서는 강한 햇살과 더위를 방지하기 위하여 남성은 흰색 의상을 착용한다. 그러나 여성은 다채로운 사리모습이고, 이것도 인도 대지에 적합하다. 이와 같이 민족의상에도 오랜 경험에서 체득한 것이 습관화되어 이어받고 있다.

또한 같은 계통의 문화를 이어받아도 그 민족이 융성기에 있을 때에는 난색계에서 고명도, 고채도의 색, 번영기에는 중성색에서 중명도, 중채도의 색, 성숙기에는 중성색 또는 한색계에서 저명도, 저채도의 색을 선호하는 경향이 있다고 한다. 확실히 고대문화의 융성기 그리스시대에는 노랑, 파랑, 빨강, 초록을 비롯하여 검정, 갈색, 보라, 황금빛 등의 색이 대리석으로 이루어진 신전에 채색되고, 예배의 대상인 신의 모습을 꾸미었다.

도시색은 그 도시의 인상을 강하게 할 뿐 아니라 그 도시의 문화 정도를 알려주는 묵시수단이기도 한다. 유럽의 도시들은 그 도시 나름대로 통일된 도시색이 있다. 헬싱키의 주택들은 담황-등색계통의 벽에 붉은 차양이 조화되어 있고, 암스테르담의 주택들은 다갈색의 벽과 진한 녹색지붕이 백색선으로 구분되어 있고, 런던은 붉은 벽돌색, 파리는 양털 빛깔인 베이지색, 뮌헨은 황등색의 난색계통이 주류를 이룬다.

우리 도시들도 옛날에는 회색 기와지붕, 갈색의 나무기둥, 하얀 백회벽이 조화된 도시색이 있었다. 우리 한국인이 선호하고 안도를 느끼는 색은 선명한 원색이 아니라 드러나지 않는 간색이었다. 원색보다는 간색, 이색보다는 동색의 농담을 잘 살려 한국인의 정서에 안정을 주고, 국제적으로 개성과 품위를 줄 수 있는 색상과 색조가 바람직하다.

이상과 같이 색은 현재에도 종교, 민족 또는 역사적 전통이나 지역성 등의 문화에 깊이 관계하고 있고, 그 특색을 지워 없애거나, 간단히 모방하는 것은 불가능하다.

(5) 오방색

우리나라의 모든 제도와 문화생활은 음양오행 사상에 바탕을 두고 있다. 음양오행 사상은 우주나 인간 사회의 현상을 음양(陰陽)과 오행(五行)에 따라 해석하는 이론이다. 음양은 우주 만물을 만들어 내는 상반된 성질의 두 가지 기운으로서의 음과 양을 아울러 이르고, 오행은 태양계를 도는 다섯가지 행성을 말하는데(목성, 화성, 토성, 금성, 수성) 음양과 마찬가지로 이 다섯가지 행성들의 성질을 세상 만물에 적용한 것이다.

오방색에서의 오방(五方)이란 동서남북과 중앙 등 다섯 가지 방향이다. 동쪽은 청색, 서쪽은 흰색, 남쪽은 적색, 북쪽은 흑색, 중앙은 황색을 가리킨다. 또한 청색과 황색의 간색에는 초록색, 청색과 백색의 간색에는 하늘색, 적색과 백색의 간색에는 분홍색, 흑색과 적색의 간색에는 보라색, 흑색과 황색의 간색에는 유황색이 있어 이들을 오간색 또는 오방잡색이라고 한다.

오방색으로 구성된 한복의 황색은 오행 가운데 토에 해당하며 우주의 중심이라 하여 가장 고귀한 색으로 취급되어 임금의 옷을 만들었다. 청색은 오행 가운데 목에 해당하며 탄생·젊음·희망의 색으로 쓰였다. 백색은 오행 가운데 금에 해당하며, 결백과 진실·삶·순결 등을 뜻하기 때문에 우리 민족은 예로부터 흰옷을 즐겨 입었다. 적색은 오행 가운데 화에 해당하며 생성과 창조, 정열과 애정, 적극성을 뜻하여 가장 강한 벽사(辟邪)의 빛깔로 쓰였다. 흑색은 오행 가운데 수(首)에 해당하며 인간의 지혜를 관장한다고 여겼다.

이와 같이 음양오행 사상에 기초하여 오방색은 우리의 생활과 밀접한 관련을 맺고 있다. 악귀를 몰아내기 위해 혼례 때 신부가 연지곤지를 바르는 것, 나쁜 기운을 막고 무병장수를 기원해 돌이나 명절에 어린아이에게 색동저고리를 입히는 것, 간장 항아리에 붉은 고추를 끼워 금줄을 두르는 것, 잔칫상의 국수에 올리는 오색 고명, 붉은 빛이 나는 황토로 집을 짓거나 신년에 붉은 부적을 그려 대문에 붙이는 것, 궁궐·사찰 등의 단청, 고구려와 백제의 고분 벽화인 사신도(四神圖), 조각보와 같은 공예품, 처용무를 추는 처용무의 의상에서 이러한 오방색을 쉽게 찾아볼 수 있다.

단청(丹靑)은 목조 건축물을 화려하게 장식하여 아름답게 보일 뿐 아니라 상징성을 부여하는 창조적 예술행위이다. 단청은 문양이나 그림을 벽면이나 부재에 채색하는 것으로 목재를 보호하고 장식하는 목적으로 사용되었다. 외부기둥이나 난간 부분에는 붉은색, 천장이나 추녀 안쪽에는 녹색으로 채색을 하였다. 부재의 끝머리 부분에는 연꽃 문양을 기본으로 했으며, 붉은색이나 초록색으로 꽃무늬를 그리기도 했다.

(6) 색채 감각

색채 감각(color sense)은 환경, 풍토, 문화 등에 따라 달라진다. 또한 연령대에 따라 남녀 차이가 있다. 유아기의 남아는 파랑색, 여아는 분홍색을 선호하고, 초등학교에 들어간 소년들은 청색 계열에서 크게 벗어나지 않고 다른 색이 조금씩 추가된다. 소녀들의 취향은 보라색이나 파란색으로 점차 바뀐다. 고등학생이나 대학생이 된 청년들은 특별히 좋아하는 색이 없다. 여러 색이 섞이고 회색이나 검정 같은 무채색도 많다.

성인이 되어 다양한 색채를 사용하고 색채에 대한 민감성이 뛰어난 여성과 달리 남성은 상대적으로 색감이 무디다. 여자들은 다양한 종류의 빨간색을 인식하고 그 차이도 감지해낸다. 버건디, 루비레드, 자몽레드, 레드와인색 등. 그러나 남자들은 이 모든 색이 빨간색 하나로 통일된다. 파랑, 초록도 마찬가지다.

여성들이 색채 감각이 뛰어나다는 사실은 여자들의 그 많은 립스틱 색을 통해서도 확인할 수 있다. 남자들은 비슷비슷하게만 보이는 그 색채들이 각각의 이름을 가지고 있다.

다양한 색상과 디자인을 고려해 의상을 선택하는 자신들과는 달리 남자들은 옷 선택에 있어 기능과 가격만을 따진다. 물론 남성들 중에도 옷을 고를 때 여성들처럼 디자인과 색상, 유행을 고려하는 사람도 있지만, 대부분은 계절에 따라 여름옷을 산다면 시원하면 되고 색상은 파랑 정도(빨강은 너무 튀고 검정은 겨울에 어울릴 것 같고 흰색은 때가 많이 탈 것 같아서 제외하고)가 좋을 것이라고 판단해 곧 옷을 산다. 이에 비하여 여성들은 얼굴빛과 옷의 색상이 맞는지, 디자인은 괜찮은지 등을 꼼꼼히 살펴서 옷을 산다.

12.2 색의 표시 및 측정

12.2.1 색의 3속성과 색입체

우리의 생활을 둘러싸는 환경에는 모두 색깔이 있는데 이들 색을 대별하면 적·황·녹·청 등의 유채색(chromatic color)과 백·회색·흑 등과 같은 무채색(mono-chromatic color)으로 분류할 수 있다. 유채색은 색상·명도·채도의 3개의 독립된 속성(색의 3속성)을 가지고 있는데, 무채색은 명도만을 가지고 있다.

(1) 색 상

색상(hue)은 적·황·녹·청·자 등과 같이 색의 질의 상위, 색소를 나타내는 속성으로 색상을 계통적으로 유사한 순서로 나열하여 여기에 적자의 계통을 가산하여 순환이행하면 다시 적으로 돌아오는 색상의 바퀴이다. 이 환상의 배열을 색상환(hue circle)

이라 하고 일반적으로 순색으로 나타낸다.

(2) 명 도

명도(value)는 색의 상대적인 명암, 밝기의 정도를 나타내는 속성으로 물체표면 반사율의 고저에 의하여 결정된다. 무채색의 백이 가장 밝고, 흑이 가장 어둡고 그 사이에 밝기가 약간씩 다른 회색을 연속적으로 배열할 수 있다. 이와 같은 밝기의 차이는 예를 들면 같은 적계통의 색에서도 분홍색은 밝고, 연지색은 어둡고 등과 같이 유채색에도 있다.

(3) 채 도

채도(chroma)는 색의 세기, 선명함의 정도를 나타내는 속성으로 동일 색상의 색 중에서 가장 채도가 높은 색을 순색이라 하고, 이 순색에 회색을 섞으면 흐려진 색이 되어 채도가 낮아진다.

(4) 색입체

색의 3속성, 결국 색상, 명도, 채도를 3차원의 입체로 표현한 것을 색입체(color solid)라고 한다. 그림 12.6에 나타난 바와 같이 명도를 수직축에, 그 주위에 색상을, 명도에서 색상에의 수평축에 채도를 잡으면 모든 색은 이 입체 안의 어딘가에 위치하게 된다.

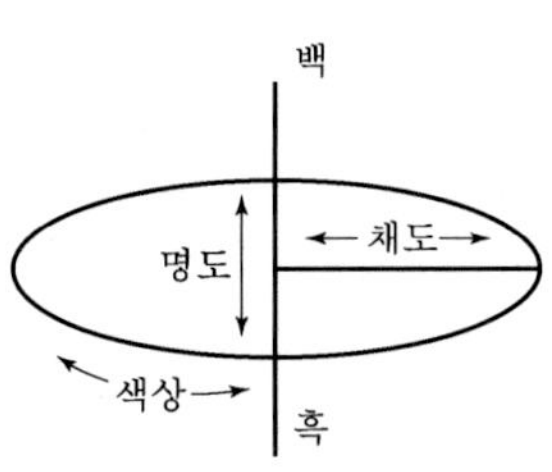

그림 12.6 색입체

12.2.2 색명에 의한 색의 표시

모든 색을 계통적으로 몇 개의 블록으로 분류하여 색명으로 표현할 수 있도록 정리한 것이다. 유채색에 대해서는 적, 황적, 황, 황록, 녹, 청록, 청, 청자, 자, 적자의 10

색을 기본색명으로 하고, 그림 12.7과 같은 색상의 상호관계에서 나타내고 있다. 또한 유채색의 명도 및 채도에 관한 수식어로 선명한, 밝은, 짙은, 연한, 수수한, 어두운, 매우 연한, 밝은 회색, 어두운 회색, 매우 어두운의 11어를, 색상에 관한 수식어로 짙은 적, 짙은 황, 짙은 녹, 짙은 청, 짙은 자 등을 붙여 나타내고 있다.

무채색에 대해서는 백, 회색, 흑의 3색을 기본색명으로 하고, 여기에 명도에 관한 수식어로 밝은, 어두운을 붙여 나타내고 있다. 그림 12.8은 무채색의 명도 및 유채색의 명도 및 채도의 상호관계를, 그림 12.9는 색상에 관한 수식어의 상호관계를 나타낸 것이다. 또한 특정의 색을 수식어를 붙여 나타내는 경우에는 예를 들면 매우 연한 적색, 선명한 짙은 황록, 밝고 짙은 자회색 등과 같이 기본색명 앞에 유채색의 명도 및 채도에 관한 수식어 또는 무채색의 명도에 관한 수식어, 색상에 관한 수식어의 순으로 붙여 나타내고 있다.

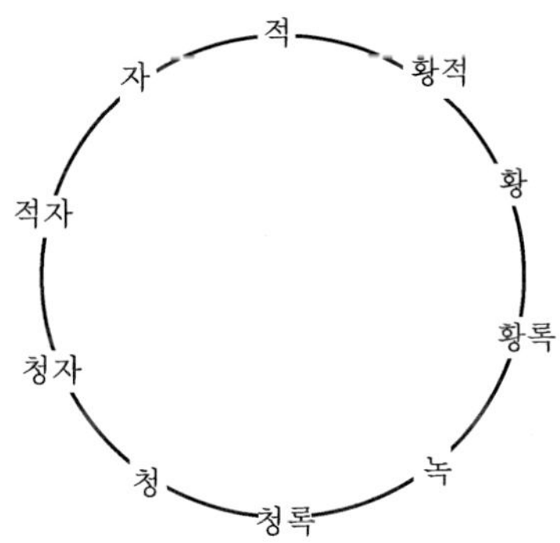

그림 12.7 색상의 상호관계

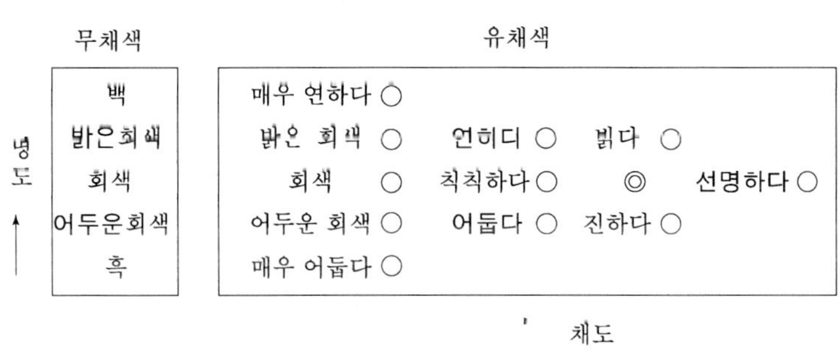

비고 1. ○표는 그림 12.7에 니다닌 기본색명을 표시한다.
예 : 매우 연한 적색, 어두운 녹회색, 어두운 청자색
2. ◎표는 수식어를 이용하지 않고, 그림 12.7에 나타난 기본색명만으로 표시한다.
3. 상세히 분류할 필요가 없는 경우는 고딕체의 수식어만을 이용한다.

그림 12.8 무채색의 명도 및 유채색의 명도 및 채도의 상호관계

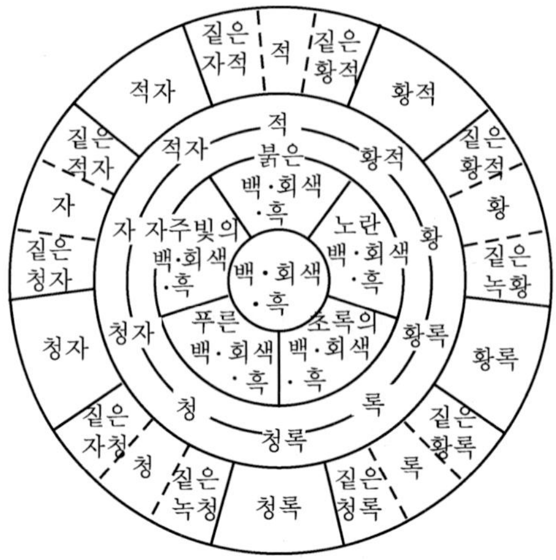

그림 12.9 색상에 관한 수식어의 상호관계

12.2.3 3속성에 의한 색의 표시

색조나 밝기, 색깔의 다름에서 사람이 식별할 수 있는 색의 수는 약 700~800만이라고 하는데, 이들 색의 모두는 이름을 붙여 표현하는 것은 거의 불가능에 가깝고, 보다 정확히 색을 전달한다든지, 표시하는 데에는 색명으로는 무리이다. 이 때문에 색을 체계적으로 표시하는 방법, 표색계가 고안되어 있다. 그 하나가 색의 3속성에 기호나 번호를 붙여 표시하는 방법이다. 이 방법은 미리 준비된 다수의 색표를 색지각의 3속성에 따라 배열하여 색의 보임이 등보도에 의하여 이루어지도록 조절한 가운데 각각의 속성에 척도값을 부여하여 물체의 색을 표시하는 방법으로 대표적인 것에 먼셀 표색계, 오스트발트 표색계가 있다.

(1) 먼셀 표색계

먼셀 표색계(Munsell color system)는 미국의 미술교사 먼셀(A.H.Munsell)에 의하여 1905년에 고안된 시스템으로 Munsell Book of Color는 색의 3속성인 색상, 명도, 채도에 바탕하여 많은 색을 계통적으로 배열한 것이다. 그러나 오늘날에는 1943년에 미국광학회의 측색위원회에서 먼셀 하나하나의 색표에 측색학적 측면에서 지각적 등차성에 대하여 수정이 이루어진 수정 먼셀 표색계가 가장 과학적인 표색계로서 일반에게 널리 이용되고 있다.

이 시스템은 물체색을 색의 3속성에 의하여 3차원 공간의 한 점에 위치시키고, 3개의 좌표상에서 지각적으로 등보도가 되도록 척도화하여 눈금을 정한 것으로 분할이 10진법으로 이루어진 것, CIE 표색계와의 대응관계가 채용되어 있는 것 등으로 널리 이용되고 있다.

색상에 대해서는 먼저 적(R), 황(Y), 녹(G), 청(B), 자(P)의 주요 5색상을 원주상에 등간격으로 배열하고, 그 중간에 황적(YR), 황록(GY), 청록(BG), 청자(PB), 적자(RP)를 배치하여 계 10색상으로 분할하고 있다. 상세하게 구분할 때에는 각 색상을 또 10분할하여 전부 100색상이 되도록 분할하고 있다. 또한 각 색상에는 1~10까지의 번호를 부여하여 5번째가 그 색상을 대표하는 색이 되도록 배열하고, 각각 대향하는 위치에 있는 색과는 거의 보색관계(2가지의 색을 혼합시키면 무채색이 되는 색의 조합)가 되도록 위치시키고 있다. 그림 12.10은 색상단면을 나타낸 것이다.

명도에 대해서는 이상적인 흑을 0, 이상적인 백을 10으로 하여 그 사이를 지각적으로 밝기의 변화가 등간격이 되도록 9개의 회색을 포함하여 11단계로 분할하고 있다. 그러나 이상적인 흑이나 백은 색표에서는 나타낼 수 없기 때문에 실제에는 1에서 9까지의 9단계로 번호를 부여하여 Neutral의 두문자 N을 붙여 N5와 같이 나타내고 있다. 유채색에 대해서는 그것과 같은 밝기 회색의 명도로 나타내고 있다.

먼셀 색채 시스템(그림 12.11)에서 광택은 "명도(value)"와 관련되고, 색농도는 "채도(chroma)"와 관련된다. 색채는 색상, 명도, 채도에 의해 정의된다. 색소 혹은 착색의 광택(명도)은 백색빛에 반사율과 관련된다. 흰색과 흑색은 광택의 폴(pole)을 고려할 때 명도가 높아질수록 반사율 요인도 높아짐을 예견할 수 있다. 채도 혹은 색농도는 회색 또는 색채의 순수성에서 그 차이를 볼 수 있다. 분광색(spectral colors)은 100% 순도를 갖고 있기 때문에 최대의 채도를 가진다.

흰색은 색소가 첨가되면 옅은 빛깔이 되고, 검정을 첨가하면 그늘이 된다. 특별한

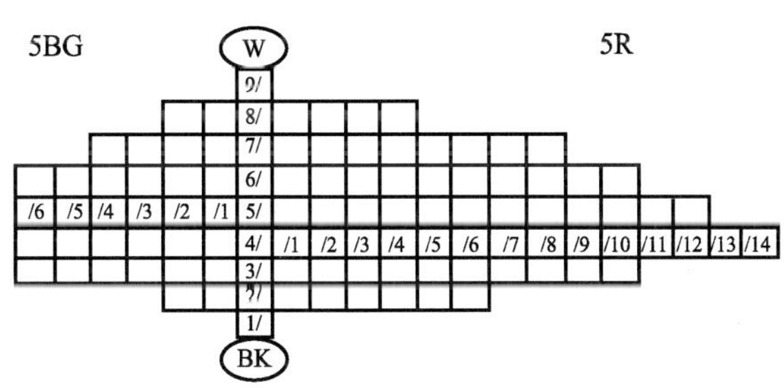

그림 12.10 먼셀 색상단면

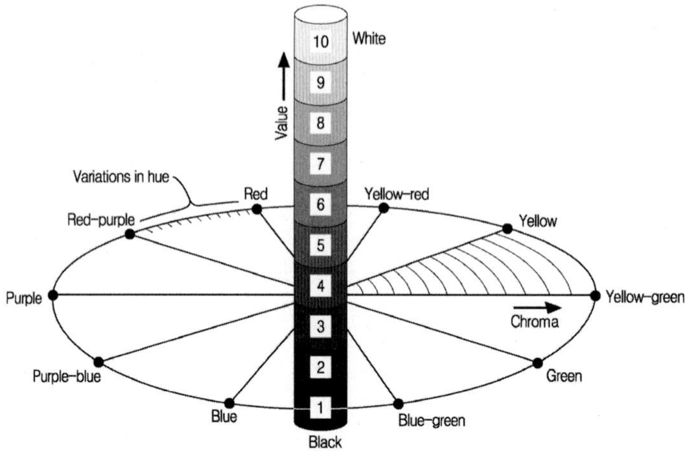

그림 12.11 먼셀 색채 시스템

색을 내기 위해 색소가 첨가되면 감색하는 과정을 거쳐 색깔을 만들어낸다. 즉 각 색소는 흰색의 비율에 따라 흡수 동화한다. 이러한 감색 효과는 백색빛을 새로운 색깔로 나타낼 수 있다. 색의 표시는 먼셀기호 HV/C(색상, 명도/채도)로 나타내고, 예를 들면 5R4/14는 순색의 적을, 5B4/8은 순색의 청을 나타낸다. 또한 이들 기호에서 그 색을 색표 위에서 볼 수 있다.

(2) 오스트발트 표색계

오스트발트 표색계(Ostwalt color system)는 독일의 화학자 오스트발트(W.Ostwalt)에 의하여 1923년에 고안된 시스템으로 모든 물체색은 백과 흑과 순색을 혼색하는 것에 의하여 성립하고, 백색량(W)+흑색량(B)+순색량(C)=100의 관계를 바탕으로 혼색량에 기호와 수치를 부여함에 따라 모든 색을 나타낸 것이다.

색상에 대해서는 먼저 헤링(K.E.Hering)의 4원색설에 바탕하여 황, 청자, 적, 청록의 4색을 원주의 4등분상에 각각 보색끼리가 마주보도록 배치하여 그 중간에 등, 청, 자, 황록을 배치하고 있다. 이들 8색상의 기본색을 또 3가지로 세분하여 오스트발트 색상표라 칭하는 계 24색상을 정하여 1~24까지의 번호를 부여하고 있다. 대향하는 위치에 있는 색상은 물리보색의 관계에 있다.

명도에 대해서는 무채색의 명도를 8단계로 하고, 각 단계에 지각적인 등보도성을 가지도록 시감반사율이 대수척도상에서 등간격이 되도록 분할하여 표 12.4에 나타난 바와 같이 각각 a, c, e, g, i, l, n, p의 기호를 부여하여 백과 흑의 비율을 나타내고 있다. a가 가장 밝은 백, p가 가장 어두운 흑을 나타내고, 그 사이에 6단계의 회색이 있다.

표 12.4 오스트발트 명도단계

기 호	a	c	e	g	i	l	n	p
백 량	89	56	35	22	14	8.9	5.6	3.5
흑 량	11	44	65	78	86	91.1	94.4	96.5

채도에 대해서는 먼셀 표색계와 다소 다르고, 채도에 상당하는 오스트발트 순도에서 체계화되어 있다. 결국 명도단계를 수직축으로 하고, 이것을 한 변으로 하는 정삼각형을 만들어 그 정점에 각 색상의 색표로서의 순색을 배치하고 있다. 이 삼각형이 등색상 삼각형으로 그림 12.12와 같이 28개로 분할하고, 각각에 기호를 부여하여 그 색표에 포함되는 백색량 및 흑색량을 나타내고 있다. 예를 들면 ga라는 기호는 g가 백색량으로 22 %, a가 흑색량으로 11 %이며, 그 중에 포함되는 순색의 양은 100−22−11=67 %가 된다. 또한 색표의 순도는 pa이므로 백색량은 p에서 3.5 %, 흑색량은 a에서 11 %, 따라서 이론상의 순색량은 100−3.5−11=85.5 %가 된다. 각 색상의 동일 기호 색은 백색량, 흑색량, 순색량이 같은 등가치색이라고 한다.

색입체는 이와 같이 등색상 삼각형을 명도단계의 수직축을 중심으로 하는 것에 의하여 그림 12.13과 같은 복원추체인데 원추의 외주에 순색이 배치되어 있다. 색의 표시는 색상번호에 백색량 기호, 흑색량 기호를 부여하여 나타낸다. 예를 들면 20 pg는 색상은 20 녹이며, 백색량은 p의 3.5 %, 흑색량은 g의 78 %, 녹의 양은 100−3.5−78=18.5 %의 색이 된다.

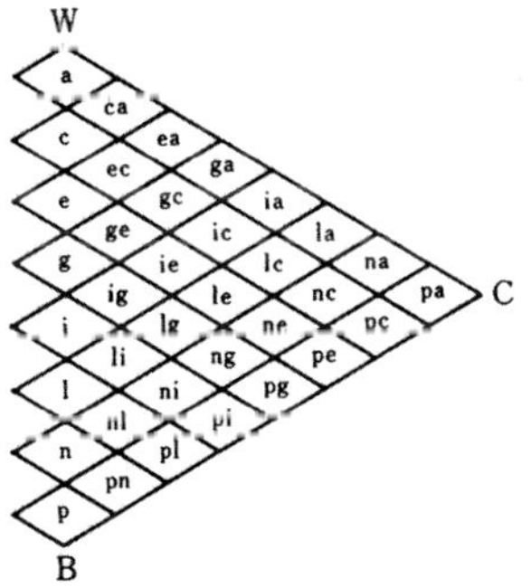

그림 12.12 오스트발트 색상단면

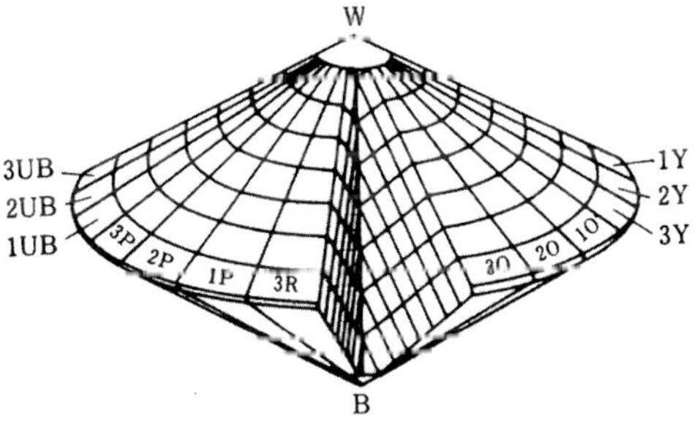

그림 12.13 오스트발트 색입체

12.2.4 수치에 의한 색의 표시

수치에 의한 색의 표시는 심리적인 색지각에 바탕하여 3속성에 의한 표시에 비하여 색을 심리물리량으로 간주하여 광학적으로 측정한 색자극의 특성에 의하여 정량적으로 나타내기 위하여 색을 정확히 관리하는 분야에서는 중요한 시스템이다. 그 대표적인 것에 CIE 표색계가 있다. 국제조명위원회(Commission Internationale de I'Eclairage, 약칭 CIE)에서는 색을 정량적으로 표시하는 방법으로 몇 가지의 시스템을 CIE 표색계로 추장하고 있다.

(1) XYZ 표색계

이 시스템은 2도 시야에 바탕하여 XYZ 표색계(The CIE 1931 Standard Colorimetric System and the CIE 1964 Supplementary Standard Colorimetric System ; CIE가 1931년에 추장한 표색계) 및 10도 시야에 바탕하여 X10Y10Z10 표색계(CIE가 1964년에 추장한 표색계)에 의하여 색을 표시하는 것으로 표준관측자, 표준광원 및 측정의 관찰조건 등을 규정한 표색계이다.

표준관측자란 정상적인 색감각인 사람이 대표로 CIE가 정한 것인데, 표준관측자가 가진 3종류의 원자극량은 그림 12.14에 나타난 바와 같은 스펙트로 3자극치(등색함수라고도 한다)에 규정된다. $\bar{x}$ 는 적색광(R), $\bar{y}$ 는 녹색광(G), $\bar{z}$ 는 청색광(B)에 대응하여 색광의 3원색에 상당한다. 결국 CIE 표색계의 기본은 R, G, B 3종의 원자극을 정

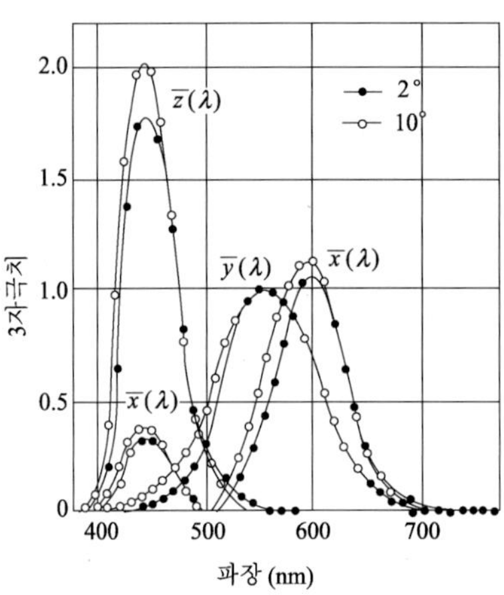

그림 12.14 스펙트럼 3자극치(등색함수)

해진 비율로 혼색하면 항상 정해진 색자극을 창출할 수 있다는 가법혼색의 원리에서 출발하고 있다. 또한 XYZ 표색계에서는 혼색에 이용하는 원자극에 R, G, B라는 실재하는 색 대신에 X, Y, Z라는 3자극을 가상하여 모든 실재하는 색은 이들 정량혼합으로 나타내고, 이들의 분광성분이 시료광에 어느 정도 비율로 함유되어 있는가를 계산하여 이것을 3자극치 X, Y, Z로 표시한다. 반사에 의한 물체색의 3자극치 X, Y, Z는 다음 식에 의하여 구한다.

$$\left.\begin{aligned} X &= K\int_{380}^{780} S(\lambda)\,\bar{x}\,R(\lambda)d\lambda \\ Y &= K\int_{380}^{780} S(\lambda)\,\bar{y}\,(\lambda)R(\lambda)d\lambda \\ Z &= K\int_{380}^{780} S(\lambda)\,\bar{z}\,(\lambda)R(\lambda)d\lambda \end{aligned}\right\} \qquad (12.1)$$

$$K = \frac{100}{\int_{380}^{780} S(\lambda)\,\bar{y}\,(\lambda)d\lambda}$$

여기서, $S(\lambda)$: 색의 표시에 이용되는 표준의 빛의 분광분포

$\bar{x}(\lambda)$, $\bar{y}(\lambda)$, $\bar{z}(\lambda)$: XYZ 표색계에서 등색함수

$R(\lambda)$: 분광반사율

비고 : XYZ 표색계에서의 자극치 Y는 시감반사율 Rv를 백분율로 나타낸 값이다.

색도좌표를 도시하는 데에는 x, y의 직교좌표계에 의한 색도도를 이용한다. 색도도는 그림 12.15에 나타난 바와 같이 횡축에 x, 종축에 y를 잡아 색도좌표를 평면상에 도시한 것으로 마제형 곡선은 각 스펙트로 빛의 색도 괘적으로 곡선상에 각 스펙트로의 파장이 기입되어 있다. 결국 색도란 색상과 순도의 2가지를 고려한 개념이다. 또한 밝기에 대해서는 눌제의 시감반사율(또는 시감투과율)인 Y를 사용하여 나타내고 있다. Y는 $0<Y<1$인데, 일반적으로는 이것을 100배하여 %로 나타내는 경우가 많다.

색노 x, y에 밝기 Y를 가산하여 색을 표시하면 색도도상에서 그 색의 성질을 알 수 있다.

이 외에 CIE에서는 색도를 주파장(또는 보색주파장) 및 자극순도로 표시하는 방법을 나타내고 있다.

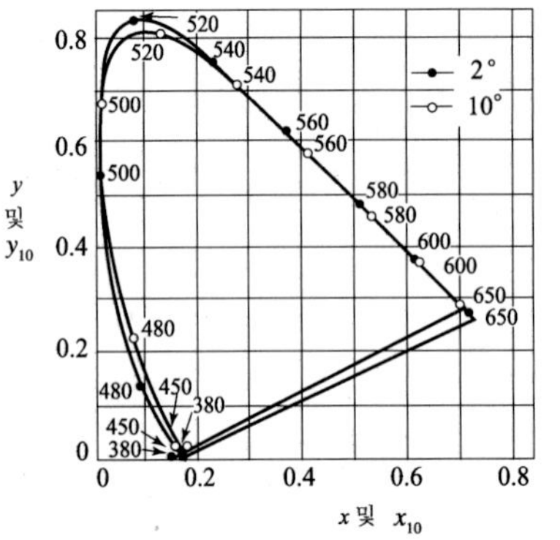

그림 12.15 XYZ 표색계에서의 색도도

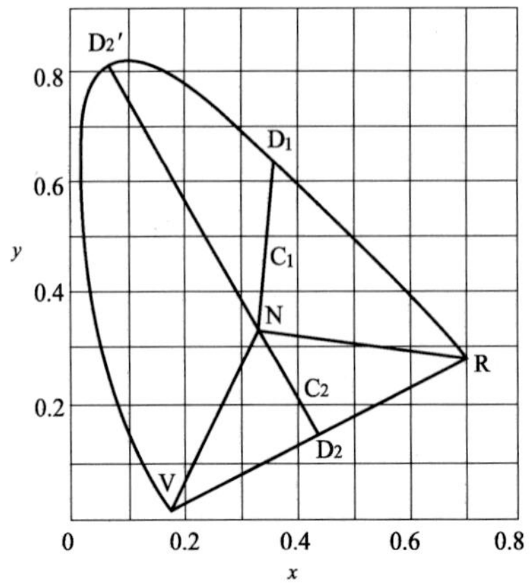

그림 12.16 주파장, 자극순도를 구하는 방법

그림 12.16은 그 구하는 방법을 나타낸 것인데, 점 N은 무채색의 색도좌표를 나타내고, 광원색의 경우 x_n=0.3333, y_n=0.3333, 물체색의 경우는 이용한 표준의 빛의 색도좌표를 나타낸다. 색도점 C_1의 주파장을 구하는 데에는 C_1과 N을 연결하는 선이 외주의 스펙트로 괘적과 교차하는 점 D_1의 파장을 읽으면 된다. 이 파장을 주파장이라 하고, 기호 λ(nm)로 나타낸다. 다만, 자색이나 적자색과 같은 색 C_2의 경우는 C_2와 N을 연결한 선 D_2는 마제형 직선부분(이것을 순자색괘적이라고 한다)과 교차하여 주파장은 구해지지 않으므로 역방향으로 선을 연장하여 외주와 교차하는 점 D'_2의 파장을 구하여 C를 붙여 나타낸다. 이것을 보색주파장이라고 한다. 자극순도를 구하는 데에는 선분 C_1N과 D_1N의 비를 구하여 100배하여 %로 나타낸다. 이들은 색의 3속성에서의 색상에 대한 주파장(또는 보색주파장), 채도에 대한 순도에 대응하고 있다.

표준광원(standard source)이란 CIE가 측색에 이용하는 표준의 빛을 실현하기 위하여 그 시방을 규정한 인공광원을 가리킨다.

(2) L*a*b* 표색계

이 시스템은 물체색을 L*a*b* 표색계(The CIE 1976(L*a*b*) Space : CIE가 1976년에 추장한 표색계)에 의하여 표시한 것으로 국제조명위원회에서는 CIE 1976(L*a*b*)색공간(CIELAB로 약기)이라고 한다. XYZ 표색계에 비하여 지각적으로는 거의 균등한 보도의 색공간을 가지기 때문에 먼셀 표색계 등과의 비교나 색 다름의 정도(색차)를 나타내는 것이 용이하다. 물체색을 표시하는 데에는 명도지수 L* 및 색채지수

a*, b*를 이용한다. 또한 명도지수는 지각적으로 거의 균등한 보도의 3차원색공간에서의 좌표의 하나로 명도를 나타내는 지수, 색채지수는 지각적으로는 거의 균등한 보도의 3차원색공간에서의 2개의 좌표에서 색채를 나타내는 지수이다. 명도지수 L*은 XYZ 표색계에 규정하는 3자극치의 Y를 이용하고, 색채지수 a*, b*는 3자극치 X, Y, Z를 이용하여 다음 식에서 구한다.

$$\left.\begin{aligned} L^* &= 116\,(Y/\,Tn)^{1/3} - 16 \\ a^* &= 500\,[\,(X/Xn)^{1/3} - (\,Y/\,Yn)^{1/3}\,] \\ b^* &= 200\,[\,(\,Y/\,Yn)^{1/3} - (Z/Zn)^{1/3}\,] \end{aligned}\right\} \qquad (12.2)$$

다만, X/Xn, Y/Yn, Z/Zn은 어느 것이나 0.008856보다 크다.

또한 Xn, Yn, Zn은 3자극치 X, Y, Z를 가진 물체색과 동일 조명하의 완전확산면의 3자극치이며 보통 Yn=100으로 기준화되어 있다.

또한 2가지의 물체색 사이의 색차는 다음 식에서 구한다.

$$\Delta Ea^*b^* = [(\Delta L^*)^2 + (\Delta a^*)^2 + (\Delta b^*)^2]^{1/2} \qquad (12.3)$$

여기서,

$$\Delta L* = L2* - L1*,\ \Delta a* = a2* - av1*,\ \Delta b* = b2* - b1* \qquad (12.4)$$

이상과 같이 색의 표시방법에는 현재 여러 가지 시스템이 고안되어 있지만, 기성복(apparel)업계 등에서의 배색계획이나 유행색의 예측 등에는 계통색명이나 관용색명이, 배색 조화의 검토에는 오스트발트 표색계가, 보다 엄밀함이 요구되는 색의 분석이나 색의 지정에는 XYZ 표색계나 수정 먼셀 표색계가 이용되고 있다.

12.2.5 표준색 이름

산업자원부 기술표준원에서는 2003년도에 이미 모든 색을 계통적으로 분류한 계통색이름 체계를 전면 개정하였고, 뒤이어 2005년에 관용색이름 133개를 새롭게 표준화하였는데, 이는 우리말 색이름 체계를 하나의 국가규격(KS)으로 완성한 것이다.

계통색이름은 모든 색을 계통적으로 분류해 표현할 수 있도록 한 색이름으로 기본색 이름과 수식형용사의 체계적인 결합에 의해 색을 기술한 것으로 일례로 빨강, 빨간

주황, 진한 빨강 등이 해당된다.

또 관용색이름은 연상에 의해 떠올리는 색 표현 방법으로 동식물, 광물, 물질, 외래어 등의 색이름이 많이 사용되는데 일례로 병아리색, 호박색, 황토색, 마젠타 등이 포함된다.

기술표준원은 모든 관용색이름은 체계적으로 색을 표현하는 계통색이름과 과학적 색 표현 방법인 색좌표를 이용해 공통적으로 연상되는 대표색을 지정해 표준 관용색이름의 활용가치를 높였다.

색좌표는 기호를 사용해 색을 정밀하게 표현하는 방법으로 우리나라 표준은 색의 3속성(색상・명도・채도)으로 색을 표현하는 먼셀 표시방법을 말한다.

12.2.6 색의 측정

이상에서 본 바와 같이 수치에 의하여 색을 표시하는 CIE 표색계의 기본은 가법혼색의 원리에서 출발하고 있다. XYZ 표색계에서는 혼색에 이용하는 원자극에 X, Y, Z라는 3자극을 가상하여 모든 실재하는 색은 이들의 정량혼합으로 나타나고, 수치에 의하여 색을 표시하기 위해서는 이들의 분광성분이 시료광에 어느 정도 비율로 함유되어 있는가를 측정하여야 한다.

(1) 색의 3원색과 혼합

색을 혼합시키는 것을 혼색이라 하고, 색을 혼색하여도 얻어지지 않은 색을 원색이라고 한다. 원색에는 물리적으로 3색이 있고, 이것을 3원색이라고 한다. 3원색은 빛과 같은 색광의 3원색과, 염료나 그림 물감과 같은 색료의 3원색으로 분류된다. 이 3원색을 혼합시키는 것에 따라 여러 가지 색을 창출할 수 있다.

1) 색광의 혼합

적, 녹, 청자가 색광의 3원색이다. 이 색광을 2색씩 혼합시키면 그림 12.17에 나타난 바와 같이 각각 황, 청록, 적자가 되고, 3색을 혼합시키면 백광이 된다. 이와 같이 색광의 혼합에서는 혼색된 색이 어느 색보다 밝아지기 때문에 가법혼색이라고 한다. 또한 물리보색의 2색이 혼색되어도 백광이 된다.

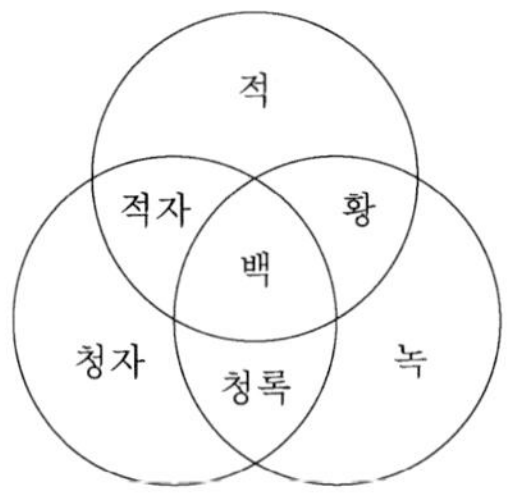

그림 12.17 가법혼색

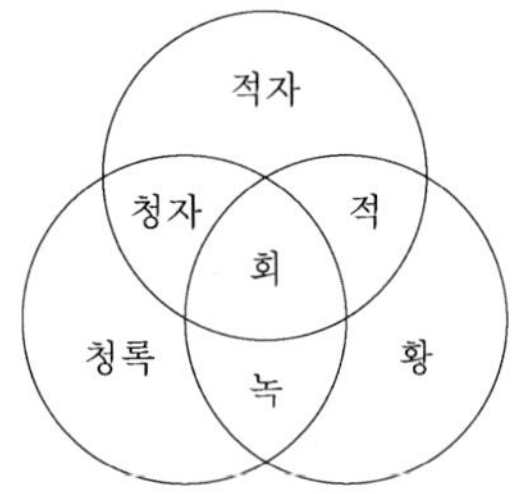

그림 12.18 감법혼색

2) 색료의 혼합

적자, 황, 청록이 색료의 3원색이다. 이 색료를 2색씩 혼합시키면 그림 12.18에 나타난 바와 같이 적, 녹, 청자가 만들어지고, 3색을 혼합시키면 흑에 가까운 회색이 된다. 이와 같이 색료의 혼합에서는 혼색된 색이 어느 색보다 어두워지기 때문에 감법혼색이라고 한다. 또한 보색에 가까운 2색을 혼색하여도 흑에 가까운 회색이 된다.

3) 색원반 회전에 의한 혼합

색원반의 회전에 의한 혼색의 경우(계시혼색)나 섬유나 편물의 혼색(병치혼색)의 경우는 어느 것이나 혼색된 색이 어느 색 중간의 밝기가 되기 때문에 중간적 가법혼색이라고 한다. 또한 물리보색의 2색을 혼색하면 중간 명도의 회색이 된다.

4) 그림 물감의 혼합

오스트발트와 같이 불투명한 그림 물감에 의한 혼색의 경우는 채도가 낮은 중간 밝기가 되기 때문에 중간적 감법혼색이라고 한다. 보색에 가까운 2색을 혼색하면 어두운 회색이 된다.

(2) 색의 측정방법

색의 측정방법에는 일반적으로 분광측색방법과 자극치직독방법의 2종류가 있다. 이들 방법에 의하여 색을 측광하기 위해서는 여러 가지의 측색기기를 이용하여야 하는데, 최근에는 광학기기나 전자기기 등의 발달에 의하여 고성능으로 편리한 각종 측색장치가 시판되고 있다.

1) 분광측색방법에 의한 색의 측정

분광측색방법은 분광광도계를 이용하여 측정한 시료의 분광곡선(반사율 또는 투과율)에서의 계산방법에 의하여 3자극치 X, Y, Z를 구하는 방법이다. 분광측정과 분광계산을 각 파장에서의 수동적으로 행하는 방법과, 모두를 자동적으로 행하는 방법이 있는데, 어느 것이나 각 파장마다 표준백색면에 반사했을 때 빛의 세기를 100 %로 하여 비반사율을 구하는 것이다.

구체적으로는 측정하고자 하는 색의 시료를 자기분광광도계의 시료창에 끼워 스위치를 돌리면 드럼에 감겨진 방안지에 자동적으로 그래프가 그려지고, 파장 400~700 nm 사이의 분광반사율곡선이 얻어진다. 분광반사율곡선에서 3자극치 X, Y, Z를 구하는 데에는 자기분광광도계에 부착된 전자계산기에 의하여 X, Y, Z값이나 x, y값 등이 바로 구해진다.

2) 자극치직독방법에 의한 색의 측정

자극치직독방법은 광전색채계를 이용하여 3자극치 X, Y, Z나 색도좌표 x, y 및 L*a*b*나 색차의 측정을 직독하는 방법으로 편리하고 신속하게 측정할 수 있기 때문에 일반적으로 이용되고 있다.

측색의 원리를 반사 측정의 예로 설명하면 측정하고자 하는 시료를 표준광원으로 조명하여 시료에서 반사하는 확산광을 백필터와 광전관을 조합시킨 3개의 수광기에서 수광한다. 이 광전관은 수광한 빛의 에너지에 비례하여 전기 에너지가 발생하므로 시료의 색에 따라 3가지의 색필터를 각각 통과한 빛은 3개의 광전관에 각각 전기 에너지를 출력한다.

시료 색의 X, Y, Z값을 직독하기 위해서는 색필터와 광전관을 조합시킨 3조의 수광기에서의 전기출력이 시료의 X, Y, Z값에 대응한 크기에 비례하여 얻어지도록 광학적 성질과 전기적 성질을 초래할 필요가 있다. 그리하여 조명하는 광원의 분광에너지분포, 3가지 색필터의 분광투과율 및 광전관의 분광감도를 종합한 특성이 X, Y, Z값을 구하기 위하여 규정된 특성과 일치하도록 조합되어 있다. 광전색채계에 부속된 백색교정판을 기준으로 3가지의 수광기에서의 각각의 지시를 백색교정판의 X, Y, Z값에 합하여 이 표준교정을 행한 후에 시료를 측정하면 X, Y, Z 수광기에 시료의 색에 따른 전기 에너지를 출력하여 디지털 표시부의 지시에서 측정결과가 표시되고, 여러 가지 표색계에의 변환, 표시, 문자·부호 등이 편리하게 이루어진다.

12.3 색채계획

12.3.1 색채계획의 순서

(1) 이미지 작성

색채의 이미지는 디자인의 초기단계에서는 형태보다 우선적으로 고려되지만 계획이 진행됨에 따라 조금씩 처음의 이미지보다 축소되는 경향이 있다. 그러므로 떠오르는 색채 이미지를 메모로 남겨두면 좋은 자료가 될 것이다. 그리고 실제 완성된 공간의 색채에 가까운 이미지로 표현해 보는 것도 디자이너 자신의 이미지 작성에 도움이 된다. 모형에 채색을 해 보면 실제에 가까운 느낌을 가질 수 있으나 비용이나 노력, 또 어느 정도 능숙하지 않으면 오히려 부자연스러운 수 있으므로 투시도에 정확한 색채를 칠해 보는 것이 좋은 방법이다.

(2) 부분과 전체

색채의 이미지를 시각화하기 전에 공간 전체에서의 통일과 변화를 검토하고 각 부분의 이미지를 확인할 필요가 있다. 먼저 전체적으로 큰 방침을 정하고 차츰 부분설계로 진행하는 것이 보통인데, 부분설계에 들어가면 아주 세밀한 검토를 할 필요가 있다. 세부 이미지가 어색하면 전체적으로 아주 큰 부조화로 보여질 것이다. 결국 전체와 부분은 분리하여 볼 수 없는 사항이라는 점을 고려하여야 한다.

(3) 인테리어 요소의 검토

(1)과 (2)는 기본단계이고 본 항부터 실시단계가 된다. 색채의 지정에 들어가면 먼저 부분을 전부 그려 놓은 일람표 및 상세한 전개도, 평면도 등에 의해 인테리어 요소를 검토하여야 한다. 실내에서는 어떤 부분을 주조색으로 하고 어떤 부분을 악센트색으로 할 것인가, 어떤 조화와 타입으로 할 것인가 등을 검토한다. 일반적으로는 큰 면적이고, 중요하며, 형이 아름다운 부분부터 시작하여 작은 면적, 중요하지 않은, 형이 아름답지 못한 부분으로 진행하는데 이것과 반대의 순으로 하면 실패할 우려가 있다. 보통 큰방에서는 바닥이, 작은 방에서는 벽이 면적도 크고 시선 영역 속에 포함되므로 이것이 가장 먼저 주조색이 될 것이다. 다음으로 보다 작은 면적의 창, 건구, 가구 등에서 중요한 것, 형이 아름다운 것이 악센트색이 된다.

그런데 악센트색으로 할 가치가 없는 부분은 악센트색과 같은 색상의 약한 색채로 하여도 좋고 기조색으로 맞추어도 좋다. 따라서 실내에 많이 놓여 있는 의자, 카펫 등은 면적면에서 보아 악센트색이 아니고 주조색으로 하는 것이 좋다.

(4) 표준색의 준비

인테리어 요소를 검토하면서 그것에 맞는 색채도 준비하여야 한다. 이 단계까지 오면 먼셀색표는 색수가 너무 많아 불편하므로 설계용 표준색과 그것에 보충할 재료 견본의 준비가 필요하다.

(5) 체크리스트

색채를 결정하는 과정에서 주의하여야 할 점이 많다. 그 체크리스트는 표 12.5와 같다.

표 12.5 색채계획결정의 체크리스트

큰항목	세부항목
색채의 부분계획이 적정한가	그룹짓기
부위의 색채는 바르게 선택했는가	부위의 표준적인 색채, 강조색 부위의 중요도, 부위의 형, 부위의 면적, 부위의 명암
색채 이외의 속성과의 관계는 어떠한가	광택, 투명도, 질감, 바탕의 문양
색채배색의 조화는 어떠한가	질서, 공통성, 명백성, 균형점, 기조색과 악센트색과의 조화
색채의 효과는 정확하게 이용되었는가	면적효과, 상화반사, 색순응, 색대비, 동화효과, 투명도, 시인도, 온도, 거리, 크기, 무게와의 감각, 기억, 호감도, 연상, 상징, 감정효과
KS 기준을 지키고 있는가	안전한 색채 사용, 안전색광 사용, 안전표식, 배관식별
조명과의 관계는 어떠한가	인공광원의 종류, 빛의 색, 연색성, 조명의 효율, 눈부심
보수는 가능한가	변색, 오염
건물에 어울리는 색을 선택하였는가	사람이나 물체의 배경이 되는 색, 많은 사람이 호감을 가지는 색, 그 물체의 목적에 적합한 색, 색채는 형이나 재료에 종속한다.
외부 색채의 사용법은 어떠한가	외부와 내부의 구별, 자연환경과의 조화, 주변의 인공환경과의 관계

(6) 색채의 결정

각 내·외부공간의 주조색과 악센트색이 결정된다. 주조색은 채도가 가장 중요한데 보통 채도 2 이하로 계획한다. 그러나 자연재료나 플라스틱, 천류 등의 경우에는 색채를 좀더 자유롭게 선택한다. 악센트색으로 가장 효과적인 것은 각 색상의 최고 채도의 색상, 그리고 흑과 백이다. 이것들은 중간색과 같이 어느 것을 선택할 것인지 망설이지 않고 용이하게 선택할 수 있고 실패도 적다.

(7) 검 토

시간이 좀 걸리더라도 전체를 한번 검토한다. 검토 시에 비슷한 색채를 정리하여 혼란함을 피할 수 있다.

(8) 관 리

색채계획의 결과는 색채설계표와 색채설계도에 기입하여 보관한다. 색채설계표에는 건축명, 실명, 부위, 마감재료, 먼셀 기호, 그 외 색채에 적당한 정리기호를 부여하여 색지의 견본을 붙여두면 편리하다. 색채설계도는 평면도 위에 각 부위의 먼셀 기호 또는 정리번호를 적어넣는다. 그러나 색채의 표시는 도면에 하기가 어렵다. 자세하게 기입하면 도면을 읽기가 어렵고 대강 기입하면 작은 부분의 색채를 알기 힘들다. 그러므로 디자이너 자신이 알기 쉽도록 기입해 두면 다음 번의 계획에 많은 도움이 될 것이다.

12.3.2 색채 조절 방법

색을 조절하는 방법은 다양하다. "화려한 색은 금지"라든가 "현란한 색은 금지한다"라고 하는 예가 많다. 화려한 색은 빨강색이나 노란색과 같은 자극적인 색을, 현란한 색이라고 하면 형광색이나 원색을 말한다. 핑크색이나 하늘색은 "엷은 색"이지만 같은 명도라도 노란색은 화려하고, 핑크는 엷은 색으로 표현한다. 하지만, 주변색과의 관계나 면적에 따라서는 엷은 색이라도 "현란한 색"이 되는 경우가 있는 것이다.

또한 전통적인 경관 지구에서는 소재를 제한하거나 색을 일정의 범위에 한정하는 경우가 있다. 색채는 경관유도의 중요한 요소의 하나이다. 일반론적인 색채의 사용방법으로 다음의 예를 들 수 있다.

(1) 색상을 통일한다

색상을 통일하면 조화시키기 쉽다. 예를 들면, YR(Yellow, Red)계의 색을 사용한다면, 엷은 색부터 화려한 색까지 YR계로 통일하는 방법이다. 이것은 기본이지만, 현실에서는 가장 지켜지고 있지 않다. 특히 R(Red)계에 가까운 자주색과 Y(Yellow)계에 가까운 자주색의 구별이 확실하지 않은 예가 많다.

(2) 명도를 맞춘다

색의 밝기를 일정 범위로 하면 조화시키기 쉽다. 명도가 밝은 색으로만 구성한 파스텔컬러는 좋은 예이다.

(3) 채도를 조정한다

잔디밭이나 수목의 잎은 의외라고 할 정도로 채도가 낮다. 넓게 보아서 채도 6 이하, 상록수는 채도 3 정도, 가장 선명한 신록이라도 채도 8 정도이다. 일반적인 개념과 현실은 많은 차이를 보여주고 있다. 군복의 기조색이 자연 속에서 보호색이 되는 것을 떠올리면 이해하기 쉬울 것이다. 번화가나 상업지역의 저층부에는 채도가 높은 색을 적극적으로 활용하는 것이 활기찬 거리의 연출을 위해 유효한 수단이 된다. 다른 한편으로는 채도가 높은 색이 집중된 곳에는 반대로 채도가 낮은 색이 눈에 띄는 경우도 있다.

(4) 악센트 컬러를 활용한다

악센트 컬러라고 하는 것은, 다른 색과 대비하여 의도하는 색을 강조한 것으로, 심볼 컬러나 테마 컬러라고 부르기도 한다. 다만, 악센트 컬러도 너무 많이 사용하게 되면 베이스 색이 되어 눈에 띄지 않는 경우도 있다. 젊잖은 색도 배색에 따라서는 악센트 컬러로 활용할 수가 있다.

(5) 이미지를 유도한다

물리적인 면적의 크고 작음에 관계없이 지역의 이미지를 유도하는 색이 있다. 예를 들면, 그곳의 특산물이나 축제 때 쓰는 색 등이다. 귤의 색, 사과 꽃의 색, 특산물인 염직물의 색 등등이다. 밝은 태양빛 아래에서도 활기가 없는 지역은 검정이나 자주색으로 느껴지는 경우도 있다. 이미지 속에 있는 색은 실제의 색과 같이 주의 깊게 고려하지 않으면 안 된다.

12.3.3 경관의 색채계획

색채를 유도하는 것은 '규제'를 하는 것이 아니라 활기찬 거리, 품격있는 거리, 쾌적한 거리를 위해서는 상호 합의를 기본으로 한 도시이미지 만들기가 필요하다.

(1) 사람들을 생동감있게 한다

도시는 사람이 주역이다. 사람이나 식물 그리고 계절의 변화에 의해 환경이 형성된다. 그래서 색채를 사용하는 룰이 필요하게 되는데, 그 예로 지상에 인접한 1층의 상점은 토지나 모래 등을 기준으로 하여 채도 3 이하로 한다. 건물의 기본색은 식물을 기준으로 하여 채도 6 이하로 한다. 옥외 광고물은 지역의 특성에 따라 세밀하게 기준을 정하는 것이 좋지만, 채도 10 이상의 색채를 사용할 경우는 장소를 제한하거나 면적을 줄이는 경우가 있다. 도시는 사적인 상업과 공공적인 이익과의 균형을 고려해야 한다.

(2) 저층부는 자유롭게, 고층부는 스카이라인을 중시한다

일반적으로 사람의 눈은, 걸어가고 있을 때, 상하 15도, 좌우 20도의 범위밖에 보이지 않는다. 이 범위를 넘으면 주목률이 극단적으로 떨어진다. 결국 이 이외의 장소에 옥외 광고물을 설치해도 그다지 효과가 없다는 것이다. 상점에서는 상품 판매의 목적을 존중한다 하더라도 이 범위 안에서 광고물 설치에 최선을 다하고, 이 외의 부분은 공익적인 관점에서 품격있고 쾌적한 거리를 만들 필요가 있다. 저층부에서는 색채도 어느 정도 자유롭게 표현해도 좋으나, 고층부에서는 건물 자체의 특징적인 매력을 먼저 보여주고, 배경이 되는 자연 경관과의 관계도 고려해야 한다.

(3) 지역의 개성을 살린다

지역을 매력적으로 유지관리하기 위해서는 지역의 개성에 따른 유도를 하지 않으면 안 된다. 구체적으로 말하자면, 역 주변이나 빌딩이 밀집한 도심부와, 도심부에서 약간 떨어진 밀집지역인 부도심지와 교통밀집지역은 활발한 분위기를 고려하여 쾌적한 공간 만들기를, 유흥가는 활발하면서도 즐거운 축제 이미지와 같은 변화감을, 자연경관을 중요시하는 장소에는 옥외광고물을 제어하고, 역사적인 경관 지구에서는 색채나 소재를 일정의 범위로 정하여 전통의 계승과 유지에 노력한다. 이와 같은 유도에는 지역주민의 이해와 긴 장래를 위한 계획성이 필요하다.

(4) 양감을 줄인다

건물이나 콘크리트벽 등 커다란 색의 면이 계속되면, 압박감을 받거나 지루해진다. 이러한 대형의 건축물에서는 될 수 있으면 압박감을 느끼지 않도록 외관형태의 변화나 색채에 배려할 필요가 있다.

(5) 인공물의 자연 변화에 배려한다

천연 소재는 내구성의 장단점과 관계없이 시간이 경과할수록 시간에 순응하여 시간의 흐름과 함께 깊은 맛이 난다. 또는 부식하여 자연으로 돌아가기도 한다. 인공적인 소재 중에는 수명이 다하였으나 자연으로 돌아가지 않는 것도 적지 않다. 예를 들면, 콘크리트 해안보호공사의 골격재로는 인공적인 소재를 사용하고, 표면에는 자연의 소재로 표현하는 등, 조화를 염두에 둔 기술도 개발되어 있다. 색채계획 중에서 소재의 자연변화는 반드시 고려해야 할 것이다.

(6) 테마별로 색채를 유도한다

도시를 특정의 테마로 나누어 연출하는 경우도 있다. 가드레일이나 조명기구 등도 이 때문에 중요한 요소가 된다. 도시의 기반으로서 기본이어야 할 것과 악센트로서 또는 축제와 같은 일시적인 것이어야 할 것과는 명확하게 구별해서 사용해야 할 필요가 있다. 지역의 토지 색이나 식물의 색, 태양의 강한 정도에도 배려를 해야 한다. 또한 배리어프리 환경을 만들기 위해서 색채나 소재를 적절히 사용해야 할 필요가 있다.

(7) 이미지를 유도한다

물리적인 면적의 크고 작음에 관계없이 지역의 이미지를 유도하는 색이 있다. 예를 들면, 그곳의 특산물이나 축제 때 쓰는 색 등이다. 귤의 색, 사과 꽃의 색, 특산물인 염직물의 색 등등이다. 항상 보이는 것은 아니지만, 아주 작은 것에 불과할지 몰라도 사람들의 의식에 선명하게 각인되어 있는 것이다. 밝은 태양빛 아래에서도, 활기가 없는 지역은 검정이나 자주색으로 느껴지는 경우도 있다. 이미지 속에 있는 색은, 실제의 색과 같이 주의 깊게 고려하지 않으면 안 된다.

지중해 연안의 경우 온화한 지중해성 기후로 고대에서부터 에게 문명, 그리스, 로마

문명의 발상지였다. 그런데, 해변에 위치한 건물에 강력하게 내리쬐는 뜨거운 햇볕을 줄이려면, 햇빛을 반사시킬 수 있는 흰색으로 해야 할 것이다. 그래서 대리석이 많이 산출되는 그리스에서는 일찍이 신전을 비롯한 건축물에 하얀 대리석을 사용했다. 로마는 지중해 연안을 완전히 장악하고 있었던 때도 있어서 대리석 건축물이 지중해 연안에 널리 퍼지게 되었다. 그리고 콘크리트가 아직 없었던 시절에 지은 대부분의 건물은 하얀 대리석을 사용했을 것이다. 현대로 올수록 인구가 급증함에 따라 대리석 건물을 올릴 수 없더라도 흰색으로 칠하였을 것이다. 또한, 요즘에는 도시 전체의 관광 이미지 관리를 위해 색상을 통일하기도 하는데, 기준이 되는 것은 역시 가장 많이 사용된 전통색이다. 따라서, 지중해 연안의 흰색을 백대리석에 의한 그리스-로마의 전통색이라고 볼 수 있다.

12.4 건축배색

건축의장에서 색은 형태와 아울러 불가결한 요소이고, 건축은 옛부터 색채를 중요시하여 건축에 색채를 의식적으로 이용한 것은 유사 이전부터이고, 건물의 기둥이나 처마에 의장적인 목적에서 착색한 것이 보이는데, 그 착색재료는 산화금속을 함유한 천연의 흙(갈색, 올리브)이나 백운석(dolomite)계의 백색 등 외에 식물성의 짜낸 물(빨강, 주황) 등도 착용색으로 이용되었다. 그 후 각 시대를 반영한 건축배색이 변천되어 왔다.

12.4.1 외부배색

건물외부의 색채는 재료적으로 상당히 좌우되어 때로는 상당히 강한 채도(원거리에 적합), 때로는 매우 약한 색(큰 면적에 적합), 또는 무채색(내후성이 강함) 등 여러 가지의 경우가 발생한다.

(1) 벽

건물외부 중에서 가장 중요한 부분을 차지하는 것은 보통 외벽이고, 건물의 성격은 대부분 벽체에 의하여 지배된다고 할 수 있다.

1) 재료별 배색

외벽의 기능으로는 외계와의 차단(방서방한, 방범, 방음, 방수, 방화, 방풍) 외에 많은 경우 구조체로서의 요구도 가미되고, 장기간의 내구성을 확보한 견고한 재료가 되므로 테라코타·금속·돌 등의 경질재나 콘크리트·모르타르·플라스터·회반죽·스터코우(stucco)·리신(lithin)·인조석·벽돌·석면판 등의 반경질재, 목판·토벽 등의 연질재가 있고, 이 중에서 착색이 거의 영구적인 것은 타일·테라코타·석재·인조석·콘크리트·모르타르의 본바탕 색 정도이고, 리신은 상당히 안정성은 있으나 색에 따라서는 약간 불안정하며 목판·금속판에의 착색은 이에 이어지고, 착색 모르타르·플라스터의 류는 일반적으로 가장 빠른 퇴색이 검토된다. 한편 더러워지는 점에서는 일반적으로 석재·리신·모르타르·플라스터·목재 등은 더러워지기 쉬운 편이며, 타일·테라코타·금속바탕색 등은 더러워지기 어려운 편이다.

2) 건물의 용도별 배색

외벽의 색은 용도, 규모, 환경, 지역 등에 지배되지만 일반적으로 용도에 대한 사용색의 경향을 나타내면 표 12.6과 같다. 색율 1~2 정도는 약한 편에 해당한다. 또한 건물의 외장에 대한 적응색을 들면 표 12.7과 같다. 이것은 건물의 용도 및 기능을 나타내는 데에 적합한 색이다. 주조색은 합목적성의 색이며, 기타는 부조색, 강조색, 장식색으로 개성을 나타내면 좋다. 예를 들면 주택의 경우 상아빛(ivory)을 주조색(예, 벽면), 지붕을 부조색의 갈색, 포치 및 문은 벽돌색과 같은 강조색으로 하며, 장식색은 수목, 잔디, 화초로 나타내도록 입안한다.

표 12.6 건물의 용도별 배색

종 별	색 상	명 도	색 율
거 주	R, YR, Y, GY, G, BC	6~9	1~3
사 무	GY, G, BG	7~9	1~2
교 육	YR, GY, G, BG	6~8	1~2
의 료	GY, G	7~8	1~1.5
오 락	R, YR, Y	8~9	2~3
상 업	R, YR, Y, GY, G	7~9	2~3
산 업	GY, G, BG, B	6~9	1~2
교 통	YR, Y, B	7~9	1~3

표 12.7 건물의 외장에 대한 적응색

용 도	주 조 색	기 타
주택	상아빛, 밝은 다갈색	갈색
여관, 호텔	상아빛, 밝은 다갈색	녹색
빌딩(사무소)	상아빛, 밝은 다갈색	청색
유치원, 초등학교	분홍색, 미색	석색
중·고등학교	크림색	녹색
대학	밝은 다갈색	청색
병원	흰색	녹색
극장	분홍색, 오렌지색, 녹색	적색, 청색
레스토랑, 카페	밝은 주황색, 진한 회(황)백색	청색, 적색
공장	밝은 다갈색, 상아빛	녹색
창고	밝은 다갈색, 갈색	청색
의류관계점포	밝은 다갈색, 분홍색	적색, 청색
음식관계점포	밝은 주황색, 흰색	주황색, 녹색
주거관계점포	상아빛, 밝은 다갈색	갈색

3) 규모 및 환경

규모가 큰 건물은 일반적으로 연한 색으로 하고, 작은 건물은 진한 색으로 하는 것이 바람직하여 검토되고, 이것은 일반의 배색이론과 일치하는 점이지만 한편 환경과의 관계도 고려하여야 한다. 환경색으로는 다만 나뭇잎이나 벽재 그대로의 색으로는 상황이 좋지 않고, 음영이나 투영이나 색채가 혼입하므로 재료색의 면적비평균값과는 상당히 다른 값이 되므로 채도도 동시에 저하한다. 따라서 이들 지역을 배경으로 하는 외벽의 색상, 명도, 채도는 표 12.8과 같은 조건에 의한 것이 적당하다

표 12.8 환경색

구 분	적응색상	명도	채도
수림지	5Y, 7.5R, 10G, 7.5B	7~8	2~4
초원지	2.5Y, 5R, 7.5G, 5B	7.5~8.5	1~4
사토지	2.5GY, 10G, 10R, 10B	7.5~9	1~4
시가지	2.5GY, 10G, 10R, 10B	7~9	1~4

(2) 지 붕

벽에 이어서 큰 면적을 차지하는 것이 일반적이고, 종래색을 지닌 재료로 지붕을 이는 경우가 많으므로 배색상 주요한 위치를 차지하여 왔으나 현재는 철근콘크리트조의 보급에 의하여 지붕은 불필요하게 되고, 목조나 철골조도 지붕재의 개량에 의하여 지붕의 구배는 감소하여 배색상의 중요성은 약해져 왔다. 그러나 일반주택 등에서는 지붕을 지닌 경우가 많다. 지붕은 일반적으로 밝은 하늘을 배경으로 하는 경우가 많으므로 밝은 벽과 적합한 대비를 유지하는 관계에서 어두운 명도로 하는 경우가 많다.

(3) 창 호

건물 외장 중에서 벽과 아울러 배색상 중요한 위치를 차지하는 것은 창호이고, 벽과의 배색이 특히 중요하다. 일반적으로 창틀, 창미닫이는 벽과 동색계로 하는 경우가 많고, 주로 명도대비와 채도대비에서 통일적인 느낌을 요구하는 것이 일반적이지만, 때로는 벽의 느낌 보정역을 담당하는 경우가 있다. 예를 들면 지나치게 어두운 벽에서는 창틀을 밝게 하고, 색채가 지나치게 첨가된 벽에는 창틀은 무채색으로 하고, 무채색에 가까운 벽일 때에는 창에 색채가 상당히 첨가된 틀을 이용하는 방식으로 배색을 적절하게 검토하여야 한다.

12.4.2 내부배색

(1) 총 설

건물의 배색은 내부 쪽이 오히려 중요하고, 내부배색에 의하여 창의 분위기가 지배되고 기능 및 의장상의 영향이 크다.

실내공간에서의 위치별, 색채의 사용에 따라 방의 성격이나 심리학적으로 인식하는 방법, 색채의 잠재적 반응에 큰 영향력을 미친다. 즉 공간별 위치-바닥, 벽, 천장 등 어디에 어떤 색채가 사용되었느냐에 따라 그 공간에 각각 다른 효과를 준다. 예를 들어 바닥에 적합한 어떤 특별한 색채가 천장에 적용될 때 전혀 다른 반응을 유도할 수 있는 것이다(표 12.9).

(2) 벽

실내의 주요 분위기를 지배하는 것은 대부분의 경우 벽이고, 창의 빛 또는 천장 기

표 12.9 실내공간별 색채 사용에 따른 색채 효과

	천 장	벽	바 닥
빨강	간섭하는, 방해하는, 무거운	진취적인, 진보적인	의식적인, 긴장한, 화려한
분홍	우아한, 편안한	달콤한, 심오한, 공격억제	바닥에 어울리지 않는, 우아한
주황	자극적, 주의를 끄는	따뜻한, 밝은	활동적, 동적
갈색	답답하고 무거운	목재의 경우 – 안전하고 확실한 페인트의 경우 – 느낌이 덜하다	끈기있는, 안정된
노랑	밝은, 자극적	따뜻한(주황에 가까운) 초조하여 흥분한(짙은 색)	마음을 들뜨게 하는, 즐겁게 하는
파랑	거룩한, 시원한, 무겁고 답답한(어두운 색)	차갑고, 냉담한	힘들지 않은, 견고한(어두운 색) 운동감을 느끼게 하는(밝은 색)
자주	심리학적으로 좌절감과 억제감을 일으킬 수 있으므로 특별한 분위기를 제외하고는 사용하지 않음		
잿빛	공허한	칙칙하고 지루한	칙칙한
하양	비어있는 느낌, 디자인의 난점이 없음	빈, 단조로운, 무기력한	다가갈 수 없게 하는
검정	답답하고 공허한	불길한, 감옥 같은 느낌	이상한, 추상적인
초록	보호하는	시원한, 안전, 신뢰성있고 수동적, 초조함(짙은 색) 불명료한(올리브에 치우친 경우)	자연적, 부드러운, 평안한

타로부터의 빛은 벽에서 반사되는 창의 외관 밝기를 결정한다.

벽이 어두우면 실제 조도가 높더라도 어둡게 느껴지고, 그 반대의 경우도 발생한다. 특히 채광상 가장 불리한 실의 안쪽 조도는 벽 반사의 영향이 상당히 가산되므로 작업조도에도 큰 영향이 있다. 실의 형태나 채광의 조건에 따라 다르지만 벽의 영향은 대체로 10~30 %의 범위에 들어가는 경우가 많아 그다지 크지 않으나 조도분포에 상당한 영향이 있고, 균일성이 향상되는 것이 중요하다. 벽의 밝기의 영향 하나는 사물을 보는 배경으로서의 작용이고, 작업 배경으로서 또는 앞에 위치한 인물이나 가구의 배경으로 중요한 역할을 담당하는 것이고, 이 경우 벽의 밝기는 지나치게 밝거나 어두운 것은 좋지 않으므로 목표물과의 사이에 명도나 색상, 채도의 적량 대비도를 유지하는 것이 필요하다.

벽색은 직입자나 거주사에게 기분적인 영향을 주므로, 예를 들면 따뜻한 계통의 색(R, YR, Y)은 쾌활한 기분을 일으키고, 밝은 중립의 색(GY, G)은 명랑한 느낌을 지니고, 둔한 한색(BG, B, PB)은 차분한 분위기를 지니고 있다. 명도가 낮아지면 각각 안정을 가산한 느낌이 되고, 채도가 강하면 각각의 자극을 강하게 하는 것은 일반원칙 대로이다(그림 12.19).

다만 주의할 것은 벽면은 면적이 커서 눈에 띄기 쉬운 위치에 있고, 상호 반사하여 색을 강하게 하는 경향이 있으므로 그 영향은 충분히 검토하여 신중히 고려하여야 한다.

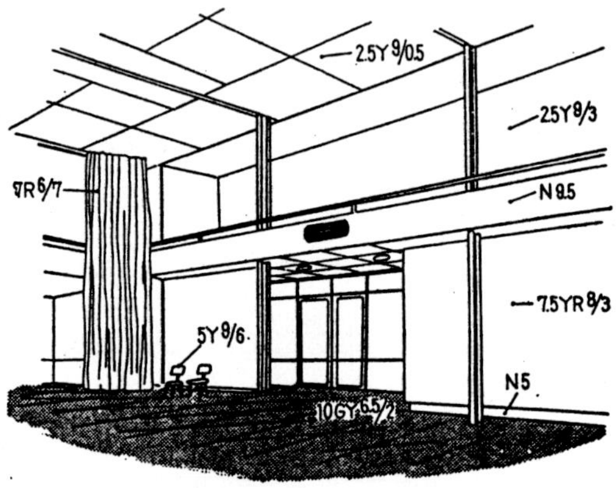

그림 12.19 내부배색의 예

(3) 하부벽

하부벽은 벽의 허리부분으로 상벽과 구분하는 경우와 구분하지 않은 경우가 있고, 실용적으로는 더러움이나 마찰에 의한 손상의 관계에서 별도의 재료로 하는 경우가 많다. 기능적으로도 상부의 벽은 실내의 광선분포를 양호하게 하기 때문에 일반적으로 말하자면 밝은 쪽이 양호한 경우가 많고, 하부의 쪽은 작업 배경이 되거나, 사람 피부의 직접 배경이 되므로 좀 어두우면 양호해질 수 있다.

하부벽은 대부분의 경우에 더러움이 눈에 띄지 않도록 명도를 약간 낮추는 것이 합리적이지만, 의장적으로는 오히려 차이를 두지 않은 편이 산뜻하므로 응접실 등과 같이 그다지 더러워지지 않은 실이나 좁은 실에서는 바름으로 구분하지 않은 편이 바람직하다. 타일과 같이 더러워지기 어려운 재료는 하부를 구별할 필요는 없다. 바름으로 구분하는 경우에 바름 구분의 높이는 대체로 작업자나 사용자의 자연스러운 자세에서 눈높이 이하를 하부벽으로 간주하는 것이 적당하지만, 이에 해당하는 재료 사용이 있으면 물론 이것을 기준선으로 하고, 창틀과 같은 것이 지나는 경우에는 이것을 기준으로 한다. 상부와 하부 재료가 다른 경우에 같은 색으로 하면 일반적으로 배합이 곤란해지고, 광택이나 재질의 차이 때문에 오히려 애매한 정도의 색 차이가 되기 쉬운데, 이와 같은 경우에는 차라리 색을 적량으로 바꾸는 편이 바람직하다. 그러나 상하를 극단적으로 바꾸는 것은 벽면의 대비가 지나치게 강하여 작업시에 눈이 피로해지는 등 기능적으로 좋지 않아지기 쉽다.

상하의 적량대비를 구하는 방식은 다음과 같다.

채도차, 색상차는 0으로 상관계수 1.0, 기본명도 7로 부(負)대비의 명도계수 1.0, 채도 0~3으로 채도계수 1.0, 면적비 1 : 2로 계수 0.8, 시야비 1/4로 시야계수 1.0, 종합대비계수 0.9, 기본명도 7일 때 적량명도차는 1.8=2가 된다. 따라서 하부벽의 명도는 5가 된다. 또한 기본명도 8일 때 부대비의 명도계수는 0.75이므로 적량명도차는 1.5가 된다. 따라서 하부벽 명도 8－1.5=6.5가 일반적인 값이 된다.

(4) 징두리판

바다 가까이는 청소시에 더러워지기 쉽고, 하부벽과 징두리판이 같은 명도가 되는 경우에 재료나 색상의 상위 등에서 부조화한 애매한 범위에 들어가기 쉬우므로 바닥과의 경계에 징두리판을 붙이고, 그 명도를 변화시키는 것에 의하여 조화를 돕는 역할을 하는 경우가 많다. 징두리판은 창호틀과 같은 재료로 하는 경우가 많으므로 어느 경우에는 틀과 같은 색으로 하는 경우도 있다. 그러나 틀은 상벽까지 도달하는 경우가 많고, 징두리판은 하부벽에 접하므로 하부벽이 바름으로 구분되는 경우에는 징두리판과 틀은 별도의 색이 합리적이 되는 경우가 많다.

징두리판의 더러워짐을 검토하면 YR계에서 V=3~4가 가장 양호하게 되는데, 색채조화의 입장에서 벽과 동색계 또는 N이 일반적으로 무난하다.

(5) 바 닥

징두리판의 명도를 결정하는 경우에 바닥의 명도와의 사이에도 적량대비를 유지하는 것이 바람직하지만, 바닥은 대부분 마감이 다르고, 색상이 다르므로 비교적 명도차가 가까워지더라도 양호한 경우가 있다.

일반적으로 징두리판으로부터 바닥의 명도를 결정하는 경우보다 바닥 자체의 기능적 요구에서 결정하는 경우가 많다. 즉 작업면과 과대한 대비를 나타내지 않도록 바닥은 중립의 밝기 5~6으로 결정하는 경우가 많다.

일반적으로 이용되는 바닥재는 목제의 경우 무처리되면 V=5~6이 되는 상태가 양호하지만, 스테인 마감으로 하면 V=3~4로 저하하는 경우가 많다. 클리어락카 마감에서는 대체로 V=5를 유지한다. 바닥재로 리놀륨, 아스팔트타일, 비닐타일, 비닐 등이 사용된다. 비닐제품은 색이 다양하고 더러움을 제거하기 편리하므로 자유로운 명도가 얻어진다.

바닥의 색상은 벽과 다른 편이 일반적으로 우수하여 동색의 경우에는 명도대비를 약간 강하게 하는 것이 바람직하다.

(6) 천 장

실내에서 채광조명 효과에 가장 큰 영향을 지닌 것은 천장이고, 여기에 조건이 불리한 안쪽 부분은 천장에서의 반사 영향이 가장 중요하다. 이에 천장은 일반적으로 가능한 한 높은 명도가 적합한 부분이고, 대부분의 경우 천장이 직접 작업의 배경이 되지 않고, 직사일광이 비추지 않은 부분에서 지나치게 밝게 되는 경우는 적다. 그러나 병실이나 침실의 천장과 같이 항상 이것을 쳐다보는 경우에는 천장의 명도를 약간 낮추어 안정감을 주는 경우도 있다. 실의 사용목적에 따른 천장 일반색의 예를 표 12.10에 나타낸다.

표 12.10 실의 사용목적에 따른 천장의 일반색

사용목적	색 상	명 도	채 도	비 고
거주실	벽과 같은 계통	7~8	1.5~2	밝은 실에서는 약간 낮고, 어두운 실에서는 가장 밝은 색을 채용한다.
작업실	백Y계 또는 벽과 같은 계통	9~	0~1.5	채도를 강하게 하지 않도록 한다.
사무실	백 또는 벽과 같은 계통	9~	0~1.5	명쾌한 담색을 이용한다.
식 당	백, 담청 등	8~9	0~2	
오락실	Y, YR계	7~9	1.5~3	명도가 지나치게 작으면 불가
침 실	벽과 같은 계통	7~8	1.5~2	명도, 채도와 아울러 과대하게 되는 것을 피한다.

(7) 창 호

실내에 이용되는 창호는 실내배색에서 벽과 같이 큰 요소가 되는 것이 있으므로 배색상의 주의가 필요하다.

1) 창 미닫이

주간에는 밝은 외광에 대하여 창 미닫이는 역광선이 되므로 시야 중에 강한 대비가 나타나지 않도록 미닫이의 창살은 가능한 한 밝은 것이 바람직하다(대부분의 경우 V =10으로도 지나치게 밝은 것은 아니다). 그러나 야간에는 반대로 내부가 밝아지고, 유리면은 어두워지므로 실의 창살이 너무 밝으면 유해한 대비가 나타나게 된다. 그런데 야간에는 대부분의 경우 커튼으로 가리우므로(이에 따라 실내배광이 한층 개선된다) 이 경우 창살은 어느새 방해되지 않는다. 이상의 점에서 창살은 더러움이 눈에 띄지 않을 정도로 가급적으로 밝은 편이 바람직하여 V=7, 8, 9의 범위가 실용적으로 이용된다.

2) 문

벽면과 같은 위치에서 그 일부를 이루는 경우가 많음에서 대체로 벽과 같이 취급하게 되는 경우도 있는데, 한편 그 면적은 자고, 재료가 다르고, 벽과 분명한 구별이 되는 편이 분별하기 쉬워 좋다고 하는 검토도 있어 결국 벽에 가까운 명도는 있지만, 색상이나 채도를 바꾸는 것에 의하여 분명하게 되는 경향이 강하다.

부속철물은 금속색이 자연스럽고, 착색하면 문과 명도가 그다지 관계없는 무채색이라든가, 동색계에서 명도와 채도가 다른 것, 보색계에서 채도가 다른 것 등 어느 쪽도 장식적 효과를 지니고, 예를 들면 명황색에 흑색(N=2), 어두운 적색에 밝은 회색 등은 그 대표적인 조합이다.

확인학습

1 색의 3속성이란 (　　　), (　　　), (　　　)의 조합에 의하여 어느 특정 색이 결정되는 색의 기본적 성질을 말한다.

2 색 중에서 가장 크게 보이는 색은 (　　　)이고, 가장 작게 보이는 색은 (　　　)이다.

3 건축색채는 쾌적성(심미성)과 (　　　)의 두 가지를 모두 충족시켜야 한다.

4 색의 보는 정도는 주위 물체의 색, 주위의 (　　　), 광선, (　　　)에 좌우된다.

5 색채감각은 (　　　)가 높을수록, 즉 실이 밝을수록 같은 색에서도 밝게 느껴진다.

6 먼셀 표색계의 기본 색상은 빨강, 노랑, 파랑, (　　　), (　　　)이다.

7 먼셀의 표준 색상은 (　　　)색이다.

8 문・스펜서의 색채 조화이론에 의하면 동일의 조화, (　　　)의 조화, (　　　)의 조화로 구분하였다.

9 2색을 늘어놓으면 서로 다른 색에 간섭하여 합쳐지는 현상이 있다. 동일 평면에서 한 편이 다른 편에 둘러싸인 경우에 가장 약하게 보이고, (   )의 차가 클 때에는 현저하게 나타난다.

10 화재시 긴급 피난구로의 동로를 나타내는 표식의 색은 (   )이다.

11 수술실의 색채계획에서는 어떤 색을 사용하면 좋은가? 또 그 이유에 대하여 설명하여라.

12 색채조절의 목적을 서술하여라.

13 일반적으로 색은 어떻게 선택하는가?

14 색 견본으로 색을 선택하는 경우의 주의사항은?

15 색은 조도에 의해 모습이 어떻게 변하는가?

Environmental Psychology

제13장 | 환경심리

13.1 환경심리학의 개념 및 범위

13.1.1 환경심리학의 개념

환경심리학(Environmental psychology)은 환경과 인간의 영향 및 인지와 행동 사이의 상호 관계를 연구하는 분야이다(Bechtel & Churchman, 2002 ; Gifford, 2007 ; Stokols & Altman, 1987).

환경심리학은 인간과 그 주변 환경 사이의 상호작용에 초점을 맞춘 학제적 분야이다. 그 분야는 자연 환경, 사회 환경, 건축 환경, 학습 환경 및 정보 환경을 포괄하는 광범위한 환경을 정의한다.

그것의 개념부터, 그 분야는 가치관과 문제가 지향하고, 더 큰 사회 내에서 개인의 복지를 추구함에 있어 복잡한 환경문제를 해결하기 위한 연구를 우선 시하고, 규율의 개발에 최선을 다하고 있다. 인간과 환경의 상호 작용에 관련된 문제를 해결하는 경우 전역(global)이든지 국소(local)이든지, 인간이 행동하게 되는 상황에서 환경 조건을 예측하는 인간 본성의 모델이 있어야 한다. 이 모델의 도움으로 설계, 관리, 보호하거나 적절한 행동을 원활하게 하기 위해 환경을 복원하고, 이러한 조건이 충족되지 않을 가능성의 결과를 예측하고, 문제 상황을 진단할 수 있다.

그 분야는 광범위하고 본질적으로 학제적 초점을 유지하면서 인간 본성의 이러한 모델을 개발하고 있다. 그것은 공유 자원 관리, 복잡한 구조에서의 길찾기, 인간 능력에 따른 환경 스트레스의 효과, 복원 환경의 특성, 인간의 정보 처리 및 내구성 보존 행동의 증진 등과 같은 서로 다른 문제를 탐구한다.

장소 아이덴티티는 전통적으로 '개인이 살고 있는 물리적 세계에 대해 광범위하게 여겨진 인지가 이루어진 인간의 자기 정체성의 하위 구조'로 정의하고 있다(Proshansky et al., 1983). 이 인지는 모든 인간의 일상 경험을 정의한다. 인간의 태도, 감정, 생각, 기억, 개인의 가치관과 범위와 물리적 환경의 형식 선호도를 통해, 인간들은 그들이 사는 환경과 자신들의 전반적인 경험을 이해할 수 있다.

인간은 다양한 장소와 공간과 상호 작용하는 것처럼 다양한 요구를 충족하는 다른 환경의 속성을 평가할 수 있다. 장소는 생물학적, 사회적, 심리적 및 문화적으로 인간을 만족하는 구성 요소를 포함하는 경우, 그 인간의 과거 환경을 만든다. 장소에서 '좋은' 또는 '나쁜' 경험을 통해, 인간은 물리적 세계에 대한 개인의 가치관, 태도, 감정과 신념을 반영하고 정의할 수 있다.

13.1.2 환경심리학의 범위

환경심리학의 개념에 바탕한 디자인 가이드라인의 기본은 다음과 같다.

- 체계적 이론과 사회적 생태, 생태 시스템 개념
- 인간-환경 적응(또는 조화)
- 환경 상징성 ; 장소-기반과 가상 환경
- 생리적 및 심리적 스트레스, 무력함, 과부하
- 밀도와 밀집성 ; 최고 한도 밀도, 수용력
- 프라이버시, 개인공간, 영역성
- 공간 근접, 기능적 거리, 친밀 형성
- 친밀 기울기와 방어 공간
- 환경 스트레스 요인의 영향, 행동과 건강의 과부하
- 인지와 행동 지도작성 ; 이미지 표현력, 읽기 쉬움
- 개성과 환경(자극 찾기, 인내력)
- 환경 태도와 평가
- 장소 아이덴티티, 물리적 흔적, 아이덴티티 제기
- 행동 설정, 초과와 인원부족 ; 제3장소

- 환경 질에 따른 인간행동의 영향
- 유효한 보강, 피드백, 사회적 규범, 사회적 칭송
- 자연에 대한 인간 반응과 기술적 재난

13.2 환경의 인지와 지각

13.2.1 환경 인지

(1) 지각과 운동

지각과 운동은 분리하여 존재하는 것이 아니라 매우 복잡하게 상호작용하고 있다. 우리는 시각, 청각, 후각, 미각, 촉각 등의 감각기를 통하여 외계 정보를 섭취한다. 스스로 행동을 수행하는 데에 필요한 외계 정보를 추출하고, 외계의 표상(表象, representation)을 창출하는 것이다. 이것이 지각계이다. 이 정보를 바탕으로 개별의 지식에 의거한 대상의 동정(同定, identification)이 이루어지고, 대상이나 현상에 관한 정보가 인지계에 기억된다. 지각계는 인지계에서의 영향을 받지만, 기본적으로는 대상에 관한 개별의 지식이 없어도 외계의 구조(주로 면의 구조나 자타의 움직임 등)가 추정된다(그림 13.1).

또한 신체・위치 지각계에서는 감각・지각처리계에서 처리된 어떤 종류의 정보에서 대상 사이 또는 대상과 자기와의 공간적 위치관계를 분명히 함과 아울러 스스로 신체의 위치에 관한 상태를 시시각각 기록하고, 그것을 운동제어나 대상과 환경의 인지에 이용하고 있다. 이들의 정보를 바탕으로 목적을 달성하기 위해 운동을 계획하고, 실행하는 것이 운동계이다. 운동에 의해 감각기에 보내지는 입력정보는 변화하고, 거기에 수반하여 지각표상이나 공간위치, 신체의 지각 등이 시시각각 변화한다. 이와 같이 외계와 역동적인 상호작용을 통하여 우리는 행동하고 있는 것이다.

지각운동 시스템에서 정리하면 다음과 같다.

① 우리가 지각하는 대상은 뇌 안에서 재구성된 말하자면 주관적 세계이다(지각계의 재구성).

② 우리는 다만 외계를 지각하고 있지만은 않다. 자기 신체의 상태와 외계와의 관련을 받아들이고 있는 것이다(신체・공간 위치의 지각).

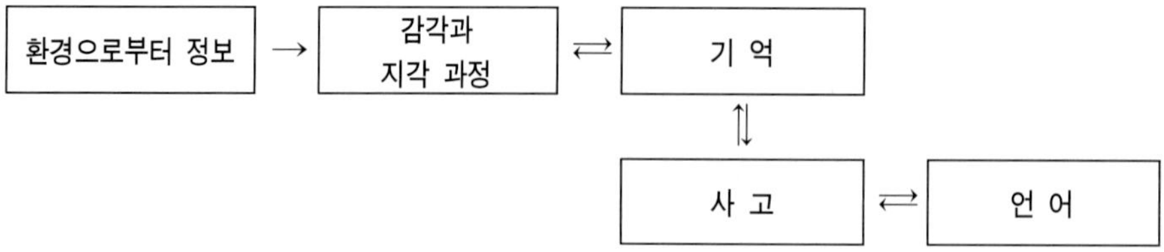

그림 13.1 인지 모델

③ 우리는 대상을 지각계만으로 받아들이고 있지 않다. 물체에 접촉하고, 그것을 조작하는 운동감각, 촉지각 이미지와 아울러 지각이 성립하고 있다(운동 이미지, 재질・형상의 이미지).

④ 다종류의 정보가 상호작용하고 있는 것에서 지각운동 시스템이 정상으로 기능하는 조건은 이들 사이의 수미일관성을 유지할 수 있는 것이다(consistency maintaining).

(2) 공간인지

사람들이 감각 기관을 통해서 느끼는 것과 이에 근거한 추론의 과정을 인지라고 한다. 공간인지란 공간의 이해와 거기에 바탕하는 행동, 심적 활동이다.

1) 인지지도

머리에 느끼는 인지를 이해나 해석을 가능하게 하기 위해 도식화하는 것을 인지지도(cognitive map)를 만든다고 한다. 공간인지의 중핵적 요소이고, 공간에 관한 기억을 가리킨다. 인지지도는 일종의 해석 도식을 제3자에게 이해 가능하도록 제시하는 것이다.

사람이 익숙한 장소에 갈 때, 지도를 보지 않아도 거기에 도착할 수 있는 것은 인지지도의 덕분이다. 물리적으로 동일한 환경에서도 사람들의 머릿속에 인지지도는 사람마다 다를 수 있다. 또한, 그 인지지도의 특징을 조사할 때 피험자에게 약도를 그려달라고 하는 방법과 길이나 도시의 특징적인 부분을 설명해달라는 방법이 있다.

인지지도는 사람들이 문제를 해결하고 기억을 사용하여 그들의 환경을 처리하는 수단이다. 그것은 Edward Tolman에 의해 1940년대 후반에 쥐 실험으로 확인되었다. 그 실험에서 그는 미로 끝에 음식을 제공하여 쥐를 대상으로 했다. 쥐들은 몇 차례 실수를 하며 많은 작은 경로와 막다른 골목을 통과했다. 결국, 쥐들은 모두 실수 없이 출발하여 목표로 신속하게 이동할 수 있었다.

인지지도는 "새로운 환경을 경험하는 관찰자는 그 환경의 인지 표상 생성을 시작할 것이다(Lynch, 1960 ; Aragones & Arredondo, 1985)."

"인지지도 작성은 개인이 획득, 코드, 저장, 기억, 그리고 상대 위치와 자신의 (일상) 공간 환경에서 현상 특성에 대한 정보가 디코딩되는 과정이다(Downs & Stea, 1973)."

2) 저장 및 회상=기억

- 유추 표상 : 이미지 또는 사진에 바탕한 현실 세계의 심상 유추 지도(Cornoldi & McDaniel, 1991년 ; Glicksohn, 1994)
- 계획적 저장 : 의미 기반의 저장은 환경이 개념과 조합에 의해 연결된 아이디어로 재현된다(예를 들어 컬러, 이름, 높이). 조합은 이미지 형태로 검색된다(Pylyshyn, 1981).
- 실제로 인지지도는 아마도 조합이다(Searleman & Herrmann, 1994).

3) 인지지도의 분류

- 노선도(route map) : 코스적으로 정보를 유지하는 인지지도이고, 2차원공간 중에서 2차원공간을 보는 것과 같은 감각이다.
- 측지도(survey map) : 공간관계를 부감적(俯瞰的)으로 유지하는 인지지도이며, 3차원에서 2차원을 내려다보고 있는 것과 같은 감각이다. 방향음치와 이 지도의 능력 결여가 관계하고 있다고 고려하는 연구자도 있다.
- 정렬효과
  기억 시의 방향과 추론 시의 방향이 다르면 방향판단의 잘못이 많아진다. 측지도를 이용할 때에 인지된다.

4) 인지지도의 특징

- 인지지도의 범주와 특징(Lynch, 1960)
  ① Path(도로) : 이동할 수 있는 경로, 통로
  ② Edge(경계) : 녹지의 연속상태를 차단하는 연속한 선상의 요소. 강, 해안, 언덕, 담, 건물

③ District(구역) : 지역 특징을 공유하는 일정의 지역, 큰 언덕, 관청가

④ Node(결절점) : 지점 도시의 초점. 복수의 Path가 만나는 곳, District의 중심

⑤ Landmark(표적) : 외부에서 보는 것에서 정위를 돕는 점의 요소. 탑이나 고층 건물 등

- 연속적인 지도와 지식 기반의 지도 또는 공간지도 사이의 구별을 그린다(Appleyard, 1970).
- 더 많은 상호작용은 더 자세한 경로와 공간의 지식을 리드한다.

5) 인지 작업

- 오히려 기억에 의존하는 것보다, 개인은 랜드마크 이미지를 인지하도록 요청된다 (Lynch, 1960 ; Milgram & Jodelet, 1976).
- 개인의 인지 부하를 제거한다.
- 약도에 추가된 정보를 제공할 수 있지만, 랜드마크의 방향이나 지리적 거리와 공간 요소 사이에 대해 알려주지 않는다. 개인 인지지도에 '그곳이 맞다'고 결정하기 어렵다.
- 랜드마크 식별은 인지지도의 한 구성 요소이다.
- 랜드마크 식별 반응 시간을 측정할 수 있는 더 실증적인 방법을 마련한다.
- 인지 반응 시간은 기억 반응 시간보다 훨씬 빨라질 수 있다.
- 그러나 기억은 인지지도 등의 핵심 구성 요소이다(Downs & Stea, 1973).

6) 길찾기의 전략

길찾기(wayfinding)는 공간 문제 해결을 도모할 수 있다. 길찾기를 통하여 건물이나 환경의 현 위치, 원하는 위치, 현 위치에서 목적지에 도착하는 방법을 알 수 있다. 건축적 단서, 조명, 시선, 표지판 등은 길찾기의 정보가 된다.

① 이미지 맵(image map)의 구성방법

사람이 지역에 대하여 가지고 있는 지각과 지식을 나타내는 지도로서 심상지도(mind map)라고 할 수 있다. 심상지도는 시각적으로 대략적인 정보를 사용하는 다이어그램이다. 심상지도는 종종 관련 아이디어, 단어와 개념이 추가되는 중앙에 위치하고 하나의 단어 또는 문자 주위에 만들어진다. 위치 지식, 위치 기간, 위치 상황, 정서적 맥락 등이 연속적(sequential)이고 공간적(spatial)으로 형성된다(그림 13.2 참조).

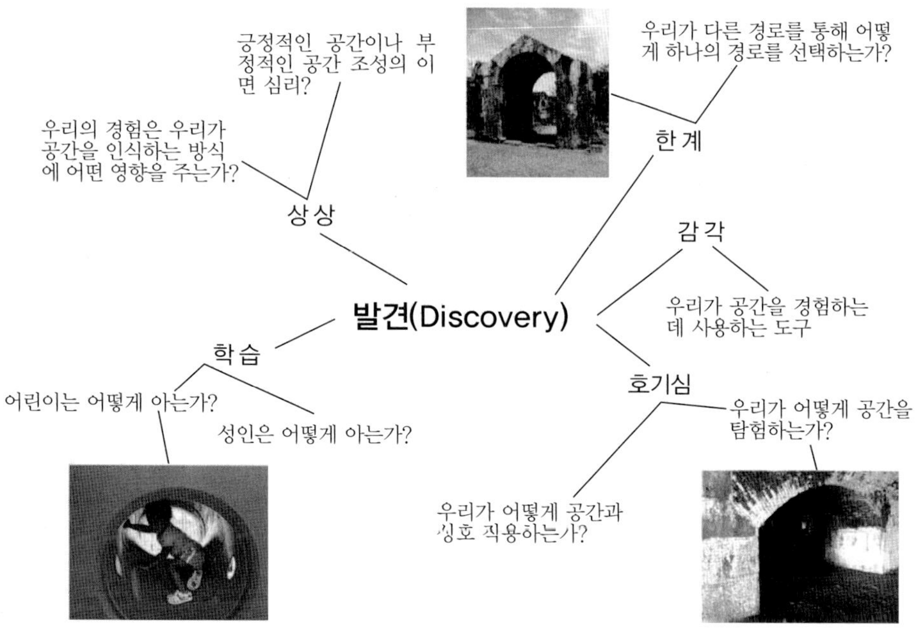

그림 13.2 심상 지도

② 약도(sketch Maps)

- 환경지식의 계측으로 손으로 약도를 그린다(Appleyard, 1970 ; Devlin, 1976 ; Thorndyke & Hayes-Roth, 1982).
- 빠르고 상대적으로 '용이한' 인지지도 계측

  연구 영역의 구조와 복잡성–차이점 때문에 공간 지식의 구조나 개발에 대한 일관성 있는 결과 제공에 실패

  - 약도 정확성의 분류(Ishikawa & Montello, 2006)
  - 참여자에 대한 사전 지식 제어의 부족
  - 드로잉 능력에서–변화(Blaut & Stea, 1974)
  - 지도 제작 경험(Beck & Wood, 1976)
- 일치하지 않는 지각의 관점–'새의 눈' 보기
- 인지지도는 문맥 의존 분석 상황 때문에 정확성은 어렵다.

③ 인지거리(cognitive distance)

사람들이 주어진 상황에 존재하는 인식의 거리이다. 그것은 주로 점 사이의 공간적 상호작용의 정도에 대한 사람들의 판단을 기준으로 한다.

- 방향감각(sense of direction) : 공간에서의 방향 인식
- 광고의 안내도 특징

④ 선택 지도작성(preference mapping)

- 랜드마크는 장소의 선호도나 매력도 순으로 묘사되기보다 순위가 결정된다(Gould & White, 1982).
- (때때로) 제한된 인지지도보다 더 먼 거리의 선호도를 제공한다.
- 지도의 지역은 환경의 특징에 따른 선호도 여부로 음영 처리할 수 있다.
- 장소에 따른 논쟁의 여지가 있는 규율 내에서 높은 수준의 개인차–장소의 구성 (Allen, 2004a, Allen 2004b)
- 기억은 부정확하고 선택 단계는 더 많은 경험으로 '변화'할 수 있다.
- 시각 장애가 있거나 신체장애인을 위한 유용한 기술이다.

7) 장소의 기억요인으로서의 신체운동감각

현대는 편리성, 합리성을 추구, 자동차 보급에 따른 motorization(자동차 대중화), 인터넷의 보급에 의한 정보화사회, 합리적 아름다움을 추구한 모더니즘 등이 발전해 왔다. 그 결과, 도시는 무기질인 건물이 많이 들어서고, 교외에는 대형 쇼핑센터가 입지하고, 주거 공간은 고층화되고, 보안장치도 강화되고 있다. 그러나 거리에는 사람의 눈이 닿지 않는 사각지대가 형성되고, 그러한 장소는 우범지대화 되고, 자살자 수도 증가 경향에 있다.

E. Relph(1976)는 이러한 공간의 성격을 「장소상실(placelessness)」이라고 표현하고 있다. 「장소상실」은 어떤 장소도 외양뿐만 아니라 분위기까지 동일하게 되고, 장소의 아이덴티티가 모두 유사하여 개성 없는 경험만 주게 될 정도로 약해져 있는 것이다. 또한 그는 "의미 깊은 장소화하려는 강한 인간적인 욕망을 무시하고 장소상실이 방치되고, 아무런 문제가 없다고 한다면 미래는 완전히 어두워져 버릴 것이다."고 지적했다.

이처럼 사람과 도시의 연결이 희박화한 현대에 그 연결은 도시라는 장소에서 기억이 하나의 큰 역할을 담당하고 있다. 따라서 어떻게 사람들이 도시에 대한 기억을 가지는가 하는 것은 그 관계를 생각하는 데 있어서 중요하다. 더 깊이 기억되어 사람과 도시의 관계가 강화되면 현대의 표면적인 문제 해결의 실마리가 되는 것은 아닐까.

사람의 기억은 거주하는 동안 서서히 형성되고, 또한 수정되는 기억 이미지, 공간

(장소)으로부터 받는 자극에 의해 형성되는 반응 이미지로 정의한 연구에서 시각보다 신체 운동감각(kinesthetic) 쪽에서 반응 이미지의 장소 기억이 강함을 보고하고 있다(大野隆造他, 2002).

13.2.2 환경 지각

(1) 공간형태

공간형태(Gestalt) 심리학의 가장 기본적인 개념으로 지각은 단지 대상이 되는 사물에 유래하는 개별적인 감각자극에 의하여 형성되는 것이 아니라 그 개별적인 자극에는 환원할 수 없는 전체적인 틀에 의하여 크게 규정된다고 하는 것이다. 여기서 전체적인 틀은 독일어로 Gestalt(형태)라고 한다.

게슈탈트의 기본적 개념으로서 대상을 전체로 파악하는 것이라고 할 수 있다. 예를 들면 음악은 개개의 음을 들었을 때보다 큰 효과를 준다. 도형도 또한 어중간한 선이나 점이어도 원이나 삼각 등 그것을 본 인간이 패턴을 보충하여 이해한다(반대로 착각·오해를 일으키는 원인이라고도 할 수 있다).

베르트하이머(Max Wertheimer)가 처음으로 제기한 것으로 게슈탈트 요인이라고도 하는데 주로 지각심리학 영역에서의 중요한 법칙이다. 특히 시지각(視知覺)에서 군화(群化)의 문제와 관계가 있다. 이 법칙은 근접의 법칙, 유동(類同)의 법칙, 폐합(閉合)의 법칙, 좋은 연속의 법칙, 좋은 모양의 법칙 등을 포함한다.

1) 게슈탈트의 법칙

게슈탈트 법칙은 최대 질서의 법칙이라고 볼 수 있는데 이는 분절된 게슈탈트마다 어떤 질서를 가지고 있기 때문이다. 게슈탈트는 구조를 가지고 있으므로 에너지가 있고 운동을 하며 적절한 긴장이 내포되어 정점이 아니고 역동적이며 역학적이다.

① 근접성(factor of proximity) : 근접한 것끼리 짝지어져 보여지는 현상. 개개의 부분을 근접되어 있는 것끼리 하나의 의미 있는 형태로 지각하려는 경향을 말한다. 그 예로 여러 점이 배치되어 있을 때 서로 가까운 위치에 있는 점은 하나의 통합된 형태로 지각되는 것을 들 수 있다.

② 유사성(factor of similarity) : 형태, 규모, 색, 질감 등에 있어서 유사한 시각적 요소들이 연관되어 보여지는 현상. 개개의 부분이 비슷한 것끼리 연결되어 있을

때 하나의 형태나 색깔의 성질로 지각하려는 경향이다.

③ 연속성(factor of continuance) : 유사한 배열이 하나의 묶음으로 시각적 이미지의 연속장면처럼 보이는 공동운명의 법칙의 현상. 예로 어떤 한 직선이 다른 직선과 연결되어 보이거나 미완성된 원의 일부분이 하나의 원으로 지각되는 경향을 들 수 있다.

④ 폐쇄성(factor of closure) : 시각적 요소들이 어떤 형상으로 허용되어 보이는 현상, 즉 불완전하거나 떨어져 있는 부분을 연결하여 완전한 것으로 지각하는 현상이다.

2) 색의 대비와 형태-게슈탈트 지각현상

대비현상은 색과 밝기에 대한 눈의 작용이 아니고, 형과 면적의 조건 등에 의해 지배되는 지각적인 현상(그림 13.3).

① 근접한 것끼리 조화하는 근접의 법칙
② 유사한 것끼리 조화하는 유동의 법칙
③ 독립된 형태로 닫혀 있는 모양끼리 조화하는 폐합의 법칙
④ 파장과 같이 좋은 어울림끼리 조화를 이루는 좋은 연속의 법칙

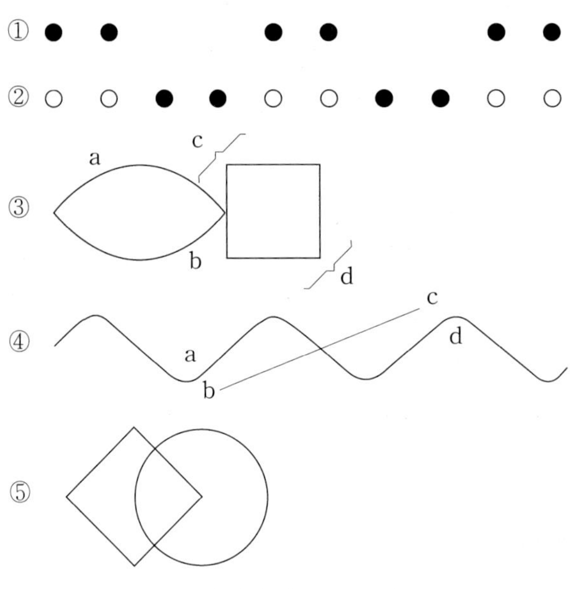

그림 13.3 게슈탈트법칙

⑤ 좋은 모양을 만드는 것끼리 이루어진 좋은 모양의 법칙, 유사형태의 조화–어떤 유사한 형태나 동일요소끼리 조합한 형태의 모임들이 보기 좋다.

(2) 형태지각의 특성

게슈탈트 심리학이란 심리학의 전체관(全體觀)·형태성(形態性)을 중시하는 입장의 심리학설로서 게슈탈트란 원래 형(形)·형태(形態)를 뜻하는 독일어이다. 게슈탈트(Gestalt)는 우리가 어떤 사물이나 현상을 지각할 때 떠오르는 어떤 형태(모양)를 말한다.

- 게슈탈트란 ~부분부분, 또는 요소요소를 하나의 의미있는 전체상으로 정리한 것이다. 게슈탈트심리학에서는 「전체는 부분의 총화 이상의 것이다」라는 고려가 전제가 된다.
- 게슈탈트를 만들 때의 원리는 「図와 地」이다. 「図」란 눈에 띄는 것, 「地」는 눈에 띄지 않는 것. Rubin의 컵이 유명하다. 게슈탈트를 만들 때에는 반드시 図와 地가 만들어지고 있다. 図와 地가 정해지지 않고, 図와 地가 굳어져 있다는 것이 문제가 된다.

1) 반전도형(reversible figure)

객관적으로는 동일 도형이면서 지각적으로는 2개 또는 그 이상의 형태가 성립하는 도형이다. 다의도형(ambiguous figure)이라고도 한다. 몇 가지로 대별할 수 있다.

- 図가 되는 영역과 地가 되는 영역이 교체하는 도형(ex. Rubin의 컵)
  └→ 관찰자가 어느 쪽인가 한쪽의 보는 방식을 계속 유지하는 것은 곤란

그림 13.4 루빈의 컵

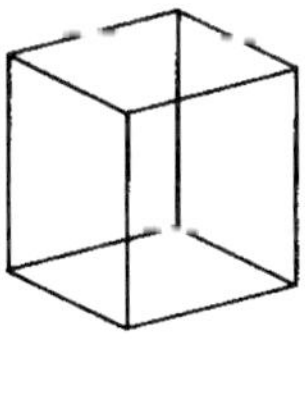

그림 13.5 넥커의 입체도형

그림 13.6 젊은 여인과 늙은 여인

- 달라진 군화(群化)의 요인 간에서 그 강도가 균형적인 통합의 반전도형
- 입체시의 성립에 2가지 이상의 가능성 있는 오행반전도형(ex. Necker의 입체도형)
- 하나의 도형이 의미적으로 낯익어 2 이상의 대상을 발견할 수 있는 의미반전도형 (ex. 젊은 여인과 늙은 여인)

  └→ 주의하지 않으면 처음에 지각한 것만 계속 보이는 경우도 있다.

2) 착시도형

① 주관적 윤곽(subjective contour)

물리적으로는 존재하지 않는 윤곽선이 주위의 자극포치(자극의 시간공간적 배치)에 의해 지각되는 현상이다. 윤곽의 안과 밖에서 밝기나 색에 차이가 인정되고, 또한 면이 형성되어 층으로 분류되고 전후시(중복감)가 생긴다. 포치에 따라서는 투명감을 수반하는 경우도 있다(ex. Kanizsa의 삼각형).

② 기하학적 착시(geomatical-optical illusion)

평면도형의 기하학적 성질이 자극의 객관적 성질이나 관계보다 조직적으로 또한 상당량 다르게 지각되는 현상이다(ex. Müller-Lyer 착시. 착시는 머리속으로 알고 있더라도 시야로 보여진다→Bottom Up의 현상).

그림 13.7 카니자의 삼각형

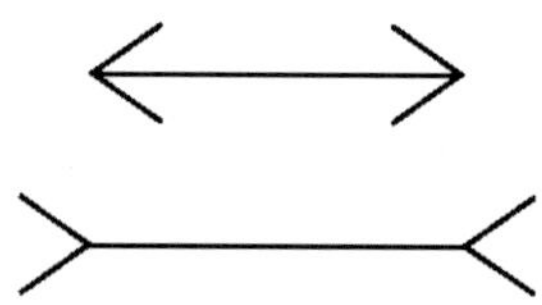

그림 13.8 뮬러 라이어의 착시

착시 현상에서는 검정 바탕의 회색은 흰색 바탕의 회색보다 밝아 보이고, 루빈의 컵은 마주보는 사람의 얼굴 모습으로 보이기도 한다. 루빈의 컵은 어느 영역이 도형(figure)이 되는가. 또는 어느 영역이 배경(ground)이 되는가. 도형-배경의 반전도형이라고 할 수 있다. 흰 부분을 전경(ground)으로 하면 컵으로 보이고 반대로 검은 부분을 도형(figure)으로 하면 두 사람이 마주 보고 있는 형태가 되며 흰 부분은 배경으로 밀려난다.

보통 사람들은 어떤 욕구가 출현했을 때에는 도형이지만 그것이 충족되었을 때 그 욕구는 배경으로 밀려나고 다른 새로운 욕구가 도형으로 등장한다. 이와 같이 도형과 배경이 자연스럽게 교체될 때 정상인이며, 신경증환자는 그렇지 못하다.

카니자의 삼각형에서는 실제로는 그려져 있지 않은 흰 삼각형이 매우 사실적으로 보인다. 실재하는 것은 집게발 3개뿐인데, 물리적으로 존재하지 않는 하얀 삼각형이 떠오른다. 이 가상의 삼각형은 집게발의 위치를 바꾸거나 크기가 조금만 달라져도 사라지는 하나의 가상공간이다. 또한 거의 모든 인쇄물이 그러하듯, 우리가 보고 있는 웹사이트의 모습도 확대해 보면 형상을 알아보기 어려운 수많은 픽셀(picture element)들의 조합이고, 우리가 보는 영화도 착시 효과에 기댄 수많은 정지 장면의 연속이다.

우리는 사물을 서로 다르게, 또는 사실과 다르게 보는 것일까? 식탁 위의 접시가 완전한 원으로 보이는 경우는 없는데 어떻게 원으로 지각할까? 왜 흰 종이는 그 위에 붉은빛을 비추더라도 하얀색이라고 생각하는 것일까? 게슈탈트가 사람마다 다른 방법으로 지각되기 때문이다. 루빈의 컵을 볼 때 지각을 결정하는 요인은 그 사람의 지각적 습관에서 나온다.

우리가 착시를 경험하게 되는 까닭은 우리의 의식이 기본적으로 통일성, 연속성, 유사성을 요구하기 때문이다. 웹페이지를 볼 때 만일 동일한 사이트 내에서 페이지를 이동한다면 우리의 의식은 페이지 구성의 통일성, 연속성, 유사성을 요구한다. 대부분의 웹사이트의 인터페이스(특히 그래픽유저인터페이스, GUI)는 이를 기본적으로 반영하고 있다.

13.3 환경 미학

환경미학(Environmental aesthetics)은 자연에 대한 미적 주목은 상당부분 예술의 모델로 자연을 바라보았지만, 환경에 대한 미학적 관심은 자연 이외에도 건축, 실내 디자인, 도시, 경관 등을 포함하고 있다.

환경은 그 미적 성격 때문에 감상의 대상이 되는데, 환경은 예술에서 보통 인식되는 것보다 광범위하고 수적으로 많은 지각적 범주들을 포함한다. 통상적인 설명은 관조적인 태도, 감상자와 분리되고 따로 취해진 특별한 대상에 대한 수용적 관심을 강조한다. 그러나 환경적 경험의 많은 부분은 좀더 적극적인 참여를 요구한다.

Carlson은 환경미학의 개념을 제안한다. 감상의 모델로서 3가지를 들 수 있는데, 대상 모델과 풍경모델은 예술작품에서 온 모델이므로 그는 받아들이지 않고, 환경모델을 채용한다. 또한 감상자의 지각은 신념이나 개념 틀에 좌우된다고 한다. 과학적 지식과 결부된 상식적 지식이 불가결하다.

Ronald Hepburn은 자연의 미적관상에 대하여 주목하고, 자연의 감상과 예술작품의 감상이 다르다고 주장한다. 대상(object)이 아니라 환경에 대한 경험이고, 틀(frame)이나 완성한 대상이 아니고, 예술작품과는 다른 방법에서 상상력의 범위(scope)를 제공하는 것이 다르다. 예술작품의 감상을 훈련한 사람은 자연의 미적감상법도 할 수 있다고 주장하고 있다.

환경미학은 인지적과 비인지적 접근으로 대별된다. 전자는 대조적으로 감상이 대상의 본성에 유도되는 것이다. 따라서 대상의 기원이나 속하는 종류, 그 특성 등의 지식이 진면목인 미적 감상에는 불가결하다. 후자는 정동적(情動的) 또는 감정에 관련한(feeling-related) 상태나 반응이라는, 미적경험이 그다지 인지적이 아니라고 간주하는 측면을 강조하는 것이다.

13.3.1 인지적 접근

인지적 접근과 비인지적 접근으로 분류하는 이유는 대체로 감상의 대상에 대한 지식이나 정보가 자연의 미적 감상에 중요하기 때문이다.

인지적 접근 중에서 과학적 인지주의(scientific cognitivism)가 가장 뛰어난다. 일반적으로 인지적 접근의 대부분은 만족스러운 자연의 감상 모델이 예술의 미적 경험에서 이끌어 낼 수 있다고 하는 고려를 거절하지만, 과학적 인지주의도 그 예에 포함되고, 자연은 예술이 아니기 때문에 예술로서가 아니라 어디까지나 자연으로서 감상해야 한다는 사실을 강조한다. 과학적 인지주의는 그 한편에서 자연의 미적 감상이 그 성격과 구조의 점에서는 예술의 미적 감상과 유사한 것으로 고려한다. 따라서 그것은 자연감상의 유감없는 모델에 필요한 것의 일부는 예술 감상을 대체로 분명히 할 수 있다고 주장한다.

자연의 미적 감상이 그 본성과 구조의 점에서 예술의 미적 감상과 유사하다고 고려되는 데 비하여, 과학적 인지주의는 아름다운(picturesque) 풍경의 감상 내지 형식주의적 감상의 틀 내에서 발전하여 온 전통적 자연미학을 거절한다. 자연환경에 대한 과학적 지식에 정통한 감상자라는 발상은 형식주의에서 아름다운 경관에 오로지 초점을 맞추어 동떨어진 감상자라는 발상과 극적인 대조를 이룬다. 실제 자연감상과 예술 감상과의 유사성을 주장할 때 과학적 인지주의는 예술 감상의 모델에 근거를 요구는 하더라도 이 모델과 형식주의적인 예술의 감상 또는 아름다운 관념에 영향을 미친 예술 감상과의 사이에는 중대한 유사성은 전혀 인정되지 않는다. 다만 아름다운 풍경의 감상이나 형식주의를 거절하는 한편, 그것과는 다른 자연감상의 전통에 입각한 측면도 과학적 인지주의에는 있다.

13.3.2 비인지적 접근

자연의 미적 감상에 대한, 이른바 비인지적 접근은 다수 존재한다. 흥분, 애착, 존경, 친밀, 참여, 경탄 등 여러 가지 입장이 각각 다른 종류의 정동적인 또는 감정에 관련한 상태나 반응에 초점을 모으고 있다. 한 예를 들면 미국의 미학자 Noël Carroll은 순화 모델(arousal model)이라고 하는 것을 전개하고 있다. 자연의 감상 방법에는 자연에 대하여 스스로를 열고, 정동을 북돋우는 형태도 있다고 그는 고려하였다. 그리고 그다지 지적이지 않고 오히려 직감적인 자연의 경험은 감상 대상에 대하여 어떠한 개별적인 지식에도 호소하지 않고, 올바르게 자연을 미적으로 감상하기 위한 방법인 것이다.

또한 다른 입장으로서는 캐나다의 철학자 Stan Godlovitch의 옹호가 있는 데, 이것은 자연감상의 불가해성 모델(mystery model)이라고 할 수 있다. 지식과 정동적인 애착과의 어느 것에 의해서도 자연의 감상은 결코 초래되지 않는다고 그는 주장한다. 왜냐하면 자연 그 자체는 본질적으로 이질이며 서먹서먹하게 멀리 떨어져 있어 알 수 없기 때문이다. 이 접근이 주장하는 점은 자연의 감상이란 감상에 적한 몰이해의 심리나 자연과 사이를 두고 있어 이에 속하지 않는다는 느낌 등을 수반하는 불가해의 감각임에 틀림없다.

비인지적 접근을 가장 충분히 전개하고 있는 것은 Arnold Berleant의 참여의 미학(aesthetics of engagement)이다. 자연 및 예술의 미적 경험에 관련되는 많은 전통적인 관념을 거절한다. 전통적인 자연미학의 대부분도 역시 거절되었지만, 그때 아름다운 전통이나 형식주의에 의해 선호되는 외적으로 동떨어진 감상자라는 관념도 예외는 아니다. 그는 무관심성의 관념에는 미적인 것에 대한 잘못된 분석이 포함되고, 그것은 자연의 미적 경험에서 매우 명백하다고 논한다. 참여라는 관점에서의 접근을 도모하는 한 보는 것을 고립시키고, 멀리하고, 대상화하는 시선을 수반한 무관심성이 자연의 미적 감상에 파고들 여지는 없다. 왜냐하면 그것은 자연이 되는 대상과 감상자를 양자가 속하는 환경에서 잘못 분리한 것인데, 사실은 감상이 실현되는 것은 그 환경의 사이를 둘 수밖에 없기 때문이다. 그것과는 반대로 이 접근은 미적 경험에 처해서는 감상자가 감상의 대상에 관여하고 참여할 필요가 있음을 주장하면서 감상의 대상과 감상자 등의 전통적인 이분법의 방기를 권장한다.

따라서 이 접근은 자연의 문맥의존적인 측면과 우리의 다감각적인 자연경험을 강조하게 된다. 많은 유기체와 지각과 장소와의 이음매 없는 통일체로서 환경을 받아들이는 이 참여 모델이 감상자에게 촉구하는 것은 온갖 이분법을 파괴하여 최종적으로는 자기와 자연세계와의 거리를 가능한 한 좁히도록 노력하면서 자연환경에 몰입하는 것이다. 결국 감상자에 의한 감상 대상으로의 「완전한 감각적 몰입」이 미적경험에 포함된다는 것이다.

Arnold Berleant가 일컫는 참여의 미학은 아름다운 풍경의 감상 내지 형식주의적인 감상의 틀 내에서 발전하여 온 전통적 자연미학보다 분명히 많은 점에서 뛰어난다. 자연환경에 완전히 참여하여 여기에 감상적으로 몰입하는 감상자라는 발상은 형식주의적이며, 아름다운 경관에 오로지 초점을 맞추어 격리된 감상자라는 발상과 극적일 정도로 대조를 이룬다.

13.4 공간 행동

인간은 공간을 통해서 행동하고 의사소통을 한다. 공간은 인간의 행동으로서 프라이버시, 개인공간, 영역성, 밀집성 등에 따른 인간의 욕구를 충족시킬 수 있는 환경이어야 한다. 인간의 행동은 환경에 의해 영향을 받고, 환경설계에 영향을 미치게 된다. 환경과 인간행동의 형성과정 및 변화에 대한 문제는 물리적 접근뿐만 아니라 심리적·사회적 현상과 더불어 다면적인 접근방법에 의해 해결해 나가야 한다.

바람직한 건축공간을 형성하기 위해서는 먼저 인간과 환경 사이의 상호작용을 통하여 형성된 실존적 공간에서 인간개체 및 집단이 생활하는 현상구조를 분석하여 공간성을 파악하여야 한다. 그 다음에는 인간생활과 동일성을 지니는 환경구조의 형성을 위하여 공간적 질서를 부여하고, 내적으로 함축되어 있는 인간의 생성작용과 흐름을 함께하는 의미를 부여한다. 그리하여 실존적으로 생활하기에 적합한 환경조건을 공간에서 물리적으로 구체화함으로써 이루어질 수 있는 것이다.

13.4.1 프라이버시

(1) 프라이버시의 개념

프라이버시(privacy)의 개념은 사람에 따라 또는 문화에 따라 큰 차이가 있다. 타인의 권리를 침해하지 않는 조건에서의 「간섭되지 않는 자유」를 의미하는 경우도 있고, 컴퓨터에 저장된 정보가 통신 미디어에 의하여 전송되고, 악용 또는 남용되는 것을 방지한다는 특정 의미에서 사용하는 경우도 있다.

프라이버시는 상황, 권리, 요구, 통제(control)의 한 형태가 심리상태, 침해되지 않은 영역으로서 파악하는 것은 가치가 부하되고 있기 때문에 중립적 개념으로서 어울리지 않는다.

프라이버시를 「개인적 상황에 관한 지식의 통제」라고 정의할 수 있다. 통제를 약한 의미에서 파악하면 의지에 의한 정보개시는 그 정보를 통제하게 되므로 프라이버시의 상실을 초래하게 된다. 다른 한편 강한 의미에서 파악하면 의지에 의한 정보개시는 그 이후의 정보확산을 저지하는 힘을 잃게 되므로 통제의 상실이다. 이와 같이 통제로서 파악한 경우 프라이버시의 상실은 애매하게 된다.

또한 통제로서 정의된 프라이버시는 무엇인가의 선택을 하는 힘에 관련한다. 그러니 사람은 프라이버시를 지니지 않은 것을 선택할지도 모른다. 자기에 관한 정보를 모두 개시하는 것을 선택한 사람은 자기의 정보를 통제한 결과, 프라이버시를 상실하게 된다. 또한 우리가 프라이버시를 평가하는 이유도 개인의 실제 선택과는 무관계하다. 프라이버시를 선택하지 못한 까닭에 비난받기도 하지만 프라이버시를 선택한 까닭에 비난받기도 하기 때문이다.

따라서 프라이버시는 통제의 한 형태는 아니다. 결국 프라이버시의 개념을 가치부하적인 것으로 하지 않기 위해서는 프라이버시를 타인에 대한 개인의 상황이나 생활의 조건이라고 보는 편이 좋다.

프라이버시의 정의는 보통 한 가지 사실을 지닌다. 타인과의 시각적·청각적·후각적·상호작용을 조절하는 능력과 관련이 깊다는 점을 강조한다. 예를 들면 Amos Rapoport(1977)는 "상호작용을 조절하고, 선택권을 가지며 바람직한 상호작용을 성취하기 위한 능력"이라고 정의한다. 프라이버시는 타인으로부터 물리적 탈퇴로 간단히 여겨서는 안 된다.

프라이버시는 몇 가지 종류가 있는데 각각은 서로 다른 목적을 가진다. Westin(1970)은 4가지 형태로 정의한다. Solitude(독거성), 타인의 시선으로부터 자유로운 상태 ; Intimacy(친밀성), 다른 사람과 같이 있으나 외부세계로부터 자유로운 상태 ; Anonymity(익명성), 여러 대중에서조차 알려져 있지 않은 상태 ; Reserve(유보성), 바라지 않은 간섭을 통제하기 위한 심리적 방패를 가진 상태. Westin은 또한 프라이버시에 의해 얻어진 4가지 목적을 설명한다. Personal Autonomy(개인적 자율), Emotional Release(감정이완), Self-evaluation(자기평가) 및 Communication(의사소통). 이와 같이 개인 또는 그룹과 사회와 나머지 사이의 관련성에 의해 프라이버시는 중요하다.

"이중 경계 개념"(dual boundary concept : DBC)을 주장한 Altman(1975)은, 프라이버시는 개인이나 그룹이 타인들과의 상호작용을 조절하는 대인 경계 프로세스로 이해

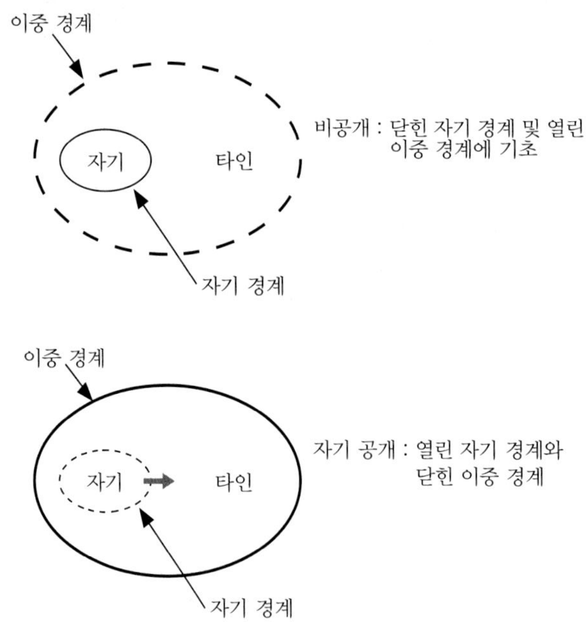

그림 13.9 자기와 이중 경계 조절의 기능으로서 자기 노출

한다. 타인에게 자기의 열린 정도를 변경하여, 가상의 개인 경계는 타인과의 사회적 상호작용을 다소 수용한다. 그러므로, 프라이버시는 자기 경계에 선택적 제어, 개인 또는 그룹을 포함하는 역동적인 과정이다고 정의했다.

그림 13.9는 DBC 작동 방식을 시각화로 나타낸 것이다. 하이픈 라인은 열린 경계를 나타내고, 실선은 닫힌 경계를 나타낸다. 이 그림은 이중 경계가 열린 것으로 인식되는 경우, 자기 경계의 프라이버시를 보호하기 위해 닫혀있음을 보여준다. 이중 경계가 폐쇄로 인식되면 자기 경계가 열리고, 자기 노출이 발생한다.

(2) 프라이버시의 특성

프라이버시는 개인의 정보에 타인이 접근하는 것의 제한이다. 방법론상의 출발점으로서 어떤 사람이 타인으로부터 완전히 접근될 수 없는 경우에 그 사람은 프라이버시를 향유하고 있다고 상정하자. 완전한 프라이버시에서는, ① 누구도 X에 관한 정보를 아무 것도 가지지 않고(비밀성(secrecy)), ② 누구도 X에 이무런 주의도 기울이지 않고(익명성(anonymity)), ③ 누구도 X에 신체적으로 접근하지 못한다(독거성(solitude)). 당연하면서 완전한 프라이버시는 현실적으로 있을 수 없고, 마찬가지로 프라이버시의 전면적 상실도 있을 수 없다. 프라이버시의 상실에서는, ① 누군가 X에 관한 정보를 가지고, ② 누군가 X에 무엇인가의 주의를 기울이고, ③ 누군가 X에 신체적으로 접근한다. 이들 3가지의 요소는 별도의 것이면서 관련하고 있다.

(3) 프라이버시의 기능

먼저 완전한 프라이버시와 그 전면적 상실은 모두 바람직하지 않다고 하는 명백한 사실에서 출발한다. 우리는 프라이버시와 상호교류의 사이에서 균형을 이루면서 살아가고 있다. 따라서 프라이버시는 많이 가지면 가질수록 좋아지는 가치는 아니다. 그래서 우리의 생활 중에서 프라이버시가 담당하는 적극적 기능을 밝히는 것에서 프라이버시의 가치를 고려한다.

다만 이 방법은 프라이버시를 무엇인가의 다른 목적을 위한 수단으로서 보는 것에서 프라이버시와 다른 목적과의 연결 정도나 그 목적의 바람에 따라 프라이버시의 가치가 좌우된다.

그런데 현재의 프라이버시 보호의 필요는 다음 2종류의 우려에서 나오고 있다.

① 어느 곳에서는 모두 불충분한 양의 프라이버시만 가지고 있지 않은 경향이 있다(개인이나 허용할 수 있는 행위 종류에 한한다).

② 프라이버시가 평등하게 배분되어 있지 않으므로 정보조작이나 사기 등 자율과 민주주의에 대한 위협이 발생하는가도 모른다(우리가 요구하는 사회에 한한다).

Altman(1976)은 대인 관계, 자아와 사회 세계에 대한 조화, 그리고 자기 정체성 등 3가지 프라이버시의 기능을 설명한다. Pedersen(1997, 1999)은 실증적으로 5가지 기본 프라이버시의 기능을 정의했다. －명상, 자율, 원기회복, 신뢰와 창의. 또한 견해의 시스템 관점에서, Newell(1998)은 프라이버시가 재인식화를 위한 기회 제공, 시스템 유지관리(즉, 건강한 생리와 인지 기능) 및 시스템 개발(즉, 자율과 자아실현에 대한)을 주장한다. 개인은 예를 들면 당황, 희롱, 조롱, 수치, 조사 또는 차별을 피하기 위해 자신의 프라이버시 보호를 추구한다(Shapiro와 Baker, 2001).

(4) 상황, 개성과 문화

프라이버시 관심사는 상황과 개인에 따라 내용과 정도가 다르다. 어떤 한 개인에게는 사소할 수 있지만, 다른 사람에게는 중요할 수 있다(Shapiro and Baker, 2001). 관련 개인 요인은 프라이버시를 위한 개인의 욕구, 보호의 필요성, 개인의 매력, 대인 관계 역량, 성격 변수, 효과적인 프라이버시 제어 메커니즘을 사용하는 능력을 포함한다(Pedersen, 1999). 성격 변수는 외향성, 정서적 안정성, 동조성, 개방성, 신중성 등을 포함한다(Zweig & Webster, 2003). 성별은 프라이버시 선호에 영향을 미칠 수 있다(Newell, 1998 ; Pedersen, 1999). 어떤 문화가 타인보다 더 많은 프라이버시 및 프라이버시 요구에 대한 강한 선호를 가진다(Kaya & Weber, 2003). 프라이버시 욕구는 보편적이지만, 표현과 프라이버시 메커니즘은 문화적으로 특별하다(Margulis, 2003 ; Newell, 1998). 예를 들어, 지역 문화는 군집에 대한 사람들의 지각에 영향을 미치는 것으로 나타났다(Hall, 1966).

(5) 침입 및 프라이버시 위배

침입은 본질적으로 프라이버시에 대한 원하는 레벨이 즐기게 되는 실제 레벨보다 높을 때이다(Altman, 1976). 사회적 상호작용에 대한 알트만의 과정 중심의 모델은 침입 또는 프라이버시 위배가 무엇을 의미하는지 설명하는 데 유용하다. 알트만의 이론에서 프라이버시는 5 속성이 있다. 프라이버시의 단위, 프라이버시의 변증법적 특성, 프라이버시의 비단조적 특성, 경계 제어 프로세스로서의 프라이버시, 양방향 프로세스로서의 프라이버시(Altman, 1976).

프라이버시의 단위는 프라이버시가 개인 및 그룹 수준에서 적용하고, 다양한 사회 단위에 대한 프라이버시 역동성에 차이가 존재한다는 사실을 언급한다(Altman, 1976 ; Margulis, 2003). 프라이버시의 단위는 개인 대 개인, 개인 대 그룹, 그룹 대 개인 또는 그룹 대 그룹이 될 수 있다(Leino-Kilpi 외, 2001). 프라이버시의 변증법적 특성은 개인이 지속적으로 대면 접촉에 대한 자신의 희망을 변경한다는 사실을 언급한다. 직장에는 항상 개인을 함께 끌어당기고, 따로 떼어놓는 두 반대 세력이 있다. 이와 같이 프라이버시는 고독을 위한 필요성과 대면 접촉의 필요성이 끊임없이 반대인 역동적, 변증법적 과정으로 볼 수 있다. 프라이버시의 원하는 수준은 두 개의 반대 세력 중 주어진 시간에 가장 강한 세력에 따라 달라진다. 프라이버시의 비단조적 특성은 주어진 시간에 프라이버시의 최적의 수준이 있다는 사실을 언급하며, 사람들은 너무 많은 프라이버시(예 : 사회적 고립) 또는 너무 적은 프라이버시(예 : 군집)를 가질 수 있다.

경계 조정 과정으로서의 프라이버시는 상황에 따라 개폐할 수 있는 자아와 비자아 사이의 가변적 장벽의 개념을 제공한다(Altman, 1976 ; Petronio, 1991).

마지막으로, 프라이버시는 타인으로부터 입력과 타인에게 출력 제어를 포함하는 양방향 과정으로 볼 수 있다.

알트만의 모델 관점에서, 침입은 여러 가지 요인에 따라 달라진다. 다른 사회적 단위는 서로 다른 프라이버시의 요구(예 : 가족, 작업 그룹, 개인)를 가지고, 이러한 요구는 자주 변하고, 너무 많이 또는 너무 작은 프라이버시를 가질 수 있다. 너무 많은 상호작용은 프라이버시 침해로 경험할 수 있고, 너무 적으면 외로움이나 소외처럼 경험할 수 있다(Pedersen, 1999).

주어진 상황에서 원하는 상호작용의 수준을 넘어(즉, 입력을 받거나 출력을 제공) 상호작용하도록 강요하는 것은 가변적인 심적 장벽을 돌파하기 위한 시도를 암시하는 강제 참여와 같은 침입이다(참조, Altman, 1976). 상호작용을 제어할 수 있는 능력은 프라이버시 관리를 위해 필수적이다

13.4.2 개인 공간

(1) 개인 공간의 정의

개인 공간(personal space)은 인간 개인의 심리에 의존한, 자기에게 부수하는 부분으로 인식되는 공간이다. 개인 공간은 성별·연령·개인적 경험에 좌우되고, 타인과의 친밀함, 서먹서먹함, 지나치게 가까움에 의한 위기감이나 초조감의 인식을 결정한다. 또한, 개인 공간은 같은 사람에게도 자세에 따라 달라진다. 예를 들면 선 상태에서의 눈 앞의 개인 공간과 위쪽을 보고 누운 경우에는 후자의 쪽이 커진다. 결국 앉아서 대화할 때에 타인을 「가깝다」고 느끼는 거리와, 누워있을 때에 속을 들여다보는 타인을 「가깝다」고 느끼는 거리는 다르다는 것이다.

사람은 각각 개인 공간이라는 것을 가지고 있다. 대체로 어떤 것인가 하면 의사소통을 하는 상대와의 물리적인 거리이다. 간단히 말하면 "세력범위 의식"이다(심리적인 사적공간이므로 운반 가능한 세력범위라고 할 수 있다). 예를 들면, 친밀한 관계의 사람과는 가까운 거리에서 대화할 수 있지만, 초대면의 사람이 갑자기 접근하면 불쾌한 기분이 된다. 그것은 자기의 개인 공간에 침입된 때문이다.

영역성과 같이 개인 공간도 개인이 점유하는 일정의 공간이고, 그곳에의 침입은 공간의 소유자에게 특정의 반응, 예를 들면 경고, 공격, 거절, 환영을 일으킨다.

영역성이 어느 특정 장소에 고정되어 있는 데에 대하여 개인 공간은 그것을 소유하는 개인 신체의 주변에 존재하여 그 개인이 이동하는 경우에는 함께 이동한다. 또한 신체 영역성과는 달리 개인 공간은 자기 신체의 일부가 아니라 신체를 둘러싸고 있는 공간이다.

개인 공간에 대한 정의로서 Sommer(1969)는 "침입자가 들어올 수 없는, 개인의 신체를 둘러싸는 눈에 보이지 않는 경계를 갖는 영역"이라 하였고, Goffman(1971)은 "들어가게 되면 침해의식을 갖게 하여 불만과 거부를 나타내게 되는 개인을 둘러싼 공간"이라고 하였으며, Altman(1975)에 와서는 "개인 상호간의 접촉을 조절하고 바람직한 수준의 프라이버시를 이루는 작용을 하는 영역"이라고 정의한다.

(2) 개인 공간의 기능

'환경-행태의 관계에 대한 이론'의 4가지 연구 측면에서 살펴보면,

① 지나친 자극(overload)의 측면 : 사람과 사람 사이가 너무 가까우면 과도한 사회

적, 물리적 자극을 유발하므로 개인 공간은 이러한 자극을 피하기 위하여 필요하다.

② 긴장(stress)의 측면 : 지나친 접근으로 발생되는 다양한 긴장감을 피할 수 있다.

③ 각성(arousal)의 측면 : 개인 공간이 부적합할 경우 개인은 지나친 각성을 경험한다.

④ 행태 구속(behavior constraints)의 측면 : 각 개인의 행태적 자유가 충돌하는 것을 막아준다.

그 외의 중요한 기능으로는,

⑤ 보호(protection) 기능 : 잠재적, 감정적, 물리적 위협(과도한 자극, 긴장감을 유발하는 지나친 각성, 불충분한 프라이버시, 신체적인 공격 등)으로부터 완충지대의 역할을 한다.

⑥ 전달(communication) 기능 : 타인과의 거리를 감각전달통로(후각, 촉각, 시각, 청각) 중에서 어느 것이 가장 효과적인 것인가를 결정한다. 한편 우리가 택한 거리는 상대방과의 관계 정도를 나타낸다.

(3) 개인 공간의 4가지 거리

타인과의 관계를 나타내는 메시지를 가지고 있다. 이것은 플럭시믹스(proxemics)라고 하는 대(對) 인간의 거리가 그 당사자 간의 관계를 나타내는 것으로 검토되고 있다.

문화인류학자 홀(Edward T. Hall, 1966)은 이 대인거리를 4가지로 분류하고, 각각을 비교적 가까운 것(근접상)과 먼 것(원방상)으로 분류하여 각각의 거리가 지닌 의미를 설명하고 있다(그림 13.10).

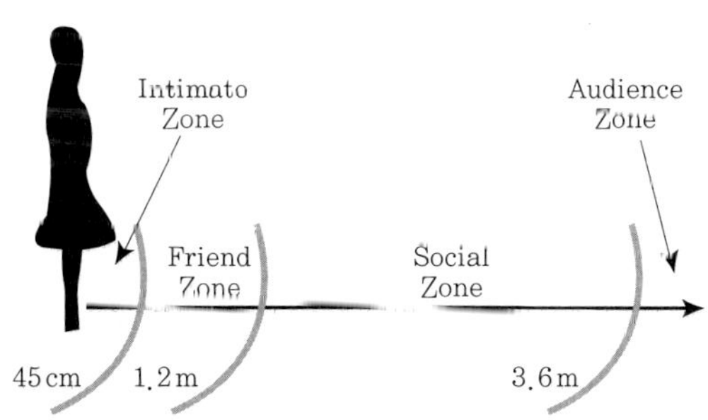

그림 13.10 개인 공간

1) 친밀거리(intimate distance)

① 근접상(0~15 cm) : 애무, 격투, 위로, 보호를 위한 거리이다. 이 거리에서는 말을 주고받기보다 오히려 시선을 마주친다든지, 몸으로 접촉한다든지, 냄새를 맡는다든지, 체온을 따뜻하게 하는 것인데, 중요한 커뮤니케이션이 된다. 예를 들면 연인끼리나 부부는 무언으로 응시한다든지, 포옹한다든지, 손을 잡는다든지 하여 서로의 사랑을 확인한다. 슬퍼하거나 낙담하고 있는 사람을 말없이 안아서 위로한다든지, 또는 손을 잡고 격려한다든지 하는 경우도 있다. 또한 위험한 장소에서는 어린이의 손을 잡는다든지, 어린이를 위험에서 지키기 위하여 안아주는 경우도 있을 것이다.

② 원방상(15~45 cm) : 머리, 넓적다리, 허리 등이 간단히 접촉하는 것은 아니지만, 손으로 상대방의 몸에 닿을 수 있다. 이 거리에서는 서로의 얼굴이 너무 가까워지면서 생기는 지각적 뒤틀림이 생리적 불쾌감을 초래하는 경우가 있다. 친밀한 사람끼리는 이 거리를 사용하는데, 소리의 레벨은 낮아 속삭이는 것처럼 이야기하는 경우가 많다. 예를 들면 친밀한 사람과의 소곤소곤 이야기는 이 거리에서 이루어지는데, 댄스할 때에는 특별히 친하지 않는 사람에 대해서도 이 거리를 사용한다. 그러나 혼잡한 전차 속에서 타인과 이와 같은 거리가 되면 불쾌감이 강해진다. 이러한 상황에서 사람은 타인으로부터 얼굴을 돌린다든지, 팔짱을 낀다든지 하여 소원한 관계임을 어필할 것이다.

2) 개인거리(personal distance)

① 근접상(45~75 cm) : 한 쪽의 사람이 자기의 손이나 발을 사용하여 상대방의 몸에 접촉한다든지, 껴안는다든지, 붙잡는다든지 할 수 있는 거리의 한계이다. 상대방의 표정을 정확히 분별할 수 있다. 예를 들면 아내가 남편의 이 거리에 들어오는 것은 보통이지만, 다른 여성이 이 거리까지 가까이 오면 주위의 사람에게 위화감을 준다. 결국 매우 친밀한 사람만이 사용할 수 있는 거리이다. 약 50 cm의 거리에서 열심히 설득하면 효과적이라고 하는데, 이 거리는 상대를 손아귀에 넣을 수 있는 거리인줄도 모른다.

② 원방상(75~120 cm) : 양쪽의 사람이 손을 펴면 손가락 끝을 맞닿을 수 있고, 몸으로 상대방을 지배하는 한계의 거리이다. 상대의 표정을 상당히 세밀한 부분까지 분별할 수 있다. 결국 표정 등을 통하여 상대방 기분의 변화를 잘 알 수 있으

므로 개인적인 관심사를 이야기한다든지, 사적인 교섭 등의 때에 흔히 이용된다.

3) 사회거리(social distance)

① 근접상(1.2~2 m) : 상대의 몸에 접촉되는 것도 상대 얼굴의 미묘한 변화를 볼 수 없는 거리이다. 개인적인 용건의 때에는 사용하지 않지만, 일을 할 때의 동료와의 사이에서는 흔히 사용된다. 예를 들면 파티 등의 사교상 모임이나, 비서나 손님과 대응할 때에 흔히 사용되는 거리이다. 또한 이 거리에 서서 상대를 내려다보면 위압감이 있다고 한다. 이 거리에서 이야기하면 형식적인 커뮤니케이션으로의 의미가 강하다고 한다.

② 원방상(2.0~3.5 m) : 얼굴의 상세한 부분은 보이지 않지만, 상대의 모습 전체가 보기 쉬워진다. 이 거리는 업무상의 대화 등 형식적인 경우의 인간관계에서 자주 이용되고 있다. 소리를 크게 하여, 문이 열려 있으면 인접실에서도 들을 수 있다. 또한 타인을 신경쓰지 않고 자기의 일에 집중할 수 있다. 예를 들면 높은 분의 오피스에 있는 큰 테이블은 이 거리를 확보하는 데에 도움이 되는 것으로 고려된다. 결국 방문자를 먼 곳에 세워둔 채 자기의 일을 계속할 수 있다는 것이다. 일반적으로 상호 3 m 떨어져 있으면 별도의 일을 할 수 있고, 필요할 때에 이야기할 수 있다고 한다.

4) 공공거리(public distance)

① 근접상(3.5~7.5 m) : 상대의 상태를 알 수 없게 되고, 개인적인 관계가 성립하기 어려워진다. 언어의 선택방법이나 사용방법에 변화가 보이는 것 같고, 무의식적인 도주반응이 일어나기 쉬워진다고 한다. 예를 들면 강연을 들으러 간다든지, 회의에 참석한다든지 할 때 도중에 살짝 빠져나오고 싶은 사람은 강연사나 사회자에서 떨어진 출입구에 가까운 뒤쪽 자리에 앉는 경우가 많다. 이 거리에서는 자기의 행동이 눈에 띄기 어렵고, 강연자 등과의 개인적인 관계가 희박하게 느껴지므로 그 장소에서 달아나기 쉽다는 것이다.

② 원방상(7.5 m 이상) : 보통의 소리로 이야기할 때의 언어의 섬세한 뉘앙스가 전해지기 어려워지고, 표정이나 세밀한 움직임을 알기 어려워진다. 결국 개인적인 주고받기가 매우 곤란해진다. 언어는 명료하게 발음되지만, 경직한 것이 되고, 몸짓이나 자세 등을 통한 커뮤니케이션이 중심이 된다. 이 거리는 강연회나 연

설회 또는 대학의 큰 강당에서의 강의 등의 장면에서 자주 보인다. 또한 거물 정치인이나 저명인사 등의 공적 중요인물의 주위에는 약 10 m 이상의 거리가 확보되는 경우가 많다.

(4) 의식경험과 주관적 개인 공간

1) 의식경험

특별히 의식하는 것은 아니고, 사람은 상황과 상대에 따라 적당한 개인 공간을 사용하고 있다. 개인 공간의 존재가 의식되는 것은 그 거리가 적절하지 않은 경우, 결국 상대와의 거리가 지나치게 가깝거나 지나치게 먼 경우이다. 그리고, 적절한 거리보다 상대가 지나치게 가깝다고 느끼는 경우에는 불쾌감을 느끼고, 상대에 대하여 부정적 감정을 가진다. 또한, 상대가 지나치게 멀다고 느끼는 경우에는 소외감이나 상대로부터의 거절감을 느끼고, 역시 부정적 감정을 지니게 된다.

2) 주관적 개인 공간

개인 공간은 물리적인 거리이지만, 이 물리적인 거리가 개인 공간을 떼어 놓고 있는 당사자가 지각하고 있는 주관적인 거리와는 일치하고 있지 않다.

① 베타 개인 공간(beta personal space) : 주관적으로 경험되는 개인 공간

② 알파 개인 공간(alpha personal space) : 물리적인 거리

③ 베타 개인 공간의 비대칭효과

자기 자신이 상대로부터 어느 정도 떨어져 있는가 하는 주관거리(「당신은 그로부터 어느 정도 떨어져 있나요」 하고 듣게 되는 경우의 거리)는 실제 거리보다 길지만, 상대가 자기로부터 어느 정도 떨어져 있는가 하는 주관거리(「그는 당신으로부터 어느 정도 떨어져 있나요」 하고 듣게 되는 경우의 거리)는 실제 거리보다 짧은 경향이 있다.

13.4.3 영역성

(1) 영역성의 개념

환경심리학자인 파알(A. E. Parr)은 공간으로서의 영역을 정의했는데, '영역이란 개인이나 가족과 같은 밀접한 집단 속의 구성원이 모여 살면서 자신의 것을 요구하고 방어하는 개인공간'이라고 하였다. 파알은 공간개념을 개인이 습관적으로 또는 가끔

통과하는 개인의 행로라고 폭넓게 설명하는 데 비해 '사회적 공간'은 활동영역이라고 하였다. 인간 스스로가 경험하듯이 생활범위로서의 궤도는 학교, 직장, 집 이외에 개인이 지나가거나 불규칙적으로 점유하는 기타 공간 등으로 이루어진 둘 혹은 그 이상의 영역을 포함할 수 있다.

영역이란 개념은 공간에서 고정된 부분으로 개인이나 집단이 조정할 수 있으며, 물리적으로는 존재하지 않더라도 개별적으로 확인할 수 있는데, 이 영역은 동물의 공간적 행동에 대한 연구를 통해 처음으로 알려졌다. 인간은 영역을 표시할 수 있고 개인과 가족, 친족, 종족, 국가와도 관련시킬 수 있다.

영역성(territoriality)은 소유, 점유, 사용, 구분, 개인화, 상징화 등의 개념으로 피셔 등(Fisher et al., 1984)은 영역은 주로 주거를 구심점으로 고정된 볼 수 있는 일정한 지역 또는 공간이며, 사람뿐만 아니라 동물에게서도 흔히 볼 수 있는 행태라고 하였다. 헤디거(Hediger, 1950)는 동물의 영역에 대해 동종의 다른 개체가 침입하는 것을 막고 그 안에 살기 위한 지역이며, 먹이를 찾고 짝을 짓고, 새끼를 키우며, 침입에 대하여 방어하는 지역이라고 하였다.

(2) 영역 행동

1) 동물의 영역 행동

어느 종류의 동물(예를 들면 새의 때까치, 괭이갈매기, 물고기의 큰가시고기나 은어가 유명하다)은 자기 자신이나 자손의 안전을 도모하기 위해서나 음식물 등의 한정된 자원을 확보하기 위하여 일정 범위의 공간을 일정 기간 점유하여 그 곳에의 침입자에 대하여 위협이나 공격을 통하여 배제하는 행동을 한다. 이 행동은 영역성(Territoriality)이라 하고, 점유된 공간은 영역(Territory)이라고 한다.

2) 인간의 영역행동

마찬가지의 기능이 인간의 경우에도 있다. 여기서는 인간의 영역행동을 「지켜야 하는 물리적 공간이나 사물을 지배하고 있고, 또는 지배하고 있다고 여겨지는 개인 또는 집단이 나타내는 장기적 점거, 방어, 구별화, 마킹(표시) 등의 행동이나 태도」로 정의한다.

3) 동물과 인간의 영역행동의 차이

인간의 영역에는 동물의 영역 기능인 신체적·생물적 기능(자녀의 양육, 음식물의 통제나 저장)에 첨가하여 사회적 기능(지위, 동일성, 가족의 안정성)이 있다. 특히 현대사회에서는 후자 기능의 중요성은 높다. 또한 타인을 자신의 영역 내에 초대하는 것에서 호의를 나타내는(예를 들면 친구를 자택에 초대한다) 등 영역을 커뮤니케이션의 도구에 사용하는 것도 인간의 영역 행동의 특징이다.

4) 인간 영역의 기원

약 2만년 전 농경의 정착, 축산의 발달에 수반하여 인간의 영역 행동이 넓게 보이게 되었다는 점에서는 많은 연구자가 일치하고 있다. 그 이전의 초기 인류의 역사에 영역제도가 있었는가 어떤가에 관한 정설은 존재하지 않고, 농경·축산을 비롯하여 정주생활을 하기 이전의 인류(이것은 인류의 역사 99%의 기간에 해당한다)에게는 공간 점유를 수반하는 영역행동은 존재하지 않았다고 하는 연구도 있다. 인간의 영역행동은 진화론적 기반을 가진 생물학적 행동임과 동시에 학습과 환경요인이 생물학적·유전적 요인과 상호작용적으로 작용한 행동이라고 검토되고 있다.

(3) 3종류의 영역 분류

알트만(Irwin Altman)의 분류에 의하면 인간은 1차적, 2차적, 공적의 3종류 영역을 가지는 것으로 검토하고 있다.

1) 1차적 영역(primary territory)

1차적 영역이란 개인 또는 매우 친밀한 집단(예를 들면 부부, 어린이와 부모)에 의하여 독점적으로 점유되고, 타인이 그 점유를 명확히 인정하고 있는 공간이다. 그것은 비교적 오랜 기간에 걸쳐 생활의 중심이 되는 중요한 장소이다. 예를 들면 자택, 침실, 직장의 개인실 등이고, 그 소유자에 의하여 심리적으로 중요하고, 강하게 동일화하고 있는 장소이다. 그곳에의 환영되지 않은 타인의 침입은 공간의 소유자에게 중대한 물리적, 정신적 피해를 초래하기 때문에 소유자에게 경고나 공격 등 강한 방어행동을 유발한다.

2) 2차적 영역(secondary territory)

2차적 영역이란 1차적 영역 정도로 심리적으로 중심이 되는 것은 아니지만, 우리의 생활에서 어느 정도의 중요성을 가지는 공간이다. 예를 들면 직장의 테이블, 마음에 드는 카페의 자리, 근처의 술집 등이다. 이들 공간의 점유는 비교적 단시간의 것이고, 타인이 침입하는 것에 대한 방어행동도 1차적 영역보다는 적다.

3) 공적 영역(public territory)

공적 영역이란 그곳에 들어갈 자격을 가지고, 사회적 규정을 지키는 모두에게 개방되어 있는 영역이다. 공적 영역에는 공원, 공공의 벤치, 카페테리아의 테이블 등이 있다. 이 경우 점유는 매우 1차적이며 약한 형태를 이룬다. 예를 들면 카페의 자리에 짐을 놓고 자리를 확보하는 행위이다.

(4) 기타의 영역 종류

알트만이 분류한 3종류의 영역에 첨가하여 2종류의 영역이 제안되고 있다.

1) 상호적 영역(interactional territory)

상호적 영역이란 교류적 활동을 하고 있는 집단에 의하여 일시적으로 점유되어 있는 공간을 나타낸다. 예를 들면 사용 중의 교실, 야구장, 가족이 피크닉을 하고 있는 그라운드 등이다. 그것이 영역으로서 점유되고 있다는 명확한 흔적은 그다지 없으나 그곳에의 침입은 예의 없음이나 새치기로서 비난을 받는다.

2) 신체 영역(body territory)

신체 영역이란 신체 자체, 결국 피부표면을 영역의 경계로 간주하는 것이다. 개인은 자신의 신체를 화장한다든지, 장식품이나 의류로 꾸미고, 또한 자신이 타인의 신체에 접촉하는 것을 통제한다.

(5) 영역의 기능

동일성(Identity), 자극(Stimulation), 안전(Security), 준거기준(Frame of Reference) 욕구를 충족시키면서 영역조절을 통해 프라이버시를 마련하려면 환경 배치에 대한 능력이 중요하다(Hussein El-Sharkawy, 1979).

Identity는 소속, 자아존중, 자아실현화의 욕구와 관련 있는데 자신이 누구인가를 아는 필요성이고, 사회에서의 자신의 역할이다. Stimulation 욕구는 자아성취와 자아실현화와 관련 있다. Security 욕구는 비난으로부터의 자유, 외부공격으로부터의 자유, 자기 확인, 소유 등 여러 가지 형태를 지닌다. Frame of Reference 욕구는 타인과 주변상황과의 관계 유지를 포함한다.

동물생태학자는 생물학적 과거에 의해, 행동과학자는 문화 안의 강화패턴에 의해, 정신분석심리학자는 "심리적 진위(Psychic Truth)"를 찾음에 의해 이들 욕구를 설명한다.

Altman은 프라이버시를 얻기 위한 수단으로 뿐 아니라 사회적 관계를 견고하게 하는 수단으로 영역을 설명한다. 각 행동장면은 그 장면과 관련 있는 영역적 구성요소를 지닌다. 그것은 주거적응 또는 작업공간일 수도 있다(Becker 1981, 1982).

영역의 여러 가지 종류는 그 영역이 제공하는 기능에 의해 분류된다. 갈매기 등과 같은 많은 바다새는 그들의 둥지와 바로 인접한 지역을 방어한다. 즉, 그들은 둥지 영역을 가진다. 들꿩과 바다사자와 같은 일부 숫컷 조류 및 포유동물은 번식으로만 영역을 방어하는데 이를 영역 짝짓기라고 한다. 그러나 지금까지 영역의 가장 광범위한 종류는 몇 가지 곤충, 일부 물고기, 수많은 도마뱀, 많은 포유동물, 대부분의 조류에서 발생하는 먹이의 영역이다. 영역성은 진화를 통하여 일부 자원은 공급 부족에 처해야 하고, 자원은 방어할 수 있어야 한다(Brown, 1964).

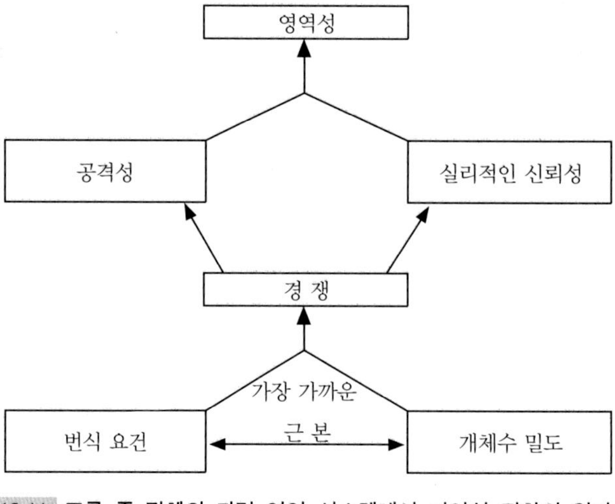

그림 13.11 조류 종 전체의 관련 영역 시스템에서 다양성 진화의 일반 이론

자원이 제한된 경우, 개체는 경쟁이 강요되고, 경쟁은 공격성에 대한 선택도 자원이 방어 가치가 있는지 여부를 판정할 수 있다. 공간적으로 서로 다른 자원의 방어 혜택이 방어하는 데 필요한 비용을 초과할 경우 영역성이 발생한다. 이 이론은 자원을 방어한 영역의 물리적 차원에 관계없이 모든 영역 시스템에 적용할 수 있다(그림 13.11).

13.4.4 밀집성

(1) 밀집성의 정의

밀집성은 사람들이 쌍을 지어서 혹은 작은 집단으로 서로 접촉하는 단계에서 상호적인 작용으로써 프라이버시의 조절 기제가 프라이버시의 바람직한 수준 및 실제 수준과 조화를 이루지 못해 바람직한 정도보다 적은 프라이버시의 상태가 되었을 때 발생된다.

이러한 밀집성은 반드시 바람직하지 못하고 고조된 상태만을 의미하는 것은 아니므로 밀집성이 요구되는 경우에 지나치게 적은 밀집성이 나타나는 것은 오히려 적절하지 못하다고 하겠다.

과밀상태는 동물에 어떤 행동을 일으키는 것인가. 칼훈(Calhoun, S.W., 1962)의 동물실험에 의한 연구는 유명하다. 그는 14년간에 걸쳐 과밀상태의 영향을 많은 실험에서 검증하는 연구에 착수하였다. 그는 4개의 작은 방으로 나누어진 3×4.2 m에서 32마리의 쥐를 먹이와 물을 충분히 주어 사육을 시작하였다. 최초에는 양 끝의 작은 방에는 1마리의 수컷이 8~10마리의 암컷을 거느린 하렘(harem·다혼성(多婚性) 동물의 수컷을 따라다니는 암컷의 무리)을 만들었다. 중앙의 작은 방에는 하렘을 만들지 않은 14마리의 수컷 쥐가 살고 있었다. 그리고 쥐는 번식하기 시작하여 전체 60마리를 넘는 때부터 중앙의 작은 방에서 보금자리를 만들어 구애, 성행위, 번식에 이상한 행동이 보이고, 무리 조직이 붕괴하기 시작하였다. 과밀상태가 된 구역에서는 공격성이 강한 수컷 쥐만 정상적인 행동을 나타냈지만, 그 중에서 범성욕적인 수컷 쥐는 발정수술, 비밀정수술, 자웅, 노약의 구별없이 교미하였다. 수컷 쥐의 보금자리가 충분하지 않은 환경에서 태어난 어린 쥐는 과밀상태에서 짓밟혀신나든지, 보금자리에 들어간 수컷 쥐에게 잡아먹힌다든지 하였다.

과밀에 의해 사슴이 대량 사망한 현상을 의학적인 데이터를 교환하여 보고한 연구도 있다(Christan, J. J., 1960). 사슴에게도 이상한 과밀상태에 처하면 이상한 공격행동이 출현하는 것이 확인되고 있다.

인구가 과밀해지면 비행이나 범죄가 다발하는 것은 이미 보고되고 있는데, 혼잡 정도를 통제하여 실험적으로 검토한 연구를 소개한다. 혼잡한 조건에서 과제를 수행하거나 그렇지 않은 상황에서나 어느 정도 작업성과에 차이는 보이지 않지만, 그 후 다른 퍼즐을 해석하는 과제에서 과밀을 체험한 피험자는 욕구불만내성이 낮아져 있었다. 과밀상태에서의 과제수행은 어느 정도 작업량에 영향을 미치지 않지만, 욕구불만에의 내성은 낮아지고, 나중의 행동에 마이너스로 작용한다. 혼잡에 대한 방어 방법에는 남녀에서 차이가 보인다. 로스(Ross. M. et. al., 1973)는 남녀별 8명 그룹을 구성하였다. 그 결과 여성은 작은 방의 쪽이 우호적이고 거주성이 양호한 것으로 평가하고 있다. 한편 남성은 반대로 작은 방에서는 공격적이 되기 쉽고, 큰 방의 쪽이 우호적이었다. 이 결과는 개인공간에 남녀차가 존재함을 시사하고 있다.

지나치게 많은 프라이버시는 사회적 고립감을 유도할 수 있고, 지나치게 적은 프라이버시는 밀집성에 대한 주관적 감정을 유도할 수 있다(Altman, 1975). 밀집성은 스트레스를 받는다. 왜냐하면 개인의 자율과 표현이 제한을 받으며 이상적 의사소통 패턴을 깨뜨리기 때문이다. 밀집성은 인구밀도와 구별되어야 한다. 밀집성은 환경에 대한 자제력 결핍에 대한 감정과 관련 있다. 타인에 대한 통제 정도에 대해 느끼는 개인의 지각에 의해 영향을 받는다(Rapoport, 1977).

혼잡한 조건은 부정적 행동을 낳는다. 왜냐하면 "사회적 과부하"와 인간관계로 관련 있기 때문이다. 행동배경은 사람을 너무 많이 배치하지 않아야 한다. 즉 사람의 숫자가 행동의 패턴에 적절해야 한다. 중요한 점은 충분한 개인공간과 영역의 통제를 가져야 한다는 점이다(Bechtel, 1977).

(2) 밀집성의 특성

① 밀도(density)와 밀집성(crowding) : 밀도가 물리적인 상태에서의 과밀한 정도를 나타내는 척도인 반면 밀집성은 심리적인 상태에서의 과밀한 정도를 나타내는 개념이다.

F. B. Modell에 의하면 이에 대한 비교가 잘 나타나 있는데 밀도가 상당히 낮은 둘만의 경우라도 밀집성의 측면에서는 높은 상태가 될 수 있다.

또한 고밀도가 부정적인 면을 지니고 있지만 이러한 고밀도를 두드러지게 나타나게 하고 밀집성을 일으키게 하는 것은 개인차와 상황적 및 사회적 여건의 차이다.

② 밀도의 측정법 : 밀도는 공간적 밀도(spatial density)와 사회적 밀도(social density)로 측정한다. 전자에서는 공간이 변하고 집단의 크기는 불변이며, 후자에서는 그 반대의 성격을 가진다. 또한 전자보다는 후자가 더욱 배타적이고 부정적인 영향을 나타내며, 전자에서는 동일 집단 내의 남성에게 특히 문제가 일어난다(Paulus, 1977).

(3) 밀도의 영향

① 정서의 측면 : 높은 사회적 밀도는 부정적인 정서적 감각을 유발하여 밀집된 장소에서는 불안으로 작업능률이 감소된다. 이러한 부정적인 감각은 여성보다 개인적 공간의 영역이 작은 남성에게 더욱 크다.

② 심리적 각성의 측면 : 공간적 밀도의 변화는 심장의 박동과 혈압에 지접적인 영향을 준다.

③ 질병의 측면 : 고밀도의 상태에서는 건강의 악화를 초래하게 되나 상황에 따라서는 반대의 결과를 초래할 수도 있다.

④ 과밀과 스트레스 : 사람은 누구에게도 침범되지 않는 거처를 간절히 바란다. 공공장소에서도 혼잡한 곳을 적극적으로 요구하는 사람은 적다. 혼잡한 장소에서는 개인공간이 침해될 우려가 있어 스트레스를 느끼기 쉽다.

혼잡의 정도를 나타내는 데에는 인구 밀도(density)와 사람이 지각하는 공간이 비좁음에 의한 혼잡을 구별할 필요가 있다. 혼잡의 정도는 빈틈없이 꽉 들어찬 상태에서 적정한 크기, 그리고 고립·과소이다 일반적으로 과밀·과소에 처한 사람이 지각하면 심리적·생리적 스트레스가 일어난다. 혼잡의 정도는 물리적 환경·사회적 환경·개인적 요소에 의해 상호 규정된다.

물리적 환경은 공간의 크기가 부족하면 행동이 압박되어 생리적·심리적 스트레스를 느낀다. 영화감상이나 스포츠 관전 중에는 물리적 밀도가 높더라도 혼잡하다고 느끼지 않는다. 그러나 영화나 게임이 종료되어 돌아가기 시작하면 삽시기 그 장소의 혼잡을 실감한다. 사람들이 어떤 목적에서 집합하여 있는가에 따라 혼잡을 체험하는 방법은 달라진다. 또한 지능, 경험, 통찰 등의 개인적 요소도 혼잡을 받아들이는 방법에 영향을 미친다.

(4) 군집-인식의 상황과 개인 결정 요인

밀도 외에 물리적, 사회적, 개인적 요인의 다수는 환경 밀도의 어떠한 변화 없이 개인의 인식 제어를 수정할 수 있음을 보여왔다. 논점에서 논리적인 결론은 고정 밀도 수준, 혼잡 인식은 상황과 사람에 따라 다를 수 있다는 것이다(그림 13.12).

예를 들어, 대학 기숙사 건축 디자인은 밀집의 사용자 지각의 주요 결정이 발견되었다(Baum & Valins, 1977). 이러한 환경의 분할(Desor, 1972), 간판(Wener & Kaminoff, 1983), 심지어 형태(Desor, 1972), 색상(Baum & Davis, 1976), 조명 수준(Baum & Davis, 1976)과 같은 다른 설계 변수는 인간 군집에 영향을 미치는 것으로 입증되었다.

사회적 상황의 관점에서 경험적 증거가 밀집은 일 대 레크리에이션, 위압적 대 대화식, 경쟁 대 협력 내에서 활동의 특성에 의해 영향을 받는 것으로 나타났다(Cohen, Sladen & Benett 1973 ; Stokols, Rall, Pinner & Schopler, 1973). 또한, 아는 사람, 그룹 구성원 및 그룹 내에서 개발된 몇 가지 기본적인 사회 구조는 군집의 지각을 완화할 수 있다(Baum과 Koman, 1976).

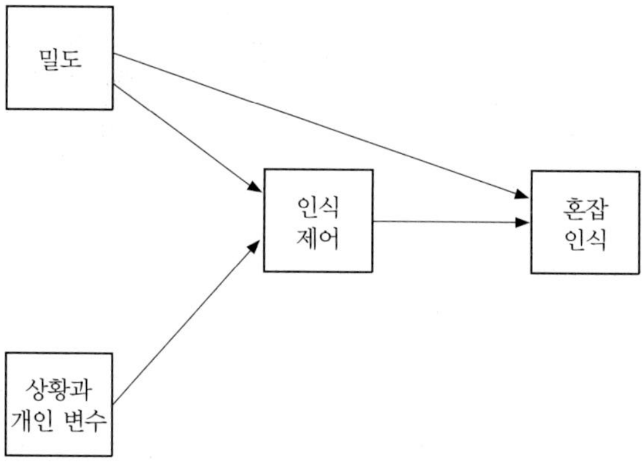

그림 13.12 밀집 제어 이론

13.5 대인 환경

대인환경(Interpersonal environment)이란 자기 주변의 타인과의 관계에서 만들어지는 상황이다. 사람은 자기를 둘러싸는 대인환경에 참여하고 있다. 외적으로 느끼는 것이 많다.

(1) 대인환경과 개인과의 관계

심신의학적으로는 개인이 지닌 소질도 있지만 소아기(小兒期)의 양육환경이 심신에 중요한 영향을 미친다고 한다. 사람이 태어나 처음으로 체험하는 환경은 대부분의 경우 모자관계이다. 인생의 각 단계에 발달과제를 상정한 E. H. Erikson은 영유아기(嬰幼兒期)에 양육자와의 관계에서 안심할 수 있는 환경이 얻어지는가, 욕구불만에 빠졌을 때(공복이나 배설) 신속히 대처하는가 등이 그 개인의 「기본적 신뢰감」의 획득에 중요하다고 주장하고 있다. 미숙아로서의 출생 등으로 어머니에 대신하는 최초의 양육에 부딪칠 때에도 안정한 환경을 제공하는 것, 활발하게 접촉하지 못하는 모친과의 유대를 해치지 않도록 하는 것의 중요성이 보고되고 있다.

그러나 영유아조차 환경에 대하여 완전히 소극적인 존재가 아니라 그 환경의 일부를 구성하는 등장인물인 것이다. 어린이는 저마다 개성이 있고, 이른바 「기르기 쉬운 자녀」「기르기 어려운 자녀」라는 관점이 있다. 예를 들면 무엇인가의 장애가 있는 어린이는 어린이가 표현하는 메시지를 읽기 어려워 부모가 곤혹스러운 경우도 있다. 자녀의 바람직한 발달을 위해서는 가능한 한 양호한 양육환경을 제공하는 것이 요구되는데, 그러기 위해서는 더욱 부모를 둘러싸는 환경, 부모를 지지하는 환경이 중요하다.

소아기의 교육으로서 사회생활에 적응하기 위한 기본 생활습관의 확립 · 이른바 훈육은 중요하지만, 어린이가 수용하고, 만족을 느끼는 안정한 긍정적 양육환경이 대단히 중요하다.

(2) 대인환경 스트레스에의 대처

환경은 자신도 그 일부이고, 대부분의 경우 환경이 일방적으로 공격하여 오는 것은 아니다. 만일 환경이 일방적으로 공격하여 온다고 느끼는 경우에는 그러한 느낌의 근원이 자기에게 없는지, 한 발 물러나 관찰하여 보는 것이 유용하다. 그것을 알게 되면 자신은 무력하지 않고, 환경을 바꿀 능력 있는 한 구성원으로 여겨질 것이다.

대인(對人) 스트레스가 심신에 영향을 미칠 때 거기에는 대인 스트레스 이외의 스트레스 · 개인요인 · 완충요인이 관여한다. 대인 스트레스에서 개인요인에는 개인의 방어력이나 반응의 방식이 포함된다.

(3) 타인과의 관계

타인과의 관계는 이득관계, 손해관계, 무이해(無利害)관계의 3종류로 분류된다. 자기의 욕구에 대하여 촉진 방향에 있는 것이 이득관계이고, 억제 방향에 있는 것이 손해이다. 이를 조합하면 6패턴으로 나누어진다.

이득——이득……서로 양호한 협력관계이다.
신뢰가 쌓인다.
이득——무이해…관여하는 것만으로 한편이 득을 보는 편승의 관계이다.
한편에서 호의, 존경을 받는다.
이득——손해……한편이 다른 편에게 손해를 끼치고, 득을 보는 탈취의 관계이다.
한편에서 증오를 낳는다.
무이해—무이해…서로 관여하지 않고, 평온한 관계이다.
무이해—손해……관여하는 것만으로 한편이 손해를 입는 피해의 관계이다.
한편에서 혐오, 경멸을 낳는다.
손해——손해……서로가 손해를 끼치고, 험악한 대립관계이다.
적대 감정을 낳는다.

사람의 욕구는 쾌락추구와 불쾌회피로 구성된다. 서로의 욕구가 충돌하는 장이 대인환경이다.

휴양 ——— [생존욕구] ——— 피로
쾌락 ——— [종존욕구(種存欲求)] ——— 불쾌
존경 ——— [존재욕구] ——— 경멸
만족 ——— [달성욕구] ——— 불만
풍요 ——— [질서욕구] ——— 빈곤

(4) 사회적 비교과정

집단생활을 기반으로 하는 인간에게 타인으로부터의 수용을 요구하는 소속욕구를 충족하기 위한 중요한 의미를 지닌다(Baumeister & Leary, 1995). 소속욕구는 타인과의 유대, 즉 사회적 네트워크를 형성하는 것에 의해 만족된다. 사회적 지지나 사회적 네트워크에 관한 종래의 연구에서는 타인으로부터의 수용이 심신의 건강을 증진하는 것과, 긴밀한 사회적 네트워크가 집단의 응집성을 높이는 것이 분명해지고 있다(Berkman

& Syme, 1979 ; Paxton & Moody, 2003). 타인과의 우호적인 사회적 네트워크를 가지는 것은 개인과 집단의 쌍방에서 적응을 높이는 유익한 사회관계자본으로서 기능하는 것이다(Putnam, 2000).

그러나 사람들이 반드시 원하는 사회적 네트워크를 형성·유지하고 있는 것은 아니다. 예를 들면 입학이나 취직, 주거이동 등에 수반하는 대인환경의 변화는 사람들에게 새로운 환경에서의 사회적 네트워크 구축을 요청하지만, 그 과정에서는 여러 가지 대인관계의 역동성이 보인다. 서로 미지인 사람들이 뜻이 맞는 동료를 만나기까지에는 잠재적인 동료가 될 가능성 있는 사람들에게 폭넓은 접근을 행하게 되고, 성격이 맞지 않다, 상대가 호감이 가지 않는다 등의 이유에서 거절이나 배척 등을 경험하는 것도 결코 특별하지 않다. 또한 파티 등에서 낯선 상대와 대화를 원만하게 하지 못하여 집단 중에서 1인 고립되는 경우도 일상에서는 흔히 볼 수 있는 광경이다. 이러한 타인으로부터의 배척이나 고립의 경험, 또한 그 예상은 사람들의 자아통제감이나 자아제어를 해치는 것으로 알려져 있다.

(5) 장년의 WHO 국제생활기능분류

국제적 장애에 대한 분류방법에 대해 WHO에서 검토가 이루어지고, 1980년에 국제질환 분류의 보조 분류로 「WHO 국제장애인분류(International Classification of Impairments, Disabilities and Handicaps : ICIDH)」가 발표되었다.

그 후, WHO에 의한 개정 작업이 진행되어 1997년에 「ICIDH-2 베타 1안」이, 1999년에 「ICIDH-2 베타 2안」이 각각 현장 실험용으로 발표되어, 결국 2001년 5월에 「국제생활기능분류(International Classification of Functioning, Disability and Health : ICF)」가 ICIDH의 개정판으로 WHO 총회에서 채택되었다.

이 ICF의 특성으로는 3가지를 들 수 있다. ① 사람의 건강에 관한 측면(건강영역)과 건강 관련 영역을 취급하고, 사회경제적 요인(인종, 성별, 종교 등)에 의해서도 초래되는 과제 수행의 제약은 다루지 않는다. ② 장애인뿐만 아니라 모든 사람의 건강 상태에 대해 설명할 수 있다. ③ 생활 기능과 장애 상태를 설명하고, 정보를 조직화하는 틀로서 도움된다.

또한 ICF의 목적으로는 3가지를 설정하고 있다. ① 의학영역, 사회복지영역, 교육영역, 직업영역, 케어영역 등의 전문 영역과 각종 행정 기관의 서비스 제공, 장애인 본인이나 가족, 간병인, 후견인 등 다양한 입장의 관계자의 “공통의 말이나 생각”의 틀 제공, ② 장애의 종합 평가, 사후 서비스 제공, 임상적·실제적 수단의 제공, ③ 장애 분야의 여러 문제에 대한 조사·통계 및 국내·국제 비교의 표준 틀 제공

ICIDH는 장애를 3차원(기능 장애, 능력 장애, 사회적 불리)의 구조로 파악하고, 체계화한 것으로, ① 질병·질환(Disease or Disorder), ② 역기능(Impairment), ③ 능력장애(능력저하 Disability), ④ 사회적 불리(Handicap)의 4가지로 분류하고 있다. 「질병·질환」이 원인이 되어 「기능·형태장애」가 일어나고, 이로 인해 「능력장애」를 일으켜, 한층 더 「사회적 불리」를 일으킨다는 것이다.

또한 ICF에서는 ICIDH의 장애를 질병의 여러 귀결로 한다는 고려에서 ICF는 생활기능과 장애(심신기능·신체구조, 활동, 참여), 배경 인자(환경 인자, 개인 인자)의 3요소 2인자로 구성하고, 다음의 6가지로 분류하고 있다. ① 건강 상태(Health condition), ② 심신기능·신체구조(Body function and structure), ③ 활동(Activity), ④ 참여(Participation), ⑤ 환경요인(Environmental factors), ⑥ 개인요인(Personal factors)

그래서 ICF에서 장애는 개인의 심신 기능 및 활동·참여 등의 능력과 환경이 관련 중에서 생기는 것으로 검토하고, 이러한 요인이 장애의 각 계층 수준에 상호 영향하는 것이 명기되어 「환경인자」의 중요성이 강조되었다.

또한 주거환경 등에서 삶의 질(Quality Of Life : QOL)의 구조는 객관적 QOL과 주관적 QOL의 2가지 측면에서 객관적 QOL는 생물 수준(생명의 질), 개인 수준(삶의 질), 사회 수준(인생의 질)의 3가지 QOL에서 이루어지고, 주관적 QOL는 실존 수준(체험으로 삶의 질)의 QOL로 구성된다고 설명할 수 있다(그림 13.13).

- QOL
  - 객관적 QOL
    - 생물수준의 QOL 「생명의 질」 (건강/생명·고통)
    - 개인수준의 QOL 「삶의 질」 (일상생활활동 Activities of Daily Living : ADL)
    - 사회수준의 QOL 「인생의 질」 (일·경제·가정생활의 충실도·사회활동·취미·레저)
  - 주관적 QOL – 실존수준의 QOL 「체험으로의 인생의 질」 (삶의 보람·행복감·만족감·자아개념·자아실현·심리상태)

그림 13.13 삶의 질의 구성요소

Environmental Evaluation

제14장 | 환경평가

14.1 건축환경평가의 개념

건축물의 환경성능평가는 에너지절약이나 자원절약·재활용성능 등 환경부하삭감의 측면은 물론 실내의 쾌적성이나 경관에의 배려 등 환경품질·성능의 향상과 같은 측면도 포함된다. 건물 사용자에 대한 어메니티의 향상 또는 편익의 향상을 목표로 하여 빌딩풍, 일조장애 등 건물의 주변에 대한 환경영향 등 건축물의 라이프사이클을 통한 환경에 미치는 환경부하 측면도 배려한 평가가 요구된다.

경영적 관점에서 토지·건물 등의 시설을 정비하여 효율적인 이용을 도모하고자 하면 시설의 환경을 어떻게 평가할 것인가 하는 문제가 발생한다. 건물·설비·가구 등의 시설 기획에서 시작하여 설계·시공·유지관리에 이르는 각 단계에서 또는 토지나 건물을 구입하거나 임대함에 있어 여러 가지의 의사결정이 필요하다. 지금까지는 과거의 경험이나 판단에 의해 대처하는 것이 가능하였으나 오늘날에는 다음과 같은 배경에서 보다 객관적이며 다면적인 평가가 필요하게 되고 있다.

1) 인텔리전트 빌딩에 보이는 것처럼 시설에 대한 기능적·사회적 요구가 복잡화, 고도화하여 정형적인 건축이 존재할 수 없게 되었다.
2) 시설의 경제적 규모가 비약적으로 증대하고, 투자효과의 향상에 대한 요구가 높아졌다. 또한 건축의 상품화가 진행되고 있는데, 일반의 경제재와 달리 그 성능이나 가치에 관한 정보가 충분히 제공되고 있지 않다.

3) 업무형태의 변화에의 대응, 가치관의 다양화에의 대응이 중요한 과제가 되고 있다.

14.2 환경권 보호

일반적으로 인간이 건강하고 쾌적한 생활을 유지함에 있어 필요한 좋은 환경을 향수할 권리를 환경권(environmental rights)이라고 한다.

최근 들어 대도시의 토지이용 효율을 높이고 주거환경을 개선하기 위하여 기존의 저층 주거용 건물을 고층건물 또는 고층 공동주택으로 재건축·재개발하거나 신축하는 행위가 빈번해지고 있다. 이러한 과정에서 신축되는 고층 건물들에 의한 일조권(right to enjoy sunshine), 조망권(prospect right) 및 프라이버시권(rights of privacy) 침해에 대한 분쟁이 증가하고 있다.

일조권 침해는 정량적인 평가가 어느 정도 쉬우며 또한 통념적으로 받아들여질 수 있는 기준이 설정되어 있는 데 비하여 조망권 침해나 프라이버시 침해는 정성적인 성격을 가지고 있다. 다시 말해 조망의 좋고 나쁨은 대체로 주관적인 판단에 의존하고, 프라이버시 침해 역시 동일한 공간적 거리를 두고 침해한다고 하여도 침해 각도, 침해자의 수 등 여러 정황적인 요인들을 충분히 감안하여 객관적으로 평가하여야 한다.

14.2.1 일조권

환경 구성요소의 하나인 일조를 이용하여 쾌적한 생활을 향수하는 권리를 일조권이라고 한다. 일조권에 대한 정의는, 「직사광선의 이익을 향수할 권리」 또는 「인접건물의 높이를 제한함으로써 채광, 통풍, 시야보호 등을 보장받을 수 있는 권리」로 이해하고 있다.

환경권 침해가 불법행위를 구성하기 위하여는 위법성이 인정되어야 하는데, 판례와 학설에서 제시하고 있는 위법성의 판단기준은 '수인한도'(受忍限度)라 할 것이다.

이와 같은 수인한도, 즉 참을 수 있는 정도를 판단하기 위하여는, ① 피해의 정도, ② 가해·피해 회피 가능성, ③ 지역성, ④ 피해건물의 배치·구조, ⑤ 가해·피해건물의 용도, ⑥ 선재관계, ⑦ 가해건물의 공법규제위반 여부, ⑧ 교섭과정 등을 종합적으로 고려하여야 하지만, 대부분의 판결에서 "동지일을 기준으로 09 : 00부터 15 : 00 사이의 6시간 중 연속하여 2시간 이상 일조시간이 확보되지 못할 뿐 아니라 동지일을 기준으로 08 : 00에서 16 : 00까지 사이의 8시간 중 총 일조시간이 최소 4시간 정도 확보되지 못하는 경우 수인한도를 넘는다고 봄이 상당하다"고 판시하여 수인한도의 기준을 제시하고 있다.

일조권 침해 정도를 분석하기 위해서는 계절별, 일별 시간대에 따른 태양 고도의 변화에 의한 각 건물에 미치는 일조 영역을 분석한다. 또한 주변 지형, 지물 및 건축물로 인한 일조환경영향을 분석하여 각 세대별 일조 흐름을 미리 파악할 수 있다.

일조권 분쟁은 대체로 다음과 같은 유형으로 구분할 수 있다.

① 아파트 혹은 주택지 전면에 아파트 단지 : 기존의 아파트 단지 앞에 공터, 주택지 혹은 저층아파트 단지가 고층아파트 단지로 재건축 등을 하는 경우로 피해자가 많이 발생하고 분쟁의 규모 역시 크게 발전한다.

② 나홀로 아파트 : 흔히 오래된 도심의 주택가에서 발생하기 쉬우며, 주변에 비하여 높은 아파트 1~2동이 들어섬으로써 인접 주택들과의 분쟁이 야기된다. 재건축조합 등이 상대가 되는 경우가 많다.

③ 빌라에 근접한 빌라 : 다세대, 다가구 형태의 건물들이 많은 지역에서 1~2층의 건물을 4~5층의 건물로 재건축하여 인접 건축주와의 다툼이 발생한다.

④ 주택 전면의 빌라 : 유사한 형태의 1~2층 주택으로 있던 앞집이 4~5층의 빌라 등으로 재건축함으로써 심한 침해를 발생시킨다.

⑤ 'ㄷ'자, 'ㅂ'자 형의 아파트 배치 : 동일한 아파트 단지 내에서 일부 세대들이 타 동들에 의하여 혹은 북향 등의 원인으로 일조가 제대로 되지 않는 경우로 분양한 회사를 상대로 손해배상을 청구하는 경우도 있다.

⑥ 주택/아파트 앞의 구조물(고가도로 등) : 정부나 공공기관에서 흔히 건축하는 도로, 교량 등으로 피해가 발생하는 경우로 정부나 공공기관을 상대로 한 소송으로 발전한다.

⑦ 비닐하우스 등 경작지 앞의 아파트 단지, 도로, 철도, 교량 : 아파트나 구조물 등의 원인으로 농작물의 수확감소 등에 따른 손해배상을 청구하는 경우로 20~30년 동안에 발생하는 수확 감소액을 배상하라는 형태의 분쟁이 많다.

일조권 침해를 중심으로 한 분쟁에 대하여 컴퓨터 시뮬레이션을 하는 경우 일반적으로 다음과 같은 절차를 거쳐 분석한다.

① 현장조사 ② 도면 검토 및 분석 ③ 도면에 의한 3차원 모델링 ④ 컴퓨터에 의한 시뮬레이션 실시 ⑤ 시뮬레이션 결과의 검정 및 수정 ⑥ 일조시간 분석 ⑦ 조망 침해 판단 ⑧ 프라이버시 침해 판단.

14.2.2 조망권

조망권은 마주하는 건물을 피하여 경관을 바라볼 수 있는 권리로서 특정위치에서 밖을 바라다 볼 때 보여지는 강, 산, 호수, 공원 등의 특별한 경관을 볼 수 있는 권리이다. 통상 "아름다운 자연적, 역사적 또는 문화적 경관을 조망하여 미적 만족감이나 정신적 휴식을 향유할 수 있는 이익"이라고 정의할 수 있다.

조망권은 크게 천공 조망과 경관 조망 2가지로 나뉜다. 천공 조망이란 주택에서 거실 창을 통해 보이는 하늘의 차폐 정도를 의미한다. 이에 비해 경관 조망은 거실 창을 통해 보이는 주변 경관 정도를 뜻한다. 거실에서 건물 건축 전후의 경관을 비교해 조망에 대한 차폐면적을 계산한다. 건물을 신축해 기존 건물의 조망을 침해했을 경우 조망권과 관련한 손해액을 산정할 때 쓰는 방식이다.

조망권을 자연·인공 조망권으로 구분하는 경우도 있다. 자연 조망권은 강, 바다, 산 등 자연을 그대로 조망할 수 있는 권리이고 인공 조망권은 도심공원, 골프장 등을 조망할 수 있는 권리다.

조망권 범위는 건물 창에서 밖을 내다봤을 때 보이는 경관 가운데 녹지, 건물, 대지, 하늘이 차지하는 비율을 말한다.

조망이 좋은 위치라는 것은 건축이 처음 들어섰을 당시의 상황일 뿐이지 이후에 다른 건물이 들어서는 경우 얼마든지 바뀔 수 있다. 조망권 침해와 관련하여 그 침해가 위법성의 판단기준인 '수인한도'를 넘었는지가 문제될 것인데, 피해 건물의 거실중앙, 거실 앞 및 안방의 조망 중 적어도 1곳 이상이 100% 가려지는 세대의 경우 수인한도를 넘는 것으로 본 판결례가 있다. 또한 눈을 움직이지 않는 상태에서 시야가 다른 건물에 의해 가려지는 비율을 조망률이라 하고, 그 조망률이 40% 이상인 경우에는 수인한도 내에 있다고 본 판결례도 있다.

"공동주택의 경우 동지일을 기준으로 9시부터 15시까지 사이에 일조시간이 연속하여 2시간 미만인 경우에는 조망 및 프라이버시의 침해 정도를 불문하고 수인한도를 넘는다고 보고, 다만 일조시간이 2시간 이상인 경우에도 조망권의 침해가 가장 심한 상태인 조망침해율{(기준동 호의 천공가시율 등급－해당 세대의 천공가시율 등급)/5}이 0.4인 경우이거나 프라이버시권의 침해가 가장 심한 상태인 프라이버시 침해 등급이 1인 경우(가해 세대로부터 피해 세대 거주자의 표정까지도 관찰이 가능한 범위)에도 수인한도를 넘는다고 봄이 상당하다"고 그 구체적인 기준까지 제시한 판결례가 있다.

이와 같이 수평, 수직시야의 범위 안에서 외부공간(천공 : 하늘)의 조망이 가능한가에 따라 주거환경의 양부가 결정된다. 조망 분석은 분석 대상 건물의 창에서 밖을 바라보았을 때 보이는 전망 중 녹지, 건물, 대지, 하늘이 차지하는 비율을 백분율로 분석하는 것이다. 구체적으로 사람의 시야는 120°범위 내의 사물을 볼 수 있고, 근접하면 시야 60°범위 내의 사물을 무의식적으로 인지할 수 있다고 한다. 외부를 바라보았을 때 전체 시야에서 건물에 의해 가려지지 않는 시각적 개방감의 비율을 천공율(天空率, 하늘이 보이는 비율)이라고 하는데 그 비율을 기준으로 조망권 침해를 판단할 수 있다(그림 14.1).

조망률은 대상 건축물을 3D로 정밀하게 제작한 다음 재실자가 가장 집중적으로 조망(전망)을 많이 보는(주로 거실) 지점의 개구부(창)를 선정하여 거실 중간, 창측에서 1 m 지점을 각각 지정, 상대 건축물에 의하여 전체 시야의 가려지는 정도를 측정한다. 이때 하늘, 땅, 시가지전경 등 원거리 조망이 가능한 경우를 조망이 가능한 것으로 판정한다.

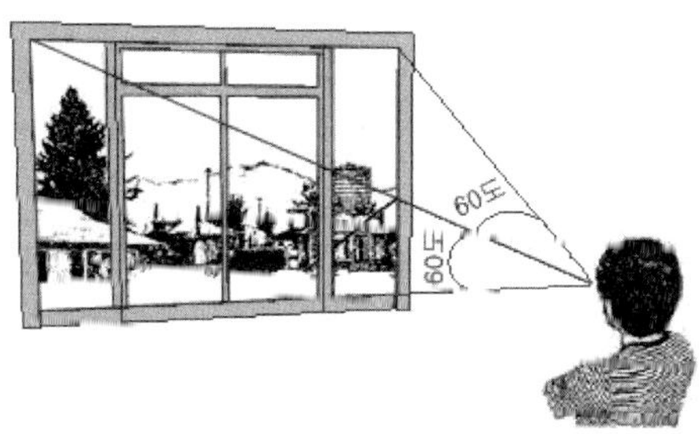

그림 14.1 조망권의 시야범위

14.2.3 프라이버시권

프라이버시는 사적 활동의 아이덴티티와 인간존중의식을 형성하는 데 도움이 되는 것으로 특히 가정에서 원하는 수준의 프라이버시 성취는 필수적이며, 이러한 프라이버시를 확보하기 위해서는 우선 적정한 공간을 확보함으로써 영역성을 확립하고 타인의 시선 방향을 전환시키거나 거리를 두는 방법 등이 있다.

프라이버시 침해도 정성적인 성격을 가지고 있다. 프라이버시 침해 역시 동일한 공간적 거리를 두고 침해한다고 하여도 침해 각도, 침해자의 수 등 여러 정황적인 요인들을 충분히 감안하여 객관적으로 평가하여야 한다. 또한 분석대상 아파트의 단지 배치 및 주변건물, 지형적 특성에 따라 인접 동 간 또는 인접대지, 주변건물 등에 의하여 발생하는 세대별 프라이버시 침해정도를 분석한다.

프라이버시 분석결과는 수치적 절대값으로 나타내기 어려운 바, 각 세대별 거실창을 기준으로 단지 내 건물, 인접대지, 200 m 이내 건물 등에 침해를 줄 수 있는 모든 가능성을 가진 인자를 역추적하여 거실창 면적 대비 백분율로 변환하며, 같은 동 동일 라인간의 프라이버시 침해는 보다 정밀한 그래픽 시뮬레이션을 통하여 육안으로도 분석 가능하도록 한다. 또한 프라이버시 분석에서는 자연적 침해 인자와 인위적 침해 인자에 의한 비중을 고려하여 동, 층에 따라 등급화를 한다.

우리나라 법원의 판례는 아파트와 같은 공동주택에서 보호받아야 할 프라이버시는 마주보는 세대에서 건너다보이는 것으로부터 문제가 된다고 보고 있으며, 얼굴의 표정을 분별할 수 있는 최대거리가 12 m 정도, 얼굴을 인식할 수 있는 최대거리가 24 m, 동작을 분별할 수 있는 최대거리를 135 m 정도라는 전제 하에서 각 세대간 거리가 직선 및 사선거리로 약 30 m 이내에 들어올 경우, '상·하·좌·우의 범위 내에서 거의 얼굴을 인식할 수 있을 정도'의 프라이버시 침해가 있다고 보고 있다.

14.3 건축환경평가의 요소

건축환경평가의 기본 요소로서 안전성, 보건성, 편리성, 쾌적성, 지속성 등을 들 수 있다.

(1) 안전성

안전성(safety)은 인간의 생명, 신체나 재산, 활동이나 기능 등을 대상으로 안전성을 확보하고, 안심감을 주는 것은 건축환경을 형성하는 데 가장 중요한 조건이다. 안전성은 방범성・교통안전성・교통 이외의 생활환경의 위험에 대한 생활안전성에서 이루어지는 「일상안전성」과 풍수해나 지진 등의 자연재해요인에 기인하는 재해, 인간활동이 활발한 고밀도 거주지역에서 인적인 요인에 수반하여 발생하는 화재 등 여러 가지 「재해로부터의 안전성」으로 분류된다.

「일상안전성」, 즉 일상생활 중에서 건축환경에 요구되는 안전성으로서는 범죄의 발생하기 어려움이나 범죄의 방어, 사람과 차의 안전한 관계성에 의한 교통안전성, 보행환경의 안전성, 사고요인이 되는 것의 주변환경정비에 의한 추락, 낙하위험물의 제거에 의한 충돌・붕괴의 방지에 관한 사항 등이 해당한다.

「재해로부터의 안전성」에 대해서는 지진・해일・화산폭발・태풍・집중호우 등 자연현상이 원인으로 발생하는 것과, 화재와 같이 인간의 활동이 원인으로 발생하는 것이 있다. 재해에 대한 안전성에는 대별하면 재해요인이 되는 현상이 일어나더라도 재해로 이어지지 않는 재해발생방지면의 안전성과, 발생한 피해에 대해 피해의 확대를 방지하는 재해대응면의 안전성이 있다.

(2) 보건성

보건성(health)은 육체적・정신적 건강이 지켜지는 것이다. 건축물이나 주변 환경이 사용자의 건강에 영향을 미치지 않고, 건강한 생활을 할 수 있는 것은 건축환경에서 가장 중요한 조건의 하나이다. 건강영향의 요인이 되는 환경인자는 온도와 습도, 음향, 조도, 전자기파 등의 「물리적 환경」, 화학물질 영향의 「화학적 환경」, 유해생물이나 세균・바이러스 등 그 독소 등에 의한 영향의 「생물학적 환경」, 그리고 이들의 인자를 종합적으로 보완하는 것으로서 사회시스템 전체를 가리키는 「사회적 환경」에 의한 것으로 대별할 수 있다.

(3) 편리성

편리성(convenience)은 생활의 편리성이 경제적으로 확보되어 있는 것이다. 일상의 생활행위에 영향을 미치는 경우가 많고, 효율적인 거주를 목표로 하는 데에서 중요한 특질이다. 건축환경의 편리성으로 고려할 범위는 넓고, 주차나 자전거를 세워두는 등 부지 내 일상적인 편리성의 「일상생활의 용이함」이나 생활 중에 통상 이용하는 공공시설에의 접근하기 용이함 등의 「각종 시설 이용의 용이함」, 교통기관에의 접근 용이함 등의 「교통기관 이용의 용이함」, 물류 서비스 등의 각종 서비스를 향유하기 용이함이나 전자정보화에의 대응이 마련되는 등의「사회 서비스 이용의 용이함」등으로 분류할 수 있다.

(4) 쾌적성

쾌적성(amenity)은 아름다움, 레크리에이션 등이 충분히 확보되어 있는 것이다. 건축환경에서 생활하는 사람들이 살기 좋다고 느끼고, 살기 좋은 마을로 삼으려는 것이다. 쾌적한 생활은 안전하며 위생적이고, 생리적으로 불쾌하지 않은 건축에서 생활하는 것이 기본이 된다. 그리고 지역마다의 풍토나 역사·생활문화를 배경으로 다양한 건축물에 의해 형성되는 집주형태의 환경 질의 종합평가로서 검토된다. 또한 쾌적성의 평가에는 생활인의 가치나 생활양식, 생활인이나 이용자의 압력 등에 관한 점이 크다.

쾌적성은 생리적으로 오감으로 지각할 수 있는 공간의 상태에 관한「공간의 성능에 관한 요소」, 건축물의 집합방식에 관한「공간의 구성에 관한 요소」, 녹지나 물, 흙 등「자연과의 친화에 관한 요소」, 지역의 자연이나 역사, 문화, 마을의 이미지, 사람과 마을과의 관계 등「지역에 축적된 의미에 관한 요소」, 지역에서 커뮤니티의 방식 등「거주방식에 관한 요소」등 5가지의 관점으로 나눌 수 있다.

(5) 지속성

지속성(sustainability)은 미래 세대의 존속 가능성을 위협하지 않는 현 세대의 발전을 의미한다. 지속성은 환경·경제·사회의 3가지 관점으로 분류할 수 있다. 환경지속성은 물리적 환경에 대하여 미래의 거주환경 악화를 일으키지 않는 것, 경제지속성은 지속성을 의식한 도시·지역경제발전을 전개하는 것, 사회지속성은 지역사회의 문화나 역사성을 보전하는 것이다. 이들에 공통하는 것은 지역에서 생활, 활동하는 사람이 미래의 지역사회에 대하여 어떤 공헌이 가능한 것인가라는 관점이다.

지속성의 개념은 환경을 비롯하여 경제 및 사회에 보다 광범위하게 수용되고 있다. 구체적으로는, 1) 공공 정책에의 반영, 2) 기술 개발, 3) 학제적 공동 연구의 활성화, 4) 글로벌한 다단계 문제에 대한 관심 증대, 5) 역사·문화유산의 보전, 6) 자원절약의 실천, 7) 생물학 및 생태학적인 문제 영역에 대한 관심의 확대 등이 보이고 있다.

최근 세계 각국에서는 환경배려설계를 위하여 지속가능한 관점에서 건축물의 환경성능평가기법을 마련하여 시행하고 있다.

실내환경을 비롯하여 건축물이 라이프사이클을 통하여 환경에 미치는 환경부하, 환경성능 등을 평가대상에 포함하고 있다. 각각 에너지절약이나 환경부하가 적은 기자재의 사용 등 환경배려는 물론 실내의 쾌적성과 경관에의 배려 등도 포함한 건축물의 품질을 종합적으로 평가하고 있는 것이다.

14.4 건축물의 사용상태 평가

(1) POE의 정의와 목적

POE(Post Occupancy Evaluation)는 사용상태의 건물을 평가하는 활동에 대하여 일반적으로 사용되는 용어이다. 빌딩 프로세스(기획, 계획, 설계, 시공, 사용 등)에 관하여 연구되고 있다. 일반적으로는 그 건물에 입주하고 있는 사용자(user)에 대한 앙케트조사가 중심이고, 거기에 전문가에 의한 조사나 측정이 이루어진다. POE 고려방식의 기본에는 실제로 그 건물에 입주하고 있는 사람에 의한 평가가 가장 타당하다고 하지만, 공간체험이 적은 입주자에 의한 평가의 경우나 물리적 환경이 아니라 사회적 환경에 의해서도 평가가 좌우되는 경우가 있으므로 사용자에 대한 앙케트조사의 결과에만 의존하는 것은 위험한 측면이 있다고 고려된다.

건물이 사용상태에 있는 시점의 평가이며, 시설이용자에 의한 건물의 사용하기 편리함의 양호를 과학적으로 파악하고, 시설 평가에 연결하는 고려 방식, 이른바 「시설평가에의 사용자 참여」의 원칙이 기본이 되고 있다. POE에 의해 설계자의 의도와 사용자의 욕구와의 관련을 단적으로 파악할 수 있다. 또한 POE를 Pre-Occupancy Evaluation 라고 보아 POE1(Post Occupancy Evaluation)과 POE2(Pre-Occupancy Evaluation)의 양자를 포함한 시간적 경과 중에서 일련의 평가가 중요하다는 의견이 나오고 있다. 양자를 아울러 P2OE라고 약기되는 경우가 있다.

POE의 개념은 아직 확정된 정의는 없으나, "계획된 거주환경의 거주자(개인·집단·조직)에 대한 동적 효과(기능적·심리적)의 검증"이라고 할 수 있다. 「거주자에 대한 동적 효과」를 조사하기 위해서는 사용상태의 생활이 영위되는 실제 장면을 대상으로 평가할 필요가 있고, POE(Post-Occupancy Evaluation)는 시뮬레이션 등에 의해 성능이나 효과를 계획이나 설계에 앞서 예측하는 PDR(Pre-Design Research)와 대응되는 개념이다.

POE는 건축의 환경과 거주자의 거주방식에 피드백할 수 있도록 정보를 과학적·계통적으로 수집하는 방법의 하나인데, 그 성과가 활용되기까지의 시간적 길이에 의하여 목적은 여러 가지이다.

비교적 단시간에 효과가 반영되는 예로서 거주환경의 문제점이나 거주자로부터의 클레임을 파악하여 그 이유나 원인을 해명하는 것, 그리고 그것을 바탕으로 공간이나 설비의 개선, 관리운영방법의 개선, 거주자의 생활태도나 요구기준의 변경 등에의 대응을 원활하게 하는 것이 목적이다. 시간이 약간 걸려 반영하는 경우에는 계속적으로 이루어진 POE의 결과를 회사나 조직의 경영방침의 결정, 생활양식비용의 경감 등에 연결짓는 것이 중요하다. 또한 장기적으로는 거주환경에 관한 건축적 데이터를 축적하여 데이터베이스를 구축함과 아울러 그것을 공적 기준이나 지침의 작성 또는 다음의 설계계획에 도움을 주는 것이 목표가 된다.

(2) POE의 관련요소

사무소 등에서의 종합적인 POE는 작업환경이나 작업자에 관한 매우 많은 측면과 관련요소에 주목할 필요가 있다. 비교적 객관적으로 파악할 수 있는 요소로서는 다음과 같은 점이 있다.

① 환경의 특성 : 음, 빛, 열, 공기, 공간 등에 대하여 물리적으로 측정이 가능하며, 평가할 수 있는 환경의 상황

② 장치의 특성 : 설비, 가구, 장식 등 물리적인 존재로서 환경이나 공간을 구성하는 요소

③ 작업의 특성 : 작업의 종류, 빈도, 계속시간 등 작업자의 일의 양과 내용

④ 작업자의 특성 : 작업자의 연령, 성별, 성격, 역할 등의 개인적·집단적인 특성

이 이외에도 환경에 대한 쾌적감이나 만족감에 큰 영향을 주는 요소로서 사무소 또는 회사가 입지한 도시환경이나 경제적·사회적·문화적 배경, 또한 개인의 가치관이나 선호 등이 검토된다. 그러나 이들은 객관적인 파악이 어렵고, 결과를 반영하는 방법도 확립되어 있지 않다. 그러므로 POE에서 다루는 대상은 기술적인 피드백이 가능한 환경이나 장치에 관련하는 항목을 중심으로 하지 않을 수 없는 것이 실상이다.

(3) POE의 조사 방법

1) 본다(관찰)

가장 소박한 조사방법은 「관찰」일 것이다. 예를 들면 광장이 어떻게 사용되고 있는가를 알기 위해서는 먼저 잘 보고 관찰하는 것에서 시작하는 편이 좋다. 조사대상자에의 개입이 가장 작은 방법이고, 자연스러운 모습을 파악하는 것이 장점이고, 보이고 있는 것만 파악하는 것이 단점이라면 단점이다.

2) 방문한다(면접, 인터뷰, 청취)

「어떤 사람에 대하여 알 수 없는 점이 있다면 그 사람에게 질문하여 본다」라는 것은 일반적인 경우이다. 그 의미에서 이것도 소박한 조사법이라고 할 수 있지만, 회견자에게는 그나름의 기량이 요구되는 경우가 많다. 가두 인터뷰와 같은 간단한 것에서부터 심층심리에 이르는 상세한 면접까지 조사의 깊이나 어려운 정도도 여러 가지가 있다. 회견자 1명, 인터뷰(인터뷰를 받는 사람) 1명의 1 대 1의 조사가 원칙이지만, 변형하여 몇 사람인가를 하나의 실에 모아 한꺼번에 인터뷰를 실시하는 「그룹 인터뷰」나 다만 이야기를 들을 뿐 아니라 무엇인가의 작업을 시키는 방법 등도 있다.

3) 써 주도록 한다(질문지, 앙케트)

면접 · 인터뷰의 질문사항을 어느 정도 정형화할 수 있는 경우는 구두로 묻는 대신에 질문지를 이용하여 조사하는 것이 가능하다. 면접 · 인터뷰에 비하여 균질하게 묻는 방식에서 대규모적인 조사가 이루어질 수 있다는 장점이 있다. 또한 회견자의 기량에 좌우되는 경우는 없는 대신에 질문지조사의 명운을 좌우하는 것은 「어법」-알고 싶은 사항을 어떻게 언어화하여 질문항목으로 할 것인가-이다.

4) 실시하여 본다(실험)

「창의 크기에 의한 심리적인 영향을 알기 위해서는 실제로 창의 크기를 여러 가지로 변화하여 보면 좋다」고 하는 발상의 접근이 「실험」이다. 「관찰」「면접 · 인터뷰」「질문지 · 앙케트」의 3분류는 주로 측정법에 의한 분류인데, 「실험」은 측정법을 구분하는 것은 아니다. 측정 조건을 만드는 경우 그 측정은 「실험」이라 하고, 측정 조건은 「실험조건」이라고 한다. 여기서 가설에 따라 실험조건을 어떻게 구성할 것인가가 실험 성공여부의 관건이다.

(4) POE의 측정

1) 물리적 측정

실내환경은 열·공기·음·빛·공간의 5가지 환경요소가 상호 영향하여 형성되고 있다. 따라서 실내환경을 올바르게 평가하기 위해서는 이들 모든 요소를 조사할 필요가 있다. 또한 종래에는 물리적 측면만을 측정하고, 거주자의 심리적 측면에 대해서는 거의 이루어지지 않았지만, POE에서는 거주자가 입주한 후에 물리적 측면·심리적 측면의 양면에서 조사를 행한다.

물리적인 측정방법으로서는 거리·치수·개수 등을 비교적 간단한 도구를 사용하여 파악하는 측정, 조도·소음·온도·습도·공기의 더러움 등을 측정기를 이용하여 계량하는 측정, 실내의 설정·경관 등을 비디오나 카메라를 이용하여 화상정보로서 얻는 촬영 등이 있다.

사무소를 대상으로 하는 경우 측정할 항목과 그 내용을 표 14.1에 나타낸다.

표 14.1 측정항목과 그 내용

	측정항목	내 용
열환경	(1) 온도	바닥위 1.1 m의 실온.
	(2) 습도	바닥위 1.1 m의 상대습도.
	(3) 기류속도	바닥위 1.1 m에서의 기류속도의 1분간 또는 3분간의 평균을 기준으로 한다.
	(4) 글로브온도	글로브온도계(직경 15 cm의 흑구)에 의한 환경온도. 복사온도의 영향을 파악.
	(5) 상하온도차이	바닥위 1.1 m 또는 1.7 m의 실온과 0.1 m의 실온의 온도차이. 단열·기밀성의 지표.
	(6) PMV	실내열환경의 종합지표. 온열4요소(온도·습도·기류·복사)와 인체 2요소(대사량과 착의)의 6요소를 종합적으로 평가하여 나타내는 온열감각지표.
	(7) 대상실의 상황기록	측정시의 냉난방기구가동상황, 일사의 유무, 블라인드류의 설치 및 사용상황 등을 관찰하여 기록한다.
빛환경	(1) 작업면조도 (자연광 포함)	주광(태양광, 천공광)이 있을 때의 테이블면 조도. 국소조명도 포함한 조도. 조도의 측정결과에서 조도의 균제도(조명의 질을 나타낸다)도 계산하여 평가한다.
	(2) 작업면조도 (인공광)	인공조명만으로 확보할 수 있는 조도. 블라인드를 내린 경우, 또는 야간의 측정으로 한다.
	(3) 조명기구의 글레어	조명기구의 측면에서 나오는 빛의 양에 따라 기구의 글레어 특성을 분류한다.
	(4) 대상실의 상황기록	측정시 조명기구의 점등상황, 블라인드류의 유무, 사용상황 등의 기록.
공기환경	(1) 이산화탄소	바닥위 1.1 m의 CO_2농도. 공기오염의 대표적 지표. 이 자체의 독성은 비교적 작다.
	(2) 일산화탄소	바닥위 1.1 m의 CO농도. 불완전연소, 끽연 등에 의해 발생하는 독성의 가스.
	(3) 부유분진농도	바닥위 1.1 m의 분진농도. 생물입자(꽃가루, 세균, 바이러스 등)와 그 이외(일반분진, 섬유상입자). 폐암이나 알레르기의 원인으로 검토된다.
	(4) 대상실의 상황기록	측정시 환기설비가동상황, 창 등의 개폐상황, 끽연상황 등을 관찰하여 기록.

표 14.1 측정항목과 그 내용(계속)

	측정항목	내 용
음환경	(1) 등가소음레벨	바닥위 1.2 m에서 A특성으로 측정한 어느 시간 내의 음향에너지 평균값. 사람의 소음감각에 적합하여 널리 이용되고 있다. 환경소음의 평가법.
	(2) 암소음레벨	공조가동시의 암소음. 공조가 작동하고 있고 사람이 없는 시업시에 계측. 경우에 따라서는 주간휴무, 종업 후라도 좋다.
	(3) 재실자밀도	10분간의 측정종료 시에 재실하는 사람수에 의한 바닥면적당의 인원밀도.
	(4) 전화댓수	소음 레벨 측정 중에 걸려온 전화댓수. 전화 호출음의 영향을 조사한다.
	(5) 대상실의 상황기록	측정시의 외부소음, 방송설비사용상황, 사람의 출입 등을 관찰하여 기록.
공간환경	(1) 집무실 면적	일반적인 집무공간으로 일체적인 미팅・OA공간이나 가구부분을 포함한 면적(벽이나 간막이로 구획한 회의실・휴게공간・집중OA실은 제외).
	(2) 미팅공간면적	집무실 내의 미팅・응접용 공간의 면적.
	(3) 천장높이	보 등을 제외한 표준적인 부분의 천장높이.
	(4) 카펫깔기	카펫 사용의 유무. 면석비율도 평가한다.
	(5) 수납량	서적・문서를 수납할 수 있는 서고・로커・서랍장(테이블의 서랍은 제외)의 용적.
	(6) 테이블 폭	일반 집무자의 대표적인 테이블의 가로폭. 윗면이 이용가능한 보조테이블・캐비닛 등도 포함.
	(7) 의자부가기능수	일반 집무자의 대표적인 의자에 부가되어 있는 기능수. 의자의 수준을 나타낸다.
	(8) 재직자수	대상실에 전용의 테이블을 가진 재직자수. 전용테이블수 또는 명부에 의한 인원수를 헤아린다.
	(9) 식재수	실내의 식재(생화, 조화 등은 제외)수를 헤아린다.
	(10) OA기기댓수	개인용 컴퓨터(PC)・단말기의 화면 수. 휴대형(액정화면)도 포함한다.
	(11) 전화기댓수	대상실 내의 전화기 설치댓수. 팩스겸용도 포함한다.
	(12) 사진촬영	측정시의 상황이나 분위기를 기록. 실 중앙에서 8방위를 2종류의 높이에서 촬영한다.
공통	(4) 사진촬영	측정대상실이나 측정의 구체적인 상황을 파악하기 위하여 영상기록을 남긴다.
	(5) 대상실의 상황기록	요소별의 항 참조. 상황에 따라 주위의 상황(고속도로가 가까이에 있는 등)을 기록.

① 예비조사와 현장 협의

측정계획을 작성할 때에는 현장의 상황을 파악하여 필요지료를 수집하기 위한 예비조사가 중요하다. 이 예비조사에서는 현장 관계부서에의 설명・양해를 도모하는 등을 위한 협의를 겸하면 좋다. 특히 외부 기관이 측정을 행하는 경우에는 반드시 예비조사를 행하여야 한다.

현장의 예비조사 및 협의할 사항은 다음과 같다.

㉠ 조사의 목적・내용・순서 및 작업자에의 영향 등을 충분히 설명하고, 정확한 POE를 위해서는 통상의 집무상황에서 실시하는 것이 중요하므로 사전에 충분

한 이해와 양해를 얻는다.

㉡ 예비조사의 단계에서 측정일, 측정대상, 측정점 각각에 대하여 대략의 합의를 얻어두면 좋다.

㉢ 건축·설비도면이나 배치도 등의 필요서류를 입수한다.

㉣ 설비기기의 가동상황이나 실내의 배치, 블라인드의 사용상황 등도 기록하여 두면 계획의 입안이나 실제의 조사 시에 도움된다.

㉤ 인공조명만의 조도 측정은 블라인드를 닫고 측정한다. 그리하여 블라인드의 개폐가 가능한가 확인한다. 가능하지 않는 경우에는 야간에 행할 것을 검토한다. 다만, 이 항목은 주문사항이다.

㉥ 기자재 운반에 차를 이용하는 경우에는 주차장의 확보가 가능한가 어떤가를 확인한다.

㉦ 시업 전 암소음의 측정 등을 위하여 시간 외에 출입하는 경우에는 그 방법을 확인한다.

㉧ 조사대상실의 가까이에 조사원이 대기할 수 있는 장소를 마련한다.

② 측정일의 결정방법

측정일은 다음의 점에 유의하여 선정한다.

㉠ 집무상태 등이 일반적인 날을 선정하는 것이 기본이다.

㉡ 사람이 없는 공간 등은 POE로서의 의미가 없으므로 휴일은 피한다.

㉢ 월요일과 금요일 및 휴일의 다음날도 피하는 것이 좋은 경우가 많다.

표 14.2에는 선정의 기준을 나타낸다. 표의 비고란에 나타낸 것과 같은 특이한 날에는 실시하지 않는 편이 좋다. 만일의 경우에 대비하여 예비의 일정도 마련하여 두면 좋다.

2) 심리측정

심리적인 측정으로서는 인터뷰(면접)나 청취 등에 의하여 요구·만족도·평가를 묻는 방법, 앙케트(질문지)에 의한 방법 및 기타의 방법(어느 일정 형식의 기법에 의해 데이터를 수집하는 심리테스트 등)이 있다. 이들은 언어반응을 이용하는 것인데, 비언어반응에 의한 것도 있다. 예를 들면 이미지 맵의 작성이나 여러 가지의 상황의 관찰, 각

표 14.2 측정일 선정의 기준

요소	월	화~목	금	휴일 다음날	비 고
열	×	○	△	×	냉방기・난방기・중간기의 각각에 행한다. 휴일의 다음날은 피한다. 매우 서늘한 날・따뜻한 날은 피한다.
빛	△	○	△	△	매우 어두운 우천이나 담천의 날에는 피한다.
공기	△	○	△	△	냉방기・난방기・중간기의 각각에 행한다.
음	×	○	△	×	태풍・큰 바람 등 풍우의 음이 나타나는 날은 피한다.
공간	○	○	○	○	특별한 제약은 없다.
종합	×	○	△	×	천후불순한 날은 피한다.

○ : 실시하기 좋은 날, △ : 실시하여도 좋으나 가능하면 피하는 날, × : 피하는 편이 좋은 날

[주] 전요소의 조사를 행하는 경우에도, 요소를 한정하여 실시할 때에도 공간을 제외하고 요일 등에 제한이 있어 화~목 이외는 피하는 편이 좋다. 그러나 조사는 실시하는 것이 제일이므로 이 표는 조사일의 후보가 몇 가지 있는 경우 등의 결정 기준으로 도움되는 것을 기대하고 있다. 이 표는 강하게 구애되어 조사가 원활히 진행되지 않는 점에 주의해야 한다.

종의 기록분석 등이다.

앙케트와 같이 심리적인 반응을 묻는 경우에는 당연히 개인차가 고려된다. 개인차에는 각 개인에 의한 세밀한 차이도 있지만, 대략적으로는 그 사람의 신체적 특징이나 생활태도 등에 의하여 설명할 수 있는 경우도 많다. 회답자의 속성은 이와 같은 앙케트에 회답하는 사람의 특징을 조사하기 위한 것이다.

가장 중요한 부분을 구성하는 실내환경에 관한 질문항목군은 일을 하는 실의 전체적인 인상을 묻는 항목과 각 환경요소(열, 빛, 공기, 음, 공간) 각각에 대하여 묻는 항목으로 이루어진다.

14.5 건축물의 환경성능 평가

환경의 보전과 창조를 위하여 건축물의 신축, 개축, 증축, 새축 등의 행위를 함에 있어 건축물의 건설단계에서 해체철거에 이르는 동안 환경에의 부하 저감을 도모함과 아울러 건축물의 설계 시부터 환경성능을 높이기 위한 건축평가의 기본 사항은 표 14.3과 같다.

표 14.3 건축물의 환경배려에 대한 평가

건축물의 환경 배려 사항		평가의 내용
1. 에너지 이용의 합리화에 대한 사항	건축물의 열부하 억제	외벽 및 창문 등의 단열 향상, 일사 열부하의 저감 등에 의한 건축물의 열손실 방지
	신·재생 에너지의 이용	자연채광과 통풍의 활용, 태양광 등의 자연을 활용한 시스템의 채용에 의한 에너지의 유효이용
	설비 시스템의 고효율화	공조, 환기, 조명, 급탕, 승강기 등의 설비기기에 대하여 에너지 효율이 높은 시스템 채용 등에 따른 에너지 절약화
	에너지의 효율적 운용	에너지 소비량의 계측과 에너지 관리의 체제 정비 등에 의한 설비기기의 효율적 운용
2. 자원 및 자재의 적정한 이용에 대한 사항	수자원 보호	절수기의 채용과 빗물이용·잡배수 재이용 시스템의 도입 등에 의한 수자원의 보호
	저환경부하재의 이용	재활용 자재, 기타 자원순환에 배려한 건축자재와 건강피해나 환경영향이 작은 자재의 이용
3. 부지 외의 환경에의 부하저감에 대한 사항	대기오염방지	부지 내에서 연료의 연소에 따른 유황산화물, 질소산화물, 매연의 배출 억제
	소음·진동·악취의 방지	건축물 및 부지 내에서 발생하는 소음·진동·악취가 인접지나 주변지역에 미치는 영향에의 배려
	풍해·일조저해의 억제	풍해억제나 일조저해에 대한 부지 주변환경에의 배려
	광해의 억제	옥외조명기구, 옥내조명의 누설광, 광고물 등의 조명, 주간의 태양광 반사 대책 등에 의한 광해의 발생 억제
	온열환경악화의 개선	건축물의 배치에 의한 바람길의 확보와 태양열의 축적 방지, 인공배열량의 저감 강구 등에 의한 부지 외에의 열적 부하의 저감
	지역 인프라에의 부하 억제	빗물처리부하억제, 오수처리부하억제, 교통부하억제, 폐기물처리부하저감
4. 실내환경의 향상에 대한 사항	음환경의 향상	암소음 레벨의 저감과 차음성능의 향상, 흡음성능의 향상 등에 의한 소음의 저감
	온열환경의 향상	실내온도와 습도의 적절한 설정이나 단열성능의 향상, 실내의 온도차나 기류속도에 배려한 공조방식의 도입 등에 의한 쾌적한 온열환경의 확보
	빛환경의 향상	효율적인 주광이용과 처마나 블라인드에 의한 글레어 대책, 적절한 조도의 확보, 치밀한 조명억제 등에 의한 빛환경의 향상
	공기질의 향상	화학오염물질이 적은 건자재의 채용과 적절한 환기, 흡연에 의한 실내 공기오염의 저감
	기능성·편리성의 향상	면적의 확보와 배리어프리에의 대응, 인테리어의 계획 등에 의한 실내공간의 기능성, 쾌적성의 향상

표 14.3 건축물의 환경배려에 대한 평가(계속)

건축물의 환경 배려 사항		평가의 내용
5. 건축물의 장기간 사용촉진에 대한 사항	내구성・신뢰성의 확보	내진성과 면진성의 확보, 내용년수가 높은 부품・부재의 채용, 재해 시와 긴급 시에 대응할 수 있는 설비기기의 계획 등에 의한 내구성・신뢰성의 확보
	대응성・갱신성의 확보	실내의 공간형상이나 하중의 여유, 설비의 갱신을 고려한 건축물설계 등에 의한 용도변경이나 설비갱신에의 대응성 확보
6. 주변지역의 환경보전에 대한 사항	생태환경의 보전과 창출	기존의 지형, 녹지, 수변 등의 보존이나 생태계의 보전에 도움이 되는 녹화의 추진 등에 의한 생태환경의 보전과 창출
	거리・경관에의 배려	주변환경에 따른 건축물의 규모형상, 배치의 검토, 공개공지, 외관 등의 확보 등에 의한 거리・경관에의 배려
	지역성・어메니티에의 배려	건축물과 지역의 풍토, 역사, 문화와의 융합이나 주변주민과의 교류거점의 정비 등에 의한 지역사회에의 배려

14.6 작업공간의 실증 평가

오피스나 공장을 대상으로 연구하기 위하여 이용하는 실증연구의 4가지 방법을 살펴본다. 그 방법이란 현장실험, 실험실실험, 현장연구 및 조사이다. 각각의 방법은 다르지만 이들은 여러 가지 물리적 환경에 관련하여 행동이나 태도를 체계적으로 평가하는 것이다.

1) 현장실험

현장실험의 목적은 환경에 도입된 변화의 결과를 사정하는 것이고, 통상 생산고나 근로자의 태도가 평가된다. 여기서 환경이라는 변수는 원인사항으로서 다루고, 실험은 그 효과를 결정하기 위한 수단이다.

초보적인 현장실험은 오피스 또는 공장에 어떤 변화를 도입하여 그 변화의 전후에 측정을 행하는 것이다. 실험이 이루어지는 조직의 실제 영향을 무시한 실험은 진실한 실험이라고는 할 수 없는데, 그것을 실현하는 것은 매우 곤란하다.

2) 실험실실험

진실한 실험은 실험실이라면 가능하다. 환경의 제조건을 정확히 통제할 수 있다.

피험자 처리에 무작위로 할당할 수 있다. 피험자의 행동을 표준조건에서 측정할 수 있다. 그러나 실험실은 인공적이고, 피험자도 그것을 알고 있다. 그 결과 피험자의 행동은 현실의 오피스나 공장에서의 행동과는 다를 수 있다. 실험실에서의 지견을 "작업공간"(work place)으로 일반화할 수 있는가는 의문의 여지가 있고, 이것을 실증할 수 있는 것은 현장연구뿐이다.

실험실실험은 주로 개인의 과제수행의 연구에 이용되어 왔다. 여기서 과제의 형식을 다음의 5종류로 구분할 수 있다.

① 사무적 과제 : 숫자의 체크나 형식과 같이 기호를 확인한다든지, 옮겨 기록한다든지 하는 것이고, 사무직이 행하는 정형적인 업무와 거의 같다.

② 심리적 과제 : 코딩이나 교정과 같이 정보 또는 그 변환 내지 통합의 학습이나 지난 일을 다시 생각해 봄을 필요로 하고, 전문직 또는 생산직의 일과 같지만, 그다지 복잡하지는 않다.

③ 운동과제 : 물체의 조립이나 움직이는 물체의 추적과 같이 지시와 신호나 표시에 반응하여 재료나 제어기의 조화에 따른 조작을 필요로 한다. 운동과제는 당연히 산업기계의 조작에 완전히 대응한다.

④ 감시과제 : 다이얼이나 지시등과 같은 하나 또는 복수의 신호의 주시를 필요로 한다. 감시는 공장기계의 어떤 종류의 검사나 주시와 유사하다.

⑤ 이중과제 : 두 가지 과제의 동시적 수행이고, 통상은 감시+운동과제이다. 공장의 예에서는 생산고를 주시하면서 기계를 조작하는 일이다.

3) 현장연구

실험과는 다른 현장연구는 인과관계를 확인하는 것이 아니라 환경특성과 그 사용자의 행동 또는 태도와의 상관을 발견하는 것이다. 현장연구에서는 실험적인 개입을 하지 않고 측정만이 이루어진다. 가장 기본적인 현장연구인 사례연구는 관찰과 기술로 이루어지고, 자주 여기서부터 연구의 가설이 발전한다. 가장 정식의 현장연구에서는 환경조건과 근로자의 반응의 체계적인 측정이 요구된다.

현장연구에서 주로 과제가 되는 것은 측정이라는 절차가 연구대상인 근로자의 행동을 무의도적으로 바꾸어버릴 가능성이다. "반응성"(reactivity)이라는 것은 관찰자의 존재에 의한 행동의 변화이다.

4) 조사

조사의 기본은 작업환경에 관한 표준적인 일련의 질문을 통하여 근로자가 답변하도록 하는 것, 또는 체계적인 면접이다.

조사에는 보통 3가지의 목적이 있다. 첫째로 조사에서 특정의 태도나 문제가 어느 정도 확대되어 있는가를 평가하는 기회가 주어진다. 둘째로 조사에서 주관적인 반응과 보고된 환경특성의 상관관계를 조사할 수 있다. 셋째로 조사는 온도나 공기의 질이나 소음이나 프라이버시와 같은 문제에 대한 사용자의 반응을 탐구하는 것이며, 건물을 전체적으로 평가하는 수단이 된다.

조사연구의 주된 곤란점은 질문에의 회답에 편향(bias)을 지닐 가능성이다. 편향의 원천은 사회적 바람직함(Social desirability ; 회답자가 자기를 나타낸다든지, 연구자가 듣고 싶어 할 것으로 여겨지는 것을 답한다)이나 후광효과(Halo effect ; 일반화된 평가반응에 의하여 특정의 질문에 회답하는 것)이다. 그러나 예를 들면 조사가 완전히 편향 없이 이루어지더라도 그 유용성은 피험자의 있는 그대로 보고하는 능력에 의하여 한정될 수 있다.

요약하면 "작업공간"의 심리학의 연구를 위하여 발전하여 온 실증적 연구의 방법은 모두 장단점을 가지고 있다. 현장실험에서는 오피스나 공장 내에서 사용자의 연구가 이루어지고, 근로자의 행동이나 태도에 미치는 환경변수의 영향의 증거가 얻어질 것이다. 그럼에도 불구하고 신중하게 계획된 현장실험조차 그 타당성에는 약간의 두려움이 있다. 실험실실험에서는 환경변수와 근로자의 반응의 인과관계를 확증하는 데에 필요한 통제를 행하지만, 인공적인 상황과 기간의 짧음이 실험실에서의 지견을 "작업공간"으로 일반화하는 것에 의문의 여지를 남기고 있다. 현장연구에서는 "작업공간"에서 근로자의 행동과 태도의 관계를 확증하지만 인과관계의 추론은 할 수 없다. 연구질차가 근로자에게 미치는 무의도적인 영향이 나타나는 경우도 있다. 조사방법에 의하여 주관적 반응의 평가가 편향성을 지닐 우려가 있고, 회답자가 있는 그대로 답하는 능력에 한정된다.

부록

- 확인학습 해답
- 단위환산
- 찾아보기

확인학습 해답

1장 지구환경문제와 건축(Global Environmental Problem & Architecture)

1. 몬트리올 의정서
2. 기후변화협약
3. 람사르협약
4. 바젤협약
5. 자외선
6. 5.6
7. 1,274 mm
8. 내몽골고원, 고비사막, 황토고원, 타클라마칸 사막, 커얼친 사막
9. 재생

2장 건축과 자연환경(Architecture & Natural Environment)

1. 대설, 풍랑, 호우, 태풍, 강풍
2. 대기, 고도, 대기압
3. 반대, 일출전, 13, 13, 일출전
4. 변하지 않고, 감소
5. 온도, 상대습도, 절대습도, 절대습도
6. 상대습도, 절대습도

7 횡축, 온도, 습도, 월별 평균치

3장 열환경(Thermal Environment)

1 기류, 주벽의 평균온도와 실온과의 평균치, 습도

2 잠열

3 정용비열, 정압비열, 정용비열

4 건강도, 영양, 의복, 작업강도

5 clo, met

6 후자, 방열, 복사, 증발

7 온도, 습도, 기류

8 18, 100, 0, 1.5, 15.6

9 열복사

10 절대습도, 상대습도, 엔탈피

11 수증기압력, 습구 눈금

12 대류 복사전열로 평균 벽표면온도에 관련하여 수증기압이 증발에 관계한다. 풍속은 전달률을 바꾸고, 관류율에 변화를 준다.

4장 전열과 단열(Heat Transmission & Thermal Insulation)

1 열전도, 열복사

2 풍속

3 열교, 냉교

4 반밀폐, 두께

5 대류, 단열

6 표면

7 콘크리트층

8 단열재, 공기층, 반사재, 열전도율

9 밀도

10 섬유, 2

11 금속, 타일 등을 제외하면 건축재료는 일반적으로 다공질이며 공극이 많다. 재료가 다공질로 될수록 열전도율은 공기의 값에 접근하고, 공극이 작을수록 실질부의 값에 접근한다. 따라서 공극을 지닌 재료는 밀도가 작을수록 열전도율이 작아진다. 다공질재료의 밀도는 보통 부피 비중으로 나타낸다.

12 공극이 있는 재료의 열전도율은 공극 내의 공기에 좌우되는 점이 크므로 공극 내 공기의 조성이 변하면 변화한다. 물의 열전도율은 약 0.5, 공기는 약 0.02이므로 공기 중의 습도가 변화하여 재료의 함습량이 변화하면 열전도율은 변화한다.

13 외피란 거실 또는 현관·복도 등 거실 외 공간을 둘러싸고 있는 외벽·창·지붕·바닥 및 출입문으로서 직접 외기에 접하는 부위 및 최하층 거실의 바닥, 최상층 거실의 반자 또는 지붕을 말한다.

14 외기에 직접 면하는 부위란 외기 및 외기가 직접 통하는 바닥 하부와 벽체 내부, 지붕 및 다락방 또는 천장속 등에 면한 부위, 그리고 외기가 직접 통하는 비난방(비공조) 공간 등에 면한 부위를 말한다. 다만, 외기가 직접 통하는 덕트 등에 면하는 부위를 제외한다.

15 외기에 간접 면하는 부위란 외기와 직접 면하는 부위를 가진 비난방(또는 비공조) 공간에 접한 부위 또는 외기가 직접 통하는 덕트 등에 면한 부위 및 지면 또는 토양에 직접 면한 부위를 말한다.

5장 습기와 결로(Humidity & Condensation)

1 이하, 내려가지, 작게, 벽내, 결로, 방습층

2 열전달저항, 교대로

3 단열구조화, 수증기

4 표면, 고온, 내부

5 동해, 유리

6 투습비저항

7 방습층이란 습한 공기가 구조체에 침투하여 결로발생의 위험이 높아지는 것을 방지하기 위해 설치하는 투습도가 24시간당 30 g/m^2 이하 또는 투습계수 0.28 g/m^{2}h mmHg 이하의 투습저항을 가진 층을 말한다.

8 폴리에틸렌, 아스팔트 루핑, 알루미늄박

6장 일조와 일사(Sunshine & Solar Radiation)

1 자외선

2 280~320

3 일조조절이란 실내에 있어서 작업면의 조도를 방지하기 위하여 행하는 것이다. 그러므로 창측에 있어서 조도와 실 안쪽으로 감에 따라 저하하는 조도를 균등히 하기 위하여 창측의 조도를 작게 하고 실의 안쪽의 조도를 올리도록 조절하는 것이다. 또 직사일광에 의한 과대한 조도를 방지하고, 동시에 실내에 과대한 태양열을 입시시키지 않는 것이다.

4 서창에 일사가 닿을 때는 태양고도가 낮아지는 시각이므로 수평 루버에서는 일사를 방지하지 못한다. 그래서 수직형의 가동 루버가 최적이다.

7 쾌청시에 일사가 지면에 수직으로 입사했을 때 지상에서의 일사 세기의 대기 투과 전의 세기에 대한 비이고, 대기의 혼탁 정도를 표시하는 것이다.

7장 채 광(Daylighting)

1 복사, 광, 시감, 555, 비시감도

2 광속, 밀도, 광원, cd

3 단위면적, 양, 수조면, lx

4 밝기

5 조도

6 추상체, 간상체

7 고휘도, 장애

8 광원, 휘도

9 3, 10, 20

10 광량자

8장 조 명(Lighting)

1 배광

2 전압, 점등

3 광도

4 연색, 적, 효율, 순시시동, 즉시시동

5 발광, 석영, 안정, 수은증기압력, 방전개시

6 조도, lx, 광속, lm, 배광

7 (힌트) ① 밝기→기준조도 또는 기준주광률
② 조도분포→균제도
③ 빛의 색과 연색성→색온도와 연색평가수
④ 주광선의 방향→(1예) 조도 벡터·스칼라 조도비
⑤ 눈부심→(1예) 글레어 인덱스
⑥ 주관적인 밝기 분포→순응을 고려한 휘도분포

8 (힌트) 대출력 EL 램프, 조색광원, 무전원 광원, 무배선 광원, 가변형상 램프 등.

9 인공조명이나 공조설비의 성능향상, 보급화에 의하여 주택, 학교, 병원 등에 있어서 창을 통한 햇빛, 자연의 공기, 밖의 조망에 본래적으로 요구되는 것

을 제외하고, 창의 기능은 전기, 기계설비에 의하여 바꿔 놓는 것이 가능하게 되고 있다.

그러나 창의 심리적 효과, 즉 전망, 개방감, 밖이 보이는 것에 의하여 얻을 수 있는 외계와의 연대감 등은 사무실이나 설계제도실과 같이 장시간 상당한 정신적 요소를 지닌 작업을 행하는 장소에는 매우 중요하다고 생각된다.

앞으로 무창의 사무실 등이 출현할 것으로 보이지만 이것은 결코 표준, 혹은 이상적인 것은 아니고 최저의 기준에 가깝거나 특수의 케이스로 볼 수 있을 것이다.

10 ① 공조부하의 감소, ② 형광등에서의 광속 증가, ③ 안정기 온도의 저하, ④ 천장의 조명기구와 공조 분출·흡입구의 정리

11 초고층 건물의 건축 면적은 커지고 있고, 사무실도 내면적화 한다. 대면적 사무실에서는 필연적으로 인공조명과 주광조명의 종합설계, 즉 PSALI를 행하여야 한다.

한 고조도의 경향과 동시에 인공조명설비와 공조와의 종합이 행해지게 되었다. 이것은 램프에서의 발열 제거라는 목적 외에 사무실의 천장에 설비되는 조명, 공조 분출구·흡입구, 스피커, 스프링클러, 연기감지기 등을 모아 유닛으로 분류하는 것을 가능하게 하고, 대면적 사무실에 실배치의 융통성을 지니게 하는 경우도 있다.

9장 공기질과 환기(Air Quality & Ventilation)

1 가볍고, 0.03 %

2 비중, 0.1

3 기적

4 공기, 온도, 유량, 조절, 공급

5 위생, 기구

6 압력차, 밀도, 온도차, 중성대

7 발생원, 풍속

8 21, 19, 7

9 실의 안팎에 생기는 압력차에 의해 실내 공기의 교체가 일어나는 것을 환기라고 한다. 압력차가 바람과 온도차에 의해 생기어 환기가 이루어지는 것을 자연환기라고 한다. 압력차를 환기 팬, 송풍기, 배풍기 등의 기계력에 의해 일으켜 환기하는 것을 기계환기라고 한다.

10 일반적으로 통풍이라고 하는 것에는 2가지의 의미가 있다. 첫째는 거주공간에서 체감기류를 얻기 위하여 풍상측과 풍하측의 개구부를 개방하여 거주역의 안을 바람이 불어내도록 하여 쾌적함을 얻도록 하는 것이다. 둘째는 습기를 제거하기 위하여 개구부를 개방하여 대량의 환기를 행하는 것으로 천장속, 바닥밑, 항상 사용하지 않는 방 등의 통풍을 도모하는 것을 말한다.

12 주택이나 빌딩에서, 화학 물질을 발산하는 건자재와 내장재로 빚어진 실내 공기오염이 거주자의 건강에 영향을 미칠 수 있다. 증상이 다양하여 여러 요인(눈의 따끔거림, 목구멍의 통증, 현기증과 구토, 두통 등)이 나타나기 때문에 새집증후군 또는 새빌딩증후군으로 불린다.

13 자연 환기의 구동력은 아래의 2가지가 있다.

1) 외부적으로 개구부에 가해지는 압력

2) 실내외 온도차에 따른 부력에 의해 개구부에 가해지는 압력

14 건물의 외벽, 지붕면에 걸리는 외부풍에 의한 풍압을 나타내는 계수이며, 풍압은 외부풍이 가지는 운동 에너지에 풍압계수를 곱하여 구한다.

15 ① 실내 공기정화, ② 열의 제거, ③ 산소의 공급

④ 수증기 제거(결로 방지), ⑤ 악취 제거, ⑥ 유해 가스 제거

16 급기, 배기 함께 송풍기를 이용한 환기 시스템이며, 급기량과 배기량의 밸런스를 조정함으로써 실내를 정압으로도 부압으로도 할 수 있다.

17 흡출식 환기법(제3종 기계환기 시스템)

18 전반환기는 실내의 공기를 외기에 의해 희석하면서 교체하는 것이고, 주택의 거실이나 사무소 건축의 집무실 등에 일반적으로 이용된다. 국소환기는 공장이나 주방 등에서 국소적으로 발생하는 오염물질, 열 등을 배출하는 환기 방식이며, 후드에 의한 국소 배기나 Push-Pull형 환기 장치에 의한 국소급배기가 있다.

10장 소 음(Noise)

1 음압, 주파수, 주파수 분포

2 80, 55

3 1/10,000

4 빨라, 빨라, 늦어

5 92 dB

6 고음, 저음, 고음, 저음

7 투과손실, dB

8 500

9 4,000

10 1 sone

11 200~4,000, 600~3,000

12 85, 60

13 1.2

14 2

15 2초

16 $\overline{\alpha}=1$이 되면 완전흡음이므로 잔향시간은 0이 되어야 하는 데 Sabine의 식에서는 0.16 m/s가 된다.

17 지향성의 방향을 흡음률이 높은 객석의 쪽으로 향함에 따라 산란파 성분을 감소시킴과 동시에 직접파성분을 증가시키고, 명료한 음으로 할 수 있다. 또 마이크로폰에서의 음향귀환을 감소시키고, 확성장치의 증폭도를 크게 하여 객석의 음압레벨을 높일 수 있다.

18 차음, 중량, 경량, 흡음

19 차음, 중, 소음, 경

20 반향, 흡음, 잔향, 음향

21 흡음이란 어느 공간의 음압레벨을 낮추기 위하여 음의 에너지를 재료 등으로 흡수하는 것을 말한다. 한편 차음이란 하나의 공간 내에서 발생하고 있는 음을 다른 공간에 전파되지 않는 것으로 음파의 차폐에 의해 효과를 높이는 것을 말한다.

22 반사면을 흡음성이 풍부한 마감으로 하여 반향을 방지한다.

11장 진 동(Vibration)

1 3~6

2 국소

3 스프링정수

4 면진, 제진

5 전파경로대책

6 트렌치 깊이

7 공기스프링

8 W^2A

9 가진력 감쇠, 기초중량의 부가 및 경감, 동적흡진

12장 색 채(Colour)

1 색상, 명도, 채도

2 황, 흑

3 식별성(기능성)

4 밝기, 면적

5 조도

6 녹색, 자색

7 20

8 유사, 대비

9 명암

10 녹색

11 수술실은 눈이 안정되는 것과 바닥에 떨어진 혈액이 눈에 띄도록 물색계의 색을 사용한다.

12 ① 쾌적한 환경을 조성하는 것
② 정리·정돈하기 쉽게 하는 것
③ 작업의 능률을 향상하는 것
④ 눈의 피로를 감소하는 것
⑤ 사고의 방지

13 일반적으로 활동적인 장소에는 난색계를, 장시간 사용하는 장소에는 한색계로 안정된 색을 선택한다. 또 큰 면적의 면일수록 채도를 낮게 한다.

14 면적효과에 의해 색의 면적이 넓을수록 명도와 채도는 높아 보이므로 다소 낮은 것을 선택한다.

15 조도가 높은 곳에서는 명도·채도가 높게 보인다. 따라서 옥외의 배색은 명도·채도가 다소 낮은 것으로 하는 편이 좋다.

단위환산

구분		
길이	1 [m]=3.280833 [ft]	1 [ft]=0.30480 [m]
	1 [km]=0.62137 [mile]	1 [mile]=1.60935 [km]
	1 [cm]=0.3937 [in]	1 [in]=2.540 [cm]
면적	1 [m^2]=10.7639 [ft^2]	1 [ft^2]=0.09290 [m^2]
	1 [cm^2]=0.1550 [in^2]	1 [in^2]=6.452 [cm^2]
	1 [km^2]=247.1 [acre]	1 [acre]=0.004047 [km^2]
	=0.38610 [mile^2]	1 [mile^2]=2.590 [km^2]
	=100 [ha]	
용적	1 [m^3]=35.314 [ft^3]	1 [ft^3]=0.0283170 [m^3]
	1 [cm^3]=0.0610234 [in^3]	1 [in^3]=16.39 [cm^3]
	1 [m^3]=1,000 [litre]	1 [ft^3]=7.48055 [US gal]
비중량	1 [g/cm^3]=0.03613 [lb/in^3]	1 [lb/ft^3]=27.6797 [g/cm^3]
	1 [g/cm^3]=62.4283 [lb/ft^3]	1 [lb/ft^3]=0.01602 [g/cm^3]
	1 [kg/m^3]=0.06243 [lb/ft^3]	1 [lb/ft^3]=16.02 [kg/m^3]
중량	1 [kg]=2.20462 [lb]	1 [lb]=0.45359 [kg]
	1 [g]=15.4324 [gr]	1 [gr]=0.064799 [g]
	1 [g]=0.035274 [oz]	1 [oz]=28.34954 [g]
압력	1 [kg/cm^2]=14.223 [lb/in^2]	1 [lb/in^2]=0.07031 [lg/cm^2]
	=0.98067 [bar]	=0.06895 [bar]
	1 [mmHg]=0.01934 [lb/in^2]	1 [lb/in^2]=51.71 [mmHg]
	1 [mAq]=2.893 [inHg]	1 [inHg]=0.3456 [mAq]
속도	1 [m/s]=3.28083 [ft/s]	1 [ft/s]=0.30480 [m/s]
	1 [km/h]=0.62138 [mile/h]	1 [mile/h]=1.60935 [km/h]

일	1 [kcal]=3.96832 [Btu]	1 [Btu]=0.25200 [kcal]
	1 [kg · m]=7.23300 [ft · lb]	1 [ft · lb]=0.13826 [kg · m]
	1 [joule]=0.73761 [ft · lb]	1 [ft · lb]=1.35573 [joule]
	1 [KWH]=860.0 [kcal]	
	1 [kcal]=0.001163 [KWH]	
	1 [kcal]=0.001581 [Hp]	
열량	1 [kcal/h]=1.163 [watt]	1 [Btu/h]=0.2931 [watt]
	1 [kcal/h]=0.001581 [Hp]	1 [Btu/h]=3.984×10^{-4} [Hp]
	1 [kcal/h]=$0.0003012\times a$	1 [Btu/h]=$7.591\times10^{-5}\times b$
	1 [일본 냉동톤]=3,320 [kcal/h]	1 [일본 냉동톤]=13,174 [Btu/h]
	1 [kcal/h]=0.0003307 [RT]	1 [Btu/h]=8.333×10^{-5} [RT]
	1 [RT]=3,024 [kcal/h]	1 [RT]=12,000 [Btu/h]
열류	1 [kcla/m^{2}h]=0.3687 [Btu/ft^{2}h]	1 [Btu/ft^{2}h]=2.7122 [kcal/m^2/h]
	1 [kcal/m^{2}h]=1.163 [watt/m^2]	1 [Btu/ft^{2}h]=3.154 [watt/m^2]
	1 [watt/m^{2}h]=860.0 [kcal/m^{2}h]	1 [watt/m^2]=317.06 [Btu/ft^{2}h]
	1 [kcal/m^{2}h]=3.306 [kcal/평 h]	
	1 [kcal/평h]=0.3025 [kcal/m^{2}h]	
비열	1 [kcal/kg℃]=1 [Btu/lb°F]	1 [btu/lb°F]=1 [kcal/kg℃]
용적비열	1 [kcal/m^3℃]=0.06243 [Btu/ft^3°F]	
	1 [Btu/ft^3°F]=16.018 [kcal/m^3℃]	
엔탈피	1 [kcal/kg]=1.800 [Btu/lb]	1 [Btu/lb]=0.5555 [kcal/kg]
열전도율	1 [kcal/mh℃]=0.6720 [Btu/ft h°F]	
	1 [Btu/ft h°F]=1.488 [kcal/mh℃]	
	1 [kcal/mh℃]=1.163 [watt/m℃]	
	1 [Btu/ft h°F]=1.731 [watt/m℃]	
	1 [watt/m℃]=0.8600 [kcal/mh℃]	
	1 [watt/m℃]=0.5779 [Btu/ft h°F]	
	1 [kcal/mh℃]=8.064 [Btu in/ft^{2}h°F]	
	1 [Btu in/ft^{2}h°F]=0.1240 [kcal/mh℃]	

열관류율	1 [kcal/m^{2}h℃]=0.2048 [Btu/ft^2 h°F]	
	1 [Btu/ft^{2}h Σ]=4.882 [kcal/m^{2}h℃]	
	1 [kcal/m^{2}h℃]=1.163 [watt/m^2℃]	
	1 [Btu/ft^{2}h°F]=5.678 [watt/m^2℃]	
	1 [watt/m^2℃]=0.8600 [kcal/m^{2}h℃]	
	1 [watt/m^2℃]=1.761 [Bru/ft^{2}h Σ]	
열저항	1 [m^{2}h℃/kcal]=4.882 [ft^{2}h°F/Btu]	
	1 [ft^{2}h°F/Btu]=0.2048 [m^{2}h℃/kcal]	
확산율	1 [m^2/h]=10.76 [ft^2/h]	1 [ft^2/h]=0.09290 [m^2/h]
동점성계수	1 [m^2/h]=0.0002778 [m^2/s]	
	1 [cm^2/s]=0.3600 [m^2/h]	
유량	1 [m^3/h]=0.5886 [cfm]	1 [cfm]=1.699 [m^3/h]
	1 [m^3/h]=16.67 [l/min]	1 [cfm]=28.32 [l/min]
	1 [l/min]=2.119 [ft^3/h]	1 [ft^3/h]=0.4720 [l/min]
중량속도	1 [kg/m^{2}h]=0.2048 [lb/ft^{2}h]	1 [lb/ft^{2}h]=4.882 [kg/m^{2}h]
물질이	1 [kcal/m^{3}h(kg/kg′)]=0.1124 [Btu/ft^{3}h(lb/lb′)]	
동계수	1 [Btu/ft^{3}h(lb/lb′)]=8.899 [kcal/m^{3}h(kg/kg′)]	

| 찾아보기 |

| Index |

| Index |

기타